美国的维特鲁威

——建筑师的城市设计手册

The AMERICAN VITRUVIUS:

An Architects' Handbook of Urban Design

[德] 维尔纳·黑格曼（Werner Hegemann）
[美] 埃尔伯特·匹兹（Elbert Peets） 著
陈瑾羲 尚 晋 刘 刊 盛景超 译
陈瑾羲 尚 晋 严维桪 相 龙 校对

中国建筑工业出版社

图书在版编目（CIP）数据

美国的维特鲁威：建筑师的城市设计手册 = The AMERICAN VITRUVIUS：An Architects' Handbook of Urban Design /（德）维尔纳·黑格曼（Werner Hegemann），（美）埃尔伯特·匹兹（Elbert Peets）著；陈瑾羲等译. — 北京：中国建筑工业出版社，2022.8

书名原文：The AMERICAN VITRUVIUS：An Architects' Handbook of Urban Design

ISBN 978-7-112-26968-6

Ⅰ.①美… Ⅱ.①维… ②埃… ③陈… Ⅲ.①城市规划－建筑设计－手册 Ⅳ.①TU984-62

中国版本图书馆CIP数据核字（2021）第266920号

责任编辑：李　鸽　陈小娟
责任校对：王　烨

美国的维特鲁威
——建筑师的城市设计手册
The AMERICAN VITRUVIUS:
An Architects' Handbook of Urban Design
[德] 维尔纳·黑格曼（Werner Hegemann）著
[美] 埃尔伯特·匹兹（Elbert Peets）
陈瑾羲　尚　晋　刘　刊　盛景超　译
陈瑾羲　尚　晋　严维枵　相　龙　校对

*

中国建筑工业出版社出版、发行（北京海淀三里河路9号）
各地新华书店、建筑书店经销
北京雅盈中佳图文设计公司制版
北京中科印刷有限公司印刷

*

开本：965毫米×1270毫米　1/16　印张：19¼　字数：647千字
2023年1月第一版　2023年1月第一次印刷
定价：**98.00**元
ISBN 978-7-112-26968-6
（38551）

美国的维特鲁威与城市艺术的美国传统

阿兰·普兰特斯（Alan Plattus）

1922年，由维尔纳·黑格曼与埃尔伯特·匹兹共同编纂的百科全书式图集出版，标志着美国城市化历史上的关键时刻。伴随着城市规划独立为一个专业学科，本书标志着一个时代的结束。这一刻，文艺复兴时期的城市设计随风而逝。在（美国）这个国度中，具体表现为城市美化运动。[①]这次运动坚持运用科学方法与模型解决现代城市的“现代”问题理念，使美国城市陷入修辞学的泥沼，最终现代运动般的城市主义提案在大西洋彼岸得以有效表达。讽刺的是，正如克里斯蒂安·柯林斯（Christiane Collins）在下文所述，黑格曼和匹兹，尤其是前者，才是为这个新学科定义、提升并做出实践之人，且他们两人都对城市美化运动的纪念碑式愿景不无批判意见。[②]

不管怎样，《美国的维特鲁威——建筑师的城市设计手册》（以下简称《美国的维特鲁威》）似乎给予了人本主义标准和城市设计图景以无限度的认可。其显然以卡米洛·西特（Camillo Sitte）作为庇佑者来推崇发展的连续性思想——这种连续不仅从文艺复兴时期到20世纪，而且从欧洲到美国。确实，在本书的引言部分，黑格曼和匹兹就极为老套又富有煽动力地开始阐述工程师和艺术家之间的对立关系。[③]此对立关系至少从启蒙运动便开始出现，尤其是在公共事务方面，近期发展为一个核心议题。该议题关注在城市规划初期，我们应支持哪一方。[④]虽说黑格曼和匹兹似乎会直接站在西特的阵营里，但是本书《美国的维特鲁威》应被看作是这幅更大图景的一部分，其前景轮廓目前并不明晰。

实际上，美国都市主义中的这一重要时刻的史学不仅不发达，还语焉不详。它遵循两个非常有力且有很强意识形态的模型。第一个，也许是最有趣的，展示了一个明显的对立：一方是《美国的维特鲁威》倡导的、作者难能可贵地定义为所谓古典主义风格的美学“理性主义”；另一方是规划师专业层面的“理性主义”，在他们的作品中是同等重要的标准，即为深刻而典型的“布尔乔亚墙头草”的证据。[⑤]第二个更直接而非辩证。它简单地将以科学（包括社会与自然科学）为基础的城市规划专业与进步本身画上等号，将“城市功能主义”替代“城市美化运动”看作是专业成熟的标志。[⑥]

---

① 有学者将美国的“城市规划”的诞生精确定位在1907年。John L.Hancock, *John Nolen and the American City PlanningMovement* (Ann Arbor, 1964).

② 例如主要是由匹兹撰写的《美国的维特鲁威》“华盛顿规划”一章（p285-293），以及《论城市设计艺术：埃尔伯特·匹兹精选》（保罗·D.斯佩雷根编，剑桥，马萨诸塞州，1968年版）中的更多评论性文章。黑格曼将城市美化运动评论为“学院主义”而不是真诚的“古典主义”。Donatella Calabi, “Werner Hegemann, o dell'ambiguità Borghese dell'urbanistica,” *Casabella*, 428 (1977), pp.54-60. 黑格曼和匹兹从不赞同违反了尺度感、适当性和功能的城市纪念性。但和之后的规划师不同的是，他们将城市美化运动放在其本身的对立面上。

③ *The American Vitruvius*, p4.

④ 关于整体的分裂，详见Kenneth Frampton, “Industrialization and the Crises in Architecture,” Oppositions, 1 (September 1973), pp.58-81. 关于它在欧洲城市设计早期历史中的角色，详见George R. Collins and Christiane C. Collins, *Camillo Sitte and the Birth of Modern City Planning* (New York, 1965), chapter 2, pp.16-25.

⑤ 卡拉比，同上。基于欧洲学者的闭合辩证模型与曼弗雷多·塔富里和马西莫·卡恰里的现代城市给出的欧洲语境下的黑格曼思想解读。在相同视角的美国语境下解读见Tafuri Giorgio Ciucci, Francesco dal Co, and Mario Manieri-Elia in *The American City from the Civil War to the New Deal*, (Cambridge, Mass., 1979).

⑥ 毫无意外，这才是美国规划师协会支持的“正统”专业历史。Mel Scott, *American City Planning Since 1890* (Berkeley, 1969). See also the studies of John L. Hancock, op. Cit., and “Planners in the Changing American City,” *Journal of the American Institute of Planners*, vol. XXXIII, no. 5 (September 1967), pp. 290-304. 美国城市艺术运动先驱之一查理斯·马尔福德·鲁滨逊的书名是这种演变的典型表现。它从1903年的《现代城市艺术》（*Modern Civic Art*）或《城市创造美》（*The City Made Beautiful*）到1916年的《对街道和地块特别引证的城市规划》（*City Planning, with special reference to the Planning of Streets and Lots*）。我们应当注意，他在1901年面世的第一本也是最重要的著作《城镇和城市的发展》（*The Improvement of Towns and Cities*）和《城市美学的实践性基础》（*The PracticalBasis of Civic Aesthetics*）中暗示：即使该书没有完成，也是备受当代人瞩目的。

然而，以上两个模型都不能公平评价这个时代。包括黑格曼和匹兹在内的很多人在此期间看到的，不只是古典城市设计传统的美学理性与工程师或规划师的科学理性之间的对立，而是双方的必要性。以我愚见，这个影响深远的时期大致起始于 19 世纪 50 年代，以奥斯曼的巴黎规划与奥姆斯特德（Frederick Law Olmsted）的纽约规划为标志，结束于 1929 年纽约的区域规划。[①] 毋庸置疑，那个时期见证了常常由加速的城市化引发的、西方文化中原本就深刻的分歧更加激化。如今，双方都将其看作是一次规模和结构前所未有的危机。不过，最优秀的思想和项目能够将“城市问题”（the problem of city）看作是一次总结所有形式解决策略与科学分析手段的机会，囊括传统的和现代的，而不仅仅是二者选一。显而易见，这个本就不稳定的“大杂烩”会得到差异甚远的结果，并最终向完全不同的方向发展——勒·柯布西耶（Le Corbusier）与黑格曼、匹兹同属这个时代即可证明。[②] 但是，在这个专业领域与意识形态领域的分支强化之前，这个“大杂烩”已经开启了具有令人难忘的智慧、激烈的创造力与高度自觉的“城市性”与城市主义的时代——前者对美国尤其重要——用更合适的术语来说，卓越的市民精神与素养。

黑格曼和匹兹属于第一批客观、系统地认识并推广了美国城市现象的人。[③] 他们的核心章节“美国的建筑组群”以接下来这段格外凝练、轻描淡写的文字作为开始：

美国凭借世界博览会、大学校园的演化、城镇中心设计、大型控制的区内高端的其他类型的建筑，以及最近的廉价住房，对现代城市艺术作出卓越贡献。此外，因为摩天大楼与公园系统概念的出现，原创的城市设计再次向前推进。[④]

研究美国城市设计的历史学家们不但没有从根本上扩展这个富有洞察力的列表，事实上他们还没能跟上这个列表的研究进度。有时候他们还需要在《美国的维特鲁威》中搜寻那些具有重要价值的作品及其图纸文件。尽管现在摩天楼和公园系统已经被正名为美国的独特成就，但当时历史学家和建筑师都没能完全抛下偏见地去认识 1893 年的芝加哥博览会及其在校园和城镇中心设计中的后续产物。甚至当它们已经显然摆脱了现代主义禁忌的明显历史主义与代表性的纪念主义，它们收获的热情通常只是反转了有争议的用词，转头拥抱曾经遭人拒绝的事物——包括那些确如现代主义者所述的那样从头到脚经不起推敲的事物。人们应该将这些项目的真正意义视为美国特色的城市设计实验室。因为这些试验从未达到城市的规模，只是给我们留下了一些宏伟却破碎的“城市缩影”（urban microcosm）。后者相比美国城市发展的其他模式与范式，即使不是替代品，也是一种对应物。[⑤]

在不加批判地接受或解体纪念性城市主义的现实情况下，那时的批判常又基于大量毫无联系标准堆砌，黑格曼和匹兹对于重要实例展开的全面基于城市主义和公民思想的评价更加令人印象深刻、醍醐灌顶。当然，他们由衷地希望这些项目中提到的公民艺术和统一设计的理念最终能普及整个城市，但他们还是相对现实地看待大规模应用他们所信奉拥护的思想原则的可能性。[⑥] 在美国实践与研究之后，相对于大量引用的欧洲先例，他们对美国的经济和政治环境、现代技术和运输要求都不存幻想。确实，他们的立场基于城市建筑师的原始维特鲁威意象，以及欧洲和美国文化、意识形态的特殊融合，很有可能被定性为矛盾的“实用理想主义”。

讽刺的是，或许正是黑格曼和匹兹的实用主义同美学理想主义导致了如今看来他们在美国城市设计传统方面的短板，或称熟视无睹。他们鲜有提及或图注美国殖民区的城市设计，只是对它们在西进殖民时期

---

① 这一部分的完整阐释见 Francesco dal Co，“From Parks to Region：Progressive Ideology and the Reform of the American City，” in *The American City*，pp. 143–291.

② 柯布西耶想要把古典美学和历史主义对技术进步的讴歌结合起来。Alan Colquhoun，“The Significance of Le Corbusier，” The Le Corbusier Archive，vol. 1（New York and Paris，1982），pp. Xxxv–xliv. 关于勒·柯布西耶早期的城市主义，详见 H. Allen Brooks，“Jeanneret and Sitte：Le Corbusier's Earliest Ideas on Urban Design，” in *in Search of Modern Architecture：A Tribute to Henry-Russell Hitchcock*，ed. Helen Searing（Cambridge，Mass，1982），pp.278–297. 黑格曼的《城市规划房屋》在作者去世后才得以出版，其副标题“1922—1937 年城市艺术图像纵览”将《美国的维特鲁威》一书“时尚”起来。有趣的是，这本书的编辑选择用柯布西耶的内穆尔（Nemours）规划替代卡比托利欧（Campidoglio）的象征性规划。我怀疑黑格曼本人也会赞许这个行为。

③ 独特的是，欧洲人常常比创造者更加清楚地看到这些成就，虽然它们的价值常常受到使用情况的限制。例如，在对美国“城市花园”以及校园规划、大型博览会预见性的描述，详见 *L' Architecture aux Etats-Unis，prevue de la force d' expansion du génie franais，heureuse association des qualités admirablenent complémentaires*（Paris，1920），by the “*architecte urbanite*” of Philadelphia's Fairmount Parkway，Jacques Grébér.

④ *The American Vitruvius*，p.99.

⑤ Alfred Koetter，“Monumentality and the American City，” *The Harvard Architectural Review*，4（Spring 1984），pp.167–183.

⑥ *The American Vitruvius*，p.251.

与工业城市化时期退化成功能性网格感到遗憾，并以西特式传统眼光大肆批评。他们也未认真分析工业城市化时期。读者需要明确，黑格曼和匹兹就像他们坦然承认的一样，更愿将殖民城市方案中的“殖民复兴”视为美国对全球“古典主义”的贡献，而非文艺复兴城市主义的美式发展。这也是他们的一项重要独特视角。[①]

因此，在美国城市主义的三个主要阶段中，黑格曼和匹兹主要关注第三个，这一点毋庸置疑。之前已经阐释过，第三阶段既包含了19世纪的城市公园运动，又囊括了20世纪初期的城市美化运动。它充分迎合并代表了城市理想与抱负——后者正是《美国的维特鲁威》希望详细阐释并大力呼吁的。对于黑格曼和匹兹之类的世界性城市主义者来说，殖民时期和早期共和主义城市时期在美国文化历史中由于各种形式的反城市思想与行为而不再纯粹。有些看似是城市设计前时代（Pre–urban era）的产物可能为建筑与精神层面上的个人主义造势。而个人主义一开始无害，之后会招致视觉上的杂乱——这对黑格曼和匹兹来说如同噩梦。在任何案例中，随后的工业化和土地兼并时期完全展现了自由放任主义的蔓延，与“城市”的思想与“规划”的概念毫不相关。这时，第三阶段浮现，从很多方面都站在上一个时期的对立面——至少从人们的感知或描述来看。

前两个时期与传统意义上的城市思想背道而驰——即使如此也正因如此——它们应当在《美国的维特鲁威》研究中占有一席之地。它们代表了一种“秩序”（order），在城市与非城市（并非反城市）语境（Urban and non–urban）下都解释得通。[②]甚至第二个时期——与其说是自由放任时期（laissez–faire），不如解释为杰斐逊主义（Jeffersonian）——也产生了具有真正“公民”意义的重要城市元素，例如法院广场（courthouse square）、主街（main street）和榆树大街（elm street）。它们适合且需要正如黑格曼和匹兹对其他广场和街道所做的类型学和视觉分析。[③]如果他们同时可以欣赏欧洲和美国的花园城市和郊区，并调和其中一些著名案例，他们自然可以欣赏人们口中的美国本土城市主义。

当然，这里我们只是事后诸葛亮。现代运动中存在一种声音丝毫没被城市艺术运动的人文主义所影响，不合逻辑地认为反对放任主义经济与工业的行为将最终导致反城市。相较于此而言，这三个时期至少看起来不负“城市主义”一词。从后城市更新观点来看，被某些人看作是第三阶段顶峰的区域规划运动（regional planning movement）终于从其一开始所研究的笼统的城市转向具体阐释传统城市的堕落。关于功能性需求是如何被理性解决的、城市是如何一步步走向空间与文化泯灭的，现在于我们而言都太熟悉了。当下，最新的思潮逐渐成熟，不但阐释其思想的文字丰富翔实，而且支撑其理论的项目逐一落地。目前看来，即使过程中有些小问题，美国城市化的“第四时期”（fourth period）的前景已证实与国外类似的趋势密切相关。当然，黑格曼和匹兹著作中在不同区域的新探讨，在当时是具有代表性的。作为第三阶段的重要人物与记录者，如果说黑格曼和匹兹称得上是第四阶段的教父之一，那不仅是因为他们提供了一本精简的手册，而是因为他们富有智慧而野心勃勃地贡献了被乔纳森·巴内特（Jonathan Barnett）称为“纪念性城市”（Monumental City）的建造指南。[④]

而今想要推荐这本书给新读者，绝不是因其论战价值，而是因为眼下处于争论一触即发、二元极端化越来越严重、越来越多地受到风格与品位方面变迁的影响——这些变迁对城市化的意义最好就是无关，最坏将产生灾难性的影响——这本书似乎代表了一种非二元对立的、关于城市化后果的假设和检验的阐释。如果可能的话，我们前所未有地需要一个理性讨论的基准点，即要同时承认“城市艺术”和“城市规划”的合理性。另外，该基准点不能一味地迎合人文主义场所营造中的视觉与空间标准，而抛弃功能性和科学

① *The American Vitruvius*, p.110. 在20世纪初的“现代古典主义”国际多元演绎背景下，黑格曼和匹兹用大量美国正面案例作证的“古典主义”十分重要。根据沙利文和赖特两位具有古典基础的浪漫有机主义者，美国的“古典复兴”常常被看作是阻碍了“现代建筑”的萌芽。相反，在欧洲，佩雷、瓦格纳、加尼耶和阿斯普伦德等人的作品在促进“现代建筑”的诞生。黑格曼和匹兹的经典理性主义不应将现代技术与工作程序排除在外，应当从更大的图景出发考虑问题。

② 详见 Alex Krieger，“The American City: Ideal and Mythic Aspects of a Reinvented Urbanism,” *Assemblage*, 3（July 1987）, pp. 39–59. 黑格曼在他之后的研究中采用更加乐观的方式看待这个时期，想要平衡《美国的维特鲁威》中的美学上的成见。详见 City Planning Housing（New York, 1936）, esp. pp. 1–66.

③ 在榆树街，详见同上，第48–50页和 Michael Dennis, *Court and Garden: From the French Hôtel to the City of Modern Architecture*（Cambridge, Mass, 1986）, chapter 8. 关于法院广场，详见 Colin Rowe and John Hejduk, “Lockhart, Texas,” *Architectural Record*（March 1957）, pp 201–206 和 Edward T. Price, “The Central Courthouse Square in the American County Seat,” in *Common Places: Readings in American Vernacular Architecture*, ed. Dell Upton and John Vlach（Athens, 1986）.

④ Jonathan Barnett, The Elusive City: Five Centuries of Design, Ambition and Miscalculation（New York, 1986）. 本书是70年来发展城市设计理论与实践的著作之一。对于那些后现代建筑的稍纵即逝的历史片段，这个重要的类别亟待全面而批判性的研究。

性标准，也不能在风格冗余的后现代时期厌恶，直至摒弃城市主义。当然，如果存在一个特征可以描述近20年来[①]建筑理论和实践最重要的发展，那就是一个共同的出发点。《美国的维特鲁威》一书开篇便阐明了这一点。该出发点并非来自某一建筑或建筑元素，而是一种城市现象。如果我们称得上是真正的城市艺术实践者，我们在研究某一建筑时便不应将其抛之脑后。[②]这是一个彻头彻尾的价值颠覆，而非简单地定义一件事情的“起点”和“终点”。我们可能更有理由比黑格曼和匹兹对起点更为谨慎。因此，我们可能会信赖反应性或应对性的——还称不上反动性的——语境主义，而非简单的结构性语境主义。无论在哪，城市都不是表现流行的自怨自艾与怀古伤今的地方。或许城市又与黑格曼和匹兹所处的时代一样了，是需要我们这些设计者或公民耕耘的地方；又或许，它从未变过。

---

① 即1960年代以来，本序写作于1988年，为普林斯顿出版社版本而作。

② 详见 Anthony Vidler,“The Third Typology,” Oppositions,7 (Winter, 1976/1977)，pp. 1–4.

写在《美国的维特鲁威》一百周年

安德烈·哈韦尔（Andrei Harwell）

尽管黑格曼和匹兹无法预见，但充满教育意义的鸿篇巨著《城市设计艺术手册》1922年在纽约出版时，他们期望用这本手册去指导的浩大的美国城市主义运动已然到达了其影响力的巅峰。作为美国工业城市极具挑战性状况的一种进一步对策，《城市设计艺术手册》所倡导的方式代表着一种正在兴起的愿望——面对19世纪和20世纪初美国城市的快速扩张时期，以危险的放任发展为特征的增长模式所造成的混乱局面——对道德的、统一的、具有充分代表性的城市和城区场所营造方式的追求。[①] 随着城市体量不断扩张，城市美化运动（City Beautiful）的高远目标和美国建筑的文艺复兴（American Renaissance）繁荣起来。1902年麦克米伦（McMillan）的华盛顿特区规划和1909年丹尼尔·伯纳姆（Daniel Burnham）的芝加哥规划就是当时颇具代表性的项目。黑格曼和匹兹其实有充分的理由相信，他们只是处在一场城市形式真正普遍复兴的开端。但由于诸多原因，正如其他著者和学者详细阐述的那样，他们的主张在功能主义先锋、大萧条和第二次世界大战的冲击下，在随后10年乃至更短的时间内凋零枯萎，最终使得这本书淹没长达数十年。

从20世纪70年代新一代大西洋两岸的建筑师对《城市设计艺术手册》的"重新发现"开始，一批学者和设计教育者重新将历史城市作为一种后现代、新城市主义运动的核心。其中包括欧洲的克里尔兄弟和美国的安德鲁斯·杜安伊（Andres Duany）、伊丽莎白·普拉特－兹伊贝克（Liz Plater-Zyberk）、阿兰·普兰特斯（Alan Plattus）和雷·金德洛兹（Ray Gindroz）等人。《城市设计艺术手册》重新成为美国城市设计和公共空间营造研究复兴的关键指导。而此时美国的城市主义正在经历一场新的危机——史无前例的大规模郊区化，以及随之而来的资本主义晚期社会弊病，包括社会分裂加剧、结构性隔离以及认知层面上的城市特色和层次不足。这在许多批评家眼中是美国社会分裂与退化的现实表征。[②] 正是在这一背景下，1988年普林斯顿建筑出版社（Princeton Architectural Press）再版了《城市设计艺术手册》，并制作了精美的黑色布面书，辅以烫金的封面和书脊上的文字。在封面上，出版社改变了作者原来在书名中对"城市设计艺术"的强调，以"美国的维特鲁威"取而代之。新的序言共有3篇：莱昂·克里尔（Leon Krier）颇具争议性的序、普兰特斯见解深刻的序（在此次中文版中重印）和克里斯蒂安·克拉泽曼·科林斯（Christiane Crasemann Collins）回顾历史的文章。再版为这本书迎来了更广泛的美国读者。

对于涉身其中或接近后来新城市主义运动的人而言[③]，《美国的维特鲁威》的价值不仅在于历史资料汇编——特别是20世纪初的那些。这些资料对案例内容、比例和品质的探讨，以及关于美国对城市主义的独特贡献——通过世界博览会、大学校园、公共机构建筑群和市民中心等独特空间类型的创造和营建——已成为一种（不同于欧洲的）传统、未来传承的基础、取之不尽的宝藏。《美国的维特鲁威》的价值还在于其学术方法，即用可对比的比例和标准化的绘图方式进行分类和描述。这种方法在截然不同的历史时期和地理位置之间建立了有效的比较关联，通过对比分析能让读者更好地理解形式的特征。在它的启发下，出现了新一批以这本书为范本的出版物，包括阿兰·B·雅各布斯（Allan B. Jacobs）1993年的《伟大的街道》（*Great Streets*）、2001年的《复合型林荫大道的历史、演进与设计》（Boulevard Book），以及安德鲁斯·杜安伊和伊丽莎白·普拉特－兹伊贝克2003年的《新城市艺术与城市规划元素》（*The New Civic Art—Elements of Town Planning*）。[④] 本书至今一直是美国城市设计课程的教材。

---

① 到1922年，美国有50%多的人口居住在城市中，而100年前是7%。数据源于美国人口普查局。

② 如 James Howard Kunstler, The Geography of Nowhere, 1993.

③ 新城市主义协会（Congress for the New Urbanism）于1993年在芝加哥成立，其名称取自国际现代建筑协会（CIAM）。

④ Hebbert, Michael. "New Urbanism—the Movement in Context" in Built Environment, Vol. 29, No. 3, p200.

克里尔在普林斯顿出版社 1988 年版《城市设计艺术手册》所作的序言中问道："……如果各项证据表明，《城市设计艺术手册》对美国城市的形成现实和建造逻辑——及其后果和政治都影响甚微，那么究竟为何要再版该书？"[①] 在 25 年后的今天，或许我们要在克里尔的提问之后继续追问：为何要于此书百年之际，在中国重印？

中国城市在 1978 年以来持续快速扩张和发展，技术治理、经济和功能的规划理念是其中主要的决定因素。在这一大背景下，《城市设计艺术手册》所提出的核心问题或许比过去更为关键。《城市设计艺术手册》提供了关于人本主义和艺术因素的有力的正统论述，倡导建筑和基础设施在更大尺度上的秩序，从而形成总体大于部分之和的独特场所。同时它提出了或许是关于城市设计最重要、最具挑战性的问题：城市设计的基本单元应当是什么？谁应该对这些单元负责？迄今，《城市设计艺术手册》出版已过去一百年，卡米洛·西特（Camillo Sitte）在《遵循艺术原则的城市设计》（*City Planning According to Artistic Principles*）中（对现代前夕的城市）作出尖锐批判已有 133 年——这一批判首先由本书介绍到了英语世界——在中美两个国家，城市设计的最大单元依然在交通规划师的手中，一如 19 世纪末的情况。他们所关注的并非居民和市民的生活体验，而是抽象的效率概念。此外，建筑师近来的努力大部分集中在创造纪念性的、脱离文脉的标志性形式上。尽管场所营造在中美两国都以一种协商折中的方式推进，却往往落入私人开发商之手。他们开发的项目规模巨大，实际上应被视为街区。具有讽刺意味的是，在以纽约哈德逊城市广场（Hudson Yards）项目为代表的 21 世纪新自由主义发展逻辑下，私人的标志性（trophy）空间却以城市（公共）空间自居，装饰着昂贵的"公共艺术"作品，实则大多成为社交媒体上炫耀的打卡场景。它们并非为各阶层市民和机构代表之间的和谐关系而建，而是为了让业主出名、创造收益，或是出于解决某些政治问题的目的。这些割裂的空间造就了更为碎片化的城市和私人化的公共空间。在这场 21 世纪的当代城市危机中，本书仍然是一部与现实密切关联的设计指南，为我们展示出关于城市形成的思考和行动的有效指引。

① Hegemann and Peets, American Vitruvius, Princeton Architectural Press, 1988.

关于城市的反思与论述

哈罗德·施图灵格（Harald Stühlinger）

自从人类放弃游牧的生活方式之后，就从未停止建造聚居之地。关于城市的书籍提出了一系列问题：如何建造一座有效运转的城市，如何建造一座优美的城市，如何创造宜居的环境等。这些讨论至少在西方世界，都以两千多年前维特鲁威的《建筑十书》作为基础（正如本书的书名《美国的维特鲁威》所示）。

到15世纪初的文艺复兴时期，人文主义思想家回顾了维特鲁威，延续了古代建筑师们关于城市问题的探讨。在18世纪中叶，发展出了诸如法国的城市美化（embellissement）等概念，以改善和美化当时状况普遍不佳的高密度欧洲城市。直到19世纪，随着学科领域的分化，理论工具对城市急剧扩张为大都市的过程中出现城市问题的解决对策提出，发挥了突出作用。城市设计的第一部，也是最重要的一部手册是《巴黎漫步大道》（*Les Promenades de Paris*, 1867—1873），书中详细介绍了法兰西第二帝国从1854年到1870年间在首都实施的城市基础设施工程。

面向城市规划师和建筑师、市政机构，乃至各国政府的规划工作者的手册和指南，在各个国家的各个时期都有出版。值得注意的是，城市设计手册的鼎盛时期是在19世纪末到20世纪中叶期间，至少在西方世界是如此。其原因在于那时城市和大都市日新月异，包括城区扩张、建立新城镇（企业城、花园城镇、卫星城等）等。时至今日，我们仍能看到城市持续不断发展，有时繁荣、有时病态臃肿，而如今实施的城市设计项目对于重要的设计问题仍然缺乏恰当的答案。

设计手册从书店和建筑师的书架上消失了。原因之一可能是自19世纪50年代以来，工程技术领域的城市工程师们承担了城市建设中的主要任务。街道和广场、工程基础设施、居住区等，统统成为注重功能和理性的城市工程师的地盘。

第一次世界大战后不久，黑格曼和匹兹树立了编纂城市设计手册的目标，正如他们在书中所述，不去涉及任何工程技术问题。《美国的维特鲁威》这本书有两位先师：一位是前文提到的古罗马建筑师，亦是唯一流传至今的（西方）古代建筑专著的作者维特鲁威。另一位是苏格兰建筑师、活跃于18世纪前30年的建筑论述家、被尊为英国乔治亚建筑风格创立者的科伦·坎贝尔（Colen Campbell）。坎贝尔著有三卷本的《不列颠的维特鲁威》（Vitruvius Britannicus, 1715—1725），其中收录了从17世纪到18世纪初的英国建筑多个案例。黑格曼和匹兹，向这两位历史上的著者致敬，在他们300页的巨著中收集了1200余幅插图，并配以说明文字。这为从事城市设计和城市建筑创作的建筑师们提供了重要的索引。书中的大部分实例位于欧洲和北美，尤其北美案例占据重要篇幅。正如书名所示，它是为美国建筑师所撰写的。

黑格曼和匹兹写作这本书，是因为他们看到了美国城市混乱无章的状况，并希望通过历史案例提供一些解决良方。他们的目标之一是美化美国的城市景观，并认为会由此创造“城市设计艺术”（civic art），进而孕育出一种“市民社会”（civic society）。他们使用的civic一词，既有“城市”（urban），亦有“公共”（communal）之意。黑格曼撰写了本书的大部分内容。他深受奥地利建筑师、建筑理论家卡米洛·西特（Camillo Sitte）的影响，因而《美国的维特鲁威》的文字和许多插图都引用了西特的重要著作——1889年出版的《遵循艺术原则的城市设计》。

匹兹作为景观设计师和实践者，撰写了关于查尔斯·朗方（Charles L' Enfant）的华盛顿特区规划方案，以及委员会实施改造设计的一章。改造完工的时间恰逢《美国的维特鲁威》出版当年，华盛顿特区项目被认为是“城市美化运动”的代表项目之一，其建筑风格源于美国本土。在美国的现代主义者看来，《美国的维特鲁威》是一本关于“城市美化运动”的操作手册，所以被认为早已过时。这使得本书的第一版面世遭遇了糟糕的开局，并致该书被埋没 60 年。直到后现代的语境下，该书才于 1972 年和 1988 年重编。

城市设计作为一个科学和学术的学科，于世纪之交、在 19 世纪末和 20 世纪之初兴起。它与其他学科一样，筑于大量的术语、文章、教学和研究方法之上，以形成一门科学的学科。数十年来，知识的传播通过国际交流如会议和论坛，以及个体之间的思想交锋得以推动和实现。不仅如此，跨越国境的知识传播也通过学科的重要著作及其多语种的译本得到加强。这就是今天黑格曼和匹兹的巨著所达到的效果。它将以跨越历史、跨越文化、卷帙浩繁的内容给予读者启迪，邀请他们在汲取营养的过程中，对今天城市的本质进行反思。

译者序

十分有幸能够成为《美国的维特鲁威——建筑师的城市设计手册》一书中文版的译者之一。这本于1922年出版的书籍，今年迎来了它面世的100周年。在过去100年间它被再版了多次，长盛不衰，对城市设计学科的发展、专业人才的培养影响深远，迄今仍是美国城市设计诸多课程的教材之一。

与本书第一次结缘，是2008年我在耶鲁大学建筑学院做访问研究期间。那时我初到纽黑文，师从城市设计方向的阿兰·普兰特斯（Alan Plattus）教授，每周都去上他的"城市设计导读"（Introduction to Urban Design）课程。通过课程的参考书列表，我第一次阅读了本书。当时了解到书中有许多欧洲和美国的优秀城市设计案例，普兰特斯教授亲自写作了1988年普林斯顿重印版的序言。但感觉数十年前的英文语句晦涩，从句甚长，许多背景知识又不甚了解，只当是一本案例集成的古书。初觉历史案例亦有当代价值，值得我们再去学习回顾。

2011年我从清华大学博士毕业，前往瑞士苏黎世联邦理工学院建筑系城市设计与历史教席进行博士后研究。有缘的是，开展的课题研究名称为"城市设计元素的百科全书"（Thesaurus of Urban Design Elements）。一日清晨，课题组讨论完后，指导教授维多里奥·兰普尼亚尼（Vittorio Lampugnani）塞给团队3本书作为参考资料，其中一本正是本书。为了完成课题的研究任务，我重新仔细阅读了本书，记录并学习了书中所述的案例，也去了解案例建成时期的社会背景和设计思想，并以当时自己的学识水平和见解，捕捉隐藏在作者大段长句背后的掉书袋和潜台词，理解所以然和之所以然。此后书中的框架，关于广场、街道、花园等城市设计元素的分类，成为我和欧洲同事们启动城市空间元素研究的基础之一。书中的案例，从古罗马到文艺复兴再到美国案例，成为我们选取代表性案例的重要参考。2012年，我和同事专门到伦敦的档案馆查阅花园广场资料，为研讨课准备教学材料，花园一章亦是重要的参考文献。2018年，兰普尼亚尼教授团队的《城市设计舆图：广场、街道》（Atlas zum Städtebau. Band 1: Plätze；Band 2: Straßen）两册书籍出版，正是此前参与研究和研讨课教学的成果集结。书中的框架——广场、街道及其分类，不仅可被视为克里尔关于"城市空间的两个基本要素就是街道和广场"观点的延续，亦是早先以本书为代表的城市设计手册关于元素以及整体城市营建的案例经验的薪火相传。这让我由衷感觉到一门学科的知识体系传承的重要性，以及参与其中的荣誉感。正如兰普尼亚尼在《城市设计作为手艺》中讲道："……传承下来的一个系统的法则，是一门学科的基础。"

对《美国的维特鲁威》一书了解越多，就越觉得有必要翻译成中文版。其对大西洋两岸优秀城市设计案例的呈现和讨论，以及大量图纸的辅助说明，不仅具有史料价值和理论意义，对当代研究和实践参考亦有重要价值。城市设计学科的发展不仅可被追溯至1950年代哈佛大学的会议，或者19世纪末、20世纪初在欧洲蓬勃发展的城市设计科学以及手册，也应被回溯至城市作为人类聚居场所的数千年前。古希腊的希波丹姆斯规划和《周礼·考工记》中阐释的"匠人营国"原则，都对当下的城市空间塑造具有深远影响。中世纪形成的锡耶纳有机蜿蜒的城市肌理，也并非像一般误解所认为的那样完全是自然随机的产物，而是城市管理者珍视锡耶纳富有特色的"曲线美学""下决心要完善和发扬城市早期形成的不规则布局特色"的结果（Spiro Kostof）。本书呈现的海量历史案例，如文艺复兴广场和法国皇家广场等，有许多仍是当代城市中活跃的公共活动场所，有些则留下了充足的设计经验可供参考。正如兰普尼亚尼所言："为了至关重要的未来，我们可以并且必须诉诸过去已被证明有效的那些措施，而不必再去重新发明。"这在本书前面几篇精彩的序言中已得到充分阐释。

本书按照广场、街道、花园、建筑组群、作为整体的城市设计来组织案例，体现了城市整体可被分解为元素，不同元素构成城市整体的思想。这与罗西（Aldo

Rossi）在《城市建筑学》中引用迪朗（Durand）的授课笔记“正如墙体、柱子等是组成建筑物的元素，建筑物是组成城市的元素”用以阐释类型学的观点异曲同工。格雷肖姆（David Grahame Shane）称之为“元素主义”，即城市空间可被“分解组合和再构成”——解读和分析城市空间时可分别观察其元素及设计，实践时则可基于元素组合和类型转译启动设计。这正是克里尔所谓基于空间“形式”的“键盘”，城市设计师和建筑师只要按需“弹奏”，便能谱出美妙的城市交响曲的所指。

需要特别指出的是，本书着重关注了城市设计的欧美传承，以及美国对城市设计艺术的原创性贡献。首先，本书回顾了西特的《遵循艺术原则的城市设计》以及坎贝尔的《不列颠的维特鲁威》，表明本书写作和受到启发的欧洲源泉。其次，“维特鲁威”作为书名的使用，不仅表明作者对形式化、秩序性的城市设计艺术的推崇，更旨在向维特鲁威——古罗马时期第一本系统论述建筑书籍的作者致敬，指出对人本主义和设计艺术的追崇,在美国建筑师的实践中得到传承。最后，本书首次指出美国对城市设计艺术的贡献，如大学校园、城镇中心的布局等，具有重要的原创价值。这在第三章“美国的建筑组群”中进行了详细分析，被普兰特斯称为“美国城市设计的历史学家”还没跟上的“研究进度”，还需常常从书中搜寻“具有重要价值的作品及其图纸文件”。本书的传承和创新，对后现代以来的城市空间研究具有重要启示意义。2003年，美国建筑师和新城市主义代表人物杜安伊和普拉特-兹伊贝克出版了《新城市设计艺术与城市规划元素》，书名因袭了本书的“civic art”加以“新”字，并在序言中明确表明是本书工作的继承。笔者2013年在苏高工参与的“城市空间元素的百科全书”研究课题，亦是新世纪欧洲相关研究的继往开来。

近几十年来，中国城市经历了飞速的发展时期，产生了大量独特的城市空间。本土独特的城市空间亟需得到梳理，并作为对城市设计的原创性贡献纳入全球谱系。本书对城市设计元素的分类与组合，对美国原创性城市空间的阐释，都为中国研究提供了一种切实思路和参考。诚然，当代中国的城市空间并非尽善尽美。正如100年前本书梳理的美国城市空间元素如世博会、摩天大楼和公园体系等，当时同样充满争议。但黑格曼和匹兹对美式建筑组群作为原创性城市元素的洞见认知，丰富了城市空间类型和元素研究的理论框架，并预见了美国原型对全世界的城市空间面貌即将带来的深刻影响。这在到处可见的CBD高层建筑群、郊区别墅区、中国的大学校园等城市片区中可见一斑。

本书的中文版面世得到了大量老师、同行的帮助和鼓励。翻译书籍并不计入考评，本书体量甚大，超过60万字、包含跨越数千年的数百案例，工作量大且有相当难度,几位好友都曾劝本人不要翻译。犹豫再三，阅读本书之际，除了所获专业知识，还被本书和两位作者饱经沧桑的命运深深触动。100年来，本书刚面世时反响尔尔，但数十年后历久弥新，被多次回顾，学术价值远超许多近年作品。虽本人才疏学浅，但有缘参与本书的中文版之旅，备感荣幸。翻译时尽力补足书中作者默认为读者已有背景知识而语焉不详的部分，希望能减少读者对于我当年阅读的盲人摸象之感。如能因此书获得些许读者或者学生对城市设计或历史的兴趣，便觉与有荣焉。限于能力精力，还有许多不当之处，请各位老师和同行批评指正。

自2015年翻译工作启动以来，始终得到耶鲁大学阿兰·普兰特斯教授的肯定、支持和鼓励，并于今年授予序言的中文版权，邮件致谢我完成中文版的翻译工作。在此对普兰特斯教授致以最真挚的感谢！特别感谢尚晋在翻译全程中付出的时间和精力！感谢安德烈·哈韦尔、哈罗德·施图灵格为本次中文版专门写作序言！感谢刘刊、盛景超、黄景洋、徐易佳、杜若楠共同完成翻译工作，感谢尚晋、严维枅、相龙完成校对！感谢司桂恒在第五章案例部分的参与！特别感谢金秋野教授在本书启动初期的资助！衷心感谢中国建筑工业出版社李鸽主编和陈小娟编辑的严谨工作、帮助和极大耐心！感谢家人对我工作一直以来的支持和理解！

2022年12月7日 于北京清华园

目　录

引　言

维尔纳·黑格曼　埃尔伯特·匹兹

这本书的缘起和写作目的，或多或少有各种外部条件，读者有必要了解它们，并将其作为阅读的前提，甚至是本书的一个介绍。其中作者认为最重要的一个外部条件，就是外界的帮助。这本书的工作，起源于哥伦比亚大学的埃弗里图书馆。那里丰富的馆藏资源，被允许最大限度地利用，对许多古老的平面图和版画进行拍照。书籍工作在密尔沃基继续开展。那里公立图书馆的员工，在相关材料寻找、复制和出版许可方面给予了莫大帮助。还有芝加哥的约翰·克里勒图书馆（John Crerar Library），也为我们提供了许多帮助。此外，每一本用英文记录、和历史沾边的书籍，都受益于大英博物馆那资源极其丰富的图书馆。这本也不例外。

作者同样也得到了很多人的无私帮助，尤其是建筑师和城市官员们。他们慷慨地给予作者帮助，其中只有一小部分在说明中特别指出。在他们当中，最值得感谢的是来自圣路易斯的赫尔丁和博伊德事务所的弗朗茨·赫丁先生，他为此书贡献了一系列钢笔画，是本书宝贵的美学财富的重要组成部分。

尽管在所需之时得到了如此慷慨的帮助，并且已经有了数量可观的配图，但作者们还是十分清楚，他们所呈现的仅仅是城市设计艺术的一角。他们所采取的方法态度并不强调大而全。本书的目的，既不是构建一部城市设计艺术的历史，也不是为实践构建一个全面的理论，亦不是提供城市设计艺术现状的完整记录。本书的目的是做一部汇编，一个城市设计艺术的代表作的集合，辅以文字和说明的分类和解释，以最好地阐释每一个设计案例的特殊性和重要性。有些时候，将某一特定学派或城市的案例放在一起，通过它们的累积效应，似乎能够最好地呈现每个单独案例的美妙之处。在其他情况下，具有可比性或者对比性的案例，几乎是从不同时期和不同地点随机选取的，以表现艺术原则的普适性，并证明只要有解决困难的意志，任何困难都有艺术的解决方案。

在现代美国案例选取中，一些有趣的设计有时会被舍去，因为无法找到作者希望展示作品令人满意的配图。某些情况下，选取一些特别知名的设计作品来加强论证，或是用来强调一些只能通过仔细观察对比才能解释的要点。而在其他情况下，会特意选择一些名气较小的案例，比如说有些是作者希望忝列其中的拙作。那些清楚这部巨著背后浩大工作量的人，是不会吝惜给作者一分敬意的。这也是两位作者对读者的恳求。

图面的大小并不总是反映作者对该案例重要性的判断。它往往受限于翻印原图的尺寸。一些图纸是作者购买或是借用的，一些来自作者及其朋友之前出版的著作。还有很多情况是，在制作“副本”的过程中，复制稿为了适应版面而被缩小。

无论在文本还是在图注中，除了那些对于解读所讨论的案例至关重要的事实，作者没有刻意追求学术的完整性或历史表述信息的准确性。例如“意大利文艺复兴”一词在使用时，并不避讳其无法准确定义的问题。同时，所有哥特复兴时期之前的美国建筑，都被简单地归类为“殖民建筑”。在整理参考文献和引用出处的时候，作者的目标是记录尽可能少的必要信息——只需在更完整的参考文献和说明的帮助下，可以追溯配图的源头即可。在索引之前的书单，仅仅包含了文中所用的配图出自的著作名称。

如果耐心还能延长片刻，那么作者们还想再说几句关于自己的事情。合作的一大优势就是，每个合作者都有不同的看法和不同的表达方式，这往往会产生更好的结果。但是如果在合作者不断磨合和筛选后分歧仍然存在，那么必须选择其中一方观点纳入书中。这样做的后果是，其中一位作者之后的著作中的表述可能会不一致。所以在此最好说明的是，除去最后一章，这些文字都是由较年长的那位作者（指黑格曼）起草的。然而无论是形式还是内容上，两位作者都尽力借文字表达出他们的共识。可正是由于想法的完全一致对于如此广阔的领域而言绝不可能，特定章节中所表述观点的很多细节，都和年轻的作者（指匹兹）无关。本声明对于第一章尤为重要。对于图注，每位作者的责任大致相当。有许多绘图和平面图虽由一名作者署名，但从理念来看是合作的产物。

此篇“前言”如果仅仅只是解释和致谢是不完整的。在这里还要特别感谢温泽尔先生和克拉科夫先生的无私奉献和一直以来的宝贵援助，以及对本书的实用性的信念。正是这一点，让他们支持着我们对原定计划的不断延期。他们的友谊不失为作者完成本书的一大回报。

图 1 霍华德城堡，封建时代的市民中心

前景中的象征人物如今出现在大厅和会议室的墙面上。约翰·范布勒爵士（Sir John Vanbrugh）1702 年设计。（出自：坎贝尔《英国的维特鲁威》）

第一章

城市设计艺术的现代复兴

本章所附插图主要来自卡米洛·西特的教学讲义，这也是他教学的基础（本章基本上是其著作的概要）。它们大多出自西特著作的法语版。其他图片一般都会指明出处，构成对西特插图的补充，或是来自一些我们所知对他颇有影响的代表性设计。也选取了一些西特本人的作品，及其追随者的设计。小的广场平面图基本上都以每1英寸为330英尺（约1 : 3960）的比例呈现。

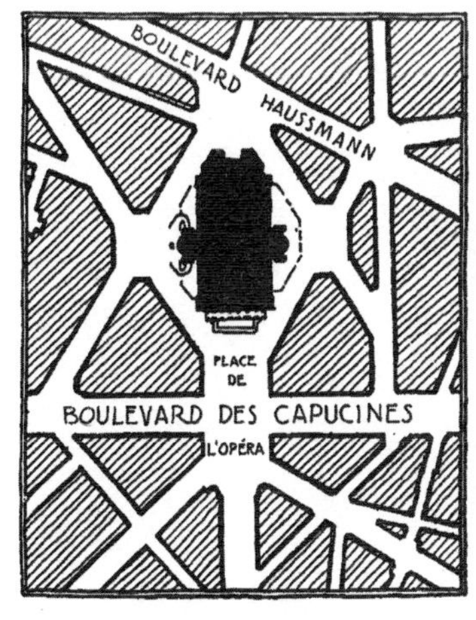

图 1–1　歌剧院周边
工程设计型的交通中心。
见加尼耶的评论。

图 1–2　巴黎歌剧院鸟瞰

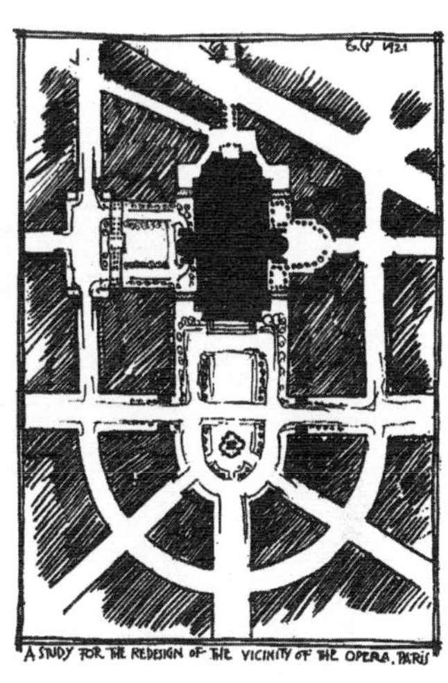

图 1–3　巴黎歌剧院周边
重新设计研究

城市设计艺术是古典、中世纪和文艺复兴时期的活的遗产。然而，在20世纪美国踏上其辉煌的建筑成就康庄大道以前，城市设计艺术在19世纪经历了一个明显的衰落时期。其复兴始于一个相对较晚的时刻：那些获得过多赞誉的案例，诸如美国城市惯常使用的网格规划，以及奥斯曼（Baron Haussmann）的巴黎、朗方（L'Enfant）的华盛顿那样的对角线（或三角形）和放射状的街道规划，使得纪念性建筑颇难布局。尽管许多现代评论家对网格体系的批评非常苛刻，他们往往还是理性地支持对角线或放射状的系统，特别是在美国。然而，放射状或三角形的系统与网格体系存在相似之处——它们都有实用性的优点，但在美学效果上都有不尽人意之处，需要在设计中加以细致、有品位的处理。比如费城、雷丁（Reading）和曼海姆（Mannheim）的最初规划，巧妙设计的网格体系产生了迷人的可能性。评论家们不该忽视这些，而仅仅认为奥斯曼的巴黎之作才是完美无瑕的。

实际上，与奥斯曼工程设计相关的学生，常常谴责这项工程耗费了巴黎20亿法郎。这方面最有意思的记录是1878年夏尔·加尼耶（Charles Garnier）所作的尖锐批评。这位伟大的巴黎歌剧院设计师，指责奥斯曼男爵的方法未能给歌剧院提供满意的布局环境（图1–1、图1–2；更多插图见下章）。加尼耶有一部分颇为动人的言论值得引述。作为巴黎美术学院（Ecole des Beaux–Arts）的明星子弟，他的话对那些认同巴黎美院传统的美国建筑师有特殊的分量。为了理解奥斯曼在歌剧院场地上所致的失败何其巨大，在阅读加尼耶的批评之前，可以先看看如下这段历史：提埃尔（Thiers），在就任法兰西共和国首位总统不久前，在一次令人难忘的、反对奥斯曼城市规划的演说中，抨击他仅仅在歌剧院的场地准备上就花费了3000万法郎。奥斯曼的工作，主要以军事、卫生和工程性为目标，如果还要从美学的角度去评价，那么加尼耶的音乐学院布局就是其中最具雄心的一笔。

这座建筑屹立在由奥斯曼精心布置的场地上，而它的建筑师（加尼耶）要对奥斯曼的美学成就作出如下评价：

“无论古代的还是现代的，我不知道哪座有纪念意义的建筑，有比新歌剧院更恶劣的环境！有些建筑观看的角度被遮挡，有些被隐藏起来，还有一些要在陡峭的山上，或是深沟里；但无论它们的环境如何，至少不会与所在的环境相互冲突，其周边不总是不规则的，也不会周围都是高大的房屋而使之相形见绌，其前面、侧面和背面的视野不会总是位置杂乱、错综无序的平庸建筑，要么太小无法让建筑施展，要么大得让它尺度失衡！简而言之，歌剧院被塞到一个洞里、推到了背地里、埋在

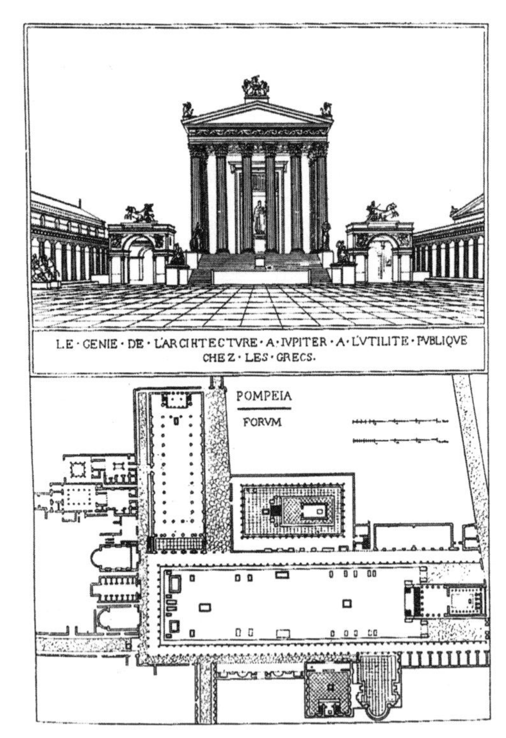

图 1–4 庞贝新广场

复原的透视和平面 [出自库森（J. A. Coussin），1822]。西特发表的复原没那么有吸引力，但很可能更准确。他把广场周围的柱廊做成了两层。

图 1–6 乌菲齐门廊（Porticao Degli Uffizi），乔治·瓦萨里（Giorgio Vasari）设计，1560 年

这座大门面向河流；带柱廊的庭院另一侧面向绅士广场（Piazza della Signoria），如图 1–5 平面所示。

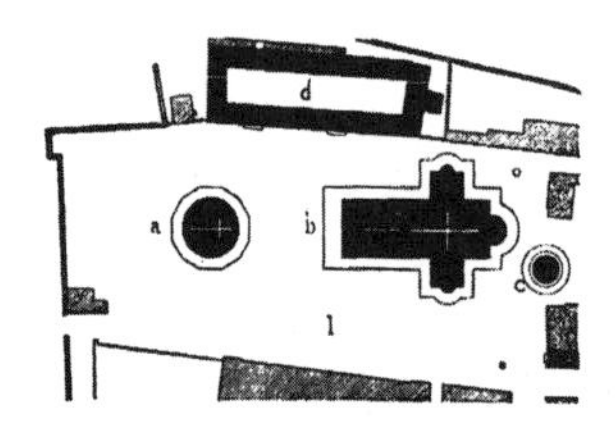

图 1–7 比萨大教堂广场（Piazza del Duomo）

最精美的塔斯干罗曼（Tuscan Romanesque）时期建筑群，约建于 1063—1280 年。洗礼堂（a）位于大教堂入口的轴线上（与佛罗伦萨的相同），距离大教堂约 200 英尺。机动车不得进入有草坪的广场。局部围合为高墙。纪念墓地（Campo Santo，d）的透视见图 5–108。

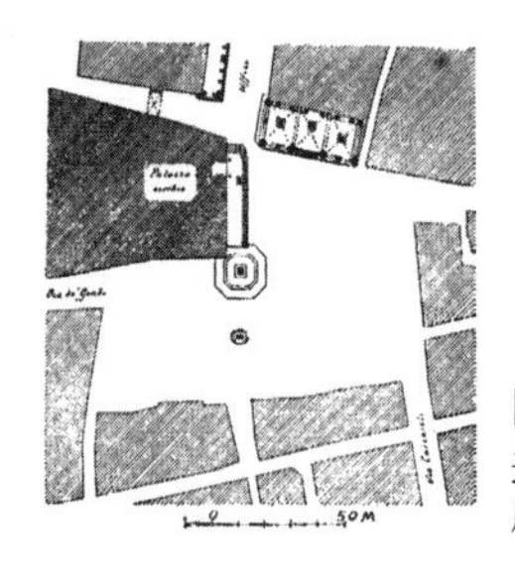

图 1–5 佛罗伦萨绅士广场（Piazza della Signoria）

这个广场是米开朗琪罗曾提出一个在四周用拱廊接续佣兵凉廊（Loggia dei Lanzi，见图 4–157）的方案。（出自布林克曼）

了石场里！而且，真的，倘若我没有对奥斯曼先生的伟大成就怀有如此真心的仰慕，那我就应该对他愤慨万分！但是，他把绍塞–昂坦（Chaussée–d'Antin）地区切成了三角形的碎片，并在卡布奇纳大道（Boulevard des Capucines）放了一大堆东西，又在奥斯曼大道（Boulevard Haussmann）本该补上缺口的地方挖了个口子。在此之后，我有时间让自己平息下来，只能如此安慰自己：几百年后，会有一位完人来到巴黎，他将渴望（和我们今天一样）解放巴黎过去时期的纪念物，要将这座歌剧院释放出来。受到今日的启发，其手段就是把整个地区推平！……

"不论未来的巴黎如何，今天的这座歌剧院无疑是放错了位置。建造它的地方前面窄、后面窄、中央肚子凸起。这样一来，围合场地的建筑就必须顺着它的轮廓，看上去就像个铺路机插着双臂的样子。此外，更糟糕的是，场地有个侧坡，迫使本就怪怪的围合建筑随着下坡的方向往下延伸，无所适从。它们不但没有给纪念物（歌剧院）提供框景，反而产生了在沙龙的正中心需要一定角度支撑的图片效果。"

加尼耶接着说下去，无意中流露出在他的时代关于城市规划特征的一些观念。这将在本章的后面提及，颇为有趣。他以下面这段话作为结尾，调侃了建筑师在推敲需要使用的场地时，经常不能拥有足够的影响力：

在 1861 年这些方案被带到杜乐丽（Tuileries）时，"非常肯定，我被咨询了至少 5 分钟"，加尼耶说。皇帝问加尼耶对场地的意见。加尼耶对"所有住宅街区都做成三角的形式"感到遗憾。皇帝表示同意，并斥责奥斯曼过于热衷，"该死的"（fichus）。"陛下甚至亲手给周边的规划画了一个小草图，去掉了斜街、换上了长方形的广场。而我感到有了这种皇家的庇护，方案肯定会为之一变。"然而这些三角形还是建起来了。当加尼耶在 1862 年皇帝单独考察工作之际表示抗议时，"陛下拿破仑三世是这样回答我的：'无论朕说了什么，无论朕做了什么，奥斯曼做了他想做的！……'想到这些，也许最高权力的意愿都是这样实现的吧！"

巴黎歌剧院场地的问题将在下一章再次涉及。

朗方的华盛顿规划始于 1791 年，正好与"艺术家规划"（plan of the artist，1793）处在同一时期。奥斯曼规划中，一些好的设想出自前者。除了国会大厦、华盛顿纪念碑和白宫那些值得称道的场地之外，规划也为喷泉、纪念建筑和公共建筑专门保留了场地，它们的形状甚至比奥斯曼的歌剧院场地更加怪异。加尼耶对这种异形场地缺陷的洞见，并没有阻止现代城市规划师效仿朗方和奥斯曼的做法。直到最近，美国还有无数大城市的行政中心设计，将重要的建筑放在同样糟糕的地方。相似的败笔在 19 世纪的欧洲也屡见不鲜。

尽管加尼耶和许多同时代批评家的短暂抗议徒劳无功，但这可被认为是在 1889 年出现的、对 19 世纪城市规划全面批判的先兆。那时西特出版了《建筑师关于艺术性城市规划的笔记与思考》（*An Architect's Notes and Reflections Upon Artistic City Planning*）。它对所有的城市规划思想都产生了深远、持久的影响，并很快被奉为经典。该书被多次再版，最后一版于 1918 年出现在巴黎（法语第二版，L'art de batir les villes; notes et reflections d'un architect）。法语翻译卡米耶・马丁（Camille Martin）在序言中指出，在某种意义上西特的书对法国和许多其他国家而言，都已成为新"城市设计"（urbanisme）的起点。"Urbanisme"是法语新创造出来的一个词，指建造城市的艺术。法语版序言还称，西特的书即使在今天也保留了 30 多年前首次出版时的价值和适时性。不仅对法国是这样，书里关于城市规划的讨论几乎在上一代人中非常匮乏。而且对美国也是，大约自 1893 年起，美国对城市设计艺术作出了颇具价值的贡献。

由于没有西特那本书的英译版，所以在这里将尝试对其进行概括，并附上最新法语版中有趣的平面和透视。从这个概述中，美国建筑师可以总结出，还可以从卡米洛・西特那里学到多少东西，以及在多大程度上必须将其视为那个时代的产物进行评价。

该书研究了过去几百年间城市形成独特美学魅力的原因，并认为那出自布局建筑的古老方法。该方法不幸已被世人遗忘。这通过法国译者所谓的"勇气与热情"（verve and enthusiasm），体现在大量理论和实践案例上。

像庞贝（图 1-4）那样的古罗马广场，以及佛罗伦萨、比萨和锡耶纳（Siena，图 1-5~ 图 1-12）的广场，构成了布置得当的、精心设计的前广场。自然而然地，这样的广场也为雕像提供了良好的放置之所。现代的常规做法偏爱将雕像单独立在中心，往往会挡住有价值的建筑立面和主入口。而过去的城市建筑设计师要么把雕像对着广场的墙放置，保证一个有效的背景；要么与精心挑选的景观视线和广场的美学重心构成仔细推敲的关系（见图 1-5 和图 1-14~ 图 1-17）。

图 1-14　罗马纳沃纳广场（Piazza Navona）

这座广场可以回溯到古罗马时期，那时这里是一座圆形广场。文艺复兴时期曾有方案想用和谐的立面包围广场，但未能实施。狭长的区域被三座池底很低的大喷泉有节奏地划分开。据说广场曾在酷暑时放满水，用于乘船游乐。（出自布林克曼）

锡耶纳，阶头圣彼得教堂（S. Pietro alle Scale）

圣维吉利奥教堂（S. Vigilio）

阿巴迪亚教堂（V. di Abadia）

普罗文扎诺圣母教堂（S. Maria di Provenzano）

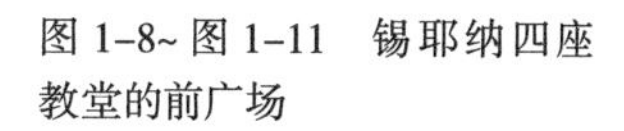

图 1-8~ 图 1-11　锡耶纳四座教堂的前广场

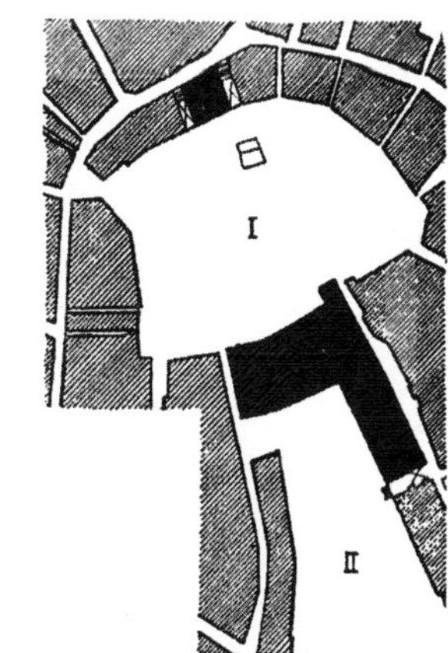

Ⅰ维托里奥・埃马努埃广场（Piazza Vittorio Emanuele）
Ⅱ旧市场（Mercato Vecchio）

图 1-12

图 1-13　锡耶纳田野广场（Piazza del Campo）和旧广场平面和透视

主广场位于三座山中间一个天然的圆形剧场。沿山脊和山谷的街道呈放射状进入广场；有些通过台阶与广场相连；大部分街道入口都由桥连接；市政厅占据着两个封闭的广场。

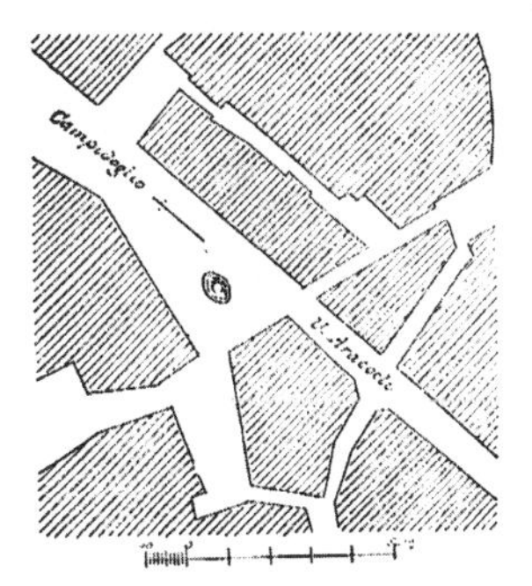

图 1-15

由德拉波尔塔（della Porta）设计。位于卡比托利欧（Roman Capitol）脚下；充分利用了尖锐的街道交叉口。

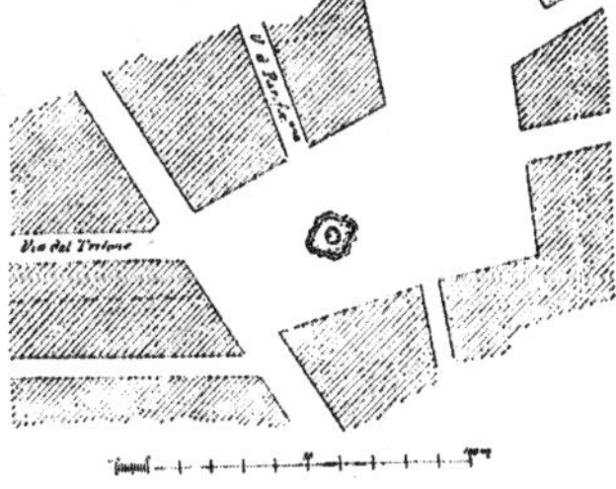

图 1-16

贝尔尼尼（Bernini）设计，位于两条街道轴线的交叉点上（图 1-15、图 1-16 出自布林克曼）。

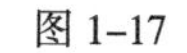

图 1-17

多那太罗（Donatello）的青铜骑马像从广场最重要的两个入口望去犹如空中的剪影。虚线标出了旧墓地的边界。

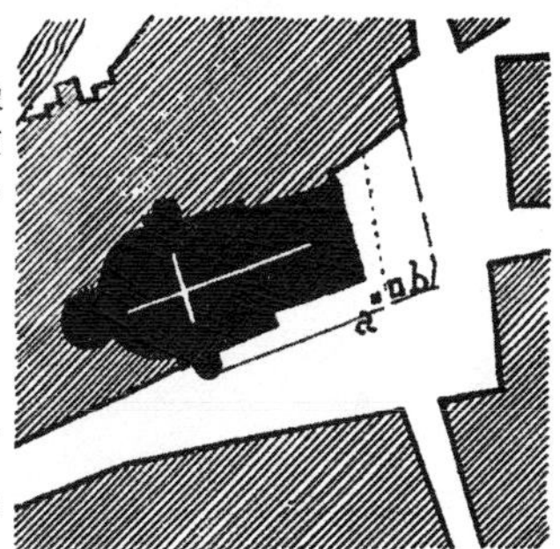

帕多瓦（Padoue）圣徒广场（Piazza del Santo）

a. 立柱；b. 加塔梅拉塔（Gattamelata）雕像

公共建筑前均设有广场，或被广场包围。没有它们就无法充分领略重要建筑的风采。关于主体建筑与广场边界建筑的关系，西特认为主体建筑需要与周边建筑构成有形或看似有形的联系，若与周边建筑毫无关系则会破坏它的尺度和效果。在罗马的255座教堂中，西特认为有249座都与周边建筑相关，而只有6座是独立的。这种与周边建筑的有形联系，会自然而然地将外表的装饰集中到1~2个立面，而不是4个，从而使主体建筑显得更加雄伟。在现代条件下，当有宽敞土地可用时，还可通过密集种树来保证相似的联系和衬托，最好是沿着某种形式的外形，靠近希望营造布景的建筑（图1–18、图1–19）。

为了保证效果，需要布景的建筑（通常是公共建筑），其前广场的边界看上去必须是连续的，以创造出一块看似闭合的空间来展示主体建筑。古代常用连续柱廊来围合建筑的前广场。在中世纪和文艺复兴时期，建筑师找到了不同的方法，也能达到同样的效果。关键在于不要让街道随便切入广场，除非当观察者站在广场中朝着以广场为前空间的重要建筑望去，街道“与他的视线方向垂直”时，那么街道才被允许接入。

广场的角部最需要围合感。所以在大多数情况下，最多只有一条街道可以从角部进入广场；其他街道要在到达广场之前被阻隔，或被转向不与广场平行的角度。要达到的控制效果是，广场中几乎没有一个地方能看到边界上超过一个开口。（图1–20~图1–26、图1–5，图1–34D、J和T）假如违反了这项规则，街道进入广场、打破了边界，那就要让它们很窄，使缺口不那么明显。

另一种闭合广场的方法是，直接用拱门挡住不需要的街道开口。这些拱门通常会构成邻近建筑设计的一部分（图1–27~图1–33）。

随着现代街道的拓宽，营造闭合效果的需求变得越来越突出，至少是在某些广场局部。今天的街道宽度，在过去可能足以作为一个大型公共建筑的前广场的大小。随着街道变宽，现代广场的尺寸激增。这会增加建筑和广场创造令人满意关系的难度，用拱门遮挡广场围墙上被街道打破的缺口，也会变得更加困难。

衬托公共建筑的广场应当是横长或纵深的。同一个广场在同一时间可以被称作横长或纵深，这取决于它与同时看到的建筑的关系，即主体建筑是处在广场的长边或短边上。在一座高大于宽的建筑前，比如一个带钟楼的教堂立面，一座纵深的广场是合适的；对于宽大于高的建筑，比如维琴察的巴西利卡（图1–63、图1–34 O），一个横长的广场就恰到好处。过小的广场不会衬托出高大的建筑，而是会堵住它。现代以来采用的巨大广场，常常使周边建筑显得矮小，使它们看

图1–18　特里尔（Trier）莫奈斯别墅（Villa Monaise）A
（见图1–19注）

图1–19　特里尔莫奈斯别墅B
这座小城堡建于1780年。这是奥斯滕多夫（Ostendorf）对建筑周边环境的研究，如上图所示，今天它是没有限定的。这一效果变化与西特希望避免出现毫无关系的独立场地以保证公共建筑的布局环境是相似的。

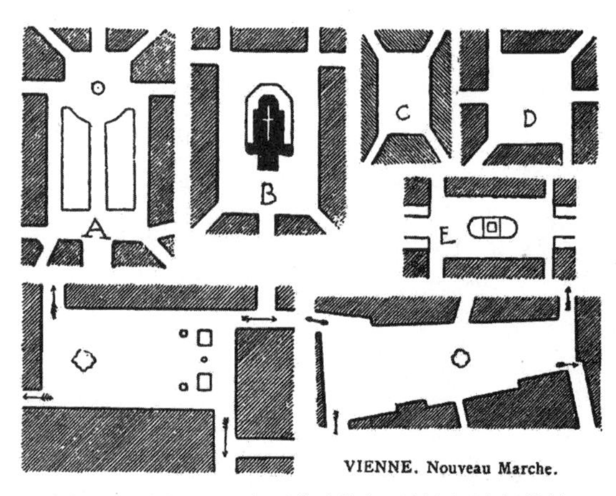

图1–20~图1–26　与西特建议相反的原型广场设计
剖面A–E表明广场的围墙被过度打破。维也纳新市场的规划及其左侧的西特方案包含让广场围墙看上去闭合的建议。不过，可以说即使在从A到E类的广场中，也能通过统一的建筑与密林和灌木的结合创造出令人满意的单元。

图 1-27　维罗纳，香草广场

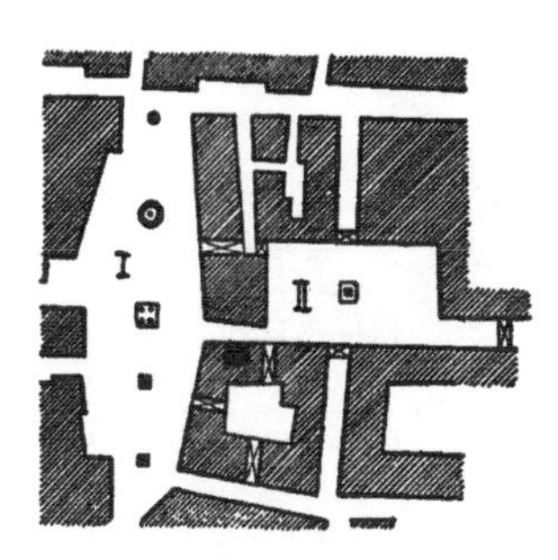

维罗纳（Verona）
Ⅰ 香草广场（Piazza Erbe）
Ⅱ 绅士广场（Piazza della Signoria）

图 1-29
维罗纳香草广场平面和透视，西特以它作为不规则平面在地上看似规则的典型。参照图 1-92。香草广场和绅士广场（图 1-28）构成了一个城市中心，周围是历史建筑。

图 1-30　伯尔尼钟塔透视
这座钟塔原来是一座城门，如今矗立在城市中心，完全封闭了主街（杂货街，Kramgasse）的视廊，使带柱廊的大街获得了优美围合广场的特征。

图 1-32　布鲁塞尔大广场（Grand Place）
紧邻市政厅左侧是一座半跨在查尔斯·布尔斯大街（Rue Charles Buls）上的小建筑。在仓促拓宽的街道破坏了市政厅的美学衬托后，它在这里被重建起来，以减少广场围墙中的间隙。

图 1-28　绅士广场
平面见图 1-29。意大利有许多广场将支配性重要建筑的母题延伸到两侧的街口上，这座广场就是其中一例。

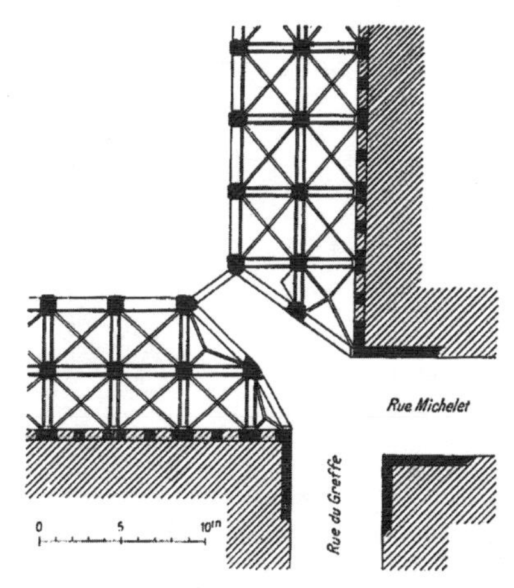

图 1-31　蒙托邦（Montauban）；市场广场入口拱门平面
出自布林克曼，他将建于 1144 年的蒙托邦称为罗马帝国灭亡后欧洲第一个规则布局。

图 1-33　蒙托邦
弗朗茨·赫丁绘。平面见图 1-31。

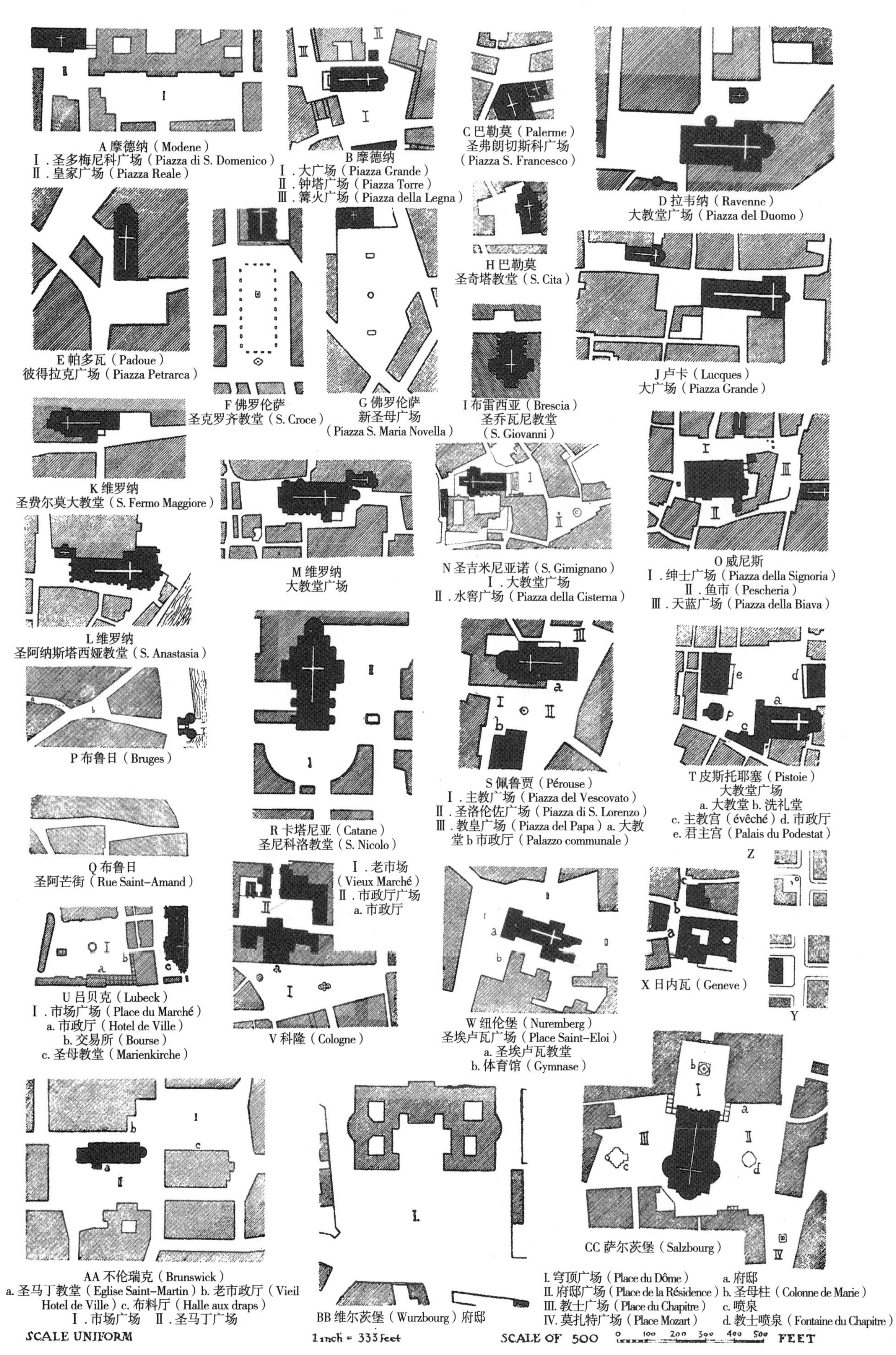

图 1-34~图 1-62（A-CC） 统一比例的 29 个平面，出自卡米洛·西特

图 1-63 维琴察，绅士广场

平面见前页 O 图。从与帕拉迪奥的巴西利卡的关系看，这是一座“横长”广场，从与前突钟塔的关系看是一座“纵深”广场。这样就和两根柱子一同形成了更小的过渡性广场，与天蓝广场相连。

图 1-64 斯特拉斯堡，大教堂

（Strasbourg，Cathedral）

缝纫街（Rue Merciere）直通大教堂中央入口。这个效果很好，因为街道又窄又短（见图 2-192 平面），两侧排列的房屋也不太高。这样西立面上高度对称的中部特征就能控制这里的视线。假如街道再长一点、宽一点，不对称的钟塔和透视的缩小就会成为干扰因素。

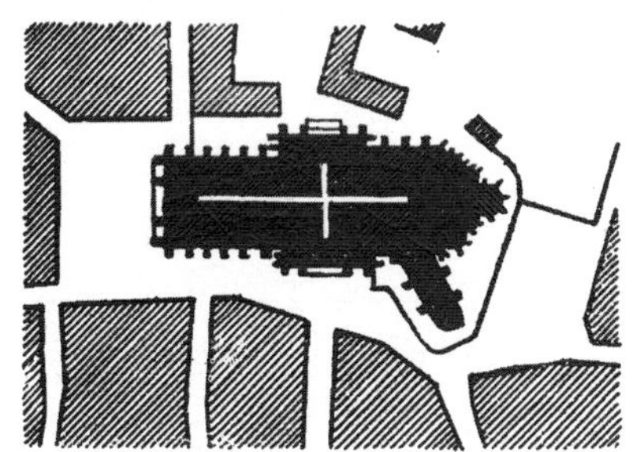

A 亚眠大教堂（Amiens Cathédrale）

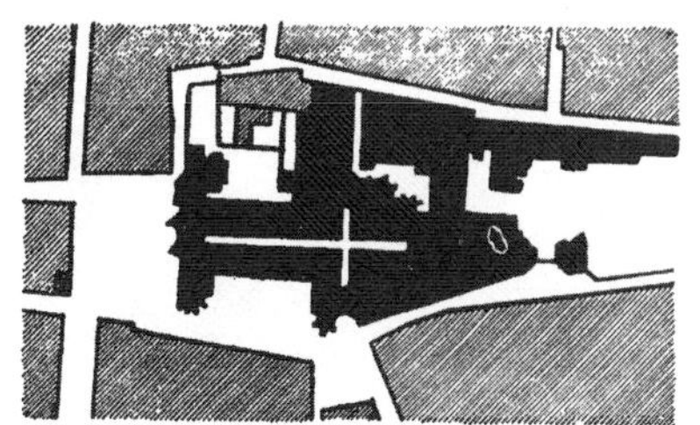

B 鲁昂大教堂（Rouen Cathédrale）

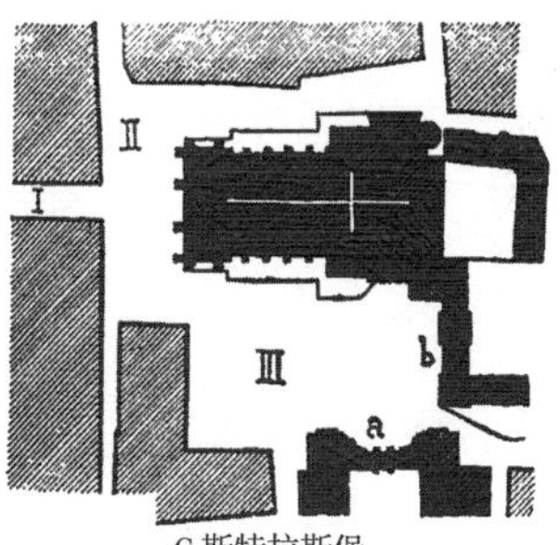

C 斯特拉斯堡

Ⅰ. 缝纫街 Ⅱ. 穹顶广场

Ⅲ. 要塞广场（Place du Château）

a. 罗昂堡（Château de Rohan） b. 高中（Lycée）

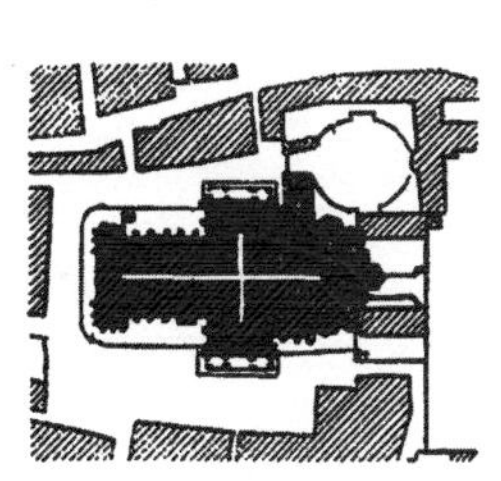

D 沙特尔（Chartres）大教堂

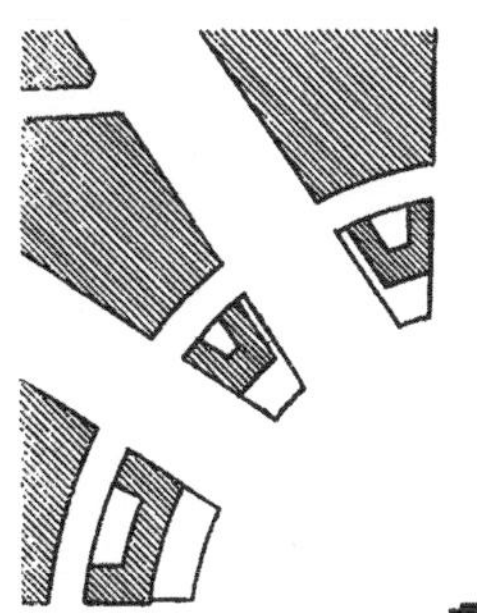

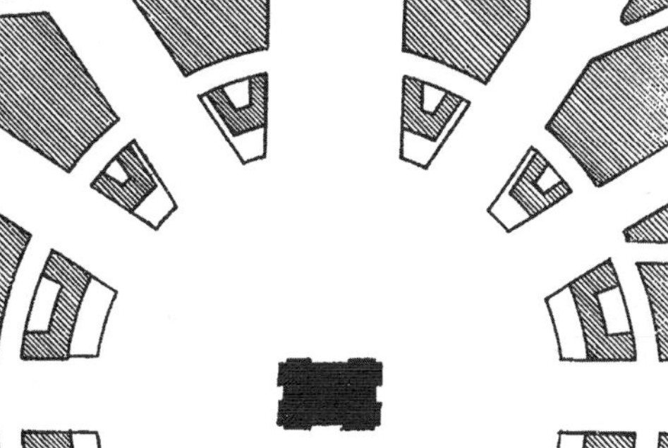

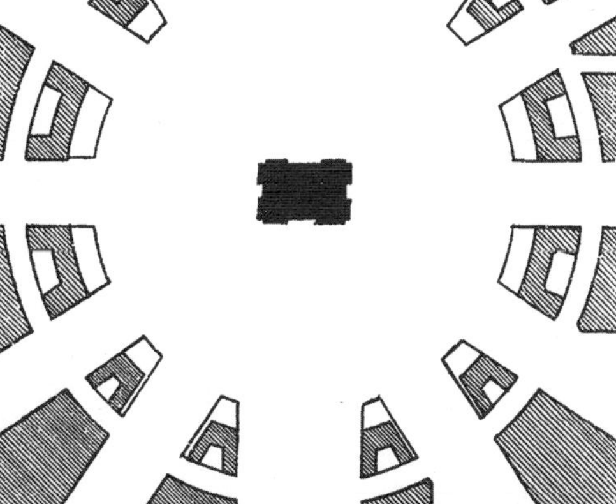

F 巴黎星形广场

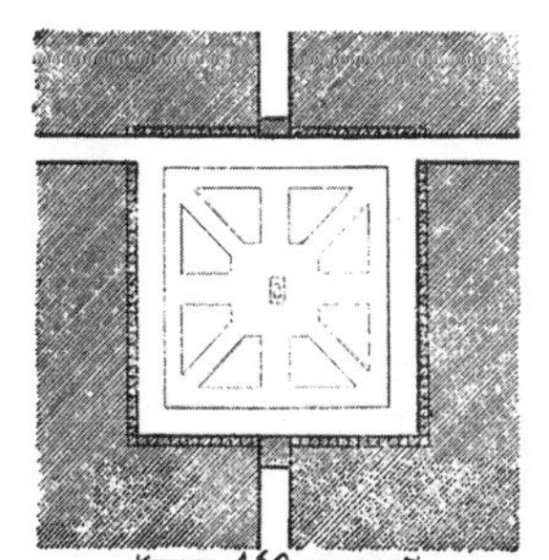

E 巴黎孚日广场（Place des Vosges）

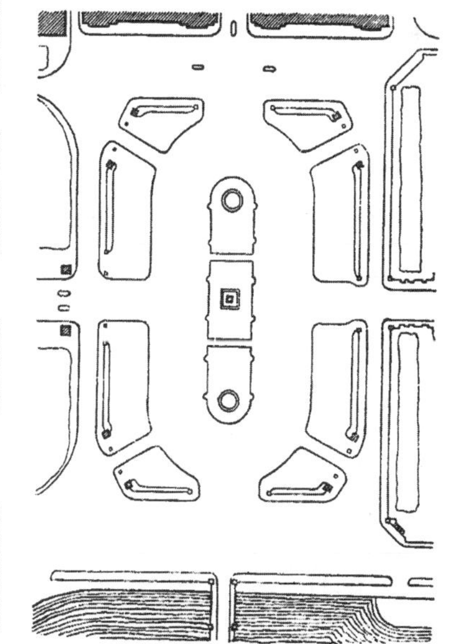

G 巴黎协和广场（Place de la Concorde）

0 100' 200' 300' 400' 500'

1 IN. =333 FT.

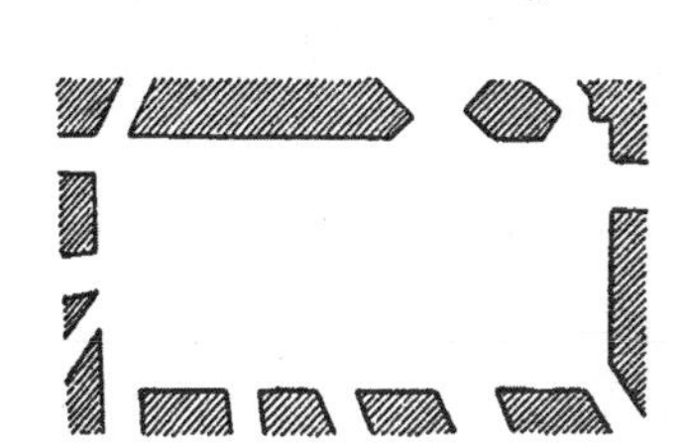

H 马赛圣米歇尔广场（Place Saint-Michel）

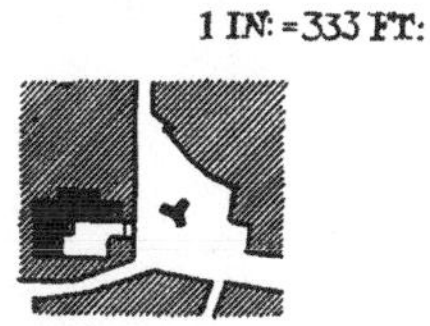

I 鲁昂皮塞勒广场

（Place de la Pucelle）

J 斯特拉斯堡圣多马教堂

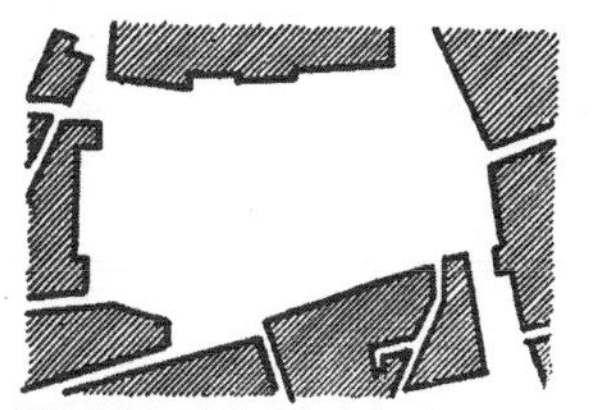

K 斯特拉斯堡克莱贝尔广场（Place Kleber）

图 1-65~图 1-75（A-K） 卡米洛·西特的 11 个平面

除图 E 外，比例都是统一的。中间的星形广场（Place de l'Etoile，透视见图 2-83）和马赛圣米歇尔广场被作为广场围墙分割过多的反例。对于圣米歇尔广场，围合建筑的这种缺陷是通过在内区周围密植树列来弥补的。星形广场平面是颠倒的。

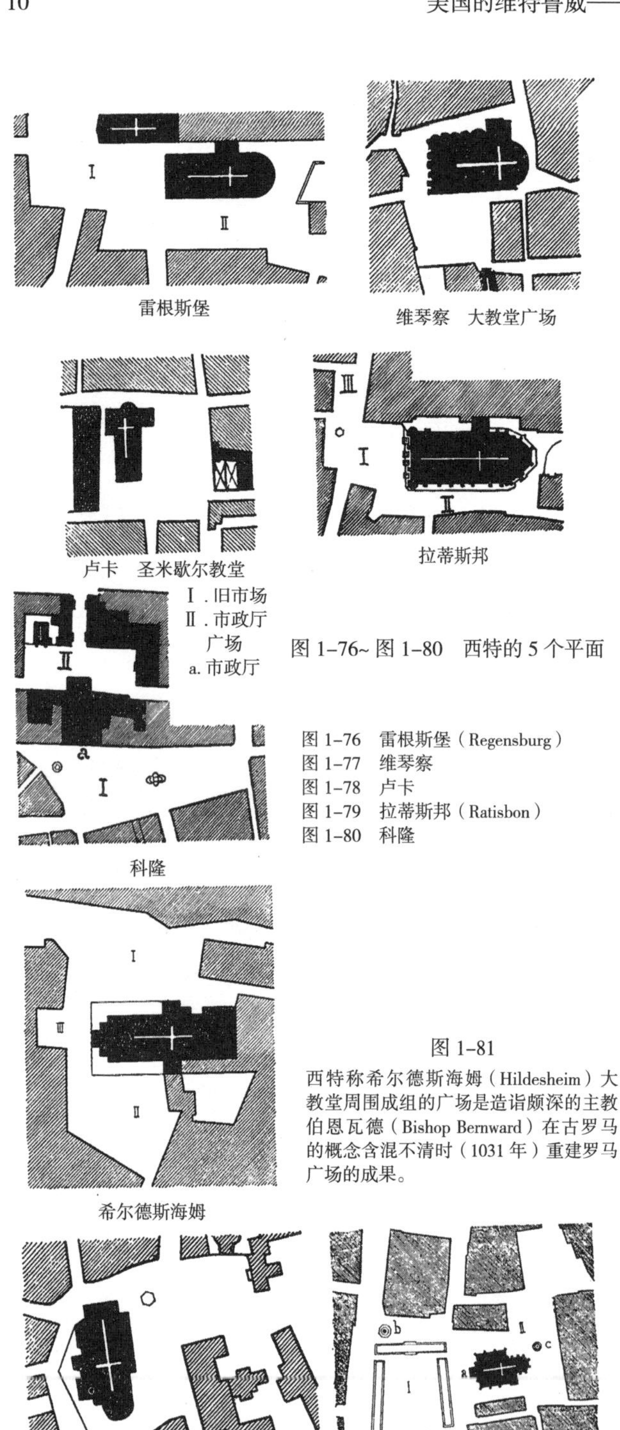

图 1-76~ 图 1-80　西特的 5 个平面

图 1-76　雷根斯堡（Regensburg）
图 1-77　维琴察
图 1-78　卢卡
图 1-79　拉蒂斯邦（Ratisbon）
图 1-80　科隆

图 1-81
西特称希尔德斯海姆（Hildesheim）大教堂周围成组的广场是造诣颇深的主教伯恩瓦德（Bishop Bernward）在古罗马的概念含混不清时（1031 年）重建罗马广场的成果。

欧坦
圣路易广场（Place Saint-Louis）和圣拉撒路（Saint-Lazare）喷泉

纽伦堡
I. 市场广场，水果市场
a. 圣母教堂
b. 美丽喷泉（Belle Fontaine）
c. 牧鹅人喷泉（Fontaine du gardeur d'oies）

弗莱堡（Fribourg-en-Brisgau）大教堂

布鲁日
神圣救世主（Saint-Sauveur）大教堂

图 1-82~ 图 1-85　西特的 4 个平面

图 1-82　欧坦（Autun）；图 1-83　纽伦堡（Nuremberg）；图 1-84　弗赖堡（Freiburg）；图 1-85　布鲁日（Bruges）。
除纽伦堡平面比例略小外，其余比例均为每英寸 330 英尺（3960 ： 1）。图中显示出 14 世纪结合清除老贫民窟的早期改造方案开辟的大型市场广场。透视见图 1-86。

上去就像遥远的村庄，根本无法控制广场。

无数建筑师为适当缩小柏林国王广场（Koenigsplatz）的尺寸而殚精竭虑（见图 2-151）。它比威尼斯的圣马可广场（Piazza San Marco）大 10 倍，对其周边建筑尤其是高大的国会大厦（Parliament building）的观感造成很大破坏。类似的问题还出现在巴黎的战神广场（Champ de Mars）、维也纳市政厅广场及其他地方。解决办法通常是，放弃将这种尺寸过大的空间作为建筑的组成部分（前广场），而将它们改造成公园，种满大树，四周由房屋围合。

如果广场要被设计成建筑的序曲，那么该前广场相对建筑体量的比例关系应该如何处理，或者反过来，在一个现有广场周边设计建筑，该建筑的体量应该如何把控，这些问题无法通过制定一个放之四海而皆准的金科玉律来解决。经验表明，广场的最小尺寸至少要等于面对广场主要建筑的高度。最大尺寸则取决于“建筑的造型、用途和风格”，通常高度的 2 倍足矣（广场尺寸的问题将在下一章讨论）。

广场应有某种对称的造型，并与它面对的重要建筑构成轴线的关系，或者至少看上去是这样。西特强调，哥特广场的不规则性既不是人们想要的，也不是哥特时期的设计师人为创造出来的，而恰恰是他们试图隐藏的“瑕疵”。他们往往也处理得非常成功。“老广场典型的不规则性，是光阴日积月累的结果。可将这种令人惊诧的蜿蜒曲折，归为各种实际的原因。”在推敲广场立面的过程中，哥特设计者巧妙地利用了视觉观感，有时尽管实际上“不大对称”，肉眼也很难察觉。而且比起在平面图纸上，物体在地面环境中看起来往往也显得更为规则。（图 1-27、图 1-29、图 1-88~ 图 1-92）

图 1-86　纽伦堡市场广场和“美丽喷泉”
平面见图 1-83。

重要建筑周围的老的广场组群布局，也反映了对建筑效果塑造要求的深入理解。通常该建筑的2到3个立面，都会分别由一个专门的广场来衬托。广场的设计手法娴熟细腻，其大小尺寸和边界的高度恰到好处，烘托出建筑立面的特别之处。这种效果对于观察者而言至关重要，他们在广场之间穿行，体会到尺度、光线和阴影的变化。摩德纳、卢卡、维琴察（Vicenza）、佩鲁贾（图1-34 B、J、O、S）等城市的案例，可以证明这些广场是在建筑建成之后，被设计成已有建筑的布景的，而不是反过来。不大可能先设计好一片广场组群，然后再让一座教堂的各个立面去适应造型各异的广场。

西特把对威尼斯圣马可广场为主的一组精彩广场（图1-93~图1-96）的研究，作为他评论广场组群的结语。主广场与圣马可大教堂形成轴向进深的关系，与两座面对面的行政宫殿（Procuratia）构成横向平行的关系。他在此评论道："让我们试着想象，让大教堂脱离与之紧密关联的广场及其围合建筑，把它放到一个巨大的现代广场中心；再想象这些现在紧密联系的行政官邸、图书馆和钟塔，分散到一个200英尺宽的大道周边的宽阔区域中。这是多么可怕的噩梦啊！"这正是近年来美国某些城镇中心的项目展示出来的场景，我们再不能重蹈覆辙。

图1-92　佛罗伦萨新圣母广场（Piazza Santa Maria Novella）

平面见图1-34~图1-62 G图。关于这座广场，西特认为："佛罗伦萨新圣母广场的平面表现和实际情况有天壤之别。在现实中，这座广场有5条边，但在不少旅行者的回忆中只有4条，因为在地面上最多同时只能看见广场的3条边，而另外两条构成的角总会在观察者背后。此外，这些边之间的角度是很容易估错的。透视效果让这种判断很难完全准确，即使专业人士仅凭肉眼、不借助其他工具时也是如此。"该透视取自一本旧的导游手册。

安特卫普

Ⅰ. 大广场　Ⅱ. 手套市场　Ⅲ. 绿色广场（Place Verte）

图1-87　安特卫普（Anvers）大教堂

中世纪教堂被广场包围而无法完整看到立面的典型。不规则的侧立面被挡住，从广场只能完整看到耳堂。

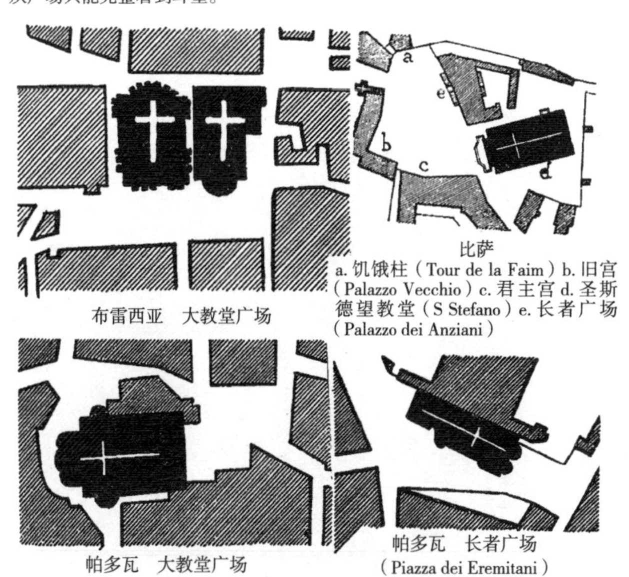

布雷西亚　大教堂广场

比萨

a. 饥饿柱（Tour de la Faim）b. 旧宫（Palazzo Vecchio）c. 君主宫 d. 圣斯德望教堂（S Stefano）e. 长者广场（Palazzo dei Anziani）

帕多瓦　大教堂广场

帕多瓦　长者广场（Piazza dei Eremitani）

图1-88~图1-91　西特的四个平面

图1-88　布雷西亚（Brescia）；图1-89　比萨（Pise）；图1-90、图1-91　帕多瓦

尽管卡米洛·西特非常推崇中世纪的城市设计师，认可他们在极为不利的条件下取得了巧夺天工的成就，他仍将最高敬意献给了文艺复兴艺术，尤其是17和18世纪的。那时曾有机会实现，较少受到实际需要限制的、伟大的建筑理想。西特还认为，现代建筑必须更多地从文艺复兴和"巴洛克"时期寻找灵感。它们就像古希腊（Hellenistic）和古罗马，宏大的规划可被立即实施，而不像中世纪时期，城市建筑如同植物生长缓慢。他指出了文艺复兴发轫以来，城市规划艺术在营造突出的透视效果方面，如何与绘画和雕塑相媲美。西特

图1-93　威尼斯小广场（Piazzetta）

图 1–94 威尼斯圣马可广场

从大教堂望去的透视。[照片提供：建筑师埃德温·克莱默（Edwin Cramer），密尔沃基]

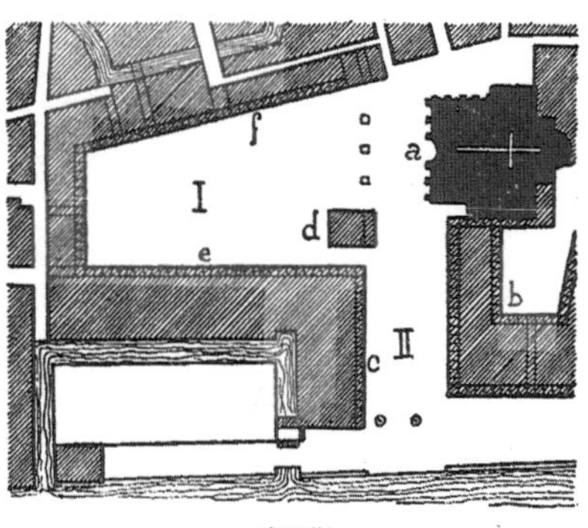

威尼斯

I. 圣马可广场	c. 图书馆
II. 小广场	d. 钟塔
a. 圣马可教堂	e. 新行政长官府
b. 总督宫	f. 老行政长官府

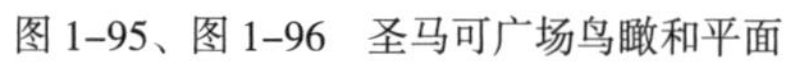

图 1–95、图 1–96 圣马可广场鸟瞰和平面

这一组群是千年之作。钟塔 d 始建于 888 年，大教堂 a 约 967 年；朝向水面的两根柱子（图 1–93）为 1180 年，总督宫（Palace of the Doges）b 是 1423 年，隆巴尔多（P. Lombardo）设计的老行政官邸（Procuratia）f 是 1480 年，圣索维诺（Sansovino）设计的图书馆是 1536 年，斯卡莫齐（Scamozzi）设计的新行政长官府是 1584 年，在圣马可教堂对面的窄端将广场闭合的建筑（图 1–94）最迟建于 1810 年。尽管如此，它们在整体上构成了一个和谐的建筑群。

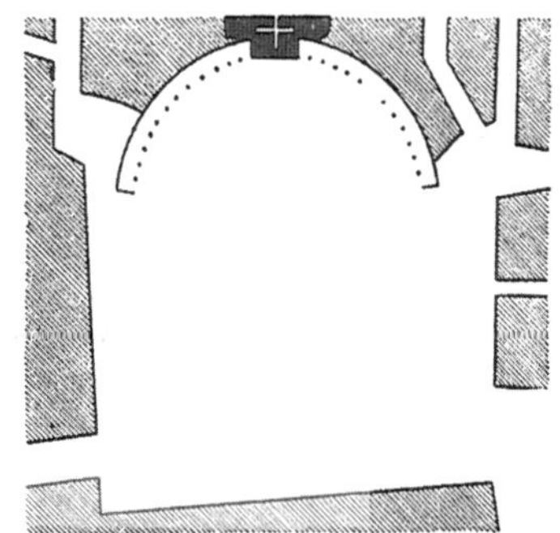

图 1–97 那不勒斯平民表决广场平面

图 1–98 那不勒斯平民表决广场（Piazza del Plebiscito）

这个半圆形广场被设计成保拉的弗朗切斯科（San Francesco di Paola）教堂的环境。这座建筑是 1817—1831 年模仿万神庙建造的，并构成了广场的西墙。其他的围墙由皇宫和另外两座公共建筑构成。在教堂前，两尊骑马像成了景框而没有遮挡入口，它们让人想到皮亚琴察（Piacenza）的卡瓦利广场（Piazza de' Cavalli，图 1–147）。教堂前的柱廊很好地表明了高大建筑极不和谐的体量在多大程度上能用矮柱廊，以及在不利条件下保证相对有序的景观。（照片授权：埃德温·克莱默）

图 1-99　著名的卡比托利欧

罗西的旧版画（出自莫森）。参照图 1-150。

从这幅版画来看，耐人寻味的是，过去马车让乘客在有坡道的大台阶（Cordonnata）底部下车，而不是像今天那样蜿蜒爬上陡坡从一角进入广场。庄严的老步道位于轴线上，广场地面上马车禁行，在城市生活中体现出对建筑尊贵地位的更强烈感受。

罗马卡比托利欧广场

a. 议会宫（Pal. del Senatore）b. 卡比托利欧博物馆（Museo Capitolino）c. 地方法官宫（Pal. del Conservatore）d. 天坛圣母堂（S. Maria di Aracoeli）e. 马库斯・奥里利厄斯雕像（Statue de Marc-Aurele）

图 1-100　卡比托利欧广场平面

卡比托利欧广场更大、更详细的平面，见图 1-151。

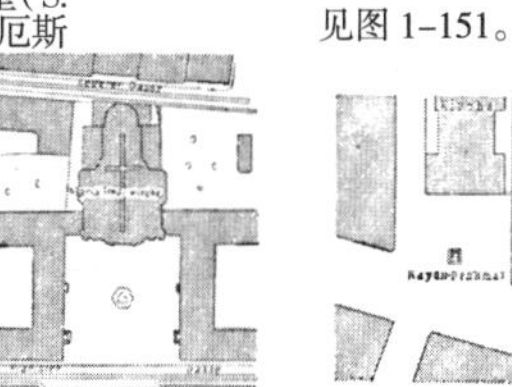

图 1-101　米兰圣卡洛（San Carlo）广场
125 英尺宽。

图 1-102　维也纳皮亚里斯特广场（Piaristenplatz）
155 英尺宽。

图 1-103　维也纳海顿广场（Haydn Plaza）
135 英尺宽。

由街道简单凹口构成的三个教堂前庭。西特高度赞赏这种广场——尽管尺寸有限，却以其有力的围合营造出十分开敞的效果。见图 1-104、图 1-105。出自施图本（Stuebben）。

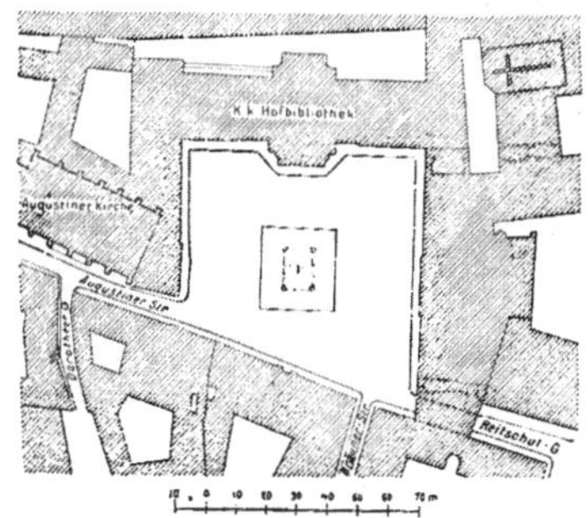

图 1-104、图 1-105　维也纳约瑟夫广场（Josephsplaza）透视和平面

"这座广场举世无双的美，在很大程度上是由广场三面的围墙通过两道拱门的完美围合形成的。"（西特语）菲舍尔·冯·埃拉赫（Fischer von Erlach）于 1726 年设计。这座广场以及图 1-102、图 1-103 中的广场也颇为耐人寻味，居于中央位置的纪念建筑的环境与图 2-208~图 2-212 中有些相似。

图 1-106　德累斯顿茨温格宫中庭

茨温格宫的这张老照片比展示今天树木齐整、花池遍地的照片更好地营造出公共广场的效果。新的园艺十分精湛，但过去的平坦和简洁很可能带来了更好的整体效果。

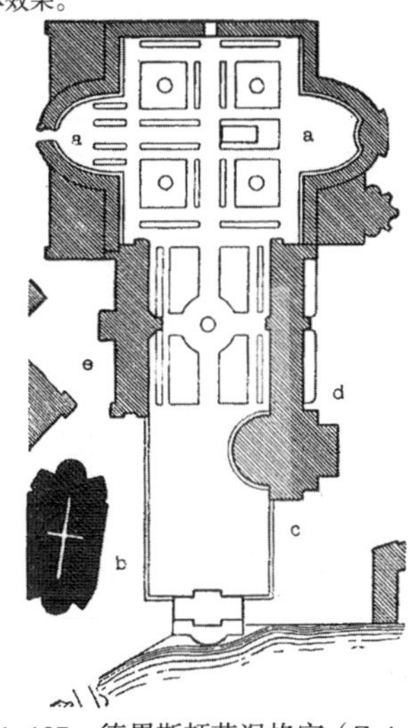

图 1-107　德累斯顿茨温格宫（Zwinger）

森佩尔（Semper）连接茨温格宫花园与易北河方案的平面，a 茨温格宫，b 宫廷教堂（Hofkirche），c 皇家剧院，d 温室（Orangerie），e 博物馆

茨温格宫是巴洛克艺术最杰出的成就之一，最初 [1711—1722 年由波佩尔曼（Poppelmann）] 建为规划中河边一座城堡的外围前庭。当时的方案对应的是图 2-231、图 2-248~ 图 2-251（马德里和斯图加特）中相似平面的外庭。临河一侧保持开敞，但这座城堡最终未能建成。当森佩尔被邀请（约 1870 年）建造新的画廊时，他提出沿用最初的概念，并按图 1-107 中 e 所示的新画廊位置进行修改。这个提议没有得到赏识，他不得不用新博物馆封上茨温格宫开敞的一侧。茨温格宫最初用于锦标赛，如今是一座轻轻围合、精致迷人的花园区。

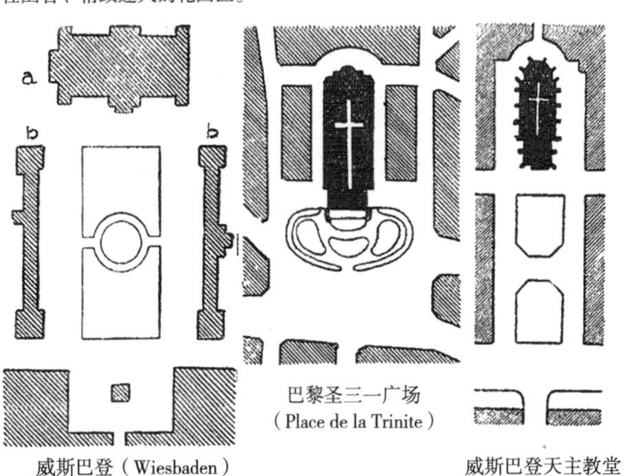

威斯巴登（Wiesbaden）
a. 温泉娱乐馆（Kursaal）
b. 柱廊

巴黎圣三一广场（Place de la Trinite）

威斯巴登天主教堂

图 1-108~ 图 1-110　西特的 3 个平面

相对较好的现代广场。不过，假如可以用拱门和柱廊局部堵住或封闭街道的入口，那就会给这些设计锦上添花。

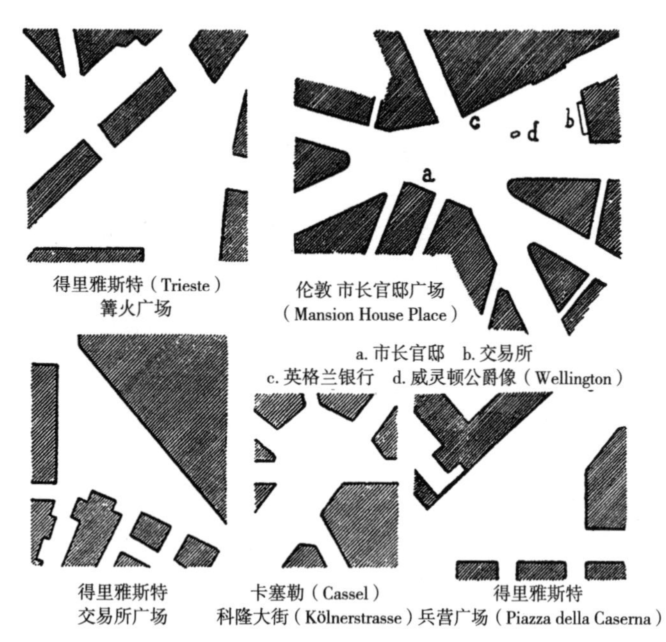

图 1-111~ 图 1-115 5 个笨拙的街道交叉口
西特以此作为当时不假思索的形式化规划的例子，它们形成的效果几乎无法从艺术上提升。

著作的卷首页就是罗马圣彼得大教堂广场的版画。但圣彼得广场仍然受到了古典主义理念影响，认为一个公共建筑的理想环境和透视效果，最好是由各向围合的广场创造的，如古罗马的圆形广场（circus）。

西特认为，文艺复兴时期最重要的贡献是仅有 3 面围合的广场。其最完美的原型，在罗马的卡比托利欧广场（Piazza del Campidoglio，图 1-150、图 1-151）得到实现。米开朗琪罗发现，封闭广场可以为公共建筑提供衬托品质的环境和审美保障，仅有 3 面围合的广场也能完成。与此同时，打开的第四个面恰巧框出远处的景色，供人欣赏。这项发现，（在文艺复兴早期）预示着城市设计艺术最伟大的时期即将来临。来到卡比托利欧广场的人，拾级而上，会望见由长老院和博物馆巧妙框景的卡比托山；转身背向卡比托山时，就会将罗马这座永恒之城的美景尽收眼底。这座 3 面围合的广场，第四面朝向城市，精心布局、由建筑形成的取景框，朝向近处和远处的名胜古迹。卡比托利欧广场成为一种类型，在它的基础上演绎出了 17、18 世纪广场的辉煌成就。

西特曾在维也纳接受教育，就读的学校位于海顿广场（Haydn Plaza，图 1-103）。该广场同样也是 3 面围合广场的优秀案例，在现代条件下精心布局。他在颇具充满文艺复兴晚期气质的维也纳（图 1-104、图 1-105 给出了范例）长大，自然会不知疲倦地呼吁人们从 17、18 世纪的艺术中汲取营养。他预见到，光是盘点 17、18 世纪的城市设计艺术的杰出成就，就会卷帙浩繁。后来，他的追随者们写作了这些书籍。不幸的是，当时那些负责现代城市规划设计的人，却没能继承这些传统。

西特在第一版中关于街道布局的论述，在法语版中得到了强化。译者在西特学生的协助下，增加了关于街道设计的一章。在他的著作出版之后，许多城镇规划非常做作，街道随意弯曲。西特常被指责应对此负责，但这是有失公允的。西特真心赞赏笔直街道带来的雄伟、纪念性的效果，特别是在街道的尽端存在有趣的对景时。当奥斯曼在巴黎的工作延续了 18 世纪的先例，并为街道作了这样的安排，西特专门指出这可以成为一种补救策略。但他并不想让笔直街道的反复使用成为一种惯性，而不考虑土地的状况或美学的要求。

西特希望每条街道都成为一个艺术品，但对于冗长却没有艺术节点的笔直街道，这是很难实现的。他建议，在两条街道的交叉处避免直线、避免出现尖锐的夹角（图 1-34P），这样在冗长的街道中，会产生怡人的节奏变化。而当两条街道正交时，西特认为采用其他手段来达到这种效果也是可行的（图 1-34Y、Z）。他指出，建筑成为街道中的高潮有美学上的必要性。对于现代的笔直街道，这是可以，也是必须实现的（图 4-51）。如果说西特的一些论述被解读、有时是误解为对刻意扭曲街道的推荐，与文艺复兴的精神相悖，那不妨回想一下，阿尔伯蒂（Alberti）作为文艺复兴初期的理论家，也曾出于一定的审美原因，推崇过弯弯曲曲的街道。只是随着文艺复兴的发展，这种观点被舍弃了。而且从整体上看，是 17、18 世纪（更靠近现代）的时代精神，而非阿尔伯蒂的时代孕育了西特的文字。

不过，这里应当提到一个细微之处，它有时会带来西特与他的现代追随者之间的态度差别。西特认为：“从实践上看，任何街道设计的体系都可以达到良好的艺术效果，只要它不被那种让现代美国城市本土精神得到满足的粗野性占据。但遗憾的是近年来它已在欧洲生根发芽（图 1-111~ 图 1-115）。”

街道体系的设计师，偶尔应向单体公共建筑的纪念性环境让步，这个要求听上去当然是合理的。但决定到底在多大程度上让步则是一件微妙的事情。在西特谴责的卡尔斯鲁厄（Carlsruhe）规划上，就能找到一个实际证明。本书的作者也认为卡尔斯鲁厄的规划颇有问题。那几个造型过于怪异的夹角，是一个不容忽视的缺陷。这样的缺陷在克里斯托弗·雷恩（Christopher Wren）的伦敦规划、凡尔赛城，以及其他相似的规整规划中同样存在。西特反对用这些夹角问题作为代价换取规划的规整性，并称之为“玩弄几何图案”。而他的现代追随者们虽然也认同西特，认为这些笨拙的夹角毫无必要，却不会为了避免它们而牺牲宏大的整体方案，有时就会带来问题。现代设计师们同时又非常希望取悦评论家，哪怕是西特这样敏感的批评家。他们会想办法通过街道的巧妙布局，避免笨

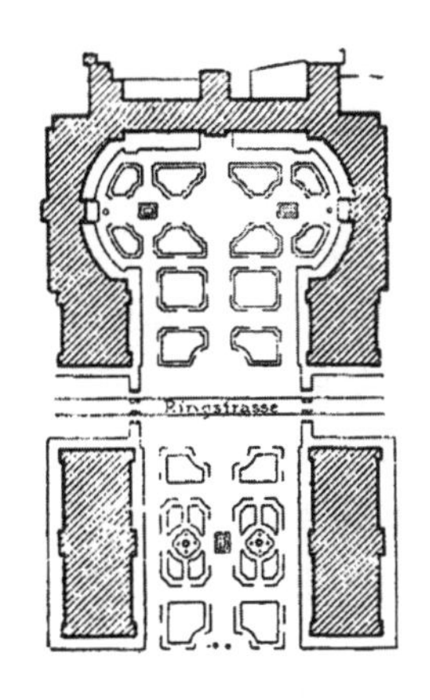

图 1-116　森佩尔的维也纳霍夫堡皇宫广场（Hofburg Plaza）平面
广场宽约 500 英尺。

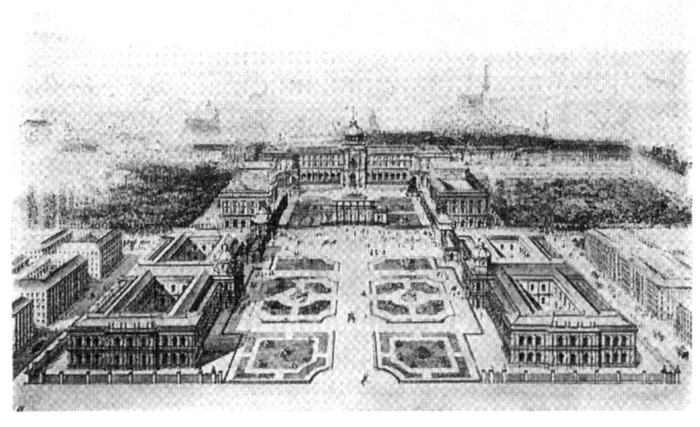

图 1-117　维也纳帝国广场
森佩尔和冯·哈泽瑙尔（von Hasenauer）的这张图显示出森佩尔的最初方案（约 1869 年）：跨越环城大道在皇家城堡和老帝国马车房之间做一个广场。图中的街道开口上有凯旋门。该方案大部分都得到了实施（见图 1-125），但即便如此也很难对最终的形象进行评判。为了与广场的巨大尺寸保持比例，精心放置的纪念碑必须极其高大：位于中央的玛丽亚·特蕾西亚皇后（Empress Maria Theresa）雕像加上高底座是 64 英尺；半圆形中的两座骑马像是 53 英尺（协和广场中最初的纪念碑高 40 英尺）。这座广场的露天区域约 25 英亩，而巴黎的协和广场只有 20 英亩。虽然后者只在一侧有建筑围合（高 80 英尺），维也纳的帝国广场是四面围合的，建筑（105 英尺高）高出加布里埃尔（Gabriel）柱廊三分之一。此外，这个维也纳设计被留在中心的老大门分成两个庭院。

拙的转角，或是通过精妙的建筑设计，使得夹角不那么碍眼，从而逐渐实现整体方案的理念。

西特著作中的每一页，都在乐此不疲地揭露格网、对角线、放射线街道系统强加到我们的现代城市中制造的虚假、伪装的对称，以及产生异形广场的草率和形式主义。它们使城市变成难以或不可能充分展示精美建筑的乏味之地。在他看来，一些甚至是他据理力争、呈现较好的异形广场，对于艺术家的建筑创作也不甚合适。（图 1-20~ 图 1-26、图 1-108~ 图 1-110。在这些案例之外，法语译者增加了图 1-65 的巴黎星形广场，它现在的形状出自奥斯曼之手。他增加了汇入广场的街道数量，从而减少了广场的围合面。这座广场的闲适被打破，成为一个川流不息的街道交叉口。）

西特有两件深恶痛绝之事（bête noire），都是美国建筑师犯过的错误：一是广场不经艺术家设计，而是任由许许多多街道随意交叉在一起造成丑陋残留，形成了无效的建筑场地；二是并不适合单独出现的公共建筑被随意放置在广场中，根本无法得到衬托。

1858 年举行的首届维也纳城市规划竞赛，产生了新的环城大道的设计（Ringstrasse，图 1-124、图 1-125）。西特见证了竞赛的过程，眼见环城大道两侧那些大型的、新的公共建筑组团建成。这个令他不快的经验深深地影响了他的思想。关于那个竞赛，他只是热情地赞扬了森佩尔（Semper）的环城大道一侧的广场设计和他的一些其他作品（图 1-116、图 1-117、图 1-106、图 1-107）。

图 1-118　维也纳霍夫堡皇宫
（见图 1-116、图 1-117）

西特的著作以他本人的若干设计作为结尾，是其理论案例和当时突出问题的实际解决方案，示范了他认为现代公共建筑的设计方式（图 1-126~ 图 1-129）。

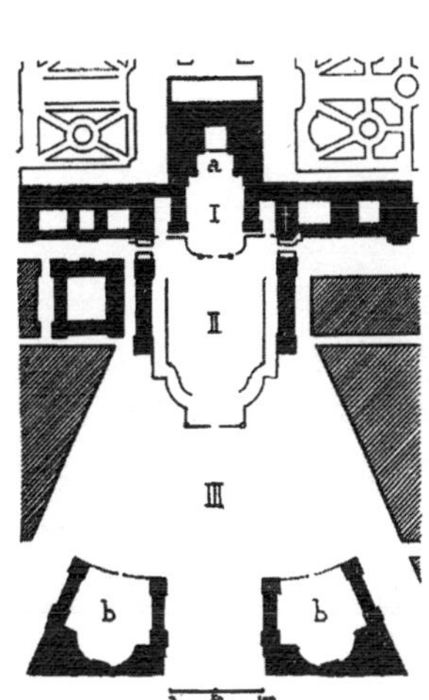

图 1-119　凡尔赛宫　入口庭院
I 区有时被称为大臣庭院（Court of the Ministers）。II 区不是大理石庭院，而是皇家庭院。大理石庭院是字母 a 上的那一小块地方。勒梅西埃（Lemercier）于 1624 年在它周围用砖石为路易十三建造了一座狩猎小屋。路易十四保留了这个优美的立面，并使它成为由不断扩展形成的一系列庭院的中心。在 I 区和 II 区之间没有栏杆，而是路易十四的骑马像，它是三条放射状大道的中心。当然，这些大道是从人民广场（Piazza del Popolo）上得到启发的。在两座教堂的地方，这里用更大的尺度表示出两座马蹄形的庭院（马厩 b），而它们极为适合这个设计中的位置。

I. 大理石庭院　II. 皇家庭院
III. 军械广场（Place d'Armes）
a. 城堡　b. 马厩

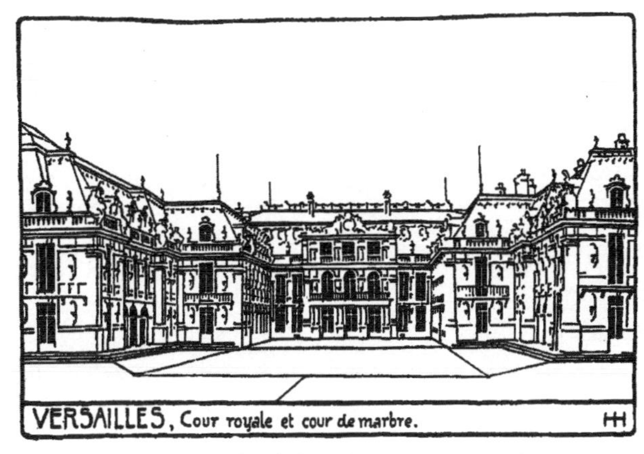

图 1-120　凡尔赛宫 皇家庭院和大理石庭院

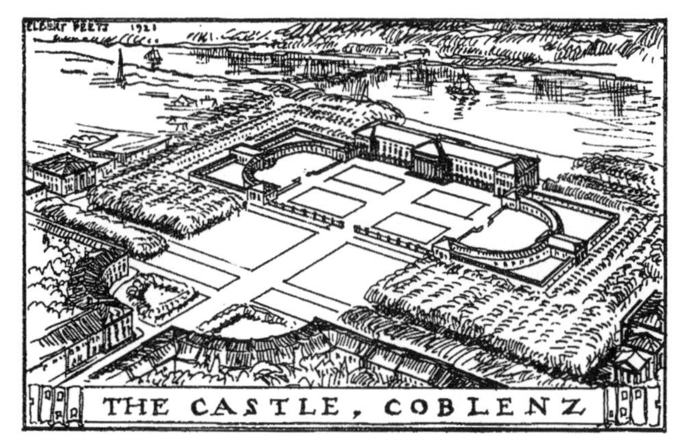

图 1-121　科布伦茨（Coblenz）

这个“视觉表现”科布伦茨皇宫环境的草图一部分是以 1817 年的一幅版画为基础的。这座城堡根据迪克斯纳尔（Dixnard）设计、佩尔（A.F. Peyre）修改的平面于 1778—1785 年建造。

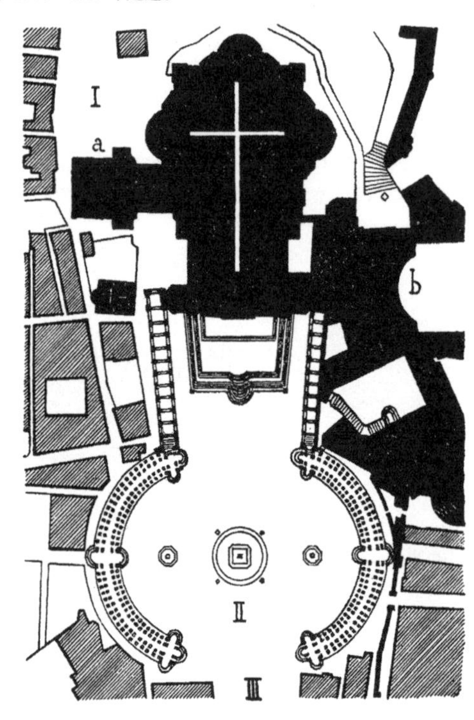

图 1-123　罗马圣彼得大教堂

这里重印的平面是为了对比大小，与西特大部分其他平面的比例都是相同的。与圣彼得大教堂有关的其他材料见图 2-72~ 图 2-79。

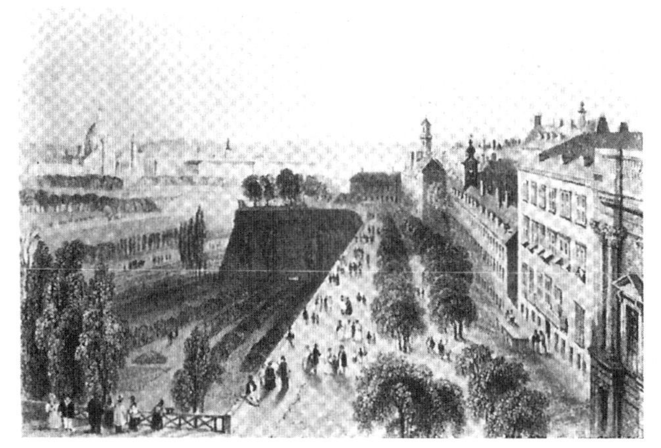

图 1-124　1858 年前的维也纳城墙，远处为圣嘉禄・鲍荣茂（St. Charles Borromaeus）教堂

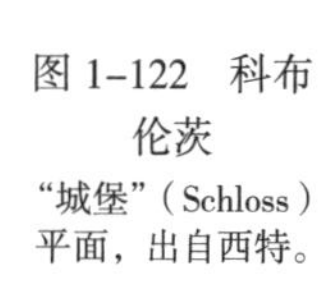

图 1-122　科布伦茨“城堡”（Schloss）平面，出自西特。

这些设计和西特的一些老城更新或扩建规划（图 1-137、图 1-138）清晰地表明他的作品是多么有力地指向形式化设计中最好的一面。

西特的追随者包括两种，他们中大部分都有当时的浪漫主义倾向——与加尼耶倡导的那种趣味相近（见第 19 页）。这样一来，他们误将西特对日常几何形状的呈现，当作对“非形式”（informal）、如画景观（picturesque），或“中世纪式”设计的捍卫，做出了许多拙劣的东西。西特的其他追随者，则主要将注意力转向文艺复兴艺术。文艺复兴根据宽泛的字面意思可被理解为 1400 到 1800 年，特别是 17、18 世纪。他们当中包括昂温、帕特里克・阿伯克龙比（Patrick Abercrombie）、布林克曼（A.E. Brinckmann）、科尔内留斯・古利特（Cornelius Gurlitt）和奥斯滕多夫（F. Ostendorf）等。他们的作品将在下文中被反复引用。昂温在他的设计和写作中，支持了克里斯托弗・雷恩和卡尔斯鲁厄的城镇规划传统。而城镇规划传统在 19 世纪浪漫主义衰退时期未被理解。布林克曼在他敏锐的著作中遵循了卡米洛・西特的建议，收集和分析了 17、18 世纪城市建筑艺术的杰作。如今的前沿城市规划刊物追随了类似的路线，尤其是利物浦的《城市规划评论》（*Town Planning Review*）、《城市设计》（*Der Staedtebau*），以及最近的《城市建筑艺术》（*Stadtbaukunst*）。

“非形式”（有机、蜿蜒）的设计尽管与古典主义和文艺复兴艺术的精神截然相反，却也应当在美国城市设计艺术的著作中留有一笔。尽管在美国，“有机”模式从来没有过传统基础，也不存在旧世界（欧洲）常用的“空间不足”的借口，它仍在美国拥有众多追随者。在文艺复兴抛弃了非形式性后，令人厌倦的 18 世纪与混乱的后大革命时期又一度回归了有机模式，并将各种各样的新潮流归罪于它。

在美国，这种（所谓形式的、源自文艺复兴的、宏大叙事的）艺术，一般认为是在 1876 年费城的世博会上达到了巅峰。非形式性的出现，总体上可以认为是在艺术的浪漫消沉之前以及同时发生的低迷状态。但一定不能忘记非形式性有很多种。为了与中世纪的非形式性决裂，文艺复兴不由自主地在各种条件的影响下抛弃了有机模式。但在此之后，文艺复兴晚期的设计师又锐意进取，打破了在文艺复兴期间被奉为主

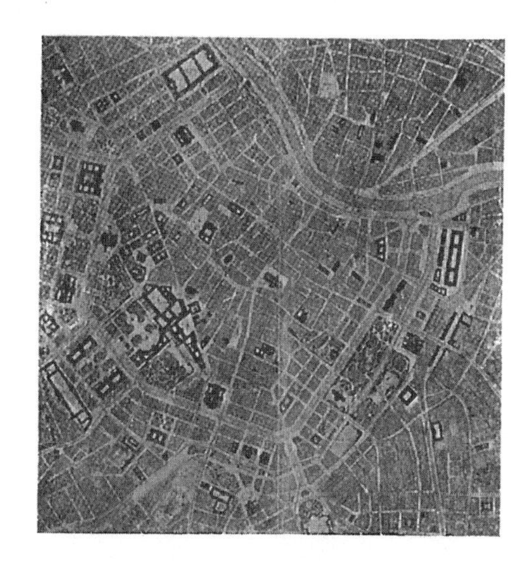

图 1–125　维也纳环城大道及 1858 年以来建成的公共建筑

环城大道的建设和巴黎的改造很可能是 19 世纪城市规划史上最重要的事件。奥斯曼的工作目标主要在军事、卫生和其他工程上，而在维也纳艺术是主要目的。1858 年“首届城市规划大赛”(区别于 1893 年“第二届大赛”)及其结果将维也纳的艺术追求提到了最高水平上，并维持了数十年。所完成的作品代表着对公共建筑新标准的诸多探索。虽然大部分作品都不错，但有些特性遭到了合理的指责。新建筑的两大组群之一、帝国广场位于平面西南角上，在图 1–116~ 图 1–118 中进行了展示和肯定。这个建筑群（在图 1–125 平面左侧中间）包含了市政厅、议会、剧院和大学及其北侧的沃蒂夫教堂（Votivkirche），是卡米洛·西特专门批评的对象。他提出要按图 1–128 重新设计。

图 1–126　维也纳

沃蒂夫教堂前毫无表达的大三角，西特为它做了一个新设计（图 1–128），在此之上奥曼（Ohmann）又作了进一步演绎（图 1–127）。

图 1–127　维也纳沃蒂夫教堂

奥曼提出的设计区域的现状见图 1–126。他建议在两边对称布置两座大公寓楼，为教堂构成一个凹龛。这些公寓楼的底层向前突出，将教堂前的中庭围合起来。围合中庭的低矮建筑形成了突出教堂高大的尺度。中庭前是一座纪念碑，位置非常靠前，从环城大道就能看到。

臬的法则。比如米开朗琪罗就有意冲破古代和当时建筑法则的“桎梏和锁链”。不过，这并不意味着米开朗琪罗及其追随者希望废除一切法则。相反，古老而简单的法则被打破后，取而代之的是新的、更复杂的法则。新的法则不断复杂化，最终形成了洛可可的繁缛细腻。

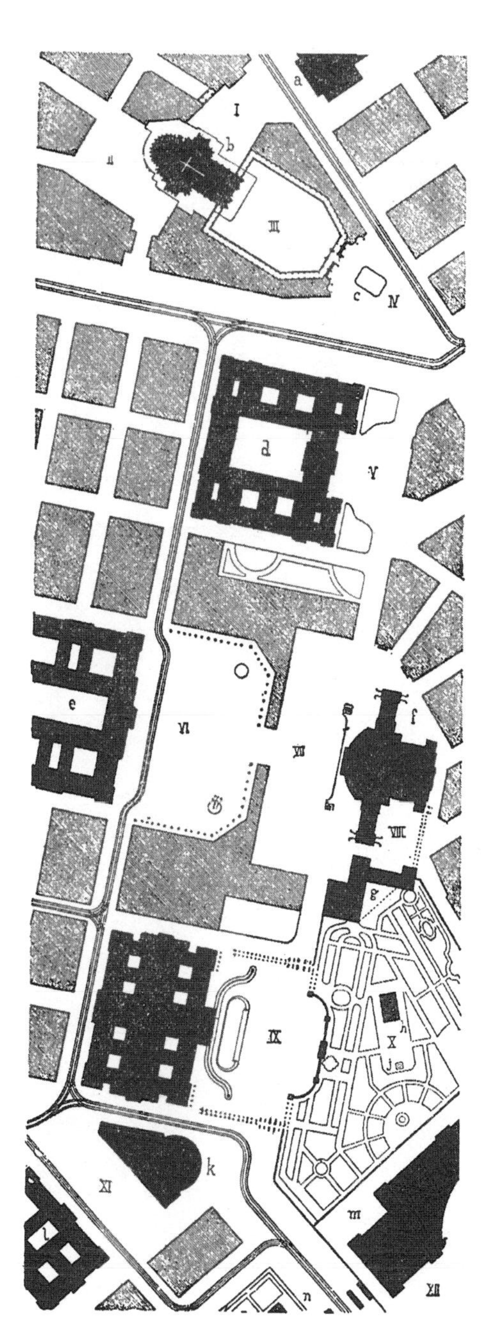

图 1–128　卡米洛·西特重新设计的维也纳城市建筑中心

（a）化学实验室；（b）沃蒂夫教堂；（c）大型纪念碑的广场；（d）大学；（e）市政厅；（f）剧院；（g）拟建剧院附楼；（h）忒休斯神庙；（j）哥特纪念碑选址；（k）拟建新建筑；（l）法院；（m）帝国广场局部（见图 1–116）；（n）凯旋门（帝国广场局部）。

这个建筑群包含了市政厅和它对面的剧院以及旁边的大学和议会大厦（IX），并在建筑之间留出了一块地，而这对于纪念性的广场来说过大。如今那里已种满树木（见图 1–125）。西特提出局部用建筑填充，从而形成一系列小广场，比如市政厅前的 VI 以及与之相连的剧院前广场 VII。在剧院（f）和拟建的附楼（g）之间可以放上另一座小广场（VIII），因为这一侧有剧院北侧没有的一块地。在议会大厦前，一座广场（IX）被一大面柱廊和墙隔开。在法院（l）前，一片形状怪异的区域通过缓解怪异性的一座拟建新建筑（k）变得规整，留出一个造型优美的纵长广场（XI）。哥特教堂（b. 沃蒂夫教堂）如今屹立在一个大三角形上，如图 1–126 所示。西特提出这个三角形可以通过在教堂前围合空间，形成一个带柱廊的天井（parvis，III）作为教堂的中庭。这个中庭前本应为一个大型纪念碑设计的广场（IV）。沃蒂夫教堂周边区域的这个方案在图 1–127 中重印的方案里有进一步的演绎。

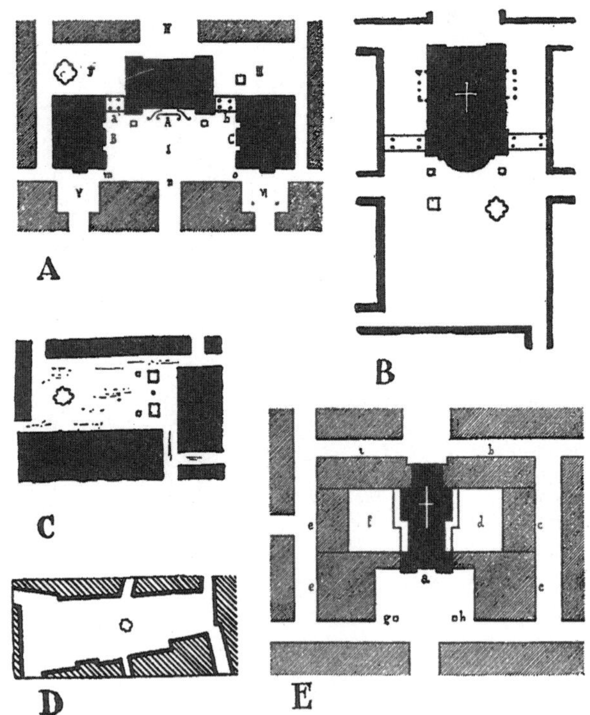

图 1-129 卡米洛·西特提出的形式化广场方案

A——三座一组的大型建筑由柱廊上方的桥相连，并与周边建筑共同形成了 6 个广场。B——教堂的环境；立面由柱廊支撑。C——广场设计，将老的维也纳新市场（Neuemarkt）带来的可能性进行了形式化，见 D。E——教育建筑中心的一座教堂的环境；前庭的设计源于皮亚里斯特广场（见图 1-102）。对西特作品的典型误读是，在重印了西特平面 A 和 E 的著名城市规划手册里的三个例子中，忽略了从形式出发放置的成对纪念碑。而西特的方案是按文艺复兴的惯例，把它们放在三个立面的两侧（见图 1-145~图 1-147、图 1-98），以此来支撑立面，而不是遮挡它们。

图 1-130 19 世纪前的巴黎圣母院

出自伊斯雷尔（Israel）的版画。

最初布局

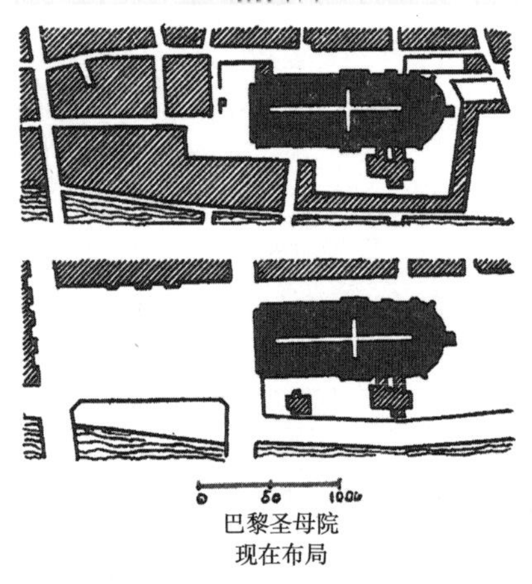

巴黎圣母院

现在布局

图 1-131

巴黎圣母院最初的环境在中世纪是非常典型的，紧邻教堂的街区里是低矮的建筑，使中央的纪念碑高大雄伟。将低矮建筑清除，并在教堂前过大的区域里盖起高大的建筑，对圣母院诸多角度的形象造成了无法估量的伤害。

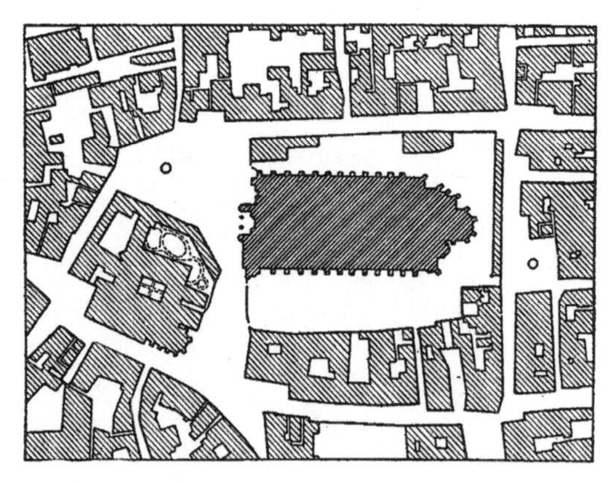

图 1-132 乌尔姆（ULM）19 世纪前的大教堂环境

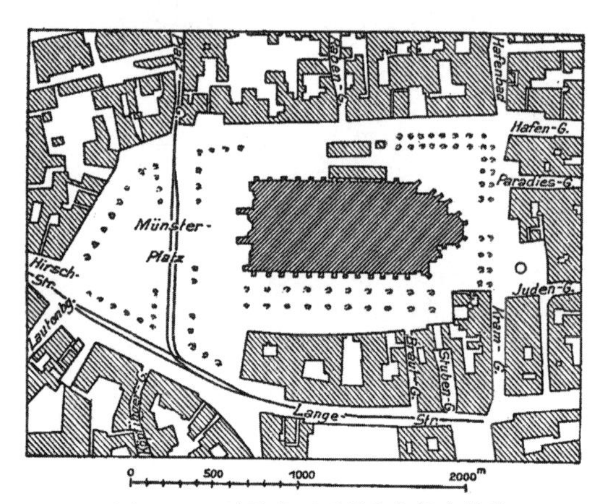

图 1-133 清除街区后的乌尔姆大教堂

平面显示出以下两个方案试图通过减小教堂前开敞区域的大小，以实现改善各种条件。

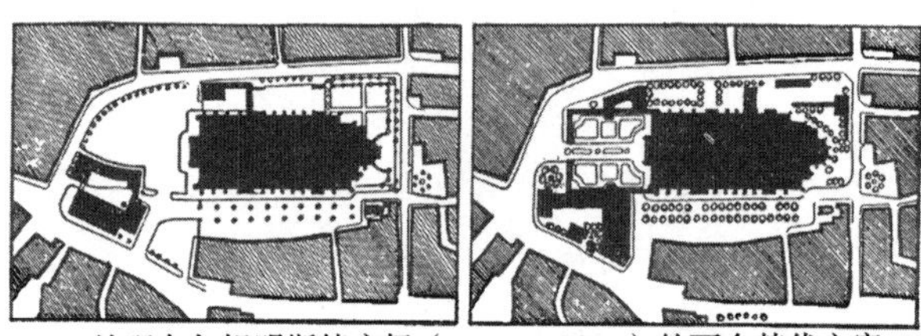

处理乌尔姆明斯特广场（Münster Platz）的两个替代方案

图 1-134 图 1-135

用艰难募集而来的大众捐款清除了大教堂的街区后，这种孤立建筑的凄凉形象引发了重新设计其环境的竞赛。图 1-134 的方案意在大致恢复原始的状况。图 1-135 采用了卡米洛·西特的沃蒂夫教堂前形式化的中庭方案（图 1-127、图 1-128）。两个方案的并置（图 1-134、图 1-135）清楚地表明城市设计的两大派别：一个试图重复中世纪的形式性，另一个则采用卡米洛·西特的方案，大胆地抛弃它们。过去的哥特设计师倘若有这种机会，也会这样做。（出自雷蒙德·昂温）

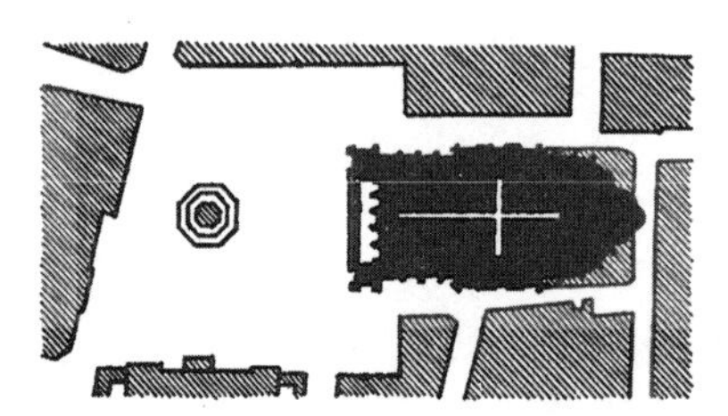

图 1-136 巴黎圣叙尔皮斯（Saint-Sulpice）广场

圣叙尔皮斯教堂前的广场为拿破仑一世所建，作为这座文艺复兴教堂的所在。这个设计的有趣之处在于，教堂各面的短墙后退、与正立面保持距离，以保证两座塔楼的良好视野。

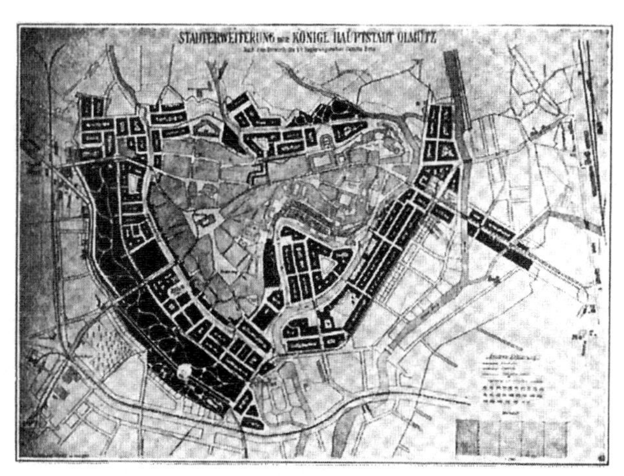

图 1-137　奥洛莫乌茨（Olmuetz），划分老城周边土地的规划。卡米洛·西特绘

老城位于一块高地上，周边的土地基本都是陡坡。西特将它划分成狭长的地块（宽 125 到 140 英尺不等），并用连续的内部花园将它们连接起来。

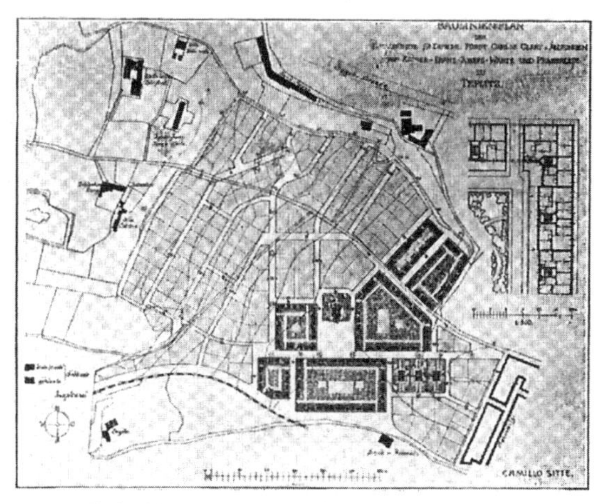

图 1-138　特普利茨（Teplitz），西特划分城市附近大块坡地的规划

重点在于从坡地中获得笔直的街道和形式化的广场。有大块的内部公园。

为了建立更繁缛的新法则而打破旧法则的游戏，是巴洛克和洛可可的基调之一。它让人相信一切法则都可以被束之高阁，不受约束的欲望，得到最终肆意的表达。玛丽·安托瓦妮特女王（Queen Marie Antoinette），这位娇揉造作的有着无上权威的女王，陶醉于装扮成牛奶女工，并在她的“小特里亚农”（Little Trianon）宫中做出一副天真无邪的姿态。日本的有机园林毗邻庄严雄伟的古老神庙，小特里亚农宫的非形式性则紧邻凡尔赛建筑群的“古典主义精神”（esprit classique），这两个案例可能存在相似的解释。

非形式性还有一种误解。混乱的后大革命时期，在缺乏传统或并不真正理解传统价值的国家成长起来且愿望美好的人，幻想住在森林里，欣赏并模仿“大自然”就可以克服旧文明的缺陷，让艺术重生。在他们眼中，非形式性似乎具有各种各样的魅力。理所应当地，非形式性被认为是民主的，并表达了中世纪的雅致品位。这种设想中对不规则性的偏爱，被归因于那些教堂的晶体般的平面。它误认为，雅典卫城的山门、伊瑞克提翁神庙（Erechtheion）和古罗马广场（Forum Romanum）的建造者，对不规则的平面情有独钟。但实际上，他们的异形平面表达是因为受到了现实和经济条件的影响而不得不放弃对称（见第 25 页）。

传统艺术的灭亡给最糟糕、呆板的形式主义留出了空间。即使像唐宁（Downing）、理查森（Richardson）和老奥姆斯特德（Olmsted）这样才华横溢的人，也没有办法表达他们的反抗，只能举起“非形式化”的大旗。这种迹象仍然可以在今天的建筑以及公园的设计和土地的划分中看到。

诚然，对非形式化的支持出现在最令人意外的地方。比如，听到像加尼耶这样的人——为“他的歌剧院的糟糕位置担忧 15 年后，终于放下了那颗沉重的心”之时——

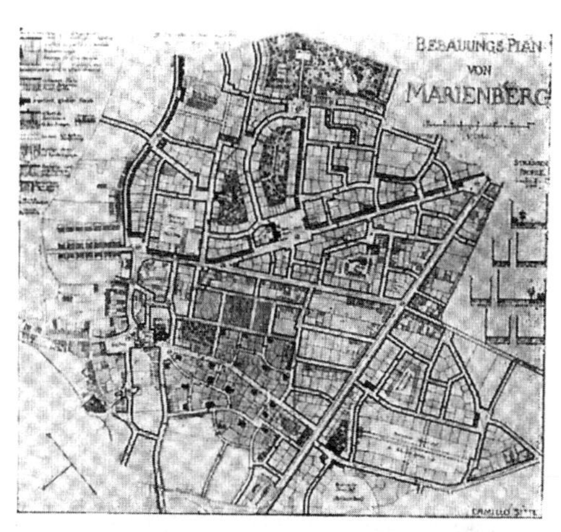

图 1-139　马林贝格（Marienberg），卡米洛·西特的城市规划

这个地形非常不规则，以至于教堂的前庭不得不做成台地。通向市政厅广场的主干道只在北侧有树，市场在一片大块街区内部。主街都是笔直的，次要街道通过尽可能靠近复杂的用地线，避免了街道的尖锐交叉口。

图 1-137~ 图 1-139 曾在 1910 年国际城市规划展上由西特之子作为证明其父对直街的偏好而展出。他指出，尽管地形不规则并要严格遵守原有的用地线，卡米洛·西特却只在有明显的实际理由时，才弯曲、打断或改变街道的轴线。

竟然鼓吹非形式化的设计，着实令人惊诧不已。从他的话语中可以推断出，他对歌剧院被长方形的广场和门廊包围是满意的。但在这些广场之外，他希望是有意设计成曲折的狭窄街道，两侧是不规则的建筑立面。没有任何街道是笔直的，也没有哪些建筑是等高的。他似乎相信可以人为地复制老城中存在的对比反差。在那里，形式化的广场与城市街道系统的关系不大，它们是由管理机构在拥挤不堪且必然蜿蜒曲折的街区创造出来的。或许他所想的是人们在穿行迷宫般的博尔贾（Borgi）之后，来到罗马卡比托利欧广场或圣彼得广场时那种震撼的感

图 1-140　许多风格自成一体的卡米洛·西特追随者倡导的中世纪蜿蜒街道类型实例

斜视立面时的画境效果不必刻意为之，只要改变街道的方向就会形成。这经常是迫于地形或其他实际原因造成的。

图 1-141 森佩尔的苏黎世市政厅和前庭方案，1858 年

市政厅由两层的拱廊连接到广场中，拱廊的檐口线与广场边上公寓楼的立面元素相连。

图 1-142 黑尔纳（Herne）市政厅

模型中这个视图的目的是展示为便于交通打开广场的情况下，从视觉上使它“闭合”的方式。

图 1-143 黑尔纳市政厅广场

1909 年举行了一次城市中心竞赛，要求在 22 英亩的区域中设计市政厅、法院、邮局和办公楼。库尔茨罗伊特·哈罗和默尔事务所（Kurzreuter Harro and Moell）的方案被选中实施。方案参赛时的口号是“卡米洛·西特”，代表了当时诸多青年建筑师对西特论述的诠释。注意广场一角的骑马像位置。（出自“柏林城市规划展”上的平面和模型）

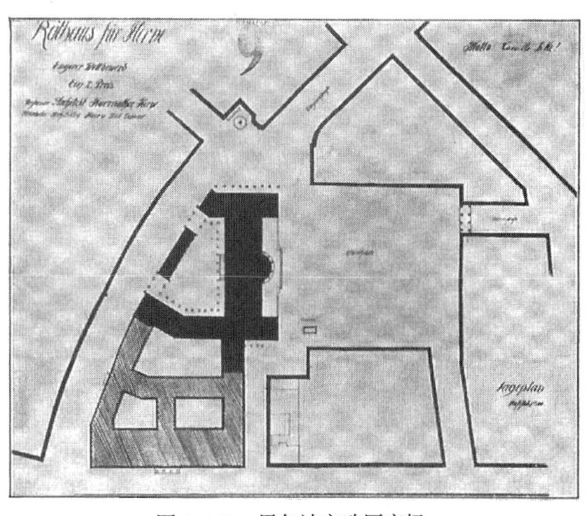

图 1-144 黑尔纳市政厅广场

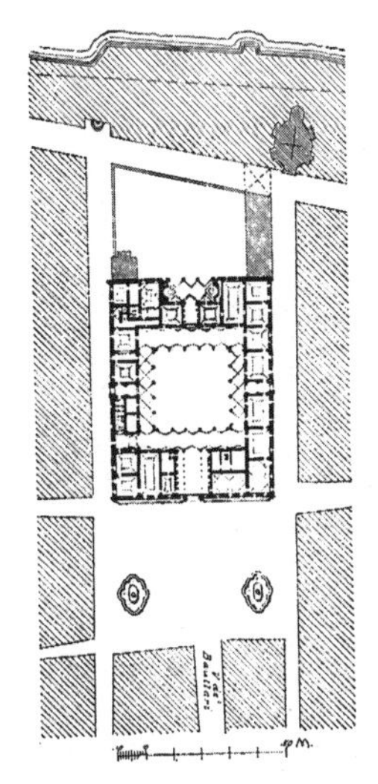

图 1–145　罗马，法尔内塞（Farnese）广场
（出自布林克曼）见图 1–146。

图 1–146　罗马，法尔内塞广场和宫殿
法尔内塞宫的这个透视并非出自一幅老版画，而是（由奥斯滕多夫）按照老版画的方法用中心灭点设计出来的。除了次要建筑不规则以外，整个环境都是完美的。宫殿两侧狭窄的街道在透视中围合起来，而没有触及自成一体的立方体建筑，这是当时贵族府邸的典型。一条街道沿宫殿入口的轴线进入广场；米开朗琪罗希望用一座跨越台伯河（Tiber）的桥，将这条轴线延伸到法尔内塞纳别墅（Villa Farnesina）的花园里。在赞赏立面庄严均衡时，必须记住在均匀排列的窗户背后是大小各异的房间。换言之，圣加洛（Sangallo）和米开朗琪罗认为赋予广场均衡的墙面比表达室内的需求更重要。

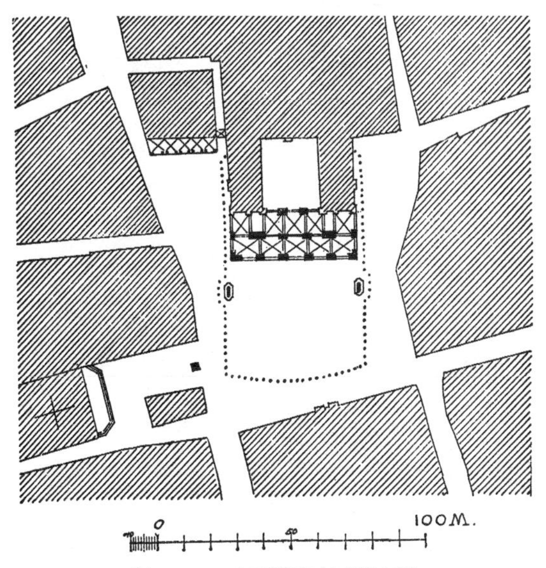

图 1–147　皮亚琴察卡瓦利广场
1281 年建成的市镇宫（Palazzo Communale）前庭是一个规则的区域，两侧为约 2 英尺高立桩上的骑马像（1620—1624 年）。广场由大致相同的四层建筑围合。市镇宫仅有两层，下层是浅色大理石的开敞拱廊，与周围的四层建筑等高。二层高度相同，为红砖瓦，颜色与周边低矮建筑相近。（出自布林克曼）

受。加尼耶——一个巴黎美术学院出身的人——仿佛成了维奥莱·勒·杜克（Viollet–le–Duc）的信徒，表达了对“复兴如画景观”的愿望。正是这种城市设计艺术中的画境风格，经常被不公正地归咎于西特的倡导。不可否认，也确实有许多西特的追随者试图去实现它。但画境风格与美国传统艺术精神，以及维特鲁威、帕拉迪奥、克里斯托弗·雷恩、亚当和托马斯·杰斐逊的精神，完全背道而驰。

西特对广场围合效果的强调是他教学中另一个经常遭到诟病的地方。批评者说：封闭广场的效果对过去拥挤的城镇可能是合适的，但在现代城市，良好的交通设施连通宽敞的空间，不需要封闭，而要开放；松散的肌理更为合适，也会更加美观。他们给出的答案是：肌理的松散可以通过减少每英亩的房屋数量实现，从而几乎不会影响美学的要求。艺术家希望我们

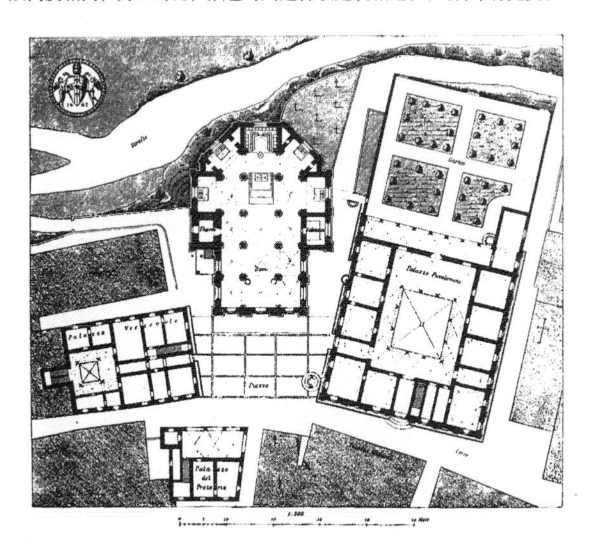

图 1–148　皮恩扎（Pienza）中央广场
（出自 Mayreder）

图 1–149　皮恩扎中央广场
贝尔纳多·罗塞利诺（Bernardo Rossellino）为教皇庇护二世（Pope Pius II）所建（1458—1462 年）。皮恩扎平面见图 6–6。

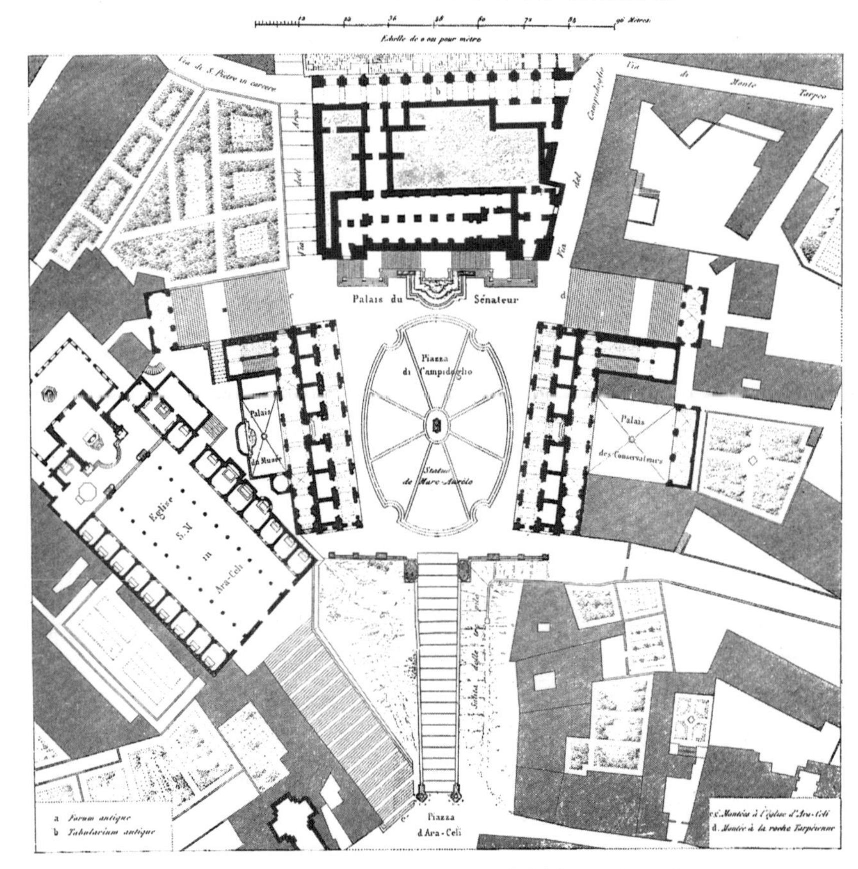

图 1–150、图 1–151　罗马，卡比托利欧广场，透视和平面

左侧通往天坛圣母堂的台阶可以追溯到 1348 年。纪念像由米开朗琪罗于 1538 年设置。他的建筑方案直到 1598 年才得以实施，而那时他已离世 34 年。

［出自莱塔鲁伊（Letarouilly）］

图 1-152　罗马，卡比托利欧广场
从卡比托山俯瞰城市。（由芝加哥规划委员会提供）

的城市拥有造型优美的空间和郊区，这与每英亩有多少建筑无关。广场，甚至街道，如同美丽的房间，可能有许多窗户能看到优美的风景。但是窗户如果没有结实的窗框和清晰的边线，是不能发挥取景框的作用的。

在观察一座建筑时，人们想要的不只是距离感，而是与建筑相互联结的感受。这就意味着在建筑与人之间必须有各种联系和关系，而不光只有地面作为连接。这些联系要由侧墙形成。人们实际上希望置身于美丽的房间（广场）中，它的主要墙面是建筑，其他墙面——可以是建筑、柱廊、成排的树或者灌木——与纪念物形成关联。没有这种紧密的关联，（广场和纪念物的）尺度和比例的感受就会受到干扰。当人们望向（主体）建筑时，它的左侧和右侧的水平线因透视关系而相交的灭点位置，是一座广场的效果是否令人满意的关键。在一个圆形、没有夹角的广场中，面对的建筑（主体建筑）与侧墙建筑之间的关联甚至更为连续和有力。

17、18 世纪的城市设计艺术发展出了在广场的围合墙面中插入优美透视点（就像窗户）的强烈偏好。除了为一个重要建筑提供布景和框景，一个完整的广场可以通过设计框出跨越水面的优美透视，就像威尼斯的小广场；或将视线引向高山的景致，如同经常在山区城镇中看到的那样，著名的例子是蒂罗尔州的因斯布鲁克（Innsbruck，Tyrol）；还可望向并不过长、对景优美的街道，或是形成深远舞台效果的相连广场；甚至或许最美的是，巧妙框景、高度集中的视线望向广阔的空间，就像凡尔赛宫向西望去的那样。

当文艺复兴初期以巨大的努力摆脱了细节装饰的哥特传统，并用彼时恢复的古典主义风格覆盖哥特宫殿的庞大体量时，人们或许会觉得，这些建筑师在某个瞬间轻视了熟知广场设计奥妙的哥特建造者的智慧。但他们实际上违心地在关键因素上继承了这些奥妙。相比哥特设计师们螺蛳壳里做道场，文艺复兴建筑师们得以自由而超凡的设计，并实现了同样的效果。法尔内塞宫（1520 年），在平面上看似新颖独立（图 1-145、图 1-146），但它实际上只是在那个位置重复和改进了皮亚琴察（Piacenza）杰出的市镇广场的布局设计（Palazzo Communale，1281 年，图 1-147）。侧面的开口是不到 25 英尺宽的窄巷。因为过于狭窄，它们在透视上几乎是瞬间闭合的。沿着这些短巷的轴线望去，目光会聚集在两个设计出色的街道对景：一个教堂立面和一座喷泉。

罗塞利诺（Rosselino）迷人的皮恩扎小广场（图 1-148、图 1-149），以及它的后来者米开朗琪罗的卡比托利欧广场（图 1-150~ 图 1-152），是将主建筑两侧的角部敞开的另外两个有趣的广场实例。这两座广场都比周边环境高出很多。设计者将广场设计得前窄后宽，继而打开两侧的角部，引入广场的是令人心驰神往的远处的景致。所获得的特殊效果证明这样的设计手法是成功的。这些角部绝不是随意为之的开口。这里在特定的情况下，由一流艺术家实现的效果，不能成为不经思考就可以应用于平坦乡村的法则。与这两个敞开角部的广场实例相对，17、18 世纪的伟大时代建造了无数角部封闭的绝妙广场，并一直延续到文艺复兴衰落时期。然后城市设计艺术走向了程式化的几何形式，人们满足于草率打开转角的广场，其侧面又被本就不充足的围合墙面之间的宽大开口撕裂，与卡比托利欧广场的品质丝毫不沾边。

对西特教学中有一点批评或许是合理的。他全盘接受了 17、18 世纪的精神，好像失去了欣赏 16 世纪建筑师理想的能力。那时有一个在建筑上所能勾画出来的最美妙的理想，即将独立的建筑，尤其是完全对称的纪念物作为“中心建筑”，放置在完全对称的广场中心（这个内容将在下文中更详细地讨论。见第 45 页）。然而哪怕在这方面也必须看到，西特提出过，用圆形、统一建筑立面的广场去围合、呈现一个重要的维也纳纪念柱，并特别称赞了中心式布局之美，如图 1-99~ 图 1-105、图 1-116 所示。

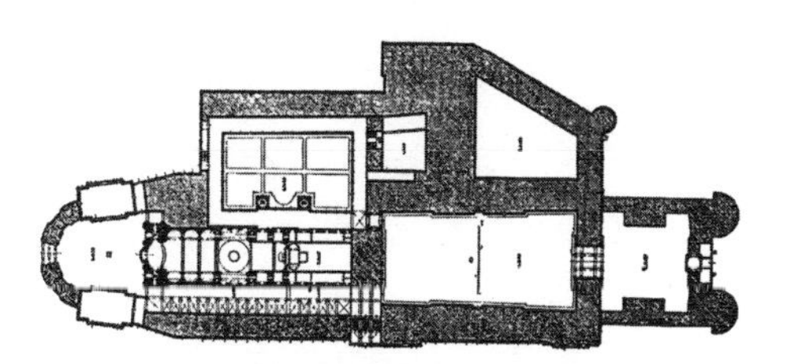
图 1-153　梅尔克（Melk），奥地利修道院

图 1-154　梅尔克，从多瑙河望去

教堂前庭（Prandauer 于 1702—1726 年建造）的平面与卡比托山和皮恩扎的颇为相似。从主立面俯瞰四周的旷野时，视线会被一座有帕拉迪奥窗效果的高大拱门框起来。[照片出自平德（W. Pinder），平面出自古利特]

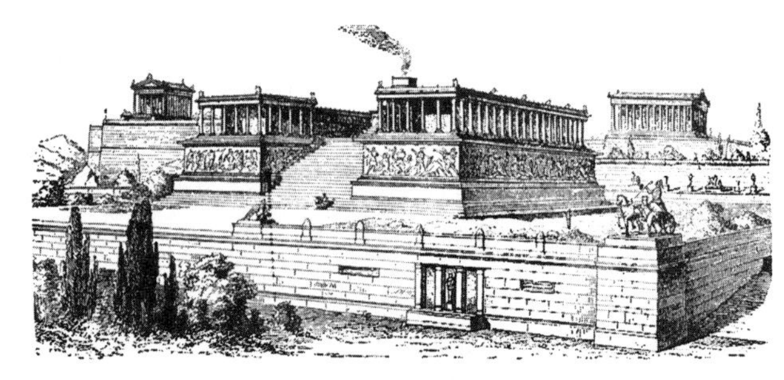

图 1-155 帕加马，宙斯祭坛

约建于公元前 180 年。这组建筑群将宙斯祭坛与布满雕刻的台座，以及环绕祭坛的 U 形爱奥尼柱廊结合在一起，构成了新卫城宏大方案恰到好处的效果。复原设计：博恩（R. Bohn）。

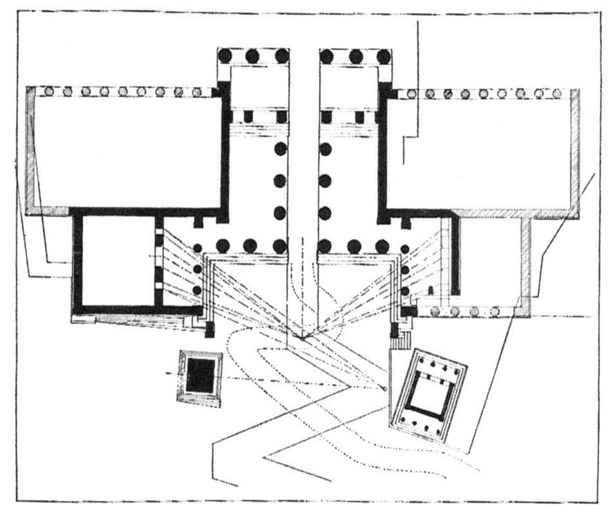

图 1-156 雅典，山门平面

根据德普费尔德（Doerpfeld）和埃尔德金（Elderkin）等人的研究绘制的原始平面。这个平面中也有埃尔德金设想的折线路（实线），从它的转折点上能欣赏到建筑上各种均衡的因素。（出自埃尔德金）

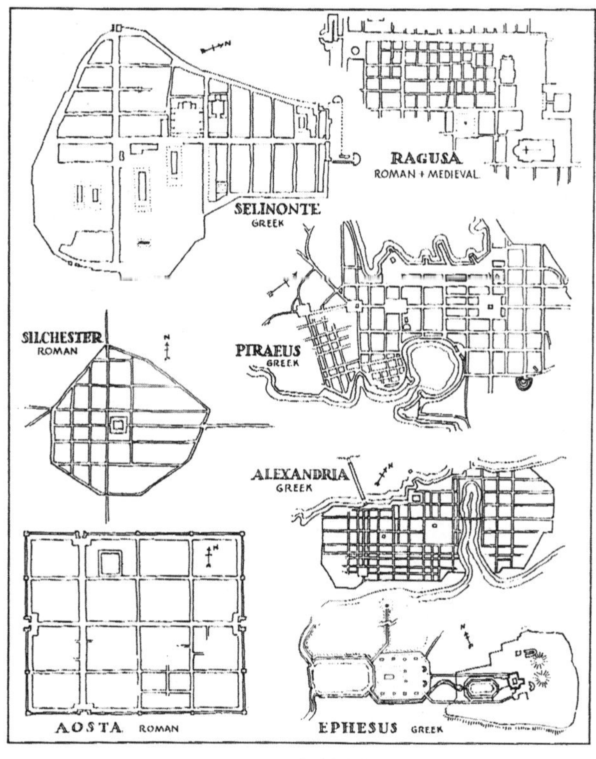

图 1-157 古代城镇规划

这些规划草图意在展示古代规划大体规整的特征，以及开放公共空间与街道规划的紧密关系。

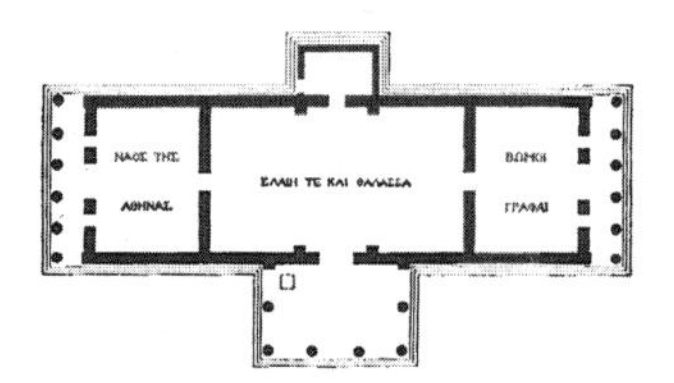

图 1-158 雅典，伊瑞克提翁原始平面

“最初设计的伊瑞克提翁在整体上是一座对称的建筑……与帕提农神庙和山门构成了一组对称的纪念建筑，屹立在雅典卫城之巅，昭示着伯里克利时代的荣耀。”（出自埃尔德金）

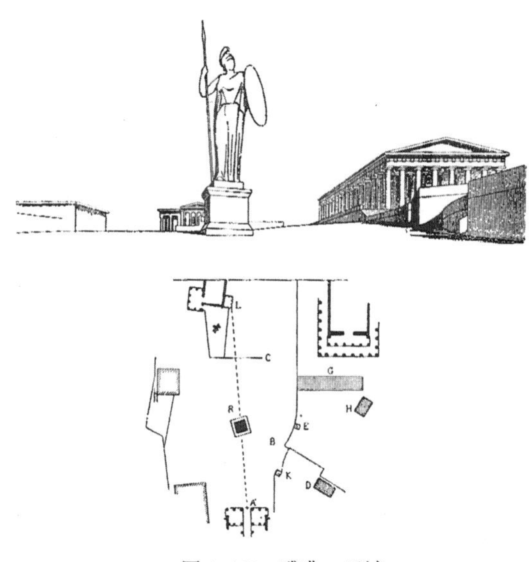

图 1-159 雅典，卫城

平面与 A 点（山门）朝向伊瑞克提翁（L）的透视，展示出巨大的雅典娜雕像（R）与帕提农神庙（G）庞大体量之间的平衡。“希腊卫城的体量”（Le desorde des acropolis grecques）。[出自舒瓦西（Choisy）]

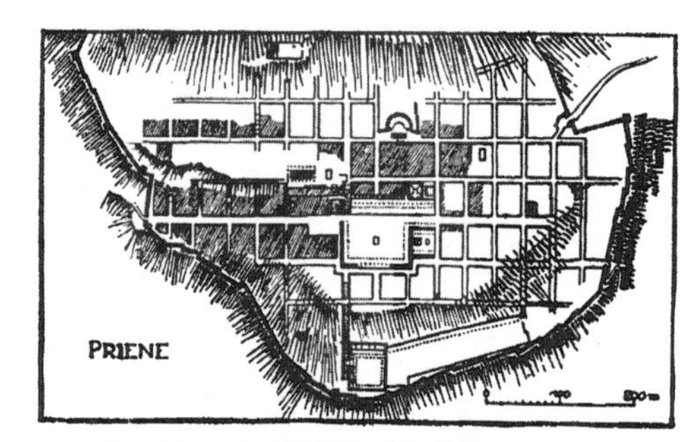

图 1-160、图 1-161 普里埃内（Priene）

平面和从广场一角仰望远山的透视。对面的柱廊地势更高。城市很可能是约公元前 330 年为亚历山大大帝规划的。城市以网格规划为整体布局（街道正南正北），因此不得不将山岩挖到 30 英尺深处。（出自 Theodore Fischer）

第二章

欧洲的广场和庭院设计

图 2–1　某皇家内院，皮拉内西设计并制作版画

给予纪念性建筑的理想布局，最重要的方法是让它们和广场产生关联，即把它组织到建筑组群中去。正如上一章试图展示的，广场设计几乎等同于建筑组群的设计。广场是一个由建筑限定的空间，建筑围合而成的架构是广场的重要组成部分，广场的形状也被设计成最适于用来展示和衬托建筑。广场并非是一个周边随意散落着若干建筑的空间。

现代的城市建筑艺术，能从对 17、18 世纪成就的研究中得到许多启示。当然 17、18 世纪也深受古典时期的影响。然而，尽管现代建筑师们潜心研究了古典和文艺复兴时期的建筑及其细部，却对更为重要的建筑布局，以及那些细部之所以然的原因不甚了解。许多古希腊、古罗马和文艺复兴时期的建筑在美国被原封不动地加以复制，但被放置到完全不同于原来设计的地方，其效果就大打折扣。因此，对那些著名建筑物的原有布局进行研究，是很有价值的。

古希腊和古罗马先例

雅典卫城和其他古希腊早期城市的卫城，以及古罗马广场，最初并不是按照秩序性的规划（如格网或放射）布局的。雅典和古罗马的街道，就像纽约或波士顿老城区的街道，狭窄而曲折。古老的城镇中心在用地有限的地方、日积月累地生长而来。老旧矮小的房屋逐渐被雄伟的重建物取代。在新建建筑中，关于对称的共识也并不总能得到充分的表达。有时空间太过狭小，即便建筑物尺寸也相对较小，秩序性的对称仍难实现。

可以确信的是，我们今天看到的伊瑞克提翁神庙和雅典卫城山门，并不是按照设计师原先的设计建造的（图 1–156、图 1–158）。关于古代的城镇中心，奥古斯特・舒瓦西（Auguste Choisy）提及“古罗马广场和古希腊卫城的混乱”（désordre du Forum Romanum et des acropoles grecques），并指出平面中缺乏的对称性，通过采用被他称为视觉上的，或者如画式的对称，得到一定程度的补偿。例如在雅典卫城，通过将巨大的雅典娜雕像与帕特农神庙的体量进行平衡，一种如画式的对称效果得到了保证（图 1–159）。通过放置一个高大的雕像来平衡小巧的胜利女神庙（Temple of the Wingless Victory，图 1–156），卫城山门前因不规则的山石场地造成的困难得以克服。

此后 300 年，在维特鲁威生活的年代，场地和各种条件的限制相较之前更容易解决。维特鲁威和他的古希腊老师们如果泉下有知，便不能认同那些在 19 世纪末最后 10 年间的“非形式化”城市规划师们。他们照抄如堡垒般拥挤的中世纪城镇，故意把城镇中心布

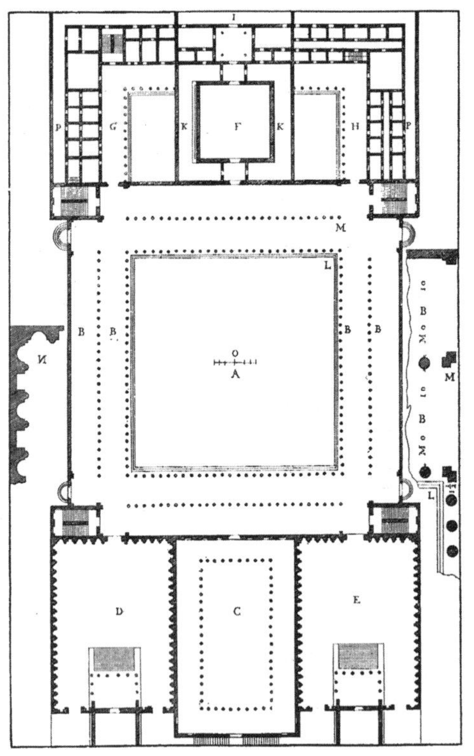

图 2–2 帕拉迪奥的“希腊人广场”理想平面
广场居于中心，巴西利卡和神庙在下方，元老院、铸币厂和监狱在上方。耐人寻味的是，帕拉迪奥用广场一词来指代罗马广场和希腊广场。这个定义具有意义，因为它认定了公共空间的基本相似性，不管它们是在单栋建筑内，还是通过扩大街道或建筑群形成的。这个已经基本被遗忘了的相似性（可能是因为室内外交通的现代差异）是有必要恢复的，就像 1915 年的加州世博会，即便我们不想遗忘那些建筑能够带来的最有价值的效果。

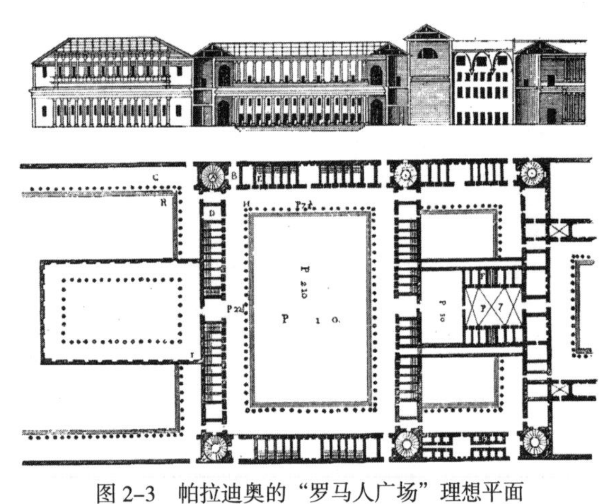

图 2–3 帕拉迪奥的“罗马人广场”理想平面
中心广场被柱廊包围，银行与手工制品店铺朝着柱廊开门。巴西利卡在左侧，监狱和办公区域在右侧。

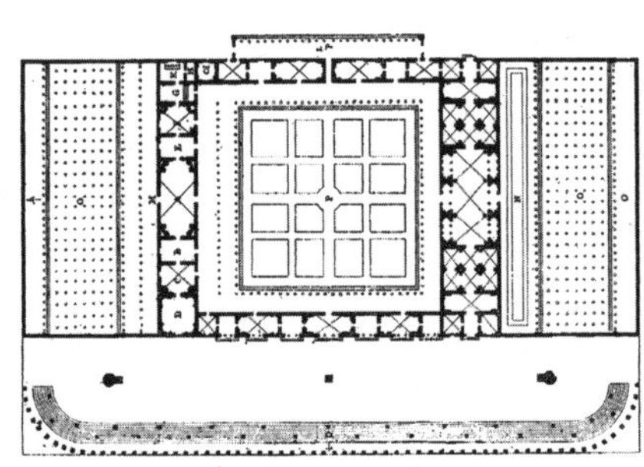

图 2–4 帕拉迪奥的古典室内运动场构思
一个结合了跑道、小树林和运动区域的娱乐中心。图 2–2~ 图 2–4 阐释了对维特鲁威原则的解读。

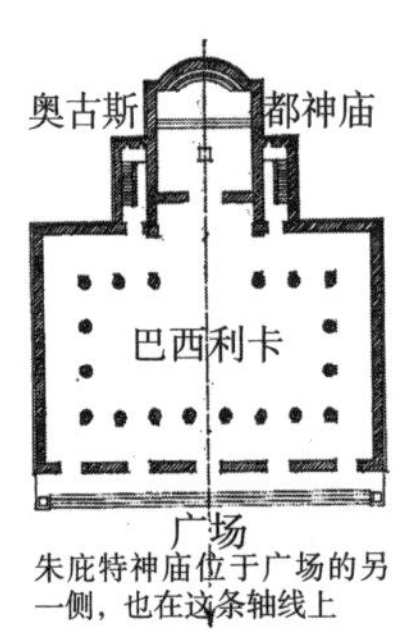

朱庇特神庙位于广场的另一侧，也在这条轴线上

图 2–5 维特鲁威在法诺建造的巴西利卡平面

局得古朴弯曲。看看古希腊和古罗马的建筑师们，尽管非常崇拜他们的前辈，特别是伯里克利时代[①]（Periclean）那些杰出的细部，他们也没有照抄雅典卫城和古罗马广场的那种如画式混杂的平面集合。古希腊设计师在希波达莫斯[②]（Hippodamos of Miletus）的指引下，均采用直线来设计整座城市，如比雷埃夫斯（Piraeus）、罗德岛（Rhodes）、普里埃内（Priene）等（图 1–160、图 1–161）。古希腊殖民地的城镇中心，保存得最好、可能也是最美之一的土耳其帕加马古城（Pergamon，图 1–155），教会了罗马人欣赏完美均衡的布局。

这被古罗马皇帝迅速效仿，随后在罗马，以及意大利不计其数的新城市和殖民城市中，建设了平面极为形式化的城镇中心。他们花费了不计其数的财富。山地或是拥挤的场地，都不能成为妨碍设计的条件。尼禄（Nero）不是唯一一个拆毁罗马的不卫生区域以给他的新发展腾出地方的皇帝。有许多令人惊叹的场地平整工程得到实施。在新的殖民地，形式化的设计丝毫不会受到场地拥挤的限制，实施起来也更为经济。这些新的、形式化的方案绝大多数源自古希腊，正如维特鲁威在他的书中所阐述的。但必须指出，维特鲁威生活的时代正是那些伟大建筑即将在罗马帝国破晓之际。他尚不了解古罗马辉煌的帝国广场，或是赫里奥波里斯[③]（Heliopolis）、帕尔米拉[④]（Palmyra）、杰拉什[⑤]（Gerasa）等地（在城市设计方面）的惊人发展。在他的书里，也只模糊地描绘了之前古希腊时期取得的辉煌成就。但他明确指出，伟大的发展即将到来：

“希腊人建造的广场，”维特鲁威声称，“拥有宽敞的双层柱廊……然而在意大利的城市里……由于古代的习俗通常是展示角斗士的表演……广场的宽度依据其长度的三分之二得出……（只有）这样才适于表演的意图。”（图 2–2~ 图 2–4 帕拉迪奥所绘复原图）。维特鲁威对他自己参与设计的帝国殖民地法诺（Fano）城中的广场颇为满意（图 2–5）。他把巴西利卡建造在广场长边的中点上，与位于对面长边中点的朱庇特神庙形成轴线对位的关系。奥古斯都神庙和广场之间由巴西利卡隔开，同样与巴西利卡和朱庇特神庙都形成轴线对应的关系。

---

① 伯里克利（古希腊语：Περικλῆς，Periklễs；英语：Pericles；约公元前 495 年—前 429 年）是雅典黄金时期具有重要影响的领导人。他的时代也被称为伯里克利时代，是雅典最辉煌的时代，产生了苏格拉底、柏拉图等一批知名思想家。伯里克利在希波战争后的废墟中重建雅典，扶植文化艺术，现存的很多古希腊建筑都是在他的时代所建。——译者注

② 公元前 498 年—前 408 年，古希腊最著名的城市规划师。——译者注

③ 古埃及最重要的圣地之一，又称“太阳城”。——译者注

④ 叙利亚中部的一个重要的古代城市。——译者注

⑤ 约旦的一个古代城市。——译者注

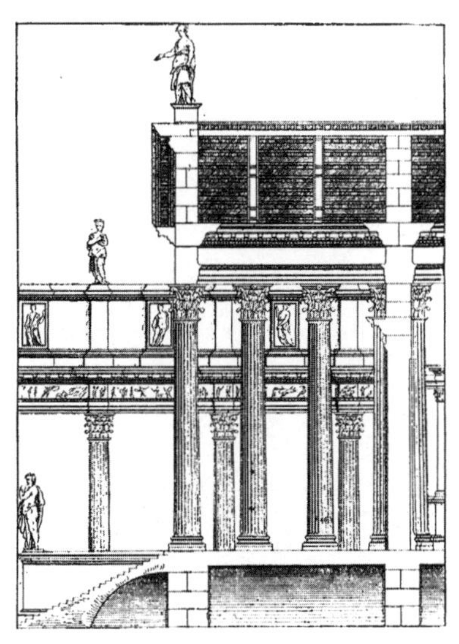

图 2–6　神庙柱廊剖面

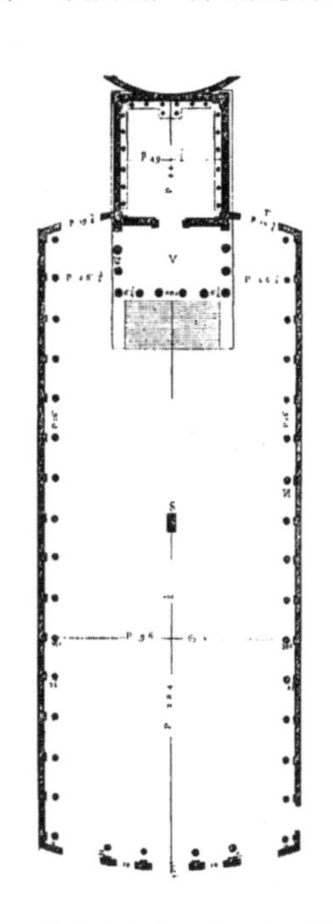

图 2–7　帕拉迪奥复原的涅尔瓦神庙

图 2–8　神庙和两侧的拱门

在阐释以上的复原方案时，帕拉迪奥表示支撑着广场墙壁的柱子有意设计得很低，以强调神庙的地位。为了证明他对该广场作为纪念性骑马像环境的欣赏，帕拉迪奥讲了这个故事：

“这个神庙的前身是一个广场，中心有一尊上述皇帝的雕像。很多作者写道，这里的装饰物太多太精美了，令目睹它们的人叹为观止，以为那出自巨人之手，而非常人所作。

“因此君士坦丁大帝（Constantinus）首次来罗马时就被这世间罕见的琼楼玉宇震惊了。之后他告诉他的建筑师，为了纪念自己，他想在君士坦丁堡也建造如同涅尔瓦的坐骑一样俊美的马。奥米斯达（Ormisida）答道为此应先做与之相称的马厩，于是设计了这个广场给大帝。”

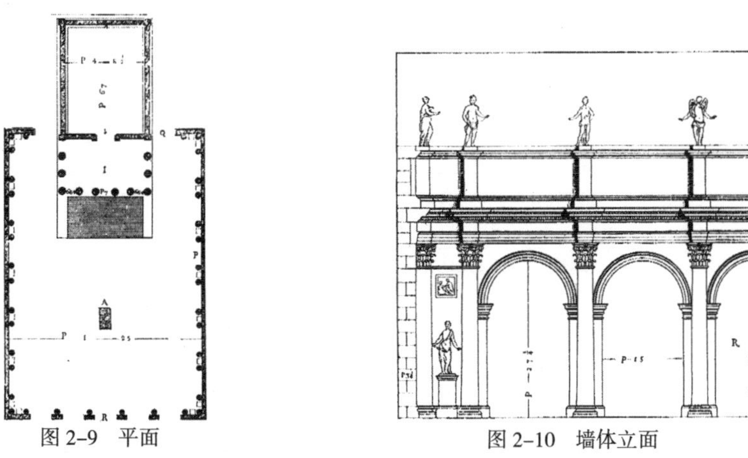

图 2–9　平面　　图 2–10　墙体立面

帕拉迪奥的安东尼诺和法斯提娜神庙复原方案

帕拉迪奥的这个复原方案在考古学上是不正确的，但他的前院广场设计是有价值的。“对着神庙柱廊的入口处有优美的拱，四周被柱子和繁复的装饰包围。在神庙一侧还有两个出口，但没有拱。在广场中间有一个青铜的安东尼骑诺马像。目前这个雕像在卡比托利欧广场。”

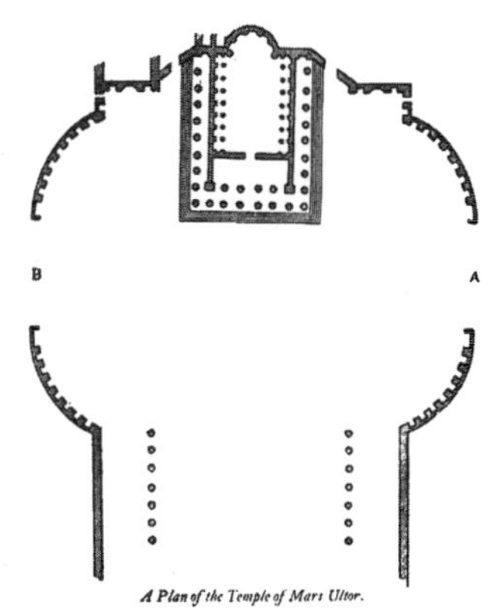

图 2–11　雷恩的复仇者马尔斯神庙复原方案

雷恩的平面 [来自“敬先节”（Parentalia）] 比帕拉迪奥更进一步，在神庙前方形成了一个巨大的广场。

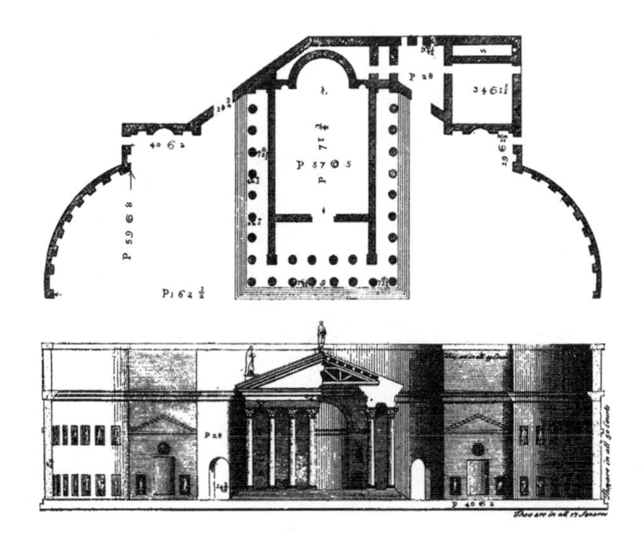

图 2–12　帕拉迪奥的复仇者马尔斯神庙复原方案

该复原方案生动反映了古典主义和文艺复兴时期将公共空间作为大露天房间的概念。这里极高的侧壁像如房间的墙壁一般，或者说像是把一个巨大的房间内外翻转了。这样一来形成了空间为了自身而围合的印象，而不是被建筑群侵占之后剩下的。在这样一种环境中，古典主义的神庙凭借登峰造极的古典主义设计获得至高的尊严与超凡的技艺。该设计技艺高超，效果卓群，既将重心放在神庙上，又使神庙与场地联系起来。两片直墙（帕拉迪奥在此弱化了山花的效果）是该构成中的核心元素。它们平息了曲线墙和斜向墙带来的动感，强调了神庙所在处的重要性与坚实。由于它们与神庙正面平行，弱化的檐口（与神庙檐口同高）通过透视可以展现广场的进深。因此，人们可以鲜明地感知到空间，即使只能看到这个神庙三个维度中的一个立面。其间等距的壁龛构成的细部给建筑增添了多变的表情。单单凭借正立面，人们也可以看出这 90 度弧形侧墙的凹进。

帕拉迪奥解释这种不寻常的侧壁布置是出于奥古斯都想要保护周边房屋的意愿。该建筑平面被反转（见图 2–9），立面由于神庙两侧拱形开口的误导而令人困惑。

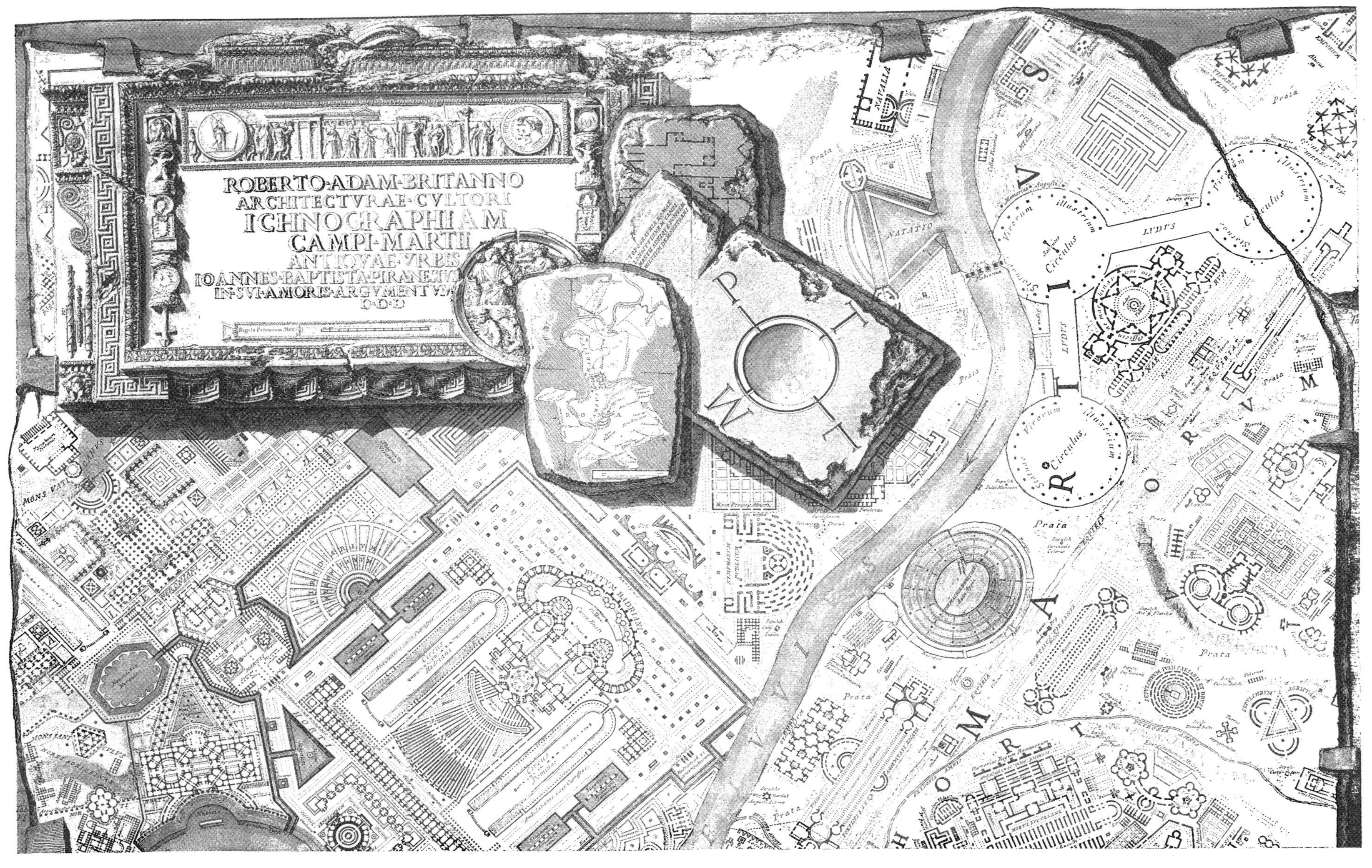

图2-13 罗马，皮拉内西的战神广场上半部分

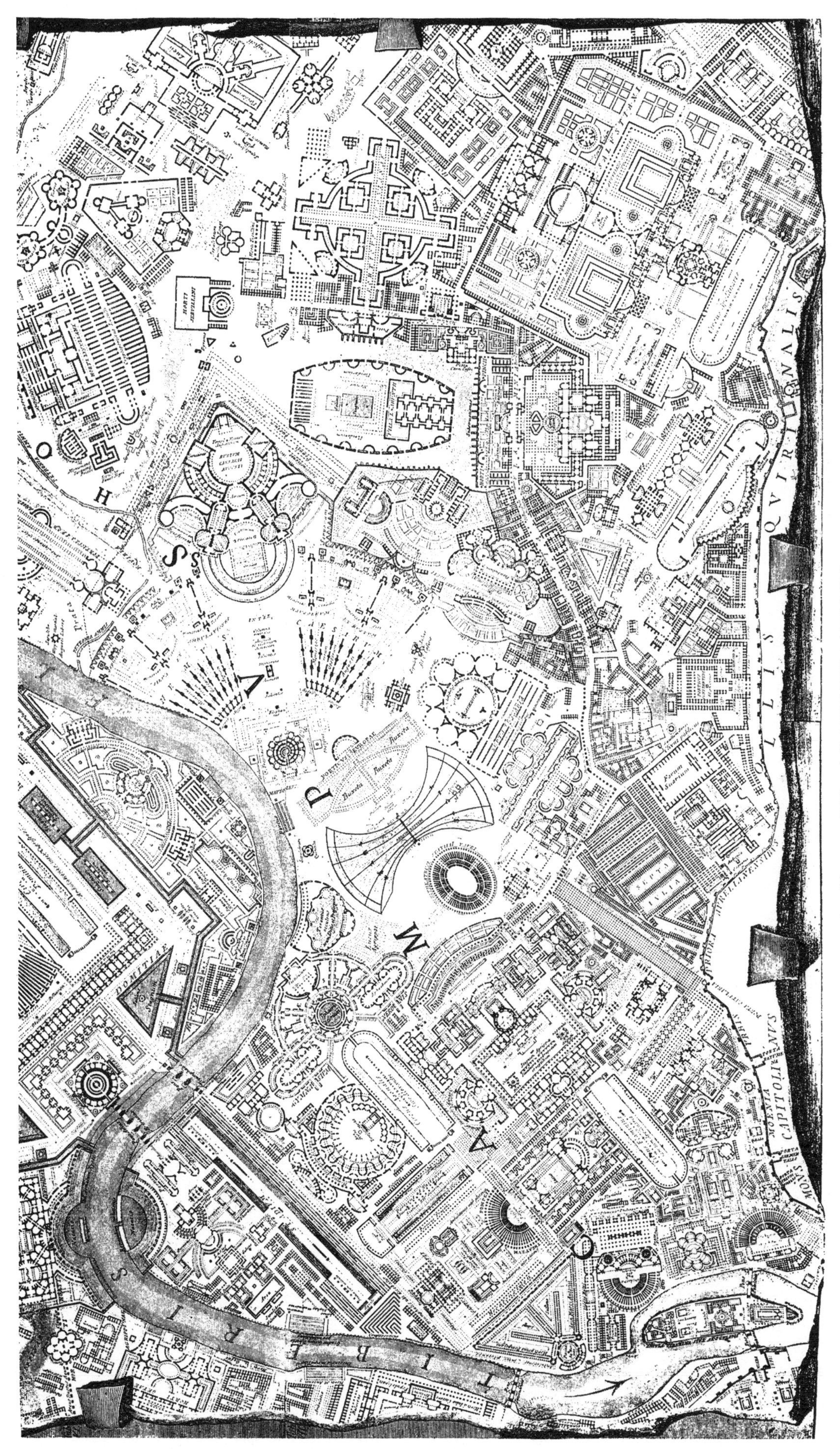

图2-14　罗马，皮拉内西的战神广场下半部分

图 2-15 皮拉内西的战神广场复原方案
该图展现了皮拉内西想象的罗马下部区域规划（图 2-13、图 2-14）。跨越台伯河的塔形建筑如同哈德良墓一般醒目。皮拉内西署名“伦敦皇家文物学会会员”。他的规划（图 2-13）是献给罗伯特·亚当（Robert Adam）的。

图 2-16 皮拉内西的罗马广场复原方案
“一个被柱廊环绕、带有凉廊的古罗马广场，有些柱廊通向皇宫，有些通向监狱。该广场周围是雄伟的台阶，其间是装饰该区域的喷泉和马的雕像。”

图 2-17 皮拉内西的万神庙周边区域复原方案

维特鲁威的设计可被视为保证了建筑的透视效果和轴线关系，但是他所描述的广场看起来却像是完全由柱廊限定，仿佛可以与柱廊背后的建筑脱离开来而独立设计。柱廊给了广场相当的统一性，使它看起来像个大房间，因而维特鲁威将广场视为像剧院或巴西利卡那样的建筑，并将它们的设计放在同一章中进行讨论。维特鲁威描述的广场是一个没有屋顶的大厅，两侧放置许多雕像，中间是留白的空间，其入口甚至也有柱廊围合。这样的广场实际上是完全封闭的，以获得特殊的效果。维特鲁威还提到，希腊广场的典型形式是正方形，4个立面彼此之间完美均衡，艺术家没有特意强调其中一面墙体。如果其中一面墙体是由重要公共建筑的立面构成，而且它在广场设计中应该得到强调，其实可以通过将广场拉长或者通过其他一些精细化设计来达到这个目的。

在维特鲁威时代之前建造的庞贝新广场的情况略有不同（图 1-4）。称其为新广场，是相对于庞贝另一个老的、不规则的广场而言。新广场是将广场当作公共建筑物的布景来设计的一个优秀案例。当人们进入广场时，会不由自主地被一段雄伟的台阶吸引。台阶位于广场的一条短边上，打破了广场四周围合的柱廊所创造的各向均衡。这些台阶通往朱庇特神庙的平台，神庙成功地主宰着作为它的布景而设计的和谐广场。神庙是广场上唯一的凸显；统一的柱廊竖立在所有其他聚集在这个城镇中心的建筑前面，保证了广场的和谐效果。神庙和柱廊之间、广场边界上的开口，由凯旋门闭合。

维特鲁威认为，柱廊，不论是古希腊的一层，还是古罗马的两层，对每一个广场而言都是关键要素。它是公共建筑布景和街道设计的一种重要元素，将在后一章中专门讨论。在古罗马广场中，柱廊和拱廊对于不想看到的外部景观形成了有效遮挡。例如私人房屋受到传统和早期技术的限制，高度较低，可被柱廊挡掉；朝向广场的公共建筑更为高大，在柱廊后面仍然可见，经过柱廊遮挡后不会不协调。当然，一栋高大的建筑会改变这种设计的效果，哪怕若隐若现，只要映入眼帘，就会减弱原本设计意图引导、集中到某一两栋特定建筑上的注意力。然而古罗马人并没有建造过摩天大楼、塔楼或是任何一种高层建筑；莎士比亚笔下的布鲁图斯[①]（Brutus）听到钟声的那个钟塔，是后来和钟差不多同时期的发明；还有长期被认为高7层的古罗马七节楼（Septizonium）实际上只有3层高。因而古代的广场没有受到过高层建筑的威胁。但在现代的费城，摩天大楼可能确实盖过了那些原本设计来主导独立广场（Independence Square）的精美建筑。

① 马尔库斯·尤利乌斯·布鲁图斯，拉丁语 Marcus Junius Brutus Caepio（公元前85年—前42年），是晚期罗马共和国的一名元老院议员。——译者注

庙宇结合前广场的布局，就像庞贝古城广场中展现的那样，显然受到了赞赏，并由此逐渐优化，演变为一种类型。在古罗马皇帝建造的、令人赞叹的广场群中（图 2–9），我们可以发现涅尔瓦广场（Forum Transitorium of Nerva，图 2–6~ 图 2–8）平面布局与庞贝古城的广场非常相似，不同之处是广场中间放置了一个帝王的雕像。伦敦的考文特花园（Covent Garden），是伊尼戈·琼斯（Inigo Jones）对同一经典布局范式的演绎，即专门设计一个前广场作为庙宇的衬托。琼斯视帕拉迪奥为导师，帕拉迪奥欣赏这种做法，并在安东尼诺与法斯提那神庙（Temple of Antoninus and Faustina，图 2–9、图 2–10）的复原方案中有所体现。该方案中，帕拉迪奥设计了一个与涅尔瓦广场十分相似的建筑前广场，仅比它略宽、略短，并声称广场有些残存的遗迹当时已被破坏。尽管帕拉迪奥对该广场的复原想象可能是错误的，他的方案作为一个用广场衬托庙宇的原创设计是有价值的。在美国，许多庙宇般的建筑已被建成或正在建造，然后被用作银行或是教堂。因此，了解对美国的传统建筑有深远影响的帕拉迪奥，认为应该怎样处理庙宇的布局，是十分有趣的。

在对复仇者马尔斯神庙（Temple of Mars Ultor，图 2–12）的复原研究中，帕拉迪奥提到了它的布景广场“衬托得建筑更加杰出”。但在该广场的复原方案中，帕拉迪奥并没有比现代研究走得更远、更合理。克里斯托弗·雷恩（Christopher Wren）提出了自己的复原方案（图 2–11），并写了一篇关于该广场的有趣文章。现代研究证明伟大的英国建筑师（雷恩）的设想更为合理。通过复原涅尔瓦广场和图拉真广场（Forum of Trajan）之间的奥古斯都广场（Forum of Augustus），令人敬仰的、马尔斯神庙的布景前广场得以再现。一些广场的重建者表示，有两个凯旋门对称地分布在神庙轴线的两侧，柱廊外面有两个半圆形的厅房（exedra）。这对厅房的引入，在早期指向了后来中世纪十字形教堂的耳堂（transept）。该精彩而精妙的广场设计雏形，在图拉真大广场群、皇帝的宫殿和哈德良行宫等案例中开花结果，并在皮拉内西对古罗马战神广场（Campus Martius）的复原设想中达到高潮（图 2–13~ 图 2–17），尽管皮拉内西的方案可能不太时髦。如今，还得是见识过壮观的美国世界博览会的美国人，在想象中加入瑰丽的柱廊景象，才能对战神广场曾经的模样有一个大致的概念。

图拉真广场（图 2–18、图 2–19）和赫里奥波里斯（Heliopolis，位于巴勒贝克[①]）（图 2–20、图 2–21）的大庙宇群建造于约 50 年后，它们自成一派，成为古代城市设计艺术所能达到的最高巅峰。

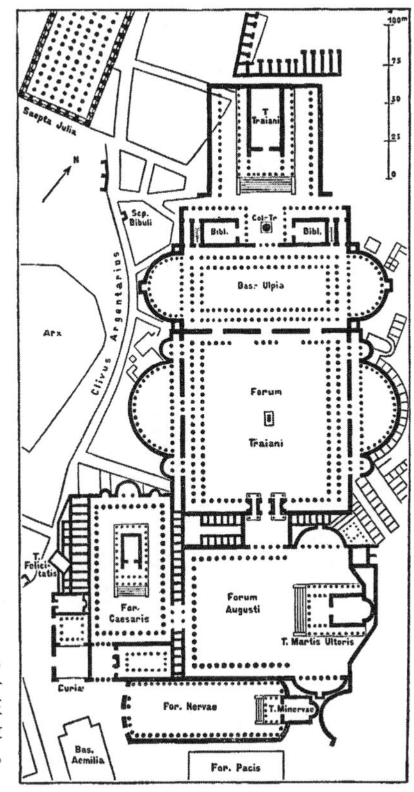

图 2–18　罗马，皇家广场平面

主轴超过 1200 英尺长，仅图拉真广场就占了约一个城市街区。战神庙（正文提到过）两侧的拱门没有包含在此复原方案中。（图来自博尔曼）

图 2–19　罗马，从图拉真神庙广场看图拉真柱

由布埃尔曼复原。

古罗马帝国的广场包含了庙宇布局理念的多种变化，其中一种重要的类型是将庙宇放置在庭院（广场）的中心，比如朱诺莫内塔神庙和城堡（Citadel and Temple of Juno Moneta）、凯撒大帝广场（Forum of Julius Caesar）和维斯帕广场（Forum of Vespasian）。勒·杜克在复原古代庙宇布景时（图 2–22、图 2–23），认为这种中心放置是典型的古罗马做法。当庙宇被放置在中心时，就位于像涅尔瓦广场或其他广场中帝王雕塑所在的地方，屹立在珍贵的神圣之所，像一个雕像那样可被从各个角度看到，并被周围的柱廊四面八方地保护起来。纪念物位于庭院中心的理念，将在早期文艺复兴的愿景中大放异彩。

① 巴勒贝克（Baalbek），即“太阳城”。公元前 64 年，罗马人征服了巴勒贝克，在此建造了著名的宗教建筑群。巴勒贝克曾是古罗马帝国的圣地。——译者注

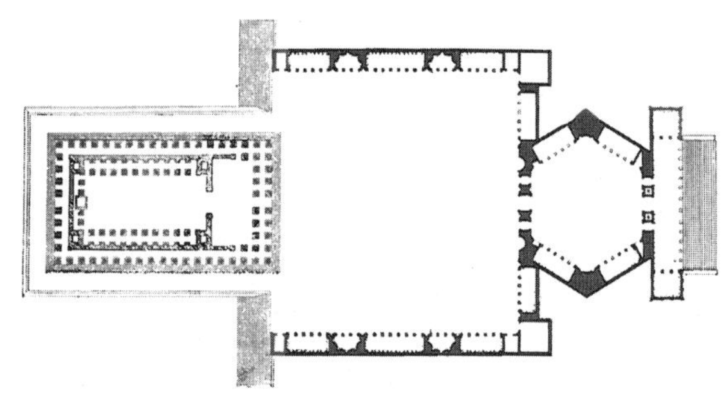

图 2-20 赫利奥波利斯（巴勒贝克），卫城平面

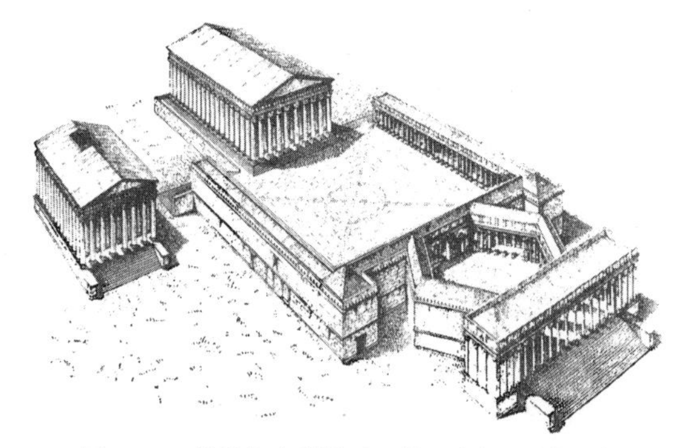

图 2-21 赫利奥波利斯（巴勒贝克），卫城重建

卫城的主神庙群建于公元 138—217 年。朱庇特神庙被抬升至高于自然地面 44 英尺的基座之上，高于前广场 23 英尺。该广场大约 350 英尺见方，由柱廊和壁龛环绕，中心有一祭坛。祭坛广场前是一直径约 150 英尺的六边形前广场，由单层或双层柱廊环绕。六边形广场前是山门，由宏大的台阶构成前导空间。所有的设计都是最好的品位及最佳工艺的结晶。建筑巨大，仅大神庙的柱子就超过 60 英尺高——而帕特农神庙的柱子只有 34.5 英尺高。那些 70 英尺长的石头被抬升至距离天然地面 26 英尺高的平面上。（来自 H. 弗劳贝格）

图 2-22 阿格里真托（Agrigentum），卢西纳 · 朱诺神庙

“立于磅礴的岩石之上平台朝向东方，依旧屹立不倒，而神庙已经完全毁灭。”（来自维奥莱 · 勒 · 杜克）

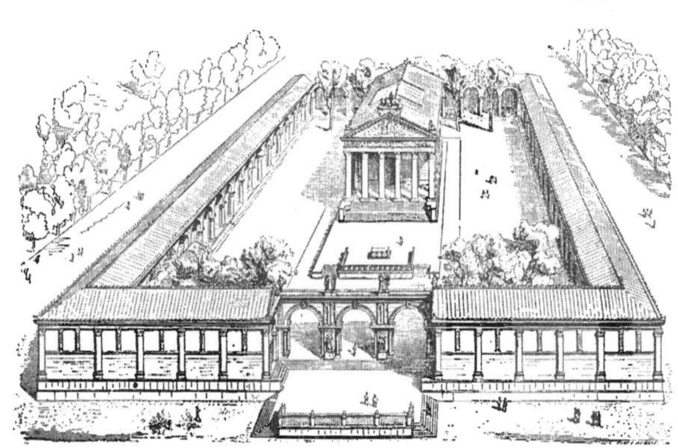

图 2-23 罗马，帝国时代的典型神庙环境

由维奥莱 · 勒 · 杜克重建。他说：“现在我们对纪念物所在的位置不够重视。或者说当我们将它们独立出来时，我们将它们置于空地上，缺乏建筑上的参照物或过渡物，反而使其显得渺小。我们还自以为我们将纪念物用铁栏杆和矮墙围起来，就完成了高级品位的最后一步。”

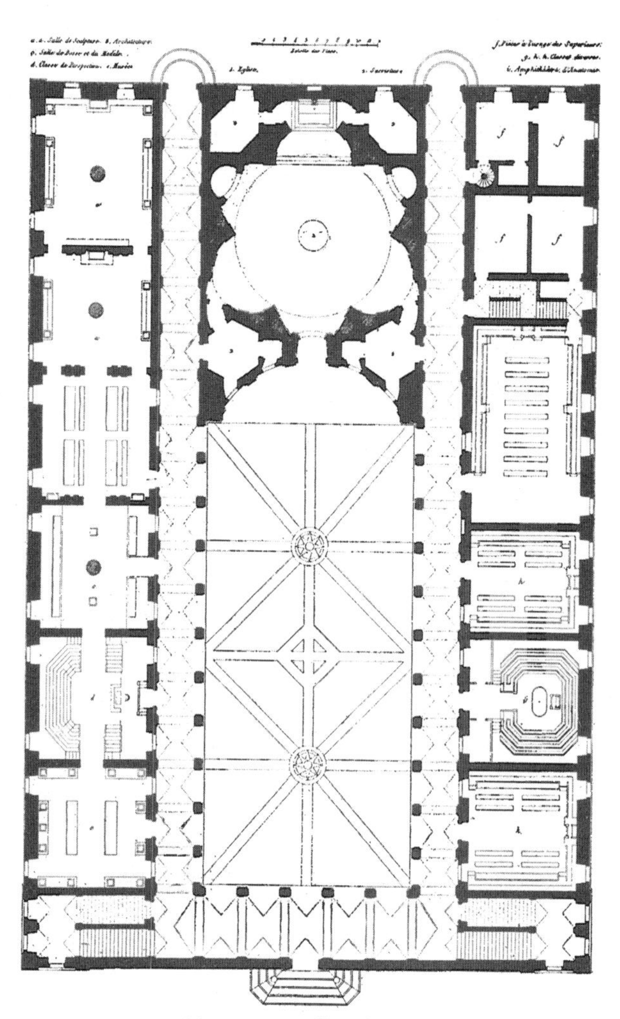

图 2-24 罗马第一大学平面

图 2-25 罗马，圣伊沃大学和教堂

[来自康拉德 · 埃舍尔（Konrad Escher）]

图 2–26　罗马第一大学，广场透视

广场周边底下两层是由贾科莫・德拉・波塔设计的。第三层几乎是 100 年后由博罗米尼设计的。后者的另一个设计作品巴洛克教堂（1660 年）激怒了莱塔鲁伊，因此他有意选择了隐藏它的视角（图 2–26）。近代评论家大力赞扬这种从广场的庄严肃穆到穹顶的轻盈热闹的精彩过渡。教堂立面的下部被当作广场的第四面墙来处理，并相对独立于教堂平面。由于形态上的凹陷，广场成为教堂的前庭。第三层除了入口一侧都往后退，对广场上的行人来说存在感更弱。所有角度（图 2–25、图 2–26）都是二层的视角，其对观察整体效果十分有效（不仅事实如此，而且从透视看起来依然如此）。穹顶从前广场的墙壁上脱离开，并旋转上升到采光亭的涡卷部分。（来自莱塔鲁伊）

文艺复兴时期的广场和庭院

将广场作为公共建筑的和谐布景，这一古典理念已经成为城市设计艺术的基本原则之一。安德烈亚・帕拉迪奥将广场在城市设计艺术中的作用定义如下：

"……城市中留出充足的场所……人们聚集在此散步、讨论、讨价还价；那里还有着华丽的装饰，当你站在街头，一个宽敞美丽的场所（广场）就会映入眼帘。在那里会看到美丽的肌理，尤其是一些庙宇建筑。也许在城市中分散着许多广场有诸多优点，因此它们之中应该有一个主广场，更加宏伟壮丽和令人敬佩，可以被称为真正的公共广场。这种主广场应该被设计得足够大，以满足多数市民的要求，不会因为太小而妨碍市民的便捷和使用，或者，当少数人使用时，它们也不会看起来显得荒芜。在海边港口城镇，主广场必须被布置在港口附近；在内陆城市，则必须被布置在城市中央，到达城市各处都相当便捷。

"柱廊应该被布置在广场周围，正如古人所使用的那样，并且宽度要与柱高相等；使用柱廊是为了遮风避雨，避免空气或烈日造成的伤害。但是（阿尔伯蒂认为），广场四周所有的建筑都不应该高于广场宽度的

图 2-27　罗马，圣尤塞比奥女修道院广场（来自莱塔鲁伊）

三分之一，也不应低于其六分之一。到达建筑的门廊要通过台阶，其高度应为柱子高度的五分之一。

"拱门是广场上一个非常重要的装饰物。它们被放置在街道的尽端，即广场的入口处……

"但是，回到主广场，亲王或领主（不管是公国还是共和国）的宫殿应该分布在广场上，同样还有造币厂、国库和监狱。……除了国库和监狱，元老院也应该被纳入广场的范围中。元老院是元老聚集商议国家大事的地方……在广场一侧面向天空最温暖的地方，必须布置巴西利卡。此处将主持正义，聚集大量民众和商人……"

帕拉迪奥的观点与维特鲁威一致。图 2-1 和图 2-16 展示了皮拉内西对上述观点的阐释。

对帕拉迪奥而言，阿尔伯蒂是几乎可以与他的导师维特鲁威相提并论的权威。阿尔伯蒂认为，广场的尺寸应与建筑的尺寸密切相关。广场的宽度应不小于周围建筑高度的 3 倍，也绝不超过其 6 倍。这些尺寸从文艺复兴一开始就存在了，表达了对宽敞空间的追

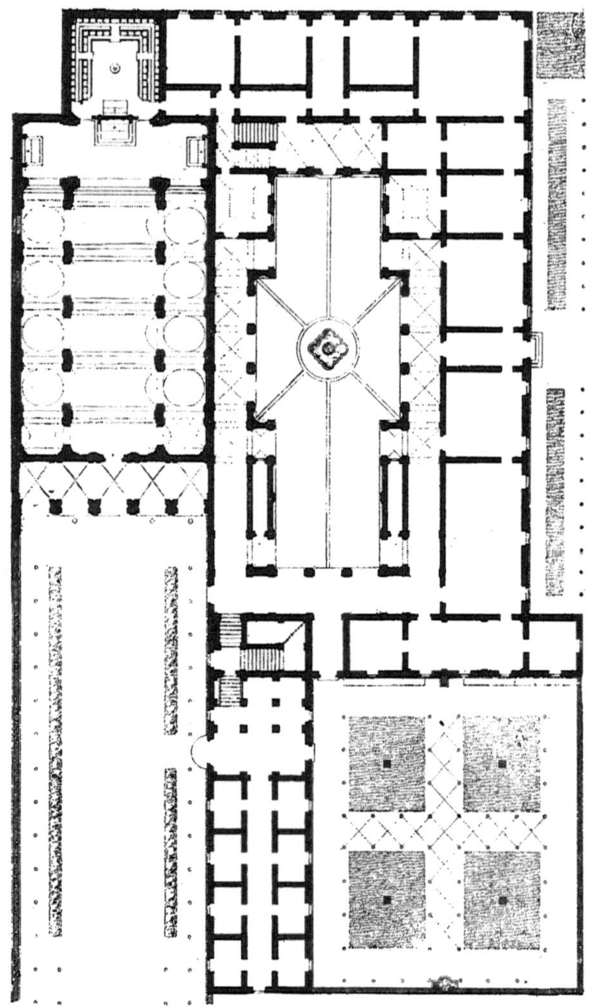

图 2-28　罗马，圣尤塞比奥教堂和女修道院

该平面表明了修道院广场的十字形平面。长长的前广场种有树木和树篱，并将教堂和道路隔开。该组建筑是由卡洛·丰塔纳（Carlo Fontana）于 1711 年左右建成的。（来自莱塔鲁伊）

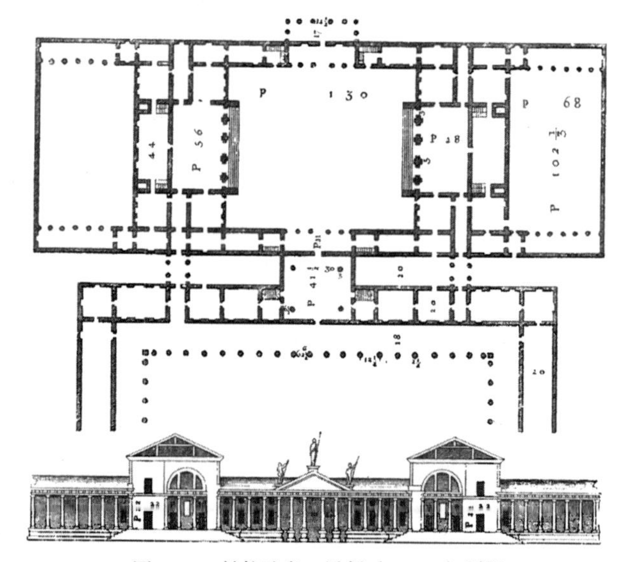

图 2-29　帕拉迪奥，昆托（Quinto）别墅

该别墅是围绕着一个中心庭院展开的。入口要经过平面上部的敞廊。中心庭院（通过一个四柱中庭）和大农场庭院相连。

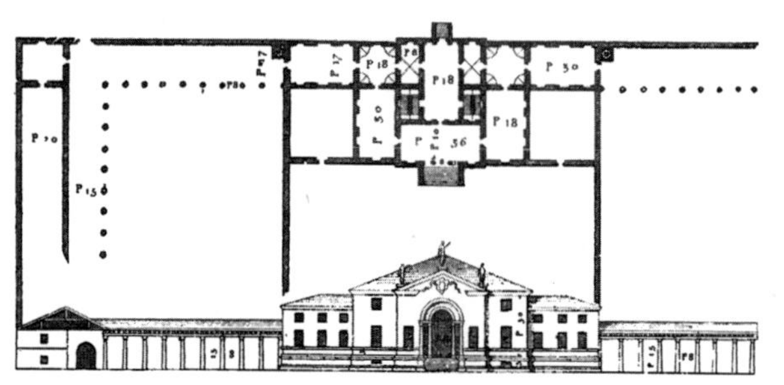

图 2-30　帕拉迪奥，伯利亚诺（Pogliano）别墅

多个广场只展示了局部。入口广场在中间，服务广场在左侧，花园在右侧。

在门厅处看庭院背后

图 2-31（透视图）、图 2-32（平面图）　罗马，无罪元老院（Curia Innocentia）或蒙特奇托里奥宫（Palazzo di Monte Ciorio）

该广场由贝尔尼尼于 1650 年开始建造，至卡洛·丰塔纳约在 1711 年完工。1871 年广场上空加顶，成为意大利国会的新大厅。在旧设计中该广场方形一侧两边由宫殿的三层侧楼包围。在圆形一侧，曲线双层墙遮蔽了马厩和服务区。外层的墙体较高，传递着环绕整个广场的宫殿侧楼的母题。内层墙较矮，中间开口，使得人们可以从外墙中心看到喷泉的景致。公共行人道从两层墙之间穿过。（来自莱塔鲁伊）

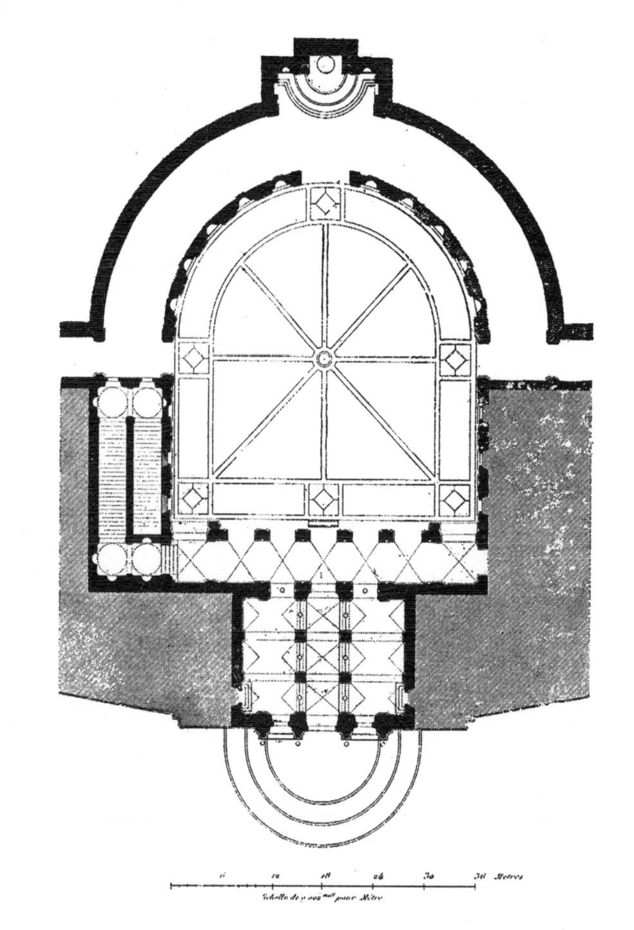

求，鼓舞了迫切想要摆脱哥特比例束缚的年轻一代的艺术家们。与老城中建筑高度常数倍于极其狭窄的街道宽度相比，哪怕广场的宽度不超过周边建筑的高度，空间也会显得宽敞。但是文艺复兴早期（1460 年）的皮恩扎中心广场（图 1-148、图 1-149）仍然按照那种狭窄的比例建造，让人感觉更像是一个舒适的凹形空间而非一个广场。事实上它的确不比旁边的皮科洛米尼宫（Palazzo Piccolomini）的庭院大。许多意大利宫殿的拱廊庭院使得这种类型日臻完善，其中最著名的可能是法尔内塞宫（Palazzo Farnese）的方形庭院。该庭院各边的宽度与庭院围墙的高度相同（图 1-145）。一个长方形庭院的案例是罗马大学（Sapienza in Rome）的庭院，后来被改建为前院，为巴洛克时期最华丽的教堂立面之一提供布景（图 2-24~ 图 2-26）。

圣尤塞比奥修道院的庭院（the Convent of S. Eusebio）（图 2-27、图 2-28）基于一个十字形状的平面设计。更丰富的庭院平面形状，由贝尔尼尼（Bernini）赋予蒙特奇托里奥宫庭院（Palazzo di Monte Citorio，图 2-31、图 2-32）。该庭院的尺寸（120 英尺宽，约 36.6 米）甚至能满足现代广场的需求。

这些庭院尺寸的扩大，诠释了文艺复兴无论在私人或是公共领域，均摈弃了哥特式的狭小逼仄，开始熟练掌控更为宽阔的开放空间的设计技巧。帕拉迪奥认同阿尔伯蒂提倡的大尺寸，在一个典型的古罗马广场的复原方案之中，将广场的长宽设计为周围建筑高度的 1.75 倍和 2.5 倍（图 2-3）。他设计的乡间住宅的庭院有时甚至更宽（图 2-29、图 2-30），还包括一个小巧而精心围合的广场。

第一次在大尺度上创造类似效果的尝试来自罗马教皇。在罗马文艺复兴鼎盛期间，最重要的事件之一是布拉曼特（Donato Bramante）大胆地将梵蒂冈的宫殿用长长的侧翼建筑连接起来，创造了延伸超过 1000 英尺（304.8 米）的庭院组群，并很好地利用了不规则场地（图 2-33~ 图 2-37）。教皇的雄心壮志很

图 2-33 罗马，布拉曼特的三幅绘画

上面一幅应当是博尔戈区（Borgo）改造的研究。背景或许是布拉曼特设计中的圣彼得大教堂（图 2-72）。其余绘画是美景宫和梵蒂冈整体改造方案的草图。（来自德盖米勒）

图 2-34 罗马，美景宫广场一景 A

展示了布拉曼特逝世之年 1514 年的环境。（来自莱塔鲁伊出版的一幅旧图）

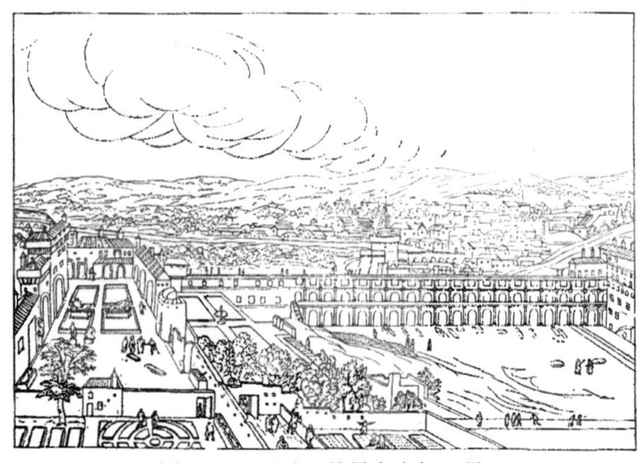

图 2-35 罗马，美景宫广场一景 B

来自 1585 年克莱文斯（H. Clivens）的版画。（来自莱塔鲁伊）

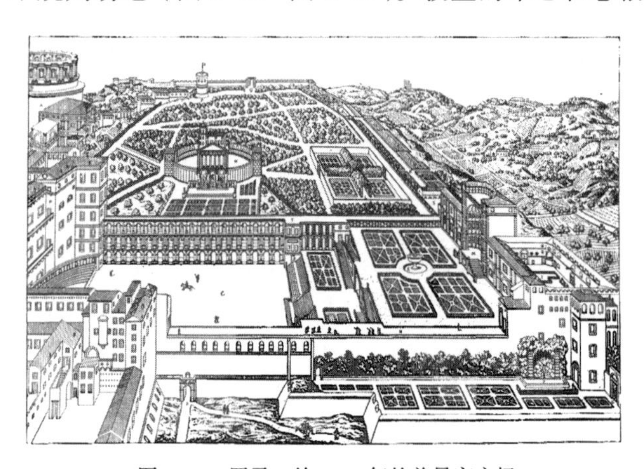

图 2-36 罗马，约 1565 年的美景宫广场

在左上角可见未完工的圣彼得大教堂穹顶鼓座。在背景中部左侧是普拉别墅（N），右侧是巨大的墙壁内凹空间（niche）（M）。（来自莱塔鲁伊）

图 2-37 罗马，美景宫广场中的锦标赛

右上角是圣彼得大教堂未完成的穹顶。（来自德盖米勒）

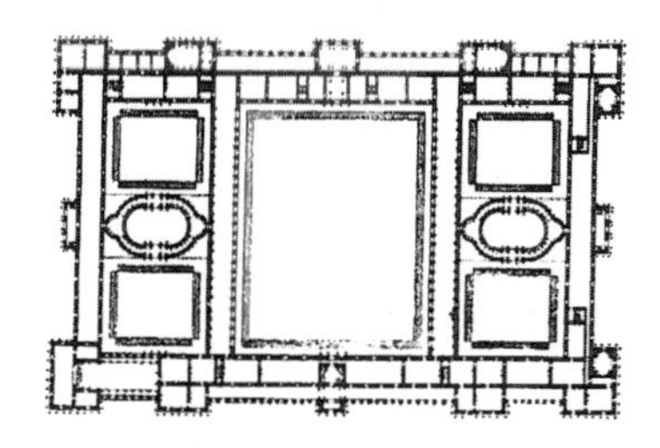

图 2-38　巴黎，德洛姆的杜乐丽花园平面
始于 1654 年，925 英尺长。（来自迪朗）

图 2-39　巴黎，1855 年的卢浮宫和杜乐丽花园
（来自吉耶尔米）

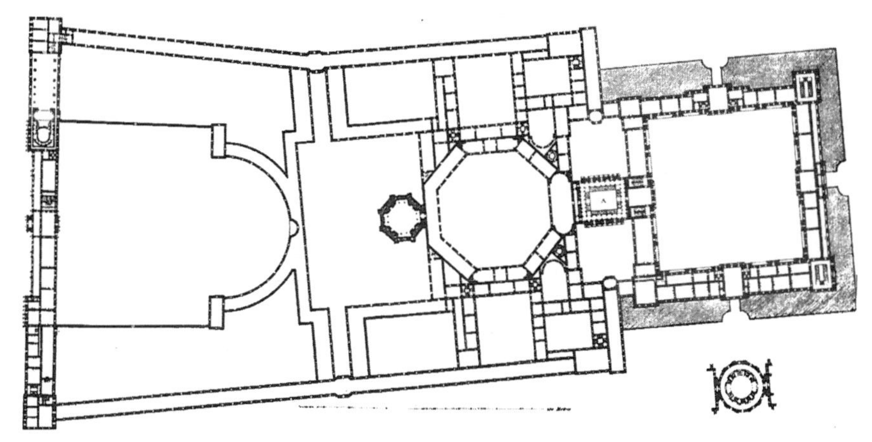

图 2-40　巴黎，佩罗设计的卢浮宫和杜乐丽花园之间的衔接建筑
立面图见图 2-49。比例尺是 200 米。与图 2-38、图 2-41 的比例相同。（来自迪朗）

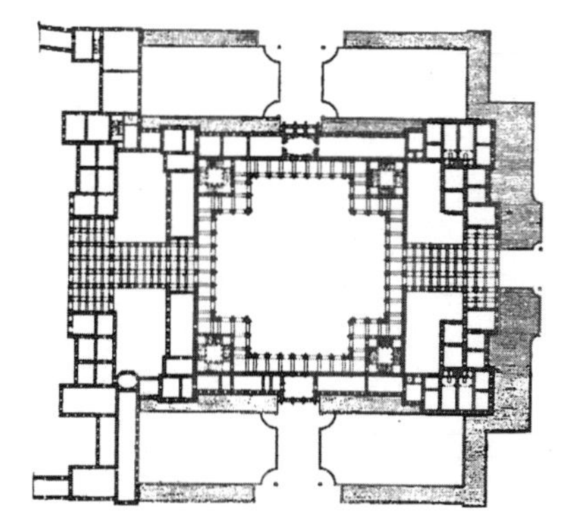

图 2-41　巴黎，贝尔尼尼的旧卢浮宫改造方案
与图 2-40 比例一致。立面和剖面见图 2-50、图 2-51。（来自迪朗）

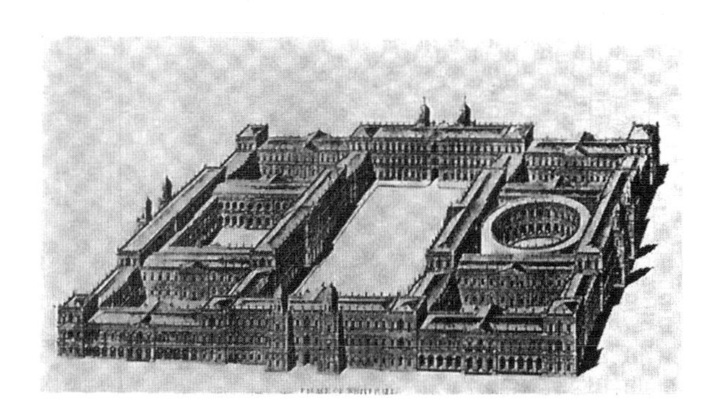

图 2-42　伦敦，怀特霍尔宫
由伊尼戈·琼斯于 1619 年设计。出自 T.M. 穆勒 1749 年版画。（来自 W.J. 洛夫提）

图 2-43　柏林，皇家城堡第二广场
由安德烈亚斯·施吕特（Andreas Schluter）于 1699 年设计。（来自 W. 平德）

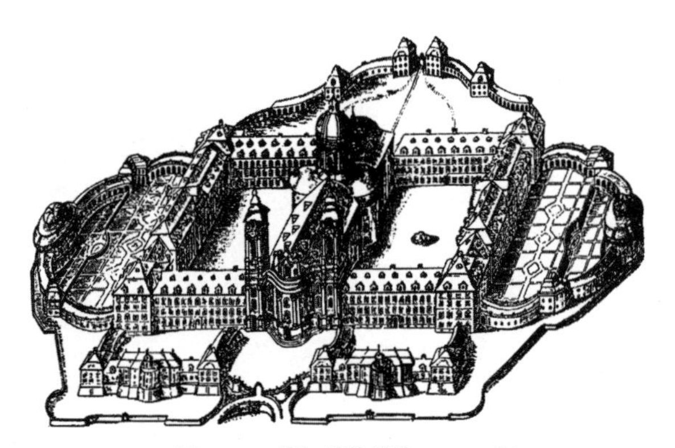

图 2-44　温加滕修道院，1723 年

为修道士提供的唱诗席而做，同中殿等长，以使交叉点在教堂中心。如此一来两侧轻易得到均衡的庭院。在中心组群之外是一系列前院，部分有高差错台。（来自 W. 平德）

图 2-45　罗马，内格罗尼宫广场

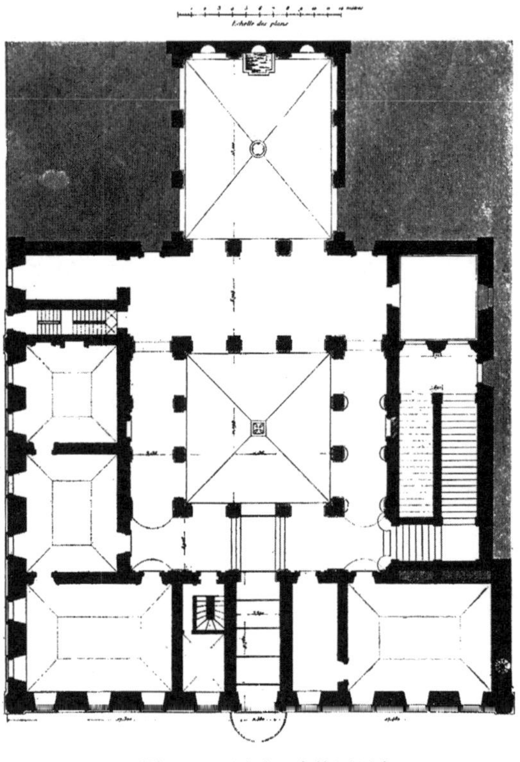

图 2-46　罗马，内格罗尼宫

内格罗尼宫（巴塞洛缪·安曼纳提于 1564 年建造）最有趣的一点在于它成功地在如此小的区域内表达花园景观的开阔感。11 米见方的小内院在朝向服务广场（填充区域是马厩等）的一侧仅通过有错台的凉廊闭合。轴线上，服务广场远处的墙上有一个喷泉。通过这些手法，中央广场显得不再阴暗和闭塞。相同的手法出现在法尔内塞宫（图 1-145）、皮恩扎的皮克罗米尼宫（图 1-148）。（来自莱塔鲁伊，他表现了宫殿的本来面貌而非现状，尤其是庭院的景观）

快被法国的国王们超越，他们启动了连接卢浮宫和杜乐丽宫的巨大工程，创造出一系列总长达 4000 英尺（1219.2 米）的庭院组群（图 2-38~ 图 2-41）。上述两个案例均创造了封闭的领域，效仿古罗马的广场，甚至要在合适的地方装点可供角斗士表演的摆设和铺装。如图 2-37，展示了美景宫（Belvedere）广场中举办的一场锦标赛以及"旋转木马"游戏（carrousel）。卢浮宫的外庭院采用了此名并沿用至今，实则是当时锦标赛场地的另一种叫法。

不满足于他们所能设计的庭院和广场的尺寸，文艺复兴时期的设计师们发现了另外一种让人感觉宽阔的方法。皮恩扎的公共广场（图 1-148）展示了如何通过设计引导视线望向低处的优美乡村。旁边的皮科洛米尼宫的庭院，通过门向南侧花园敞开，以获得与广场相同的视野。在法尔内塞宫的内部庭院，米开朗琪罗提议，通过轴线将法尔内塞宫与台伯河对岸的法内西纳庄园（Villa Farnesina）的花园联系起来。佛罗伦萨的内格罗尼宫庭院（Palazzo Negroni，图 2-45、图 2-46）、拉齐奥的蒙特奇托里奥宫（图 2-31、图 2-32），诠释了在一个较小尺度下，这种轴线布局（借景）产生的效果超出了广场本身的限制。这就好比是设计师将窗户嵌入广场的墙面，在广场上可以欣赏到精心布置的框景，或仿佛是设计师用美丽的风景画装饰了广场的墙面。

文艺复兴广场的尺寸

文艺复兴运动过程中建成的广场，已成为城市设计艺术最知名的载体。如果有人对其进行研究，就会发现作为建筑布景的广场的面宽和进深，与广场上的建筑或是纪念物的高度呈现 1 倍、2 倍或是 3 倍的比例关系，这种关系在文艺复兴广场中反复出现。通过梅滕斯（H. Maertens）等人的现代研究发现，这些（广场尺寸）与建筑高度的特定比例具有特定的意义。人类的眼睛似乎具有相当的有组织性，以至于最好的观看一个物体细部的方式，是与该物体的距离正好与它的最大尺寸（高度或宽度）保持基本一致。如果该物体是一个房子，那么高度相比宽度是更为主导的重要因素，因为视线的广度（对宽大于高的房子来说）可以通过观察者的自由走动来调节，自行选择与房子平行的不同视点。当观看者与建筑物的距离过远，建筑

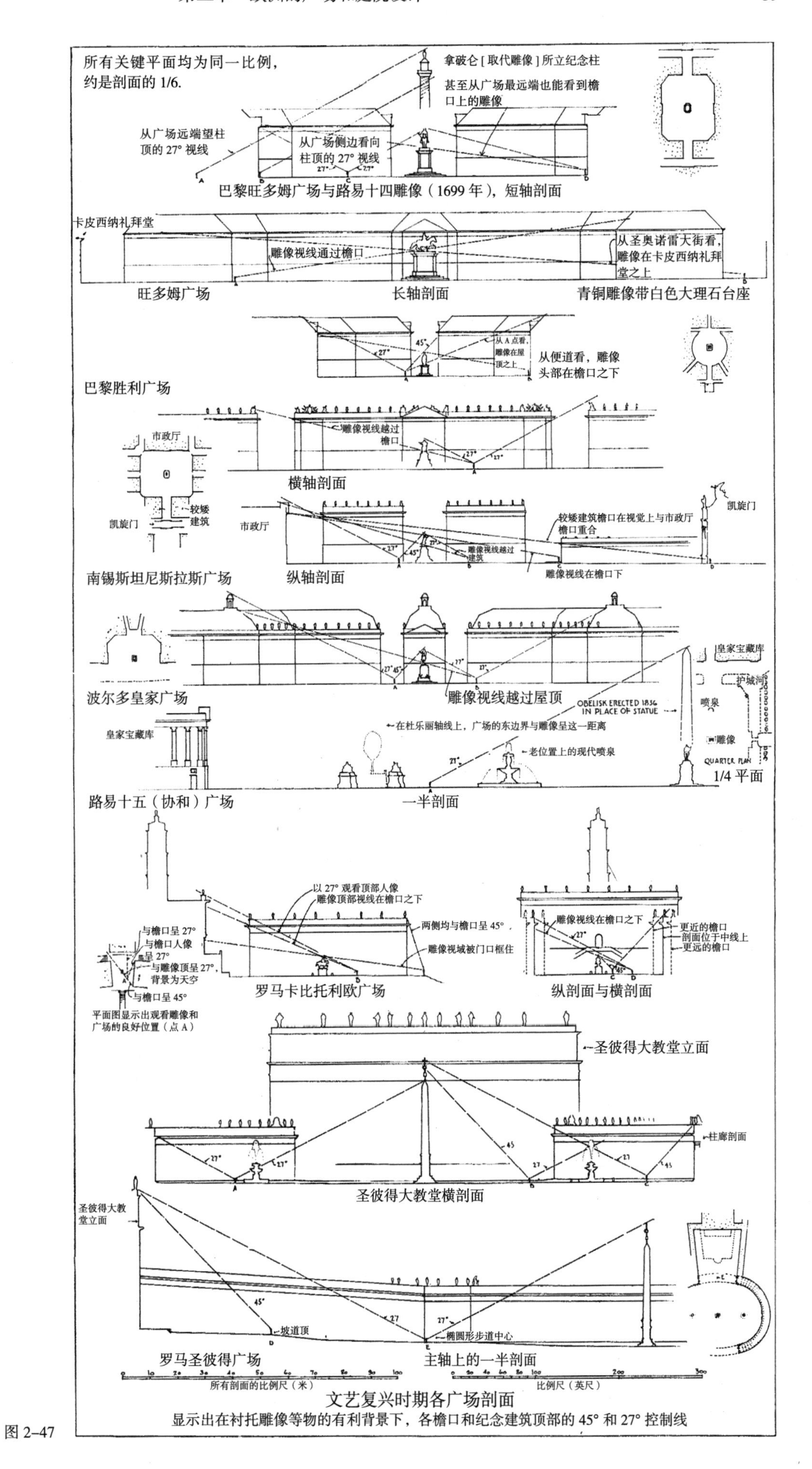

所有关键平面均为同一比例，
约是剖面的 1/6.
拿破仑[取代雕像]所立纪念柱
甚至从广场最远端也能看到檐口上的雕像
从广场远端望柱顶的 27° 视线
从广场侧边看向柱顶的 27° 视线
巴黎旺多姆广场与路易十四雕像（1699 年），短轴剖面
卡皮西纳礼拜堂
雕像视线通过檐口
从圣奥诺雷大街看，雕像在卡皮西纳礼拜堂之上
旺多姆广场
长轴剖面
青铜雕像带白色大理石台座
从 A 点看，雕像在屋顶之上
从便道看，雕像头部在檐口之下
巴黎胜利广场
雕像视线越过檐口
横轴剖面
市政厅
较矮建筑
凯旋门
较矮建筑檐口在视觉上与市政厅檐口重合
雕像视线越过建筑
雕像视线在檐口下
南锡斯坦尼斯拉斯广场
纵轴剖面
波尔多皇家广场
雕像视线越过屋顶
皇家宝藏库
护城河
喷泉
雕像
OBELISK ERECTED 1836 IN PLACE OF STATUE
在杜乐丽轴线上，广场的东边界与雕像呈这一距离
老位置上的现代喷泉
QUARTER PLAN
1/4 平面
路易十五（协和）广场
一半剖面
以 27° 观看顶部人像
雕像顶部视线在檐口之下
两侧均与檐口呈 45°，
雕像视域被门口框住
与檐口呈 27°
与檐口人像呈 27°
与雕像顶呈 27°，背景为天穹
与檐口呈 45°
平面图显示出观看雕像和广场的良好位置（点 A）
雕像视线在檐口之下
更近的檐口
剖面位于中线上
更远的檐口
罗马卡比托利欧广场
纵剖面与横剖面
圣彼得大教堂立面
柱廊剖面
圣彼得大教堂横剖面
圣彼得大教堂立面
坡道顶
椭圆形步道中心
罗马圣彼得广场
主轴上的一半剖面
所有剖面的比例尺（米）
比例尺（英尺）
文艺复兴时期各广场剖面
显示出在衬托雕像等物的有利背景下，各檐口和纪念建筑顶部的 45° 和 27° 控制线

图 2–47

图 2–48 维也纳，施瓦尔岑贝格广场
远处优美的旧宫殿作为占地 10 英亩的广场设计的基础（19 世纪中期工程）。不管是对于占地面积还是围合的建筑来说，尺度都过大。除了这点以外的设计非常好。（来自 1910 年城市规划展览）

的面宽可以完整地映入眼帘，人就不需要转动眼睛或是移动头部，此时观看者与建筑之间的距离与建筑宽度之间的关系就变得非常重要。下文在协和广场的案例分析中我们会看到。观看者与建筑的距离和建筑的高度一样时，人观看建筑的角度约为 45 度。这个角度是由测量如下两条连线之间的夹角得到的：（1）眼睛与水平线；（2）眼睛与建筑顶部（檐口或是屋顶栏杆，有时甚至是屋顶上雕像的顶部。雕像有时紧靠栏杆，形成犹如墙面延伸的效果）。

为了最好地观看建筑整体，观看者与建筑保持的距离大约是建筑高度的 2 倍，也就是说他的观看角度应为 27 度。在这种情况下，观看者不用转头就可以将建筑收入整个视野范围。如果观看者想要看到不止一栋建筑，假如他想将这栋建筑作为组群中的一部分进行欣赏，比方说一个城镇中心的建筑组群，那么人观看的角度应该约为 18 度，也就是说他与建筑的距离约为高度的 3 倍。观察者在这种情况下，将得到建筑作为整体的一个良好视野，尽管失去了许多细部的效果。而且他的视野范围也足够大，会覆盖建筑周围相当数量的物体，比如组群中的相邻建筑、柱廊、树及远景，所有这些可能有意或无意放置、设计来美化和增强建筑效果的内容。距离建筑物 3 倍高度的这个位置还不算过远，只要观看者将视域的中心停留在建筑物上，该建筑就主导着眼前的画面。

如果观看者和建筑之间的距离继续扩大，也就是建筑屋顶与水平线之间的角度小于 18 度，建筑就开始失去在视域内的主导地位。它与周边环境融为一体，只剩一个轮廓，只有当它的天际线与周边建筑的高度形成鲜明对比时才会清晰可辨。当一个广场的大小超过围合建筑高度的 3 倍时，作为展示纪念性建筑的布景就有了一些缺陷（图 2–48）。因而在街道设计中，而不是广场，看向重要建筑的距离超过它们高度的 3 倍是非常重要的（因为街道连续立面更多地以建筑组群的形式被欣赏），这将在街道设计一章中展开讨论。此外，即便建筑的高度比周边高出许多，建筑在布景中的主导地位很大程度上还是取决于它的设计、细部和材料。高差不大的情况下更是如此。随着观看者和建筑的距离扩大超过 3 倍以上，所有这些特征都可能变得模糊。因此，对于用来衬托建筑的广场，其设计的适宜比例不言自明。加之考虑到建筑高度和宽度之间的关系也存在着非常具体的必要条件，这个比例数值则更加明确。

克里斯多弗·雷恩爵士明确表达了他对这种关系的观点。一般法则与上述广场尺寸的那些类似，当然还有一些其他细致的品质要求。尽管每一个遵从这些法则的设计都能保证一定的良好效果，伟大的艺术家则有能力突破常规，构建他们自己的法则，并常常创造出优秀的例外。在广场尺寸上，重要的优秀例子可能受到长柱廊使用的影响。城市设计艺术的大师雷恩指出，建筑比例的常规法则不适用于长柱廊。对常规立面，他提出了设计法则："立面需要在长度和高度之间存在一种比例关系：高度超过宽度 3 倍以上是不雅的，宽度超过高度 3 倍以上则是病态的，"他又说到，"关于这个法则，我将方尖碑、金字塔、柱子，比如图拉真纪功柱等排除在外，它们看起来更像是单体而不是组合。我也排除了长柱廊，虽然可被直接看到，但是眼睛可以在不断重复的相同元素上来回打量，而不会一下子就察觉到建筑的边界。因而宽度不会与高度形成对比感知。"事实上，他觉得柱廊无论如何都不嫌长："对于一个柱廊，越长越漂亮，以至无穷。"

如果有人接受了雷恩的设计法则（暂时忽略柱廊），也认为"宽度超过高度 3 倍以上是病态的"，同时也接受了之前讨论过的视觉法则，即一栋建筑在小于 18 度（距离相当于高度 3 倍）的角度观看时就会失去它在设计中作为主导的地位，那么设计师对于建筑前广场的比例限制就会有一个相当清晰的概念，突破这个限制就是危险的。

当建筑师希望他的主导建筑被欣赏的最主要视点不是在广场的边界而是在广场中的某处时，广场的比例也会随之改变。这种情况在一条重要街道或步行道穿过广场时就会发生。比如柏林的菩提树下大街（Unter den Linden），穿过了歌剧院广场（图 2–235~ 图 2–238）。还有罗马圣彼得教堂的前广场案例，广场被设计成在建筑前面、一个集会的宏伟厅堂，那么观看建筑的最佳视点就在广场的内部而不是广场的边上。在这样的情况下，有必要强调广场中那块被认为是最佳观赏点的区域，从那里可以看到主体建筑的最佳形象。其手法是在那里放置小型纪念物，如喷泉、雕像、方尖碑。

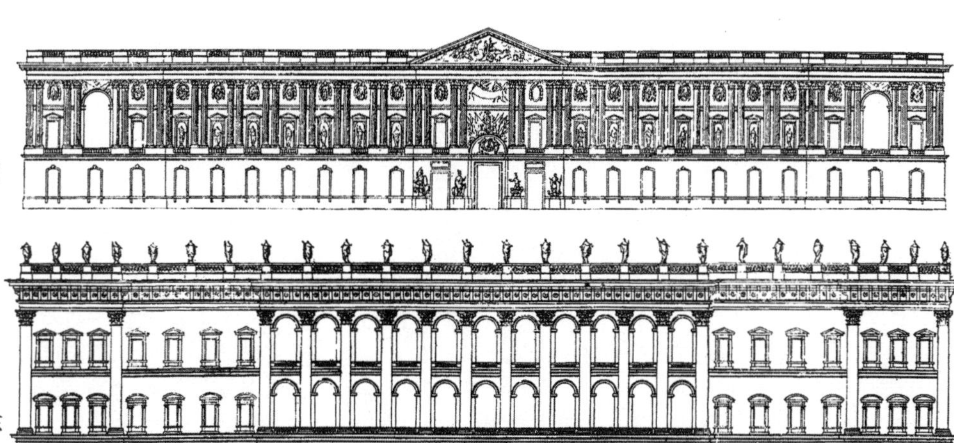

图 2–49　佩罗设计的卢浮宫东立面
用壁龛和雕塑取代窗户。（来自迪朗）

图 2–50　贝尔尼尼设计的卢浮宫东立面
与图 2–49 比例相同。（来自迪朗）

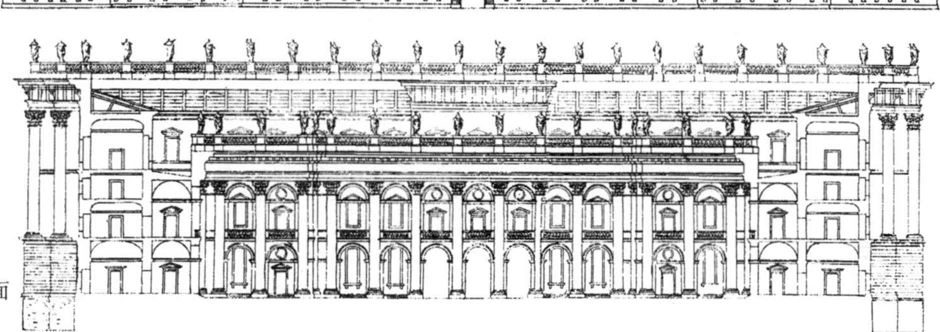

图 2–51　贝尔尼尼设计的卢浮宫剖面
平面见图 2–41。（来自迪朗）

它们的最佳观赏点就恰好被设计在广场的边界上（比较一下文艺复兴广场的剖面，图 2–47）。这些小型的纪念物，可以用来划分一个过大的广场。比如长方形的罗马纳沃纳广场（Piazza Navona，图 1–14），通过放置在广场上的 3 个喷泉，形成了独特的空间节奏。

如果有人采纳雷恩关于柱廊的观点，将柱廊作为广场的取景框，那么就有可能引入不同于目前为止设想的比例组合。不仅如此，较大的建筑立面可以被统一节奏的柱廊分割，远远看去像是一组大的柱廊群。一个经典案例是由佩罗（Claude Perrault）设计的著名

图 2–52　1660 年卢浮宫西立面
在佩罗大胆的简化柱廊方案之前的一个典型法国宫殿立面。出自同时期绘画。（来自巴博）

的卢浮宫柱廊（图 2–49）。在该设计中，设计师（采用通高柱廊）将第二与第三层联在一起，使它们看起来像是一层。这样的处理遭到激烈的反对，佩罗公开宣称他的目的是使建筑立面从河对岸看起来更雄伟。在罗马的卡比托利欧广场设计中，米开朗琪罗在文艺复兴时期首次使用了（跨层的）巨柱式。加尼耶将其概括为“天才的石匠”的作品，而不是建筑师的作品。尽管他对此也表示欣赏，并在自己的巴黎歌剧院的柱廊设计中效仿了一部分。卡比托利欧广场上的建筑，可以在较低的地面层、从相距大约 800 英尺（243.8 米）的坡地上看到。从地面层通往较高的广场层的台阶（Cordonnata）高约 30 英尺（9.1 米）。佩罗的卢浮宫立面与观赏者位于同一高度，并且还要从塞纳河的对岸来观看（建筑距离巴黎新桥上的亨利四世雕像 1100 英尺，约 335.3 米），因而需要比米开朗琪罗的做法还要夸张才能获得一个令人满意的效果。佩罗沿袭了米开朗琪罗对巨柱式的使用，此外还压缩了第三层的窗户，并将第二层的窗户向后推，深度足以使它们几乎消失在柱子后方（最初的设计在第二层是放有小雕像的壁龛而不是窗户；整个立面是一块为透视效果服务的巨大装饰，与立面背后的内容并不相关）。佩罗完美地打造了一个适于远观的建筑外观，看似巨大的一整层坐落在基座的上方。基座足够高，以避免人从很远的地方看过来的时候，建筑产生沉入地面的观感。因为所有人穿越巴黎新桥的时候，都会不可避免地从很远的

图 2–53 巴黎，协和广场和玛德莲教堂

图 2–54~ 图 2–57 巴黎，协和广场

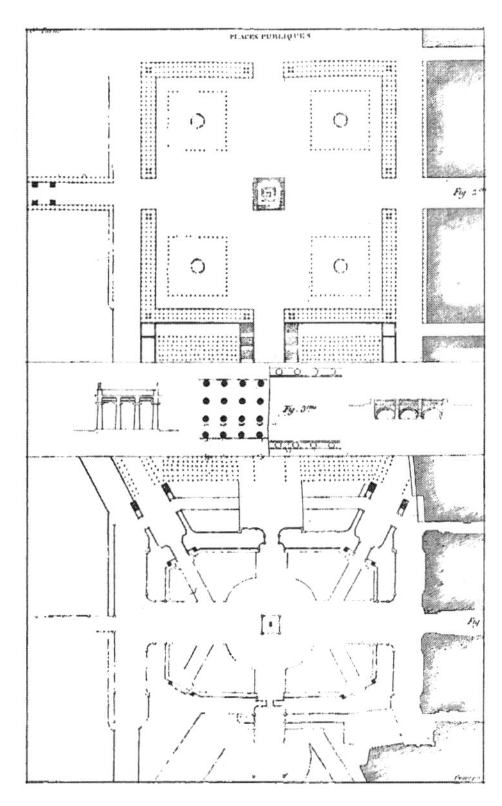

图 2-58　巴黎，协和广场，迪朗方案和加布里埃尔方案对比
在协和广场及其周边道路都完工之后，以“平行设计”著称的迪朗声称他有比护城河更好、更省钱的方案（护城河方案需要昂贵的挡土墙和跨河大桥）。加布里埃尔正是通过护城河缩减了过大广场的面积，同时广场周围以柱廊环绕。实际上，为了法国大革命庆典活动，迪朗被委派在杜乐丽宫一侧修建临时的柱廊。包围完整广场的柱廊效果还不错，因为其强调了广场和加布里埃尔的立面之间的衔接部分，因而给予该广场更多建筑上的力量感——现在与其称之为广场，不如说是“园地”。

图 2-59　巴黎，路易十五广场
该视图（出自帕特）展示了按照当时的规划最初建成时的协和广场，以及带有穹顶的玛德莲教堂。

图 2-60　巴黎，协和广场
该方尖碑取代了原来不及它三分之一高的骑马雕像。

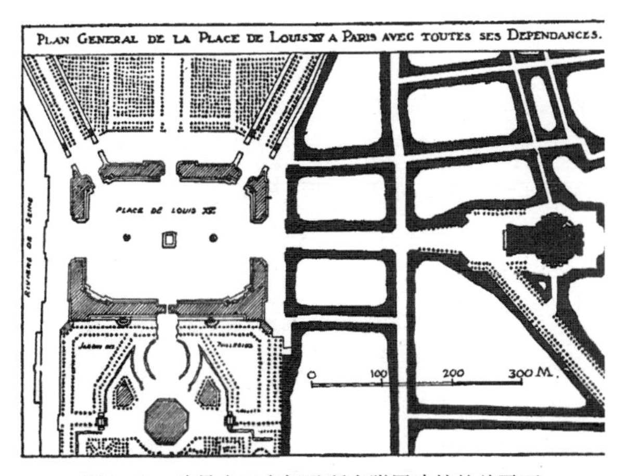

图 2-61　路易十五广场及所有附属建筑的总平面
（来自雷蒙·昂温）
协会广场与玛德莲广场的最初设计，约 1753 年出自建筑师加布里埃尔。

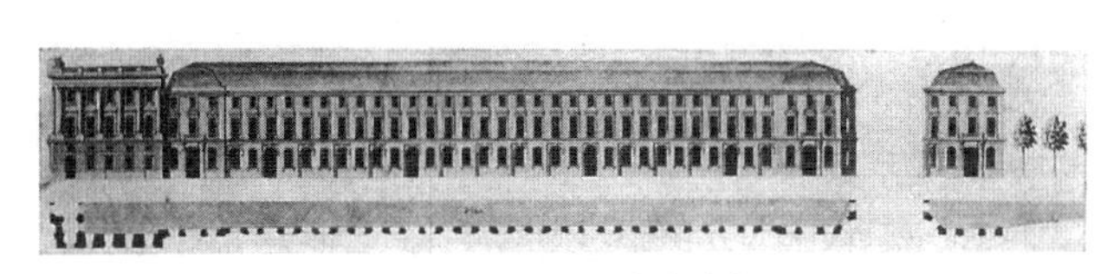

图 2-62　巴黎，皇家大街
加布里埃尔设计的玛德莲广场路沿线建筑平面和立面。（来自帕特）

距离来观看卢浮宫，而建筑立面沿着河延展（后来用壁柱延续了佩罗的柱式母题），也使得它主要还是从河的对岸来被观看。这确实是对巨柱式的巧妙使用，并标志着米开朗琪罗、帕拉迪奥和贝尔尼尼的意大利巴洛克取得胜利（图 2-50、图 2-51）。由于佩罗忽略了严谨的法国建筑正统，而向更广义的城市设计艺术的观点妥协，老布隆代尔（Jacques-François Blondel）和他同时代在法兰西学院（French Academy）的人们一样，再也没有原谅过佩罗（他和米开朗琪罗一样都不是受过系统训练的建筑师）。佩罗的柱廊在今天看来几乎是冷峻的，很难想象在很长一段时间内，法兰西学术院的建筑师们认为它是自由放荡的“洛可可”艺术的开端。

佩罗的锐意创新倒是说服了此后的广场设计师们。芒萨尔（Jules Hardouin-Mansart）效法佩罗，在巴黎旺多姆广场（Place Vendome，图 2-163~ 图 2-166）和胜利广场（Place des Victoires，图 2-161、图 2-162）的设计中均使用了巨柱式，但对这些尺寸相对适中的广场而言，没有必要将窗户向后推，隐藏到巨柱式后面。在路易十五（经常与洛可可相提并论）时期，佩罗被进一步证明是正确的。在此期间举办了两次盛大的竞赛，一次是为国王的纪念建筑，另一次是设计放置它的协和广场以及围合广场的建筑，以使重要的纪念建筑具有必要的布景。加布里埃尔（Ange-Jacques Gabriel）的方案（图 2-53~ 图 2-62），是除了巴特（Pierre

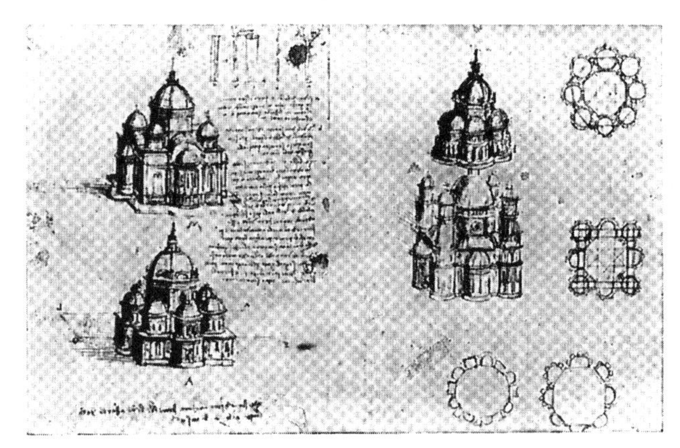

图 2-63 列奥纳多・达・芬奇的研究

来自列奥纳多手稿中的两页，展示了他对四向对称、中心性突出的建筑的研究。列奥纳多在这里展示了他那个时代最受欢迎的一个建筑主题（建筑的轴不是一条线，而是一个中心）的变形。大部分古典主义建筑都是两侧对称的。文艺复兴时期追求极致的设计师不满足于此，着迷于更高级的对称，即平面可以被叠合不止一次，甚至两次、四次，直到建筑形态看上去像从一个中心点辐射出去。一方面，毫无疑问他们在寻找最纯粹而强烈的方式来表达穹顶的结构和美学原则；另一方面，这又是一种对于晶体、纯粹的数学以及天文所蕴含的超人类的完美的超越性追求。列奥纳多的这些手稿不关心建筑临街面和入口的问题，它们遵循了比人类的便利更高级的原则。显然对于这样一栋建筑，只有当它的周围环境统一且等距，才能获得完美的均衡。它必须矗立于一个广场的中央，并且广场的外轮廓是这栋建筑平面的放大。

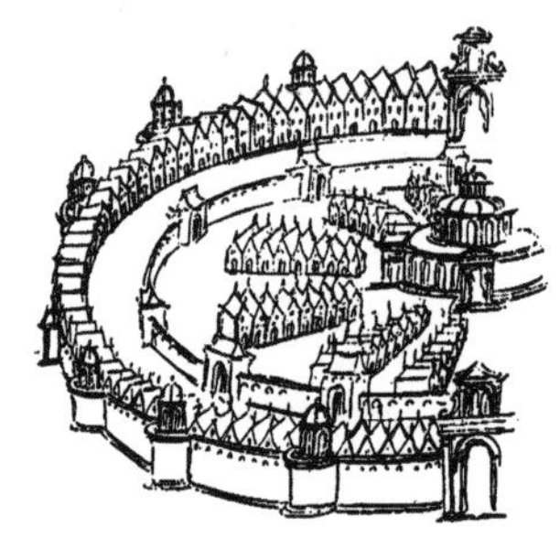

图 2-66 理想城市

这幅由焦孔多神父（Fra Giocondo，约 1500 年）绘制的画展示了整个城市从一座“中央建筑”向外辐射的图景。这张画之后被迪・塞尔索复制，他将很多来自意大利的重要启示带到了法国，促进了法国的文艺复兴。（来自德盖米勒）

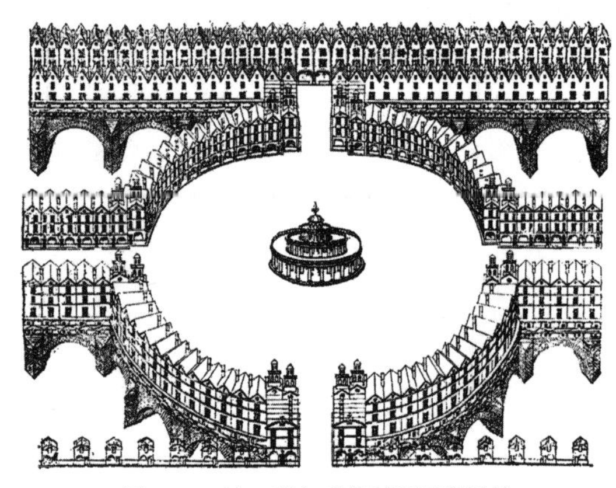

图 2-67 迪・塞尔索绘制的巴黎图景

一个由环形广场和中央建筑构成的设计方案，它位于岛上对着新桥的位置。见图 2-158。（来自德盖米勒）

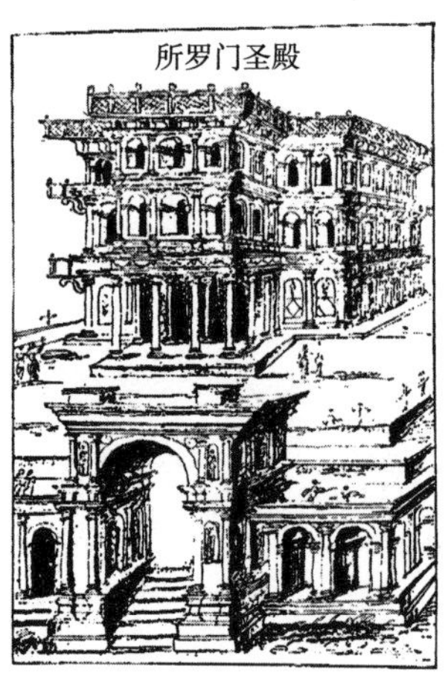

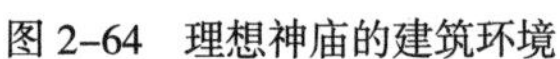

图 2-64 理想神庙的建筑环境

图 2-65 布拉曼特的圣彼得大教堂模型的回忆稿

图 2-64、图 2-65 是由一位佛兰德艺术家绘制，并为迪・塞尔索所用。（来自德盖米勒）

Patte）的巨型方案（图 2-214）以外尺寸最大的。

加布里埃尔的广场比旺多姆广场大 5 倍，比胜利广场大 10 倍。因此需要所有能用上的手法，来给围合它的建筑创造一个适度的尺度感。巨柱式将窗户隐藏在其后足够深时，就会模糊它给人的尺度感。因而加布里埃尔使用了这个手法，成功地给广场上的两栋大建筑创造了两个大柱廊坐落在粗壮的基座上这样的观感。另一个他给广场创造尺度感的做法是，在广场上引入中间元素，通过在广场的中间区域设置围绕的环沟（大约 60 英尺宽，12 英尺深）来切分广场。环沟由挡土墙和连续的栏杆限定，栏杆的把角处分布着 8 个小亭子。亭子顶部是衣饰极为复杂的坐式雕像（方案最早设计的是雕像群）。这些亭子算上雕像顶部的高度，到围合广场北立面建筑的距离，分别为 25 和 85 英尺。后来在拿破仑三世时期，广场被改变了，其缺点非常明显。环沟被填上了，内部的栏杆被移除了。设计师本来想要缩小的广场领域观感因此被扩大了。

在加布里埃尔时期，连续柱廊、巨式柱、位于中心的小型纪念物等多种手法的使用，降低了广场的尺度感。当人站在广场的南侧尽端，也就是内部栏杆处，观看围合广场的北侧边界建筑时，距离是 930 英尺（283.5 米）。按照观看者与建筑的距离和建筑的最大尺寸之间的应有关系计算，此处建筑单组柱廊的长度为 310 英尺（3 倍距离恰好是 930 英尺）。但实际上这个距离太远，以至于建筑高度和人与建筑的距离之比大大突破了常规的比例关系，达到 1 ： 11，会让人失去观赏建筑的兴趣。换言之，观看者和建筑之间相距 930 英尺，已经是建筑高度的 11 倍多，但它还是没有超过绵长柱廊面宽的 3 倍——这里 2 个柱廊加上皇家大街（Rue Royale）的总宽约有 700 英尺。但是，通过上述提到的多种手法，广场设计师成功地创造了一种给人的感受——不是卡比托利欧广场、圣彼得广场，以及使用现代柱子的旺多姆广场那样的器宇轩昂的建筑力量，而是一种置身于愉悦的围合景观之中的满足感。

作为加布里埃尔同时代的一个重要人物，洛吉耶（Marc-Antoine Laugier）这样表述：“在花园和小树林的

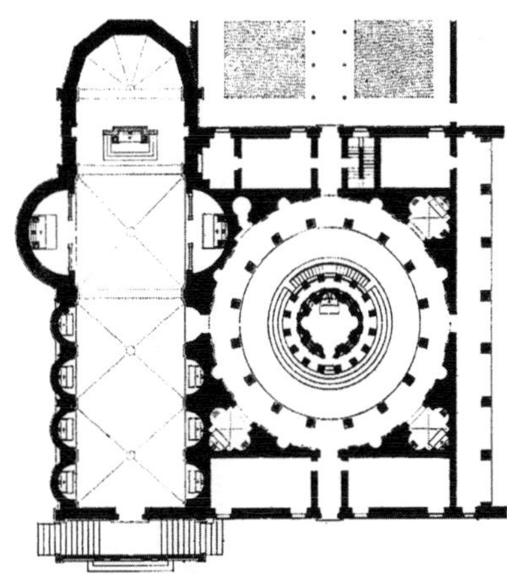

图 2–68　罗马，由布拉曼特设计的位于蒙托里奥的圣伯多禄堂的坦比哀多礼拜堂环境

这个小小的礼拜堂位于其两倍直径的环形院落的中央。院落拱廊的柱子数量和神庙的一样。这个曲形立面的问题是非常有意思的（和图 2–82 比较）。雷恩的话能够很好地形容布拉曼特的这个方案，他说：“在这个院落里我们有了曲面墙的范例，当然没有任何围合界面能够像环形一样优雅。正是圆形给了我们等距的视线，并且它处处统一。”平面图来自塞利奥。（来自莱塔鲁伊）

图 2–69　帕拉迪奥对亚辟古道上一座神庙的复原方案

这个环形的罗慕路斯墓庙建于公元 4 世纪，是马克森提乌斯竞技场（Circus of Maxentius）的一部分。尽管这个圆形庙宇平面呈放射形，但是一端的延伸赋予整个建筑明确的方向感，让长方形院子变得合理。

包围之中，广场给人的感觉是一条漂亮的林荫大道，位于欢乐的田园中间，并可遥望远方的宫殿。”为了给他设计中的“远方宫殿”增添魅力，加布里埃尔想要在他或洛吉耶看到已经实现的效果上再向前走一步。在沿着皇家大街的两个长柱廊之间，他设计了一个有趣的视廊，并意图用一个高起的穹顶作为大街尽端的对景，主导视线（图 2–59）。这是一个精心框选透视景观的典型案例，视线被导向一个终点突出的街道，并成为广场围墙的一部分。街道景观的设计是极为优秀的，也被很好地保留了下来，在街道设计一章中我们会更详细地讨论。

协和广场的经验表明，在设计非常大的广场比如现代城镇中心时，要极其小心。当然，美国的建筑师有可能通过使用摩天大楼来限定广场，设计和协和广场一样大甚至更大的好广场。目前这种可能性实现得比预料的少，但将会在美国的建筑群设计一章中更详细地讨论。

广场中的建筑

在广场设计中，在中央放置一个大型的纪念性建筑物是克服广场尺寸过大的一种有效方法。如果广场的一侧是开放的，纪念物应该被放置在围合广场的建筑形成的半圆形的中心。那么，一个这样放置的纪念性建筑就会如同纪念碑、喷泉，尤其像雕像，优美地点缀在古代或 17、18 世纪广场的中心，或是其他引人注目的位置上，宛如圣坛上夺目的宝石。如果广场中央的建筑较大，那么它所在的广场实际上就被分成了若干小广场，分别分布在中心建筑的各个立面的前方。

在古罗马时期，朱诺莫内塔庙和城堡、凯撒大帝广场、维纳斯及罗马女神庙（Temple of Venus and Rome）以及和平广场（Forum of Vespasian），是庙宇布局在庭院中央的典型案例（图 2–69）。文艺复兴运动，正如其领导者布鲁内列斯基（Brunelleschi）、达·芬奇和布拉曼特所阐释的那样，最看重的理念就是一栋经过精心设计、完美均衡的建筑，适合并且值得被放在广场的中心位置。这样的一幢建筑被视为是完美对称的理想表达。为了下文讨论方便，此类建筑被称为“中心建筑”。明确地说，布拉曼特设计的圣彼得大教堂（图 2–71）和帕拉迪奥设计的圆厅别墅（图 2–80~图 2–93）被认为是“中心建筑”类型的绝佳代表。美国对于这种类型的贡献有杰斐逊（Thomas Jefferson）设计的蒙蒂塞洛庄园（Monticello）、弗吉尼亚大学和哥伦比亚大学的图书馆、亨特（Richard Morris Hunt）设计的芝加哥世界博览会管理大楼，以及吉尔伯特（Cass Gilbert）设计的位于圣路易斯世界博览会中心的节日大厅（Festival Hall）。

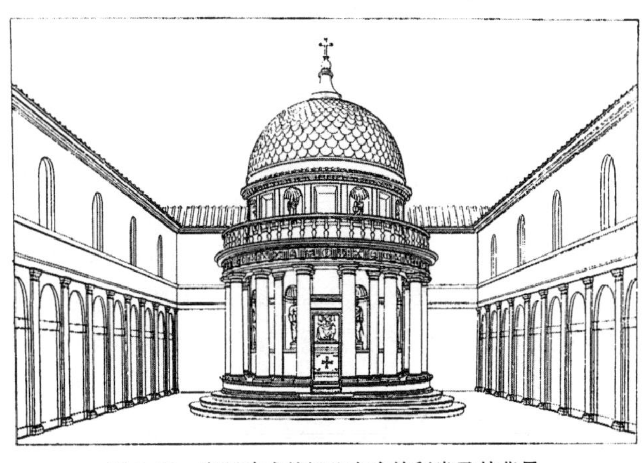

图 2–70　实际建成的坦比哀多礼拜堂及其背景（来自库森）

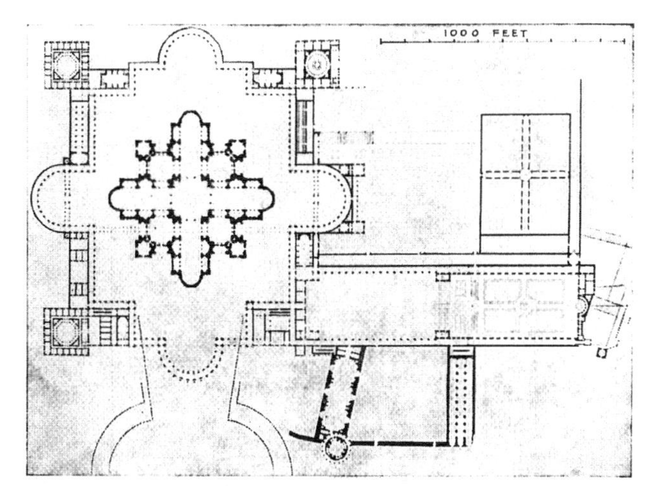

图 2–71　布拉曼特为圣彼得大教堂和梵蒂冈设计的平面

布拉曼特给教堂、位于教堂中心的广场以及美景宫广场设计的平面组合，部分贝尔尼尼设计的广场在图中用虚线表示。（来自莱塔鲁伊）

图 2–72 罗马

一幅约 1495 年壁画中的圣彼得大教堂早期布局设计。对比图 2–33。（来自莱塔鲁伊）

古典主义同中世纪造型的这种有趣混合一定不要理解为建筑师的设计。艺术家习惯性地将画家的自由想象用到了建筑上，但壁画表达的基本理念——用高大厚重、布满建筑要素的墙体围合前庭——必须作为当时明确建筑概念的表达。两侧高大的拱门构成了效果鲜明的母题，而这并非不可用于现代。

图 2–73 罗马圣彼得大教堂，米开朗琪罗的希腊十字平面以及周围的广场

这座教堂一直如图中所示矗立在那里，直到被改造为拉丁十字平面。周围的广场从未建成。由艾尔克（Alker）复原。（来自奥斯滕多夫）

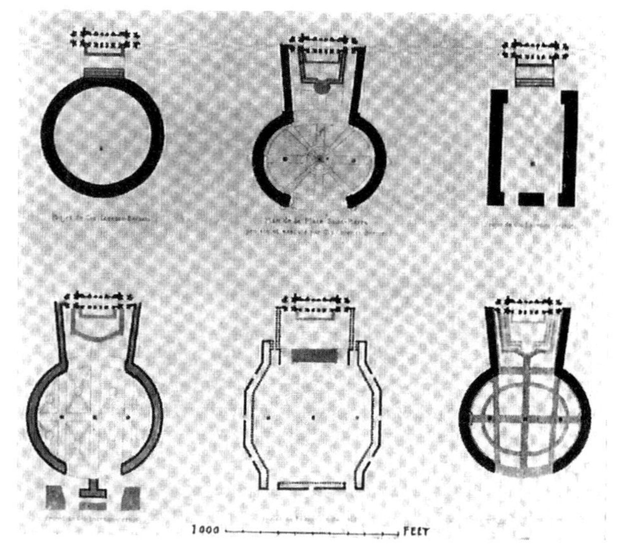

图 2–74 罗马圣彼得大教堂，广场不同版本的平面

方尖碑和喷泉（尽管和现在的不在同一个位置，现在的喷泉是从最初的位置移动而来，并且又在另一侧新建了一个喷泉以维持平衡）是在设计中“既有”的元素。拉伊纳尔迪（Rainaldi）的研究以及贝尔尼尼的两个都是将广场的入口放在了偏离中心的位置，这样观者第一眼就可以明确感受到由方尖碑和教堂之间的巨大距离所创造的强烈印象——方尖碑从中间将立面一分为二。（来自于莱塔鲁伊）

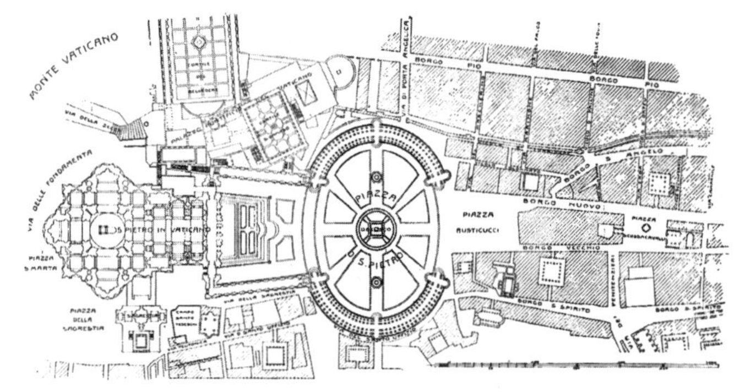

图 2–75 罗马，圣彼得大教堂的周边地区

展示了 1908 年的情况。（平面来自霍夫曼）

布拉曼特设计的圣彼得大教堂是基督教世界中最完美的建筑，当时是为了实现那个（文艺复兴）伟大时代的崇高梦想而建造的。法国文艺复兴的先锋迪·塞尔索（Jacques Ier Androuet du Cerceau）去意大利游学后，带回了一些图纸，如所罗门圣殿（Templum Salomonis，图 2–64）和谷神星神庙（Templum Cereris，图 2–65）的手绘图。前一张图展示了适合将重要的庙宇居中放置的布景，及其框景设计的要点；后一张图再现了布拉曼特设计的穹顶，四角各矗立着一个塔楼。塞利奥（Sebastiano Serlio）保留了布拉曼特为蒙托里奥坦比哀多（Tempietto di San Pietro in Montorio）设计的、框架式的环形柱廊的平面（图 2–68）。盖穆勒（Heinrich von Geymüller）的研究重现了布拉曼特对圣彼得教堂的设计初衷，在围合广场的中央矗立着他那雄伟的圣彼得教堂（图 2–71）。在圣彼得教堂这个案例中，“中心建筑”的平面并非如圣伯多禄堂那样的圆形，而是希腊十字形，并在角上布置着圆形的小礼拜堂。环绕建筑的庭院则是基于“中心建筑”的形状出发设计，用拱形呼应希腊十字的四臂。整个庭院都被柱廊环绕。教皇的宫殿和教堂由小型柱廊连接，提供了交通的便捷。不过连接性的小柱廊必须很弱，不能影响由较高的建筑墙面围合的广场的宽敞感。这种做法，美国学生可以通过回想连接蒙蒂塞洛庄园和佣人房的低矮通道来想象。

布拉曼特离世后，他那基于希腊十字的“中心建筑”，在与拉丁十字拥护者的激战中遭到反对。后者（像十字架的形状）更能满足天主教狂热信徒的历史需求。尽管拉斐尔和圣加洛（San Gallo）曾在诱导下让步于狂热信徒的要求，最终还是布拉曼特、贝鲁齐（Baldassare Peruzzi）和米开朗琪罗的理念得到广泛认可。米开朗琪罗完成了布拉曼特那基于希腊十字平面的设计工作。圣彼得大教堂作为“中心建筑”矗立了 40 年（图 2–73），成为卓越典范，直到马代尔纳（Carlo Maderna）按照教

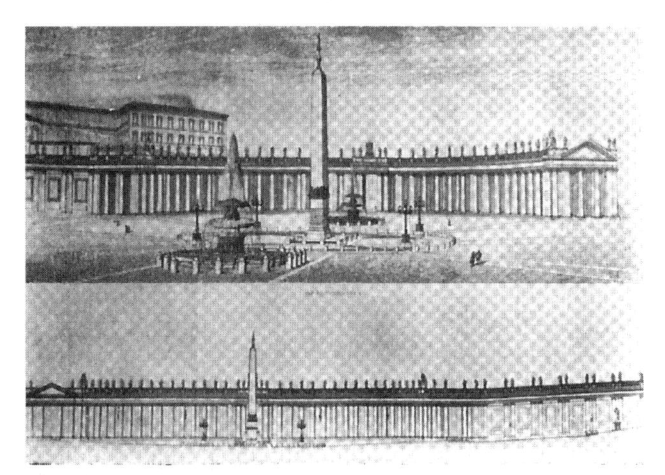

图 2–76　罗马圣彼得大教堂，贝尔尼尼的广场
从透视来看，喷泉显得相对过大。剖面展示了广场地面的下凹情况。如需其他剖面请参照图 2–47。（来自莱塔鲁伊）

皇的指示，为之加上了长条中殿，以及饱受争议的正立面。后来，贝尔尼尼又将布拉曼特的广场环绕教堂的设计，改为将广场布置在教堂前方，这样马代尔纳设计的拉丁十字的长臂得到了进一步强调（图 2–74~ 图 2–79）。

在欧洲，大多数情况下，中心放射式对称的“中心建筑”的可能性仍然未被充分发掘。一些建成建筑或多或少达到了那种理想状态（图 1–138~ 图 1–142），

图 2–77　罗马圣彼得大教堂，从鲁斯蒂库奇广场（Piazza Rusticucci）看圣彼得广场

图 2–78　罗马圣彼得大教堂，从大教堂穹顶看广场
（图片来源：芝加哥规划委员会）
可以看到方尖碑并不是准确地位于教堂轴线上。这个错误可能是由于多梅尼科・丰塔纳（Domenico Fontana）在 1586 年移动方尖碑时，把前人的地桩当作真实的位置，直到圣彼得大教堂中殿的延伸和穹顶完成时，这个错误才被发现。这座方尖碑有 10 层楼高。但它所在的场所巨大的宽度以及周边立面和柱廊的高度让方尖碑失去了真实的尺度感。

图 2–79　罗马圣彼得大教堂，博尔戈、教堂以及梵蒂冈的鸟瞰
（来自城市规划展览会，1910 年）

图 2-80 特里斯特，圣安东尼奥教堂

一个“中央建筑”，配有入口前廊，主导着水池构成的广场。（来自 P.Klopfer）

图 2-81 都灵，上帝圣母教堂（Chiesa Della Gran Madre Di Dio）

这张旧画［来自于一本匿名书《景观画》（*Veduta Pittoriche*）］展示了原先规划的规整布局。这座教堂的选址有点像巴黎的众议院。教堂坐落于横跨波河（Po）的桥的一端，另一端连接着巨大的维托里奥·埃马努埃广场（Piazza Vittorio Emanuele）。

这个教堂和特里斯特的教堂在结构上以及内部空间上都体现了作为“中央建筑”的意义。而在外部环境上，它们通过一端的特殊处理确定了朝向。

图 2-82 巴黎，一条环绕着旧粮食市场的街道

一个位于环形平面上的统一街面，作为“中央建筑”的背景。周围的放射性街道以及环形街道的局部被拓宽过，它们对环形墙面的连续性造成了破坏，并削弱了这条街作为旧谷物市场组成的设计初衷。（来自旧巴黎市政委员会，1911 年）

图 2-83 巴黎，星形广场鸟瞰

这个视图展示了该地区的环形“墙”是被打断的。这些连续的装饰更清晰地表达出该广场的环形平面。如需平面以及卡米耶·马丁的评论，可参照图 1-65~图 1-75 和第 15 页。

图 2–84　斯德哥尔摩，卡塔琳娜教堂

图 2–85 设计的远景轮廓。设计师十分重视保护教堂的轮廓线，它主导着城市的天际线。教堂周边街坊的建筑都设计得很矮，以此让穹顶显得最为瞩目。（来自于城市规划展览会的一个模型，1910 年）

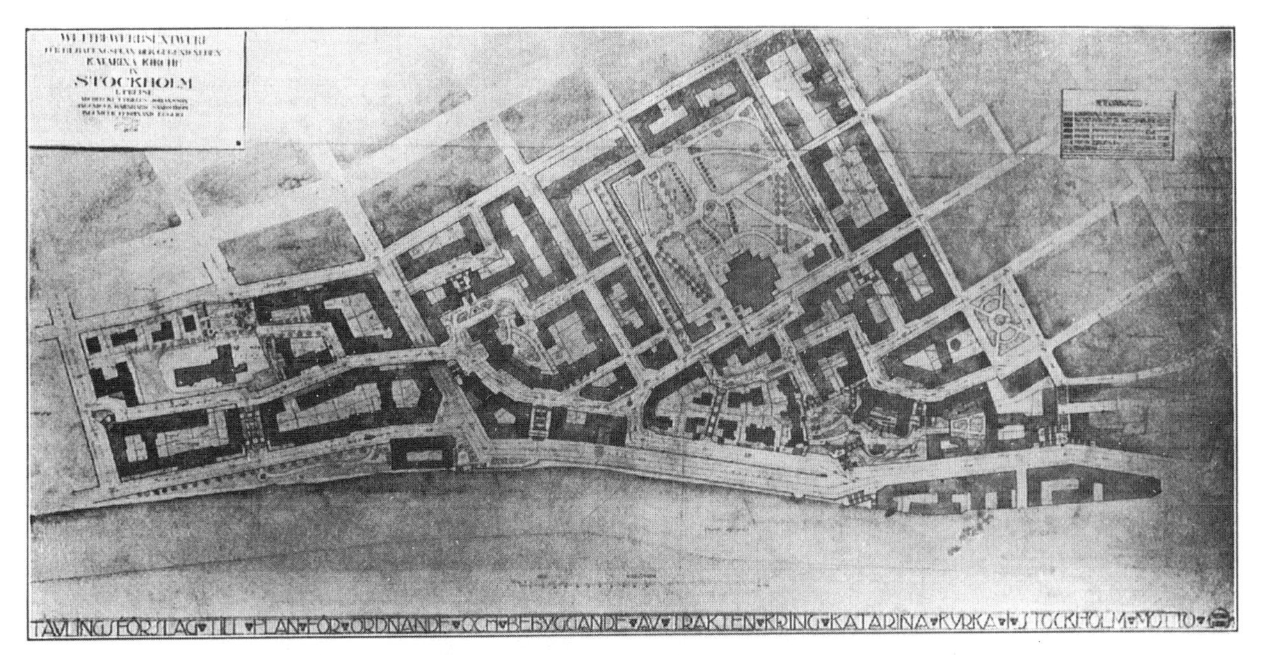

图 2–85　斯德哥尔摩，卡塔琳娜教堂和周边街坊

这座教堂作为一座“中央建筑”，位于一个由低矮建筑围合广场一侧的中央。街道布局是这片棘手的山地地区规划竞赛的获奖方案，它展示了一个格网平面在遇到陡峭的地形时是如何被打破的。这些街道不用曲线的建筑基线就适应了层层地势。

图 2–86　广场里一个环形的中央建筑

乌尔比诺总督府中卢恰诺·达·劳拉娜（Luciano da Laurana）所绘图。（来自于霍夫曼）

图 2–87　一个方形带拱廊的建筑，占据了一个十字形广场的中央

（来自于维尼奥拉的绘画，收藏于乌菲齐美术馆）

图 2–88　位于环形广场的环形中央建筑 A

这张透视图配合图 2–89 的平面图解读。

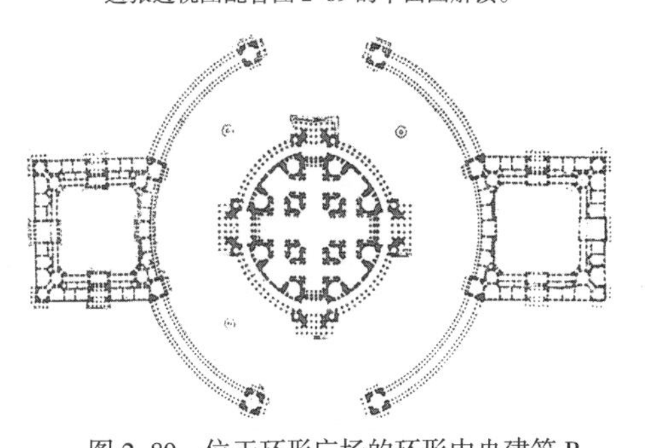

图 2–89　位于环形广场的环形中央建筑 B

两边是大主教和教士的宫殿。由佩尔（M. J. Peyre，1765）设计的方案，他还设计了巴黎音乐厅，并完成了科布伦茨的宫殿，见图 1–121。（来自于佩尔）

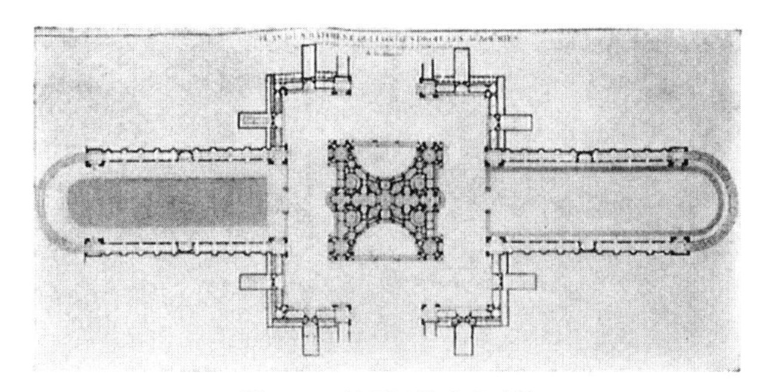

图 2-90 校园里的中央建筑

佩尔的这个设计是为了一个理想布局的教育机构而做。（来自于佩尔，1765 年；另见图 2-88、图 2-89）

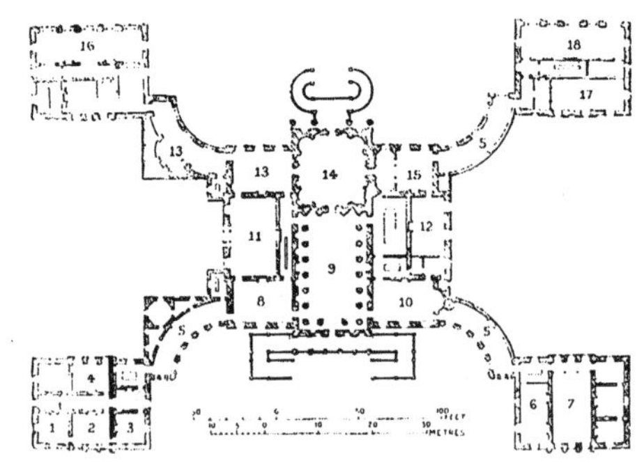

图 2-91 凯德尔斯顿（Kedlestone）

代表图 2-90 所示的中央建筑。平面来自《英国的维特鲁威》（Swarbrick）。

图 2-92 维也纳，一个两侧开敞的广场的中央建筑

这是一个由奥托·瓦格纳（1912）为维也纳新区发展做的方案。瓦格纳是欧洲分离派运动的领导者，他的地位类似于路易斯·沙利文（Louis Sullivan）在美国的地位。瓦格纳的这个方案证明了城市规划的重要原则不会受到形式细节的影响，正如格里芬（W. B. Griffin）为堪培拉所做的设计（图 6-64），以及有着极强形式感的美国哥特风学院规划。

图 2-93 位于院落外的一个中央建筑

这个圆形的纪念物由威廉·克赖斯（Wilhelm Kreis）设计。它矗立于高地的边缘上，从下面远远就可以看见它的轮廓线。因此，该建筑在挡土墙的支撑下向前推，院子不再围绕着建筑而是退回到高地上，以免影响建筑的轮廓线。（来自《德国建筑杂志》，1912 年）

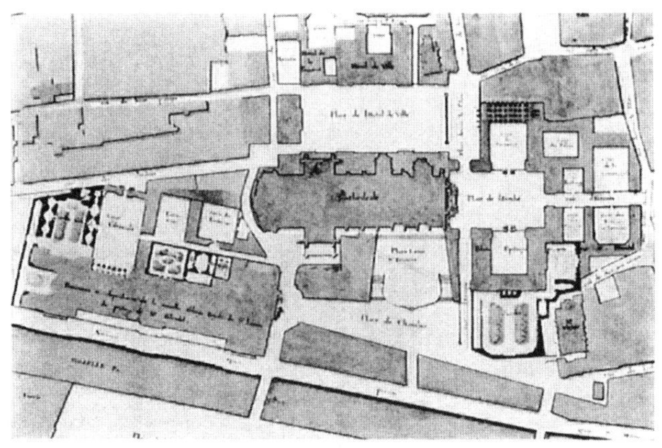

图 2-94 梅茨，大教堂以及周边环境，由布隆代尔设计

在布隆代尔的规划（其中重要的几个特点都得到落实）中，这座哥特式大教堂周边有精心设计的广场，从而部分掩盖了哥特立面自身的不规整性。作为哥特复兴的结果以及大教堂的“解放”，这个精心的布局却在 19 世纪被法国人和德国人接连破坏了大半。[来自保罗·托尔诺（Paul Tornow）]

尤其是在公园布景中（详见公园设计的章节）。事实上，许多规划方案尽管完成了（图 2-85~ 图 2-93），但在严格的建筑意义上，该类型没有发展到最高水平。美国在这个理念的历史发展中占有一席之地，并以杰斐逊的作品为代表。有趣的是，他设计的弗吉尼亚大学图书馆，在建筑变迁方面经历了与圣彼得大教堂有些相似的命运。最开始的圆形建筑被改造成一个纵深方向的建筑，直到失火后才由 MMW 建筑设计公司（McKim, Mead & White）恢复了杰斐逊的方案。

正对广场的教堂

圣彼得大教堂改造之后，在整个意大利和欧洲，拉丁十字教堂及其连带的前广场，在与希腊十字平面及环绕它的广场的较量中大获全胜。以至于西特在他那极具洞见的关于城市设计艺术的书中，只在一个无足轻重的例子中，提到了将纪念性建筑布置在一个对称广场正中的可能性。他意识到，并且谴责了他所处的那个时代的错误做法，即因循守旧的城市规划师将拉丁十字平面的教堂，或是其他完全不适合中心位置的建筑，还是按照“中心建筑”的概念放置在广场的中心。这些建筑假如被放在广场的边界位置，完全可以更加成功，正如哥特艺术和文艺复兴艺术创造的众多令人赞叹的先例。西特绝不赞同的布置方式如图 1-20~ 图 1-26 中的 B 位置所示，他所提倡的是图 1-129E 所代表的布局。在后面的平面中“d”和“f”标识的是小型庭院，宽度不超过建筑的高度。因此，当一个拉丁十字平面的教堂沿着其长边展开，造成庭院空间的不规则形状时，对庭院空间的影响不大。在拥挤的老城中，这些立面几乎很难被看见。把它们完整地暴露在人们眼前，通常对教堂给人留下的印象是不利的。文艺复兴时期的设计师已进行过尝试

图 2–95　鲁昂，大教堂的前院

为了展示这个前院，前景的房子从这个完成于 19 世纪前半叶的版画中略去了。[来自昂拉尔（C. Enlart）]

图 2–96　勒芬（Louvain），前院空间

教堂西立面中央有一个非常强烈的入口，以至于在哥特教堂中不常见的轴线上的狭窄路径在这里显得非常合适。内城的重新设计部分由约瑟夫·施图本完成。

图 2–97　佛罗伦萨，大教堂广场

这座教堂，和位于主入口轴线上的洗礼堂一同构成圣母百花大教堂的周围环境，在 1339—1349 年基于美学原因重新修整了地势、扩大空间以及修直了这片广场。

现代的一些清理工作使得洗礼堂西边的空间比洗礼堂和大教堂之间的空间更大。这个改变损坏了这组建筑所产生的整体“感觉”，使得洗礼堂似乎在大教堂前引导人们向西运动。然而在原先的布局中洗礼堂紧跟其后，给了它一种向东运动的动势，和大教堂更好地平衡，使得洗礼堂在这组建筑中姿态更高贵。

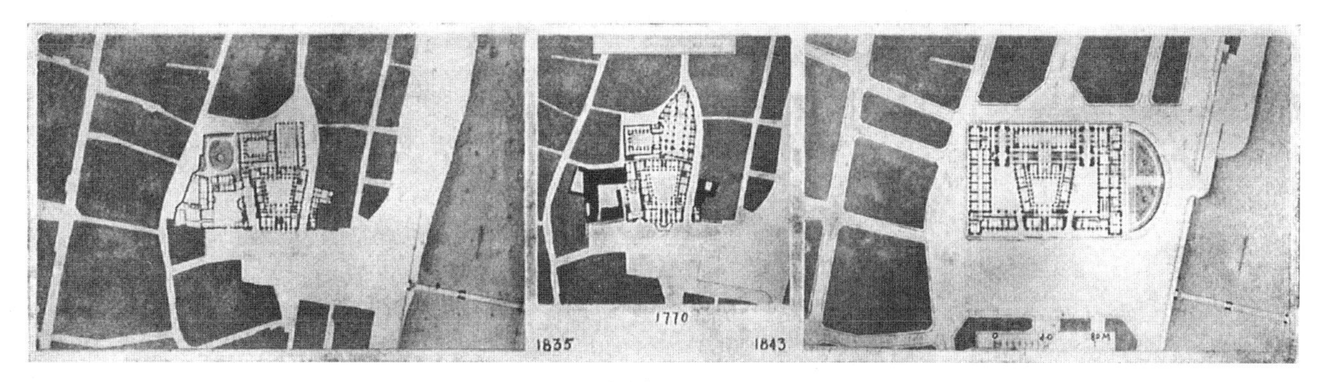

图 2–98　巴黎，格雷夫广场，1770 年、1835 年、1843 年

这 3 幅平面展示了格雷夫广场（现在叫市政厅广场）的框架是如何一步步被摧毁的。自 1843 年，市政厅北部（平面左部）宽阔的里沃利大街的开口进一步让市政厅与周围的环境失去关系。1843 年的平面里展示的建筑在 1871 年被人民公社烧毁。[来自于维克多·卡利亚（Victor Calliat）]

图 2–99　巴黎，格雷夫广场

这个巴黎旧时的重要中心面对着塞纳河，背对市政厅以及圣让教堂，是一个被紧密环绕并部分由柱廊构成的广场。1770 年的平面（图 2–98 中间）展示了市政厅的立面对于一条进入广场的街道的姿态。市政厅背后的圣让教堂紧紧嵌在周围建筑里。市政厅的院落形成了教堂的前廊。[来自吉耶尔米（M. F. de Guilhermy）]

图 2-100、图 2-101　弗莱堡

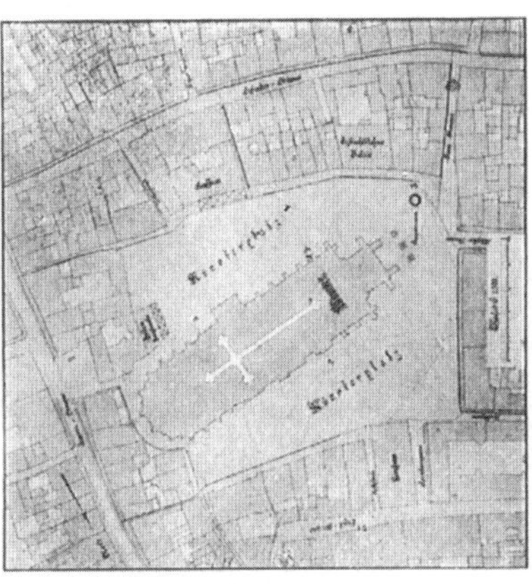

图 2-102　弗莱堡，大教堂和周边环境
这是一个典型的哥特式布局。这个教堂朝东矗立。它所在的闭合广场和街道平面则呈对角线布局，只有狭窄的小巷连通。

图 2-103　弗莱堡

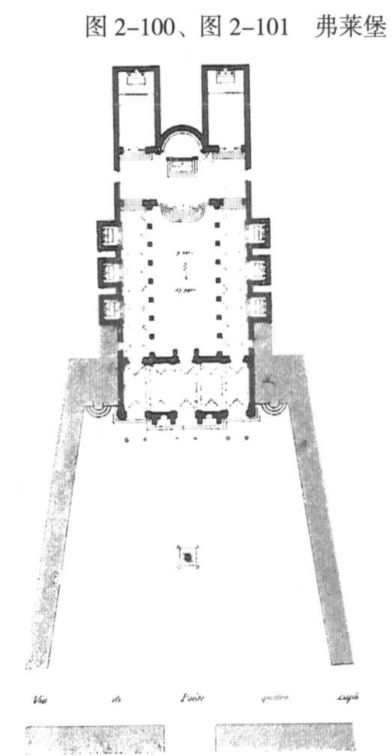

图 2-104　罗马，圣巴尔托洛梅奥前院广场

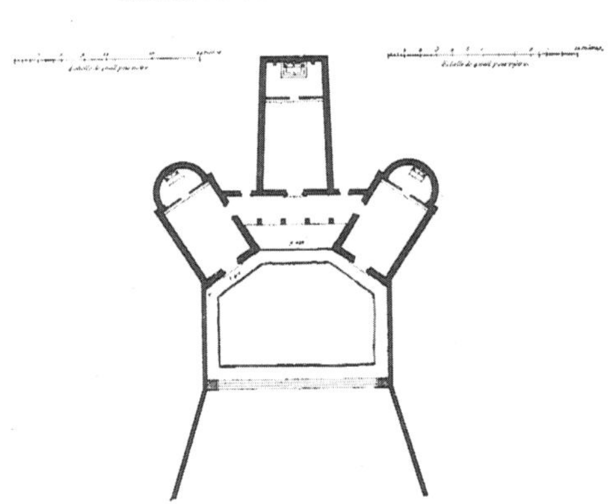

图 2-105　立面；图 2-106　平面罗马，圣安德烈亚、圣芭芭拉、圣西尔维娅教堂礼拜堂

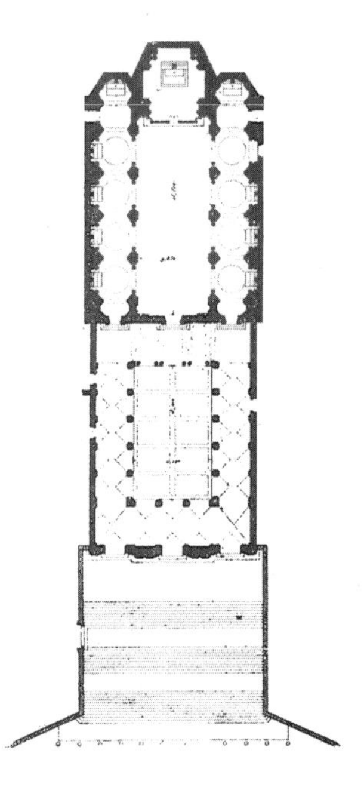

图 2-107　罗马，圣格雷戈里奥教堂

图 2-108　罗马，圣巴尔托洛梅奥教堂及广场

圣格雷戈里奥教堂建于 8 世纪，并于 18 世纪进行重建。精致的拱廊前院和立面以及很高的楼梯是在 1630 年建成的。这个院子的部分作用可能是将新立面向广场和高速路的方向推进。（图 2-104~ 图 2-108 来自莱塔鲁伊）

三教堂礼拜堂的平面几乎有点巴洛克的影子，尽管它们最早起源于 6 世纪。外部的细节受到了 19 世纪早期修复的影响。“关于这三座小建筑没有什么值得特别注意的地方，”莱塔鲁伊如是说，“除了它们的组合和连接方式带来的如画效果……它们的立面，如果分开看，没有什么值得注意的优点，但是整体看来却形成了一个活泼的组合。”中间那座礼拜堂超出两边的高度是这个设计中重要的部分。（来自莱塔鲁伊）

尽管圣巴尔托洛梅奥岛教堂广场周边的房子（右边的部分在台伯河拓宽后被夷为平地）和教堂一样高，但是低层的连接要素使得立面仍然能够维持它的主导地位。

由欧内斯特・弗拉格（Ernest Flagg）设计的医院组团的教堂立面（见图 2-110）环境与圣巴尔托洛梅奥教堂的相似。这两者的区别在于圣玛格丽特医院立面的左右两边的要素宽度和高度更大，而罗马的布局在突出教堂的地位上可能显得更有利。

图 2–109　罗马，圣玛丽亚大教堂

埃斯基里诺广场（Piazza dell'Esquilino）位于西斯蒂纳路（Via Sistina）的终点。这条街是众多由丰塔纳为教皇西克斯图斯五世规划的街道之一，该设计师同样开启了文艺复兴时期围合古代巴西利卡的做法。方尖碑位于街道的轴线上，但不在教堂的轴线上，因为两条轴线之间存在轻微的偏移。这样的变化减少了从半圆室中心看方尖碑的视点数量。教堂终点的门设立于两侧，使得观者在接近教堂的时候脱离轴线，从而获得观赏半圆室、方尖碑以及其中之一的穹顶这个组合的愉悦体验。

（比如在萨尔茨堡，见图 1–34~ 图 1–62CC 的详细平面图及图 5–122 的城市规划图），结果不尽如人意。

18 世纪设计师的典型做法是矫正大教堂侧立面的不规则外观，以使它们适于限定广场。这种做法体现在布隆代尔（J. F. Blondel，1768）为梅斯（Metz）大教堂周边环境的设计上（图 2–94）。

西特的建议其实无他，而是从之前多个时期的布局中演化而来的、一个恰当的现代转译，只需简略回顾一下哥特和文艺复兴时期放置教堂的一些做法就能

图 2–111　罗马，圣玛丽亚和平教堂广场

这个广场由科尔托纳（P. da Cortona）于 17 世纪中叶完成设计，是罗马广场中为数不多的作为单元进行设计的。狭小的场地迫使设计者做出一些聪明的改动。比如支撑八边形穹顶的两翼侧墙掩藏了毗邻的房子，围合了立面，同时通过适当后退为小广场提供了一点空间。

图 2–110　匹茨堡，宾州，圣玛格丽特医院

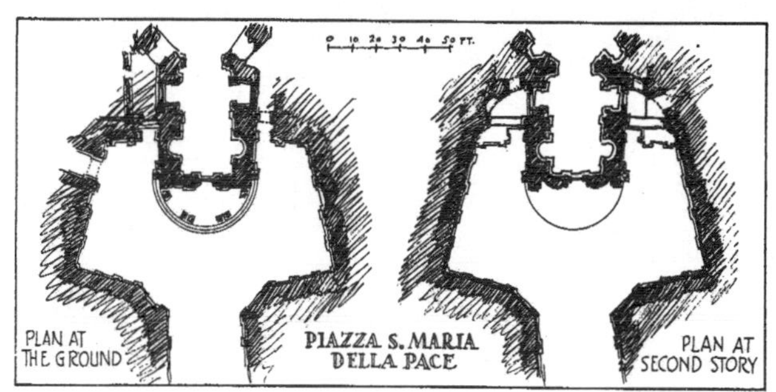

图 2–112　罗马，圣玛丽亚和平教堂广场

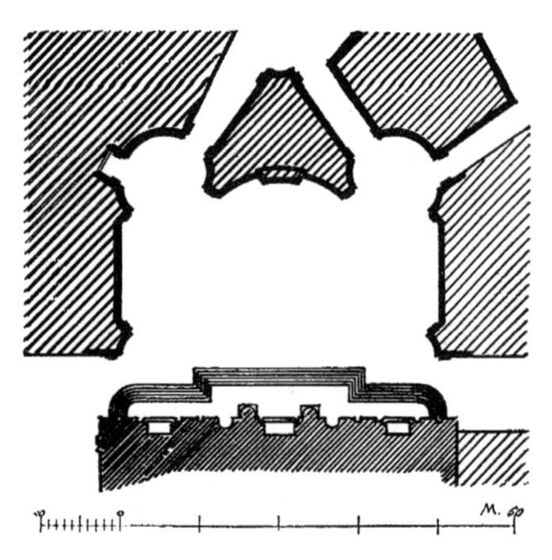

图 2-113 罗马，伊尼亚齐奥广场

广场起源于 18 世纪早期。尽管这些统一的立面相当高，但是各种分段的剖面使得它们在竖向比例上显得相当单薄。檐口线很有趣，但如果与铺地上的对比线形成强烈对比，整体效果会更加强烈。

图 2-114 巴黎，迪塞尔索为圣塞厄斯塔什教堂设计的立面

哥特教堂立面和前院向文艺复兴形式的转译。前廊聚焦在大门处很可能是为了放大整体的尺度。这幅图的很多细节同样在手绘图 2-64 中呈现。

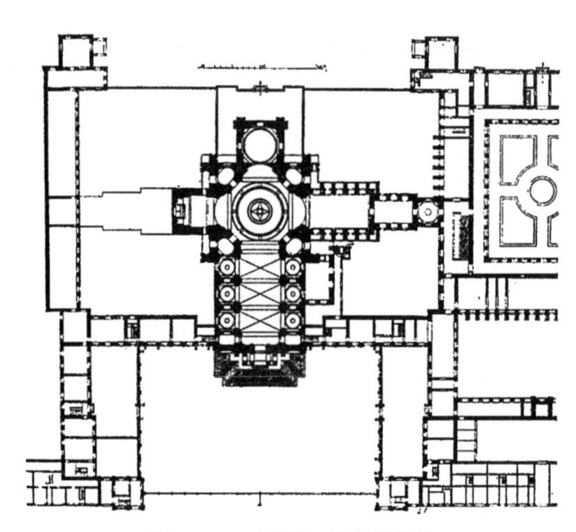

图 2-115 巴黎，圣宠谷教堂

由弗朗索瓦・芒萨尔（Francois Mansart）于 1645 年开始设计。这个前院由一堵带有壁龛和柱子的墙从两个服务性质的院子分开，使得这个很大的前院能够和服务院子背后更高等级的建筑产生过渡。不过该平面只有一部分得以实施。正对教堂轴线的一条街道在每边都扩展了四分之一个圆，以“呼应”前院。

证明这一点。在今天，虽然复制先前时期教堂的建筑细部几乎已成为惯例，但是历史上布局它们的一些方法却逐渐被人遗忘。而且数十年来，建筑师们也满足于在美国将他们的教堂沿着高速公路不加区别地与商业或是居住建筑排列在一起。在欧洲，教堂也被相当轻率地扔到形状往往不甚清晰的广场上。

在前面已经展示了许多案例，用于布局教堂的不对称外部空间的问题是如何被巧妙解决的。过往时代的建造者们竭尽全力，让教堂平面的清晰对称渗透到教堂周边拥挤的空间中。

有足够的理由相信，许多早期的基督教堂是独立于周边的，给环绕教堂的参拜仪式提供空间，而且它们当中的绝大多数都有前院，都被长久地保存下来直至古罗马时期甚至哥特时期（图 2-95、图 2-96）。可能是因为它们那花园般的特征，这些前院后来被称为“仙园”（paradise），该词语后来被缩减为“前院”（parvis）。位于佛罗伦萨大教堂（图 2-97）、比萨大教堂（图 1-7）主入口轴线上的洗礼堂，都提示了这种原有前院的对称布局。

哥特时期在人口增长的压力下，堡垒的扩大又花费巨大（而难以实施），教堂周围的开敞空间变得越来越拥挤，而且该空间常常要么被用作公墓，要么被修道院占满，以至于教堂都不能完全建成（图 2-98、图 2-99）。然后不管剩下什么空间都会逐渐演变成各式各样的广场，在平面上经常是极为不规整的，但往往是封闭的，就像庭院一样。奇妙的是，广场的宁静，与那躁动的、缓慢且不对称发展、经历数个世纪不断改变样式的教堂外观形成对比。出于崇拜仪式的要求，广场的平面布局需要与教堂后殿的朝向有严格的关联，这增强了广场的不规则性，又常使得教堂的平面布局与周边街道毫无关系（图 2-100~ 图 2-103）。

文艺复兴时期的艺术家们作了一个伟大但并不成功的努力，即创造一种完全对称的“中心建筑”式教堂，取代哥特式的长条形中殿。在圣彼得大教堂被改造为耶稣教堂[①]那种（巴洛克）类型后，从建筑师对教堂布局的考虑来看，他们仅仅是在更宽敞和不拥挤的条件上，局限地将哥特时期工匠的作品规则化和系统化。贝尔尼尼在圣彼得大教堂前的广场设计，尽管被尊称为文艺复兴典范，实则是哥特式的前院。所有文艺复兴的教堂布局都试图实现相同的理念，无论是在更拥挤或是更宽敞的情况下，而且很多公共建筑也是这样布局的（图 2-104~ 图 2-126）。如果在老城中新建教堂或者公共建筑，前院通常会被缩小比例。在极端

① 罗马耶稣教堂（Church of the Gesù），建于 1551 年，位于罗马格苏广场（Piazza del Gesù）。其立面被认为是“第一个真正的巴洛克建筑立面”，是全世界无数耶稣会教堂的典范。——译者注

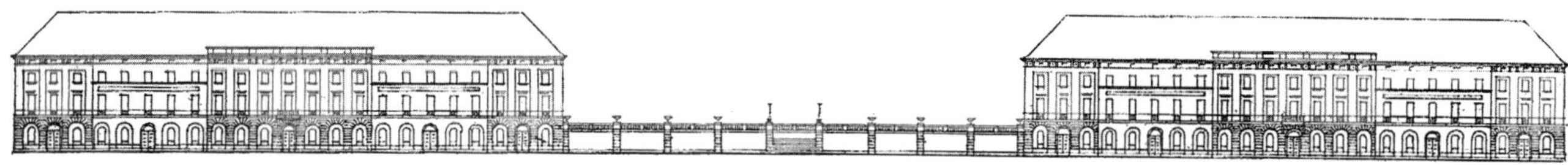

图 2–116　圣皮埃尔区，教堂对面的立面

图 2–117　圣皮埃尔区，向庭院看去

注意围合院墙的拱。

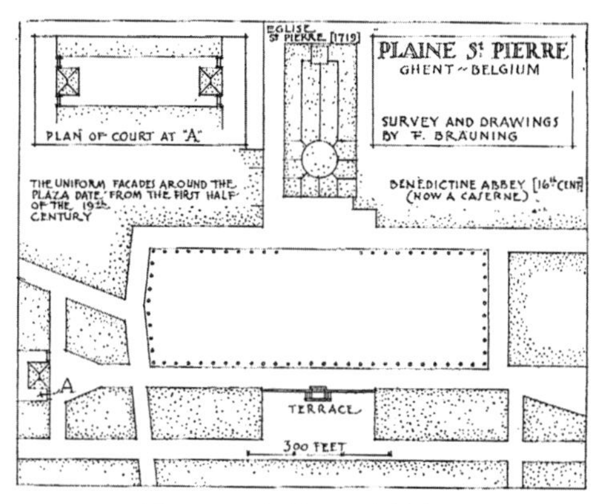

图 2–118　根特，圣皮埃尔区

这个精美设计的广场是文艺复兴晚期优雅品位的成果。它（可能由 Roelandt 设计）的设计与填河计划有关。图 2–116 展示的优雅建筑是有着统一立面的成排住宅。这个广场的核心区域是用砾石铺成的。（来自于《城市设计》，1918 年，并由作者额外提供了平面）

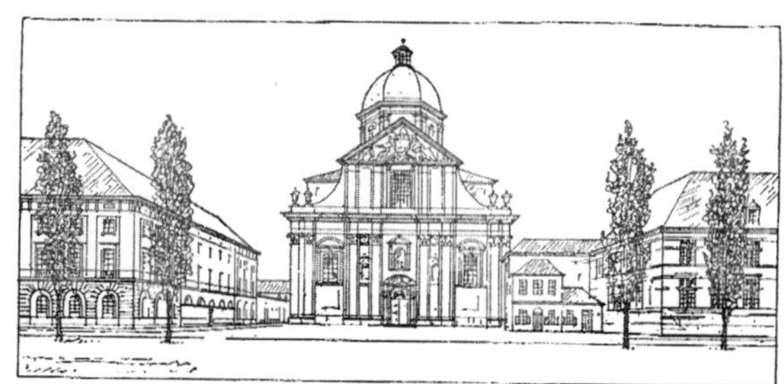

图 2–119　圣皮埃尔区，教堂

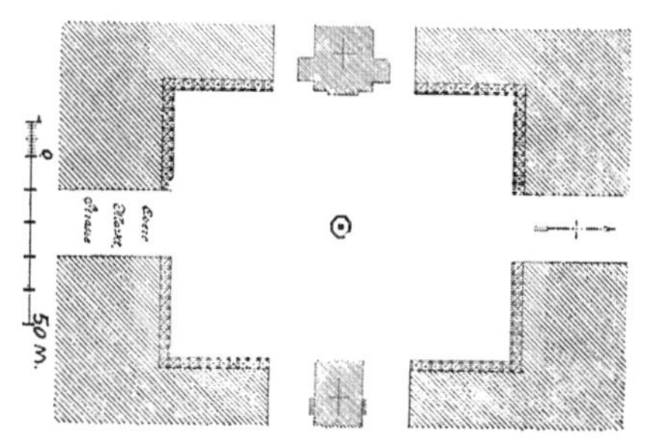

图 2–120　路德维希堡，作为两个教堂前院的市场

这个市场是由两层楼的房子所环绕。两座教堂有它们的 2.5 倍高，这样的对比加强了教堂在广场中的形象。这些拱廊相比于图片，实际上更宽、数量更少。（来自于布林克曼）

图 2–121　卡尔斯鲁厄，对着市场的新教教堂

这个教堂没有耳堂，而是以后部的塔楼为中心，两侧有两个院子。院子各自通过两个拱门与市场分开，并且由比教堂低矮的统一建筑围合。教堂的柱廊对着市政厅的入口；广场的平面参见图 6–27。教堂和广场的设计由魏因布伦纳于 1801—1825 年完成。[来自于克洛普弗（P. Klopfer）]

图 2–122　彼得格勒，卡桑大教堂的柱廊

大教堂的立面，由沃沃尼钦（Wovonichin）建造于约 1800 年，两侧以宏伟的柱廊为翼，创造了一个纪念性的环境，有点类似 20 年后在那不勒斯建造的平民表决广场（图 1–98）。

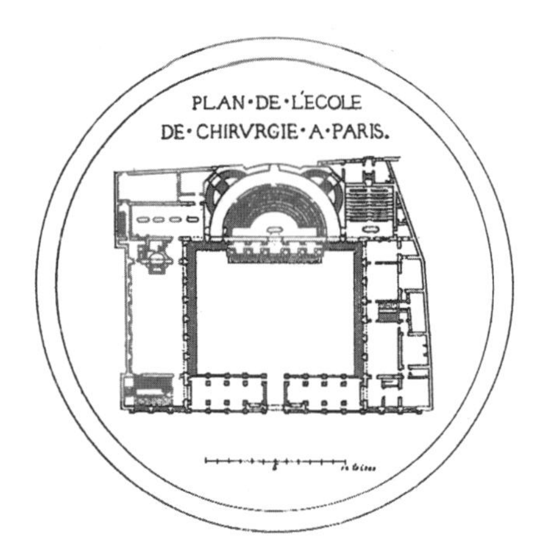

图 2–123 巴黎，高等医学院

这个院子作为形似歌剧院的大礼堂前廊的前景，被一组柱廊和街道分开。由贡杜安（Goudouin）于 1769—1786 年建造。（来自库森）

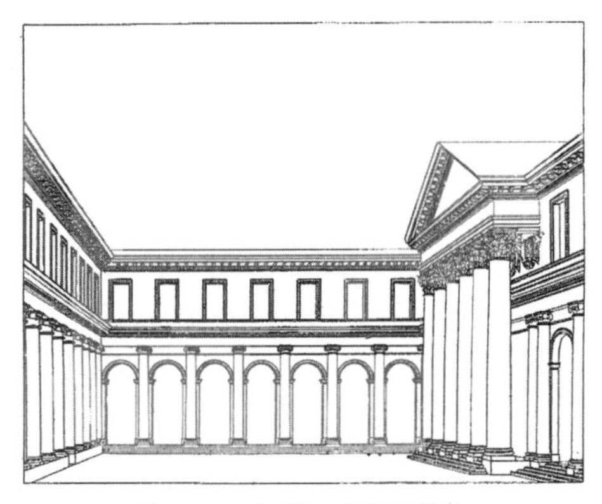

图 2–124 巴黎，高等医学院

院子的景象。

图 2–126 维也纳，卡尔教堂在维也纳河铺道之前的景象

这个教堂 [由费希尔·冯·埃拉克（Fischer von Erlach）于 1715—1723 年建造] 通过 240 英尺高的穹顶主宰着维也纳河形成的河谷。两根巨柱、两个低矮的塔楼以及长长的相对低矮而统一的带屋顶的建筑体量，一同构成了强烈的巴洛克布局。同时塔楼底部开了拱门以形成开放的通道。整个设计是由罗马纳沃纳广场上的圣阿涅塞教堂启发的。

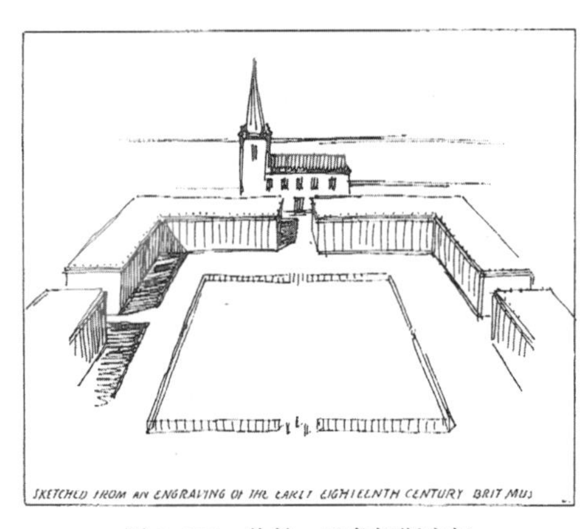

图 2–125 伦敦，圣詹姆斯广场

图 2–128 维也纳，奥托·瓦格纳正对卡尔教堂的市博物馆的等比例模型

这个模型是为了说明如果完全现代的建筑有一个低调的轮廓线，是可以成为巴洛克教堂的合适背景的。

图 2–127 维也纳，卡尔教堂在维也纳河铺道之后的景象

在河上铺道后，教堂面对一个 10 多英亩的广场。这完全在当初设计的预料之外，因此教堂处于一个尴尬的位置。

的情况下则被省略掉，只在公共建筑的两侧，留下立面的对称限定设计痕迹。在这种情况下，教堂不再是广场上的主要元素，而成为街道设计的一个元素，这种布局将在街道设计一章进行讨论。

老的纪念建筑的布局囿于周围拥挤不堪且快速变化的环境，这鲜明地体现在维也纳的卡尔教堂（church of St. Charles Borromeus，一般称为 Karlskirche）设计中。随着老的城墙被拆毁、护城河被填平、交通线路被改变，铁路的建造以及即将到来的街区高层建筑的危害，教堂的状况令人担忧。许多建筑师不断思考并探索了它的重新布局（图 2–126~ 图 2–133）。

图 2-129　维也纳，卡尔教堂的前院
[弗里德希·奥曼（Friedrich Ohmann）的方案]

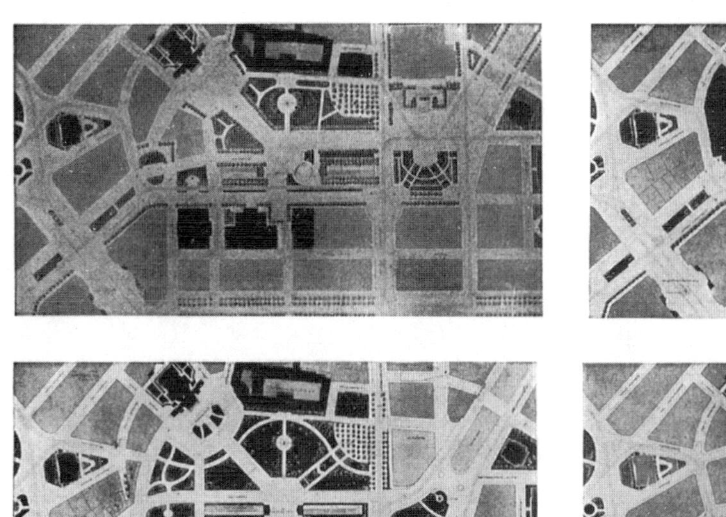
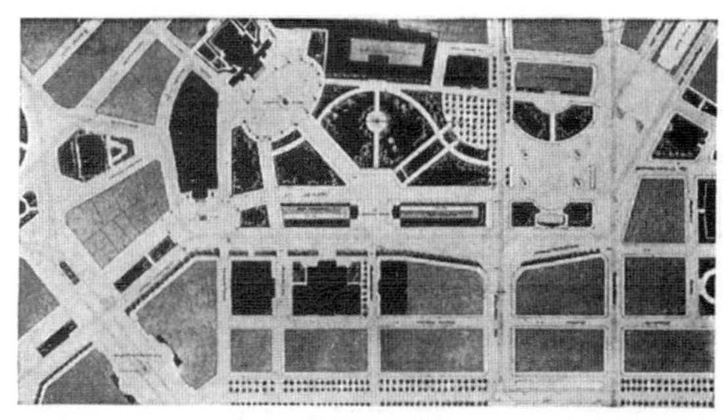
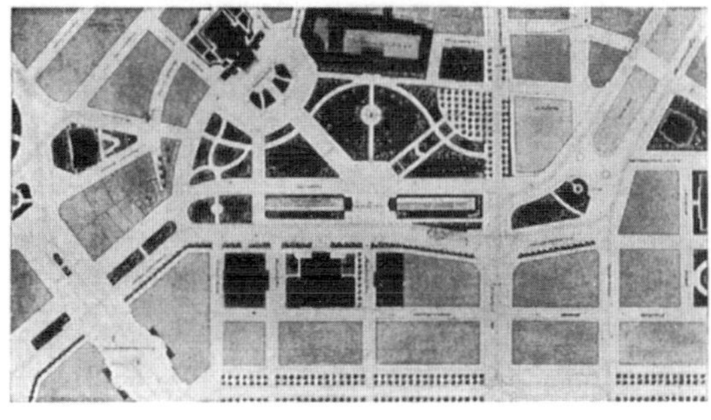

图 2-130~ 图 2-133　维也纳，卡尔教堂前的空间
重新设计广场的四个研究，分别由迈雷德（Mayreder）、施图本（Stuebben）、希莫尼（Simony）和戈尔德蒙德（Goldemund）设计，是 20 年前典型的德国规划。

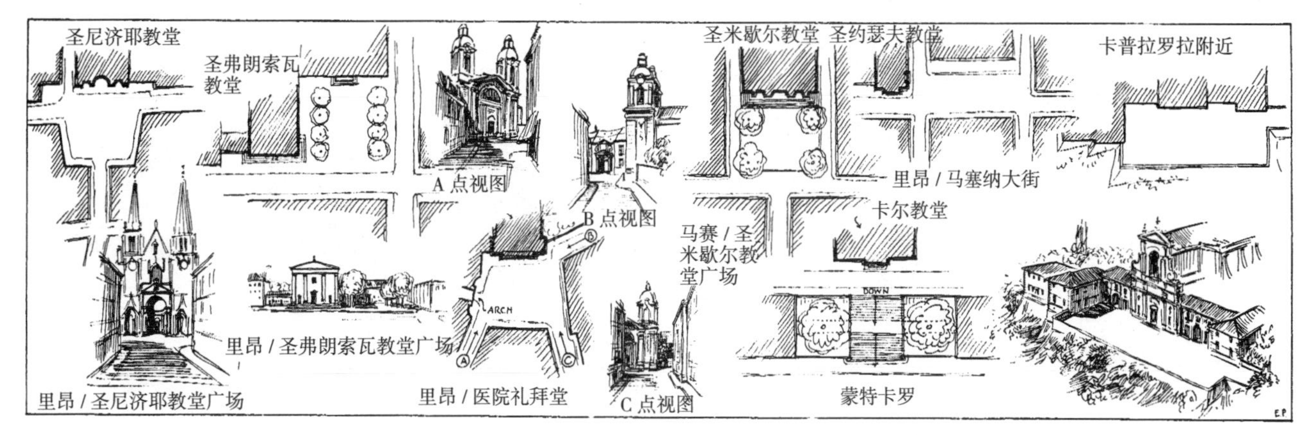

图 2-134　来自一个旅行手绘本的教堂和广场

图 2–135　巴黎，歌剧院广场

这个精美的立面由两侧低矮的附属部分组成，但是它们没能离广场的方向更近一点从而更好地展示出这个立面。相反，他们后退并挤入了各自的空间。而加尼耶所说的场地的不利条件（前面窄，后面窄，中间宽）也适用于这个建筑。在一个好的环境中（如图 1–119 凡尔赛的大理石院，或图 2–137 荣军院教堂方案的平面），人们可以感到中央的建筑形成了一个安全而确定的背景。相反，歌剧院的立面让人感到它被人向前拽了，产生了一种不舒适的感觉，好像真实的房子退得很后，与台口和两翼处在同一平面上。如果想要避免由两侧的体量所造成的干扰，人们必须退到很远去观察，直到两侧较高的房子能够和大剧院旗鼓相当。

图 2–136　巴黎，大剧院侧立面

加尼耶给大剧院侧面设计的不规整立面使得它们无法很好地主导精心设计的广场。

图 2–137　巴黎，荣军院教堂

正立面的环境设计方案［来自于费利比恩（J. F. Félibien），1706］。中央建筑的高度没有被高楼所压制，而是通过两侧低矮的柱廊对比得到加强。前景中的楼阁看上去很高，是柱廊的两倍。它们在背景中又重复了一次，因而观察者能够通过这个尺度对比估算出穹顶的高度。

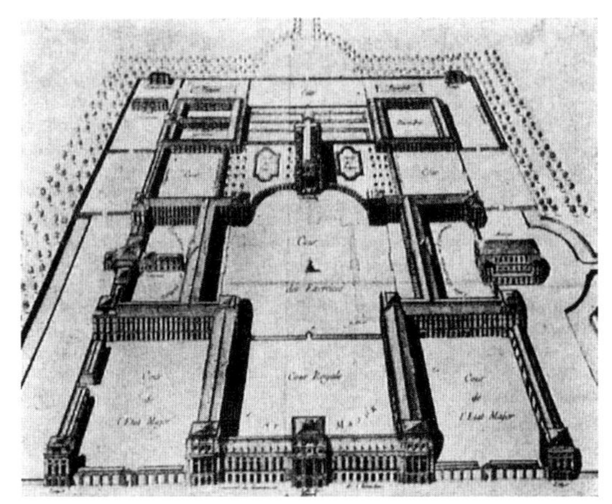

图 2–138　巴黎，通过军事学院建立荣军院教堂的环境方案

这个教堂最初（1670—1678 年）的设计是没有芒萨尔的中央建筑的。原教堂长长的中殿是被规划在和教堂体量呼应的长方形院落里。（来自于布林克曼）

剧院和剧院广场

在中心位置上布置一个非中心性的，或者不对称的建筑的不适性，不仅教堂这种类型存在，现代剧院也有类似的问题。现代剧院由于舞台上方需要高敞的空间，其外形跟长向大殿和在十字中心处有高塔的教堂有几分相似。这种不适性造成的困难，在巴黎歌剧院案例中得到了很好的阐释。关于歌剧院的布局环境，它的建筑师加尼耶用了一段酸溜溜的话来描述，我们在上一章的开头引用过。加尼耶对奥斯曼规划的控诉当然是有道理的，但在该状况下建筑师自己也不是完全无可指摘。事实上，在处理与歌剧院的联系时，加尼耶和奥斯曼在某种程度上的做法是完全一样的：只要他们追随优秀的先例他们就是成功的，而当舍弃时就失败了。在布局歌剧院的主立面时，奥斯曼尝试追随 18 世纪的先例，就如同先贤祠（Panthéon）处于苏夫洛大街尽端的位置，或者马德莲教堂作为皇家大街的对景。奥斯曼这种学习 18 世纪先例的做法西特是赞同的。但奥斯曼随即抛弃了他的前辈们，他把其他街道设计得比皇家大街和苏夫洛大街长得多（苏夫洛大街开始时比现在要短，图 2–194 展示了原来的状况）。奥斯曼在街道两侧排列的建筑也太高——加尼耶对此尤为深恶痛绝——相比歌剧院的高度完全不合适。尽管如此，如果观看的位置足够近，避免过高

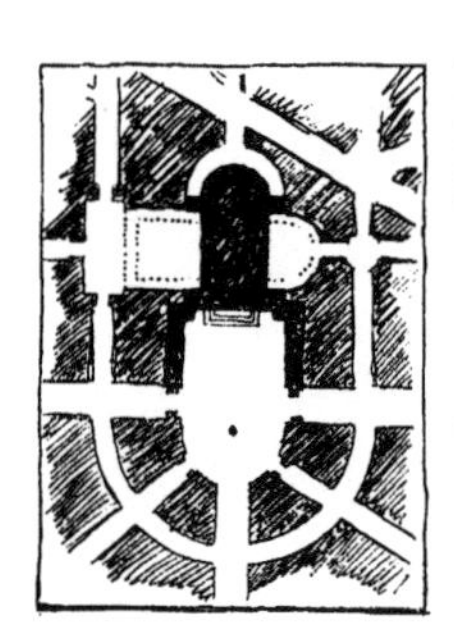

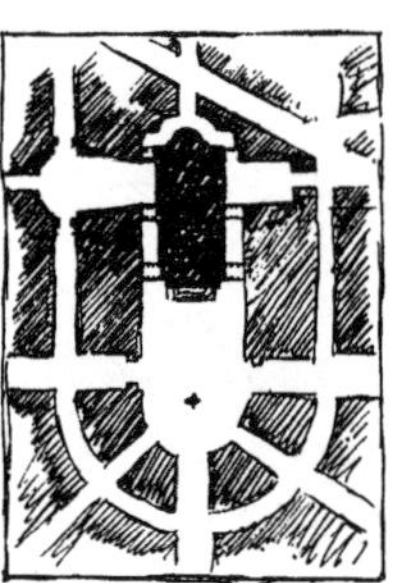

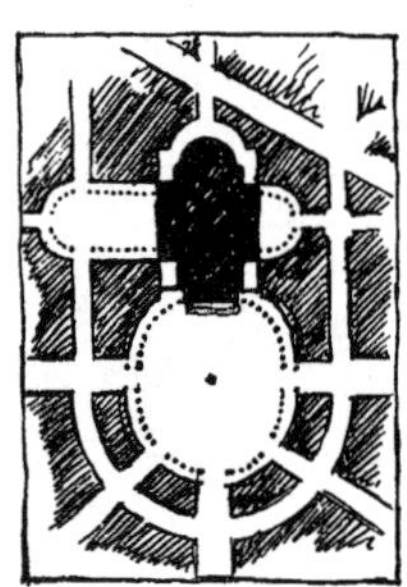

图 2–139　三个研究

对比图 1–3、图 1–98、图 2–44、图 2–138 以及图 2–140、图 2–152。

图 2-140　里斯本，唐佩德罗四世广场
剧院两侧对称的立面没有观景楼，从而使剧院成为广场的中心。这组建筑是在 1755 年地震以后建造的。（由弗朗兹·赫丁绘制）

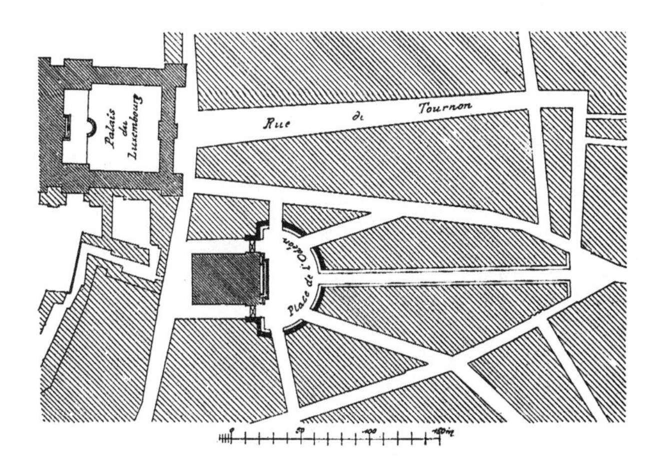

图 2-141　巴黎，音乐厅广场和图尔农大道
音乐厅广场是一个半圆形的广场，约建于 1782 年，剧院的前广场具有统一的立面。剧院的侧立面未表现。这张平面同样展示了图尔农大道是怎样展开的，图 4-18 展现了从街上看过去的景象。（来自于布林克曼）

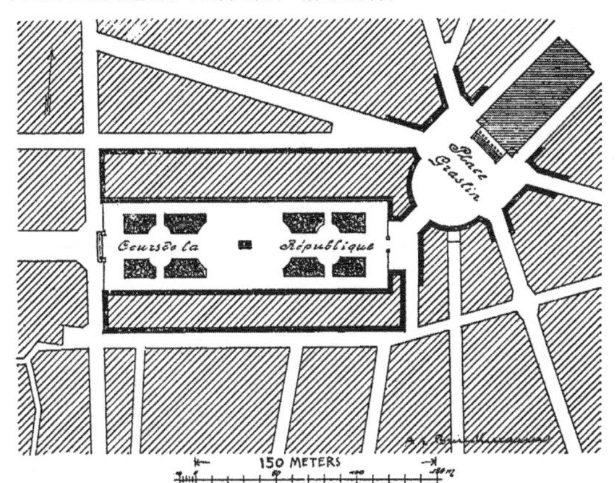

图 2-142　南特，格拉斯兰广场和共和国林荫广场
格拉斯兰广场作为剧院的前广场，平面与音乐厅广场有点像。两侧排列着整齐划一的房子，上面的楼层延续着剧院立面雕带的线条。这组广场是由克吕西（Crucy）于 1785 年建造的。（来自于布林克曼）

的街道建筑从透视上矮化歌剧院，以较低的现代标准来衡量，歌剧院的布局是异常优秀的。我们需要通过仔细审视才能认识到，加尼耶为何如此深感惋惜（见图 2-135 的图释），以及为何该布局环境相对于它本来可以有的机会显得如此拙劣。

加尼耶关于反对巴黎歌剧院另外 3 个面的布景所说的一切，乍听起来都具有说服力。然而加尼耶忽略了，歌剧院的侧立面是特别不适合作为纪念性建筑进行布景的（图 2-136）。玛德莲教堂尽管处在相似的位置，其侧立面呈现的是统一、庄严的柱廊阵列；十字形平面的先贤祠的侧面只有街道，而不是广场。

就巴黎歌剧院的侧立面而言，似乎不能把所有问题都归结于奥斯曼那“中间鼓出肚皮”的场地。好的先例建筑的各个立面都需要均衡的外观，以作为一个

图 2-143　南特，共和国林荫广场
向东看的景象。（由弗朗兹·赫丁绘制）

图 2-145　马德里，奥里恩特广场（下图）
当拿破仑的兄长被选为西班牙国王时，他将几所修道院、一座教堂以及 500 个住宅夷为平地，以便在皇宫前创造出马德里最大的广场——奥里恩特广场（见图 2-228 中更早的方案）。剧场位于一座方形广场和椭圆形庭院之间。后者是由曲形住宅立面和树木围成的。（来自古利特）

图 2-144　南特，格拉斯兰广场
向北看的景象。上面有平面。（由弗朗兹·赫丁绘制）

图 2-146 斯图加特，新剧院广场

由皇家宫殿北部的两座剧院组成的建筑群（平面参见图 2-251）是这个广场的设计起点。在广场设计的众多方案中，马克斯·利特曼（Max Littmann）的方案（图 2-146、图 2-147）得到了部分实施。图 2-148~ 图 2-150 是耐人寻味的替代方案。

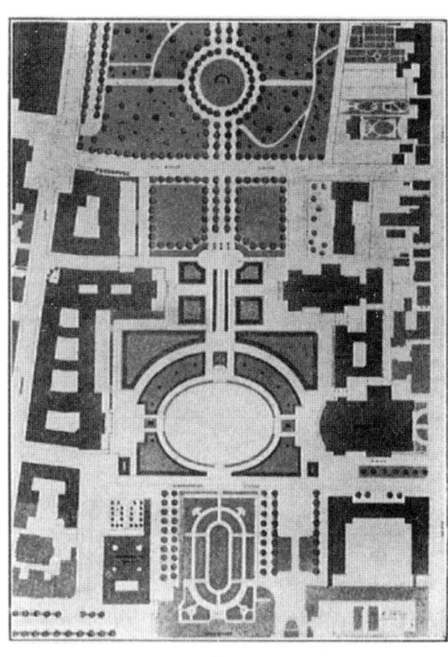

图 2-147 斯图加特，图 2-146 的平面图

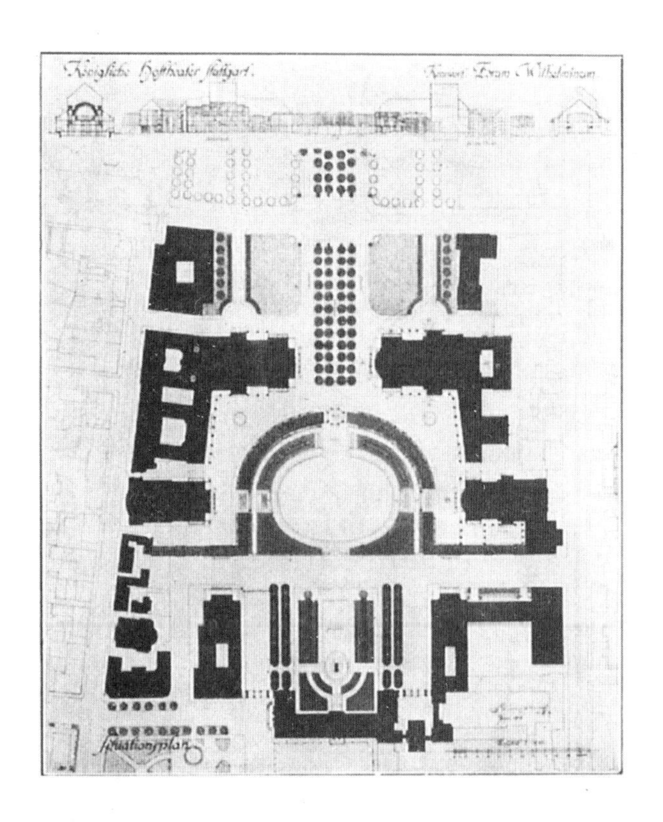

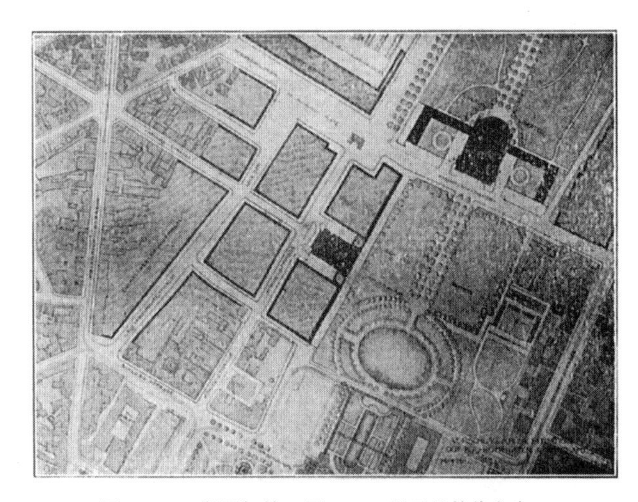

图 2-148 斯图加特，图 2-147 所示的替代方案 A

由特奥多尔·费舍尔设计。

图 2-149 斯图加特，图 2-147 所示的替代方案 B

这个替代方案呈现了由两座小剧院和两座大剧院构成的完美对称布局。广场墙面的高度变化从宫殿低矮的房子上升到两座小剧院，并在大剧院处到达最高点，而大剧院的观景楼又形成了广场角落非常瞩目的焦点。考虑到在每个大城市都有大量的剧院毫无联系地被随意安排在一个个面积有限的中心地带，这里的剧院组团规划多么具有远见。图 2-150 提供了前两个剧院的景象。这里的广场和剧院由布鲁诺·施米茨（Bruno Schmitz）设计。

图 2-150 斯图加特，图 2-149 平面的透视图

这四个一组的剧院的前两个。较大的一个在左边，较小的一个在右边，两个都在另外一边得到复制。

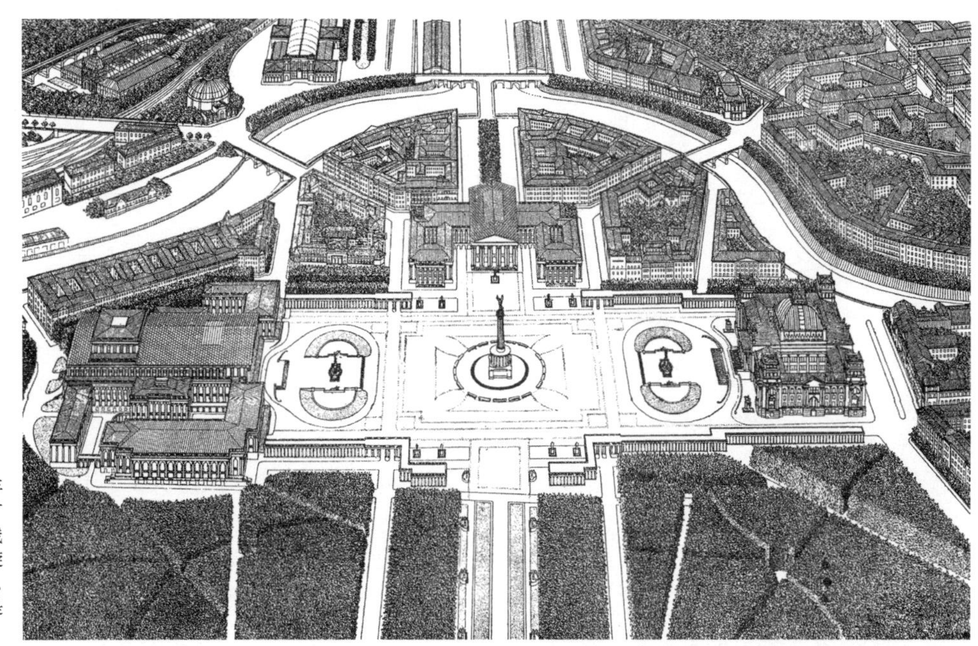

图 2-151　柏林，面对议会大楼的新歌剧院方案

由奥托·马奇（Otto March）于 1912 年设计，这个规划是当时为了减小国王广场面积的最佳方案之一。这条位于轴线上、穿过蒂尔加滕公园的街道就是凯旋大道。广场右边是瓦洛特的议会大楼，左边是拟建的歌剧院，中间的背景里是另一座规划中的建筑。

整体观看。这也适用于剧院的侧立面。路易斯（Victor Louis）在波尔多（Bordeaux）设计的著名剧院[①]（建于 1788 年），各个立面相互协调，其中一个侧立面成为宽阔的夏普奥鲁热林荫大道（Cours du Chapeau Rouge）的一个和谐部分。苏夫洛（Jacques-Germain Soufflot）在里昂（Lyon）设计的大剧院也是如此。里斯本的玛丽亚二世国家剧院[②]（Theatre of Donna Maria，图 2-140），以及柏林州立歌剧院[③]（old Opera House，图 2-235、图 2-236 展示了加建现代舞台阁楼之后的歌剧院建筑）都是 18 世纪的案例，这些大剧院的侧立面都是一个大型广场的主导立面。过去几个世纪中舞台的要求，使得设计各个立面都对称的剧院是很容易的。

尽管如此，剧院很少被设计成完全与周边脱开的独立建筑。最早期的剧院曾是城堡的一部分。法兰西喜剧院，即原先的莫里哀剧院[④]（Molière's theatre），位于歌剧院大街[⑤]（Avenue de l'Opéra）的另一端，至今还是巴黎皇家宫殿（Palais Royale）建筑群的一部分。加布里埃尔将歌剧院建筑设计为凡尔赛宫的一部分，在杜乐丽皇宫

图 2-152　柏林，新歌剧院方案

由埃伯施塔特－默林－彼得森（Eberstadt Moehring Petersen）事务所设计，1910 年大柏林规划竞赛方案。

也有一个类似的歌剧院[⑥]。还有其他一些剧院被建造为普通建筑群的一部分。完全独立的剧院，实则也被放置在（与周边环境关联的）特定位置，典型案例如巴黎的奥德翁剧院[⑦]（Odéon，图 2-141）、南特的格拉斯兰大剧院[⑧]（Grand Théâtrein in Nantes，图 2-142~ 图 2-144），以及马德里城堡对面的皇家剧院[⑨]（图 2-145）。

然而这些先例都被奥斯曼和加尼耶弃之不顾。奥斯曼试图在剧院的侧面布置广场，而后加尼耶将侧立面设计成不对称的。巴黎歌剧院没能成为一个和谐的、让表现主义者感到满意的整体。表现主义者认为，歌剧院建筑仅仅表现美是不够的，还要表现音乐的和谐。相反，3 个完全异质的体量被放在一起，它们分别是：

① 波尔多大剧院（法语：Le Grand Théâtre de Bordeaux），是著名芭蕾舞剧《女大不中留》的首演之地。路易斯此后还设计了巴黎的法兰西喜剧院（Comédie-Française）。——译者注

② 玛丽亚二世国家剧院（葡萄牙语：Teatro Nacional D. Maria II），位于葡萄牙首都里斯本市中心的罗西乌广场（Rossio）北侧。——译者注

③ 柏林州立歌剧院（德语：Staatsoper Unter den Linden），位于德国柏林市中心的菩提树下大街，倍倍尔广场（Bebelplatz）的西侧。——译者注

④ 莫里哀（本名：Jean-Baptiste Poquelin，1622—1673），法国著名喜剧作家，代表作有《伪君子》《吝啬鬼》《唐璜》等。——译者注

⑤ 歌剧院大街是奥斯曼在法国巴黎市中心开辟的大街之一。长约 698 米，宽约 30 米。南端是卢浮宫，北端是巴黎歌剧院。——译者注

⑥ 杜乐丽剧院（法语：Salle des Machines），原为杜乐丽皇宫中的一个剧院。——译者注

⑦ 奥德翁剧院（法语：Théâtre de l'Odéon），位于塞纳河左岸的第 6 区。——译者注

⑧ 格拉斯兰剧院（法语：Théâtre Graslin），是法国城市南特的剧院和歌剧院。——译者注

⑨ 皇家剧院（西班牙语：Teatro Real），位于东方广场（Plaza de Oriente）的东侧。——译者注

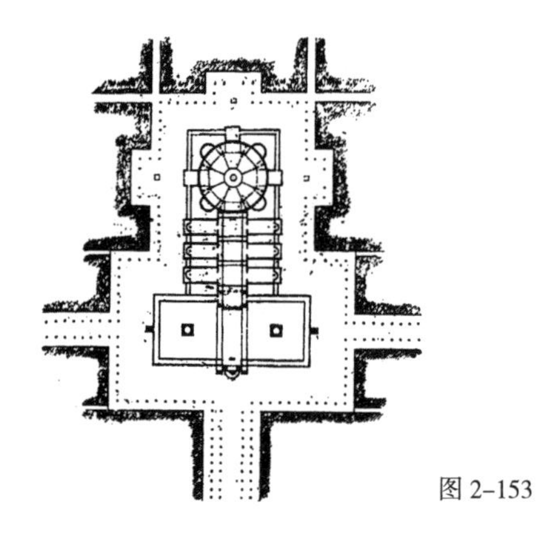

图 2-153

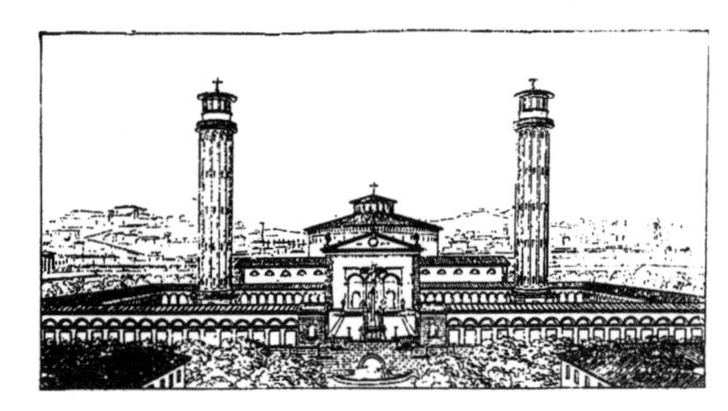

图 2-154

门厅、观众席和舞台，用“功能主义”崇拜者的话来说，为 3 个不同的目的“给出直白而适合的表达”。这里不是要对功能主义要求牺牲建筑的和谐外形是否有必要或合适下结论。事实上加尼耶确定对 18 世纪的设计传统不满，他受到了现代剧院运动的影响。该运动也影响了森佩尔（Gottfried Semper，他建造剧院的工作始于 1838 年）和瓦格纳（Richard Wagner）回归希腊剧场的设计（其舞台和观众席是完全分离的）。瓦格纳在拜罗伊特（Bayreuth）设计了非常有趣的节日剧院（Festspielhaus）——至少在“表现主义的”外观这一点上十分有趣——但不一定绝对是美的。功能主义被采纳到剧院建筑设计中来，使得剧院建筑的侧立面陷入和基督教堂一样的局面，后者有高的塔、长的中殿、十字耳堂和半圆形后殿（各种形状的空间）。教堂的不均衡面貌在 19 世纪以前曾是默认的规则。

今天，为了防火的考量，剧院必须是独立的建筑。出于现代的要求，舞台上方有很高的空间也是必需的。因此剧院的外形必然是不均衡的，除非舞台上面、高起的屋顶覆盖了整个建筑，就像战前刚设计的新的柏林大剧院的正式方案中所考虑的那样。在特定情形中，也许有可能将高起的舞台放置在剧院的正中，而不是在一个端头。大多数情况下，在不影响舞台要求的不对称性的前提下，可以将舞台高起的部分从剧院的侧墙向内退进，这样就能保持侧立面在平面上的整体性，有可能在侧立面布置一个对称的、进深不太大的广场（深度大约为剧院主檐口线条高度的 1~1.5 倍）。

如果上述所有情况或类似的权宜之计都不适用，那么剧院的侧立面就是不对称的，这就不适于成为围合广场的建筑墙面。除非它们可以重复出现，就像雷恩曾建议复制教堂以使教堂的尖塔在街道两侧彼此呼应，给予街道一个对称的景观。

两个剧院的对称布局曾在斯图加特被提出（图 2-149），建筑师对两个剧院和其他公共建筑的组合倾注了许多想法。

关于大的现代歌剧院建筑的布局，在战前规划柏林新建筑时有许多有价值的研究萌生。已故的马奇（Otto March）是一位重要的城市设计理念的领军人物，留下了一个重要的方案，如图 2-151 所示。

谈到剧院布局时，佩罗在剧院后方为过场大道（entr'acte promenades）所做的花园复原设计（在公园设计一章中有插图）值得一提。

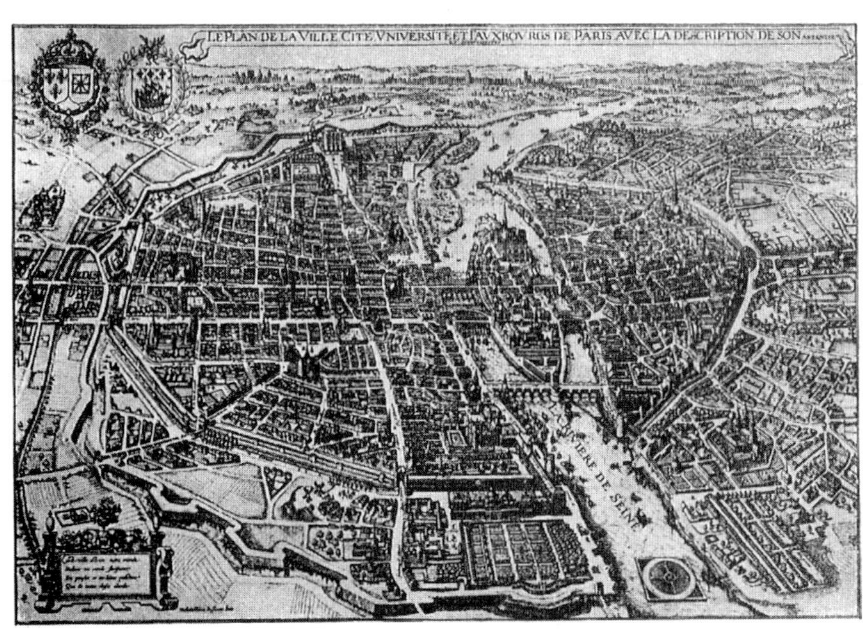

图 2-155 1615 年的巴黎。马修·梅里安（Mathieu Merian）规划

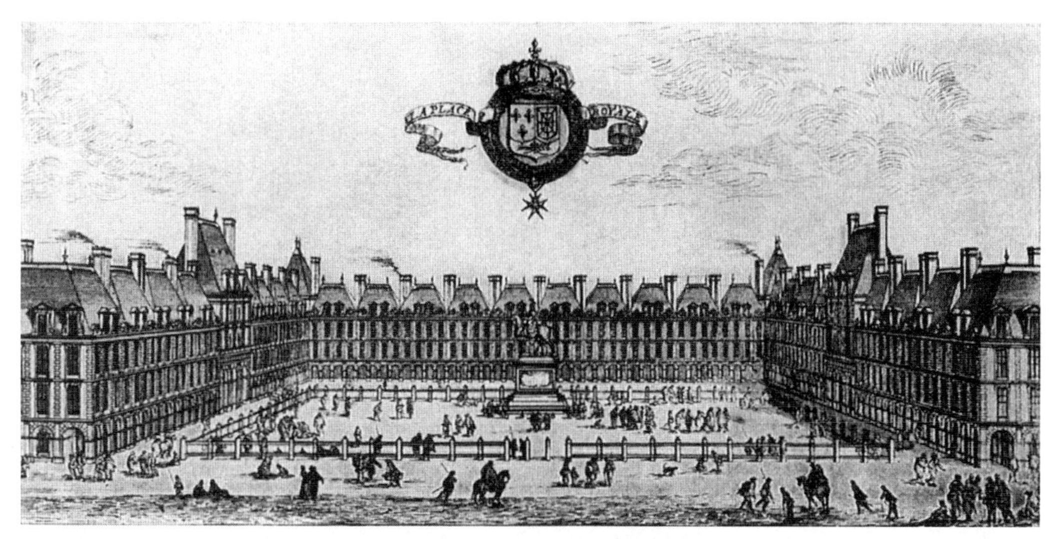

图 2–156 巴黎，皇家广场（孚日广场）

这个广场有 460 平方英尺（参见图 1–65~ 图 1–75E 平面）。这两座面对面的建筑高耸于旁边统一的屋脊线上，是国王和王后的楼阁。广场由亨利四世于 1605 年建造，广场和周边的住宅不久以后成了时尚生活中心。参见图 2–160。[来自于伊斯雷尔·西尔韦斯特（Israel Silvestre）版画，1652 年]

法国皇家广场

当布局一个纪念性建筑时，不将其作为围合广场的墙面的一部分，而是独立地放在广场的正中，或是广场上其他重要的位置上，那么该建筑与那些因一流的布景而备受敬仰的雕像，或其他雕塑纪念物就有许多相似之处。当这个纪念性建筑的高度比取景框还低的时候，这种情形就越发明显，正如已故的伯纳姆（Daniel Burnham）所建议的现代美国做法那样。

纪念性的布局围绕着雕像展开早有渊源可追溯。古罗马的涅尔瓦广场在正中就有一个涅尔瓦的雕像，米开朗琪罗为卡比托利欧广场上的奥勒留[1]雕像（Marcus Aurelius）设计的布局在之前就被提到过，这些都是经典。在法国，早期文艺复兴时期的设计如三角形的巴黎太子广场（Place Dauphine，图 2–157~ 图 2–159）和孚日广场（Place des Vosges，图 2–156~ 图 2–160），而后芒萨尔设计的雄伟的胜利广场（图 2–161、图 2–162）和旺多姆广场（图 2–163~ 图 2–166），以及后来的协和广场（图 2–53~ 图 2–62），直至也许是建筑布局所能想象的最高潮——位于南锡（Nancy）的广场组群设计（图 2–181~ 图 2–189）。继承了优秀传统的 18 世纪设计师们，在创造性的举措方面是极为丰富的。在波尔多、瓦朗谢讷（Valenciennes）、南锡、兰斯（Reims）、鲁昂（Rouen）以及其他城市，广场被设计成为壮丽的布景来放置“广受爱戴”的法兰西路易十五的雕像（图 2–167~ 图 2–180）。除了已实施的这些设计外，还有一摞有价值的“项目”被保存下来。

自 1748 年巴黎商人获准建造雕像来崇拜他们的皇帝以来，他们的举动导致一场在各个尺度上的设计城市空间的大浪潮，包括大的城市复兴计划。此处应该指明，巴黎在 1700 年前的数百年以来都是世界上最大的城市。此后很快超越巴黎的伦敦，从鼠疫（1665 年）和大火（1666 年）中吸取了巨大教训，开始以史无前例的力度推行住宅的去中心化。巴黎则因循守旧，由此产生了严重的贫民窟问题（见巴黎改造的讨论）。缓解城墙内老城的拥挤不堪，是 1748 年时城市设计师们的最主要动机，布置国王雕像则与城市的局部重建联系在一起。重新规划老城的一些想法，正如我们在当时的文献中读到的那样，包含了许多永恒的实用和美学价值。加布里埃尔、波尔多的皇家广场和巴黎协和广场的设计者，进一步调整了 1720 年大火后工程师们在雷恩设计基础上的重建规划。方案呈格网状，其间分布着有意思的广场群（图 2–176）。小布隆代尔，一个伟大的理论家和设计师，为斯特拉斯堡（Strasbourg）市中心的重新设计做了很好的规划（图 2–192），在梅斯圣斯德望主教堂[2]（Cathedral of Metz）周边设计了一组小广场（图 2–94）。

通过皮埃尔·巴特（Pierre Patte，1723—1814）的那本书可以获知，受到巴黎矗立路易十五纪念雕像的启发，相关的广场设计如雨后春笋。巴特是茨魏布吕肯（Zweibr ü cken）公爵的建筑师，他的书名为《为路易十五的荣光而立的法国纪念物》（*Monuments érigés en France à la Gloire de Louis XV*），1765 年出版于巴黎。该书的插图很好，其中收集的平面极为重要，具有基础性价值，但意外的是并没有广受认可，甚至知者甚

① 马可·奥勒留（121—180 年），拥有凯撒称号（Imperator Caesar）的他是罗马帝国五贤帝时代最后一个皇帝，于 161—180 年在位，有“哲人王”的美誉。——译者注

② 法语：Cathédrale Saint Étienne de Metz. ——译者注

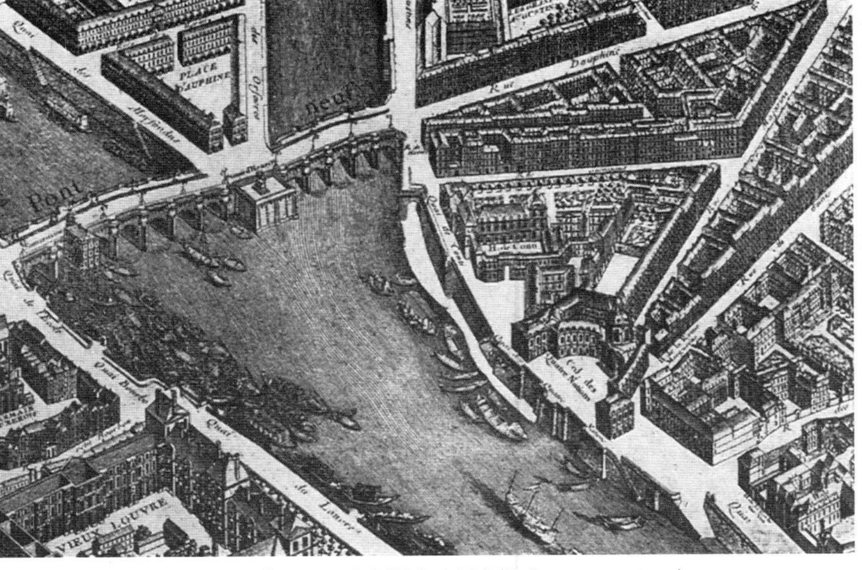

图 2-157 巴黎，1739 年新桥和太子广场（Place Dauphine）

图 2-191 中完整显示了杜尔哥（Turgot）规划的一部分。在左边的前景中，佩罗的卢浮宫未完成，仍然面对着房屋；还有圣热曼·洛塞华教堂（S. Germain l'Auxerrois）前，以及在卢浮宫的广场中的建筑。在河的另一边，是四民族学院［马扎林宫（Palais Mazarin），现为“研究所”（l'Institut）］。

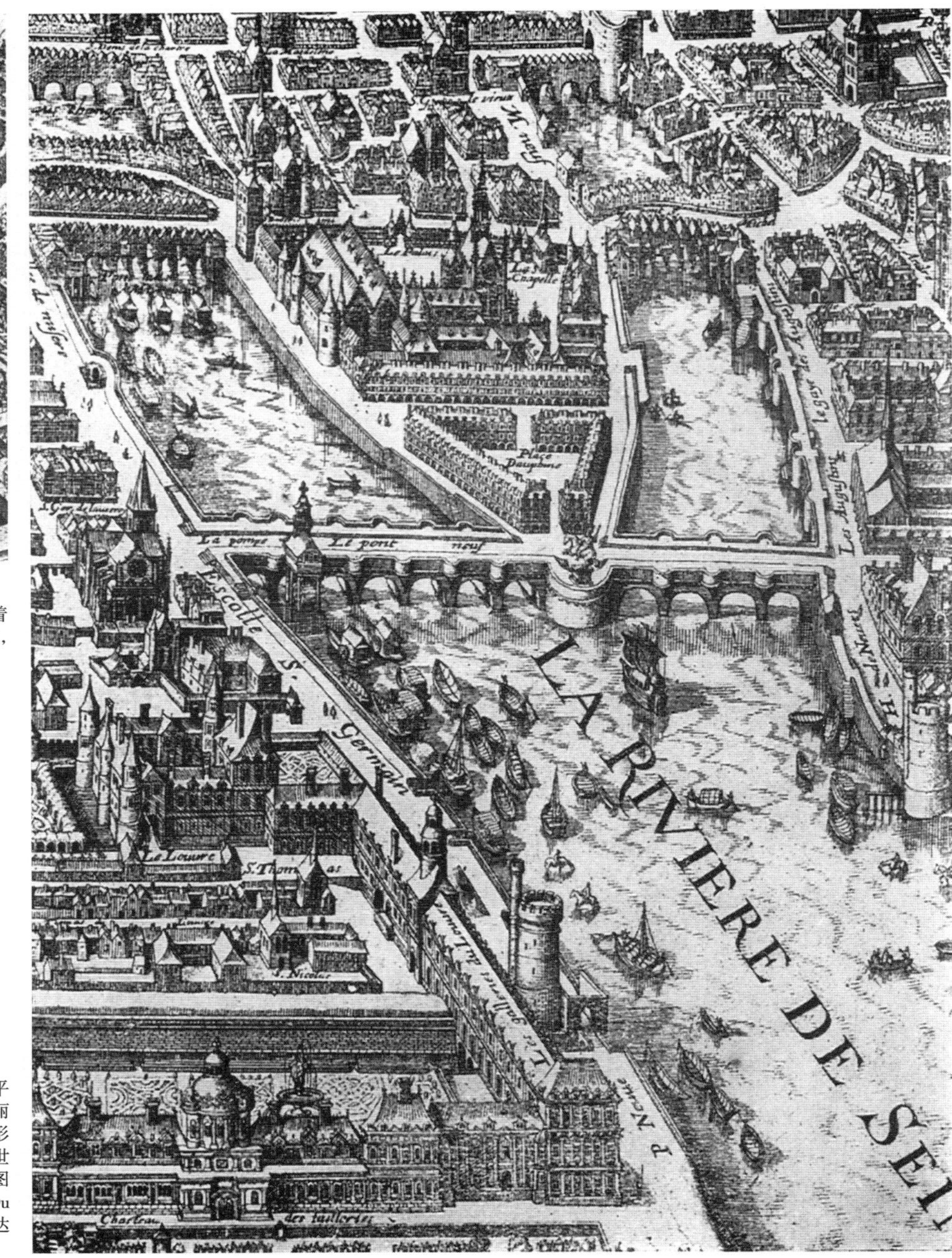

图 2-158 巴黎，梅里安（Merian）平面的一部分

按图 2-155 中所示缩小的平面图的原始尺寸复制。杜乐丽宫在前景中；在中心，三角形的太子广场上是国王亨利四世的骑马像，与新桥面对面。图 2-67 所示的迪塞尔索广场（Du Cerceau's plaza）也是为了表达这一点。

图 2-159 巴黎，太子广场（Place Dauphine）

伊斯拉埃尔·西尔维斯特（Israel Silvestre）的版画，1652 年。

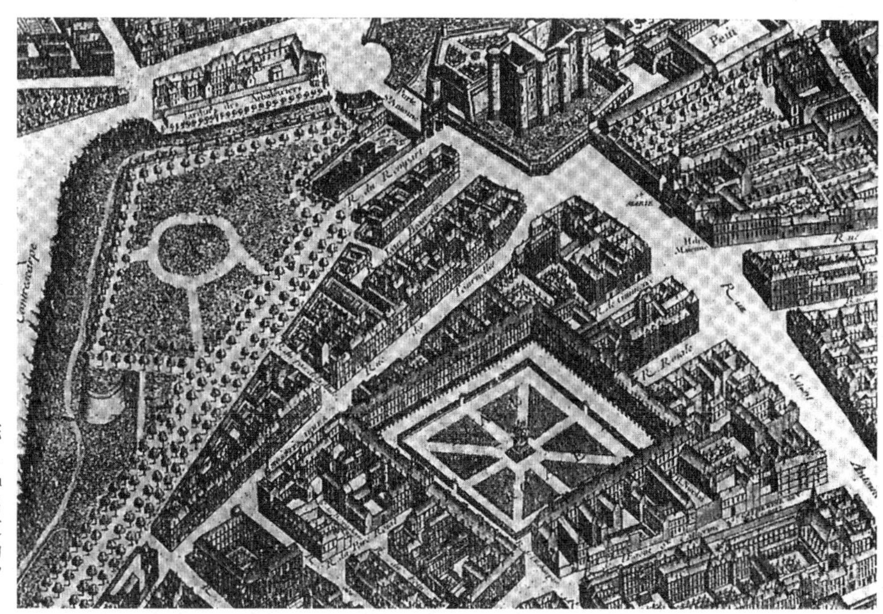

图 2-160　巴黎，皇家广场（孚日广场）
杜尔哥的 1739 年巴黎规划（见图 2-191）局部（完整尺寸）。除了一个角落处，皇家广场已完全围合，主要入口穿过位于雕像轴线上的国王阁（Pavilion du Roi）下的拱门。图片顶部（中心）是因大革命闻名的巴士底狱（Bastille）。左边是科尔伯特新林荫大道的四排树。标有“伟大大道”（Grand Boulevart）的巨大区域是一个古老的堡垒，表现出大道或“堡垒”（bulwark）一词的古老含义。

少，直到 1908 年，罗伯特·布鲁克强调了该书的重要性。巴特在书中阐释了法国思想中的大量精华，城市设计师中如果有人在学生时期认真阅读过的话，许多现代城市规划中的错误就可以避免掉了。

除了描述各省为纪念路易十五而建造的广场外，该书还介绍了巴黎在 1748 年和 1753 年举办的两次关于纪念物的竞赛及其结果，它们值得深入关注。

图 2-194 再现了巴黎规划的大版画，画上标有巴特为放置雕像的位置所做的多个方案。大比例规划方案附带的说明中，都有详细的解释（图 2-195~ 图 2-211）。巴特建议的整体规划（如图 2-194 的右上角，图 2-214 的鸟瞰）超越了任何一个单个方案。整个工程包含对两个塞纳河岛屿，及其西侧的塞纳河两岸的整个区域的填河、整合，以及通盘的建筑处理。这个伟大的河流地区规划，后来出现了杰出的追随者，尽管是在一个较小的尺度上，如最近的伦敦码头的规划方案（图 2-216），还有波士顿查尔斯河上一个岛屿的各种规划方案（图 2-213）。如在岛上放置纪念性建筑，隔岸从很远的距离观看建筑时，可因视线透过水面造成距离缩短的假象，成为一个不错的设计条件。实现巴特的巨大方案需要对地段进行无情的清理。要看到这一点，必须将它与同一页上其他设计者对同一区域给出的 5 种填河方案进行比较，并意识到清除提议甚至包括像马扎林的四国宫殿（Mazarin’s Palace of the Four Nations）这样的纪念物。

但实际上，马扎林的宫殿，甚至还有被诟病的哥特风格的圣日耳曼欧塞尔（Saint Germain l’Auxerrois）教堂都免受了灾害。随着让科尔伯特（Colbert）这样的政治家忧心忡忡的、反对路易十四的福隆德运动（Fronde）的出现，法国国王对于巴黎这种难以管理的城市失去了兴趣，转而关注凡尔赛这样的花园城市的创造。

比起在一个已建成的城市之中大规模的填河，将大量贫民区夷为平地不可避免地带来住房问题，塞万多尼把商人们为路易十五建造的新广场置于防御区之外的方案，显然更得国王的心。国王也因此把杜乐丽花园以西的自由土地作为对城市的礼物划给了广场。就这样，一个新的竞赛为这个区域的发展带来了 28 种不同的规划方案。加布里埃尔的方案被接受，并且在很大程度上被执行了。

虽然协和广场更多地体现了美国大型校园的景观特色，但说到为纪念路易国王而建的最美妙的广场，就不得不提南锡的广场组群（图 2-181~ 图 2-189）——这些设计最能体现建筑创造（architectural）这个词。南锡案例比起一般的广场有更多优秀的地方，它在广场组群中具有代表性：主广场中心放置着国王的雕像，前面有 2 个序曲广场；修剪整齐的树木形成的纵长廊道（Carrière），宫殿前分布着椭圆形的柱廊空间；宫殿位于广场序列的一端，市政厅位于另一端。这一长长的广场序列，具有图拉真广场或赫利奥波利斯圣地的特点，代表了城市设计艺术的一个高潮。

对法国这些伟大创造的欣赏，与之一起出现的追随者，以及对它们的理论性讨论（图 2-219~ 图 2-226），是促成法国各地审美相似发展的一个重大因素。（法国皇家广场）传播到比利时、西班牙、丹麦、英国、德国和俄罗斯等地，也产生了丰硕的成果。当一些中世纪城市在 17、18 世纪争相建造大教堂时，上述地区在普遍受过良好教育的统治者的明智指导下，鳞次栉比地探索、创建了作为公共建筑的精妙环境的广场空间。城堡往往扮演现代市政厅的角色（分布在广场上）。图 2-227~ 图 2-251 展示了这一时期众多的优秀方案；其他案例的图纸在本书的其他章节出现。要完全展现它们则需要很多本书。

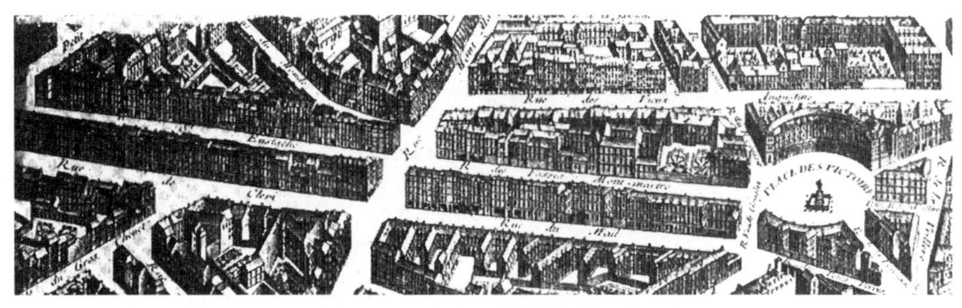

图 2-161 巴黎，胜利广场与通路

杜尔哥的 1739 年巴黎规划（完整尺寸）局部（见图 2-191）。表现的是版画家为展示街道区域而大幅改造的胜利广场（见图 2-162 平面）。

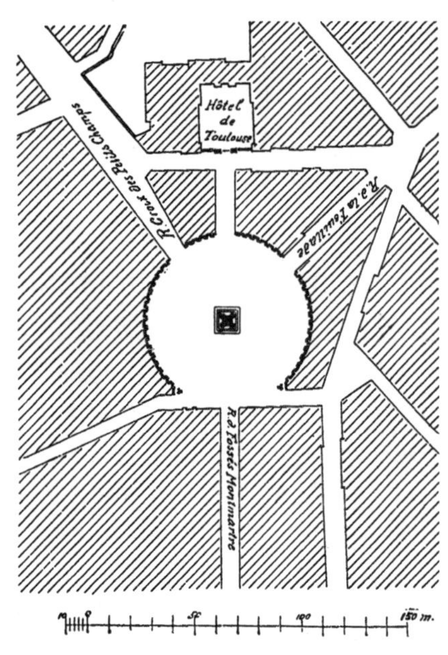

图 2-162 巴黎，胜利广场

由阿杜安·曼萨尔（Hardouin Mansart）在 1679 年设计。国王的雕像是 4 条辐射性街道的中心。横截面见图 2-47。广场因立面改建和街道拓宽而遭到破坏。（来自布林克曼）

图 2-164 巴黎，旺多姆柱

在 1806 年，一个大约为原纪念碑 3 倍高的柱子在广场中竖立起来，原纪念碑毁于大革命。毫无疑问，这个美丽的广场受到这种变化的很大影响。如果远远从其中一条与广场相接的街道而不是从广场过来，可以看到这个柱子正好坐落于广场入口的四个角中心，如图所示。（来自一副藏于卡纳瓦莱博物馆的 1835 年的绘画）

图 2-163 巴黎，旺多姆广场（路易十四广场）

这个广场始建于 1680 年，原先是打造为历史上最具野心的城市中心，打算实施的是红衣主教黎塞留的艺术科学广场的伟大规划。皇家图书馆、书院、造币厂和外交官酒店原先计划围绕路易十四的纪念碑组而建。这个版本的规划中，一个巨大的广场（见图 2-165）是由阿杜安·曼萨尔设计的。最初方案的实施被终止，一方面是由于资金短缺，另一方面则是人们通过对吉拉多（Girardou）在同期已完成的一个优秀骑马像的观察，认识到略小的广场亦有优势。曼萨尔新做了一个更小的八边形广场规划。纪念碑和大部分的立面（除开它们背后的房子）在 1699 建立起来。图书馆未完成的状态长达 40 年；外墙背后剩余的土地按尺出售。这个广场迅速成了社区的中心和塑造街道景观的重要因素。后来，街道的改造延长了通行功能的两条短街，对广场的关键围合部分有所破坏。（来自一副旧版画）

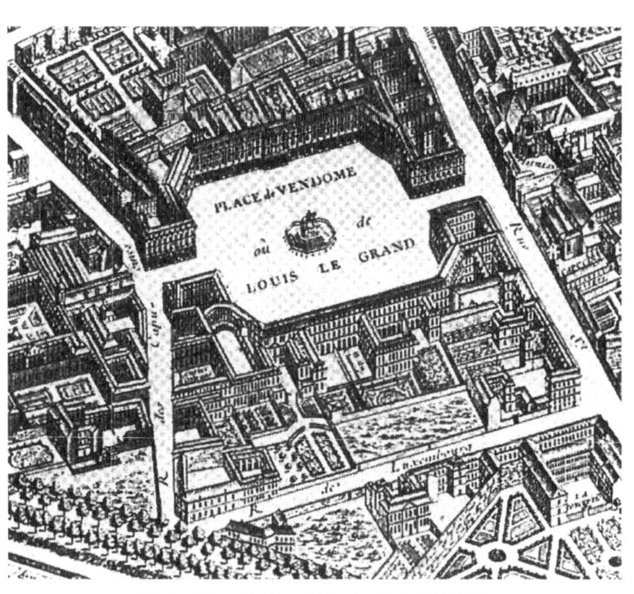

图 2-165 巴黎，1789 年的旺多姆广场

杜尔哥规划（见图 2-191）局部。这幅旺多姆广场的景色表现了在广场的右上角遗留的、实施原广场方形规划时的构筑物。

法国大革命后，这些作品的艺术价值急剧下降（图 2–251~ 图 2–254、图 2–256~ 图 2–259）。衰落时期之中出现的往往是一种毫无新意的建筑几何布局（图 2–258），直到 19 世纪下半叶，新的城市发展才从对大量过去的伟大先例的研究中崛起，重拾那些没落的传统。尽管几十年来，公共建筑的建造缺乏品位和远见，甚至常常没有秩序（图 2–259），但近来，形成有序关系和迷人构图的设计方法再次出现。在手段、品位，特别是意志等方面，现代的平民政治组织并不总是比以往的集权做法更好。即使是在人口密集的地区修建大型公共建筑，在街道设计方面往往也是薄弱的且只限于权宜之计（图 2–264）。然而，在新区规划，或是老城中用地充足的地方进行规划时，有利的环境和自由的设计条件（比如防御工事功能的舍弃等）滋生了越来越大胆的设计手法（图 4–265~ 图 2–278），预示着新的城市设计艺术高潮。这也意味着这些作品有朝一日可能在原创性，至少在规模上，超过前人的成就。

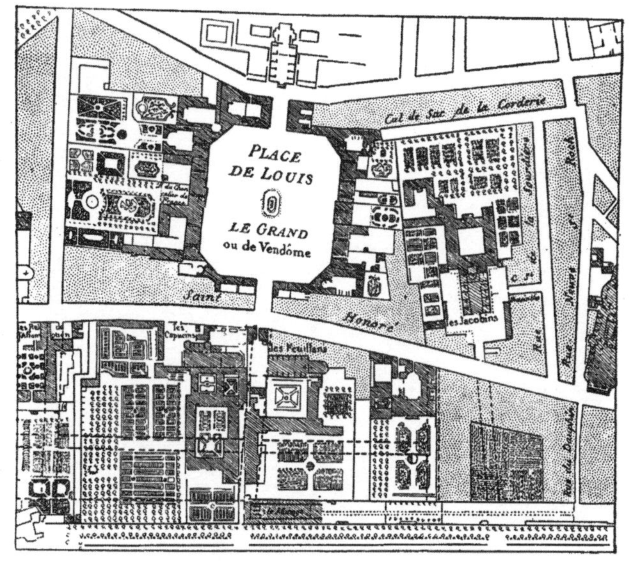

图 2–166 巴黎，1772 年的旺多姆广场
来自吉洛特（Jaillot）规划。

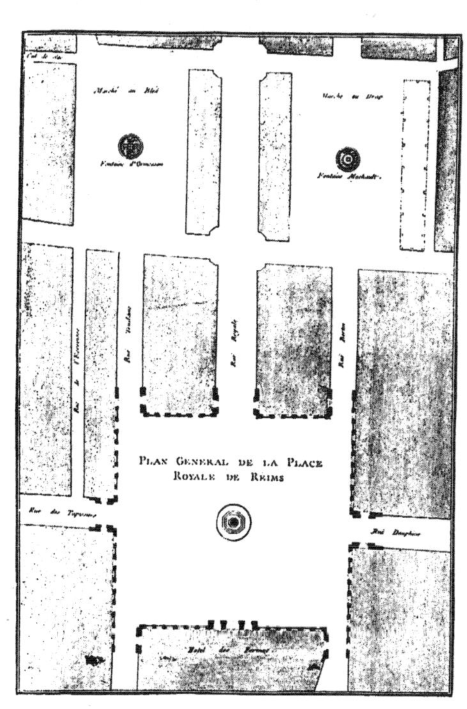

图 2–167 兰斯，皇家广场和集市广场
来自帕特（见图 2–168）

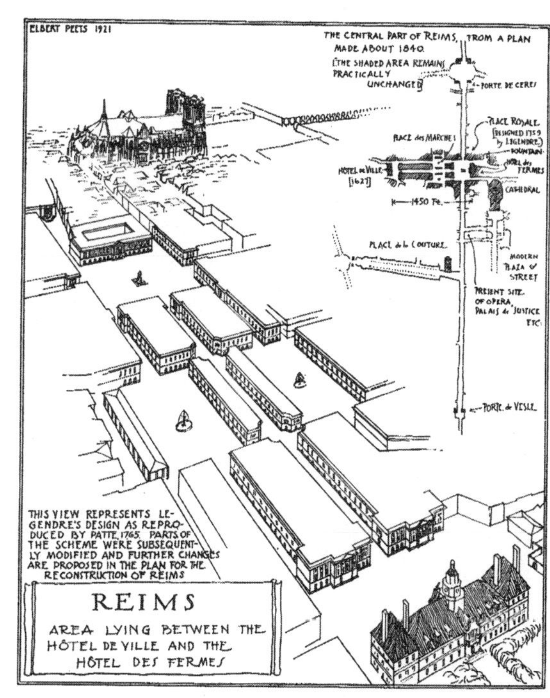

图 2–168 兰斯

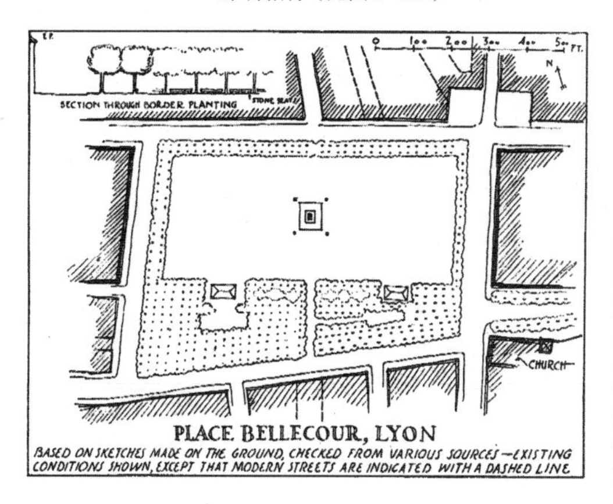

图 2–169 平面；图 2–170 里昂景观。百乐谷广场（Place Bellecour）

1728 年由罗伯特 · 德科特（Robert de Cotte）设计。他所提出的统一的建筑仅在两个窄边上得到实施。广场因沿边种植的树木显得更有力量。其中的一边（图中的左边）通过插入三角形树阵而形成矩形空间。这样的方案对美国很多放射性街道置入方格网布局的城市所形成的消极的三角形空间有很大的改善作用。加代（Guadet）说道："百乐谷广场的巨大空间让人们无法感受到其对面建筑立面的对称性。"如果整个区域都被统一地围合起来，那么或许就不会有这样的批评声。

图 2–171 雷恩，国家大街（Rue Nationale）

向东望去，统一的外立面围合了轴线和左侧老法院（Palais de Justice）的后退。见图 2–176 的平面。（弗朗兹·赫丁绘图）

图 2–174 雷恩，法院广场

右侧的宫殿与衬出它的统一立面的景色。这些立面最初受启发于加布里埃尔，到 19 世纪末才完工。见图 2–176（弗朗兹·赫丁绘图）

图 2–175 雷恩，布里哈克街（Rue de Brilhac）

向西望去，透过左边加布里埃尔的市政厅。见图 2–176。（弗朗兹·赫丁所绘）

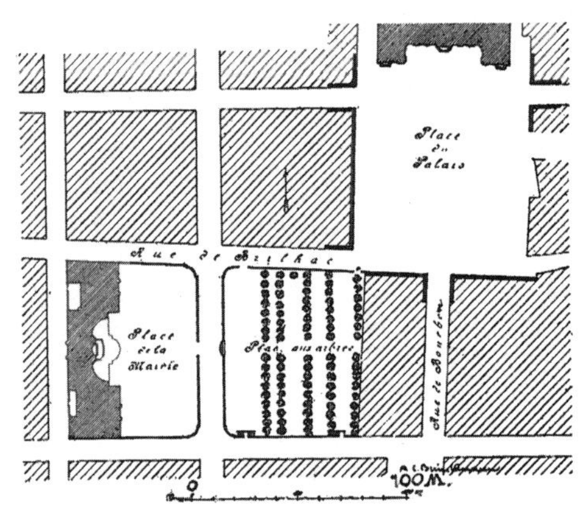

图 2–172 雷恩，1826 年的皇家广场

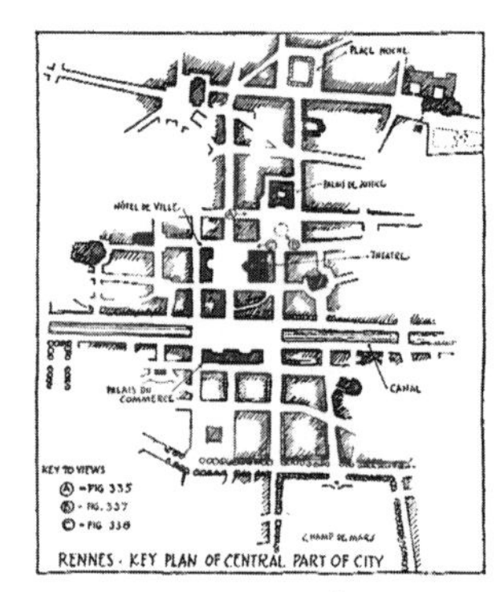

图 2–173 雷恩

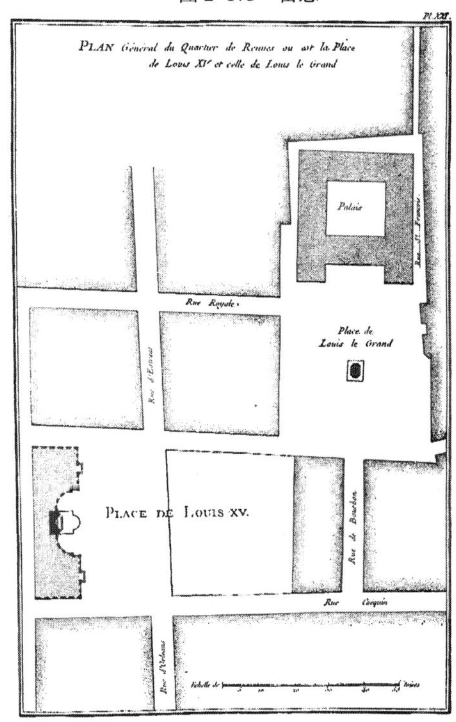

图 2–176 雷恩，两个皇家广场

（来自帕特，1765 年）雷恩的中心在 1720 年被烧毁，重建工作由后来设计了协和广场的加布里埃尔主持。该设计在美国那种条件下特别有趣，因为它很大程度上适应了方格网布局。由德布罗塞（Debrosse，1618—1654 年）设计的旧法院在大火中保存下来（见图 2–174）。新的街道平面让它后退了一点以创建更稳定的布局。市政厅（Marie，见图 2–172）的新建筑则后退得更多。在它的前面是一个由栏杆围合的庭院。在街道的另一边一个类似的区域中也被栏杆围开，并且在后侧种植了树木以临时代表未来加布里埃尔希望建造的面对市政厅的建筑，正如布林克曼所指出的那样。一个剧院后来建在那里。市政厅本身被分为两部分，每个部分都有独立的屋顶，而在它们中间则是塔楼和靠着中心墙的国王纪念像。

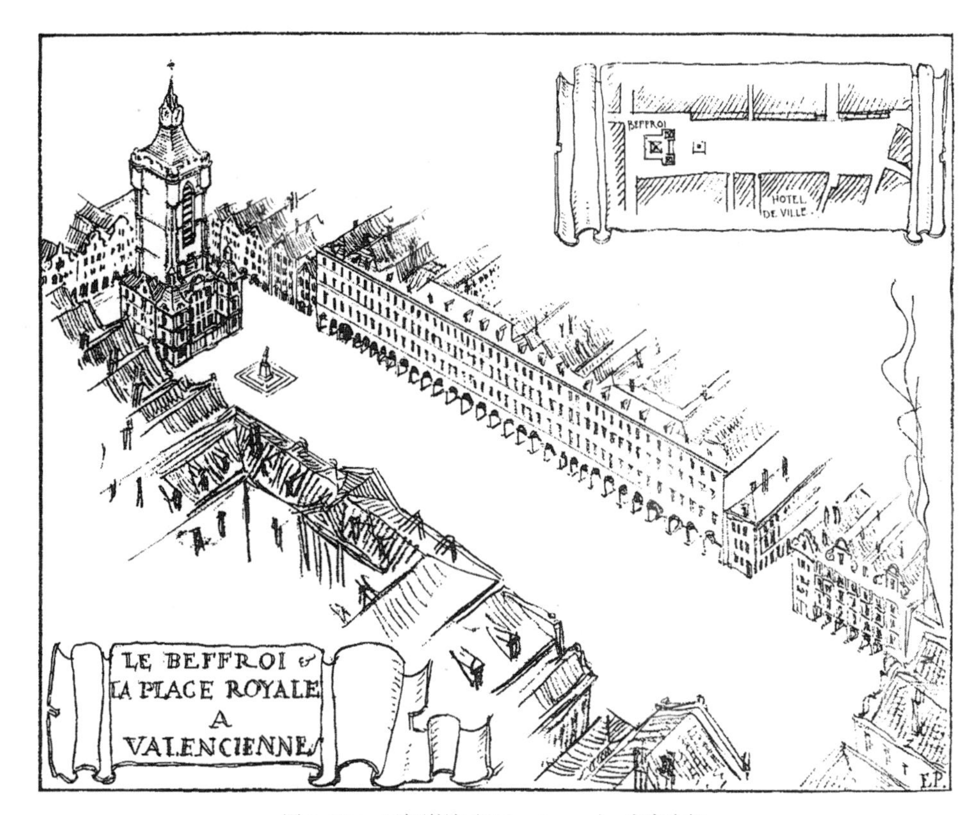

图 2–177　瓦朗谢纳（Valenciennes），皇家广场

基于帕特 1765 年发布的材料的鸟瞰图。一长排的哥特式房屋共同形成了统一的立面，联系了两个窄的入口街道。独立的钟楼在广场的末端。

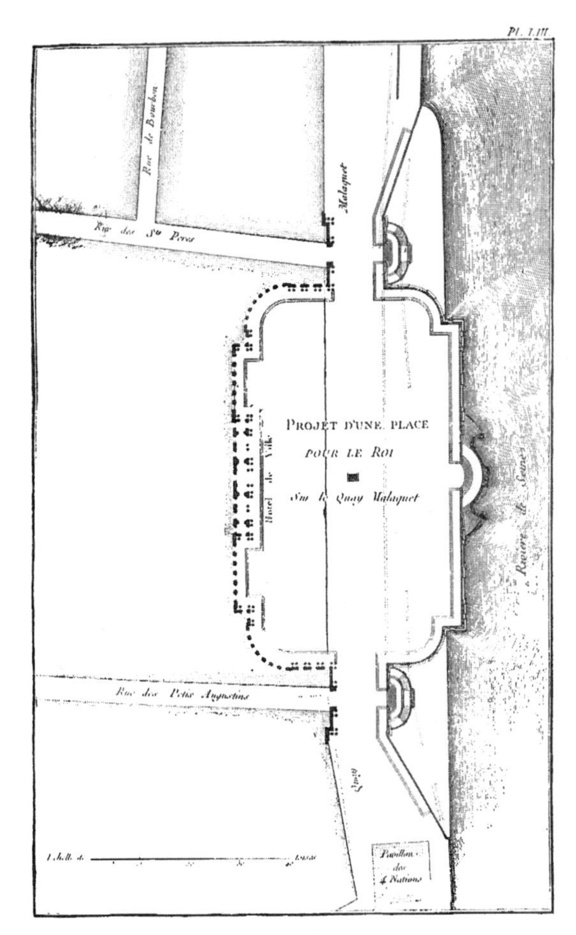

图 2–178　巴黎，一个有路易十五纪念像的广场方案

此处为与本页其他法国设计同时期的一个竞赛方案。立面见图 2–212。

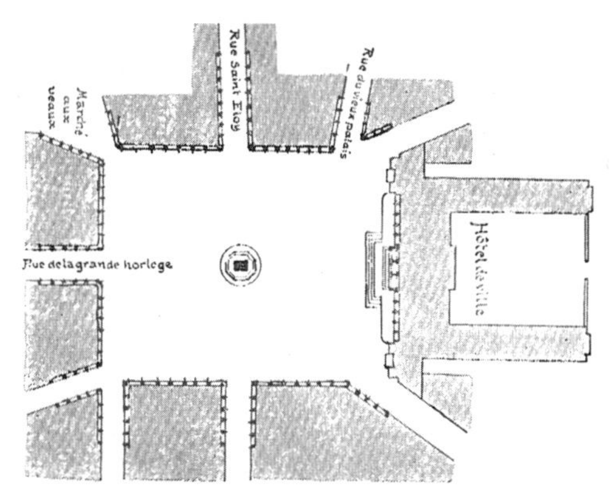

图 2–179　鲁昂，路易十五广场

这个广场后来由于街道改造被破坏。（来自帕特）

图 2–180　鲁昂，圣瓦恩教堂（Church of Saint Ouen）

大教堂塔楼的视线。

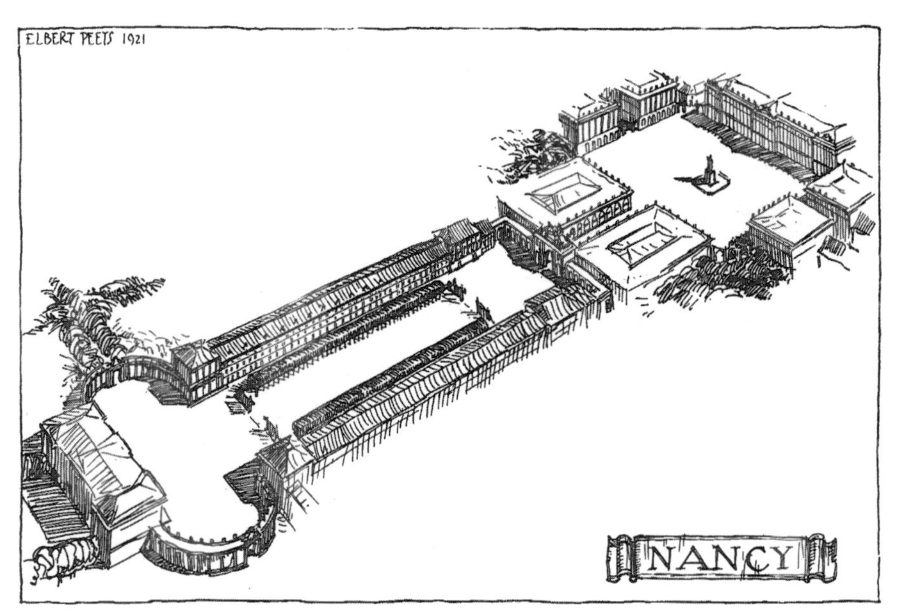

图 2-181 南锡，半圆形广场，赛马广场（Place de La Carriere）和斯坦尼斯拉斯广场

图 2-182 南锡，赛马广场中的格栅

图 2-183 南锡，赛马广场

图 2-184 南锡

上图为从市政厅向北或东北看的视图；下图是斯坦尼斯拉斯广场的一角。

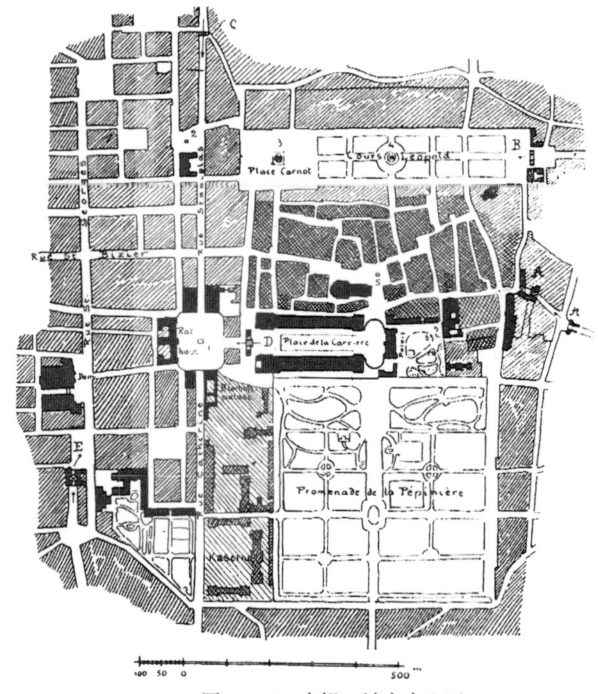

图 2-185 南锡，城市中心区

（来自施图本）

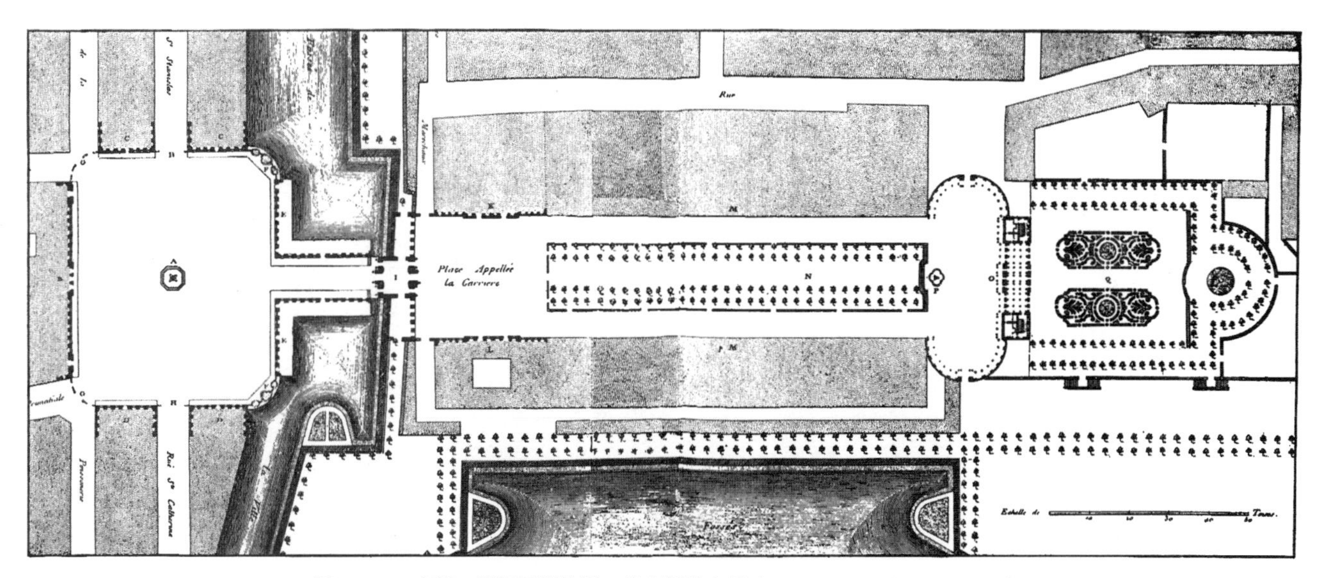

图 2-186　南锡，斯坦尼斯拉斯·莱辛斯基广场（Plazas of Stanislas Lesczinski）

这个巨大的广场（即皇家广场,现在叫斯坦拉斯广场）由市政厅（Hotel de Ville）“B”主导。在凯旋门“I”之外是一个小型开放区域,两个法院各居一侧。绿地“N”导向半圆形的赛马广场和公爵宫。

这个来自帕特的规划直到今天依旧与实际情况相符。连接斯坦拉斯广场和凯旋门的短短的街道建造得比图示中稍短一些。赛马广场下端的喷泉“P”并没有被建造，末端的台阶也是如此。宫殿的弧形翼墙是由靠近墙壁的柱子建造的，并连接到了角部建筑物的前面（在两排“M”的末端）。这些角部建筑物是纪念建筑的一部分，平面图上以黑色显示。毫无疑问如原本打算的那样，护城河已经被填上，拱廊“E”已经成为商店的立面。规划中拱廊的背面线条没有点出来，可能是失误。现在我们可以看到角落喷泉对着树木，这可能是对原规划的一种改进。

图 2-187　南锡，市政厅立面

同时显示围合了广场转角的铁门。（来自帕特）

图 2-188　南锡，斯坦拉斯广场的北立面

凯旋门退后了广场宽度的一半。在右手侧通往苗圃（pépiniére）的大门已被喷泉的更小单元替代。（来自帕特）

图 2-189　南锡，赛马广场的半圆形建筑

这一系列南锡的广场，可能是世界上实施最完美的城市建筑艺术作品，也是最具多样性和戏剧效果的作品之一。它们由洛林公爵和波兰国王斯坦尼斯劳斯·莱辛斯基在 18 世纪中期建造，主要借鉴的是建筑师埃瑞（Héré）的设计，为了纪念他在凯旋门的东端竖起了一座铜像。设计的轴线由曼萨特已经建造的公爵宫殿（图 2-186 中的“O”）限定。

场地的条件暗示或支撑了设计的独特特征，即变化而和谐的区域序列。将新土地上最大的开放空间放置在墙外是很自然的，并将平面限定在穿过护城河的轴线上。最终所产生的这一连续的空间在比例上和模数上非常和谐。游客的“行进路线”应该从斯坦拉斯门开始。在穿过斯坦拉斯街的过程中，他将看到一个沉重的铅色斯坦拉斯雕像（从这张图看，也可能是镀金的或大理石的）的侧面，并由此知道自己身处一个十字轴线上。铁栅栏的门柱暗示了雕像周围特殊区域的存在。走进大广场，游客就能立刻感受到它是一个较大构图的一部分，这一点是由一侧建筑物的低高度和出现在其上方的凯旋门表现出来的。狭窄的埃瑞街进一步收缩了旅行者的空间感知，当访客从拱门下方进入赛马广场的开放端时，又体会到了另一个开敞的乐趣。然后是迷人的花园式步道，其铁门柱使人联想起大广场周围的铁制品。赛马广场简洁的房屋正面以两个纪念性楼阁结尾，在这之间有一个小矩形区域，用来展示公爵宫殿前比例完美的区域，并通过有力的弧形翼墙使空间流走向平息，让广场的节奏序列达到最终音。

如果说这个方案有任何问题的话，那就是在巨大的广场中，4 个在东侧和西侧限定广场的建筑的高度相对于它们的宽度来说有点太高。那些意图使建筑在地面散开的铁栏栅，即使本身确实具有美感，却缺乏足以完成这项任务的建筑体量。并且，两个南面的角落并称不上完美。要再次说明的是，这些铁栅栏确实发挥了一部分作用，但是与其说它们对广场有围合作用，倒不如说它们是在表达封闭的角落的概念。

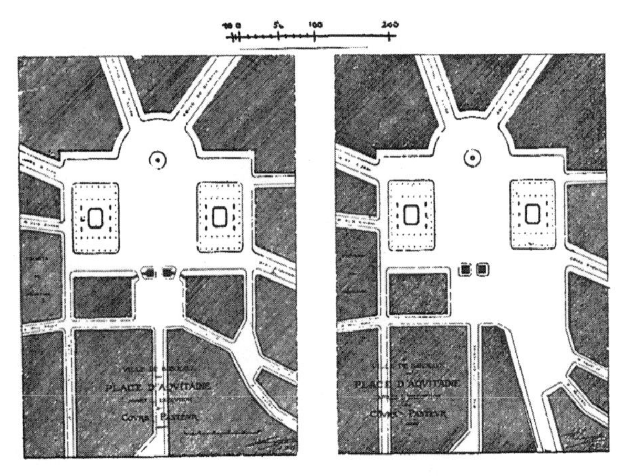

图 2-190　波尔多，阿基坦广场（Place D'Aquitaine）

这个晚期的巴洛克广场是最重要的城门之一的前广场。作为一个当代打开街道工作的一部分，城门侧翼的一个建筑被移除。这创造了平面中一个丑陋的地点，暗示了广场本身现有环境中的丑陋性。纵观欧洲，从皮卡迪利广场到纳沃纳广场，对旧广场墙壁的破坏也时有发生，或出现在官方规划中。而美国的城市规划学生常常是从这些古老开放场所的现代残垣断壁中汲取灵感的。

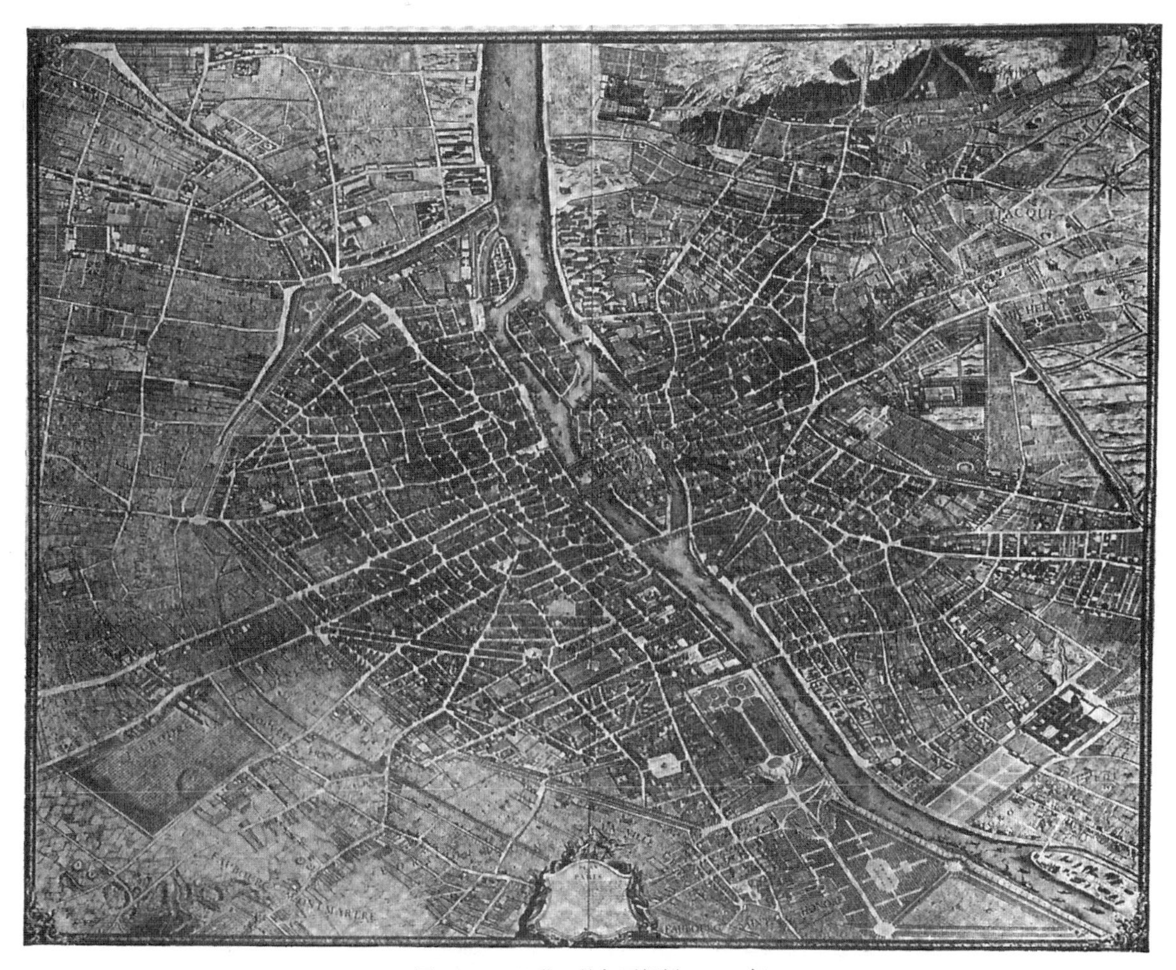

图 2-191　巴黎，杜尔哥规划，1739 年

一个比例大幅缩小的规划图翻印版。原大的细部在图 2-157、图 2-160、图 2-161、图 2-165 中。

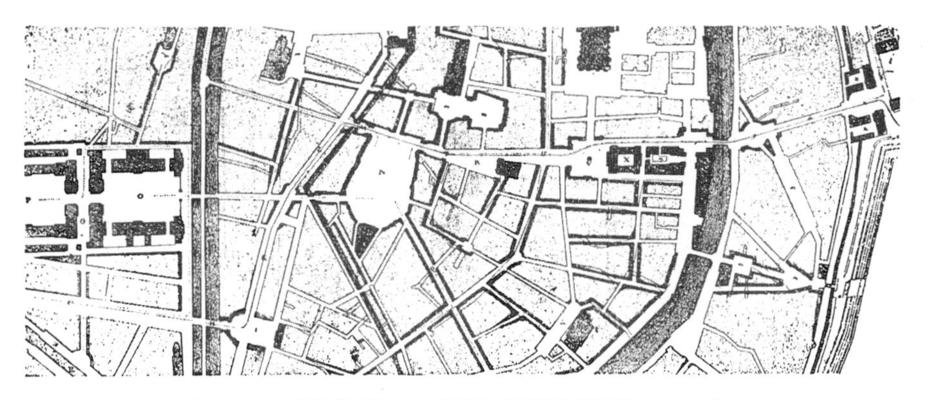

图 2-192　斯特拉斯堡，布隆代尔的街道拓宽规划，1768 年

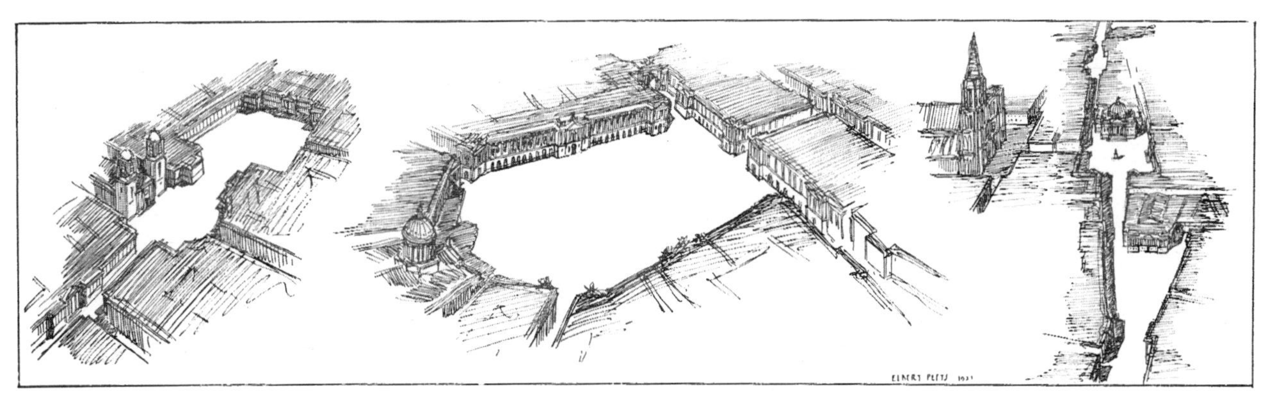

图 2-193　斯特拉斯堡，布隆代尔规划的透视草图

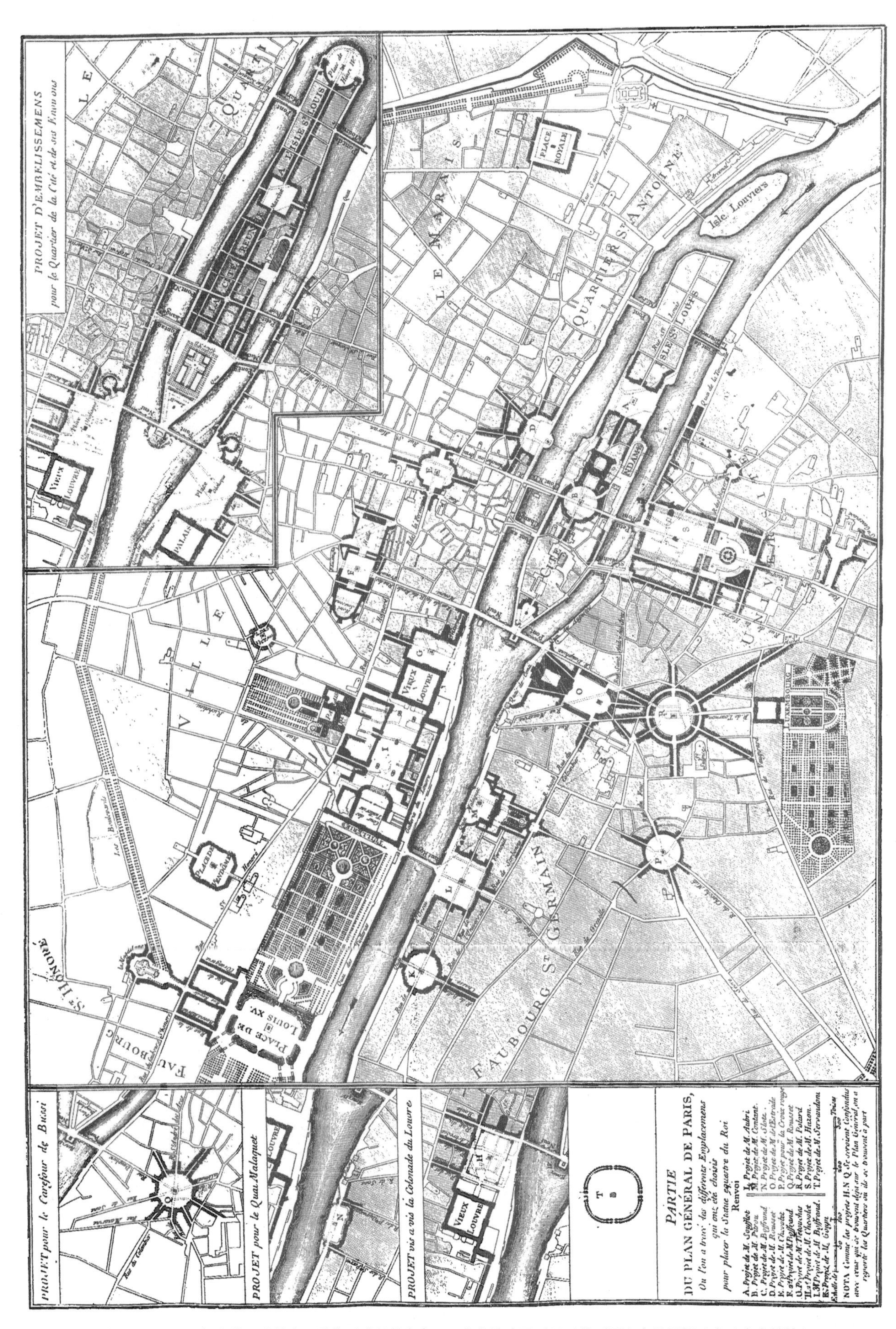

图 2-194 1748 年为放置路易十五雕像而进行的竞赛：巴黎的缩略平面显示着不同方案的拟议地点（来自帕特）

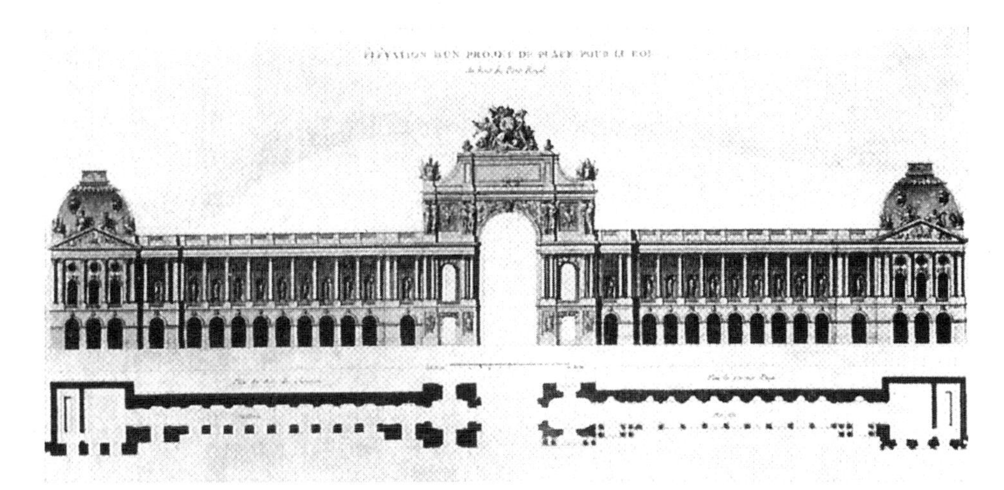

图 2-195 纪念路易十五的广场：奥布里（Aubri）提案的平面和立面

奥布里的方案（见缩略平面图的“L”形）提出了皇家桥（Pont Royal）轴线上的方形广场。广场面对着桥的一边被由凯旋门连接的两个拱廊限定。在拱廊上是带有显示着国王统治历史的雕塑和浮雕的科林斯柱廊。广场的另外两边由四个宫殿限定。

这张图以及第 74~76 页上的大多数插图均翻印自皮埃尔·帕特的书。它于 1765 年在巴黎出版，题为《法兰西为纪念路易十五所立丰碑》（Monumens érigé en France à la gloire de Loius XV）。这其中的内容主要与 1748 年和 1753 年的竞赛相关，它们后来影响了协和广场的建造。

关于图 2-194 的说明

这些说明与后三页 1748 年为放置路易十五像而举办的竞赛方案相关，下文没有配图和具体说明。下面的字母表示帕特的巴黎规划缩略图。

方案“A”由荣军院的设计师苏弗洛（Sufflot）提出。它关注通过合并两个塞纳河岛屿对塞纳河道形成的新控制，以此增加了南河道的水流量，进而优化通航和小桥（Petit Pont）以西的水车和泵站。在通过填充两个老岛而获得的区域上，将放置一个方形广场，两侧为新的堤防，另外两边分别为贵族的宫殿和与圣母院相连的主教府。国王的纪念碑位于之前重建工程产生的圣路易直街的轴线上。这条直街将沿直线一直向西延伸至重要的圣雅克教堂到圣马丁教堂南北干线。因此将两个方案与主要交通系统紧密地联系在一起，并且偶然地基本重建了拥挤的“城市”。这个大型的总体规划还显示了苏弗洛所设想的荣军院的周围环境。

方案“E”由舍沃莱（Chevolet）设计，在这个方案中他大胆地连接了南北主干线。这个广场与旺多姆广场大小相似，东端尽头是巴黎官员的宫殿，纪念碑坐落在广场的中心和三条街道轴线的交汇处。

方案“H”同样由舍沃莱提出，它的特点也许影响了加布里埃尔实施的最终方案。这包括了清除佩罗的卢浮宫柱廊前的巨大区域。（至今仍然存在的）哥特式圣热曼·洛塞华教堂在这个方案中被在由此形成的广场东面的中心的教堂取代。宽阔的地域被栏杆包围，在角落有支撑雕像的小亭子。广场的北立面将由用于造币厂和盐仓的新建筑物组成（盐的税收是皇家的收入）。

方案“G”由德图什（Destouches）设计，是针对卢浮宫立面的同一区域：该方案设想的较少的清理工作使旧教堂得以保留，并且实际上与一个世纪后的奥斯曼进行的清理工作完全相同。佩罗的外立面将成为广场的三个侧面之一，广场的临水侧被铁格栅封闭。卢浮宫的南立面将被广场以东的市政厅复制直至新桥，形成均衡而强有力的构成。该广场将会在河岸的另一侧开发后，再进一步开发。

方案“K”由古皮（Goupi）设计，计划建立一个市民中心（各政府部门的建筑物），在河岸左侧对应的右侧为前任国王建造的旺多姆广场。穿过杜乐丽花园的远景将两个广场连接起来，以便可以同时看到两个皇家纪念建筑。

方案“O”由德莱斯特拉德（de l’Estrade）设计，他在新桥西南面的左岸设计了一个大型建筑群。带方形广场的龙门石形市政厅在中央，面向北边的河流，南面是国王广场。国王广场是正方形的（两侧为店铺），向南有一个半圆形的凹空间，里面有一个大型喷泉。纪念碑位于半圆的中心，位于六个街道的辐射点。

方案“P”选取的纪念碑的位置使之成为现有六条街道的辐射点。这意味着不再需要以昂贵的代价开通新的街道。然而，与令现代建筑师满意的最低限度的要求形成鲜明对比的是，此处提出建设的旧街道要多长，才能使其成为新广场的和谐通路。

方案“S”由哈松（Hazon）设计，是最大的方案之一，表现了旧都市区拥挤地区的恢复。该地区向小桥南面的河边倾斜。在巨大区域的南部和最高处是剧院形状的广场，上面有圆形的多立克式荣耀神殿。一个凯旋门将半圆形广场与朝向河边的大广场分开。广场四周是四层柱廊，四角有凉亭。国王的纪念碑在中央，呈一块大石头状。国王坐于四驾马车上，朝着山上的荣耀神庙。圆柱和喷泉被大量使用。

方案“T”由塞万多尼（Servandoni，圣苏尔比采教堂的设计师）设计，设想了设在防御工事之外某些位置的圆形广场（直径 645 英尺）。广场周围环绕着多立克和叠置的爱奥尼柱式，顶部有一个露台。在八个入口中，四个入口有凯旋门，上面像拱廊一样装饰着与民族历史有关的雕像和浮雕。整个作品被认为是大众庆典的圆形剧场。

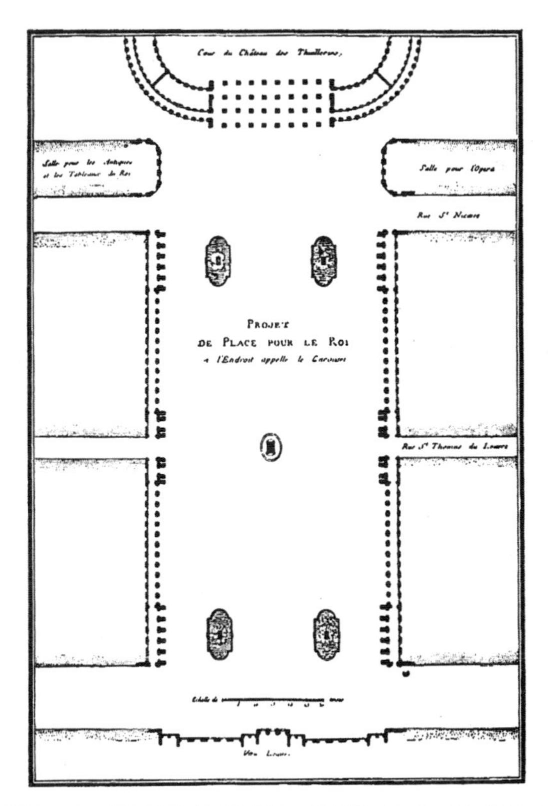

图 2-196 纪念路易十五的广场：博弗朗（Boffrand）的平面

博弗朗的这个方案（三个方案中的一个）对旧卢浮宫和杜乐丽花园之间的区域进行了重新设计，并且进行了许多其他研究。博弗朗建议在杜乐丽以东建一个大法院（参见上页缩略平面中的“I”），由四层高的柱廊与其余部分隔开，两侧是歌剧院和一个美术馆。在卢浮宫和杜乐丽的前庭之间的一个很大的长方形广场中，国王的纪念碑位于广场中间，靠近四角是四座喷泉。这个广场将由通常的三层建筑围合，建筑底层有拱廊，上方为巨柱式。一条横穿广场的街道以广场中的国王纪念碑和外面皇宫的入口为轴。凯旋门连接这条街通往广场的入口。

图 2–197 纪念路易十五的广场：博弗朗方案的部分剖面

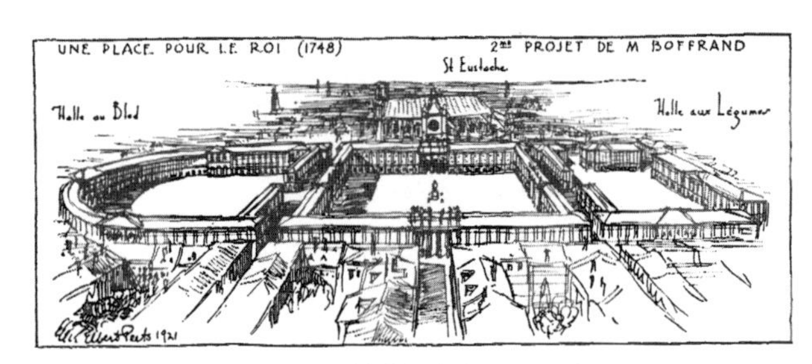

图 2–198 博弗朗方案的透视草图

博弗朗的市场街区的广场方案（他三个方案中的一个，请参见缩略平面中的“F”）是一个三重广场，意在重建巴黎最糟糕的贫民窟之一。三座广场最东边是由三个主要大街打开的广场，打算用作普通公众市场。在整体的最西端，一个半圆形的广场被大型仓库包围，可以方便地拖拉重物，同时也便于上锁，用作谷物市场。中心为纪念像的国王广场正对着圣尤斯塔什教堂（St. Eustache）的耳堂。从新桥延伸出的重要街道在纪念像的轴线上。

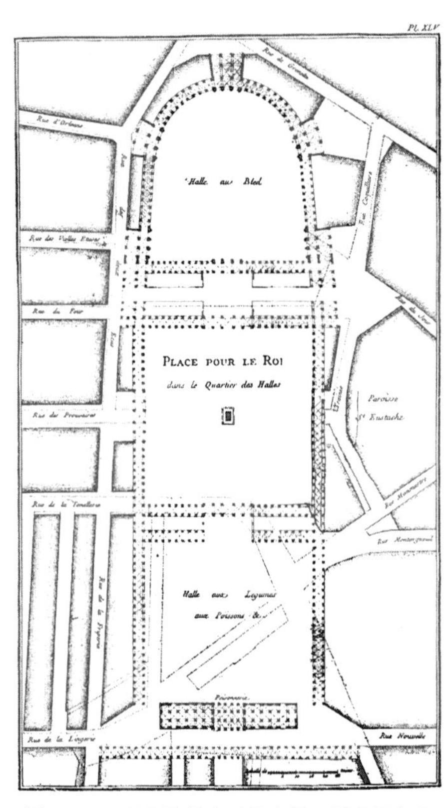

图 2–199 纪念路易十五的广场：博弗朗方案的平面

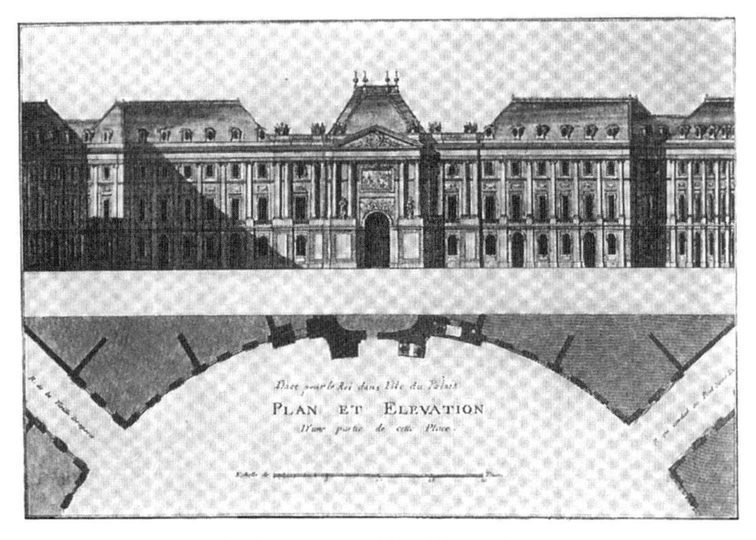

图 2–200 纪念路易十五的广场：皮特鲁（Pitrou）的方案

皮特鲁的方案（见图 2–194 中缩略平面的“B”）重点关注“城市”岛屿在一个更大尺度上的重建。这点是通过将一大部分拥挤的区域改造为市政厅用地。市政厅建筑围绕在两个大广场周围，还有一个巨大的圆形前院。圆形的前院在与巴黎圣母院大教堂的序列上，以及在与从历史上即与这一街区相连的旧法院的联系上，具有实用性和美学上的优势。在这里本是可以建造一个用于宗教、司法和市政功能的市民中心。市政厅的建设与在其北部修建了覆顶港口的方案联系在一起。

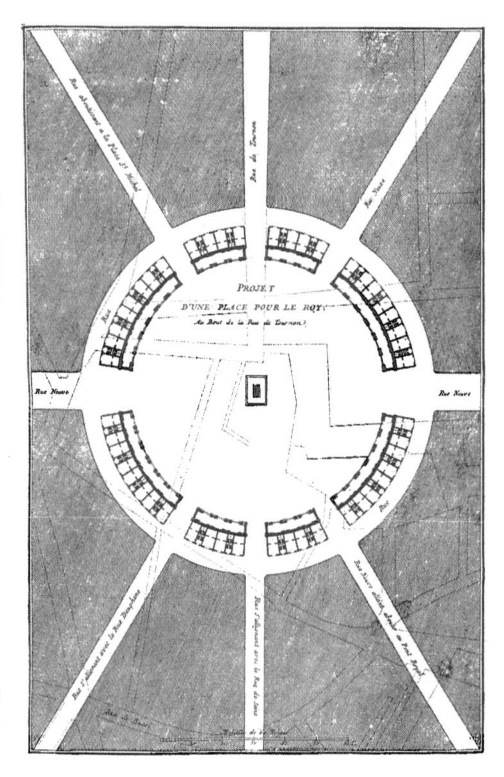

图 2–201 纪念路易十五的广场：波拉尔（Polard）方案的平面图

波拉尔的方案（见缩略平面的“R”）是竞赛中提交的最大的圆形方案。从广场中放射出去的 8 条街道是为了连接如皇家桥、新桥和卢森堡的中央楼阁等重要节点开通或拉直的。在方案中，广场会被统一的高柱廊包围，背面则是底层为商店的小房子。

图 2-202　纪念路易十五的广场：鲁塞特（Rousset）方案的立面

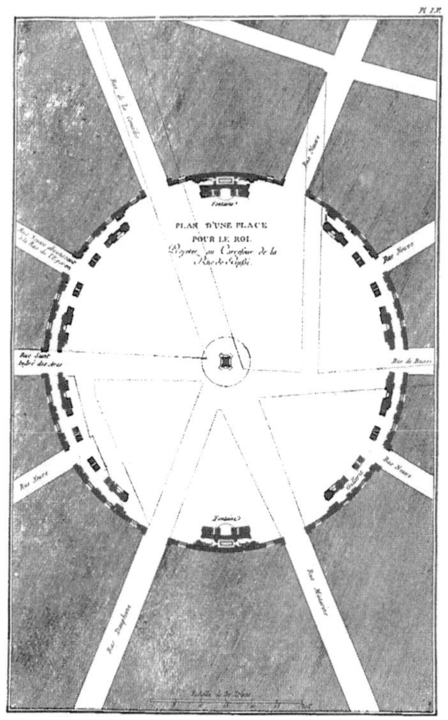

图 2-203　纪念路易十五的广场：
鲁塞特方案的平面

鲁塞特的圆形广场方案（见缩略平面中“Q”）表现的是一个拥挤地区的全面整治方案。广场直径 460 英尺，其中的皇家纪念物为方尖碑形式，是 10 条放射状街道的中心。其中的 5 条街道是新开通的，将新广场与城镇各地连接起来，并通过不寻常的手法创造出距离深远的视廊点。广场本身的墙体设计是从卢浮宫柱廊上得到启发的。墙面的连续性以特殊的手法来保存，即仅让 4 条主街（是进入广场的 10 条之 4）打断墙面，而让其他的由拱门进入广场。两条主街的效果是将墙面分为四部分，其中较大的两个单元每个在中心都有一道凯旋门，较小的两个有硕大的墙面喷泉。这种布置为广场形成了明确的轴线关系。这些面对入口的喷泉、弧形墙包围区域的集中力，以及这些墙面相对于四条开放街道更明显的长度，都通过巧妙的计算来吸引广场中人的视线。因此，在进入广场时没有让目光游离到这一区域之外的干扰因素，因为在现代设计中，广场墙面因宽阔的街道而破开的缺口很容易喧宾夺主。

下面展示的博弗朗方案（另见缩略平面中“C”）在巴黎旧城岛的下部设计了一个带柱子的广场。这里是交通的枢纽，也是法国城市建筑设计师珍爱的宝地。在这一点以西处，迪塞尔索曾提出一个圆形广场方案（图 2-67）。亨利四世曾建造纪念碑对面的三角形太子广场（图 2-157~ 图 2-159）。博弗朗的计划是清除太子广场的文艺复兴早期建筑，改为具体这一时代品位的设计。其中有 21 英尺高的路易十五雕像，其后是一座高大的凯旋门，朝向“明君”亨利四世的骑马像。凯旋门两侧为三层建筑，底层为金匠铺（这是他们的区域）。

图 2-204　纪念路易十五的广场：
鲁塞特方案的透视草图

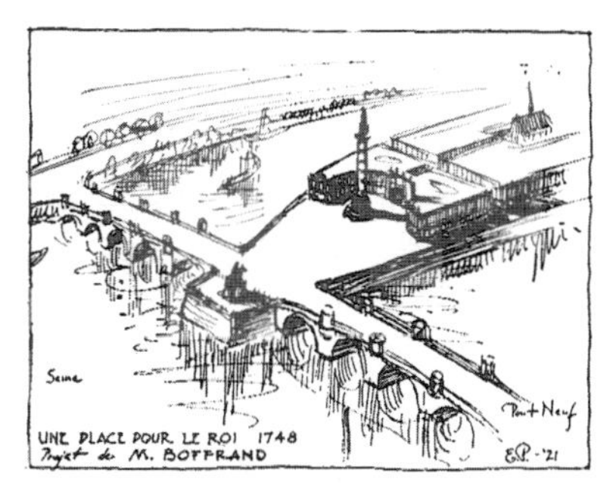

图 2-205　纪念路易十五的广场：
博弗朗方案的透视草图

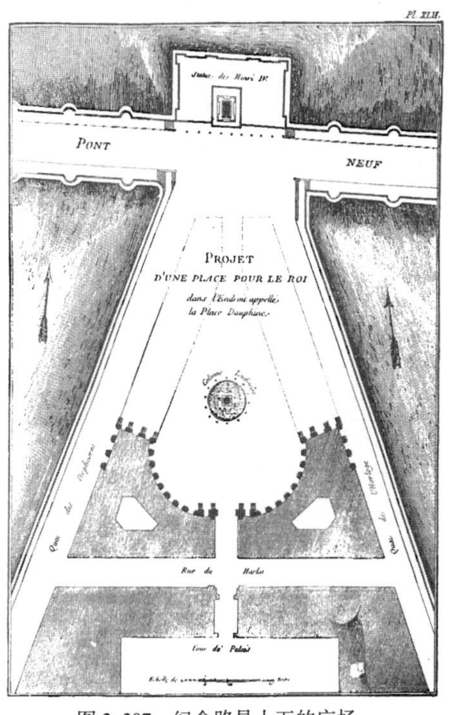

图 2-207　纪念路易十五的广场：
博弗朗方案的平面

图 2-206　纪念路易十五的广场：博弗朗方案的立面

图 2-208 皇家广场，波尔多：立面

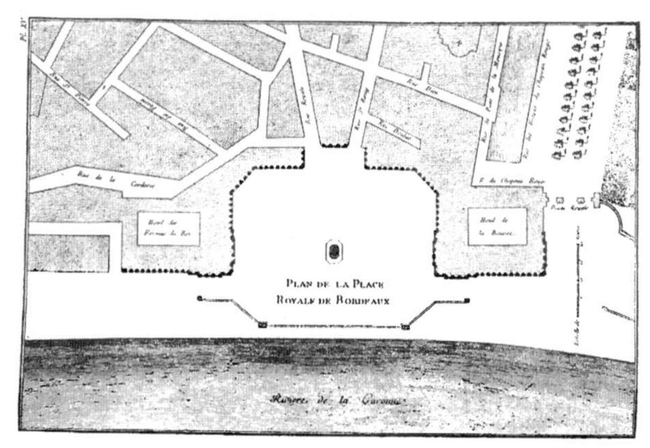

图 2-209 皇家广场，波尔多：平面

图 2-210 皇家广场［现称交易所广场（Place de la Bourse）］。波尔多：近代立面

1748 年为“国王广场”竞赛提交的方案中，约有半数选择了塞纳河沿岸的地段。其中不少［孔唐（Contant）的方案见图 2-211，即图 2-194 缩略平面的“M”；斯洛茨（Slotz）的方案见图 2-212，即缩略平面的“N”；鲁塞特的半圆形方案，即缩略平面的“D”］是面水的广场，风格与为路易十五在波尔多建成的广场相似。在所有这些方案中，雕像都要立于水边，在三层建筑形成的半圆形围合空间里。这明确指示朝水的导向，或者可想而知的是，从水朝向广场的中心。对这些更为精妙的艺术构思的欣赏是如何在 19 世纪消失的，从圆形纪念物（没有特定朝向）上可见一斑。在波尔多，它用表达出可称为广场导向的明确朝向取代了国王的骑马像。广场在近代朝向水面的边界变化，进一步促使现在的圆形喷泉与围合的建筑和位置所表达的设计背道而驰。

孔唐的方案比斯洛茨的，以及波尔多的交易所广场更有趣，因为它在朝南的方向上，通过一系列闭合的广场和通路，为拟建的市政厅营造了一个有趣的环境。朝水的立面以河对岸卢浮宫侧廊为中心，进而将卢浮宫与新工程统合成一个跨河的巨大组合。新广场朝水的雕塑化设计相应地也十分丰富。

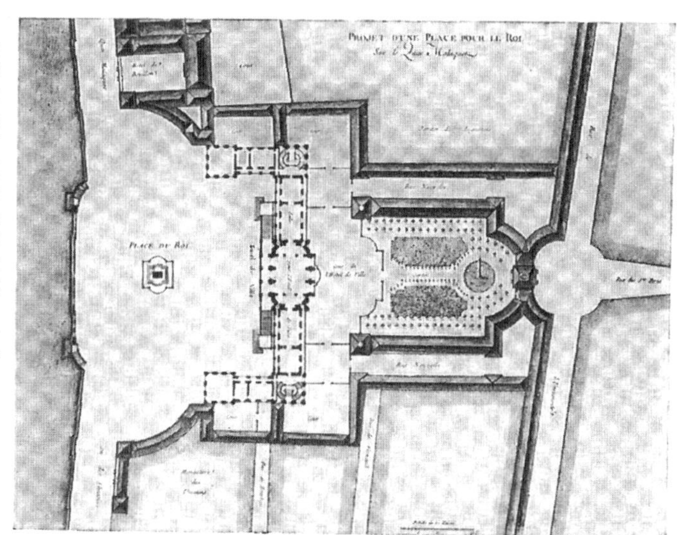

图 2-211 纪念路易十五的广场：孔唐方案的平面

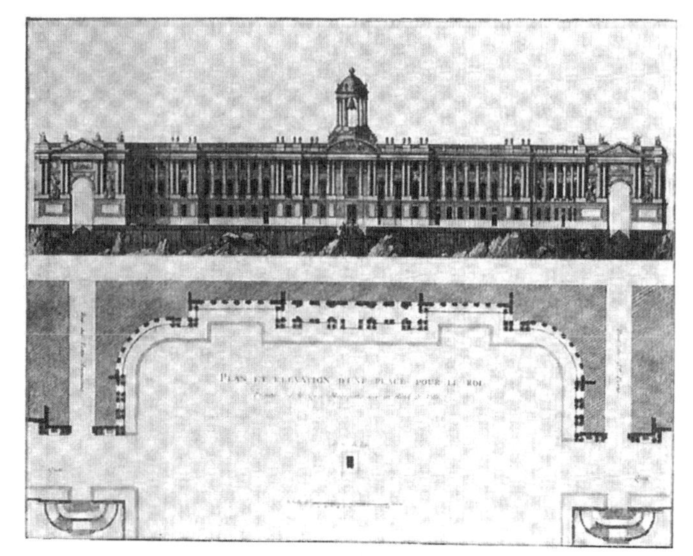

图 2-212 纪念路易十五的广场：斯洛茨方案的平面和立面

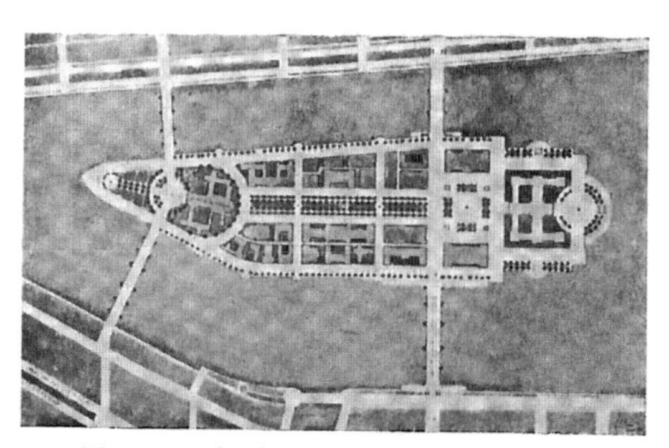

图 2-213 波士顿，查尔斯河流域的岛屿方案

这个由拉尔夫·亚当斯·克拉姆（Ralph Adams Cram）设计的方案与帕特重新规划塞纳河岛屿的方案在很多方面有共同点。（见缩略平面，图 2-214）

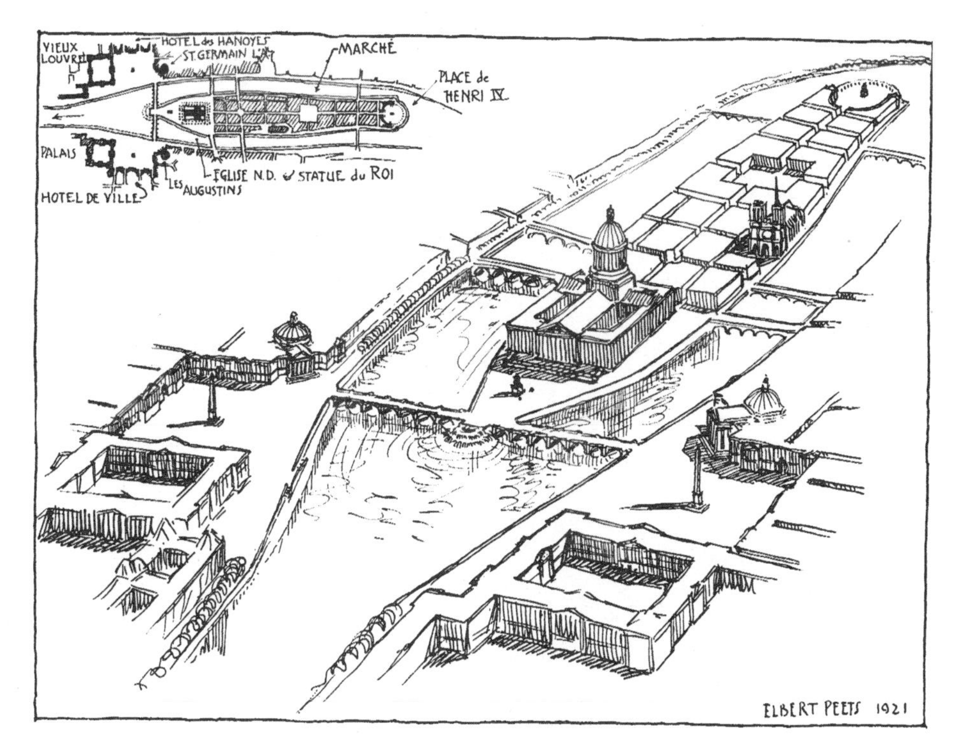

图 2-214　纪念路易十五的广场：帕特方案的透视草图

见图 2-194 中缩略平面的插图。帕特的方案为旧城附近建造的雄伟大教堂提供了良好的条件，即现在法院所在的位置。在大教堂前的国王雕像向着远方广阔的区域眺望，那里是河流和两个对称的广场。在教堂后面旧城的街道被规整，并且通过填充岛屿之间的河道形成了一个巨大的方形市场。亨利十五的雕像以圣路易岛的广场作为它新的环境。

图 2-215　巴黎，旧城和圣路易岛

这个空中的视角表现了区域的现存状况。许多规划都是为它而做的，并且有许多改造发生在这个区域中。在岛屿的尽头是太子广场，或者说是它剩下的部分。远处是法院、圣教堂（Sainte Chapele）和圣母院。在左边和塞纳河的右岸，是夏特莱广场（Place du Châtelet）和市政厅广场。

图 2-216 伦敦，改善伦敦港口的方案

乔治·丹斯（George Dance）雄心勃勃的规划意在重新设计港口，创造一个空间宽敞又优美的平面。威廉姆·丹尼尔（William Daniel）版画的一部分，1802 年。这个设计与帕特（图 2-214）让河对岸两个方尖碑相互面对的广场的理念如出一辙。[来自雷金纳德·布洛菲尔德（Reginald Blomfield）]

图 2-217 皮拉内西的设计

“一座带有凉廊和侧拱的宏伟桥梁”烘托了罗马皇帝的骑马纪念像。雕像在这个上层结构的中央拱门下。

图 2-219

迪朗是《平行建筑》（Parrallèle d'Architecture）的作者，并在第一帝国统治下，此后多年在巴黎担任建筑学教授。他一直非常重视将建筑物相互关联以创造整体的必要性。这个方案具有很高的逻辑性。如果得到执行，效果将主要取决于防止角部在柱廊上方出现不良外部特征。如果可以在外面布置墙一般高大的树木，那么中心的“下沉庭院”感将会非常强烈。

图 2-220

这个 1784 年的平面图，正如图 2-220~ 图 2-223，是巴黎在法国大革命初期以“新法兰西博物馆”（Muséum de la Nouvelle Architecture Française）为题出版的收藏作品的一部分。其中很可能包含了最早的一些学生竞赛的档案，而这后来逐渐成了美术学院（Ecole des Beaux-Arts）沿用的教育中最重要的部分。图 2-221~ 图 2-223 中展示的四个学生设计的价值在一定意义上仅仅体现在地理学上。但是这些平面非常有趣，因为它们展示了法国广场深入基于地理条件设计的传统。在图 2-221 的医院方案中，四向对称的建筑处于一个 900 平方英尺的庭院中心。庭院的三边由凉亭和柱廊限定，第四边向着水面开放。题目见图 2-220 的文字说明。

图 2-221

这个设计在竞赛中得到青睐，图 2-221 展示的方案获得了二等奖。题目的描述是：“学院大奖赛的题目是岛屿上的一个医院。该岛的岸边设有一个礅柱保护的港口；它必须由几座建筑物组成，这些建筑物意在接待和安置不同到达日期的水手，并且必须根据其健康状况和疑似疾病加以区分。用于驻军、参谋、病房的其他建筑物和小教堂，给大臣、医生、厨师和仆人的数个住所，最后是宽敞的储藏室。所有建筑物都被大树和单独的花园环绕。主楼应设有礼堂和有顶的长廊，并应提供贵宾使用的宿舍区。除小港口，该区域的面积应为 200 平方突阿斯（toises，1200 英尺）。”

图 2-222

这个题目中写道：“学院拟为某个贵族建设坐落于公园内的住所。在主亭周围有一些小亭子为贵族提供园趣。这里要有一个赏景厅、一个舞厅、一个音乐厅及其他建筑。”这个方案的平面（约 1785 年）和西里西亚（Silesia）的卡尔斯鲁厄规划（于 1747 年布局，见图 6-38）有很大的相似之处。

图 2-218 里斯本，商业广场（Praca Do Commercio）

1755 年地震后的布局，是庞巴克（Pombal）侯爵大型重建计划的一部分（见图 2-140）。这个规划整合了很多的行政机构建筑。在面对河流的长边的中心是处于轴线上的高大凯旋门，在轴线的中心是约瑟夫一世（Joseph I）的雕像。这个广场的规划与之前在波尔多的皇家广场相似，见图 2-208~ 图 2-210。广场包括周边限定建筑的设计由多斯桑托斯·卡瓦略（E. dos Santos Carvalho）完成。（来自弗朗兹·赫丁绘图）

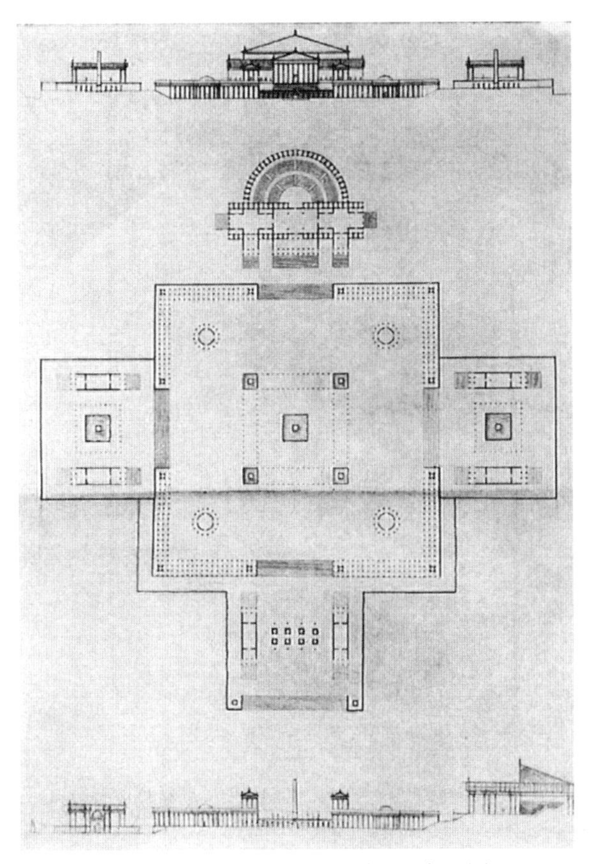

图 2-219　迪朗的方案，由四建筑围合的广场
（图注在第 80 页）

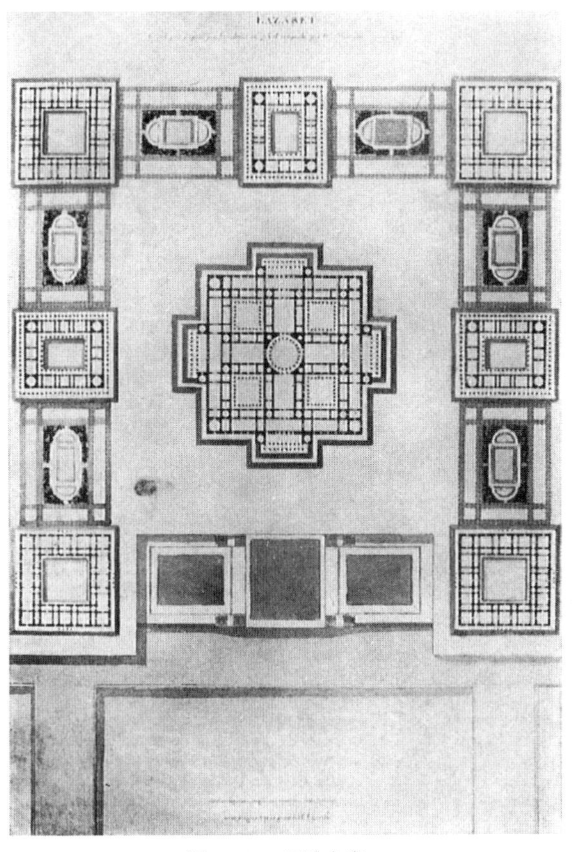

图 2-221　医院方案 A
（图注在第 80 页）

图 2-220　医院方案 B
（图注在第 80 页）

图 2-222　乡间庄园方案
（图注在第 80 页）

图 2–223 动物园（Menagerie）方案

在 1783 年举办的竞赛题目中写道：“学院大奖赛的题目是，一个由君主宫殿的公园围合的动物园。地段状应为每边 1800 英尺的正方形。这个项目需要包含一个总长 240 英尺的圆形剧场，并有供动物搏斗的露天竞技场，还应为观众提供包厢和阶梯座位。饲养动物的区域应为动物提供足够大的场地，以满足其各种需要；高大的鸟屋是方案的重要部分。还应该有科学藏品的巨大展览空间。此外，需要为贵族打造一个主楼，在其地下室设服务空间，还有一些小楼供佣人、看门人等使用。”在这个方案中圆形剧场处于大圆形的中心。

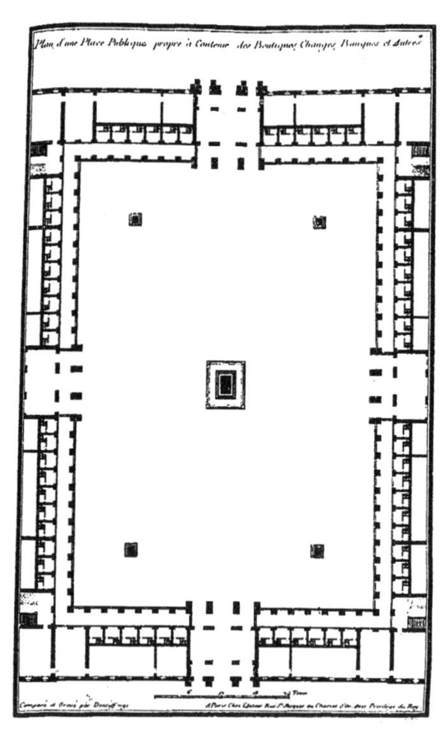

图 2–224 适合商店、交易所、银行等功能的公共广场平面

这个约 350 英尺 × 500 英尺的广场的围合性非常高，入口在广场一边的中心处，上面有拱门。这个平面和图 2–225、图 2–226 展示的平面都由德纳福尔热（Deneufforge）设计，并且在 1757—1776 年间发表。因此早于图 2–219~ 图 2–223 所展示的那些作品。

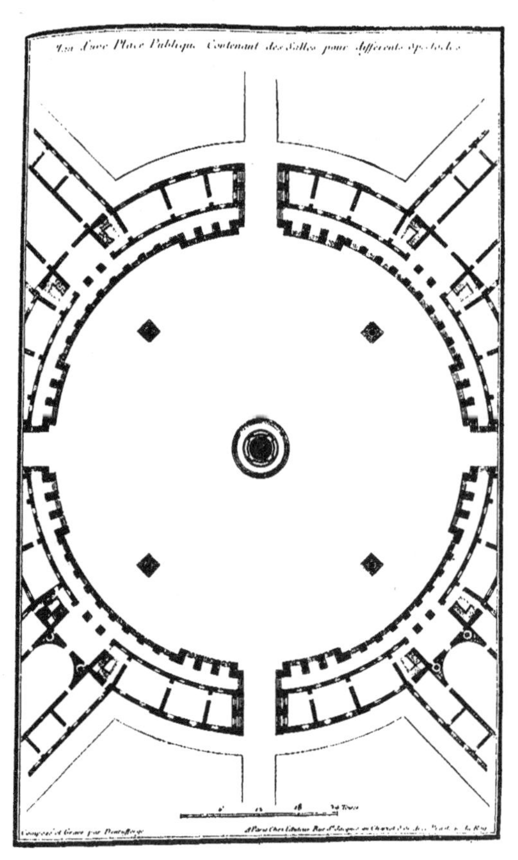

图 2–225 用于多种活动的公共广场的平面

由德纳福尔热设计（见图 2–226 图注）。这里局部展示的大厅，以从圆形广场的入口放射的方式分布。与带拱廊的四方院相比，街道的开口刻意地被收窄，以创造更强烈的圆形的围合感。直径大约是 420 英尺。

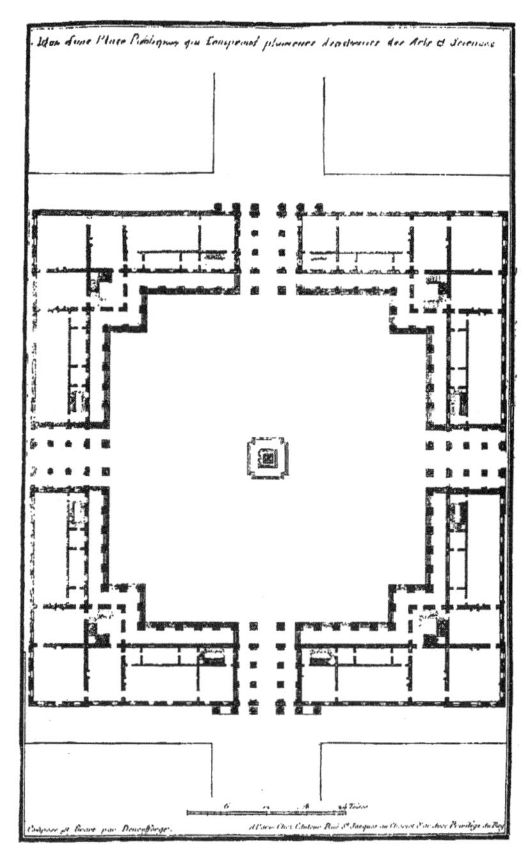

图 2–226 整合了文理等多个学院的公共广场的平面

一个限定感非常强的广场，大约 300 英尺见方，带有切角。在这方面与贝尔尼尼设计的卢浮宫的庭院（图 2–41）以及丰塔纳的圣尤塞比奥修道院（图 2–27）相似。

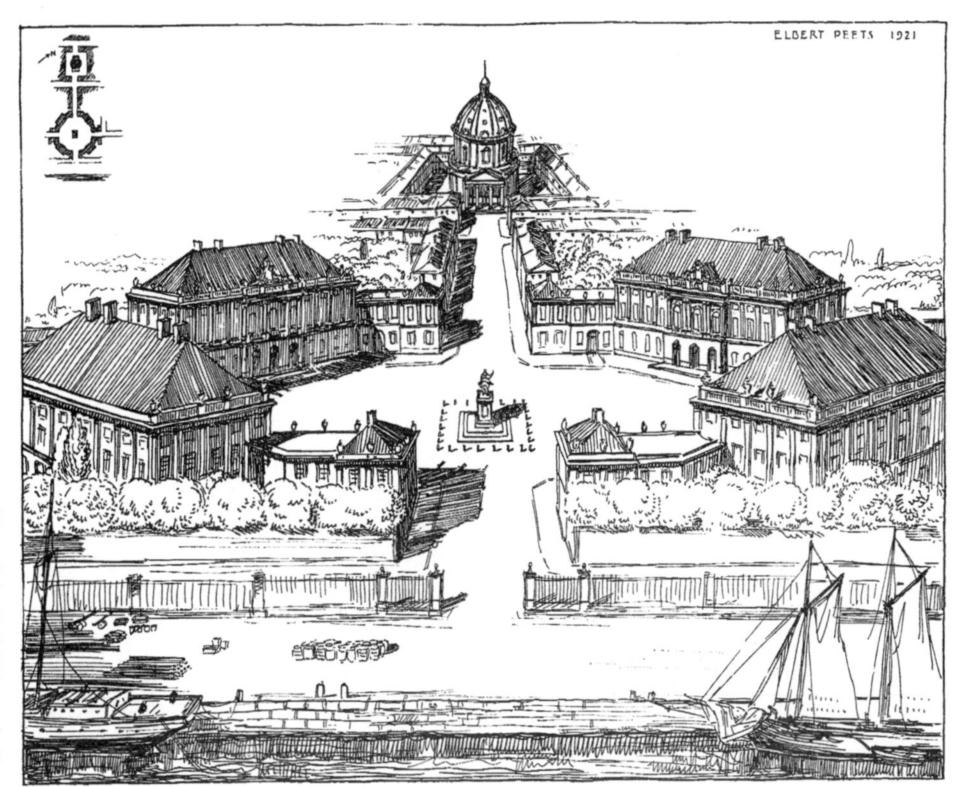

图 2-227　哥本哈根，腓特烈广场 [Frederiksplatz，阿美琳堡广场（Amalienborg plaza）]

这四个有相似设计的宫殿 [由艾格维德（Eigtved）设计] 组成了广场的墙，它们是由四个家族在 1796 年左右建造来取悦国王的。纪念碑于 1711 年竖立。这四个宫殿现在共同构成了国王的宫殿阿美琳堡（Amalienborg），而广场形成了庭院。阿美琳街像插在庭院之中，它穿越整个城市和腓特烈大街，将带穹顶的"大理石教堂"与海港相连。这座教堂始建于 18 世纪，但直到最近才竣工。它面对着两座设计精美的房屋，这些房屋构成了教堂广场的入口。

图 2-228　哥本哈根，腓特烈广场入口的柱廊

这个在一边限定了广场的大门是 1794 年在原设计的基础上加入的。由哈尔斯多夫（Harsdorf）设计。[来自梅比斯和贝伦特（Mebes and Behrendt）]

图 2-229　弗雷登斯堡宫（Fredensborg Palace，丹麦），前庭

大约于 1725 年建造。（来自梅比斯和贝伦特）

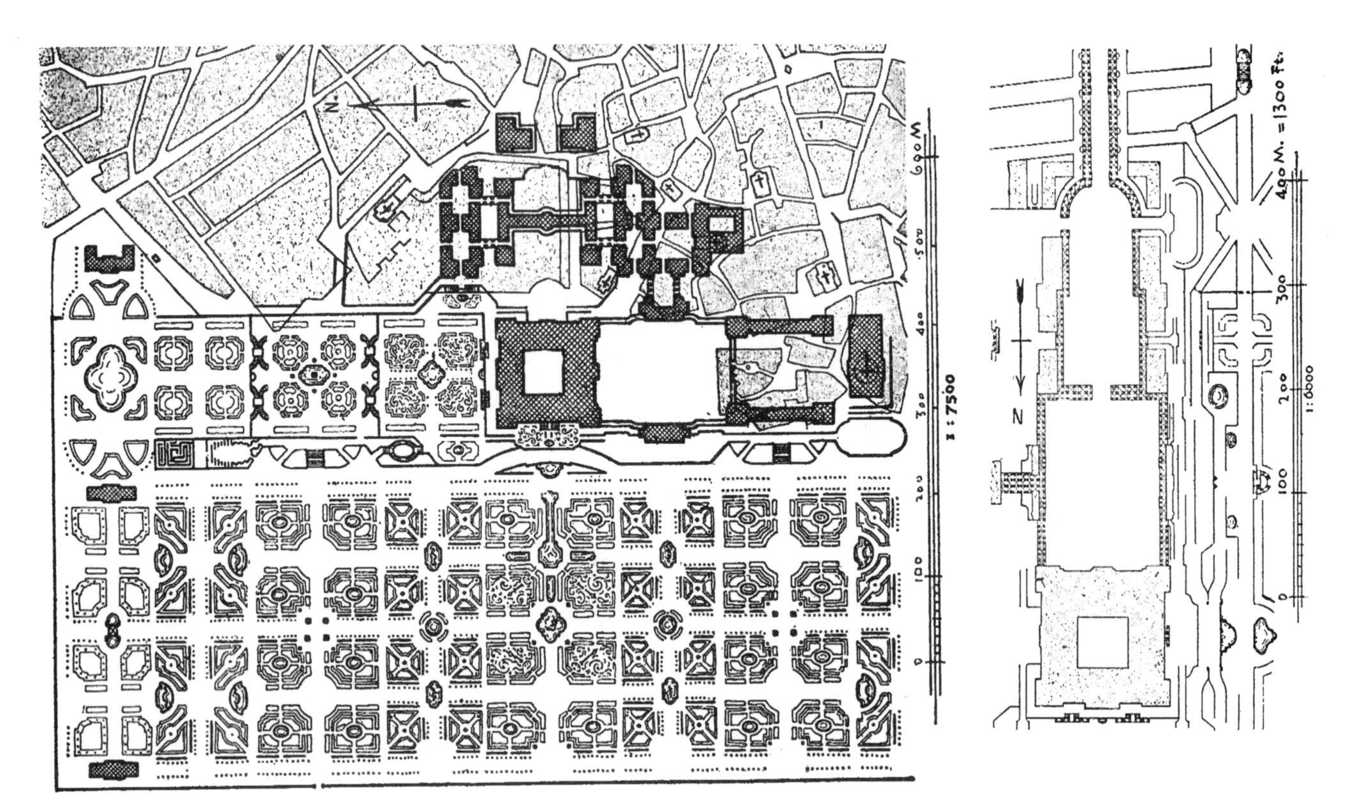

图 2-230　马德里，1738 年布置皇家宫殿的萨凯蒂（Sacchetti）的平面图

菲利波·朱瓦拉（Filippo Juvara）临死时，他在 1736 年提议他的大弟子萨凯蒂作为他在皇宫工作的继任者。宫殿是根据朱瓦拉、萨凯蒂和蒂宗（Tizon）的方案建造的（1738—1764 年）。萨凯蒂提出了一个雄心勃勃的布局，一个由行政大楼和大教堂包围的庭院整体方案，庭院的轴线以大教堂耳堂为中心。1895 年后不久建造的大教堂转了一个方向，使该轴线居中于正门。

图 2-230、图 2-231 是奥斯卡·吉尔根（Oscar Jurgens）的绘图，他在 1910 年于西班牙宫廷档案中发现了原始的平面。（来自 1919 年《德国建筑报》）

图 2-231　马德里，1757 年皇家宫殿布局的萨凯蒂平面图

对 1738 年方案的修正。大教堂在方案中被去除，该设计仅包括曼萨纳雷斯河（Manzanares River）陡峭河岸旁边的一部分，包括一座高 100 英尺、跨过旁边山谷的桥梁。

图 2-232　1645 年左右的柏林

来自梅里安（Merian）的《日耳曼尼亚地理志》。该场景显示了中世纪城镇转变为文艺复兴时期城市的开端。前景中的菩提树列是西主轴线（菩提树下大街）的起点，形成了城市规划的骨架。该方案的主要缺点可能在于该轴线与旧的哥特式城堡没有垂直朝向关系。这一缺陷直到新城堡于 1700 年左右建立时也未得到改正。

图 2-233　1688 年的柏林

在左侧新的片区（主要是法国移民者的定居地）里是新街道“菩提树下大街”，它从中心直到旧城堡。后者从沃邦型的新防御工事分隔开来。

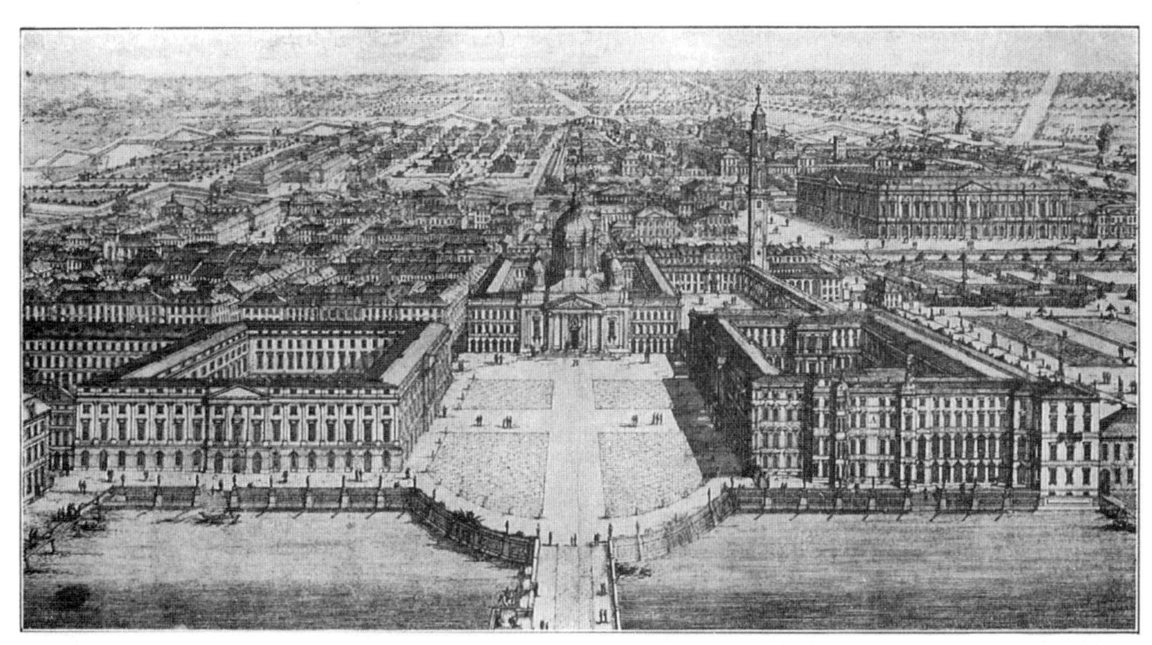

图 2-234　柏林，施吕特关于皇家宫殿周边的方案

宫殿位于右边（见图 2-43）。前景中的桥（与骑马纪念像一起）以及后方（图中右侧）的兵工厂是 1700 年的方案唯一实现的部分。塔当时已经开始建造，但是由于建造地面的不稳定，设计师的名誉随塔一并倒塌。大型马车房（左边的前景）建于 1900 年左右，它采用的是 200 年前的形状，却被向前带到了桥沿线。这幅版画呈现了设想中菩提树下大街与宫殿之间的垂直关系。

图 2-235　柏林，剧院广场

图 2-236　柏林，剧院广场向北望去

剧院广场（见图 2-237 显示所有建筑位置的平面中“2”）是菩提树下大街轴线上最精美的，它由腓特烈大帝（Frederick the Great）建造。歌剧院上方的风景阁楼始建于 19 世纪。

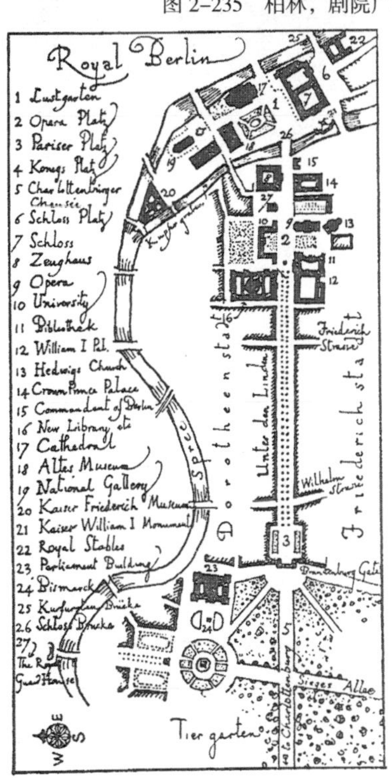

图 2-237　柏林，“菩提树下大街”轴线缩略平面

来自帕特里克·阿伯克朗比（Patrick Abercrombie）的画，他在《城市规划评论》中对该方案的批评如下：“确实，这组庞大的建筑群恰好作为这条大道的精华，而且最天马行空的美国梦也不能够超越它的城市设计构想。至于巴黎，您必须走过一半的区域才能收集到类似数量的建筑物，来组成围绕着卢浮宫的建筑；并且必须在协和广场上拐过一个尖角，才能留在主要的交通要道中。但如果仅仅讨论美学，毫无疑问，巴黎完全超越了柏林的景观。这不仅是因为其更好的设计，还因为实践的失败过往，以及其上附加的历史魅力。地面的微幅上升也具有巨大的价值……更大尺度上的巴黎特征无疑会带来更壮观的效果。”

图 2-238　柏林，剧院广场

现代的“景观设计”严重影响了广场的统一性。这个草图把它作为一个单元整体呈现。

图 2-239　柏林，勃兰登堡门

向西朝蒂尔加滕公园望去。这个大门由朗豪斯（Langhuas）在 1788 年设计。（由芝加哥规划委员会提供）

图 2-240 布鲁塞尔，皇家广场
吉马尔（Guimard）在 1769 年设计的大方案中的一部分。

图 2-241 夏洛滕堡（Charlottenburg），皇家宫殿的前庭
由安德烈亚斯·施吕特（Andreas Schlueter）于 1696 年设计。

图 2-243 彼得格勒，冬宫（Winter-Palace）的广场，入口大门
从面向广场的半圆中央进入广场的街道由卡洛·罗西在 1819 年设计的这座双重拱门连接。（来自弗朗兹·赫丁）

图 2-242 柏林，御林广场（Gendarmen Markt）
也许腓特烈二世最好的作品包含了两个穹顶塔与之间的皇家剧院。其中一个穹顶塔在此照片中（另一个恰好在拍摄点的背后）。这三个建筑都是独立的。这个广场由基本统一的低矮房屋围合。进入广场的街道原本计划由拱门连接，但拱门的方案并未得到实施。
图 4-64、图 4-66 展示的是鸟瞰图和广场的平面图；另见图 6-59。

图 2-244　波茨坦，“新宫殿”，建造于 1763—1769 年

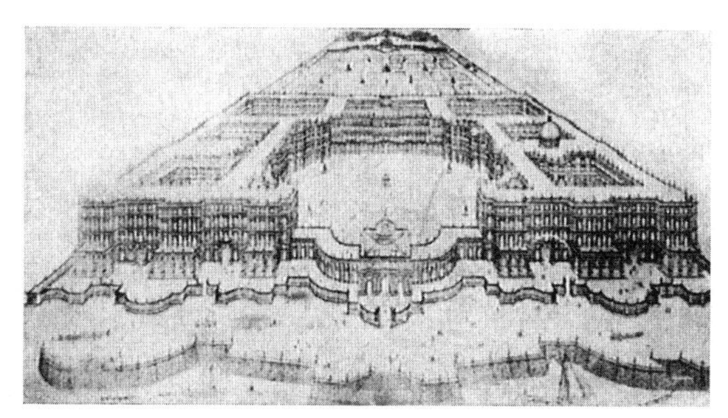

图 2-245　杜塞尔多夫，伯爵阿尔伯蒂的新宫殿方案

这个方案最终没有得到实施。(来自《德国建筑报》)

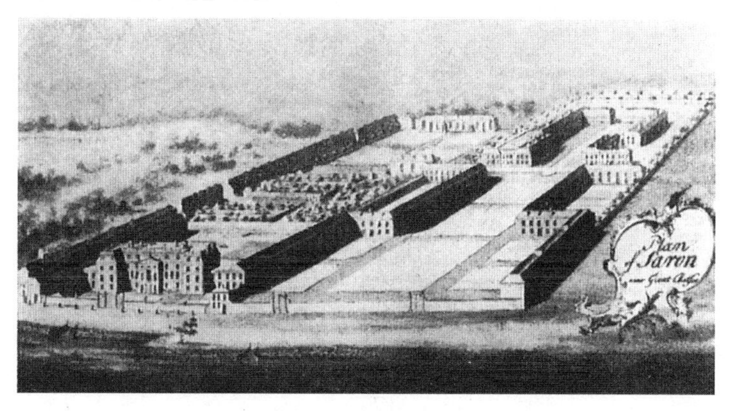

图 2-246　伦敦，林赛之家（Lindsey House），切尔西（Chelsea）

贵族的乡村庄园，于 1750 年由德国教会组织获得。后来发展为修士们住所的庭院。[图 2-246、图 2-247 来自瓦尔德玛·库恩（Waldemar Kuhn）]

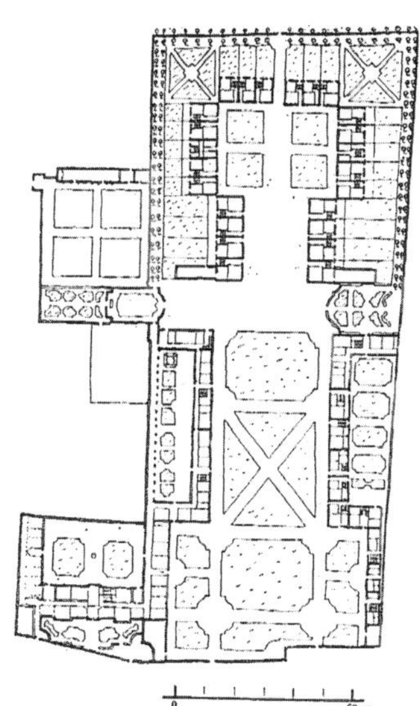

图 2-247　伦敦，林赛之家

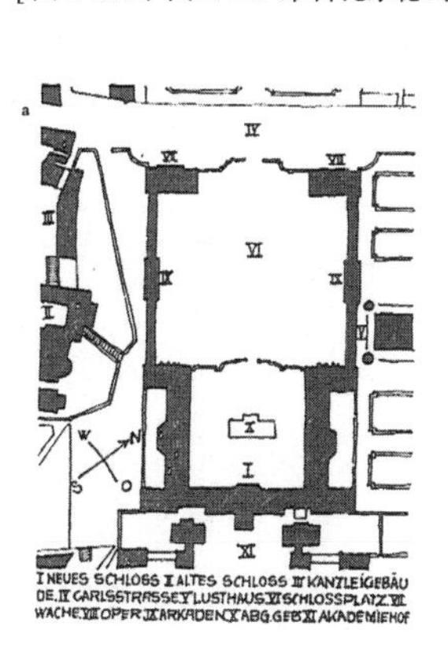

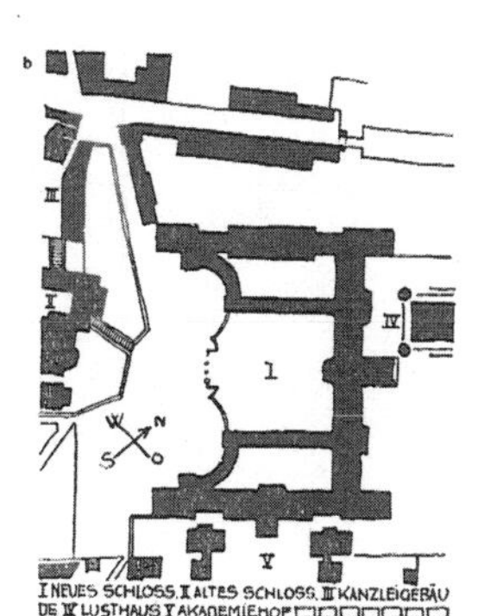

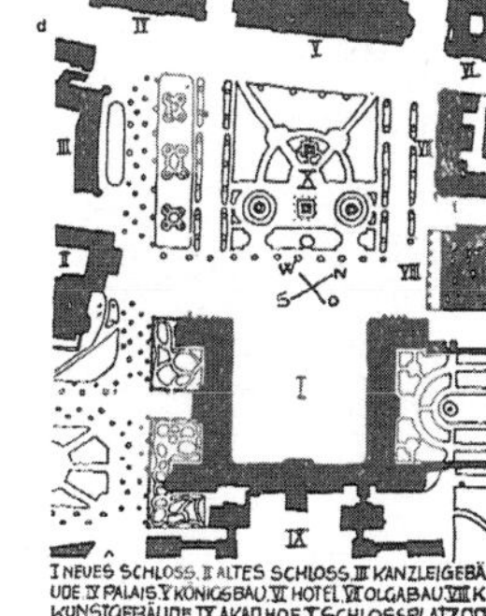

图 2-248~ 图 2-251　斯图加特，宫殿广场的发展

左上的平面图是 1746 年动工、由雷蒂（Retti）设计的：注意剧院“VIII”的位置面对着警卫室“VII”。在下的平面图是巴尔塔扎·诺伊曼（Balthasar Neumann）提出的将构成轴线旋转的方案。右上的平面图是古皮尔（Guêpiérre）对原来轴线的回归；注意剧院“V”、舞厅“VI”、档案室“III”。第四个平面呈现的广场最终只剩下树列，来代替未建设的侧边建筑（见图 2-252）。

图 2-252　斯图加特，宫殿广场

这个景象展示了 1865 年左右的广场。宫殿处于图片的左侧。右侧是巨大的国王的建筑（19 世纪中期的产物，商业用途），阻挡了轴线。[图 2-248~ 图 2-252 来自杂志《城市设计》(*Staedtebau*)]

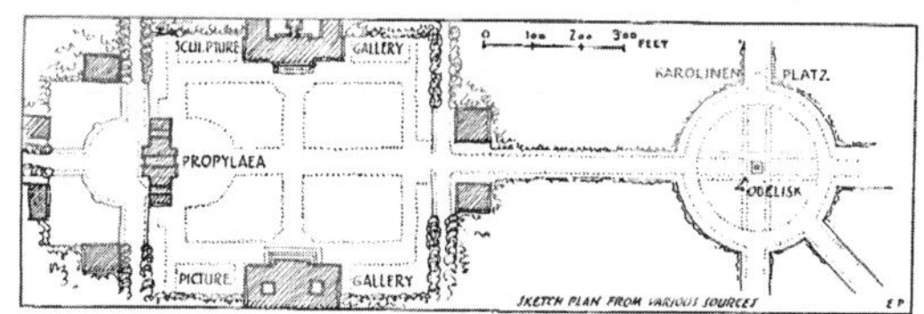

图 2-253　慕尼黑，山门组团（Propylaea Group）的平面

图 2-254　慕尼黑，山门和雕塑馆

图 2-253 对应的景象。(由芝加哥规划委员会提供)

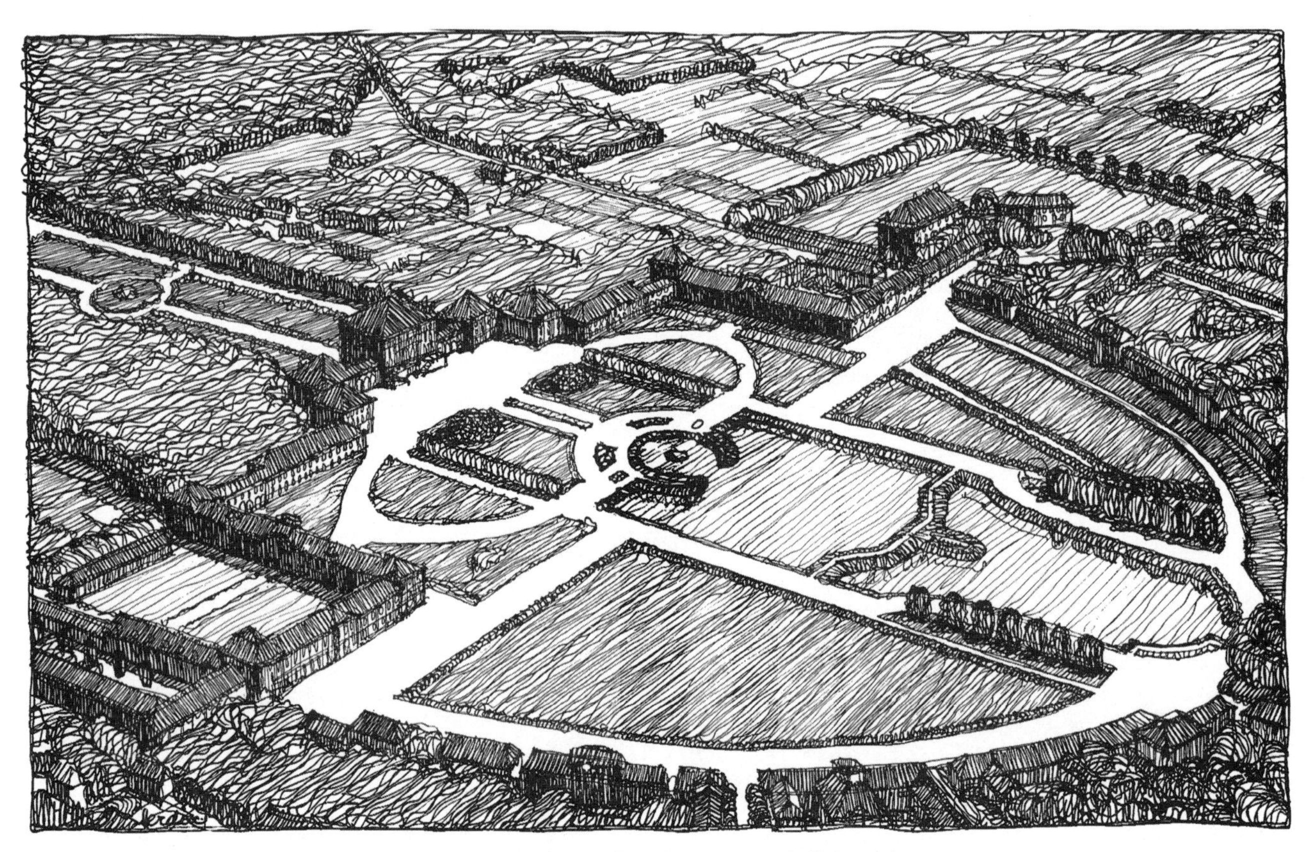

图 2-255　慕尼黑，宁芬堡（Nymphenburg）的入口广场

1663—1718 年间由贝雷利（Barelli）、维斯卡迪（Viscardi）、祖卡利（Zuccali）和埃夫纳（Effner）设计。公园的设计者是吉拉尔，一个勒·诺特的信徒。在正门的轴线上有一条长运河以及四条小路，因此不会出现轴视全景，这种情况可与贝尔尼尼在罗马圣彼得广场的侧面入口进行了比较。走近其中一条通道时，在其末端看到一幅小的框景，视野在进入前院后豁然开朗。封闭的巷子和开敞前庭之间的对比使后者显得非常大。通过与宫殿左右两侧的低矮元素进行对比，宫殿中央的部分显得巨大。这些低矮部分的高度又与进入前院后在前景中看到的其他建筑物的高度形成呼应。当它们围合整个外部前院时，符合视觉的尺度被带入背景中，主要建筑物的大小就很容易被感知。（来自弗朗兹·赫丁的绘画，出自布林克曼发布的摄影作品）

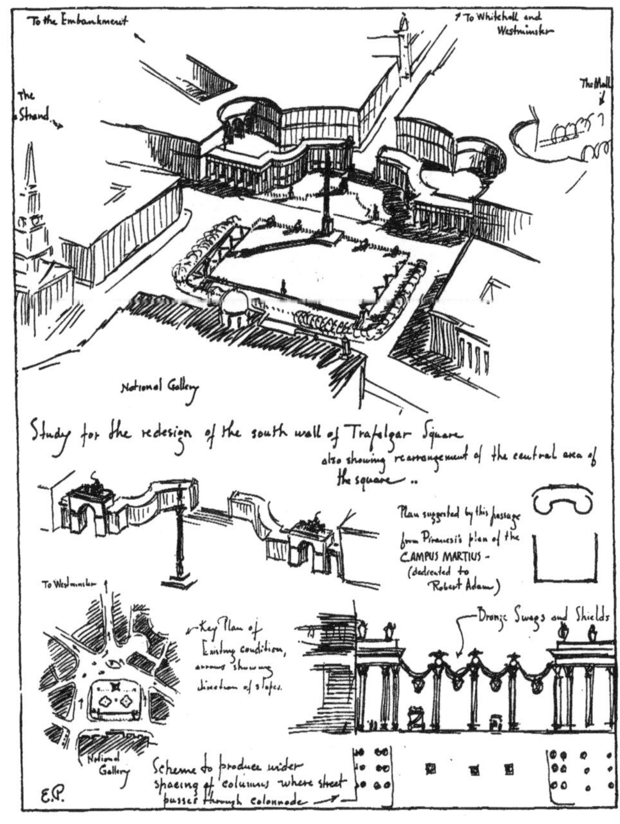

图 2-256　伦敦，旅行手稿的一页

图 2-257　伦敦，海军拱门（Admiralty Arch）和特拉法加广场（Trafalgar Square）

这个广场占据了“皇家马厩”的位置，在 1830 年代由查尔斯·巴里（Charles Barry）设计。国家美术馆由威尔金斯（Wilkins）设计，纳尔逊纪念碑（Nelson Monument）由贝利（Baily）设计，同属这一时期。由吉布斯（Gibbs）设计的圣马丁教堂则要早一个世纪。海军拱门由阿斯顿·韦伯爵士（Sir Aston Webb）于 1910 年建造。

图 2–258　斯特拉斯堡，1884—1910 年建造的一组公共建筑

在 1870 年代，斯特拉斯堡制定了新的城市规划，在许多方面都优于当时所做的类似工作。但由于当时的艺术总体格调不高，该规划受到了影响。该广场的平面以大教堂的单塔为轴线。除此之外，该设计类似于图 3–150 中所示的方案。

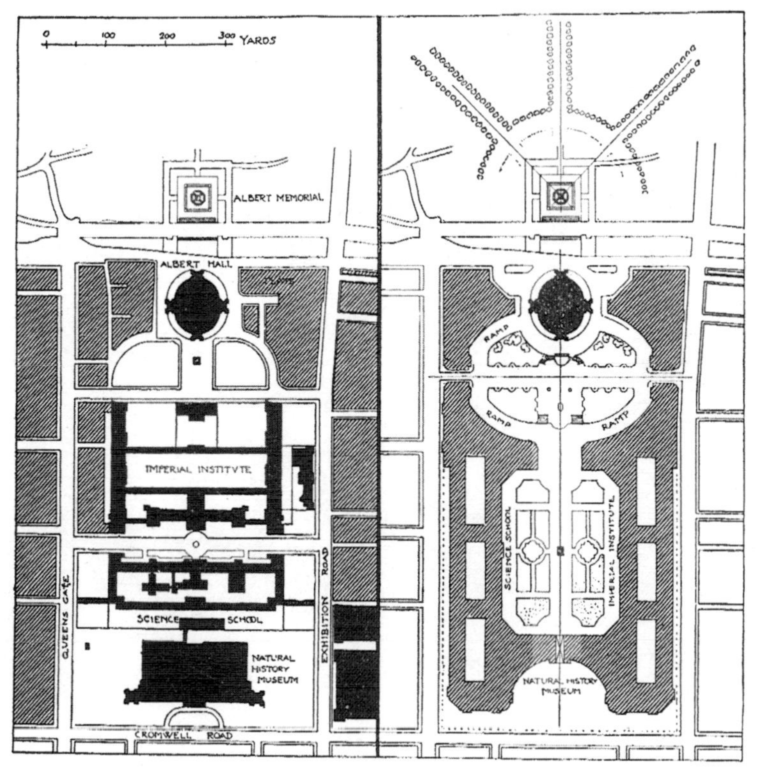

南肯辛顿现状　　南肯辛顿曾经的建筑组合

图 2–259　伦敦，伊尼戈·特里格斯（Inigo Triggs）提出的批判性建议

在提出的椭圆形庭院中，地面陡峭地升高，可能会为设计带来一些问题。

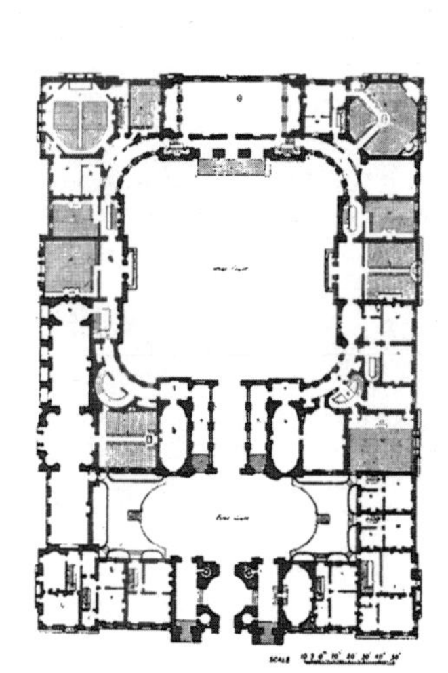

图 2–260　爱丁堡，罗伯特·亚当的大学规划

在一个小得多的尺度下，这个方案（只有一部分得到了执行）表达了与图 2–259 之中提出的相似解决方案。[来自约翰·斯沃布里克（John Swarbrick）]

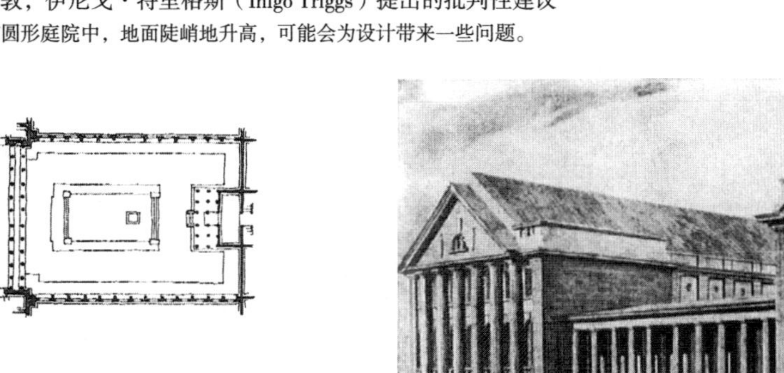

图 2–261　柏林，新博物馆的庭院

这个仅半英亩多的庭院是新博物馆组团的中心，由梅塞尔（Messel）为城市中心的“博物馆岛”做的设计。

图 2–262　柏林，与图 2–261 配套的景象

柱廊分隔了庭院和水，中央有桥。

图 2-263　柏林，新市政厅的景象

与图 2-264 配套。

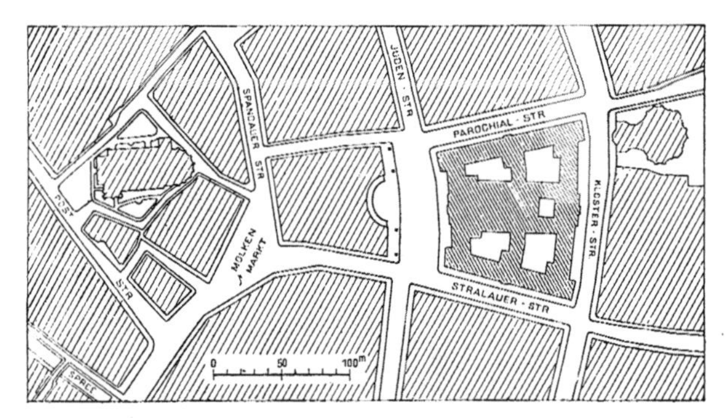

图 2-264　柏林，新市政厅布局的方案

新的建筑坐落于城市中最古老、最拥挤的区域。因此设计师路德维希·霍夫曼（Ludwig Hoffmann）设计的前庭不得不采用最小的尺寸。值得注意的是，在建筑法规不允许有高层建筑时，欧洲城市的每个公共建筑都能保持一定的尊严。在柏林建筑的限高是 5 层。（图 2-263、图 2-264 来自《德国建筑报》，1911 年）

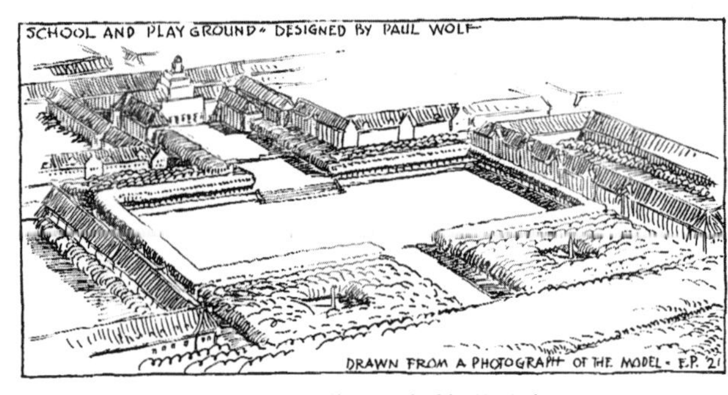

图 2-265　学校和游乐场的设计

图 2-266　埃森，玛格丽特霍赫的市场广场

（The Market Place in Margaretenhoehe）

由梅岑多夫（Metzendorf）设计。照片从广场的另一边拍摄。

图 2-267　法兰克福，带有游乐场的现代校园组团

（来自城市规划展览，1910 年）

图 2–268　曼海姆，腓特烈广场

左边前景展示的圆形区域中的巨大水塔大概建于 1890 年，是一个方格网街道中一条中央街道端点的标志物（图 6–78）。广场的设计师布鲁诺·施密茨（Bruno Schmitz）后来通过半圆形的平面回应了这一点。部分的立面被建成。

图 2–269　斯潘达克（Spandac），市政厅广场

埃米尔·费德（Emil Fader）的竞赛图纸。（来自杂志《城市设计》）

图 2–270　柏林 – 哈维尔斯特兰德（Havelstrand），湖畔城郊广场

由格斯纳（Gessner）和施莱（Schleh）设计。（来自杂志《城市设计》）

图 2-271 柏林 - 策伦多夫（Zehlendorf），半圆形广场
由舒尔茨—瑙姆堡（Schultze-Naumburg）设计。

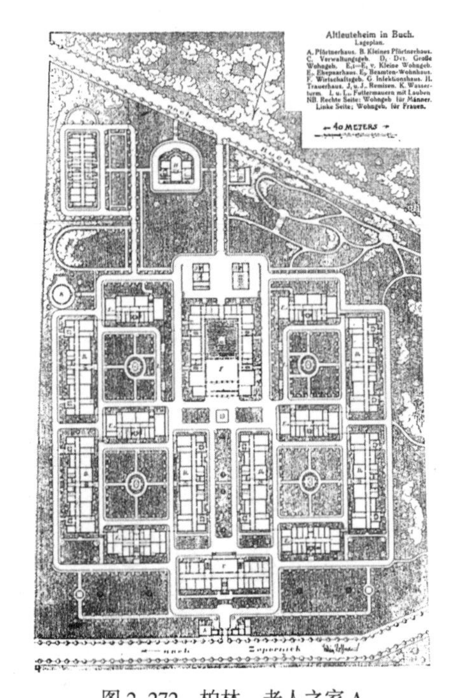

图 2-272 柏林 - 老人之家 A
这一市政机构的建筑围绕着四个广场形成组团。由路德维希·霍夫曼设计。（图 2-272、图 2-273 来自《瓦斯穆特月刊》）

图 2-273 柏林 - 老人之家 B
从中央小喷泉向南看的景象。（与图 2-272 配套）

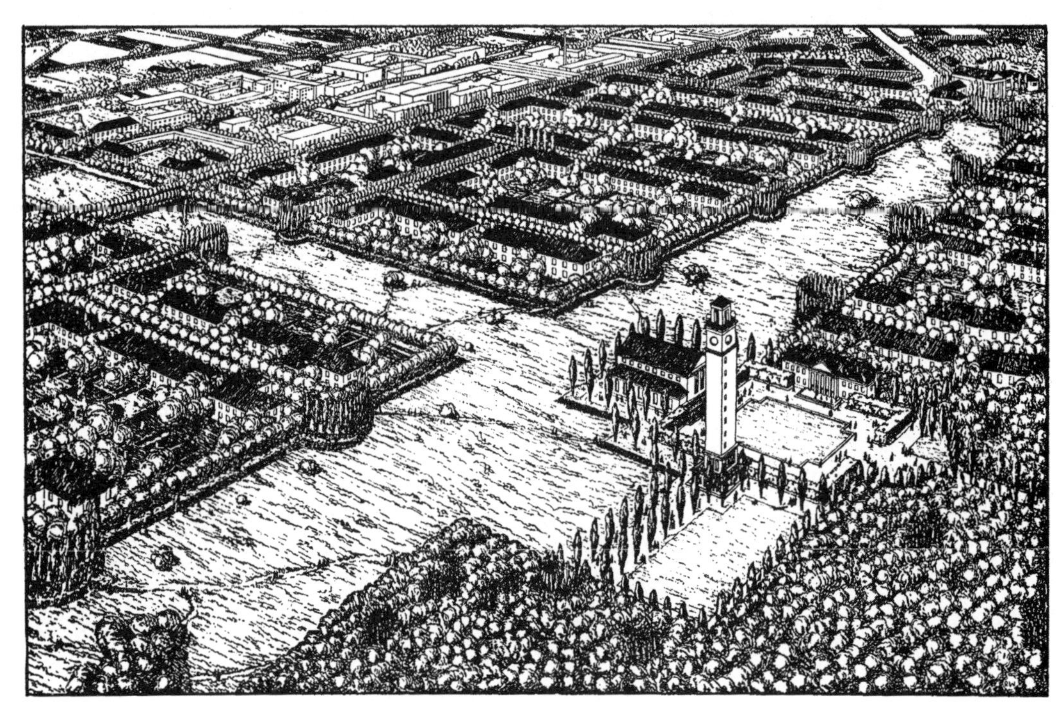

图 2-274 柏林 - 城郊发展的设计
由马丁·瓦格纳（Martin Wagner）和鲁道夫·温德拉切克（Rudolf Wondracek）设计。

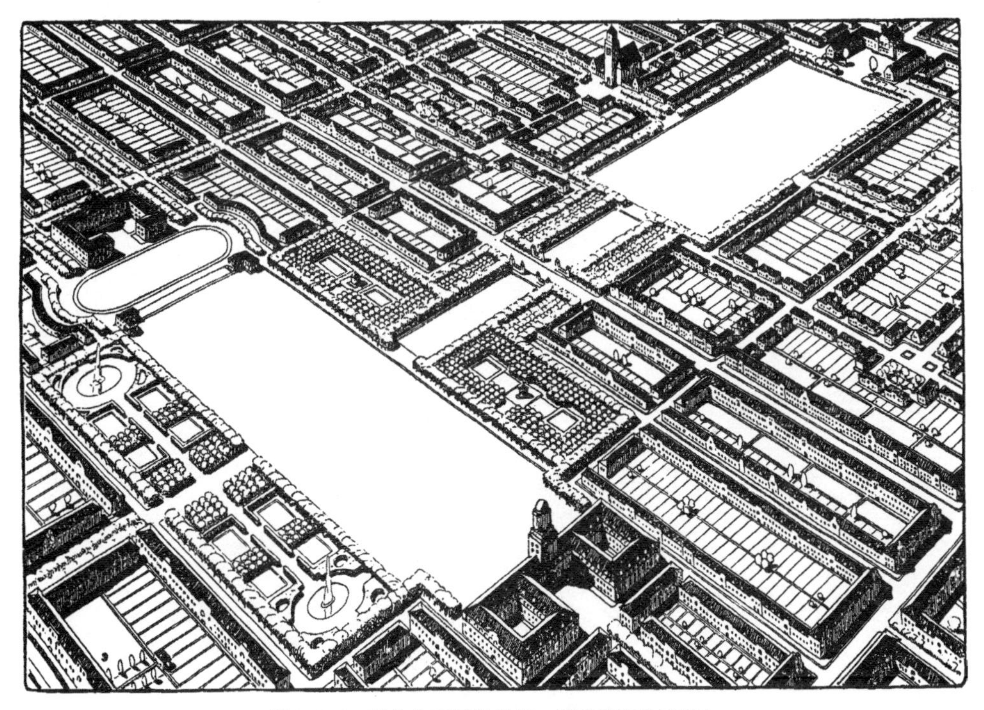

图 2–275　平价住宅区的学校、游乐场和公园组合

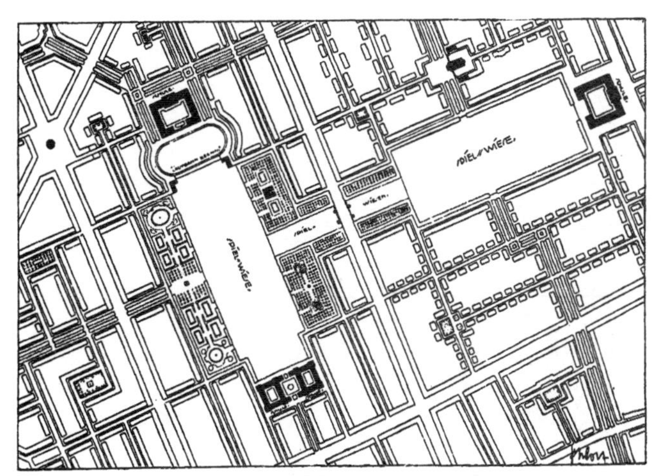

图 2–276　与图 2–275 配套的平面
由保罗 · 沃尔夫（Paul Wolf）设计。

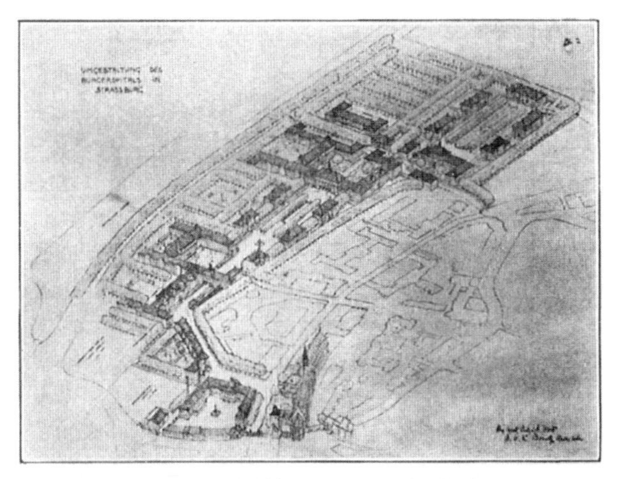

图 2–277　斯特拉斯堡，市医院的扩建
规划占地 45 英亩，由保罗 · 博纳兹（Paul Bonatz）设计。

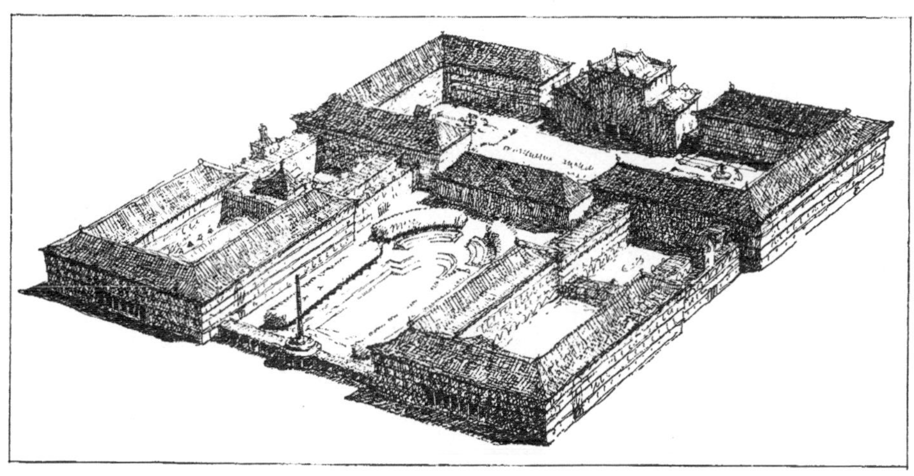

图 2–278　德累斯顿。卫生博物馆的竞赛图
由保罗 · 博纳兹和 F. 舒勒（F. Scholer）设计。（来自《瓦斯穆特月刊》，1920 年）

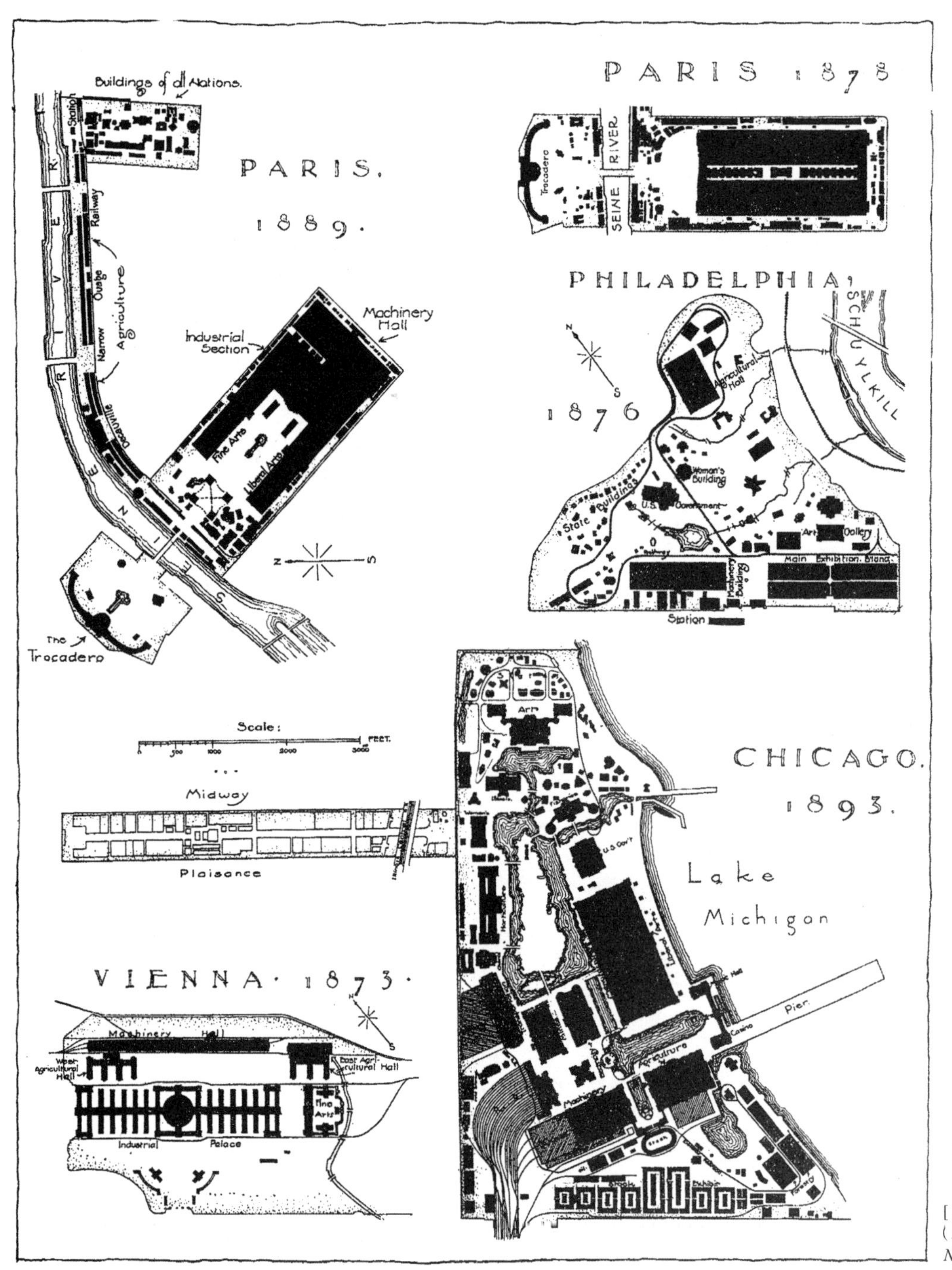

图 2-279　五个世界博览会规划

[来自《美国建筑师和建筑新闻》（*American Architect and Building News*），1893 年]

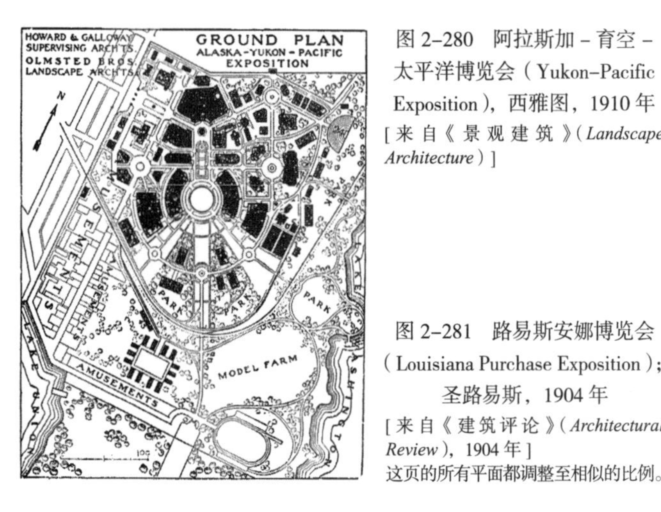

图 2-280　阿拉斯加 - 育空 - 太平洋博览会（Yukon-Pacific Exposition），西雅图，1910 年

[来自《景观建筑》（*Landscape Architecture*）]

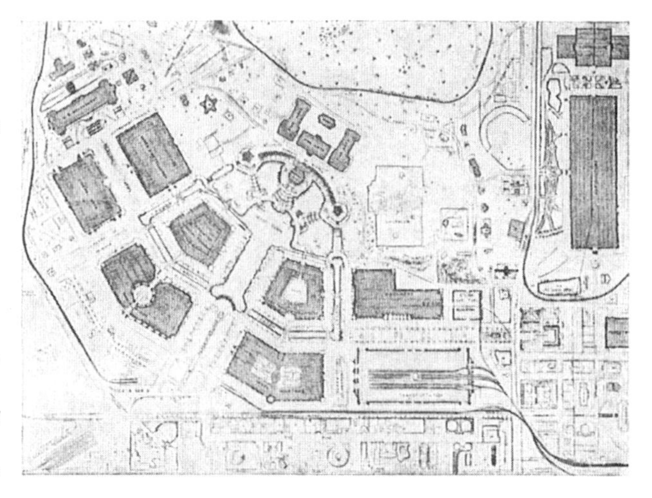

图 2-281　路易斯安娜博览会（Louisiana Purchase Exposition）；圣路易斯，1904 年

[来自《建筑评论》（*Architectural Review*），1904 年]

这页的所有平面都调整至相似的比例。

第三章

美国的建筑组群

图 3-1 巴拿马太平洋国际博览会（Panama——Pacific International Exposition），旧金山，1915 年

美国为现代城市建筑艺术作出了重要贡献，这体现在它的世界博览会、大学校园的演变、城镇中心运动，以及或高档或平价住宅区的若干特征。此外，摩天大楼和公园体系的概念被提出，也给富有原创性的城市设计带来了广阔前景。

世界博览会

通过摩天大楼的使用和明智规划，可以预见美国城市设计艺术的惊人发展即将到来。尽管这种发展只能植根于实践，但"世界博览会"被证明是试验较早想法的沃土。从 1876 年到 1915 年加州举办两大博览会期间，世博会（城市设计艺术）在美国突飞猛进。引用拉尔夫·亚当斯·克拉姆（Ralph Adams Cram）的话，"费城一百周年博览会（Centennial in Philadelphia，1876），极致地暴露了我们在艺术上是最野蛮的民族"。而后 1893 年的芝加哥博览会迎来了转折点。"芝加哥是美国思想作为一个整体的首次表达；我们必须从这里开始"，亨利·亚当斯（Henry Adams）如是说。需要指出的是，将这次伟大的博览会视为美国现代城市设计艺术的诞生地，这种说法源自一部哥特艺术赞歌之书——《圣米歇尔与沙特尔山：13 世纪统一性研究》（*Mont St. Michel and Chartres：a study of 13th century unity*）。该书的编辑恰是克拉姆。此外，亚当斯在建筑行业造诣颇深、备受尊敬，是美国建筑师协会（American Institute of Architects）的荣誉会员，他对 1893 年的美国（芝加哥博览会）以及后续若干次大型博览会的重要性评价，十分直观且准确，可能也是最中肯的。

在评判美国世界博览会的价值时需要特别谨慎，因为这些博览会，尤其是芝加哥那次，对美国建筑师与古典主义和文艺复兴先例的关系有着深远的影响。罗素·斯特吉斯（Russell Sturgis）的态度明显是消极的，他代表了一类人的看法。在给彼得·怀特（Peter B. Wight）的信中（1897 年 2 月 16 日，发表于《建筑记录》，第 26 卷，第 127 页），他谈到了"芝加哥博览会的糟糕影响"，并指出："M 某，M 某 &W 某事务所和其他类似的事务所，采用这种罗马风格的原因在于，它非常好用"，这是"一种令人极其沮丧和伤心的局面"。与他相反，《圣米歇尔与沙特尔山》一书的作者，尽管也不是对 1893 年博览会的缺点视而不见，仍在惊诧之

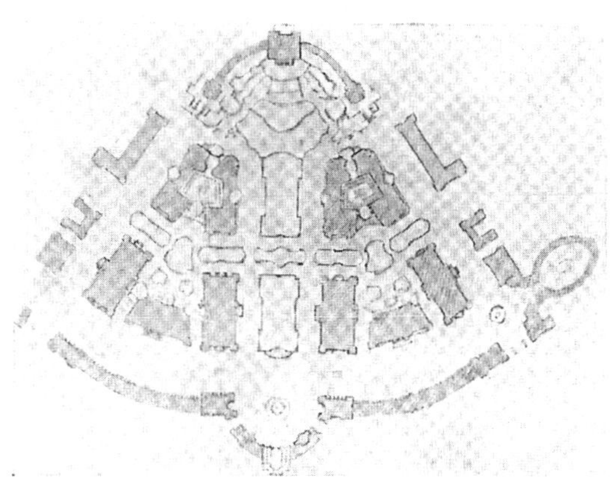

图 3-2 圣路易斯，卡斯·吉尔伯特（Cass Gilbert）
最初的万国博览会规划
这幅草图构想出了主轴线终点上的一座建筑和两个大庭院，而这在最终的规划中被删去。

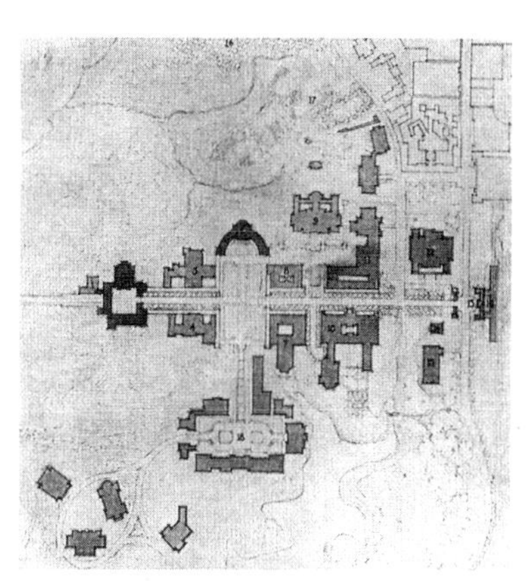

图 3-3 圣迭戈，古德休（B.G. Goodhue）
最初的万国博览会规划，1915 年
对比图 3-8。

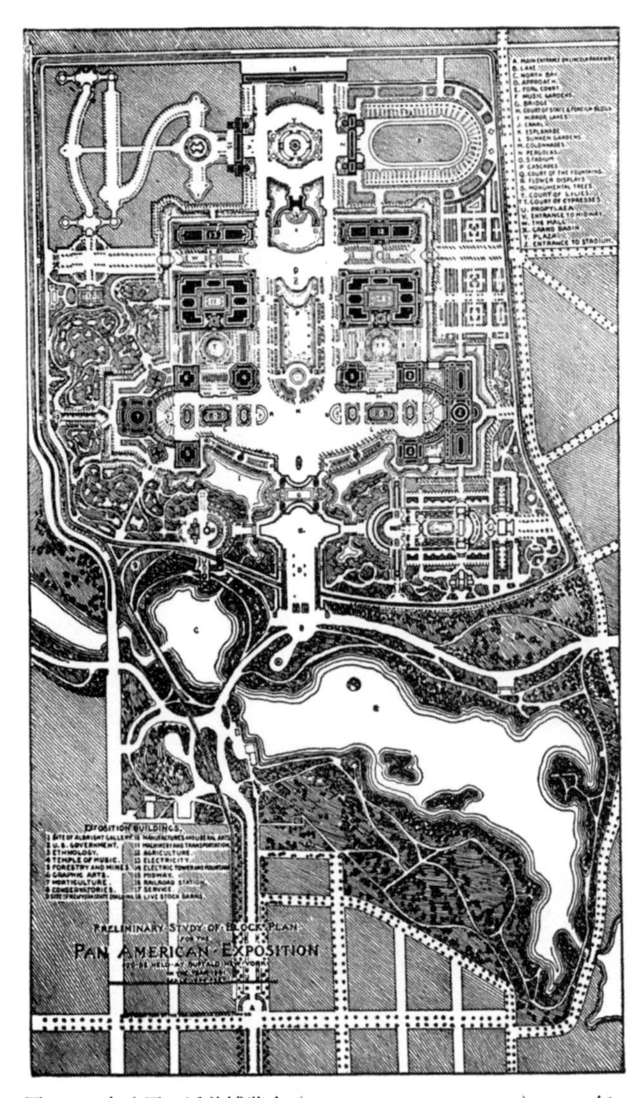

图 3-4 布法罗，泛美博览会（Pan-American Exposition），1901 年
（出自《建筑记录》，1901 年）

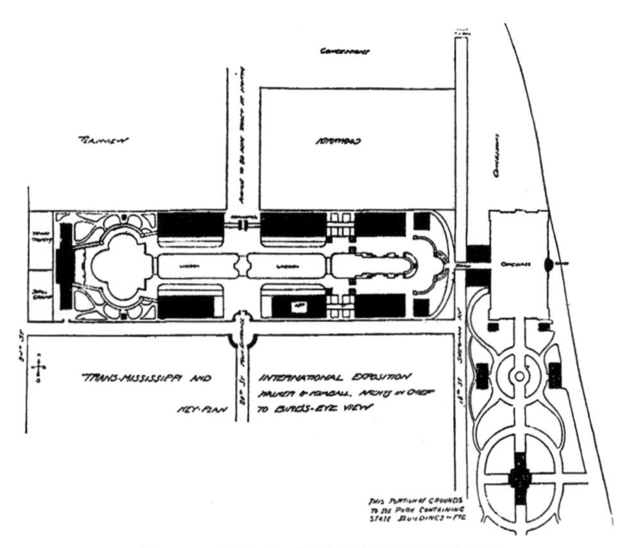

图 3-5 奥马哈，跨密西西比国际博览会

建筑总负责：沃克与金博尔事务所（Walker and Kimball）[出自《建筑评论》（Architectural Review），1898 年]

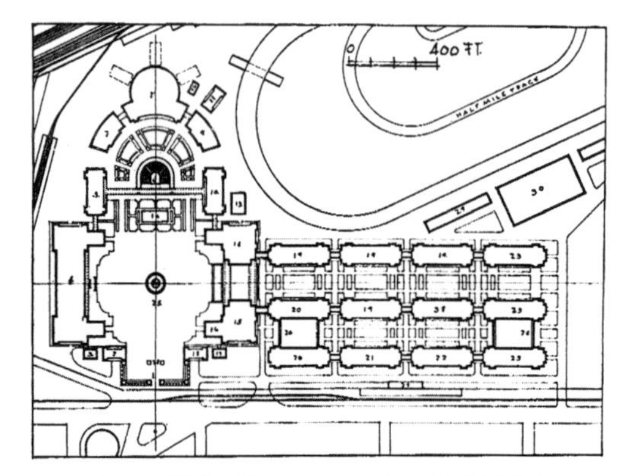

图 3-6 锡拉丘兹（Syracuse）纽约州博览会

格林与威克斯事务所（Green and Wicks）设计。[出自《砖瓦工》（Brickbuilder），1910 年]

本页上的平面都是基本相同的比例（见图 3-8 的比例）。它们大致是第 94 页上的两倍。

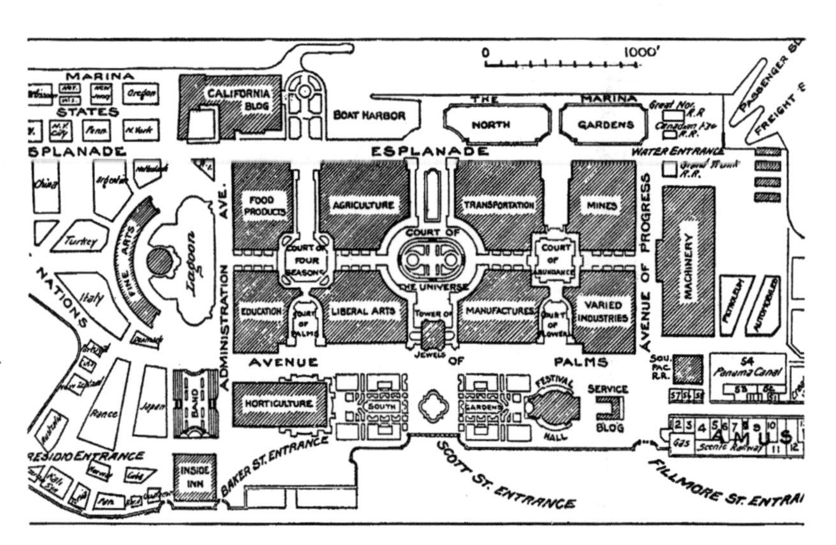

图 3-7 旧金山，巴拿马太平洋国际博览会，1915 年

旧金山的亨利·安德森（Henry Anderson）先生慷慨地提供了关于规划设计者的下列陈述：

美国建筑师协会会长穆尔（C. C. Moore）请旧金山分会挑选了 12 位建筑师，并从中任命了威利斯·波尔克（Willis Polk 主席）、约翰·盖伦·霍华德（John Galen Howard）、阿尔贝·皮西（Albert Pissis）、威廉·柯莱特（William Curlett）和克拉伦斯·沃德（Clarence Ward）。该委员会解散后，由波尔克、沃德和法维尔（Faville）组成执行委员会。

后来，该委员会让位给由波尔克、法维尔、凯勒姆（Kelham）、马尔加特（Mullgardt）、沃德、法夸尔（Farquhar）、麦金－米德与怀特事务所（McKim Mead and White）、卡雷尔和黑斯廷斯事务所（Carrere and Hastings）和亨利·培根（Henry Bacon）组成的委员会。而后凯勒姆任总建筑师。

约翰·巴里（John D. Barry）在《穹顶之城》（*The City of Domes*）中写道："在第一次会议上，会长穆尔解释道，在圣路易斯博览会上，人们普遍表达的意见是建筑间隔过大。他赞成用最小的间距实现最大的空间。建筑师首先考虑了它们要满足的条件、气候与空间环境。它们主要受风雨和温度的影响。结果，为了保护观众，他们同意采纳根据建筑师多次讨论形成的'街区规划'（Block Plan）。在初期讨论中非常活跃的威利斯·波尔克和芝加哥的本内特（E. H. Bennett）提出了有价值的建议。最终接受的规划是整个委员会合作的结果。"

本·麦康伯（Ben Macomber）在《珠宝之城》（*The Jewel City*）中写道："当旧金山向国会要求国家批准博览会时，当时呈现的规划是由欧内斯特·考克斯黑德（Ernest Coxhead）完成的。该规划赢得了最终的胜利……方案提出围绕庭院，在海湾正面让博览会建筑形成大的组群。随后考克斯黑德将它们放大，并确定了最终实施方案的基调。"

弗兰克·莫顿·托德（Frank Morton Todd）在博览会官方记载中写道："爱德华·本内特于 1911 年 10 月 11 日受会长指派编制街区规划。在确定方案的过程中先后提出了约 150 个规划和研究方案以及变化形式……对于最终形成的规划，本内特先生是值得被赞赏的。他做出了大量有价值的努力，并形成了丰富的材料。然而有生命力的理念都会随着发展过程变化。次月组织了建筑委员会会议。会上将所涉及的要素在一切可能的条件下进行了检验，最终委员会成员做出了单个街区规划，而最终的结果融合了所有的最佳概念。"

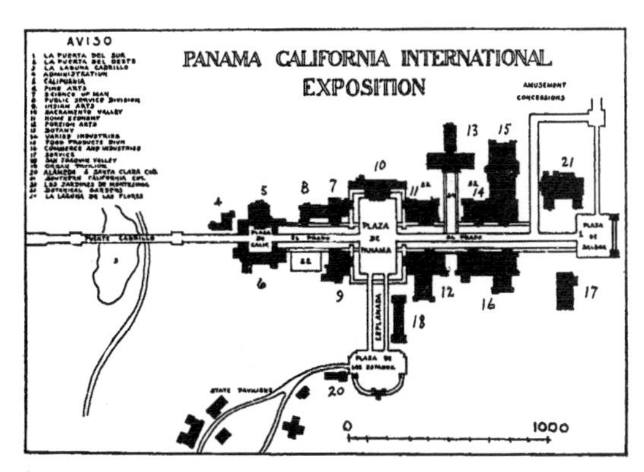

图 3-8　圣迭戈，1915 年

余赞叹不已。当然，他的批评也很尖锐，但最后就像大多数批评家一样，他被完全折服了。“最初的惊诧与日俱增，”他说，“这次博览会犹如在美国西北部的一种自然生长过程和产物，其进化的成就足以震惊达尔文；想想其原因则更加令人惊诧；而且，它也绝不仅仅是一种工业的、投机的发展，以及经过艺术引导的、在密歇根湖畔消暑的巴黎美院风格再现——在那里它会更显得像家一样吗？是想让美国人在里面有家的感觉吗？说实话，人们会有种这一切为己有、去享受的氛围，会感到它令人舒畅，会以它为骄傲。在大多数情况下，人们仿佛是在风景园艺和建筑装饰中度过自己的生活……批评家可以轻而易举地斥责这种古典主义（复兴），但所有的贸易城市总会表现出商人的品位，而对于严守宗教信仰的纯粹主义者，没有什么艺术比威尼斯式的哥特更浅薄的了。所有商人都散发着一种小古玩的气味；芝加哥至少还尝试赋予与其品位相统一的形象……倘若美国新世界能够接受这种对理想原型强烈而有意的歪曲……倘若美国西北部的人真的能够辨别什么是好的，那么有朝一日当政治家和百万富翁被抛诸脑后时，他们就会谈论亨特（Hunt）和理查森（Richardson）、拉法奇（La Farge）和圣高登斯（St. Gaudens）、伯纳姆（Burnham）和麦金（Mc Kim），以及斯坦福·怀特（Stanford White）。”

亚当斯的热情甚至因为 1904 年圣路易斯博览会愈发高涨。关于芝加哥博览会，他说：“这是一种巴黎都从未做到过的风景的展示。”在圣路易斯，他宣称：“世上从未有过如此奇幻之景。夜幕之下，阿拉伯的暗红色沙石映出的光不及这一半的精彩夺目——人们徜徉在一排排雪白色的宫殿之间，数千盏灯柱将它们照得美轮美奂——那悦美的层次既柔和又丰富，既朦胧又清晰。一切尽在沉寂与幽深之中，倾听着话语、脚步或水桨的声音，仿佛埃米尔·米尔扎（Emir Mirza）展

图 3-9　芝加哥，荣光院（Court of Honor）
从行政大楼向东看；相反方向的照片见图 3-11。（由芝加哥规划委员会提供）

图 3-10　芝加哥，老菲尔德博物馆（Field Museum）
博览会的美术馆，由查尔斯·阿特伍德（Charles B. Attwood）设计。尽管有些破败，这座老建筑及其侧楼构成了一个效果鲜明的组群，并创造出一个优美的广场。这个设计的基础是贝纳尔（Besnard）的“罗马大奖”（Prix de Rome）方案。（照片由 E. S. Taylor 先生提供。版权：1911 年，A. C. McGregor）

图 3-11　芝加哥，1893 年，荣光院

图 3-12　巴黎，1900 年，纪念性的入口大门

图 3-13　巴黎，1900 年，教育宫

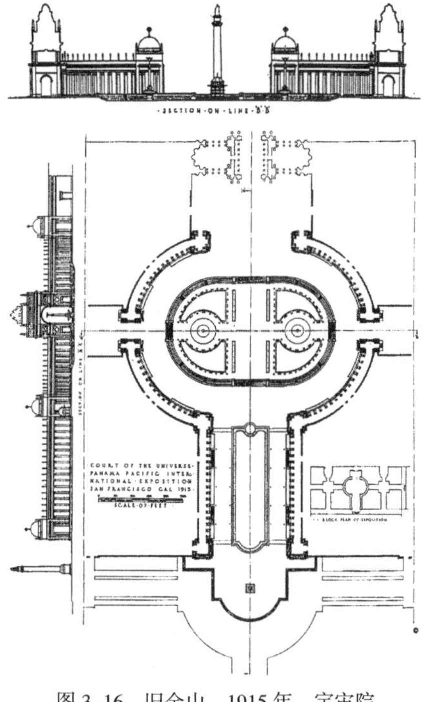

图 3-16　旧金山，1915 年，宇宙院
（出自《麦金 - 米德与怀特事务所作品专集》）

图 3-14　圣路易斯，1904 年，在庆典大厅从大水池东北望去

图 3-15　圣路易斯，1904 年，从东北看庆典大厅和诸州平台
（图 3-14、图 3-15 出自《建筑评论》，1904 年）

示的黄铜之都（City of Brass）[①] 的美丽仍不及这五光十色的一半——那高大、洁白、不朽的孤寂，沐浴在落日纯洁的光中。人们欣喜若狂地陶醉其中，不是因为展品，而是因为他们的欲望。这里充斥着矛盾，犹如星际宇宙……人们看到的是一座 50 万人的三流城镇，没有历史、教育、统一性或艺术，也几乎没有资本——甚至没有自然风景的元素，除了那条被它视而不见的河——却在进行伦敦、巴黎或纽约畏于尝试的创举。这个新的社会集合体，在一场没有领带华服，而只有少许蒸汽动力的盛宴中，为了那些短暂的舞台布景，一掷三四千万美元。”

倘若亚当斯有幸目睹 1915 年加州的两场博览会，他的惊诧会迎来第三个高潮。它们拥有全新的、闻所未闻的色彩和灯光方案，以及不会被怀疑是在美国“经过艺术引导的、在密歇根湖畔消暑的巴黎美院风格再现”，而是深深植根于当地气候、历史先例和传统建筑土壤之中的建筑及其布局。倘若亚当斯还能在 1915 年博览会之后看到西部和西南部的建筑师们吸取博览会的经验和建议后的巧妙使用，他很可能会加入乐观主义者的行列：由衷地感到，美国西部在西班牙殖民风格发展的基础

① 《一千零一夜》中一个故事。

图 3-17　旧金山，1915 年，宇宙院照片

图 3-18　旧金山，1915 年，宝石塔夜景

由卡雷尔和黑斯廷斯事务所设计。这幅照片显示出泛光照明系统。左侧是法维尔（W. B. Faville）设计的博雅宫（Palace of Liberal Arts）南大门。

图 3-19　旧金山，1915 年，棕榈院（Court of Palms）与四季院（Court of Four Seasons）之间的大门

四季院由亨利·培根设计；棕榈院和“意大利塔楼”由乔治·凯勒姆（George W. Kelham）设计，其中一座在这幅照片中。

图 3-20 旧金山，1915 年，棕榈大道及“墙中城”南立面

右侧是诸门工业宫（Palace of Varied Industries）的西班牙大门，两座意大利塔楼，以及远处的宝石塔。使用成群的树叶来缓和白墙空间的做法非常明显。

图 3-21 旧金山，1915 年，泛光照明下的美术宫（Palace of Fine Arts）

梅贝克设计。图 3-18~ 图 3-21、图 3-32 出自麦康伯（Macomber）的《宝石城》，出版商约翰·威廉斯（John H. Williams）。

图 3-23 旧金山，1915 年，丰裕院（Court of Abundace）

路易斯·克里斯蒂安·马尔加特（Louis Christian Mullgardt）设计。

图 3-22（左图） 旧金山，1915 年，四季院

亨利·培根设计。

图 3-24　圣迭戈，1915 年，卡布里洛桥（Puete Cabrillo）大道
伯特伦·格罗夫纳·古德休（Bertram Grosvenor Goodhue）任顾问建筑师。

图 3-25　圣迭戈，1915 年，从山谷对面拍摄博览会的照片
克拉姆 - 古德休与弗格森事务所（Cram，Goodhue and Ferguson）负责建筑设计，伯特伦·古德休任顾问建筑师。

图 3-26~ 图 3-31　圣迭戈，1915 年，6 幅照片

图 3-32　旧金山，1915 年，宾夕法尼亚大楼
亨利·霍恩博斯特尔（Henry Hornbostel）设计。

上，将展示出一种建筑的力量。它或许能与“库唐斯镇（Coutances）”[1]体现的力量相提并论，同样永恒，并且几乎同样强烈——亚当斯从圣路易斯转向这里，并说——“（库唐斯）就像诺曼底人在 1250 年创造的，一场建筑师至今仰慕、游人如织的博览会……”

美国博览会发展过程中出现的惊人成就，及其对美国建筑的影响，在很大程度上是纯粹美国的产物。创造它的是美国人的天才和管理技能，以及用来实现诞生于欧洲的梦想的美国资本。因此，斯特吉斯或许并不是完全错误的。他说：“我想要坚持的是，在我看来，根本不是巴黎美院圈子或是巴黎画派（Paris School）的影响，给我们带来了芝加哥博览会的流毒，以及随之而来的我们时代的古典主义复兴。无论在何种程度上都不是。”

然而，如果没有 1889 年巴黎博览会的经验借鉴，美国世博会的跨越式发展——从 1876 年费城博览会那随意摆放的建筑，到 1893 年芝加哥的主会场建筑群，以及旧金山博览会精心组织的庭院序列——是不可想象的。在巴黎博览会，所有的建筑都被设想成一个整体。大门、屋顶，作为整体的一部分，与建筑群有机地结合在一起。即使是 1915 年的旧金山博览会，也没能在这方面超过巴黎。朝向水面的设计延伸也是 1889 年的巴黎博览会做得更好，荣光院（Court of Honor）与塞纳河之间的埃菲尔铁塔，既是巨大的入口、水闸，又是世博会胜利的惊叹号。河对岸的夏乐宫（Trocadéro）在某些方面启发了梅贝克（Maybeck）更加精美的旧金山美术宫的设计。

1889 年的巴黎博览会对美国博览会的规划概念产生了直接、积极的影响，紧随其后的 1900 年巴黎博览会的影响却是负面的，而且可能更甚。1900 年的巴黎博览会预示了钢与铁的雄心壮志，以及由此导致的“功能主义”和“新艺术”运动的一场灾难。此前在 1889 年世博会上大获全胜的埃菲尔铁塔，给人们带来了关于上述内容的无限憧憬，芝加哥博览会对它们的忽视，则招来了众多负面批评。

若是芝加哥由于逃避发展新的玻璃和钢的功能主义这一责任而遭到批评，那么 1900 年巴黎世博会的设计师就在试图竭力挑起这个重担后失败了。比内（Binet）设计的“纪念性入口大门”、索尔泰（Sortais）设计的教育宫，如图 3-12、图 3-13 所示，只是 1900 年令人不安的发展状况中的两个实例。1900 年世博会不是新运动唯一体现自我作古之荒谬的地方。虽然世博会是一片妙趣横生却转瞬即逝的试验田，但是当时巴黎的拉维罗特（Lavirotte）和舍尔科普夫（Schollkopf）、布

① 库唐斯，法国西北部的一个城镇。中世纪时，维京人入侵库唐斯所在的诺曼底地区并建公国，库唐斯成为这一地区的商业集镇。“圣米歇尔大集市”（foire de la Saint-Michel）位于城中。13 世纪后，诺曼底公国被并入法兰西。

鲁塞尔的德尔夸涅（Delcoigne）和霍尔塔（Horta）、安特卫普的范阿费尔贝克（Van Averbeke）、荷兰的范戈尔（Van Goor）和屈佩尔（Cuypers）设计的永久建筑，以及德国许多相似的作品，在今天看来都是最稀奇古怪、品位错乱的永恒里程碑。如果试着分析一下这些建筑时至今日在人们眼中那奇奇怪怪、令人生厌的效果，就会得出如下结论：在这一阵阵新风潮的旋涡中，或许正是并非有意、时而涌现的历史主题，尽管颇为扭曲，也给了人们可以依存的哪怕片刻之物，使得眼花缭乱不至于演变成身心的明显不适。

再没有什么比想起曾经那样的一段时间更加可笑的了：很多造诣颇高的人竟在这样的创作上看到了拯救建筑之路，而今天那些东西在我们眼里不过就是一种疯狂。无疑有一种东西或许是每个人看来都满意的：如果建筑的救赎必先抛弃先例，那么这个过程就要比1900年的尝试缓慢、柔和得多。我们必须尊重过去，无论我们对新事物的渴望多么强烈。“建筑师应当对新奇之物心怀嫉妒”，克里斯托弗·雷恩说。或者引用小布隆代尔（Blondel）1752年给法国建筑师的建议，惟有在临时建筑（比如博览会）的领域中，“才能任由一个人的天才驰骋，并将创意的火花置于先例的成规之上。对于所有永久的建筑，一定要遵循好的设计法则，采用成熟的比例。追逐时下潮流的建筑只会沦为笑柄，就像流行时装，一旦被下一季的时尚取代后看上去就甚是滑稽”。

许多1900年的狂徒今天都已吸取了这个教训，转变为保守的设计师，时常善用古典主义细部。

从历史上看，“风格”的选择无疑不是个体建筑师所能武断的事物。相反，它有其自然而然的必然性。这种发展的过程对于一切城市设计艺术都具有至高无上的重要性，因为“风格”是和谐的基础，所有特色鲜明的城市设计艺术都离不开它。正是艺术家们的一次历史性集会——被圣高登斯满怀激情地称为“15世纪以来最具启发性的艺术家的集会”——让芝加哥博览会筹备委员会同意使用古典主义的主题，并将主会场建筑的檐口线高度统一为60英尺（约18.3米）。建筑群的美学效果令人心悦诚服，美国现代建筑是否应当遵照先例的问题不言自明。当时参照的先例正是意大利文艺复兴的古典复兴，该风格因而广被接受。美国城市设计艺术即将统一的基础，就此奠定。

从芝加哥博览会后到1915年间的历届美国博览会都相当重要，不仅是由于它们沿用了芝加哥博览会上的各种变化效果，也因为在美国本地的成功尝试惠及越来越多的美国人。

1901年，在布法罗（图3–4）尝试了一种西班牙殖民风格和温暖的建筑色彩，却不如加州再次同样尝试的那么成功。因为西班牙殖民建筑在加州有传统的基础。在1915年加州万国博览会上（图3–16~图3–32），西班牙殖民风格的形式和色彩具有一种特别的意义，因为它代表着对当地先例的精湛技艺和该州传统艺术的认可，该风格也符合当地的景观和气候。它给美国西部和西南部建筑的发展带来很好的影响，从古德休的美国海军基地（U.S. Naval Base，图3–33~图3–35）和蒂龙（Tyrone，图3–36~图3–43）或阿霍（Ajo，见第六章城市规划）的建设以及大量教堂、学校和私人住宅设计上可见一斑。唯一的顾虑可能是：现代的思维和品位状况是否足够自持和稳定，能够实现风格的连续发展，防止风格像女帽的时尚那样，突兀又令人失望地变来变去。有些批评家认为多变的风格是退化时代的必然表现。

如果认真吸取加州博览会的经验，在东部的设计实践就会是紧邻大西洋各州的传统建筑风格的、真实而渐进的发展，即对美国殖民风格的发展。这种发展应该能自由地从各种源泉汲取养分，包括某种风格或与其相近的源头，囊括诸如古希腊和古罗马、意大利

图3–33　圣迭戈，美国海军基地
伯特伦·古德休设计。

图 3-34　圣迭戈，美国海军基地

伯特伦·古德休建筑咨询事务所。

在这里展示海军基地和蒂龙镇是为了表明加州博览会规划所体现的原则是通用的。

图 3-37　蒂龙，新墨西哥州，户外等候室内部

图 3-35　圣迭戈，美国海军基地行政大楼

伯特伦·古德休建筑咨询事务所。

图 3-38　蒂龙，新墨西哥州，校舍

图 3-39　蒂龙，新墨西哥州，右为库房，左为户外等候室

图 3-36　蒂龙，新墨西哥州，规划

伯特伦·格罗夫纳·古德休设计。

图 3-40　蒂龙，新墨西哥州，佩尔顿住宅（Pelton House）

这些小房子表明，各种材料以及经过适当简化的公共建筑的风格都可以用在最普通的私人住宅上，并在全镇营造出一种统一感。

图 3-41　蒂龙，新墨西哥州，小屋

图 3–42　蒂龙，新墨西哥州，向北鸟瞰广场
伯特伦·格罗夫纳·古德休设计。

图 3–43　蒂龙，新墨西哥州，美国工人宿舍

图 3–44　波士顿，哈佛医学院
由谢普利－鲁坦－库利奇事务所（Shepley，Rutan，and Coolidge）设计（照片提供：Harold C. Ernst 教授），平面见图 3–45。

文艺复兴，以及一切后文艺复兴的欧美建筑。所有这些构成了一个无所不包的集合。由于各种风格都曾对美国 1840 年以前和 1893 年以后的发展作出过明显贡献，因而美国对它们的利用都是合理的。在这个许多先例得以借鉴的百宝箱中，有一定程度的选择自由，那几乎相当于有一个独立的体系。对传统形式巧妙的利用、改造和演绎，要求持续的原创性和好的判断力。在殖民建筑的重要早期案例中，可以说必要时，也有殖民时期的建造者摆脱了先例的成规，并有能力在不违背这种风格精神的前提下付诸实施。这样看来，如果加以综合而非折中，即使是哥特形式，对于现代建筑的某些特殊用途也存在着可能性。因为哥特和文艺复兴建筑的关系与古代多立克形式和后来希腊艺术的关系，在某些方面具有相似性：在先者比后来者更朴素，通常也更大胆，但在气质上则不一定是相反的。因此，对殖民风格的伟大精神、方方面面的研究和培育，必须作为与美国设计息息相关的每个人的重要使命。尽管如此，可以认为美国建筑的未来并非出自殖民风格，而是一种新的综合。殖民风格在其中具有举足轻重的地位，以至于它的范畴不应包含任何与这个重要组成无法和谐融入的东西。

由于风格和谐的问题在任何对城市设计艺术的考察中都是至关重要的，所以应当就使用新旧形式的现代态度，与罗马帝国古代建筑的发展之间作一个类比。最初由希腊创造出来，并在古希腊国家中发展起来的

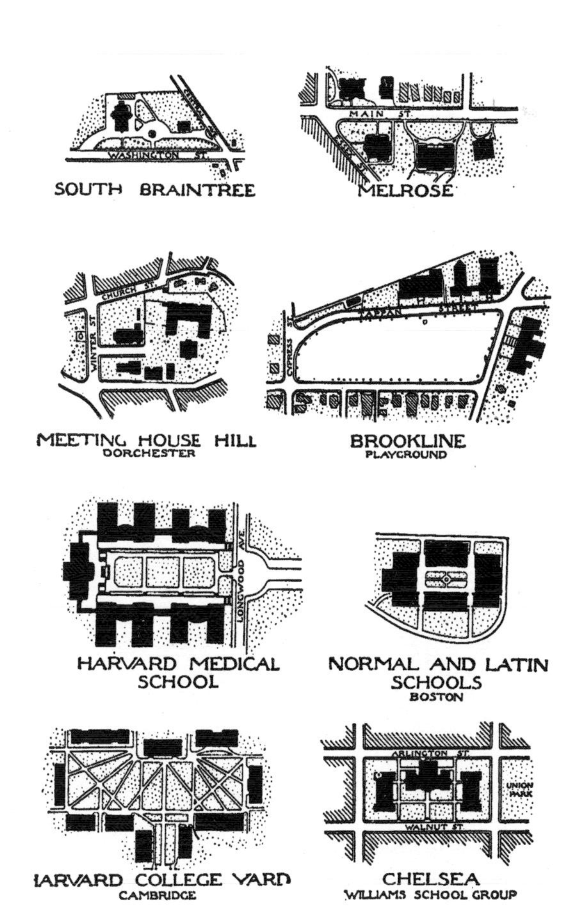

图 3–45　波士顿及周边，学校和城镇中心
出自舒特莱夫（A. A. Shurtleff）提交给大都市改善委员会的报告，1909 年。

图 3-46 麻省剑桥，哈佛校园入口

左为哈佛堂，右为麻省堂。入口大门由麦金－米德与怀特事务所设计（出自《麦金－米德与怀特事务所作品专集》）

一些形式中蕴含的最优美的可能性，最终是由罗马建筑师实现的。图拉真广场和太阳城（Heliopolis）作为建筑群代表着一个巅峰。与此同时，罗马建筑师完美地将希腊形式与新产生的拱券、穹顶等形式融为一体，万神庙和浴场（Thermes）这样的作品在不违背希腊标准的情况下超越了它们。按照同样的方式，可以期待现代美国最终将用新掌握的材料完全实现文艺复兴之梦，并恰当地将继承下来的形式与新掌握的材料及其创造出来的新形式融于一体。这样就可以设计和实现圣彼得广场、凡尔赛宫、南锡、雷恩的伦敦、卡尔斯鲁厄的特征结合在一起的一种组合，让大国的骄傲经由钢和钢筋混凝土，以及支配着庞大“公园体系”轴线的百层公共建筑得到表达。美国的博览会有理由让人们感到乐观。

美国大学校园的发展

对殖民风格建筑在美国获得成就的认可，对城市设计艺术的发展颇为重要。杰出的美国博览会显示了规整设计的非凡品质，即使盲人都能知晓；此外，历史建筑、公共集会场所、豪华庄园，以及老镇中排列着和谐房屋的整个片区，也在实实在在地无声推进。

从传统根基发展而来的美国校园，也为美国的古典复兴作出了贡献，其重要性堪比世博会。

哈佛大学最初的校园由哈佛堂、麻省堂和旧斯托顿堂（Stoughton Hall）围合而成，是一个简单的乔治亚风格建筑群，并非有机扩展的校园规划（图 3-45、图 3-46）。旧斯托顿堂被烧毁后，形成了大而开敞的四方院，名叫“旧院”（old yard），它的轴线与第一个组群是垂直的。不过，最初的轴线由布尔芬奇（Bulfinch）在庭院东侧建造大学堂时发现，实现的效果是以相同的风格将建筑有序排列起来，而不对总平面作其他调整。校园的很大一部分魅力有赖于随意种植的秀美榆树。

当托马斯·杰斐逊规划弗吉尼亚大学时（图 3-49~图 3-52），他的设计比哈佛大学的更加雄伟。其目标

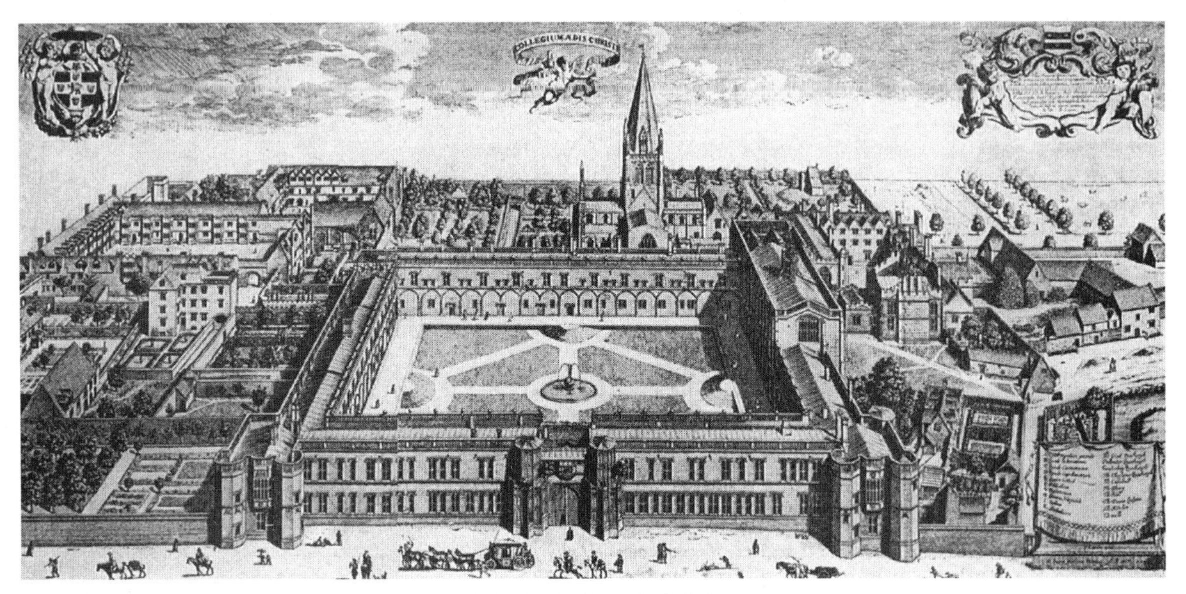

图 3-47 牛津，基督堂学院

约 1525 年由红衣主教沃尔西（Cardinal Wolsey）创立。这个主四方院是牛津最大的。（出自 D. Loggan 版画）

是营造一个封闭广场的效果，作为圆厅建筑（Rotunda，此处是图书馆）的前庭院。教师宿舍由柱廊连接起来，围合着庭院。花园成为与主校园平行的形式化附属单元,由被称为“西翼”和“东翼”的建筑形成外层围合。整个建筑、庭院和花园组群朝向南面开敞，为扩展留下可能性。在杰斐逊时代之后,这座圆厅建筑朝北扩建,被改造成一座很长的建筑。不过扩建部分在1901年被烧毁。传统美国建筑艺术与现代古典主义复兴，在麦金－米德与怀特事务所进行恢复设计时和谐地融为一体。他们的工作是在南端封闭庭院，并将图书馆恢复成圆厅建筑。

杰斐逊的柱廊和拱廊，以及他设计中最好的部分所带来的统一性，延续到了克拉姆－古德休与弗格森事务所的斯威特布赖尔学院（Sweet Briar College）的规划中。那是一座真正意义上的美国校园（图3–53、图3–54），其整体化设计看上去比杰斐逊之作更加赏心悦目、轻盈自在。

当老弗雷德里克·劳·奥姆斯特德在1865年被请到加州伯克利时，他为加州大学做了一个规划（图3–59）。在设计中，他将建筑与一个顺山而下、远望金门海峡夕阳的漫步道“绿毯”（tapis vert）组合起来。置于漫步道尽头人造高地上的建筑，俯瞰着一座蜿蜒曲折的公园。尽管建筑布局有那么一点形式化，奥姆斯特德却明确表示反对校园建筑的形式化设计。追随他那个时代的浪漫主义趋势，他希望“采用一种画意的，而非形式化和完美对称的布局”，并从后者中看到了“一种极为不便和混乱的因素”。在校园周边地区，奥姆斯特德布置了非形式化（蜿蜒曲折）排列的精致住宅组群，同时描述了那里想象中的优雅家居生活的魅力，极具启发性。事实上，在伯克利及其周边，有一种非常迷人而独特的木屋建筑，那是在梅贝克（1915年美术宫的设计者）等人的影响下形成的。这些木屋是大学周围极具特色的一部分，因此值得配图说明（图3–55~图3–57）。它们代表了这个片区非形式化设计的出色水平，相较之下奥姆斯特德的非形式化校园规划颇为逊色。不过随后几十年间，校园建筑都是根据奥姆斯特德的建议进行布置的（图3–67）。

奥姆斯特德的设计实现在大约30年后，因大学需要大幅扩张。奥姆斯特德的非形式化规划那时未能向世人证明它能永不过时，反而是杰斐逊早前的弗吉尼亚大学的形式化、严谨对称的规划，反映出艺术杰作的内在特征。与此同时，美国从芝加哥博览会上看到了新建筑思想的魅力，大学抛弃了奥姆斯特德1865年的规划。

人们会认为，后来奥姆斯特德本人也放弃了蜿蜒曲折的设计最适合大型教育机构园区的理论。的确，

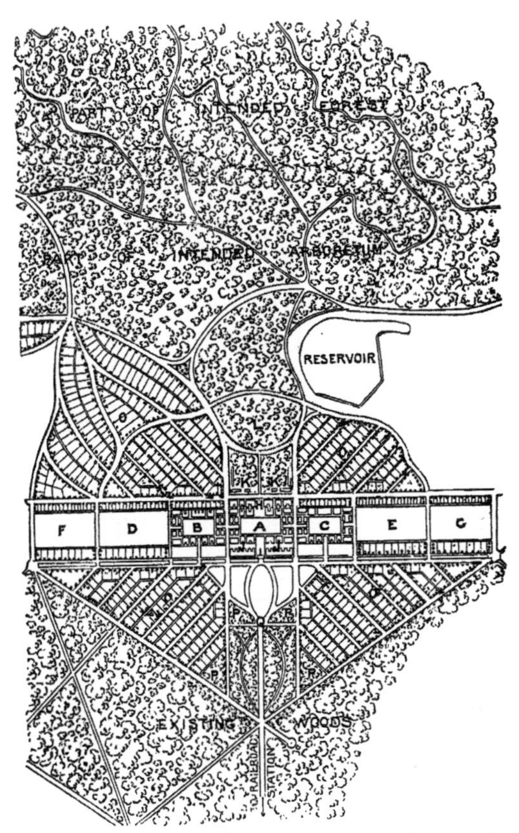

图3–48　利兰－斯坦福大学，帕洛阿尔托，平面由老奥姆斯特德设计
[出自《花园与森林》（Garden and Forest），1888年]

斯坦福大学规划图

A:中心四方院，还有一部分建筑仍在建设。B C:相邻合院的场地，含建筑的规划布局。D E F G：与上述规划呼应的4块方形扩展用地，预留给更多的四方院和建筑。H：大学教堂用地。I:大学图书馆和博物馆用地。K:大学工业系的建筑用地,目前部分在建。L:大学植物园用地。O O O O：独立式住宅和私家花园用地，由公共道路直接联系大学的中心建筑群。P P P P：一个幼儿园、一个小学、一个中学、一个工业和物理训练学校的用地。Q R：直接连接中心四方院和南太平洋铁路线的一个规划火车站的一条大街，两侧为小树林和漫步大道。路面留有足够的宽度，可以铺就两条路面电车的轨道。

1886年他受邀设计利兰－斯坦福大学（Leland Stanford University）的壮观校园（约在伯克利以南35英里）时，亲自操刀设计了完整的形式化规划（图3–48）。关于这个形式化设计的特征，他在报告中说道：“大学的中央建筑都位于平地的中间……这是由创立者们决定的，其主要目的是不让任何地形障碍影响他们在未来需要的时候添置建筑，并与早先的建筑恰当地形成有序、对称的关系。”这样，奥姆斯特德就推翻了自己之前的观点，所谓“对称的布局”是“一种极为不便和混乱的因素”。奥姆斯特德的转变值得更多关注，因为在他对称布局中的形式化建筑是谢普利，鲁坦和库利奇（Shepley，Rutan and Coolidge）事务所设计的。他们继承了理查森的做法与理念，正是理查森与奥姆斯特德多次合作，将罗马风设计（Romanesque）和非形式化环境联系在一起。利兰－斯坦福大学的建筑毫无疑问是罗马风的，但从一开始就设想带一点西班牙殖民风格的味道——以现代对西班牙风的狂热来评价，当

图 3-49 弗吉尼亚大学，图书馆北侧草坪

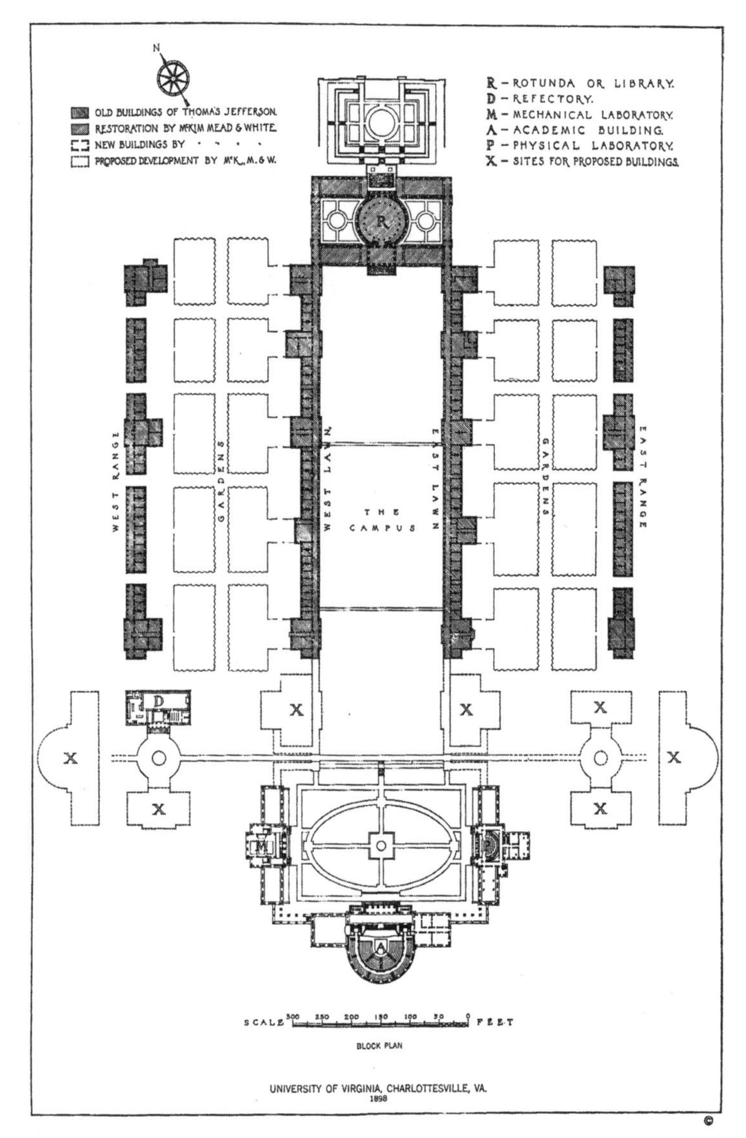

图 3-50 弗吉尼亚大学，麦金 – 米德与怀特事务所深化的托马斯 · 杰斐逊规划
（出自《麦金 – 米德与怀特事务所作品专集》）

时确实只是浅尝辄止。

美国建筑艺术的新人气，在伯克利引发了两次为加州大学伯克利分校的新规划举办的国际竞赛。竞赛分别于 1898 年在安特卫普、1899 年在旧金山举行，结果形式化的设计大获全胜。有趣的是，与斯特吉斯认为“无论在多大程度上”都不是巴黎美术学院的影响，孕育出了与古典主义复兴的观点相左，在第一次竞赛中夺魁的 11 个设计全都来自巴黎美院的学生，甚至瑞士德语区及奥地利的获奖者也不例外。贝纳尔（Emile Benard）的获奖设计在主轴和横轴上有两座效果震撼的庭院。最终实施的约翰 · 盖伦 · 霍华德（John Galen Howard）的设计（图 3-60~ 图 3-66），在某种程度上体现出向老奥姆斯特德提出的“结构分离、设计独立”体系的回归，但这些分离的结构是围绕有力的轴线体系组合起来的。一条侧轴与主轴平行，同样远望金门海峡。侧轴的尽头屹立着一座 303 英尺（92.4 米）高的钟塔，同样也标志着横轴的终点。这些相互分离的建筑，更多的联系体现在风格、材料和色彩的整体相似性，以及加州总体而言四季常青的树木环绕上。

将校园建筑更有力地结合成一个整体的方案，由麦金 – 米德与怀特事务所在他们的哥伦比亚大学设计中提出（图 3-68~ 图 3-71）。整组建筑都在一个连续、坚实的浅色石质基座上。相互分离的多层建筑立于其上，并向后退，红砖白石构成了优美的体量。这个统一基座的美学价值非同一般，为它付出的代价也不小——裙房中所有的房间估计都有 3 英尺（约 0.9 米）厚的墙。不过，这种统一要素的美学价值主要是从外面感受到的。进入校园就只会将围合建筑视为分离的房屋，从它们之间望见纽约高楼林立的景象往往是令人失望的（图 3-71C）。单体建筑之间形成了小的院落，根据视点和角度的差异，人的观感有时较好、有时不好。有时一座建筑角部与相邻建筑和谐相连，有时又生硬地撞上窗户和装饰（图 3-71B）。此处，由基座创造的、建筑物之间的有形联系再次无法感知，只有当观察者

图 3–51　弗吉尼亚大学，在校园里向北望
[出自科芬和霍尔登事务所（Coffin and Holden）]

图 3–52　弗吉尼亚大学，以图书馆为前景的校园
第 116 街以北的建筑在“中央建筑”图书馆四周形成了一个美妙的围合。从这里就能走到由第 116 街以南的建筑构成的优美前庭（今为田径场）。

站在校园组群外时（比如在百老汇大街上）才能发现。

在纽约大学（图 3–72~ 图 3–74），另一座让人想到文艺复兴“中央建筑”的图书馆，其两侧是两座附属建筑，并由一组柱廊连接起来。哥伦比亚大学和纽约大学的图书馆都被赋予了鲜明的外观，避免了杰斐逊的圆厅建筑所延续的穹顶万神庙类型——那有点儿像个油罐。

在巴尔的摩，美国传统艺术中心之一、毗邻老霍姆伍德（Homewood）的约翰·霍普金斯大学新校园（Johns Hopkins University，图 3–80~ 图 3–83），是保存至今最

图 3-53 斯威特布赖尔学院，克拉姆 - 古德休与弗格森事务所设计
[图 3-53、图 3-54 由斯威特布赖尔学院院长秘书苏珊·马歇尔女士（Miss Susan Marshall）提供]

优美的哥伦比亚建筑群之一。它的规划汲取了过去最宝贵的经验，也没有牺牲现代的实际需求。迫于地形条件限制，老霍姆伍德被当作外部庭院围合部分中的一个附属部分，与另一侧的一栋轮廓相似的新建筑相互对应。新的规划体系并不以霍姆伍德的老府邸建筑群为核心，而更侧重新的校园整体。但与校园相关的一切都表现出良好的品位、节制和真挚，即使是老霍姆伍德的建筑师也会心满意足。

在麻省理工学院（图 3-75~ 图 3-78），一座颇具震撼力的广场，朝向查尔斯河（Charles River）而建。这里没有使用传统的美国细部，而是采用了与美国殖民风格一脉相承的古典主义形式。此处古典主义由钢和混凝土演绎，表现出一种独特的美国化冷峻气质。

最近一些校园和类似机构的设计已经放弃了这种美国传统，以及它的古典主义形式源泉，而是选择了哥特和伊丽莎白时代的形式。原本它们在这个大陆的传统艺

图 3-54 斯威特布赖尔学院，弗吉尼亚，克拉姆 - 古德休与弗格森事务所设计

图 3–55　伯克利，梅贝克及其追随者设计的板瓦住宅

术中并无根基。尽管如此，哥特或半哥特的形式在很多情况下只是用在了细部，而没有影响平面整体。它符合了宽敞，甚至对称的需求，十分有利于欣赏建筑。将哥特形式或继其之后的混合风格用在具有文艺复兴特征的平面上并不一定是矛盾的，因为过去的哥特平面中所谓的画意，即蜿蜒的效果，很多都是迫于空间不足造成的，这不应该在美国校园中流行开来。正因如此，我们并不讶于看到，现代的哥特设计者为校园规划的平面，都按最好的现代理念达到了完美的平衡与轴线关系，无论是否有哥特的细部。

休斯敦赖斯学院设计（Rice Institute，图 3–93~图 3–96）结合了一个有拜占庭式细部的均衡平面，而科罗拉多大学的发展规划（图 3–97~ 图 3–99）是对加州博览会价值的肯定。

老奥姆斯特德反对在校园中使用形式化设计的一个理由看起来颇具说服力。他说：“一种画意式的，而不是完全对称的形式化布局，会让学校在未来需要的时候，对建筑的总平面进行任意扩展或调整。”这是用另一种方式在说：以非形式化的方式蔓延相对容易，做一个灵活的形式化规划绝非易事。现代校园惊人的发展很容易打破形式化方案的框架，无论它曾经的构想有多么雄伟。给伟大的构图添枝加叶却不与方案构成紧密的轴线关系，是不符合其精神的。所以最好是在一个组群中，每个单体建筑的平面设计都能在需要时立刻进行有机的拓展。这种个体的扩建部分不应干扰总平面，而要有利于它的完善，并提升整体的形象。如果提前做了规划，由依靠树木或轻巧的柱廊连接在一起、少量单体建筑构成的校园，就可以逐渐转化为一个围绕庭院组合起来的、实体相连的建筑群，并在相互之间形成轴线关系，由此使所有优美的透视形成序列。一组庭院可以被另一组庭院包围，而不会失去相互之间的关联、均衡与对称。

图 3–56　伯克利，大学校园教师俱乐部
梅贝克设计。

图 3–57、图 3–58　伯克利，私立校舍
梅贝克设计。

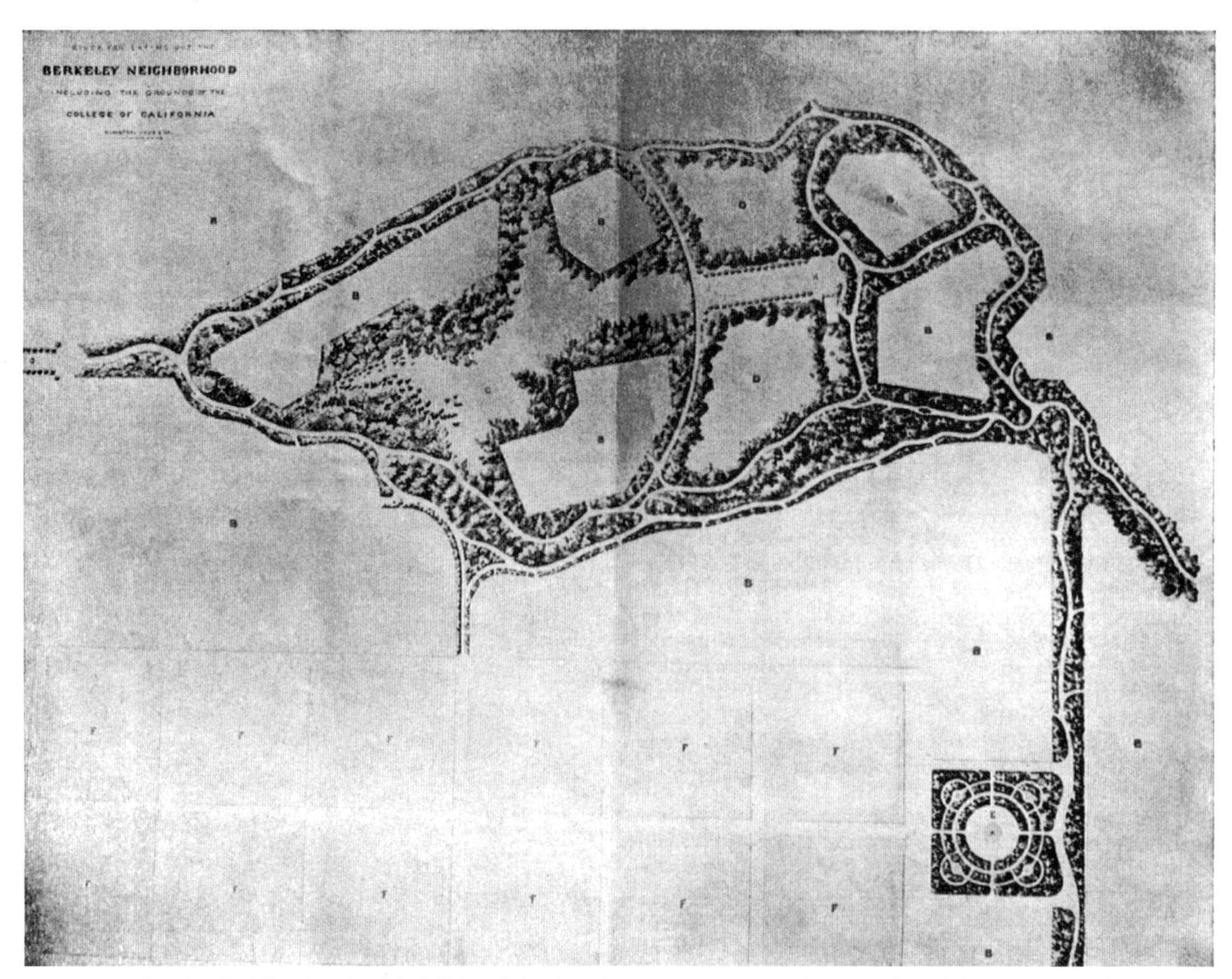

图 3–59 伯克利，弗雷德里克·劳·奥姆斯特德“伯克利街区布局研究，包括加州大学校园。奥姆斯特德 - 沃克斯景观建筑公司”（出自 1866 年报告）平面顶部为北。长方形街区“F，F，F，村庄用地”是 600 英尺的方形，并为地图提供了一个比例。图例：A—大学建筑用地（奥姆斯特德标注了 3 座建筑）；B—住宅用地；C—公共用地；D—大学预留地；E—公共花园；F—伯克利村庄用地；G—通往台地的大道。

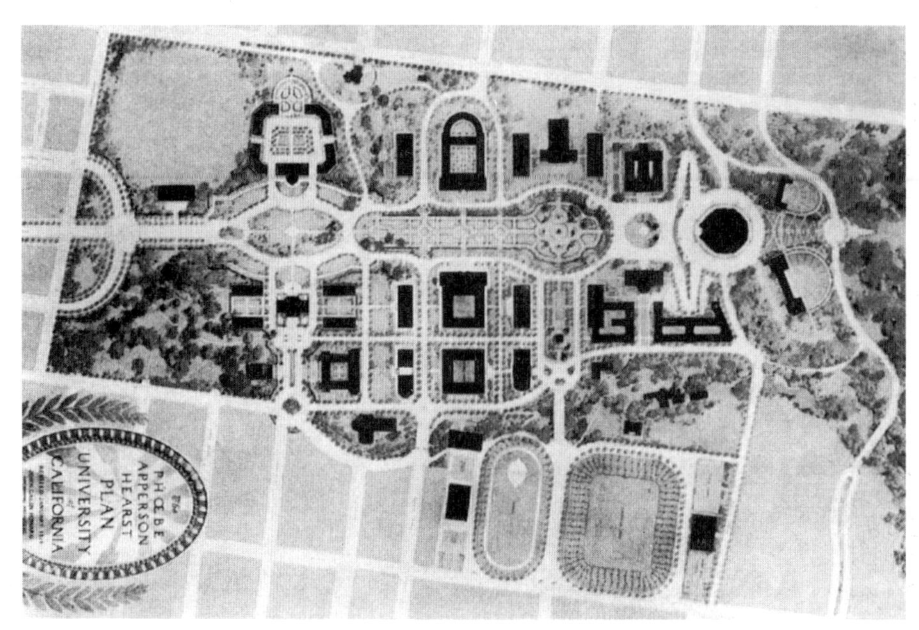

图 3–60 伯克利，加州大学总平面

约翰·盖伦·霍华德设计。这个平面是两次国际竞赛的结果。第一次于 1898 年在安特卫普评选，共提交了 105 个方案。11 位获奖建筑师进入了第二次比赛，并于 1899 年在旧金山进行评选。分为五等奖金从 1000 到 5000 美元不等。一等奖授予了巴黎的埃米尔·贝纳尔。他的图纸构成了 1902 年以来霍华德教授深化大学平面的基础。

图 3-61　伯克利，加州大学，人文楼

伯克利，加州大学

上图中的人文楼是朝东的立面，钟塔居中。单体建筑通过植物和栏杆以及和谐的屋顶线融入构图。右侧的两个小单元由柱廊相连。

图 3-62　钟塔步道

这是霍华德教授的萨瑟（Sather）塔步道设计，它基本上就是实施的方案（图 3-62）。

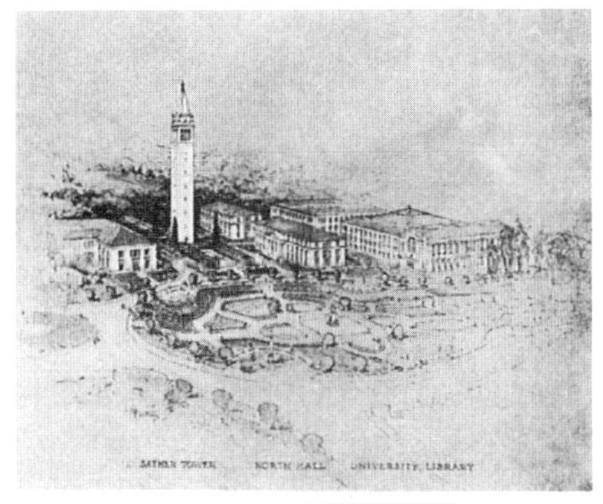

图 3-63　农学楼

农学楼位于校园低处更平坦的地方，可以围合出比其他楼群更大的区域（图 3-63）。

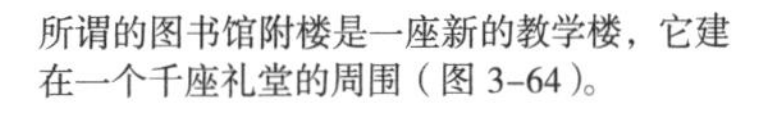

所谓的图书馆附楼是一座新的教学楼，它建在一个千座礼堂的周围（图 3-64）。

图 3-64　图书馆附楼

图 3-65　体育场

这座 4 万人的混凝土结构体育场的渲染图表现的是从钟塔望去的景象（图 3-65）。

图 3-66　钟塔周边

同环境一并展示的萨瑟塔也称钟塔。它高 303 英尺，底部 34 英尺见方，顶部 30.5 英尺；为钢结构，贴花岗石（图 3-66）。

图 3-67　伯克利，城镇与校园旧貌

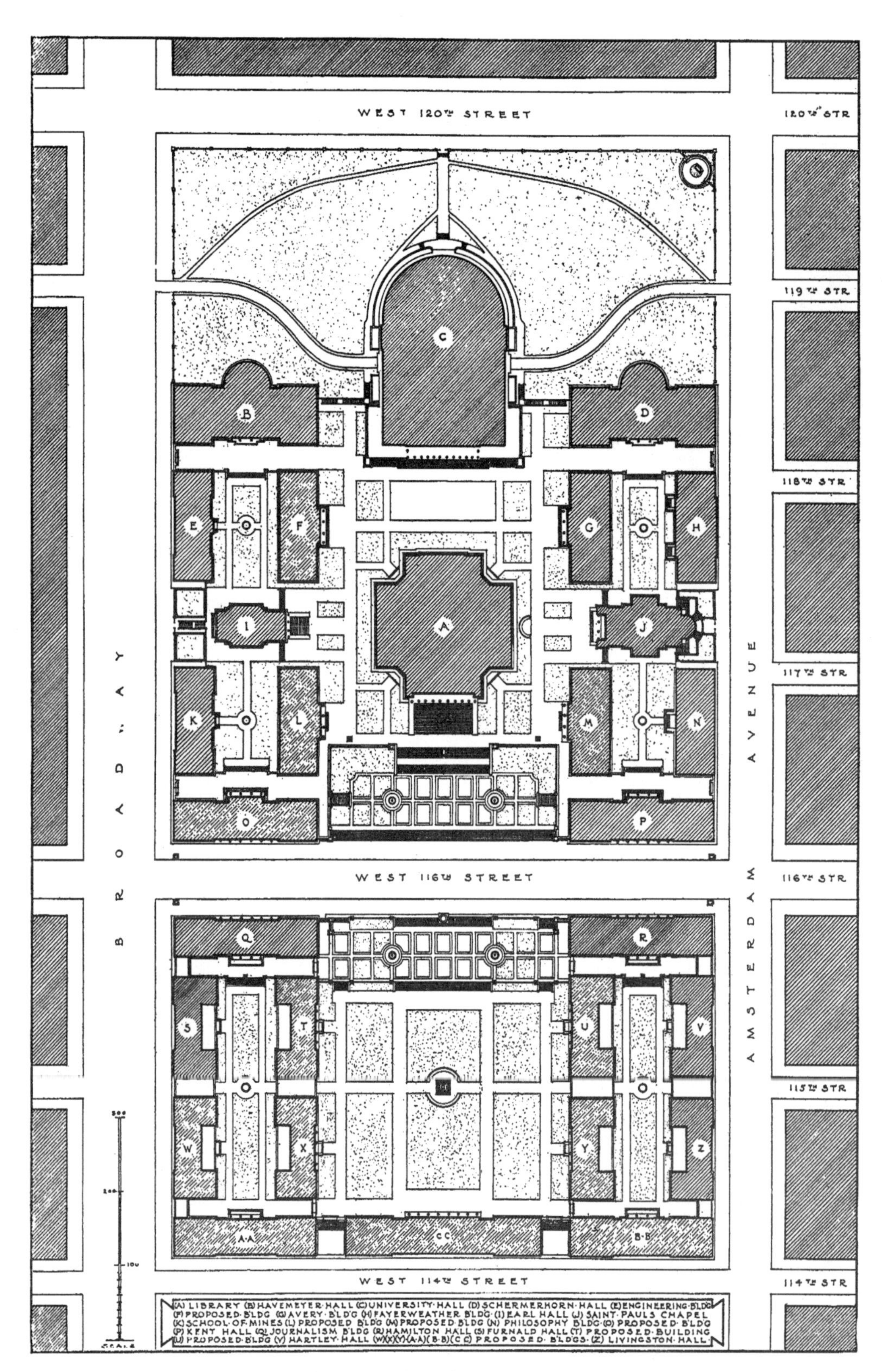

图 3-68　纽约，哥伦比亚大学总平面

麦金 – 米德与怀特事务所设计。图书馆 A 位于推平山头形成的高地中央。所有周围的街道都低于这块高地很多，尤其是西 120 街，大约低于中央校园 30~40 英尺。建筑立在高裙房上，如图 3-71A 所示。（出自《麦金 – 米德与怀特事务所作品专集》）

图 3–69　纽约，哥伦比亚大学图书馆
麦金 – 米德与怀特事务所设计。

图 3–70　纽约，哥伦比亚大学图书馆前的平台

图 3–71　A、B 和 C　纽约，哥伦比亚大学三景
文字见第 108 页。

图 3–72 纽约，纽约大学图书馆及一座周边建筑
麦金 – 米德与怀特事务所设计。

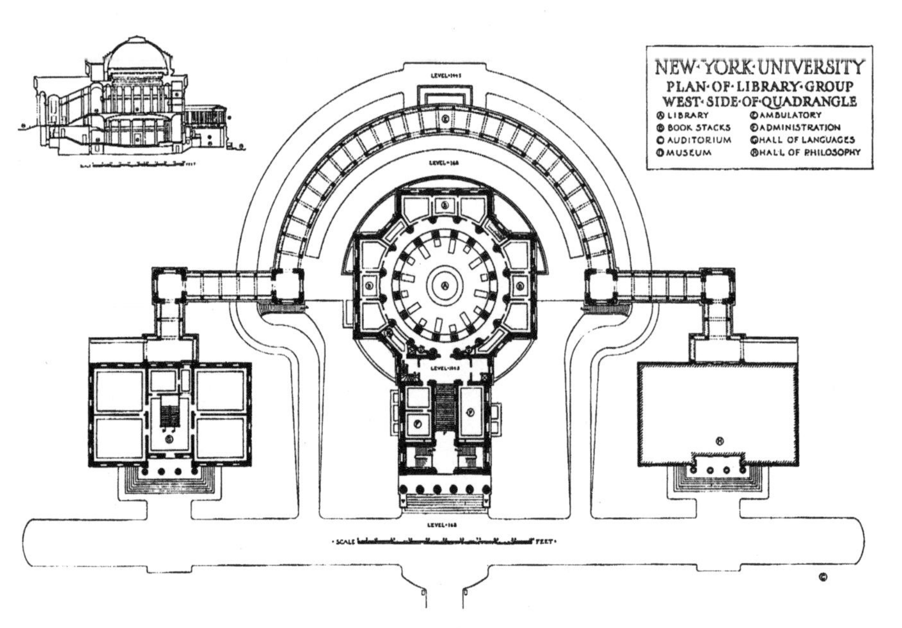

图 3–73 纽约大学，图书馆组群平面
从哈德逊一侧衬托图书馆的“回廊”里是所谓的“名人堂”（Hall of Fame）。建筑为黄砖灰石。（图 3–72、图 3–73 出自《麦金 – 米德与怀特事务所作品专集》）

图 3-74　纽约，纽约大学图书馆

图 3-75　剑桥，MIT 新宿舍楼模型

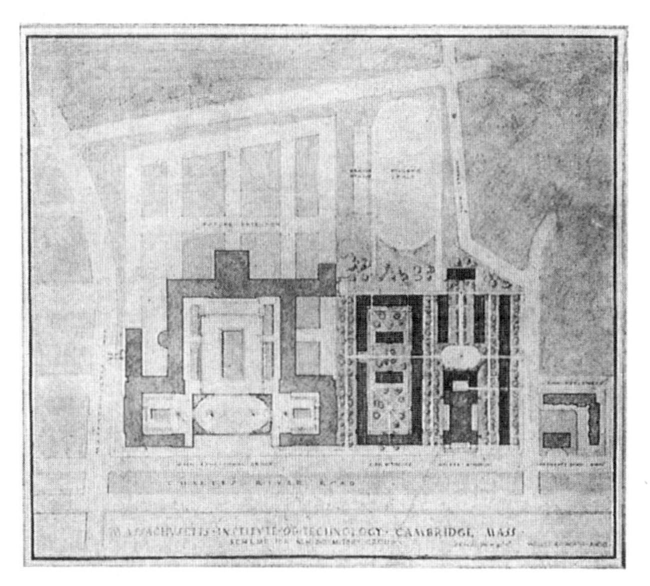

图 3-76　剑桥，麻省理工学院总平面
韦尔斯·博斯沃思（Welles Bosworth）设计。

图 3-77　剑桥，MIT 大楼两侧庭院
出自伯奇·伯德特·朗（Birch Burdette Long）所绘图。

图 3-78　剑桥，从查尔斯河谷波士顿一侧看新 MIT 大楼

图 3-79　弗吉尼亚州贝尔沃（Belvoir），新工程学院与军事研究所和学院模型
在波托马克河（Potomac River）上，下方为华盛顿。由建筑师韦尔斯·博斯沃思和美国工兵部队少校埃里克·凯本（Eric Kebbon）设计。

图 3–80　巴尔的摩，约翰·霍普金斯大学，霍普金斯椭圆广场

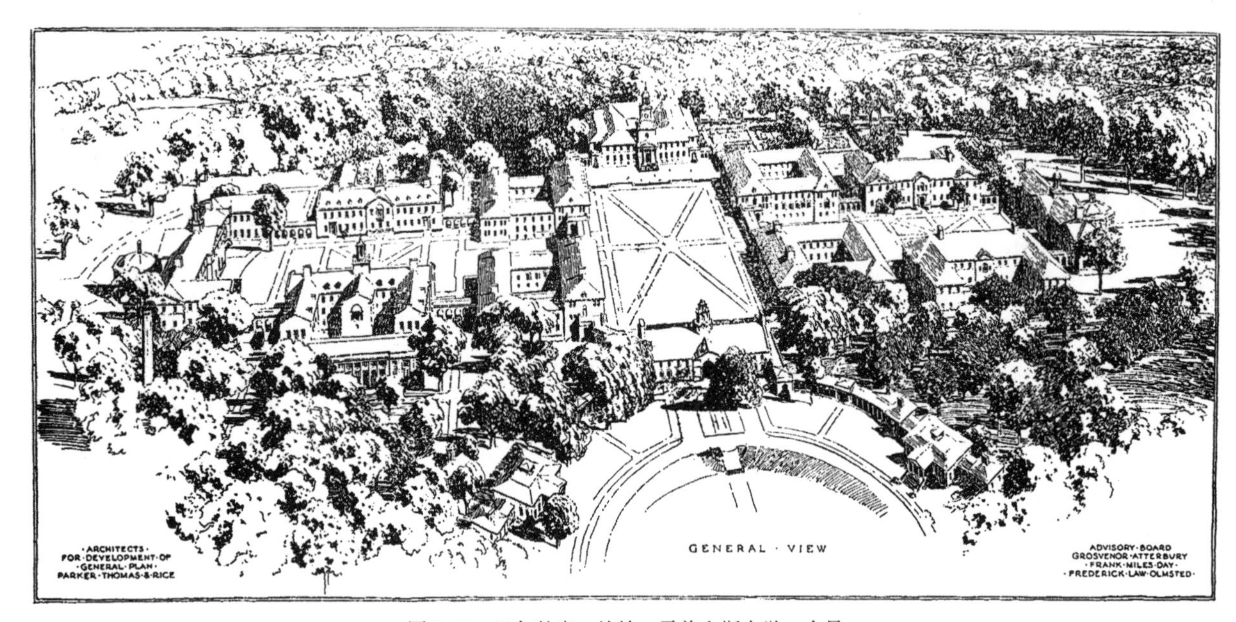

图 3–81　巴尔的摩，约翰·霍普金斯大学，全景

图 3–82　巴尔的摩，约翰·霍普金斯大学，吉尔曼楼（Gilman Hall）

帕克–托马斯与赖斯事务所（Parker，Thomas and Rice）设计。（出自《砖瓦工》）

图 3–83　巴尔的摩，霍姆伍德校园

屹立在约翰·霍普金斯大学新校园上的精美旧式殖民风格府邸构成了整个建筑区的基调，并作为门楼旁边的一座建筑融入方案中。（出自科芬和霍尔登事务所）

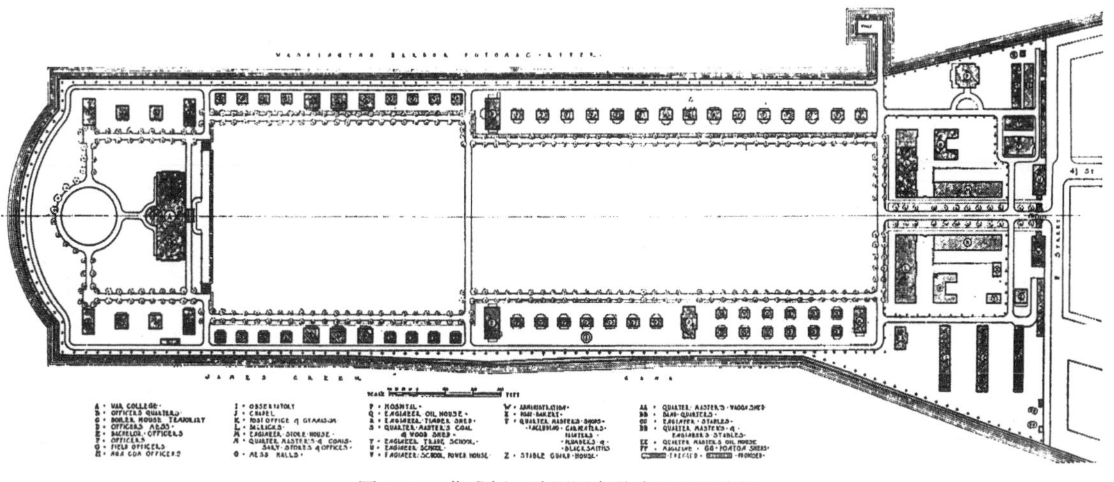

图 3–84　华盛顿，陆军军事学院和工程兵所

（出自《麦金 – 米德与怀特事务所作品专集》）

图 3-85 匹兹堡，西宾夕法尼亚大学 A
帕尔默与霍恩博斯特尔事务所的竞赛设计。平面见图 3-86。

图 3-86 匹兹堡，西宾夕法尼亚大学 B
帕尔默与霍恩博斯特尔事务所的竞赛平面。立面见图 3-85。

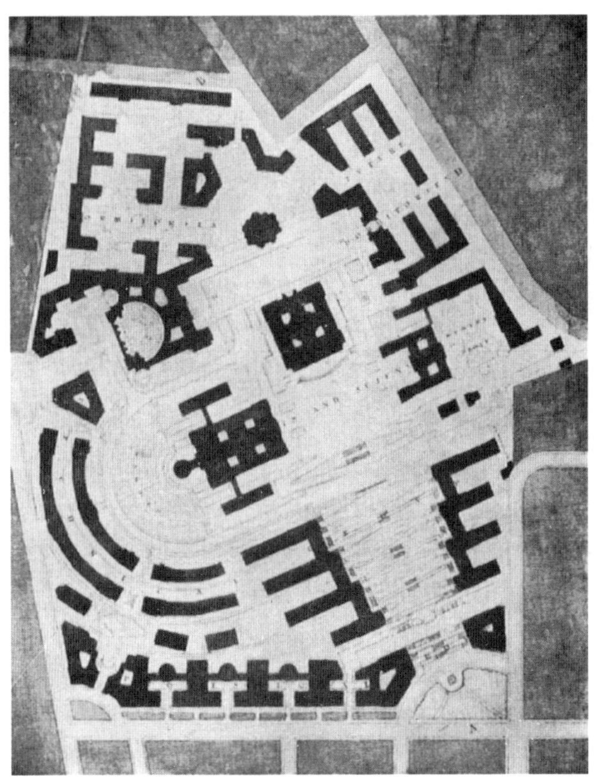

图 3-87 匹兹堡，西宾夕法尼亚大学 C
盖伊·洛厄尔（Guy Lowell）的竞赛平面。立面见图 3-88。

图 3-88 匹兹堡，西宾夕法尼亚大学 D
盖伊·洛厄尔的竞赛设计。平面见图 3-87。

图 3-89　明尼阿波利斯，明尼苏达大学

卡斯・吉尔伯特设计。

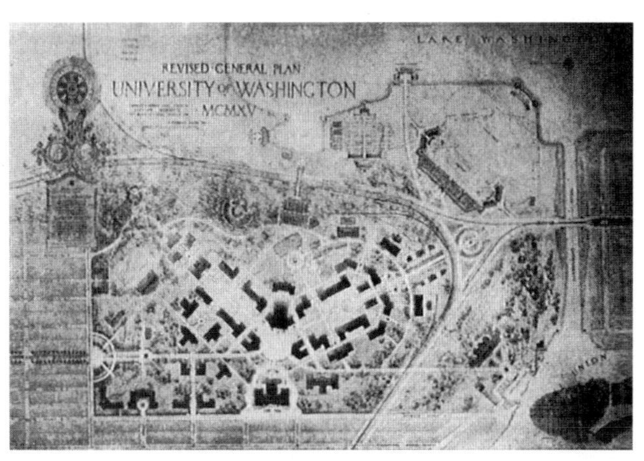

图 3-90　西雅图，华盛顿大学

贝布（C.H. Bebb）和古尔德（C.F. Gould）设计。这个规划的耐人寻味之处在于有许多地方将城市街道平面根据场地的障碍和条件进行了详细的调整。南侧的组群与雷尼尔山（Mt. Rainier）构成轴线。这个母题以及地形和现有建筑的位置体现出了主建筑群对角关系中的大胆创意。

图 3-91　波特兰，里德学院（Reed College）规划

图 3-92　波特兰，里德学院鸟瞰

多伊尔 - 帕特森与比奇事务所（Doyle，Patterson，and Beach）设计。

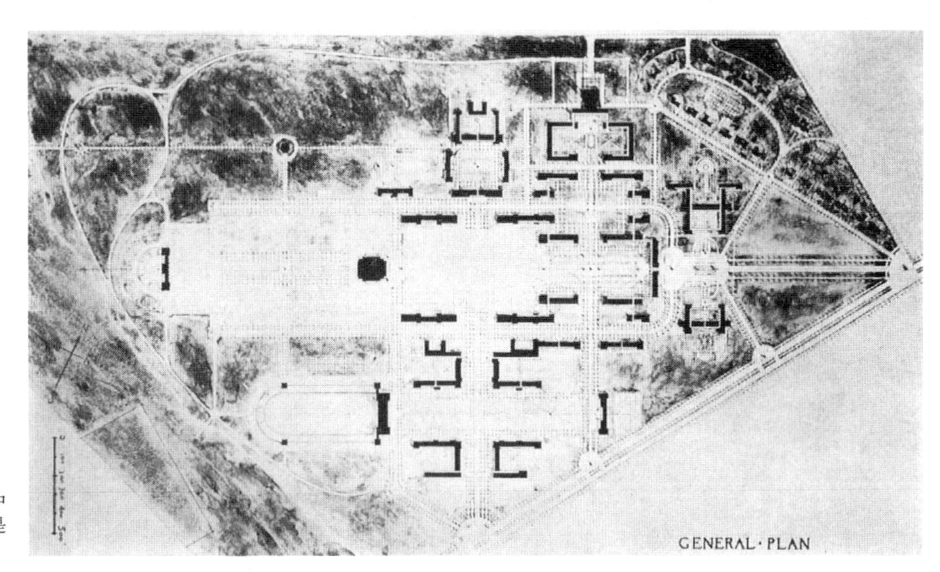

图 3-93　休斯敦，赖斯学院

克拉姆 - 古德休与弗格森事务所设计。图中淡淡显示出的相连拱廊与形式化的林荫道是设计中的关键部分。

图 3-94~ 图 3-96　休斯敦，赖斯学院

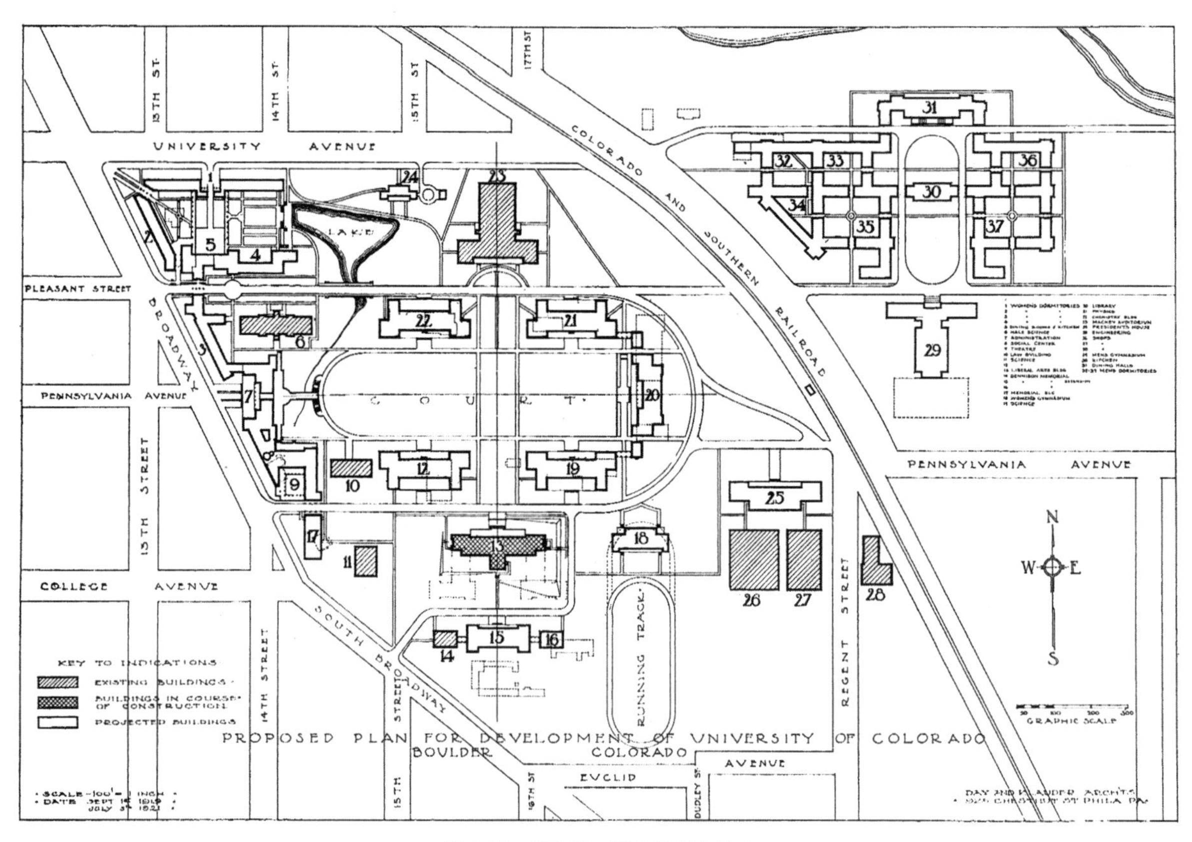

图 3-97 博尔德，科罗拉多大学 A

戴与克劳德事务所（Day and Klauder）设计。

图 3-98 博尔德，科罗拉多大学 B

女子宿舍楼庭院，上图平面中的 4 号。

图 3-99 博尔德，科罗拉多大学 C

行政楼前的平台，上图平面中的 7 号。

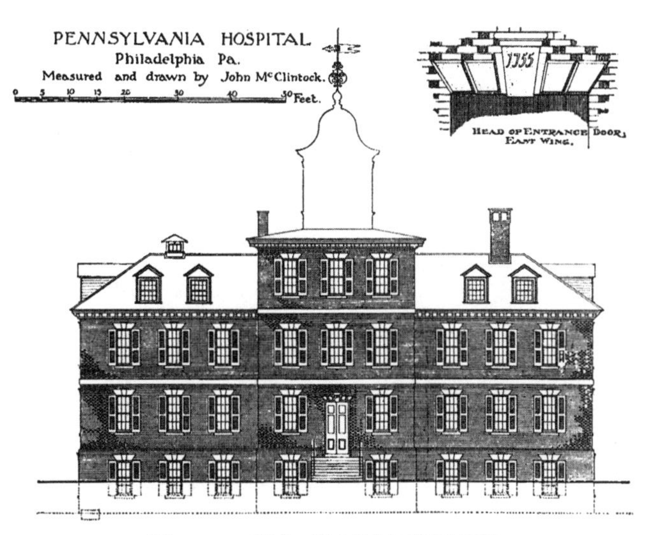

图 3-100 费城，宾夕法尼亚医院东楼

关于大学校园设计，所讨论的一切无疑都可以用到其他机构如学校、避难所、兵营、医院（图 3-100~图 3-119），甚至监狱的设计上。对形式化设计有机拓展的一个实例是费城宾夕法尼亚医院的东楼（图 3-100~图 3-102）。这个优美的殖民风格案例始建于 1755 年，并逐步扩建，直到形成一个精美至极的殖民风格建筑群。它扩大了医院的容量，而没有破坏这个杰出平面的和谐与均衡。为这种建筑群不断扩充容量的完美可能，或许可以从纽约州白原市伯克基金会的康复医院（Burke Foundation Hospital for Convalescents，White Plains，图 3-103~ 图 3-105）规划中看到。在那里，一个与宾夕法尼亚医院基本等大的组群构成了一个庭院的一侧。这个庭院则是其数倍大小的一组机构建筑群的中心。

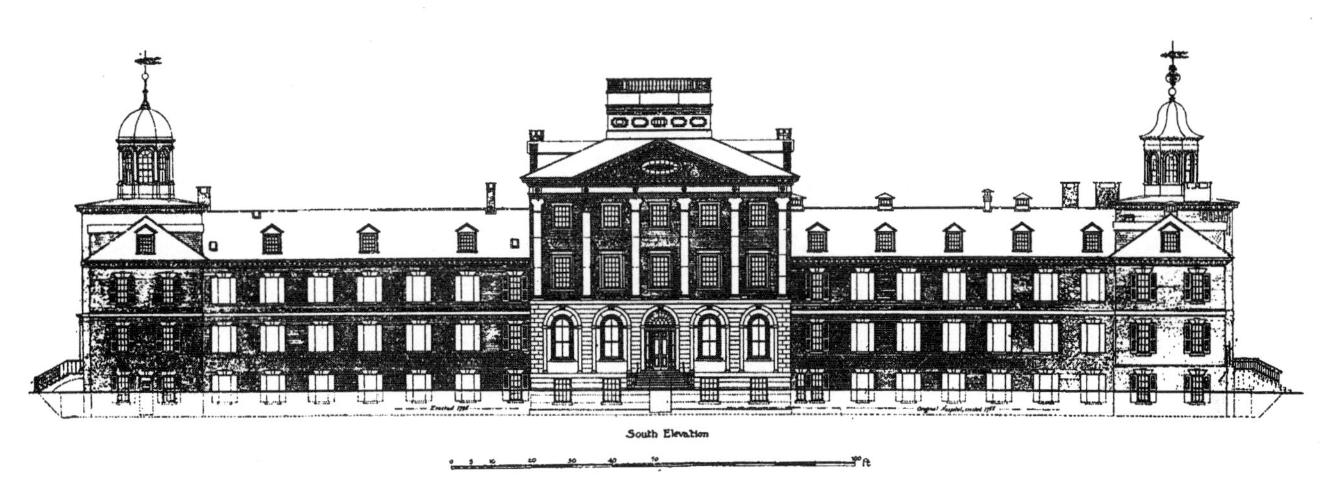

图 3-101 费城，宾夕法尼亚医院，南立面

图 3-102 费城，宾夕法尼亚医院，南面照片

东楼先建成，当大“E”形平面出现时又在西端重复。图 3-100~ 图 3-102 出自韦尔（Ware）《乔治亚时代》（*Georgian Period*）。

图 3-103 白原市，伯克基金会康复医院
中庭一角。

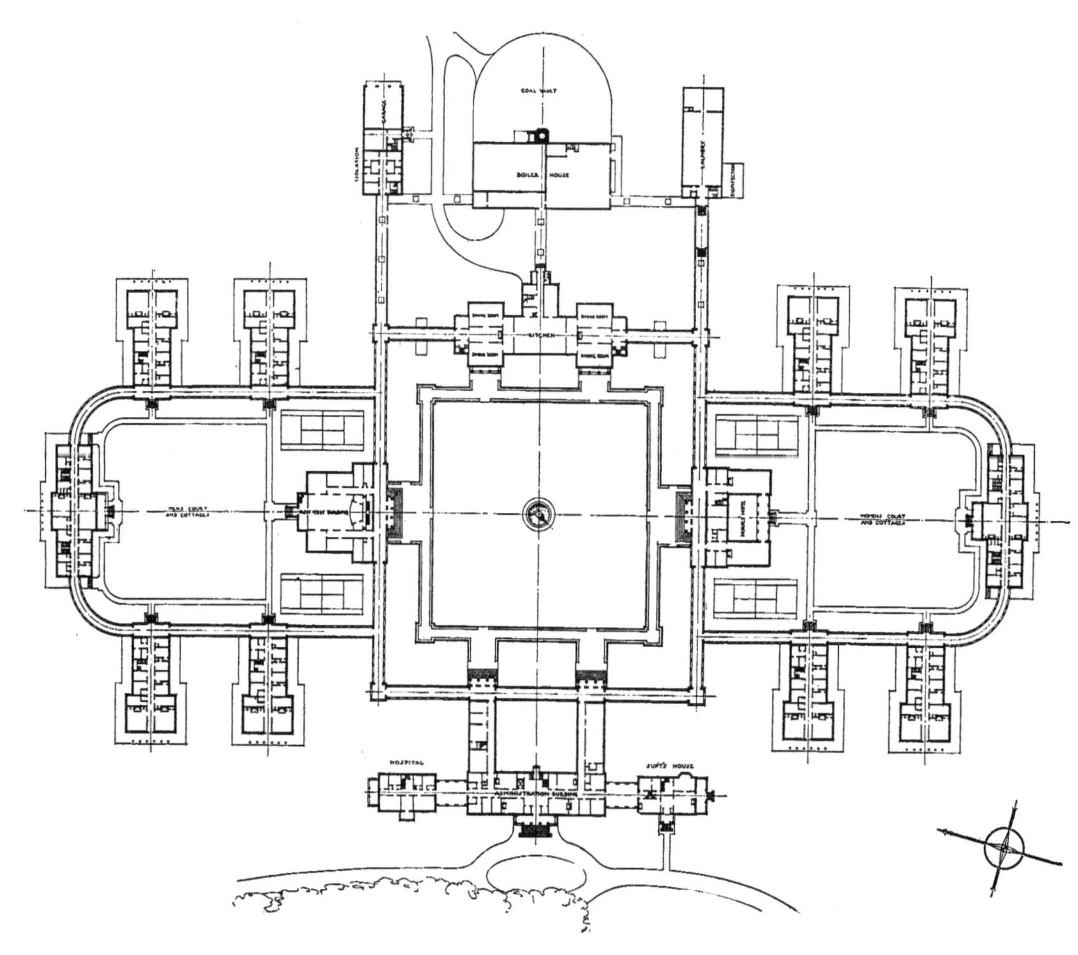

图 3-104 白原市，伯克基金会康复医院
（图 3-103~ 图 3-105 出自《麦金 - 米德与怀特事务所作品专集》）

图 3-105　白原市，伯克基金会康复医院

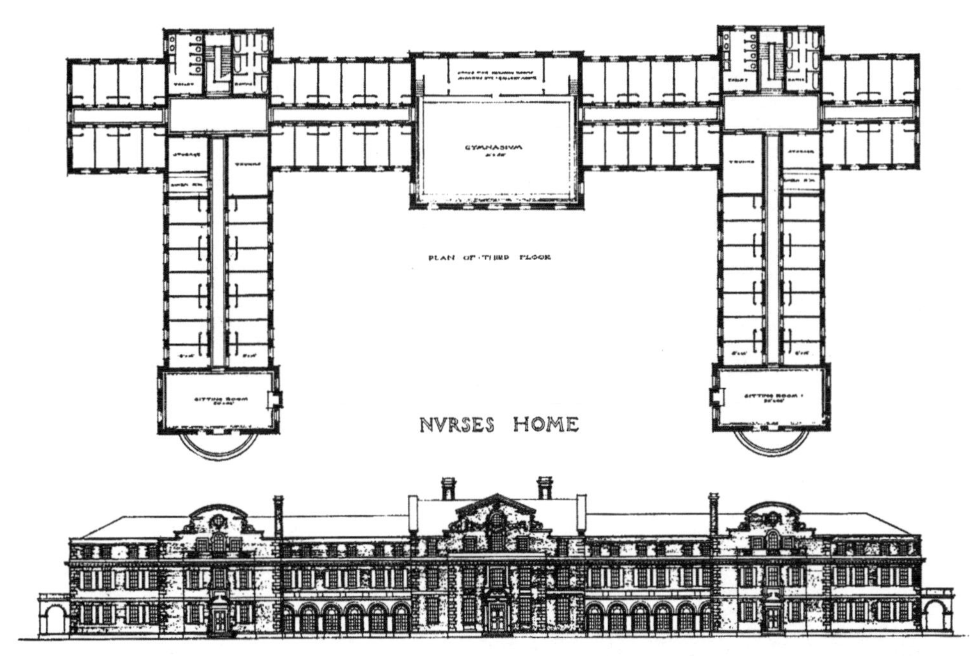

图 3-106、图 3-107　华盛顿，哥伦比亚特区医院护士之家平、立面

弗兰克·迈尔斯·戴兄弟事务所（Frank Miles Day and Brother）设计。（出自《砖瓦工》，1902 年）

图 3-108、图 3-109　波士顿，波士顿美术馆（Boston Museum of Fine Arts）埃文斯展厅（Evans Gallery）及总平面

盖伊·洛厄尔设计。新的埃文斯楼照片从视觉上表现出与环境的不协调，而这在建筑师无法控制周边环境时很可能出现。对于建筑的坚实性，再没有什么比池边柔软散乱的植物更不和谐的了。它彻底破坏了衬托坚实性的表达，而这是纪念性环境的首要因素。

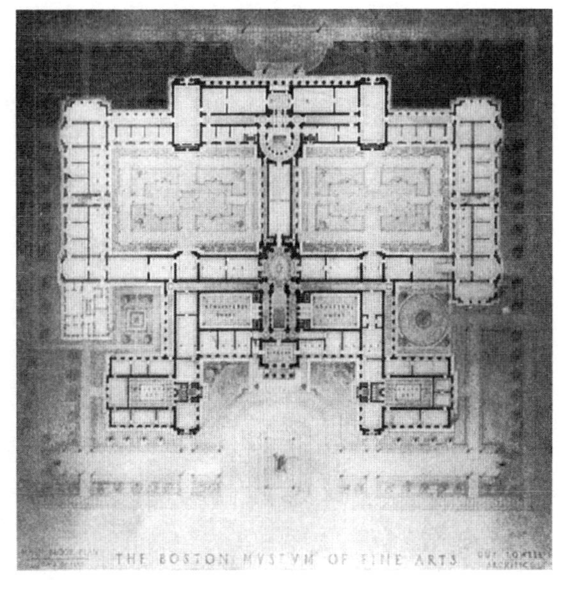

图 3–110 剑桥，哈佛新生宿舍戈尔楼（Gore Hall）

图 3–111 剑桥，戈尔楼

图 3–112 剑桥，史密斯楼（Smith Halls）

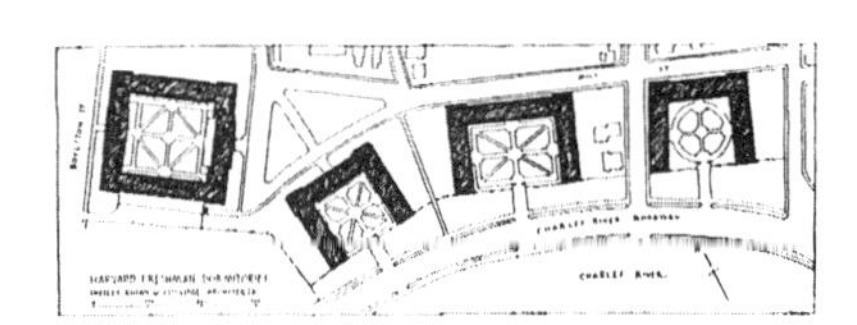

图 3–113 剑桥，哈佛新生宿舍图

图 3–110~ 图 3–112、图 3–115 中的这个组群由谢普利 – 鲁坦 – 库利奇事务所设计。史密斯楼在平面左侧形成了四方院；戈尔楼为右二。

图 3–114 加州奇诺（Chino）语法学校

威西与戴维斯事务所（Withey and Davis）设计。

图 3-115 剑桥，史密斯楼四方院

图 3-116 洛杉矶，西方学院（Occidental College）
迈伦·亨特（Myron Hunt）设计。

图 3-117 奥克兰，埃默森学校（Emerson School）
约翰·多诺万（John J. Donovan）与约翰·盖伦·霍华德设计。

图 3-118 帕萨迪纳（Pasadena）理工小学
迈伦·亨特与埃尔默·格雷（Elmer Grey）设计。

图 3-119 奥尔巴尼（Albany），纽约州师范学校
建筑师艾伯特·罗斯（Albert R. Rose）；州建筑师乔治·海因斯（George L. Heins）与富兰克林·韦尔（Franklin B. Ware）。

图 3-120 费城，从广场看独立会堂

图 3-121 费城，独立会堂，切斯纳特街（Chestnut Street）立面

图 3-122　费城，独立会堂 A

图 3-123　费城，独立会堂 B
（图 3-120~ 图 3-123 出自韦尔《乔治亚时代》）

美国的城镇中心

连同独立会堂（Independence Hall）（形成的建筑群图 3-120~ 图 3-123）是形式化设计内在扩展能力的另一个实例。通过延续独立广场周围的附属建筑，这个组群实现了积极的扩展，从而形成了广场的有效限定，并至少在一定程度上、从视觉上阻止了广场原先围合部分的快速变化。这些变化包括原有外观相对统一、低矮的殖民风格住宅组群，逐渐被替换为体量巨大、各自独立的巨大商业建筑。

像独立会堂组群、弗吉尼亚大学、宾夕法尼亚医院那样的成就，理应被列为庄严设计的公共建筑组群的精美案例。还有最为低调的美国农场组群（图 3-125~ 图 3-129），以其简洁性体现出殖民时期的特征，具有一种本真的城市性庄严。但充分认识到杰出殖民风格先例的意义需要时间，美国“城镇中心”运动最初是从世博会的成功中得到了驱动力。伯纳姆委员会修订华盛顿规划，在很大程度上是因为 1896 年博览会。它还完成了马尼拉规划的修订和扩展（图 6-65），方案增加了一个城镇中心，以及其他几组按照 1893 年的成功理念、围绕庭院布置的公共建筑组群。

当时类似理念的实施随着芝加哥博览会的拆除而昙花一现。然而，在克利夫兰城镇中心组群（图 3-146、图 3-147）设计中，已经得到了永恒的表现。克利夫兰公共建筑组群的设计，以及受它启发的其他设计主导思想，充分体现在图 3-146 注释中引用的“公共建筑与庭院监督委员会”的评语中。

按照类似的理念，许多美国城市都设计了城镇中心，其中的精华将在此书展示。有些就像最初的丹佛方案（图 3-166、图 3-167）那样一直未能实施，有些已被建成或者正在建设，比如麻省斯普林菲尔德的优美组群（Springfield，图 3-154）和更具雄心的旧金山广场（图 3-152）。在某些情况下，就像圣路易斯的最初方案（图 3-150），设计呈现主要为几何式，而像西雅图方案（图 3-141）那样的情况，运用新理念带来了奇特的结果。

近年来，尤其是在加州博览会取得成功之后，城市设计师在公共组群的设计中回归到了对当地传统艺术的欣赏上。但除了教育和医院建筑以外，乔治亚风格在东部、西班牙殖民风格在西部应用在大型组群的设计上进展相当缓慢。

目前提到的所有公共建筑组群，除了装饰性的穹顶和塔楼造型外，都避免了高大的建筑体量。这一点也继承了世博会的范例、巴黎美院的教学思想，以及支撑博览会设计的欧洲实例。3 层建筑实际上是所有欧洲广场的标准高度。这个高度不仅从审美意图，以及钢结构和电梯出现前的技术局限上看是合理的，而且从革命前时期的宫廷礼数上看也是。按照这种礼数，国王住在 2 层，而他的头上不能有人。一座城堡的其余部分或它的环境建筑不能高于国王的中央寝宫被认为是理所当然的。由于每位绅士，尤其是每位新贵（nouveau-riche）都在亦步亦趋地模仿国王的做法，所以主建筑为 2 个层高较高的楼层，对应附属建筑的 3 个普通层或更少，成了普遍接受的纪念性布局的高度（教堂除外）。美国的殖民风格建造者是在相同的技术条件下进行建设的，像独立会堂、华盛顿的弗农山庄（Mount Vernon）、弗吉尼亚大学和美国国会大厦这样的优美布局，只能是低矮的建筑。

奇怪的是，无论广场和城镇中心的现代设计师能从 18 世纪的先例中学到多少，他们的问题都会因为新发展出来的多层建筑和新社会思想的可能性而变得更加复杂——有好也有坏。美国的现代城市规划师曾提出，遵循欧洲城镇中心设计中已被认可的高度。面对

The Old Rochester Market; now destroyed.

图 3–124 罗切斯特（Rochester），旧市场
（出自韦尔《乔治亚时代》）

图 3–125 洛克斯特瓦利（Locust Valley）长岛，格伦·斯图尔特先生（Glenn Stewart Esq.）农舍
艾尔弗雷德·霍普金斯（Alfred Hopkins）设计。

图 3–126 东诺威奇，坎贝尔农场组群 A
平面见下图。

图 3–127 东诺威奇，坎贝尔农场组群 B
平面见下图。

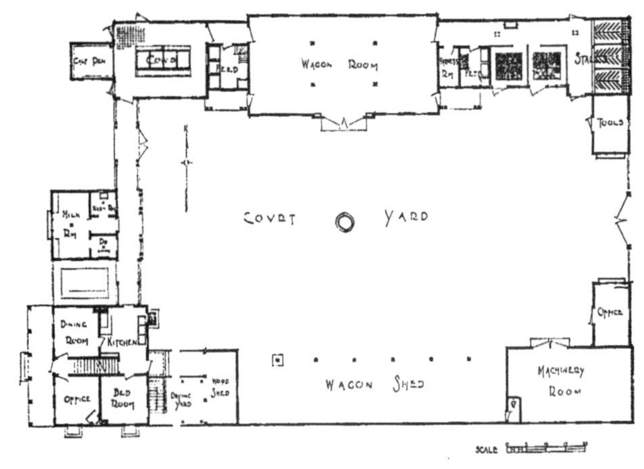

图 3–128 东诺威奇，长岛，坎贝尔农场组群布局
詹姆斯·奥康纳（James W. O' Connor）设计。（出自《建筑评论》，1920 年）

不受控制的摩天大楼建设造成的混乱，以伯纳姆为首的城市规划师学派提出：不要用高度让具有纪念特征的公共建筑与众不同，而要让它们低矮。

他们建议用高得多的商业建筑将具有纪念性的公共建筑包围起来，乐于让这种公共建筑像办公楼的普遍布局那样，融入市区高大商业建筑的体量中去。他们相信，仍有足够多的公共建筑“在表达上仍然遵从于更为形式化和建筑化的倾向”。公共建筑“在垂直体量上无法与商业建筑相比，而必须根据它们的功能，以设计的优势从周边建筑中脱颖而出”，显然周边建筑没有多少设计。纪念建筑将单独矗立，并无实体连接于那些环绕其周围、作为围合的摩天大楼。

这种理念在适当的发展下会有远大的未来，并在芝加哥格兰特公园（Grant Park）组群设计（密歇根大道广场）中得到了体现。那里沿着密歇根大道西侧、在一排 20 层摩天楼前，低矮的“纪念性”两层加阁楼建筑 [马歇尔·菲尔德博物馆（Marshall Field Museum）、艺术学院和图书馆] 组合在一起。同一位设计师为芝加哥城镇中心（图 3–129~ 图 3–140）做的设计采用了不同的理念。方案将这座城镇中心放在距离湖边 1 英里（1.6 公里）的地方，因而远离现在的商业区，被仅一般高的摩天大楼构成的统一建筑围合起来。这个城镇中心组群的次要建筑低于商业建筑形成的围合建筑，并试图“以设计的优势从周边建筑中脱颖而出”。而组群中的主要建筑，其穹顶与圣彼得大教堂的等高，比所有建筑都高。因此其不仅以设计的优势脱颖而出，还有对轮廓线的支配。用一座办公摩天楼而不是纯粹装饰性的穹顶支配轮廓线的理念，是不被接受的，理由显而易见：这种摩天楼不配立在中心位置上。

根据计算，有穹顶的高大建筑前的开放区域可以超过 14 英亩。穹顶建筑的设计和高度可以与罗马圣彼得大教堂进行对比。或许耐人寻味的是，圣彼得大教堂前的椭圆形区域 [斜形广场（Piazza obliqua）] 面积才不到 5 英亩。与之相较，“直线广场”（Piazza retta，教堂前的拱心石形区域）多了 3 英亩。这就意味着芝加哥穹顶方案前的开放区域几乎是圣彼得大教堂的 2 倍。不过对比这些尺寸时，还要记住的是，罗马广场是紧密围合的，直线广场的宽度也没有超过教堂立面的宽度，尽管教堂立面被特意加宽过。芝加哥穹顶前的广场方案并不是围合的，而是在开阔的区域上又穿过了 8 条来自四面八方的放射形宽阔街道，轴线上的林荫道宽约 300 英尺（91.4 米），此外在广场两侧立面上还有很大的开口，这些都增加了广场的宽阔感。

如此巨大、松散的区域，在美学上能否由一侧放置的带穹顶建筑得到控制，是令人怀疑的，哪怕它后来发展到在今天看来的最大尺寸——罗马圣彼得大教堂的高度，

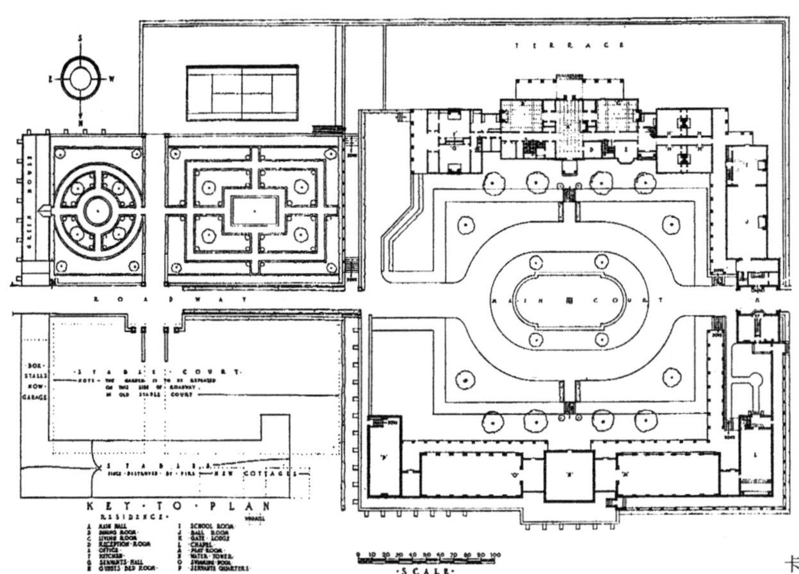

图 3-129　惠特利希尔斯（Wheatley Hills），长岛，摩根（E. D. Morgan）庄园
（出自《麦金 - 米德与怀特事务所作品专集》）

图 3-130　巴尔的摩，华盛顿府南拉斐德侯爵纪念碑
卡雷尔和黑斯廷斯事务所改造殖民晚期的华盛顿纪念碑大道的设计局部。地面通过十字形广场的各个部分升起。相邻建筑的高度有限制，但如图所示，仅仅进行限制并不是形成统一性的成功方式。[出自《美国建筑师》(*American Architect*), 1918 年]

效果仍然堪忧。但如果满足以下前提，从美学上支配这种巨大的空间可能不必那么费力。首先是加紧围合；其次，主要建筑位于中心而不是一侧；再次，主要建筑不采用300 到 500 英尺高（97.4 到 152.4 米）的装饰性穹顶，而是一座 2 倍高且优美实用的办公大楼。像圣彼得大教堂高 470 英尺（121.9 米），比纽约市政大楼低了 100 英尺（到雕像顶部）。而国会大厦从漫步道到最高处的雕像顶部只有 307 英尺（93.6 米），也比不上办公楼的高度。麦迪逊（Madison）的带穹顶的州国会大厦只有 300 英尺（97.4 米）[未配家具时造价为 720 万美元；办公空间除走道和仓库外有 18 万平方英尺（约 1.7 万平方米）]。纽约市政大楼据说高 539 英尺（164.3 米）[造价 1200 万美元，办公空间 64.8 万平方英尺（约 6 万平方米）]，伍尔沃思大厦（Woolworth Building）高 793 英尺（241.7 米）[造价 1400 万美元，办公空间 40 英亩（约 16.2 万平方米）]，加州奥克兰市政厅高 334 英尺（101.8 米）[建筑造价约 189 万美元，办公空间 9 万平方英尺（约 8000 平方米）]。

看起来，一切都将取决于塔楼能否做到与穹顶同样优美。每个人都不得不承认纽约市政大楼、伍尔沃思大厦（图 3-176）、波士顿海关大楼（500 英尺高，图 3-149）、奥克兰市政厅（图 3-151）那样的成就，以及内布拉斯加（Nebraska）国会大厦（图 3-161）那样的方案也是极有前途的。一位聪明的设计师甚至能够找到很多种途径，让中等大小的城市从一座塔楼开始规划，然后再考虑建筑层数，从而大幅加深给人留下的印象，并为所有未来的需求提供充足的办公空间保障。

当然，城镇中心的设计者会对一种情况感到尤为不安：构成其方案一部分的摩天大楼立面，大到柱廊小到窗框都充满细部，以至于观看者不管是身处庭院中或是沿路走来，在不同距离的各处观看，都具有很好的美学效果，如此就会喧宾夺主。若要讨论其中涉及的光学和美学问题会非常有趣，只是超出了本书的范围。但关于从美学上组织巨大体量的最重要方法之一还是可以稍加论述的，美国建筑师在这一方面的处理开了先河。这种方法就是将窗户与其间的空隙，组合成易于识别、引人瞩目的宽大单元。窗户的组合在今天没有米开朗琪罗、佩罗和加布里埃尔的时代那么棘手，那时他们不得不将窗户隐藏在柱廊后面，或者完全遮挡起来。如今，窗户的组合可以提高到空中，远离过于挑剔的眼光。钢结构和用于附属楼层的深色材料，使恼人的水平构件在十分醒目的垂直构件旁边毫不显眼。从美学上看，极高建筑的上层尤其有可能将 2 层，甚至 3 层或更多的楼层合为一层，让它们看上去像一个柱式、一道拱廊，或者从下往上看像一段凉廊。不过，窗户的这种组合如今被认为是不合理的，因为它无法展现建筑的内部布局。此外，现代建筑材料无疑也被设计师随意地滥用。他们不仅会将房间放在柱头上的空间里，还会放到柱础下面。他会发现柱子的高度被地产商否定，因为地产商反对让巨大竖井的直径超过 7 英尺，挡住过多的开窗。那些竖井最多只能用于通风，也有可能作为烟道或放置盥洗室。即使客户同意这些柱子是不可避免的，也会希望房间位于柱子的楣板或基座的位置上，因为那里采光更好。腓特烈二世[①]（Frederick the Great）曾在统治期间亲自负责了一些精美的设计，而他原则上是反对将柱子放在

① 腓特烈二世（德语 Friedrich II，1712—1786），后世尊称为腓特烈大帝（Frederick the Great），是霍亨索伦王朝的第三位普鲁士国王，著名军事家、政治家、作家和作曲家。

图 3-131　纽约，公寓楼
高层建筑水平分隔的实例。这一原则能够用于各种广场和街道设计。(出自《麦金－米德与怀特事务所作品专集》)

用于居住或工作的房间前面的，因为他对“牢笼栏杆后的感觉”深恶痛绝。最近，有人在办公室的房间前设置了佩罗卢浮宫柱廊 2 倍高的柱子，而实际情况中最理想的也就是从中等宽度街道的对面去看它们，即与之等高或更少的距离，而无法像卢浮宫那样从更远的距离观看。因此这种将 5 层或更多的办公室塞到巨大柱廊背后的尝试，就会逼仄人们的视线，造成大和小的尺度相互冲突，令人感到不适。这样一来，多层办公室看上去像是假的，巨大的柱子也相当凑合。

不过，在抨击这种怪异的做法时，重点只能放在美学和实用方面，而不是“表达性”的失败上。有人反对将窗户组合成引人注目的单元，正是靠着这个词，考察它的变化过程会十分有趣。佩罗的批评者，代表保守的法兰西学院，用传统的案例反驳了佩罗的做法。今天的批评家反对装饰性的立面，则是因为装饰不能直接反映建筑的室内布局和房间大小。他们认为自己是进步的，并谴责那些意见相左的设计师是学院派的。

如果接受这样的观点，就等于承认在广场和街道的和谐立面创造中，在水平方向将不同的构成元素组合在一起、使它们成为统一立面的组成部分，是不合理的。巴黎的旺多姆广场（图 2-163~ 图 2-166）正是这种统一立面的案例。它的立面最初是独立建造的，后来背面的土地被分块卖给愿意在建房时保留立面的人。亚当（Robert Adam）的伦敦菲茨罗伊广场（Fitzroy Square，图 3-136）和许多类似案例都采用了统一立面的做法。

在此值得深入讨论一下，上述应用于水平方向组合的“构成表现性”观点，它涉及垂直和水平方向上对广场和街道设计非常重要的原则。在菲茨罗伊广场的设计中，亚当控制着整个长度，并用带分散入口的不同房屋打造了一个横长且均衡的立面。亚当兄弟在他们自己的设想中设计了长长的“阿德尔菲联排住区”（Adelphi Terrace，图 2-216、图 2-217，以他们自己的名字命名，adelphi 意即“兄弟”），当然其立面也被设计成统一、均衡的，隐藏了其背后地块归属不同公寓的事实。和谐立面背后的租户之间毫无和谐可言。

笃信真实和表达性的约翰·拉斯金（John Huskin），则对明斯特（Muenster）的街道（图 4-91）大加赞赏。它和中世纪以及文艺复兴时期许多的街道类似，都由相互独立的个体建筑构成的。但它们都有足够的城市意识，即共同的传统、和谐的倾向和团结感，并使用了相同的主题，组合起来也创造出了和谐的立面。在某种意义上，它们也适用于雷恩对柱廊的描述：“越长越美”。相似的和谐街道设计体现在图 3-132、图 3-133 中的 2 个巴尔的摩案例，以及关于街道章节中的其他案例中。

在街道设计中，只要不去考虑公共建筑及其布局，只要做到立面的整体和谐就能完全令人满意。一个特别的原因是街道的墙面通常不是从垂直的角度进行欣赏，正面只能从街道对面看到，这就意味着主要从同侧非常狭小的夹角去观看。但是对于开阔广场的建筑设计，或是重要建筑的围合设计而言，就需要将各个单元组合成可视范围内、有韵律的建筑群体，比方说可以在街坊块的转角和中心进行更加引人瞩目的设计。这种组群设计的合理性，显然在于它更为优美。将房屋按照单元组合，也许不一定会表达出在这个统一立面后生活和工作的人心中的真实状态，但它强烈地表现出一种彼此相通的市民自豪感。正是这种市民自豪感，让他们愿意穿上最好的衣裳，结队游行，赞美城市，并为值得的事情作一些牺牲。尽管这些统一立面不能完全表达出业主的需求，但是它们确实表达了紧邻重要建筑的区位，以及它们在城镇中心方案中的重要功能。

如果说在水平方向组织低矮的立面，并赋予它们在优美的建筑群中应有的位置是合理且必要的，那么在垂直方向组织高起的立面，将原本由雷同的办公窗户行列构成的冗长墙面，有节奏地划分成优美且赏心悦目的组成部分，也同样合情合理。在希腊神庙中，适合远观的高耸柱子被用在外侧，那里是适于人们从远处看到的。而叠落的两层小柱式被用在室内，那里需要的是近距离观察和节约空间。同理，摩天大楼需要基于不同于室内的实际条件和审美意图在室外表达它的尺度和美学考量。在这一点上应当记住的是，米开朗琪罗将巨柱式用在近代建筑上（卡比托利欧广场），不是这位伟大的建筑师向城市设计艺术做出的唯一让步。他还设计了极其成功的法尔内塞宫顶部的华丽檐口，这个檐口要比设计这一宫殿其余部分的圣加洛所构想的大得多。这个檐口位于顶层之上，而且有

图 3-132、图 3-133　巴尔的摩

通过建筑处理统一起来的成对房屋实例，一个依靠完全对称，另一个依靠风格的和谐与水平要素的贯穿。

图 3-134　伦敦，阿德尔菲住宅，泰晤士河沿岸的上层联排房

图 3-135　伦敦，罗伯特·亚当的林肯律师学院（Lincoln's Inn）重建方案

林肯律师学院是法律界人士生活或办公的建筑群之一。区域的一侧是林肯律师学院广场。亚当的规划是让这个广场成为学院新建筑的巨大前庭。假如他实施了全部规划，包括对广场周围建筑的处理和广场本身的设计，毫无疑问他会让这成为一件壮观美妙之作。学院立面的造型需要非常突出，以便让它不同于广场的其他各面。

图 3-136　伦敦，菲茨罗伊广场

一排私宅，罗伯特·亚当设计。

图 3-137、图 3-138　伦敦，从泰晤士河看阿德尔菲住宅

亚当兄弟设计并建造了这一排住宅，作为一种商业投机。这些住宅正面是联排房（见图 3-134），它建在一个带拱廊的码头上。码头后面是仓库，街道由码头通向河岸街（Strand）。在这个横长的立面上，每个独立的住房都是三窗的面宽。阿德尔菲住宅在修建维多利亚堤岸（Victoria Embankment）时被拆除，但颇为相似的河岸处理方式可以在欧洲各个城市中看到。（出自《罗伯特·亚当和詹姆斯·亚当建筑作品集》）

图 3-140 芝加哥，城镇中心

11 英尺（约 3.4 米）之多，是束带层（string-course）高度的 3 倍，因而与宫殿的前广场设计呈一定的比例关系（图 1-146）。以同样的方式，米开朗琪罗在设计最终得以实施的圣彼得大教堂穹顶时超越了布拉曼特（Bramante）。他知道这个穹顶在室内观察的角度会与室外完全不同，所以赋予了室内和室外不同的形状，并让外壳高高立起，以克服不可避免的透视缩小。

建筑的外观是其面对的街道或广场的一部分，并要服从它们的美学和光学规律，而这些规律在很大程度上不是由建筑的室内要求决定的，而是由街道或广场的大小，以及紧邻街区的主次建筑之间形成的互补关系决定的。

图 3-139 芝加哥，城镇中心与格兰特公园规划

出自《芝加哥规划》。该规划在芝加哥商业俱乐部的指导下，由丹尼尔·伯纳姆和爱德华·本内特绘制。

图 3-141 城镇中心方案

这是两个原则在实际应用中的终极结果：城镇中心是扩大的街道交叉口；建筑可以放到街道留出的任何怪异形状中。

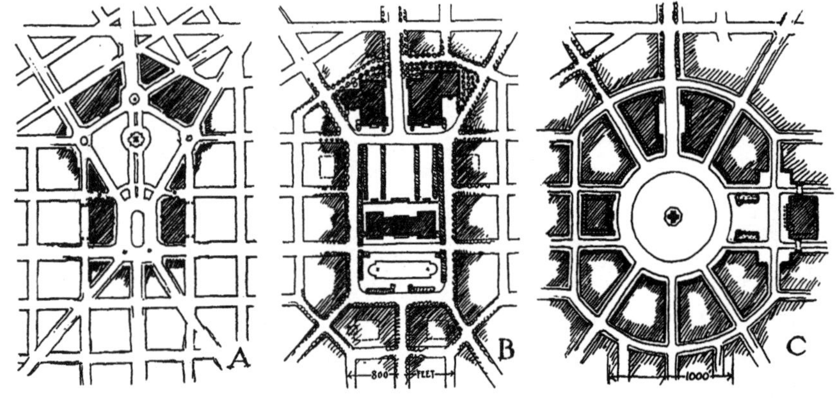

图 3-142~ 图 3-144 三个城镇中心

草图 A 出自提交的一个美国城镇中心设计的方案，包括了一个城市建筑组群和多条新街道，它们都有放射性街道的设计。这个规划显示出在网格中布置斜向街道时，不对网格式街道进行调整会出现各种困难，这些困难还会通过将纪念性建筑围绕在这种交叉口上布局得到强调。草图 B 和 C 提出了通过减少锐角数量，创造更少、间隔更宽的交通口来避免这些问题的方式。这个环形广场从第 74 页及下页的 18 世纪法国规划中得到启发。

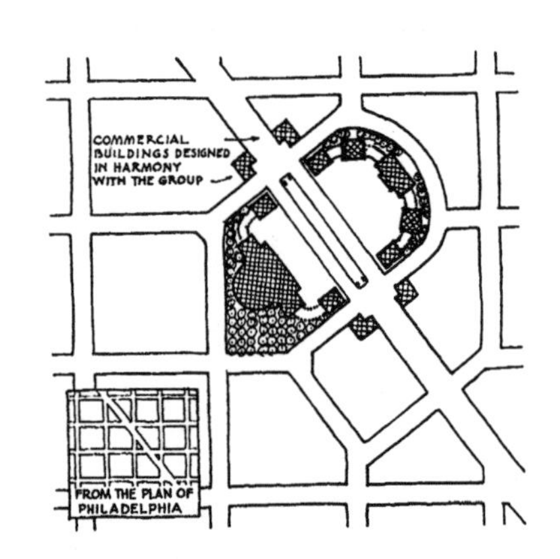

图 3-145 放射形街道上的城镇中心

这个网格街道规划根据放射形大道做了调整。一些被截断的街道有尽端设计。这个组群与大道直接相连而没有打断它，设计中考虑了四个街角防止它被不和谐的街区干扰。

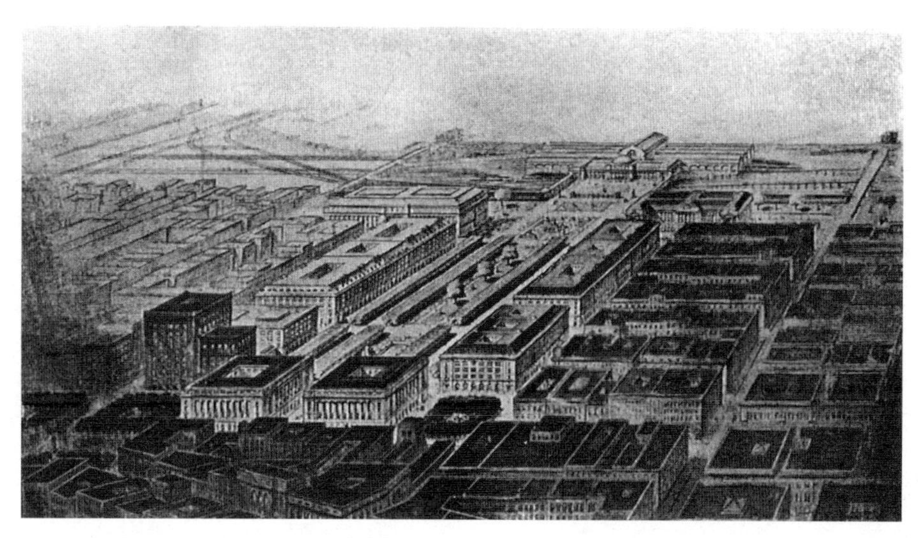

图 3-146　克利夫兰，城镇中心

由伯纳姆 - 卡雷尔与布伦纳事务所（Burnham，Carrere，and Brunner）设计。1902 年“组群规划委员会”在报告中陈述了下面这段关于他们工作基本原则的话：

“无需多言即可证明，在像这样的组合中，建筑的统一性是首要的，而最高层次的美只能通过统一的建筑来保证。这就是从 1893 年芝加哥博览会荣光院中吸取的经验，这个经验深深影响了整个国家民众的思维，并带来许多良好的结果。

“委员会建议：该组群规划的所有建筑设计都应源自古罗马古典主义建筑的历史母题；应在各处使用同一种材料，并在设计中保持统一的建筑尺度。主要建筑的檐口线应该统一高度，林荫道东西侧各个建筑的体量和高度都应相同。事实上，这些建筑应该采用统一的设计，并尽可能整齐划一。

“必须牢记的是，这些房子的建筑学价值不仅在于对观者的直接效果，而更多地在于它们对城市所有建设工作的持久影响。在这里，能给出的关于秩序、体系和预留空间的实例，就是 1893 博览会主会场对克利夫兰城镇中心设计的意义，以及对整个国家的意义。它的影响将会从后续所有的公共和私人建设工作中感受到。

“委员会相信，城市中建造的所有建筑都应该特色鲜明；学校、消防站、警察局和医院如若采用毫不相关的风格，或者没有风格，是毫无益处的，且显然是一种损失。将这些建筑设计控制在某些界线内则要好得多，并且每种功能一样的建筑，应该让它们一眼就能识别出来。在新的城市中将我们团团包围的杂乱建筑，给生活带来的是毫无价值的东西；相反，可悲的是，它们扰乱了我们的平静，破坏了我们心中的安宁，而平静和安宁是一切满足感的真正基础。所以，让公共部门竖立起简洁而统一的典范吧，它们未必会带来单调乏味，而是相互之间十分和谐的优美设计。”

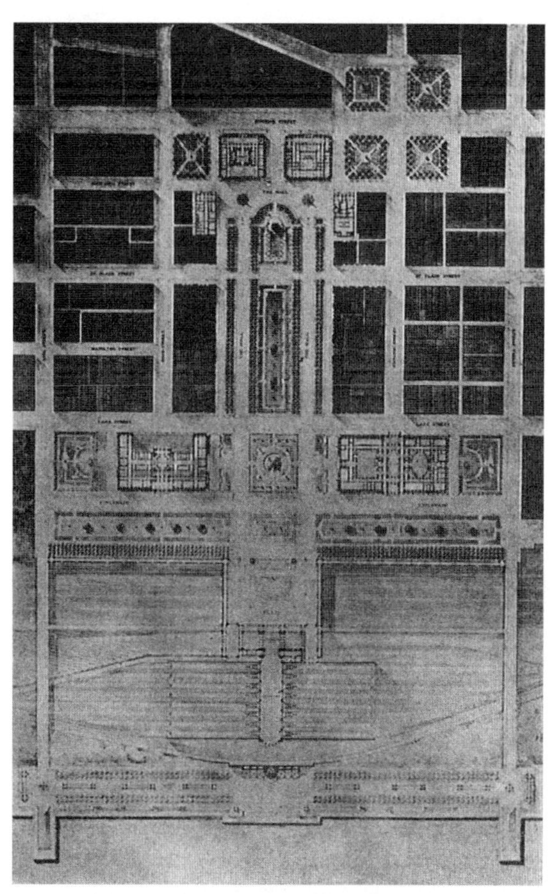

图 3-147　克利夫兰，城镇中心规划

图 3-148　无瑕城镇（spotless town），城镇中心规划

尽管指责如此乐观的规划让人难以启齿，但可以提出的是：如果通往市政厅的车行道放在后面，就会给市政厅创造出一个更庄严的“基础”，并带来更好的交通和停车。宁静宽阔的公共草坪是规划中的点睛之笔，它出自 1902 年《砖瓦工》“市政厅丛刊”中艾伯特·凯尔西（Albert Kelsey）的一篇文章。

图 3-149 波士顿，海关大楼

由皮博迪与斯特恩斯事务所（Peabody and Stearns）设计。旧海关大楼作为 500 英尺高的新塔楼的基础。这座建筑是来到码头远望波士顿的亮点。（摄影：A.H. Folsom）

图 3-150 圣路易斯，城镇中心

莫朗（J.L. Mauran）、埃姆斯（Wm. S. Eames）和格罗夫斯（A.B. Groves）设计。

城市建筑组群中央建筑的高度，不仅决定了该建筑的前广场设计，还决定了中央建筑可以成为街道设计中令人满意的景观的视点距离。这些重要的因素将在关于街道的一章中继续讨论。

无论对中央建筑是否应该是一座办公楼的问题抱怎样的态度，对伟大时代给伟大建筑创造最优美环境的研究得出了一个结论：广场的围合建筑所需要的关注并不亚于以广场为布景的纪念性建筑。这一点对于纪念物屹立在广场中央和它作为广场的围合部分是相同的。从这种研究的结果（本书中有充分的材料）来看，或许可以得出结论：对于重要的方案，客户向建筑师保证，将对纪念物周围的建筑（尤其是公共建筑）进行控制是至关重要的，而这座纪念物的雄伟景观也会对社区有价值。

图 3-151 奥克兰，市政厅

帕尔默 - 霍恩博斯特尔与琼斯事务所（Palmer，Hornbostel，and Jones）设计。

这种控制可以通过两种途径得到：要么让城镇中心广场周围的建筑具有公共性的特征，要么找到某种方式，让城镇中心组群周围的私人或商业建筑的高度和设计服从实现和谐设计的强制约束。巴黎和无数欧洲的城市采用了各种各样的手段，以达到相似的目的。要么像旺多姆广场那样建造背后没有房屋的立面，然后分地块出售；要么建造样板房或样板平面，并在特定地点实施。一旦人们意识到，确保纪念性建筑相关的大型投资项目的完整价值，这样的权宜之计是举足轻重的，那么它们在美国的出现就只是一个时间问题。认为“这种事情只能在欧洲实现而不是美国”，或者这种做法在欧洲的阻力要比美国小，这样的想法都是幼稚的。比如，柏林曾经遭遇的巨大阻力就是一个有趣的例子。在 18 世纪，统治者用自己的金钱强制将不和谐的老建筑更换为多加一层的和谐房屋，以使首都的主要街道具有纪念性。然而得到免费馈赠新房的业主却感到极为不适。人们或许猜测，类似的普鲁士做法会更吸引（更加实际的）美国商人。只要城市或州向紧靠公共建筑街区中的私有房屋提供财政补贴，不管有多少补提，都会激励他们为城镇中心周围的建筑提供和谐的方案。在其他情况下，城市或具有公共精神利益的相关市民组织，会买下所需的地块，再以保证适度开发的条件把它转让出去。此外还有其他可选办法。

图 3-152　旧金山，城镇中心

1912 年由约翰·盖伦·霍华德、弗雷德里克·迈耶（Frederick H. Meyer）和小约翰·里德（John Reid, Jr.）设计。这个规划的优点在于没有试图覆盖过大的区域，而是尽可能把控其划出的空间。在控制建筑的过程中，包含四个角部建筑是一种先见之明。

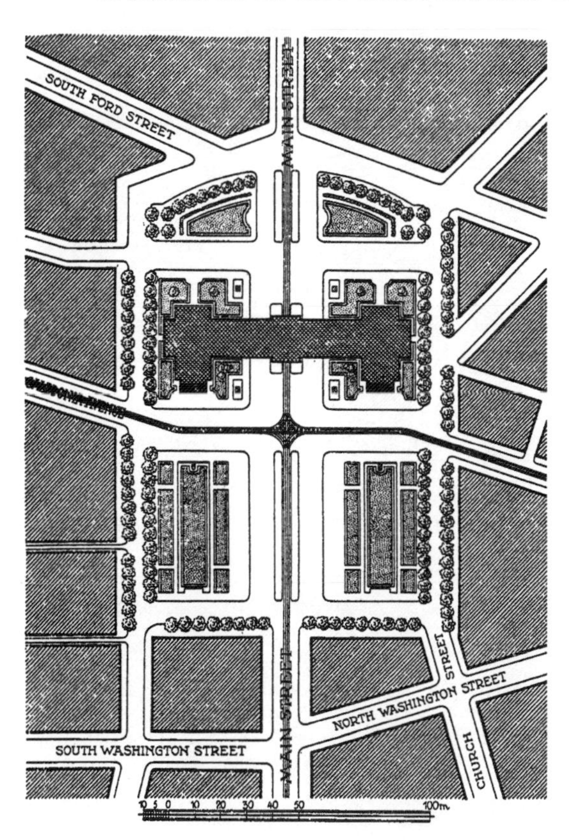

图 3-153　罗切斯特，城镇中心规划方案

布伦纳（A.W. Brunner）、奥姆斯特德和阿诺德（B.J. Arnold）设计。（出自古利特）

图 3-154　麻省斯普林菲尔德，城镇中心

佩尔与科比特事务所（Pell and Corbett）设计。

图 3-155　罗切斯特，城镇中心方案

不幸的是，美国建筑师一般都满足于将所提供的公共建筑用地视为与周边环境隔绝的部分。这种情况有多么严重，从一个现象就能很容易看出来：无数重要建筑的方案在发表时，都没有附上说明这些纪念建筑与其周围建筑之间关系的平面图纸；新建筑的设计用于什么场合，为了达到效果需要5层的围合建筑还是10层，没有任何说明。最多在建筑周围做一些“景观”，而即使这样通常也是一种随意为之或者采用非形式化的类型。当然建筑师尚能自我安慰的假设是：他的纪念建筑将被普通的单层银行、2层纳税人住宅、10到20层办公楼包围，或许还有几座哥特教堂。只是他们逐渐认识到，一座引人瞩目的建筑必须足够大，有侧翼、楼阁和宽敞的内庭，才能形成自己的环境，或者至少为了突出建筑组群中的重要建筑（比如哥伦比亚图书馆被周围的其他大学建筑紧紧包围）必须对旁边街区中面积不可小觑的建筑加以控制。脱离环境来构思一座建筑就会夺去城市设计艺术的生命。

麦金-米德与怀特事务所在后来的内布拉斯加国会大厦竞赛中提交的设计（图3-159），是将周边的私人建筑作为国会大厦的合适布局的有趣尝试。而马戈尼格尔（H. Van Buren Magonigle）的设计（图3-160、图3-162）构想出了一个公共建筑组群，大小足以将一个封闭的广场放在中心，成为每个周边建筑的适宜环境（另见图3-158）。竞赛获奖设计（图3-161）的作者认识到了实际和政治上的困难——至今仍在阻挠每个创造和谐的努力。他们实现效果所依赖的不是通常的“纪念性”建筑，而是一座足够高的塔楼——它至少能在一段时间内、在高低错落的周边建筑中保持自己的形象。但即使对于作为纪念性中央建筑的摩天楼，对周边街区的控制也是极为必要的。此外，还不应该无视批评者对办公楼间狭窄而必然采光不佳的庭院的指责，克利夫兰的城镇中心建筑组团那漠不关心的透视渲染图就展示了那样的不良景象（图3-146）。批评者们提倡用更好的建筑法规以避免这些问题，这不仅关乎道德，也对审美有深远的影响。

图3-156 纽约，纽约法院竞赛提交的图纸，1913年
肯尼思·默奇森（Kenneth M. Murchison）和霍华德·格林利（Howard Greenley）设计。

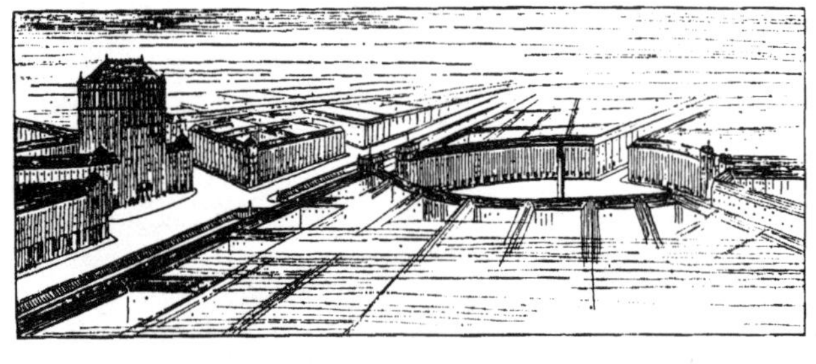

图3-157 柏林，塔楼方案
这是为柏林建造高层建筑提出的诸多方案之一。设计无疑以美国的摩天楼为基础，并进行了改造，特别是在屋顶的处理上体现了德国的传统。如果当时少量塔楼得以建成，那它们就很可能是如今平坦、统一的城市中鲜明的艺术特色。（出自P. Wittig）

在这方面，对于美国城镇中心及其道路而言，区划（zoning）运动的成功发展带来了许多值得期待的东西。因为区划意味着各个城区的意象给定（不同城区大小各异，通常是几个街区），对每个城区来说，要建造的房屋类型、合适的最大高度，以及其他特征都是由法律规定的。在欧洲，尤其是区划政策被推向极致的德国，除了超过5到7层的建筑，区划政策造就了十分统一的天际线，但也极为单调。目前人们正积极努力通过对摩天楼有技巧的充分管控来打破这种单调。

与之相对，美国对建筑高度的限制仍在萌芽之中。摩天大楼的建设不仅形成了最疯狂的天际线，还导致非常令人不满的通风和采光条件。纽约的区划条例尽管代表了有史以来影响最深远的城市规划措施之一，却姗姗来迟。在极为资本化的土地上允许过度的建筑高度，以及在条例生效之前造成的大量破坏，罄竹难书。就审美而言，条例要求的上层退台给后来的纽约带来了颇具画意的效果。如果能够吸收这种画意，并为环绕广场及其通路的宏大方案服务，那么可实现的效果就会具有前所未有的力量。

区划的概念代表着一种抛弃肆意妄为的个人主义的愿望，这种个人主义必定会将每个城市街区变成千篇一律的怪物。区划为整座城市带来的作用必须从至少是城市街区大小的单元的总体规划中得到完善。它的必要性可以从遍布酒店的、2个现代城市街区的4幅并列插图中看到（图3-168、图3-169、图3-172、图3-174）。

在涉及城市的城镇中心布局时，应当考虑更大区域的美学控制。城市设计师可以构想出一座纪念建筑（比如带穹顶的那种），周围是从街边升起的有限几层的建筑（就像纽约中央火车站周边的一些建筑，见图3-710），并有退台，继而是外表装饰更少的高楼。这样形成的前卫效果会让人想到圣吉米尼亚诺（San Grimignano）和锡耶纳（图3-171）。

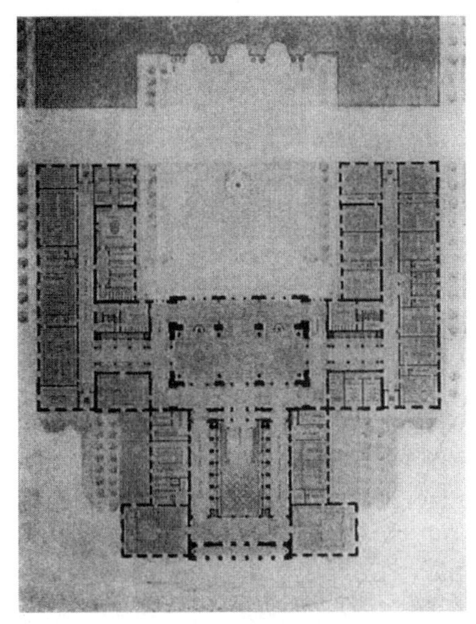

图 3-158　纽约，纽约法院竞赛提交的平面，1913 年
卡雷尔和黑斯廷斯事务所设计。这个平面之所以耐人寻味是因为它秩序井然，却与不规则的场地充分结合。采光庭院被打开，与街对面至关重要的“壁柱”（respond）形成了一个与建筑主厅构成理想关系的大广场。

图 3-159　林肯，内布拉斯加国会大厦竞赛方案 A
场地规划，由麦金 - 米德与怀特事务所在最终阶段提交。

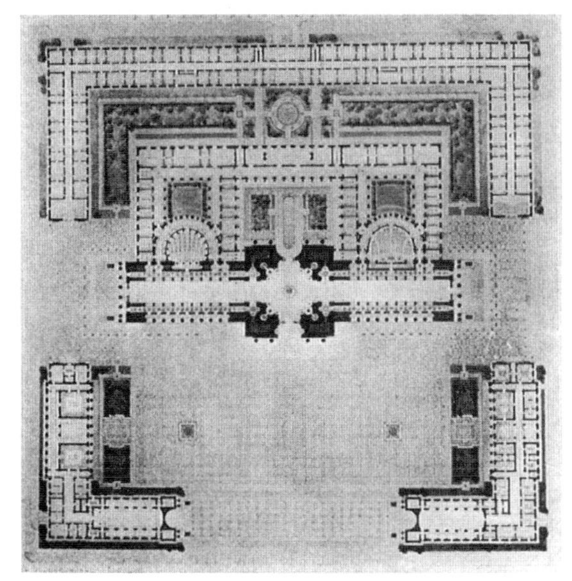

图 3-160　林肯，内布拉斯加国会大厦竞赛方案 B
主层平面，由范布伦·马戈尼格尔在最终阶段提交。

图 3-161　林肯，内布拉斯加国会大厦竞赛方案 D
获奖设计，由古德休提交。场地包含两条重要街道交叉点的四个城市街区。古德休先生的规划是一个边长总计 360 英尺的方形中的十字。麦金 - 米德与怀特事务所和范布伦·马戈尼格尔提交的设计基本充满了整个场地 720 英尺的方形。所有这些设计都体现出与州国会大厦的传统非同一般的独立性。官方和大众接受了这种自由的做法，或许是由于加州博览会的教育作用。它证明了闭合庭院的美，以及布局“系统”的建筑群相较一个独立纪念碑的优越性。（图 3-159~图 3-162 出自《建筑评论》，1920 年）

图 3-162　林肯，内布拉斯加国会大厦竞赛方案 C
主立面，范布伦·马戈尼格尔提交的设计。

图 3-163 奥林匹亚，华盛顿州国会大厦竞赛方案 A
豪厄尔斯与斯托克斯事务所（Howells and Stokes）方案立面，图 3-164 为其平面。

图 3-164 奥林匹亚，华盛顿州国会大厦竞赛方案 B
二等奖方案，豪厄尔斯与斯托克斯事务所设计。（图 3-163~ 图 3-165 出自《美国建筑师》，1911 年）

图 3-165 奥林匹亚，华盛顿州国会大厦竞赛方案 C
确定方案，怀尔德与怀特事务所（Wilder and White）设计。

图 3-166 丹佛，市政中心
1912 年方案，由阿德·布伦纳和弗雷德里克·劳·奥姆斯特德设计。（图 3-166、图 3-167 出自《城镇规划评论》，1913 年）

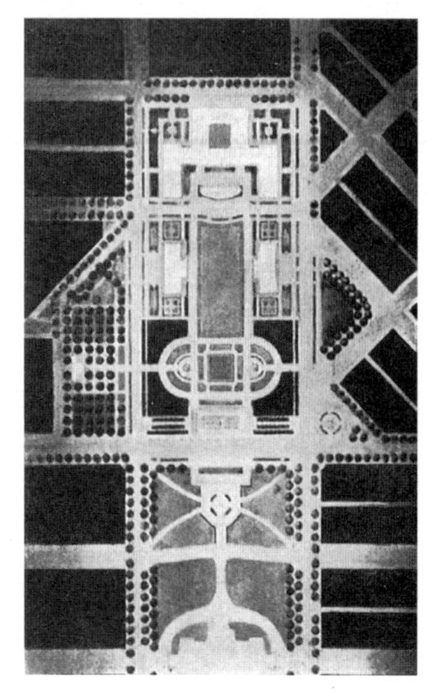

图 3-167 丹佛，市政中心

图 3–168　奥克兰，奥克兰酒店入口庭院

由布利斯与法维尔事务所（Bliss and Faville）设计。这是现代设计不使用阴暗、通风差的“采光庭院”的典范。酒店距离主要商业街两三个街区，对于实现自由规划的场地成本是经济的。庭院在一层之上，比下图街区规划中所示的幽深得多。

图 3–169　奥克兰，奥克兰酒店，第 14 街正面

图 3–171　锡耶纳

中世纪锡耶纳的塔楼体现出摩天楼的理想用法——间隔充分、剖面小。它们的阴影不会相互遮挡，而且不会使街道和低矮房屋过度阴暗。

图 3–173　苏黎世，市政厅甬道

包含了图 3–183 市政中心研究里的某些特征的两层方案。新的苏黎世市政厅不得不建在交通拥堵、地形复杂的地区。该问题通过设计一个桥梁和两层通道的体系得以解决，它让市政组群恰好跨在多条交通要道上方。（出自《城市建设》，1915 年）

图 3–170　纽约，麦迪逊公园大厦（Park Madison Building）

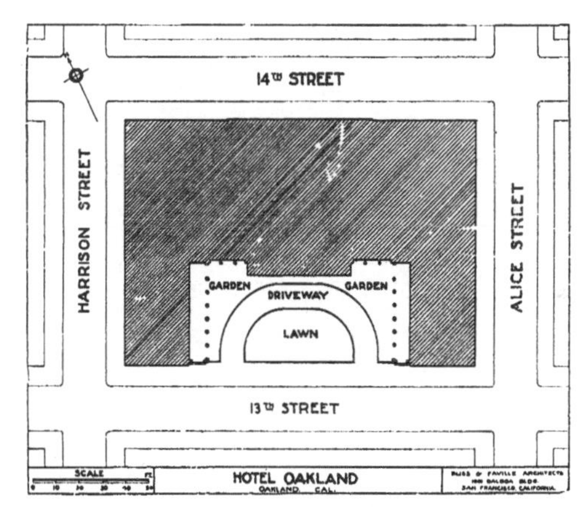

图 3–172　奥克兰，奥克兰酒店，平面

图 3–174　旧金山，某时尚酒店背面

高层建筑拙劣规划的实例。狭窄的采光庭院大小不足，在附近建起相似的建筑时会极为糟糕。解决的方向在于独立的塔楼或宽敞的嵌入庭院，这些在今天的纽约已很常见。

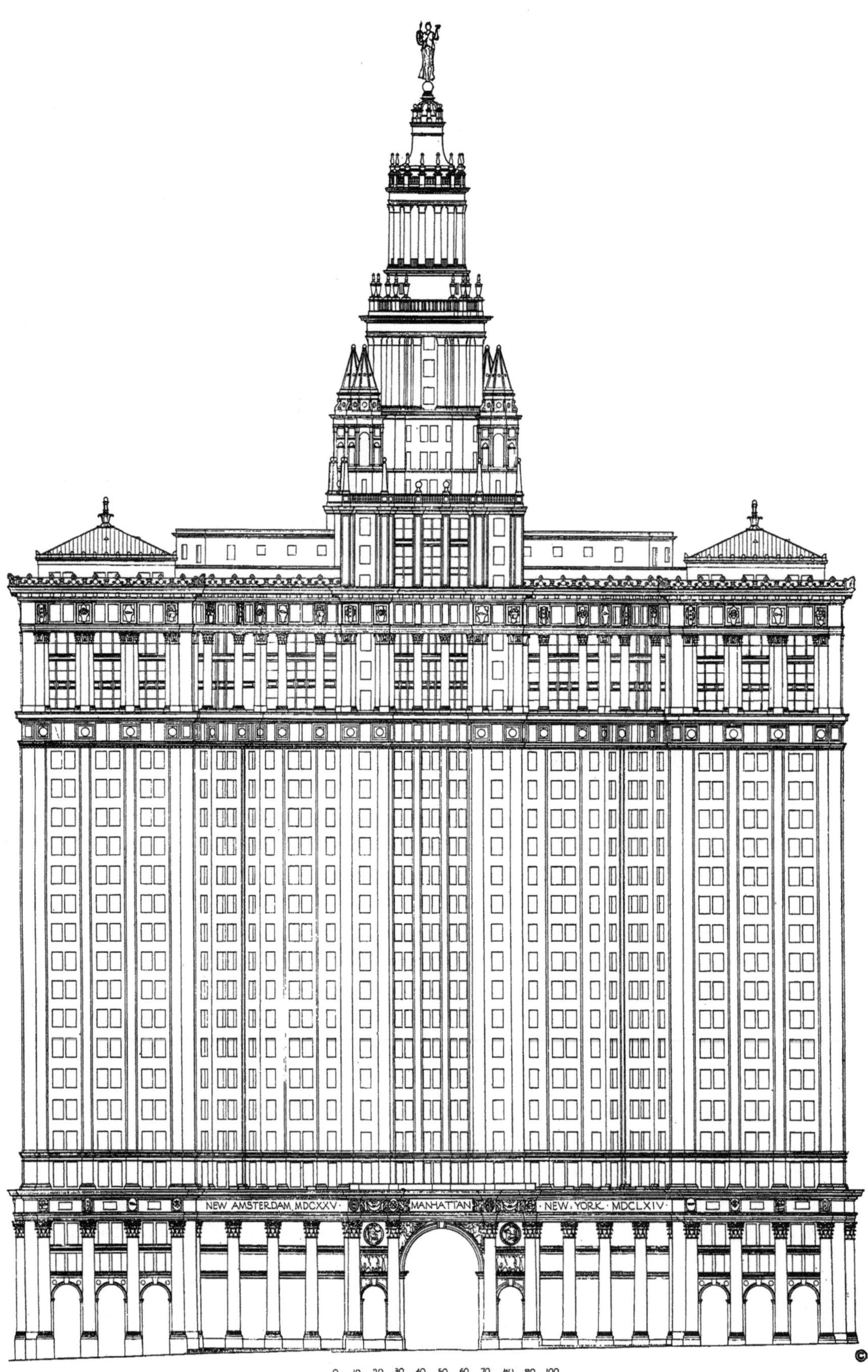

SCALE 0 10 20 30 40 50 60 70 80 90 100 FEET

THE MUNICIPAL BUILDING, NEW YORK CITY

WEST ELEVATION

图 3-175 纽约市政大楼，西立面

（出自《麦金 - 米德与怀特事务所作品专集》）

图 3-176　纽约，市政大楼柱廊

图 3-177~ 图 3-192 中的平面尝试从视觉上表达现代城市设计的一些可能性。将摩天大楼与低矮建筑结合起来更简单的做法，是让低矮建筑形成的简单庭院包围它或在它前面。最近在柏林的梅林广场[①]（Belle-Alliance）前竖立摩天大楼的方案（图 3-157），是一次将 18 世纪的创作与完全现代的作品结合在一起的大胆尝试。这座高层建筑在设计中对应的是协和广场的玛德莲教堂。

我们可以设想被圆形广场包围的城镇中心建筑组群，它的周边街区是低矮的建筑，外围是越来越高的建筑，按照既定的距离增加，高度也逐渐加高。这样，一种非常有趣的退台型广场就产生了——可以说引入了一种新的维度——在欧洲从无先例，它可以将注意力集中到位于中央最低处骤然高起的城镇中心建筑上。

在城市设计中对摩天大楼的巧妙使用，是美国对城市设计艺术最有价值的贡献之一。

① 梅林广场（Mehringplatz），前身为 Belle-Alliance-Platz，是位于柏林的一个广场，建于 1734 年，在柏林克罗伊茨贝格（Kreuzberg）区弗里德里希大街（Friedrichstrasse）的一端。在第二次世界大战中曾被彻底摧毁，后来以新的形式重建。

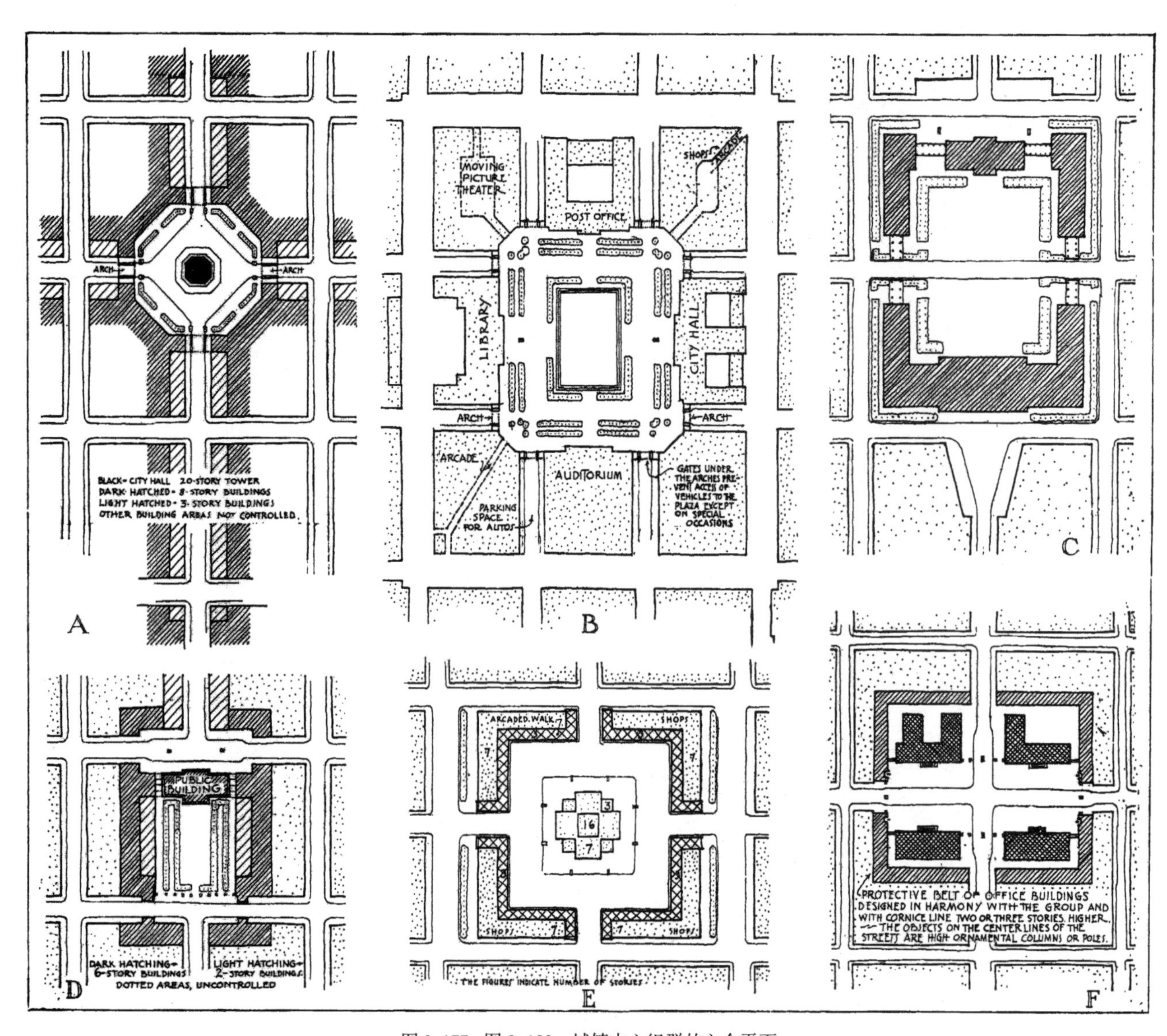

图 3-177~ 图 3-182 城镇中心组群的六个平面

笔者的这些研究表现出各种文艺复兴母题根据现代条件和网格街道规划的调整。这些平面的视觉效果见图 3-185~ 图 3-190。

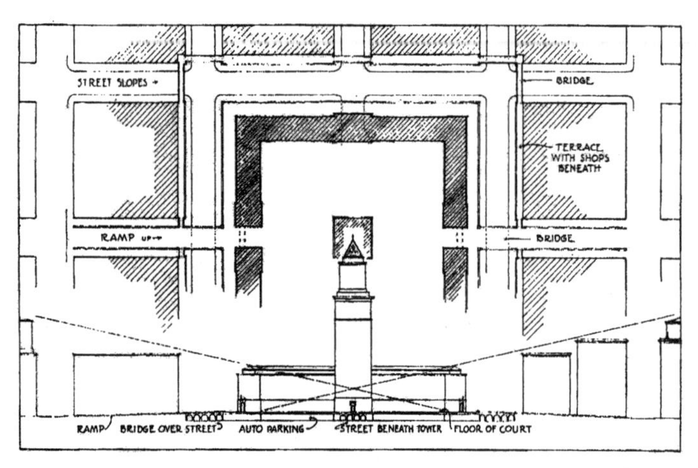

图 3-183 底层交通环岛包围的城镇中心组群

关于两层的设想，对比图 3-173。其意图是将整个城镇中心组群提升到由平台包围的更高层上。由于内部庭院与交通分离，并且通过将外部建筑限制在视线高度以下，审美单元将不会受到干扰。所有的交通都会留在底层；市民组群下方的区域留作停车场。塔楼的电梯将与塔楼和庭院下的街道相连。

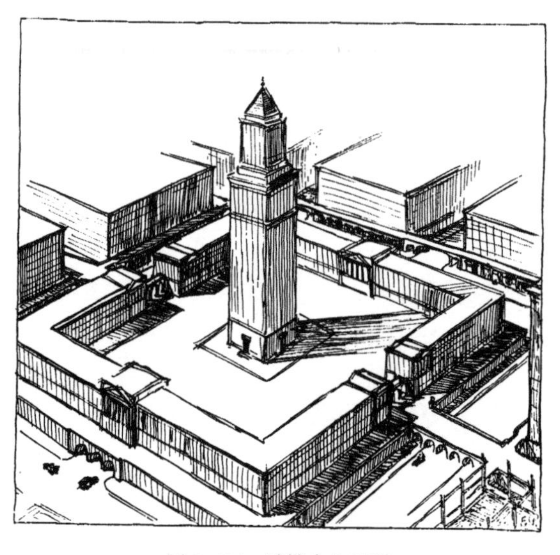

图 3-184 城镇中心组群

透视对应图 3-183 的平面。

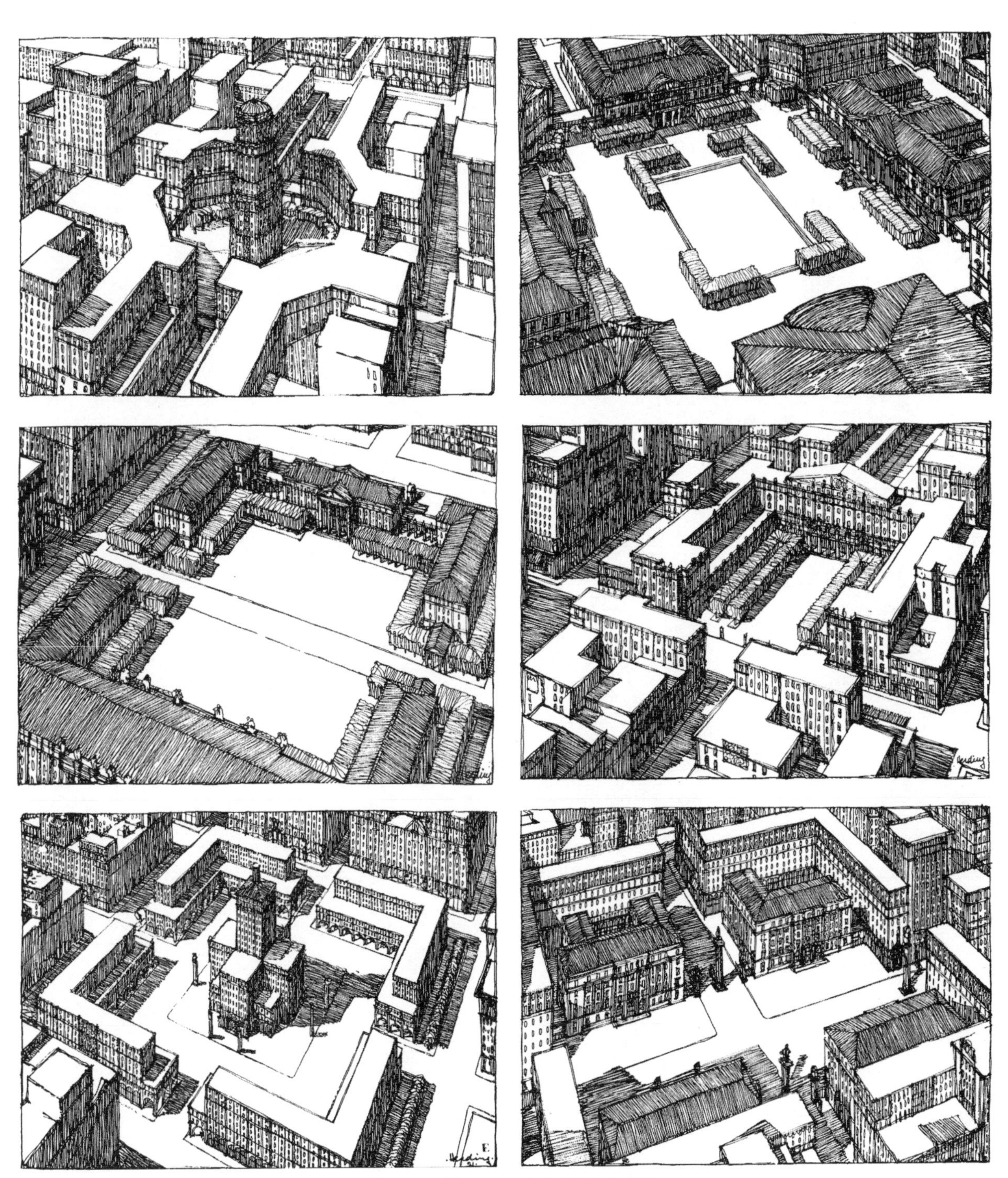

图 3-185~ 图 3-190 六个城镇中心组群

根据图 3-177~ 图 3-182 平面绘制的鸟瞰。（弗朗兹·赫丁绘图）

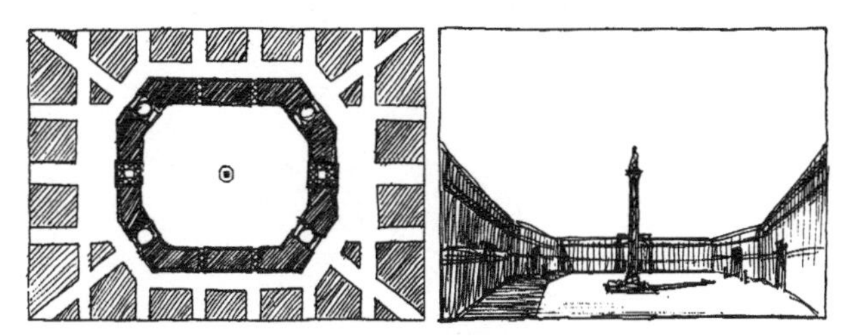

图 3-191、图 3-192 城镇中心组群平面和草图

在小矩形前庭广场前的建筑必须简单、统一，这样几乎就不会在广场尽头留下残余的地块。或者让这些地块成为特别设计的多层建筑，其高度足以挡住它们背后斜街上的建筑。

图 3-193　旧金山，市场大街

引人瞩目的斯普雷克尔斯大楼（Spreckels Building）支配着奥法雷、卡尼和瑟德（O'Farrell, Kearney, and Third）大街的视廊，与周边建筑的低矮形成了有效的对比。

图 3-194　波士顿，街景

迈诺特大楼（Minot Building）（帕克－托马斯与赖斯建筑事务所）和周边建筑暗示出统一的低檐口线。（出自《美国建筑师》，1912 年）

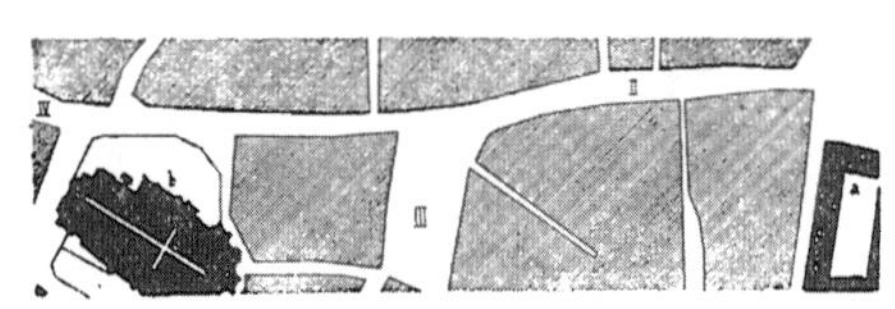

a. 集市
b. 圣救世主大教堂（Cathedrale Saint-Sauveur）
I. 大广场
II. 石头街
III. 斯泰芬广场（Place Stevin）
IV. 萨布隆街（Rue du Sablon）

图 3-195　布鲁日

大教堂出现在石头街局部的轴线上，见图 3-197。（图 3-195、3-197 由卡米耶·马丁增加到他翻译的卡米洛·西特关于城市建筑艺术的著作中）

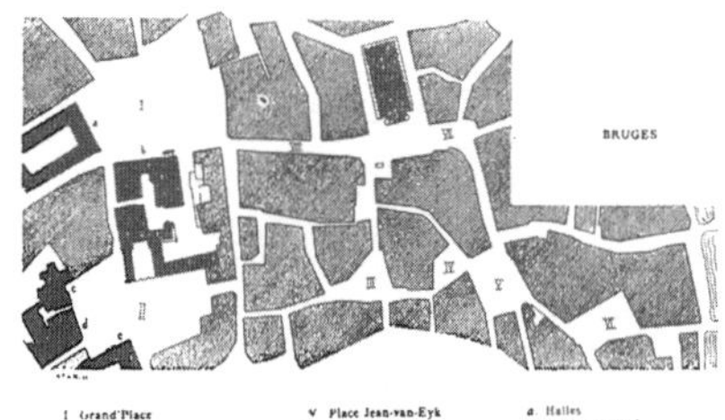

I Grand'Place
II Place du Bourg
III Place Saint-Jean
IV Place des Biscayens
V Place Jean-van-Eyk
VI. Marché du Mercredi
VII. Place de la Vieille-Bourse
VIII Rue Flamande
a Halles
b Hôtel provincial
c Chapelle du Saint-Sang
d Hôtel de Ville.
e Palais de Justice

图 3-196　布鲁日，老城局部

表现出中世纪城镇街道与广场的紧密关系。

图 3-197　布鲁日

见图 3-195。

图 3-198　吕贝克

图 3-199　兰茨胡特（Landshut），圣马丁教堂

（出自 Theodore Fischer）

第四章

街道的建筑设计

图 4-1　被认为出自布拉曼特的街景

双侧柱廊；教堂在轴线上，从门中望去；左右为均衡的塔楼。[出自明茨（Muentz）]

“临街建筑确有一种吸引力和神圣性，即使是神庙也是缺乏的：以宗教礼仪团结人事小，而让人通过日常生活的艺术和工作，团结成兄弟姐妹事大。”约翰·拉斯金的这段话描述了对待临街建筑的一种态度，然而这在现代美国尚不多见。不过美国在 1850 年前形成的聚居地中，还有一些优美的老街。那里延续着一种古色古香的和谐，回响着一个弥足珍贵的建筑时期（图 4-2）。在新的街道中，有时会表达出一种有力的新韵律，比如原本低矮的街道中适度点缀的摩天大楼，颇有节奏（图 3-193、图 3-194）。

图 4-2　灯塔山街区（Beacon Hill）附近的波士顿街道

图 3-193~ 图 3-199 见第 146 页。

艺术家从一条街道中看到的美学潜力，是成为像广场一样、有优美透视效果的围合区域。前文提到，卡米洛·西特坚持让每条街道都成为具有艺术性的统一体。这种统一性在中世纪城市或者帕拉迪奥描述的理想城市中很容易形成。在理想城市的描述中，“主要街道应当相互隔开，让它们笔直地、分别沿直线从城门通向最雄伟的主广场……在这个主广场和任何一座城门之间都应该有一座或几座比上述主广场略小的广场……其他街道，特别是更重要的那些，通过设计既要通向主广场，又要联系神庙、宫殿、门廊、其他公共机构等非凡的节点”。

因此街道整体就是由两个端头建筑及其之间的房屋区域所构成。两个端头建筑在此处指城门和中央广场。这种街道在平面中的形象，可以从瓦萨里（Vasari il Giovane）、斯卡莫齐（Scamozzi）和施佩克勒（Speckle）（图 6-10~ 图 6-14）的理想规划，或者黎塞留（Richelieu）那样的小城市规划中看到（图 5-121、图 6-1、图 6-2）。都灵附近的皇家狩猎行宫（Venery，图 4-57）展示了这种街道景观。该设计法则在美国的应用，可见于圣弗朗西斯·伍德（St. Francis Wood）（住区的景象图 4-44、图 4-45）。在哥特和文艺复兴城市中，大门强而有力，其拱券阴影浓重，构成了街道一端效果鲜明的尽端标志，另一端则由带有重要公共建筑的广场限定。

尽端建筑的有效布局是街道设计的重要内容。一般而言，中世纪的城市被认为是在没有预设规划的条件下“生长”出来的。在那里难以置信地，竟有那么多蜿蜒的街道能在它们的轴线上，越过低矮房屋的屋顶，望见最高的纪念建筑，有时那些纪念物甚至都不在欣赏者所在的那条街道上（图 3–195~ 图 3–199、图 4–3、图 4–4）。这些城市中，以街道曲线转弯作为尽端街景的效果反复出现，这种做法在今天仍然适用。当需要设计较小的街道时，仅仅出于实用的原因也可考虑采用缓慢的曲线，这样就能避免在纯粹笔直的街道转向时，出现尖锐的交叉口和笨拙的转角。（见图 6–56 的雷恩伦敦规划、图 1–34~ 图 1–62P 的西特建议和图 4–85 的各种街道交叉口）

哥特教堂由于其深邃的外部阴影、深凹的大门和楼廊、不对称的侧立面形象，以及优美的后堂和礼拜堂曲线，尤为适合分布在曲线街道的转弯处、从街道上驻足欣赏。考虑到哥特教堂本身少有对称，对称的

图 4–3　乌尔姆，老房屋与大教堂塔尖
出自约翰·拉斯金的画作。

图 4–4　波士顿，街景尽端的州议会大楼

图 4–5　巴黎，歌剧院大街，向卢浮宫望去

图 4–6　巴黎，歌剧院大街，向歌剧院望去
对比图 2–136。

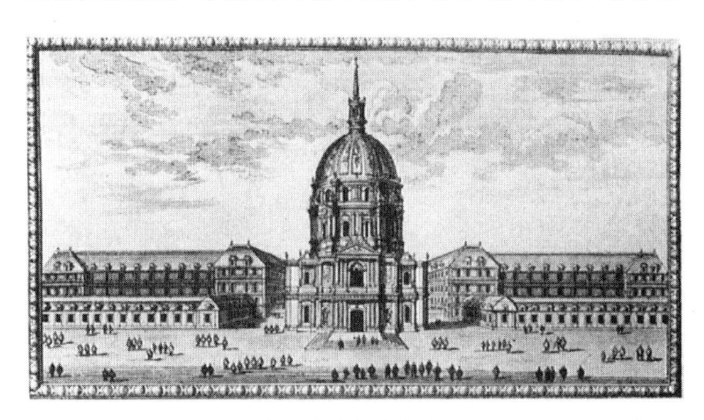

图 4–7　巴黎，荣军院圣路易大教堂（St. Louis des Invalides）
（出自 J.F. 费利比恩，1706 年）见图 2–137。

图 4–8　伦敦，圣保罗大教堂
出自显示教堂统领周边建筑的老照片。

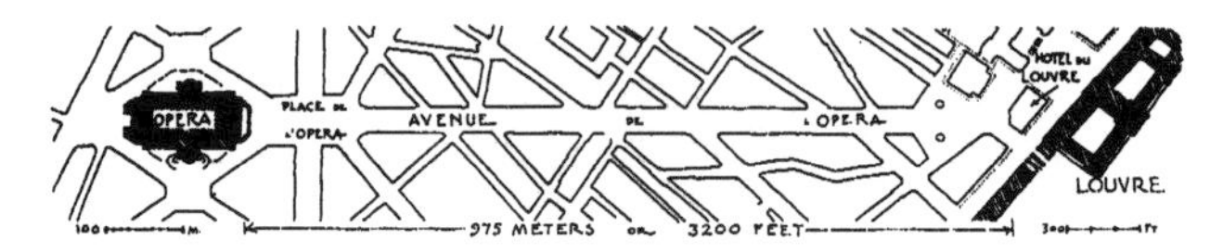

图 4–9　巴黎，歌剧院大街，规划

优势在这些街景视角上受到的影响不多，无论哥特教堂设计最初多么渴望对称，最终也很少得到实现，即便是其正立面也是如此。此外，哥特建筑的近代设计者一般认为不对称是一种优点。

文艺复兴的纯粹时期，单个平面中的轴线式立面设计得到推崇。此后在巴洛克时期，设计师极为重视教堂的侧面形象。它们虽然十分对称，却在深度凹刻和其他异想天开的地方与晚期哥特教堂不相上下。这些巴洛克建筑的对称可谓登峰造极，而它们的设计者却不希望对称性太过明显。因此，贝尔尼尼将中心封闭起来，为圣彼得大教堂设计了略微侧向的入口（见图 2–74 他的研究）。这在像沃尔弗林（Woelflin）那样造诣极高的批评家看来，不是因为老建筑的存在偶然形成的，而是贝尔尼尼故意为之。通过在高度对称的布局中设置侧面进入的第一印象，贝尔尼尼激发了探索其真容的神秘感和期待感，由此能更强烈地欣赏发现对称给人带来的激动和喜悦。这种侧向入口的犹抱琵琶半遮面，往往比不够好的轴线入口更有效果。

图 4–10　巴黎，法兰西学会，原马萨林宫殿
莱文（Levan）设计，1661 年。（出自 A. 马奎特）

图 4–11　都灵，苏佩尔加
尤瓦拉（Juvara）设计，1718 年。（出自布林克曼）

图 4–12　巴黎，苏夫洛大街

图 4–13　巴黎，荣军院和亚历山大三世大桥

图 4–14　巴黎，法律学院
面向先贤祠和苏夫洛大街。（出自布林克曼）

图 4–15　罗马，美国学院
麦金 – 米德与怀特事务所设计。（出自其作品专集）

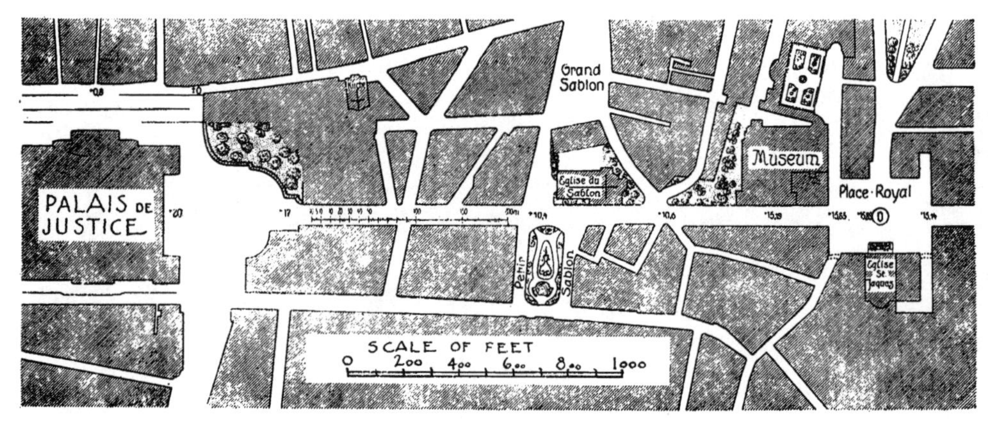

图 4–16 布鲁塞尔，摄政大街
平面（及立面数字）配图 4–17、图 2–240。（出自古利特）

图 4–17 布鲁塞尔
显示街道轮廓的立面。
（出自西特）

类似的效果如纳沃纳广场（Piazza Navona）、贝尔尼尼的圣阿涅塞教堂（S. Agnese，图 1–14）和广场的关系，都是侧对非正对轴线。其他案例如西班牙大台阶（Scala di Spagna）的侧边梯段（图 4–47），以及宁芬堡（Nymphenburg）偏离中心的入口车道（图 2–255），那儿有条装饰性的运河占据了大道的中心。还有在圣母大教堂（Santa Maria Maggiore）附近、分布在其后堂轴线上的方尖碑（图 2–109），也可用类似的理由解释其布局，否则很难理解其做法。

只要纪念建筑位于街道轴线上、具有端点的特征，它就可以从更为侧向的视角加以欣赏。对于现代宽阔街道步道上的行人而言，这是不可避免的。

在设计这种有尽端特征的街道时，也可以从对先例的研究中学到很多。对典型案例的考察表明，在文艺复兴和巴洛克鼎盛时期，正对高大建筑的距离并没有像 19 世纪的设计师们认为的那么长。前文已经指出：先贤祠（Panthéon）前面原来的街道，要比我们熟悉的苏夫洛大街长度的一半还小（图 2–194）。加布里埃尔的街道设计中，与玛德莲教堂的合适观看距离，是奥斯曼设计的、正对加尼耶歌剧院的大街长度的 1/3。引用梅尔滕斯的研究，他认为建筑高度的 3 倍（对应 18 度视角），是人们能够感知一座主要建筑作为视野中、强烈支配要素的最大距离。梅尔滕斯指出，随着这个距离的增加，建筑会融入一种剪影的效果，除非主要建筑在高度上与周边建筑存在巨大差异。如果该建筑的天际线脱颖而出，那么不管周边建筑位于其前面、后面或是侧面，该建筑作为街道的尽端标志就始终有效。

当有高耸建筑分布在观赏对象后面时，形成的效果可以从以下例子中看到。在巴黎，如果从歌剧院大街的北端去看卢浮宫酒店（Hotel du Louvre），那么终结大街南端的这座酒店尽管体量惊人，也会与背后强劲有力的卢浮宫屋顶融为一体（图 4–5）。另一个让大体量建筑失去识别性的情况出现在柏林城堡。如果观察者离开菩提树下大街（Unter den Linden）一段距离去观看，看到的主要建筑不再是设计布局原本意图衬托的城堡，而是在城堡背后的市政厅塔楼。它让城堡看上去像是某种附属建筑。同样失控的效果出现在从协和广场北端看荣军院的雄伟穹顶时（约 4700 英尺远，图 2–57）。它出现在众议院（Chambre des Deputes）的后面，2 个剪影以彼此干扰的方式搅在一起。人们会觉得，若是这两座建筑的轴线对位，效果会更让人不适。

图 4–18 巴黎，图尔农大街
朝向卢森堡宫拓宽。平面见图 2–241。（出自弗朗兹·赫丁图）

图 4–19 维琴察，帕拉迪奥的奥林匹克剧院（Teatro Olimpico）舞台
通过罗马场景画（scenae frons）打开了通向收窄街道的视野，体现出有意营造的建筑透视。1580 年建成。（出自 P. 克洛普弗）

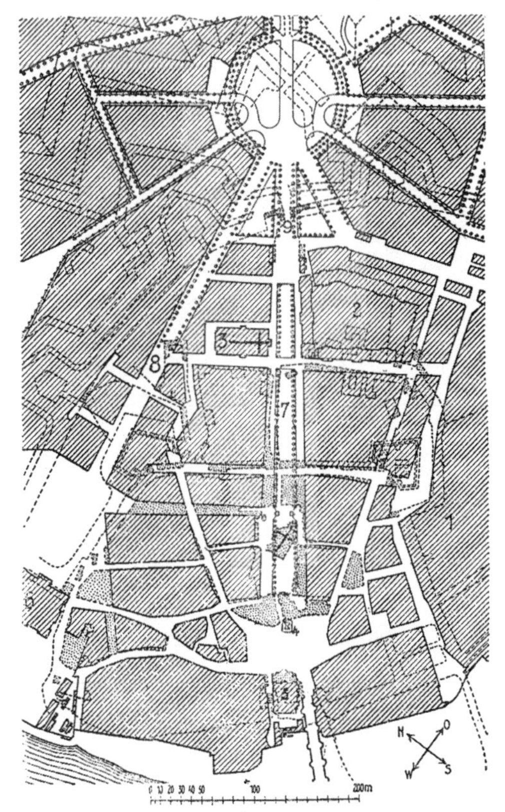

图 4-20　德累斯顿，新城
（出自古利特）

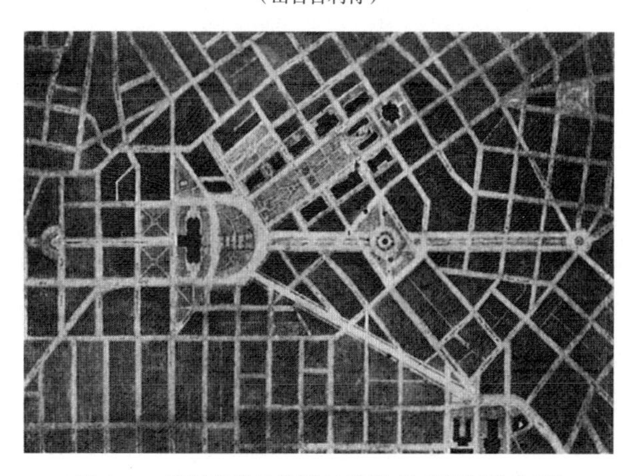

图 4-21　明尼苏达圣保罗市“最初的理想组群规划”
卡斯·吉尔伯特设计。

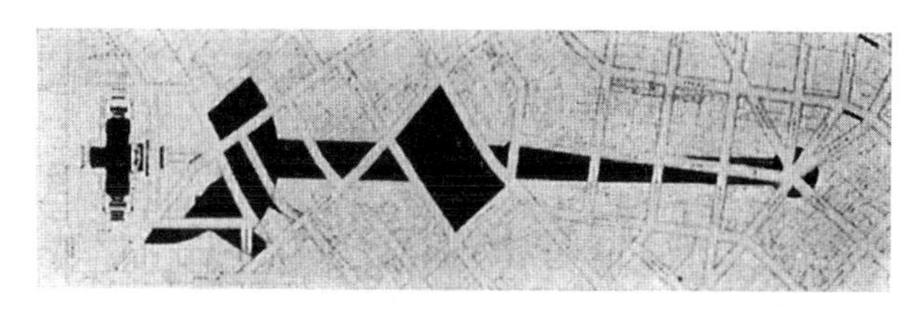

图 4-22　明尼苏达圣保罗市，国会大厦通路修订规划
卡斯·吉尔伯特设计。[出自《国际公园》(*Park International*)，1921 年]

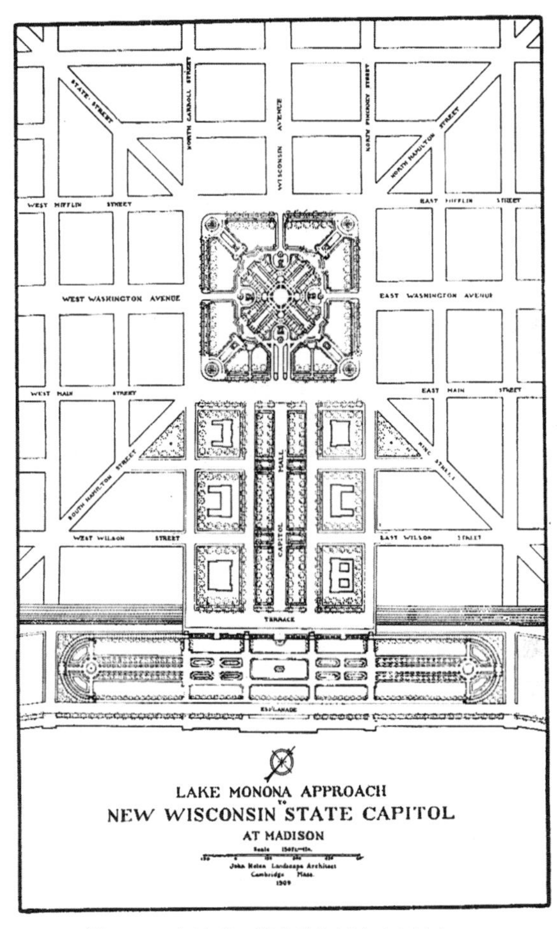

图 4-23　麦迪逊，漫步道与国会大厦广场 A
约翰·诺伦设计。对比图 4-24~ 图 4-26。

图 4-24　麦迪逊，漫步道与国会大厦广场 B
出自约翰·诺伦麦迪逊的重新规划方案。对比图 4-23、图 4-25、图 4-26

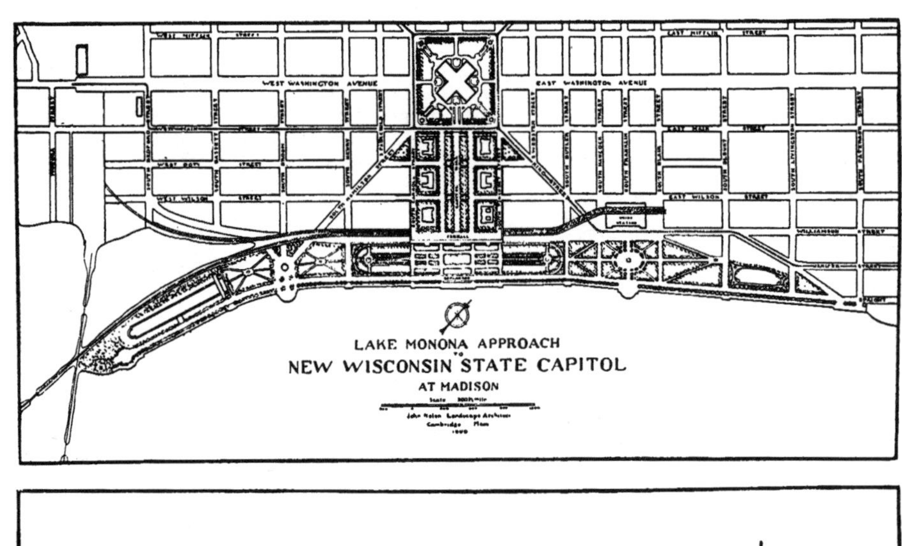

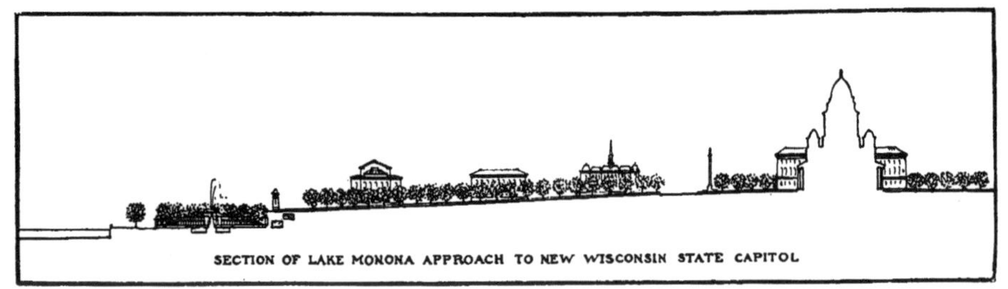

图 4–25、图 4–26　麦迪逊，图 4–23、图 4–24 所附平面和剖面

尽端建筑在两侧和前方有高大建筑时失去其价值的一个例子，是巴黎歌剧院大街北端的大歌剧院。从街道南端看去（图 4–6），它在透视上几乎被大街两侧的公寓楼吞噬。令加尼耶颇为不满的是，它低矮的半穹顶和观景阁楼升起的高度不符。

从远距离观看时，单体建筑只有在原本连续的天际线中明显高耸时，才会具有突出的优势。关于这点的一个典范案例是荣军院的穹顶，当从亚历山大三世大桥（Pont Alexandre Ⅲ）观看时，这座高高的穹顶与绵长的水平线形成了鲜明的反差，所呈现出来的剪影效果是纯粹而易于识别的（对比图 4–12、图 4–13）。因此，大教堂的塔楼从远处望去时，往往也高耸于城市之上。雷恩的圣保罗大教堂，在现代建筑将其吞没之前就是那样的视觉效果（图 4–8）。马萨林（Mazarin）的法兰西学会 [（L' Institut）图 4–10] 仍能以那样的方式去欣赏。尽管如此，像华盛顿国会大厦那样强势的穹顶，若是从宾夕法尼亚大街的另一端望去（距离约 7000 英尺），其震撼力也会大打折扣，因为它与前景中被透视拉大的高大建筑相互冲突。

皇家大街（Rue Royale）轴线上的玛德莲教堂（图 2–53~ 图 2–60）避免了这种透视的危险。这是一个极为成功的建筑布局，所以值得仔细分析。皇家大街及其尽端的大教堂都是加布里埃尔设计的，属于皇家广场（今协和广场）总体规划的一部分。应该说，加布里埃尔非常幸运，可以负责皇家大街沿线的立面设计。于是，他小心翼翼地让街道立面保持低矮，而且让它们在每个方面都适合作为尽端建筑——玛德莲教堂的路径和环境。加布里埃尔当然希望玛德莲教堂从协和广场上看过去是高大的，并让观者感到这座教堂是广场围合体中不可或缺的一部分。最初的方案将玛德莲教堂作为整个建筑组群中的高潮，为其设计了一个约 170 英尺（51.8 米）高的穹顶。该设计出自康斯坦特（Constant），并由帕特（Patte）沿用。教堂前的门廊要比加布里埃尔的柱廊高大约 40%，这是颇有先见之明的。由于这座门廊需要从协和广场观看，两侧都是加布里埃尔的柱廊，他们要更靠近观者 1000 英尺（304.8 米），所以必须考虑近大远小的透视效果。在增高 40% 的门廊之上，隆起高耸的穹顶，使得整座建筑的高度达到加布里埃尔柱廊的 2 倍还多。从图 2–62 中可以看到，皇家大街上的房屋立面要比柱廊的檐口线还低 10 英尺。

在加布里埃尔的规划完成半个世纪之后，玛德莲教堂终于建成。建成的教堂是一座完美的科林斯庙宇 [维纽（Vignou）设计]。但即使是这座低得多的建筑，仍然在加布里埃尔精心准备的条件下保有一个令人舒适的环境。环绕建筑的柱子，要比加布里埃尔用在朝向协和广场的柱廊上的那些高得多，柱间的暗影看上去完全没有被后面的窗户打断，避免了窗户容易带来的此处不宜的、较小的尺度。从广场到玛德莲教堂的过渡是由皇家大街的统一立面实现的。街道的立面设计没有采用通高的巨柱式，从街对面以垂直的角度去观看时也不需要。通过省去巨柱式，又引入了普通窗户的小尺度，通过反差就会恰如其分地让教堂显得高

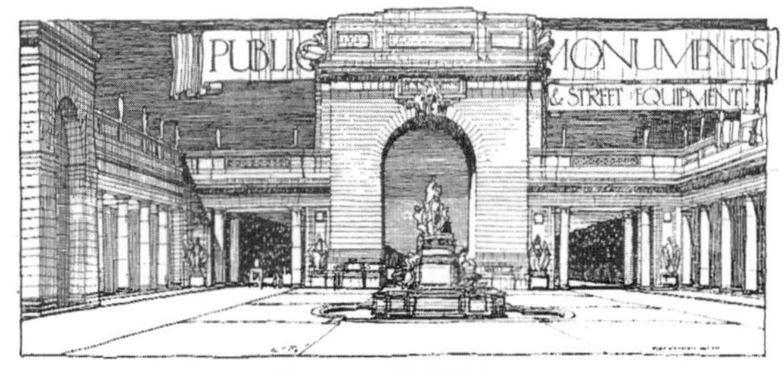

图 4–27　拱券城门

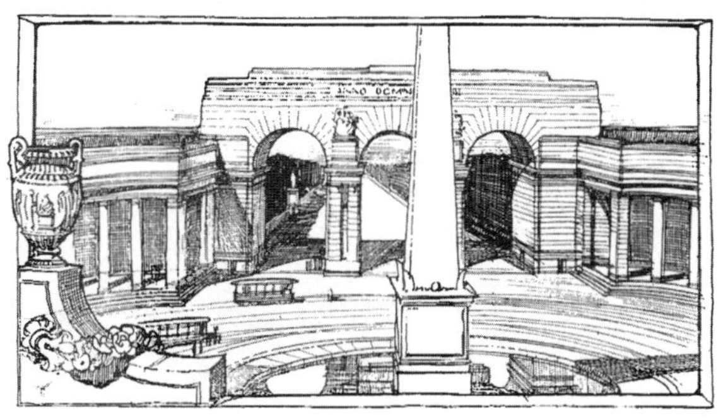

图 4–28　三重拱券城门

图 4–27、图 4–28 由罗伯特・阿特金森（Robert Atkinson）绘制，出自莫森。

图 4–29　巴黎，圣德尼大门（Porte Saint Denis）

科尔贝（Colbert）在 1665 年规划中确定的巴黎发展计划中重要的城门之一（图 6–52 显示了这个平面和其他城门）。这座城门由老布隆代尔设计，是精心推敲比例的杰作。

图 4–30　纪念性大门

图 4–31　科隆，穹顶塔楼的环境

弗里茨・舒马赫（Fritz Schumacher）要塞旧区设计局部。

图 4–32　纽约布鲁克林，美国空军供给基地

步道和廊道经拱券跨过街道。卡斯・吉尔伯特设计。(出自《美国建筑师》，1919 年）

图 4–33　米兰，某城门

大。此外，所有的檐口线和窗框，都引导站在协和广场中的观者眼睛，非常舒适地在前景中加布里埃尔的小尺度临街建筑，和远景中皇家大街尽端的大尺度教堂柱廊之间，进行切换。对于玛德莲教堂的巨大尺寸进行真实的尺度表达的做法，避免了使它受到透视缩小的影响。这弥补了穹顶缺失的不足，如有穹顶则可以成为主导视觉景观更为有效的手段。

皇家大街对檐口线和窗框的处理，完美地引导着人们，从协和广场立面望向玛德莲教堂，形成了它们之间不同尺寸的相互对比与衬托，这值得细细品味。当低矮的多层建筑像皇家大街的房屋那样，周围有层数较少的高大建筑时，可以让高的建筑缩小层数，或者像玛德莲教堂那样尽量做高，但只有一层，以与较矮的、层数多的建筑形成尺度对比。

但是如果这些层数极少的高大建筑立在前面，以较矮的多层建筑为背景，那么低矮建筑各层的实际更小尺寸就会看上去显得不真实。此外，由于透视近大远小的作用，人们会误以为旁边的纪念性建筑的高度是被放大的而忽视了它的实际高度，因为它相对于低矮的多层建筑“只有”更少的层数。在这一点上的实例是都灵的苏佩尔加（Superga，图 4-11），那里优美的穹顶分布在古典简洁的柱式之上。但它与一个 6 层的修道院相连，并在其前面被观看。修道院将它的 6 层保持在教堂的檐口线之下，而教堂的开窗设计让人以为它是 2 层。由于缺乏前景中对尺度的重新调整和确认，背景中 6 层建筑的分层特征就会压小教堂，使教堂看上去显得低矮。当多层建筑被限制在背景中而不出现在前景，将 6 层的低矮建筑与 2 层的高大建筑并置、共同控制在同一檐口线下的做法，其效果值得怀疑。

在这里应该提到凡尔赛圣母院教堂的优美环境。它位于一条短街的尽头，与已经消失的嘉布遣（Capuchins）礼拜堂环境相似——它原是巴黎旺多姆广场最初设计的一部分（图 2-163~ 图 2-166、图 2-47），还与属于哥本哈根的阿马林堡广场（Amalienborg Plaza）的教堂布局相似（图 2-227）。它们都表明正对一座教堂的距离必须要足够短，才能充分有效地展示出尽端建筑的轮廓特征和立面品质。拆除科隆要塞时的一个教堂环境设计方案（图 4-31），也是尺寸良好、直通教堂的现代街道实例。关于通向罗马圣彼得大教堂的街道尺度，布拉曼特的方案建议是（图 2-33）：必须牢记这条街道的对景不是大教堂本身，而是通向圣彼得大教堂前庭的大门（图 2-72），大门的上方可以看到教堂的穹顶。所以想要的效果更多的是一种前奏的特征，在穿过大门后，再让大教堂尽现眼前。

比起玛德莲教堂的通道，19 世纪形成的苏夫洛先贤祠的环境就不那么令人满意（图 4-12、图 4-14 和

图 4-34 博尔顿区（Bolton）

图 4-35 博尔顿区
图 4-34 和图 4-35 方向相对。托马斯·莫森设计。

图 4-36 埃森（Essen）玛格丽特霍赫（Margaretenhoehe）
这条新街道以该地区的本土风格设计。住宅背后是花园。

图 4-37 埃森，玛格丽特霍赫
入口大门下施工开始后（见图 4-38、图 4-39），与图 4-36 同角度的照片。约 1910 年由梅岑多夫（Metzendorf）建造。轴线上的教堂仍然缺失。（照片授权：理查德·菲利普先生）

图 4-38　埃森，玛格丽特霍赫 A
主入口轴线上的桥。梅岑多夫设计。

图 4-39　埃森，玛格丽特霍赫 B
图 4-36~图 4-39 展示了德国杰出设计的住房项目中最大程度实施的一个方案的局部。对比图 4-266。

图 4-40　热那亚，新广场
总督宫（Palazzo Ducale）是一座 16 和 18 世纪按 13 世纪重建的建筑，是垂直切入的狭窄的波拉约洛（Pollajuoli）广场颇有效果的终点。

图 4-41　柏林，莱比锡广场
这座大门广场是大规模文艺复兴扩建的一部分，让 1688 年的城市面积几乎翻了一番。门屋在广场较紧的入口两侧，几乎很难分辨出来。图 4-43 给出了更大的视图。平面见图 6-59。

图 4-42　巴黎，王座广场（Place du Trone）
菲利普 - 奥古斯特（Phillipe-Auguste）柱立在王座广场之中。这座广场坐落于樊尚街（Cours Vincennes）与被称作民族广场（Place de la Nation）的星形广场之间。这个整体构成了一个极为震撼的城市建筑大门。

图 4-43　柏林，莱比锡广场大门
这幅透视让人从广场外看到申克尔（Schinkel）迷人的小神庙（建于 1823 年）。

图 4–44 旧金山，圣弗朗西斯·伍德住区 A

奥姆斯特德兄弟设计的居住区；喷泉由格特森（H. H. Gutterson）设计。入口在下方，斜坡转折处；远处的道路不是设计的一部分。

图 4–46 罗马，山上天主圣三堂广场（Piazza della Trinita de' Monti）

西尔韦斯特（Sylvestre）的一幅版画，显示出西班牙大台阶建造之前的场地；见图 4–47、图 4–49。

图 4–47 罗马，西班牙大台阶

1721 年由斯佩基（Specchi）和桑克蒂斯（Sanctis）建造，孔多蒂街（Via de' Condotti）的这个尽端设计将陡峭的山坡转化为山上天主圣三堂颇有效果的环境和烘托。台阶与房屋下层之间的关系在两侧都很难令人满意。

图 4–48 布鲁塞尔，国会柱（Colonne du Congres）

这根柱子是一条长街的尽头，它立在坡度剧变的平台上，从城市较低的大部分地方都能看到。约 1850 年根据法院（Palais de Justice）的建筑师普拉尔特（Poelaert）的设计建成。

图 4–45 旧金山，圣弗朗西斯·伍德住区 B

入口处两座棚屋之一，约翰·盖伦·霍华德设计。

图 2–194 平面）。先贤祠及其主体[主檐口线高于地面约 80 英尺（约 24.4 米）]几乎与框景视线的公寓楼[包括芒萨尔屋顶（mansard roof）约 90 英尺（约 27.4 米）]等高，穹顶塔楼则为 3 倍多高[高度加上顶部雕像约 290 英尺（约 88.4 米）]。尽管先贤祠又高又大，却过于精细雅致，不够整体，未能成功压制 7 层公寓楼的臃肿体量（包括住人的屋顶）。而对景街道的长度过长，超过穹顶高度 3 倍、建筑主檐口线高度 10 倍，这让情况变得更糟。然而我们准确地知道，在先贤祠的建筑师心中什么是好的纪念建筑布局，因为他本人（苏夫洛[①]）还设计了先贤祠旁边的法律学院（Faculte de Droit，图 4–14）。希托夫（Hittorf）于 19 世纪在街道对面仿建了它，作为一座地区的市政厅。这些建筑都是 3 层高，因为更高就会破坏穹顶的形象，哪怕像先贤祠那么高的穹顶也是这样。

控制通往穹顶建筑的道路沿线的建筑檐口高度，保持在穹顶的鼓座以下，有一定效果，但是还不够。为了获得完全满意的效果，道路沿线的建筑必须被压

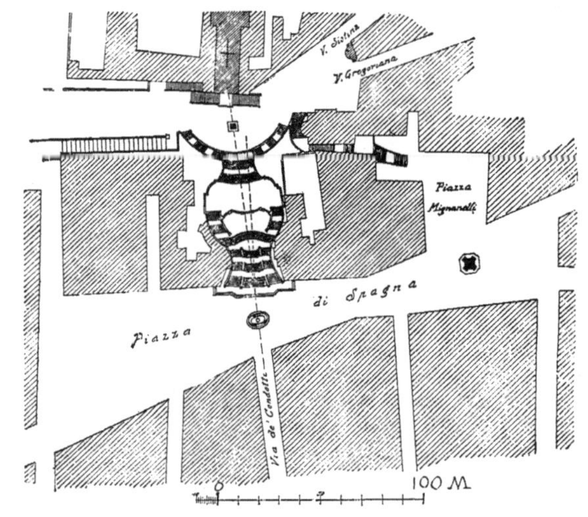

图 4–49 罗马，西班牙大台阶和广场

平面显示街道的轴线是如何正对教堂立面中心的，虽然与它不成直角。（出自布林克曼）

① 雅克·日尔曼·苏夫洛（Jacques Germain Soufflot，1713—1780），法国建筑师。——译者注

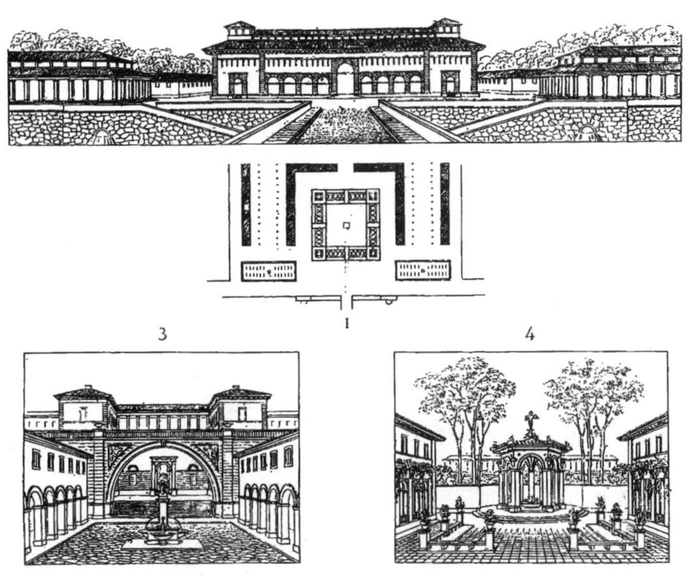

图 4-50　街道尽端建筑，低拱门市场和亭子

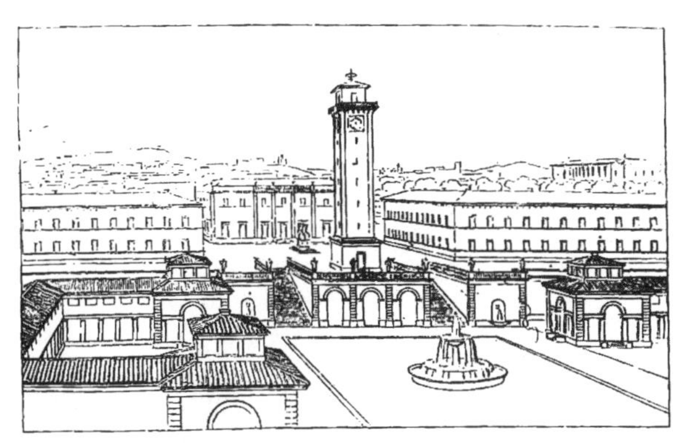

图 4-51　街道尽端，市场在下层，市政组群在上层

出自 1828—1832 年出版的海格林（K. M. Heigelin）的建筑手册。该手册以非常现代的方式阐述了和谐街道与形式化花园设计的诸多要求。图 4-50、图 2-152~ 图 2-154 出自同书。

图 4-52　柯尼斯堡（Koenigsburg），从车站广场看教堂

福尔默（Former）设计。（出自《城市设计》，1916 年）

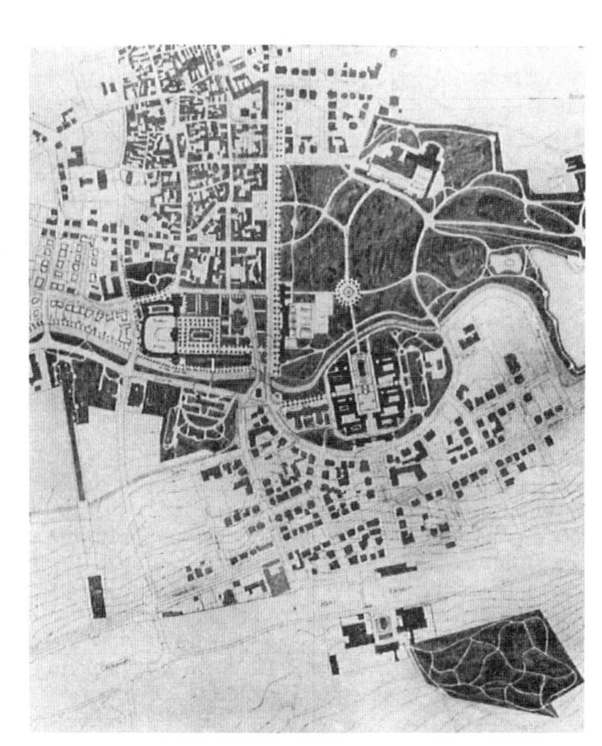

图 4-53　瑙海姆（Nauheim）

靠近规划中心的大组群是大浴场。图 4-54 是其中的一个细节。

图 4-54　瑙海姆

人行道上的拱门帮助标出了从街道向花园庭院的过渡，并与庭院的边墙形成互补。

图 4-55　梅斯（Metz），带现代尽端的车站大街（Rue de la Gare）

图 4-56　纽约，华盛顿院房（Mews Studios）
由旧城住宅改造形成的沿街单元。梅尼克与弗兰克事务所（Maynicke and Franke）设计。[出自《建筑》(Architecture)，1918 年]

低，让透视变形也无法使它们高于要烘托的建筑的檐口线，否则鼓座和穹顶就无法在屹立时尽显雄姿。要显得高大的任何建筑都要满足同样的情况。

罗马美国学院的设计可以作为避免透视变形的有趣证明。2 个独立工作室的檐口高度，被明智地控制在与主体建筑相连的、另外 2 个工作室的檐口高度的 1 码（约 0.9 米）以下（图 4-15）。虽然尺度更小，实则重复了加布里埃尔控制他的柱廊低于玛德莲教堂的做法。

布鲁塞尔的摄政大街 [(Rue de la Regence) 图 4-16、图 4-17] 与街道尽端的法院穹顶和入口，形成了关系良好的组合。街道两侧的建筑要么较为低矮，要么有一个突出的低矮部分可以与尽端建筑形成对比。法院前方、街道轮廓内凹带来的空间放大，能被看到时，也是使得视觉效果引人注目的一个重要因素。图 4-17 中展示的景观不能看到街道空间的放大。

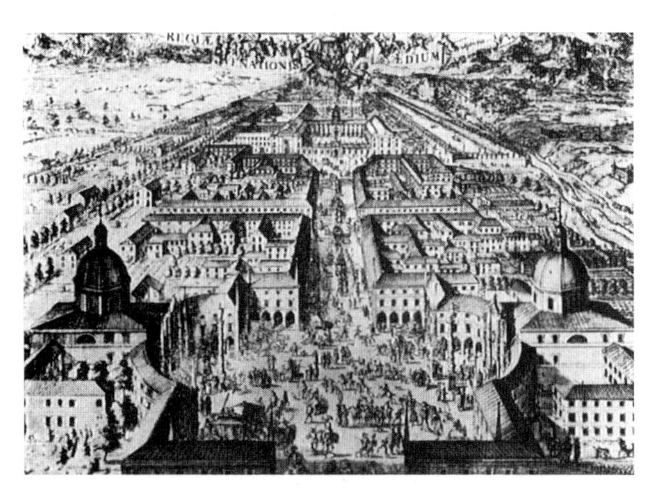

图 4-57　都灵，国王狩猎行宫（Venery）
托马斯·莫森在他关于《城市建筑艺术》的书中以这个题目重新绘出了这个迷人的临街建筑群。

巴黎的图尔农大街（Rue de Tournon，图 4-18，平面见图 2-141）在朝向卢森堡宫的方向上逐渐变宽，使得本来就小的穹顶看上去更小。但由于这个穹顶不是宫殿的首要特征，这种变宽就应理解为对宫殿宽广立面的良好展示。这样的立面也完全可以面对一座宽阔的广场。街道逐渐变宽会让它看上去比实际的短，反之如果街道逐渐变窄、街道断面逐步升高，会使它看起来更长。在明显加长的街道上，处于尽端的建筑给人的印象是比实际的高。因为街道逐渐收窄，看上去会比实际长度要长，而尽端建筑在透视上没有像预期的那样缩小，因此就感觉更高。

没有理由不将这种视效错觉用来赋予纪念建筑额外的价值。帕拉迪奥的舞台街就是以这种方式设计的（图 4-19）。此外，梵蒂冈的皇家台阶（Scala Regia）随着升起逐渐变窄。贝尔尼尼的手法显然没有受到空间不足的限制，这位艺术家非常清楚他想要的视觉效果。在 18 世纪，德累斯顿（Hauptstrasse）新城的主路也是以这种方式设计的，并形成了优美的效果（图 4-20）。或许卡斯·吉尔伯特在他最新的圣保罗国会大厦通路

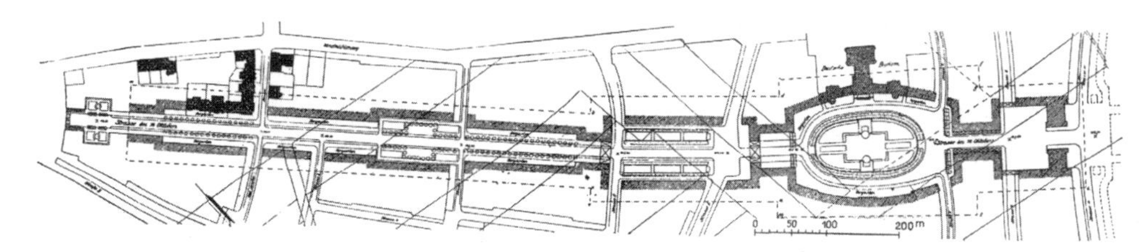

图 4–58　莱比锡，十月十八日大街

这条由醒目单元组成的现代街道最近被作为一次和谐立面设计的建筑竞赛基础。[出自《德国建筑新闻》(Deutsche Bauzeitung), 1915 年]

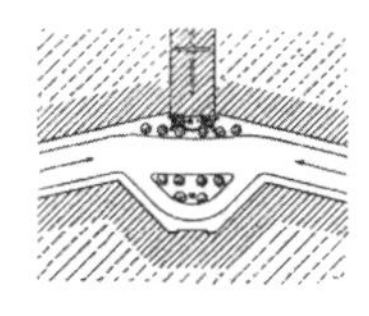

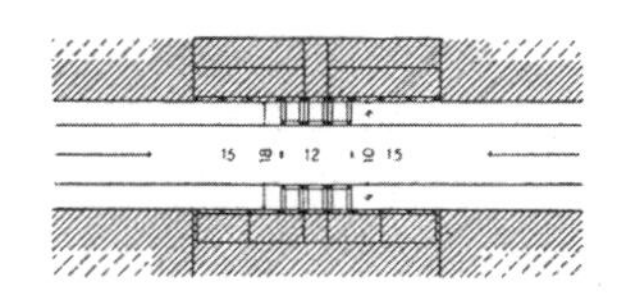

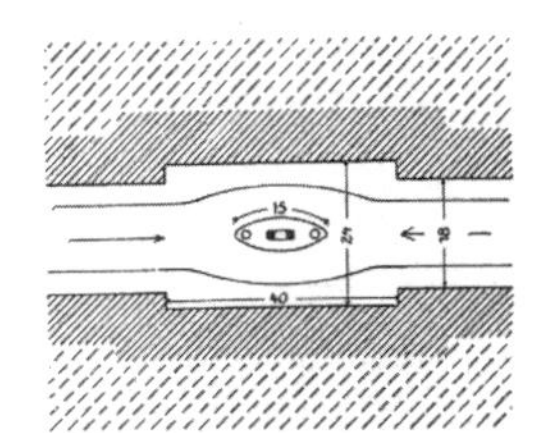

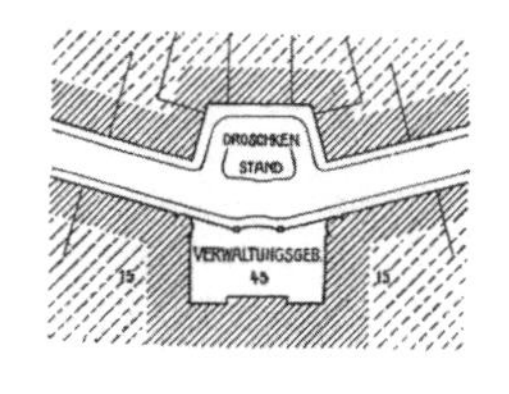

图 4–59　在凸形街道高点处营造节点的方式

(出自古利特)

图 4–60　布鲁塞尔，烈士广场 (Place des Martyrs)

这座“广场”紧靠繁华的新街 (Rue Neuve)，而这座纪念碑是与之相连街道的尽端。(出自 P. 克洛普弗)

图 4–61　图尔 (Tours)，卢瓦尔河上的桥，入口通向对称设计的转角房之间的民族大街 (Rue Nationale)

(出自弗朗兹・赫丁所绘图)

图 4–62　罗马，温泉广场 (Piazza delle Terme)

图 4–63　奥尔良，卢瓦尔河上的桥，经设计的入口通向皇家大街

(出自弗朗兹・赫丁所绘图)

图 4–64　柏林，御林广场

两座穹顶广场由冯・古塔尔 (Von Goutard) 设计，1780 年；剧院 (1818 年) 出自申克尔。见图 2–242、图 4–66、图 6–59。

图 4–65　伦敦，格林尼治医院

向水面望去。平面和其他透视见其后。(出自 W. J. 洛夫蒂)

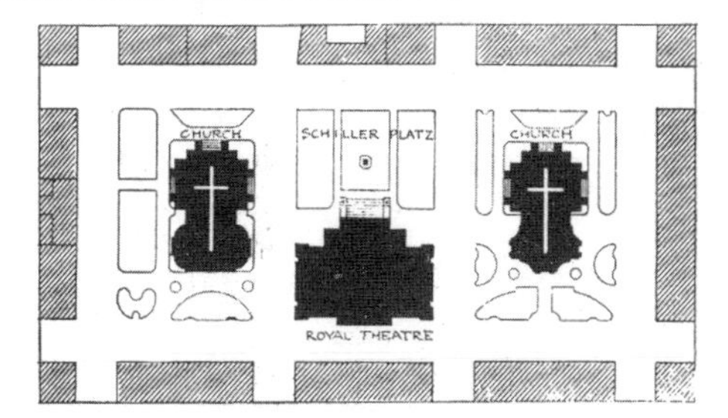

图 4–66　柏林，御林广场

对比图 2–242、图 4–64、图 6–59。(出自伊尼戈・特里格斯)

图 4–67 汉普斯特德，中央广场
从南看圣犹达教堂（St. Jude），自由教堂（Free Church）在左，牧师住所（Vicarage）在右。勒琴斯（E. L. Lutyens）设计。见图 4–68、图 4–69。

图 4–68 汉普斯特德，中央广场周围的房屋
勒琴斯设计。（出自《建筑评论》，1912 年）

方案上就曾想到过这种做法（图 4–22）。还有小尺度的尝试案例，如在华盛顿高地（Highlands，图 6–187）实现的效果。通往弗农山庄（Mt. Vernon）的主路从 100 英尺缩小到 56 英尺（约 30.5 到 17.1 米），并有一个内凹的轮廓。这种效果非常令人满意，通过透视缩小的运用使尽端建筑更为突出，而不必依靠有风险的怪异外表来博出彩。

约翰·诺伦（John Nolen）为麦迪逊国会大厦（图 4–23~图 4–26）设计了一条优美的通路。地面是升起的，而通路的长度很短，足以避免尽端效果的弱化。两侧的建筑都设计得很低，也不会有很大影响，视廊实际上被留在中央绿地（Central Mall）。人们可能会问，透视缩小的原理是否也

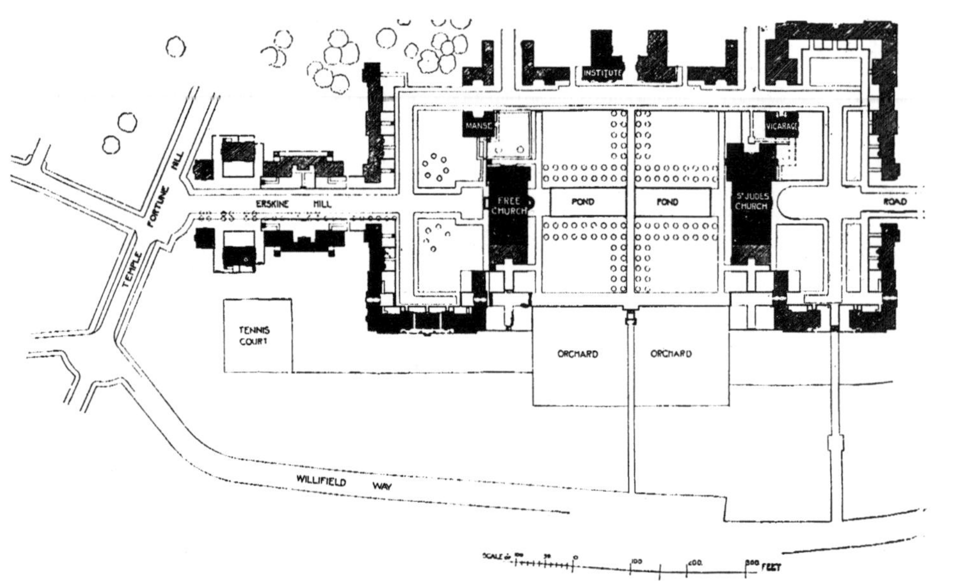

图 4–69 汉普斯特德，中央广场
勒琴斯设计。（出自劳伦斯·韦弗）

图 4–70 波士顿，街道视廊
基督教堂，“老北教堂”（Old North），建于 1723 年。

有必要应用到与该方案相似的绿地设计中，让与广场平行的两条街道以一定角度朝着国会大厦交汇，从而赋予它们若是相互平行则会失去强调尽端景观的效果。

如果像先贤祠那么高的建筑（290 英尺，约 88.4 米）需要用只有 3 层的房屋构成其环境，6、7 层就被实际证明已经过高的话，那么对于美国公共建筑的布局，困难当然就会更大。它的公寓和办公楼要比先贤祠或巴黎城中的任何一座公共建筑高数倍。在讨论美国广场的设计时已经提到，国会大厦只有 370 英尺（112.8 米），比 25 层的纽约时报大厦低了 50 英尺（15.2 米）。

人们会在创造纪念性建筑上花费数百万，但显而易见它的价值在很大程度上不是实用性的，而是为了表达理想。但同样这些人，也在很大程度上乐于破坏这种投入的理想性——即其主要价值，让不合适的周边建筑将纪念物包围起来。对于常规类型的纪念性建筑，即使它有一个高大的穹顶，美国街道那破碎错落、不断变化、从 1 层到 25 层都有的天际线，也不适于作为衬托的环境。与此相比，巴黎先贤祠那差强人意的环境看上去几乎是完美的。但当美国建筑师应邀给具有市、州或国家级意义的纪念性建筑提出一流的布局建议，可以通过回顾先例明白创造更好的环境是可能的，以及苏夫洛本人的理念比先贤祠呈现的效果要更好。

关于适宜布局的知识在今天唾手可得。有了相关的知识，创造出令人满意的结果在天资聪慧的设计师手中不过就是一个方式方法的问题。如果他们不能被授予控制的手段，那就不应该让他们去设计“纪念性”的建筑。对于广场设计，极高的摩大天楼似乎仍是符合逻辑的出路。如果专业人士没有控制周边的手段，那么唯一让公共建筑脱颖而出的途径，就是使它们成为摩天大楼丛林中的擎天柱。

若是让建筑的影响力分散在过长的临街立面上，就会削弱建筑的价值。即使按照应有的方式进行和谐的处理，假如同一种和谐延续了过长的距离，这种街道的墙面也容易变得单调。因此，一条笔直、漫长的街道必须分成多段设计单元。街道断面和宽度的变化是营造街道节奏的重要手段。莱比锡（Leipziger）的 10 月 18 日新大街规划（图 4–58）就体现出这一理念。在林荫大道

图 4–71　科伊莱（Cosel），街道尽端的教堂

兵营教堂（Garrison Church）由朗豪斯（Langhaus）于 1787 年建造，与右侧的单层建筑相比看上去要大，但与两层建筑相比尚可，而在前景中的三层建筑映衬之下却显得矮小。（出自《城市设计》，1920 年）

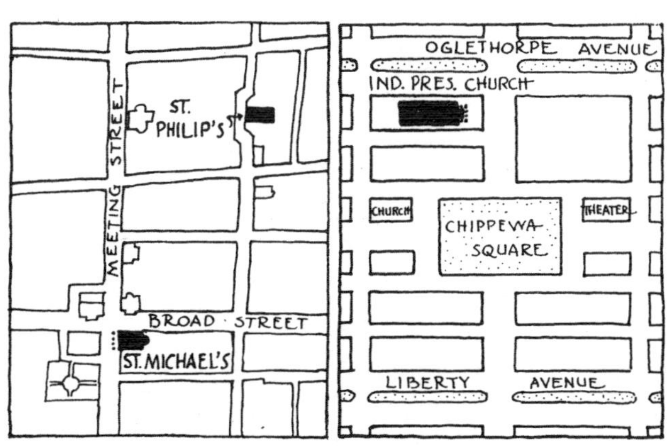

图 4–72　南卡罗来纳州查尔斯顿，圣米迦勒教堂与圣菲利普教堂

见图 4–74~图 4–76。（照片提供：J. H. 丁格尔，城市工程师）

图 4–73　佐治亚州萨凡纳，独立长老会教堂（Independent Presbyterian Church）

见图 4–77、图 6–97 的透视和平面。（照片提供：罗克韦尔，城市工程师）

图 4–74　南卡罗来纳州查尔斯顿圣米迦勒教堂

这个门廊跨过了人行道；见图 4–72 平面和图 4–75 透视。（出自韦尔《乔治亚时代》）

图 4–75 南卡罗来纳州查尔斯顿，圣米迦勒教堂
这座建于 1760 年的教堂被认为由吉布斯（Gibbs）设计，支配着一个重要的街道交叉口。对比图 4–72、图 4–74。（出自克雷恩和索德博尔茨）

的设计中，经常会在转弯点进行断面的变化。将街道划分成多个设计段落，更有力的方法是插入广场。帕拉迪奥要求“在主广场和任何一座城门之间都应该有一座或几座比上述主广场略小的广场”。文艺复兴初始以来便钟情于宽阔的广场，后来又与城门联系起来（图 4–27~图 4–33）。随着人口的增长，这些城门口的广场也被城镇的建成部分包围起来，恰好形成帕拉迪奥想要的那种街道节奏。图 4–27~ 图 4–42 和图 4–85 显示了很多这种广场和其他效果良好的街道尽端或节点。将城门设计引入街道设计已成为美国房地产开发商的一种成规，也是创造街道节奏大受欢迎的现代手段之一（图 4–44、图 4–45）。在美国城市中需要特别注意，将陡峭的山坡作为街道尽端的做法，比如旧金山规整的街道网格，由于地形的关系，制造了不少陡峭的街道对景（图 4–46~ 图 4–49、图 4–51）。

与插入广场的做法大致相近的是，将街道交叉口的转角审慎地作为赋予街道韵律的方式。这些转角可以向内切成矩形或者四分之一圆，或者与人行道结合（图 4–52~ 图 4–54）。它们可以通过塔楼得到强调，或

图 4–76　南卡罗来纳州查尔斯顿，圣菲利普教堂
这座建于 1837 年的教堂模仿的是一座被烧毁的教堂，并凸出街道；塔楼看上去几乎就在街道的轴线上。见图 4–72 平面。（出自克雷恩和索德博尔茨）

者更有效的方式是让其他地方低矮。这样做尤为可取的是，转角建筑作为街道的高点得到强调，高点后面的建筑看上去则更为低矮（图 4–59）。为了实现这些情况的完整效果，当然就需要和谐，甚至对称地处理街道对面的建筑（图 4–60~ 图 4–63）。将入口大门在街道两侧相对布置的做法，在热那亚（Genoa）狭窄的街道中非常有效。入口和前庭院的对称设置会从两侧使街道扩大，深入住宅的主体。此外，简单地将街道两侧的山墙和高塔等更高的要素相对设置，也是突出街道韵律的手段，并可以用在街坊块的中间。

在街道两侧对称地布置教堂是源于文艺复兴的一种母题。中世纪时，上帝之庙的独一无二和绝对主宰的理念无处不在，文艺复兴之后的城市扩大和宗教自由，使城市建筑的设计者有可能将教堂组合起来，让它们的穹顶或尖顶成为发挥均衡作用的要素。这就像埃及的方尖碑，在本国总是成对出现，分立两侧、限定走向圣所的朝圣之道。罗马人民广场（Piazza del Popolo）的对称穹顶（图 6–15~ 图 6–18）、格林尼治

图 4-77 萨凡纳，独立长老会教堂
这座建于 1819 年的教堂占据着在城市布局时“王权赐予”的一片公共土地。见图 4-73 和图 6-97 平面。（出自克雷恩和索德博尔茨）

医院（Greenwich Hospital）的穹顶塔楼（图 4-65），以及柏林的御林广场（Gendarmen Market）都是证明（图 4-64、图 4-68）。汉普斯特德（Hampsted）中央广场用两座教堂进行大胆强调（图 4-67、图 4-68），与这种文艺复兴理念完全吻合。

当雷恩在伦敦大火后重新规划伦敦时，他不得不将一座拥挤不堪的哥特城镇改造成一座文艺复兴式的城市。但城中几乎没有地方可以设计广场。老镇中原本存留的教堂庭院、墓地和花园将被放到城市界限之外。因此，就教堂前广场而言，他仅在圣保罗大教堂前设计了一个三角形的大广场。很多其他的教堂都需要重建，对于它们，雷恩放弃了传统的朝向，而让塔楼和主立面深入街道，充分利用它们作为视廊的对景。他是这样表达自己想法的：

“对于教堂的位置，我建议让它们尽可能深入到更大、更开敞的街道中去，而不是隐蔽在小巷中，或是马车拥堵在马路上的地方。我认为，我们也不应当在朝向上恪守正东正西，除非它恰好如此。这种恰好出现在最开阔视野中的立面应当用门廊来装饰，既为了美观也为了便利。美丽的立面，连同比例良好、耸立在周边房屋之上的优雅尖顶或采光亭（此处已给出不同形式的城市实例），可以作为城镇的必要装饰，而不必再去花费装饰教堂外墙的巨大开支。教堂的外表需要强调的是朴素与耐久，尽管不是全部。在划分教区时，深思熟虑的做法是，有一个主教堂有一座塔楼足以带来响亮的钟声，而其他教堂有 2、3 座较小的带钟塔楼。高大的塔楼与直冲云霄的尖顶，有时贡献了教堂震撼力的一大半。”

雷恩的建议成了美国殖民风格建筑的乔治亚传统中颇具生命力的一部分。很多殖民风格教堂的朝向绝妙地证明了雷恩的智慧。最惊人的例子是南卡罗来纳州查尔斯顿（Charleston，S. C.）的圣菲利普教堂（St. Philip's）和圣米迦勒教堂（St. Michael's，图 4-72~图 4-76；另见图 4-77~ 图 4-79）。到了城市设计艺术在国际上衰退的时期，人们会在毫不考虑周边建筑类型的情况下设置教堂，或者在紧邻的街区建造高得多的摩天大楼，甚至连它们的尖顶都要从视觉上被破坏掉。在这些情况下，即使分布在街道起点处的位置也不会给教堂带来益处。华尔街起点处三一教堂（Trinity Church）的位置，或许奇怪地表现出一丝画意，但矮小的教堂尖顶被华尔街的巨大建筑包围，那略显怪异的效果，在这座雄伟宗教建筑的最初建造者看来很难说是有尊严的。

乔治亚与殖民风格的教堂，演化成只有一座塔楼在主立面上，使得它们更适合作为街道视廊的对景点，而且比哥特教堂往往不对称的双塔要好得多（图 4-35）。教堂立面的精彩特征也适于用来强调街道上的转弯处（图 4-82、图 4-85），或是强调坡地上的场地（图 3-31、图 3-32）或水道（图 4-83、图 4-84）。不过，在一条水平直街上，单独的尖塔或街道一侧的其他突出要素会打破原有的平衡。查尔斯顿设计的圣菲利普教堂非常突出，以至于塔楼看上去几乎是在街道的轴线上（图 4-72、图 4-76，另见图 4-85）。而圣米迦勒教堂和其他殖民风格教堂有力地支配着狭窄的街道，让人欣然接受这种画意的效果。一般来说，从最高的标准看，人们不会希望特别强调在平地上没有价值的普通直街的一侧。更合理的强调会出现在一条或多条街道的交叉轴线上，在那里尖顶或其他突出的要素将被感知为对景。或者，在街道一侧不对称布置高大建筑时，会将一座广场或某种前广场插入街道的另一侧，这样人将感受到广场的宽广与建筑的高大相互平衡。在没有证明这种强调单侧的合理性的地方，尽可以按照雷恩的建议放弃非对称性。他在伦敦规划方案中的某些地方，将相邻教区的教堂组合在一起，以保证街道对面塔楼的对称布局（图 6-56）。这种优美的解决方案也可被用在不同宗派的教堂组合上，它们的形象在今天往往是相互对抗的。利奇菲尔德（Litchfield）的约克希普村（Yorkship Village）设计（图 6-189~ 图 6-194）在这方面有巨大成功的前景。

与将街道两侧的尖顶组合起来相似的做法是，其他要素也可以采取对称的处理，尤其是小的前庭或者其他烘托立面的方式，这对街道形象是极为有利的。在拥挤的条件下，这些是少数可以仰仗的布局要素（图 4-86~ 图 4-90）。

街道上处于尽端或节点之间的区域，需要沿建筑边界和谐发展。拉斯金将这些建筑之间的和谐称为“城市街道极为和谐的乐章”“一种崇高……它能唤起几乎是艺术所能从人心底激发出来的最深切的感情”。明斯特街道的例子（图 4-91）表明，并不需要每个房屋都一模一样。拉斯金亲手绘制了一幅明斯特街道的画作，并附上了关于“欧洲大陆城镇的街道景象”的评注。通过一个鲜明的母题在较低楼层上将建筑联系起来，并以相同的气质设计其他建筑就够了，尽管发展出来的建筑颇具个性。

老街中的相邻房屋呈现的个性往往非常鲜明，具有诸多不同之处，却仍能营造出和谐的整体感（图 4-97、图 4-98）。这种和谐的秘密在于许许多多、无处不在的不同要素，它们的内在相互统一，不论是层高的相似性、窗户的大小，还是开口的大小。图 4-100 前景中的行会俱乐部（Guild Clubhouse）属于 16 世纪，所以要比“主食库房”（Staple House）晚 300 年，3 个山墙面的建筑中最后的那个带有谷物升降机，但这些建筑之间的和谐是毫无疑问的。这种总体的和谐感，在过往时代的缓慢发展中是更容易实现的。它一旦形成往往就能抵御现代很长时间的侵蚀（图 4-93）。

一旦临街建筑的和谐被与现代城市建筑相关的、快速而且往往是革命性的变化破坏，或是它在新的城市中没有同时作为一种美好的市民感知的表达出现，那就有必要用现代的方式来营造它。在用和谐的私人建筑包围公共纪念建筑的讨论中，已经有一种好的理想同样适于和谐街道的设计。欧洲城市中无数的街道都是以相同的原则设计出来的，尽管尺度更小。这些原则在后来普遍应用于巴黎的里沃利大街（Rue de Rivoli）（图 4-104、图 4-105）。当没有遵守某种房屋类型的法律义务时，道德的约束或纯粹的传统就是同样有力的（图 4-95、图 4-96、图 4-101~ 图 4-107）。个人之间单纯的智力合作、相邻房屋的亲切联手十分常见，因而又在欧美盛行开来（图 3-132~ 图 3-138、图 4-108~ 图 4-112）。纽约哈佛俱乐部（Harvard Club）的扩建虽然无疑属于同一建筑，但从其外观而言可以作为这一点上的实例（图 4-114、图 4-115）。还有些例子是在不大有利的情况下，通过让原本特征截然不同的房屋统一起来的主檐口，来实现某种人为的统一性。图 4-130 展示了一个例子，照片中两个这样连在一起的房屋，呈现出比它们背后林立的房屋更为满意的形象，若不是对比见分晓，人们就会怀疑该策略是否合适。

图 4-78　费城，基督教堂

约翰·基尔斯利（John Kearsley）博士于 1720 年设计，约 1750 年建成。（出自韦尔《乔治亚时代》）

按照统一的艺术设计开发大型地产项目的做法已在上一章中提到（见图 3-134、图 1-136~ 图 1-138）。英国大型地产中的典范尤为丰富（图 4-124、图 4-131），这个领域中的一些上乘之作位于英国的巴斯（图 4-126~ 图 4-129）。几乎在现代大城市中的每个地方，都很容易找到由同一个经济驱动力形成的完整街道。纽约滨河大道（Riverside Drive）的很大一部分，尽管由同一家公司建成，却明显是为了刻意避免和谐与连续而设计出来的。地产企业在今天则更倾向于建造图 4-132~ 图 4-134 中那样的街道。它们的各种母题遍布整个街区，比如檐口线，相似的屋前花园、栅栏、屋面材料，或是像图 4-135 中建在更高地面上的房屋，以一个统一的挡土墙作为建筑的基础。美国地产企业中一些出类拔萃的作品出现在巴尔的摩的罗兰公园区（Roland Park），其中一条街道出自查尔斯·普拉特（Charles Platt）的设计（图 4-136），形成了许多和谐的组群（图 6-164~ 图 6-167）。

统一性在推向极致时会被夸大。在欧洲经常被引用的例子是曼海姆（Mannheim，图 6-78~ 图 6-84）。它在欧洲人眼中很久以来都是独一无二的，因为那是完全按照网格规划建成的。由于所有的建筑都可以说

图 4-79　纽约，瓦里克街（Varick Street）圣约翰礼拜堂

这座教堂于 1803—1806 年由麦库姆（McComb）建造，坐落在两个对称房屋之间的开放空间中。房屋位于相邻行列的最前方。其侧墙的朴素很可能是受到标准化分隔墙构造的影响。

图 4-80　波士顿，以州议会大楼下的拱门为尽端的街道

图 4-81　波士顿，从波士顿公园（the Common）看公园街教堂

图 4-82　柏林，奥斯卡广场（Oskar Platz）

通过引入教堂改善糟糕街道交叉口的方案。出自布里克斯与根茨默尔事务所（Brix and Genzmer）的大柏林城市规划获奖设计。

图 4-83　里尔（Lille），法院

门廊主导从运河周围的码头及一座重要桥梁望去的景色。

图 4-84　尼斯（Nice），码头教堂

这座教堂及两侧带柱廊的建筑位于长方形的大码头前端。

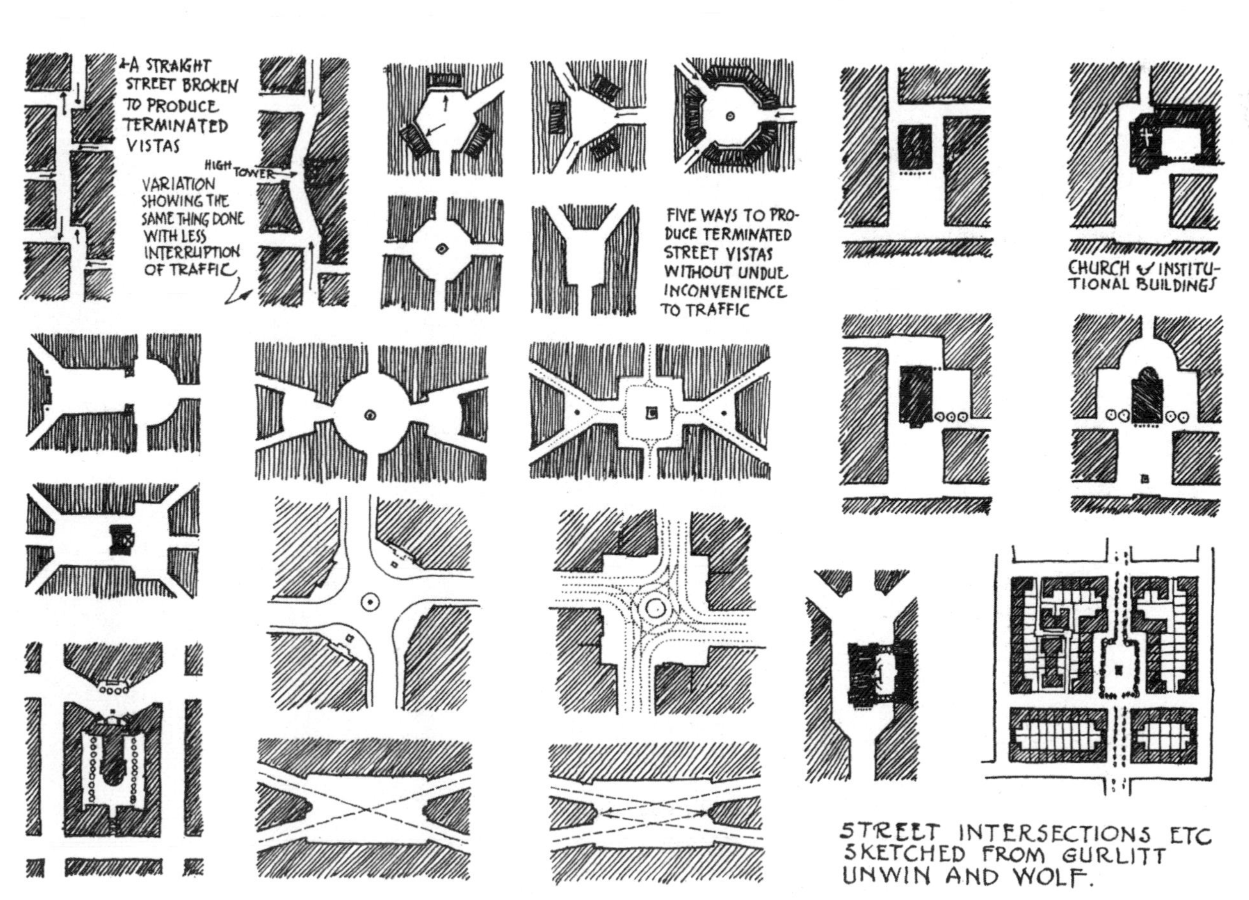

图 4-85　古利特、昂温和沃尔夫的街道交叉口等草图

图 4-86 巴黎，让·古戎大街（Rue Jean Goujon）礼拜堂
吉尔伯特（M. Gilbert）设计。（出自《建筑评论》，1902 年）

是在一个屋檐下，有时被批评是单调乏味的，但歌德对它的风貌赞赏有加。18 世纪末出版的颇受欢迎的一篇建筑论文，讨论了在德国小城市使用“木匠建筑师”（carpenter architect）的问题。

文章认为城市不应看上去像一个巨大的建筑，而是许许多多普通建筑的聚合体。这些建筑单体各有千秋、相得益彰，使城市整体赏心悦目。建筑之间剩下来的小空间，既不优美也不实用，更大的间距容易让单体建筑像孤零零的牙齿那样突兀。图 4-122 是一张大的折页铜版画的缩印版，图中展示的街道立面设计理念是值得推荐的，即对称的独立住宅构成均衡的组群，檐口线齐平，建筑之间的缝隙由大门连接，大门的上方有阳台。这些大门实际上是后面庭院的马车门廊（portecochere）和入口，具有连接房屋和用 2 个低层要素限定临街立面的美学功能。由小城市的承包商以这种简约的方式表达出来的上述理念，实则是卓越的，并且有很好的先例。用侧面要素对主体要素进行烘托的做法，比如帕拉迪奥为弗朗切斯科·皮萨诺（Francesco Pisano，图 4-117）设计的别墅，启发了《英国维特鲁威》的作者科伦·坎贝尔为珀西瓦尔伯爵（Lord Percival）设计的府邸。坎贝尔说：“两个带顶的拱门，将办公楼与府邸连接起来，便于在潮湿的天气停靠马车。”亚当设计的“斯特拉特福德住宅”（Stratford House，图 4-141）、伦敦皇家艺术学会（Royal Society of Arts in London，图 4-110），以及如图 4-116 所示精

图 4-87 慕尼黑，大学扩建
贝斯特尔迈尔（G. Bestelmeyer）设计。（出自瓦斯穆特《月刊》，1918 年）

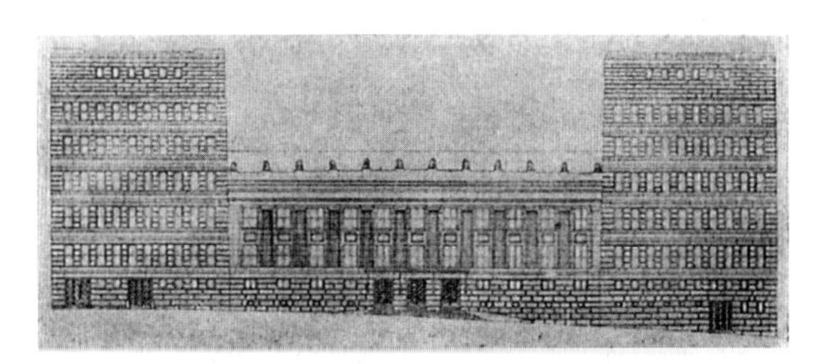

图 4-88 华盛顿特区，德国大使馆方案
位于两座高楼之间的柱廊。汉斯·珀尔齐希（Hans Poelzig）设计。（出自瓦斯穆特《月刊》，1919 年）

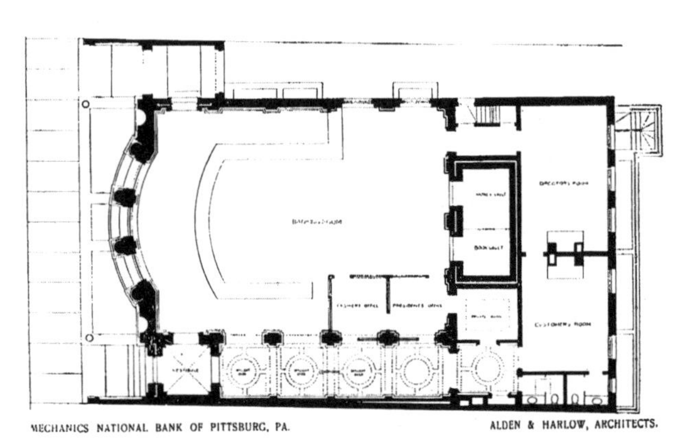

图 4-89 图 4-90 平面

图 4-90 宾州匹兹堡，国家技工银行（Mechanics National Bank）
奥尔登与哈洛事务所（Alden and Harlow）设计。平面见图 4-89。[出自《建筑评论》，1905 年]

图 4-91　明斯特，带拱廊的街道
出自约翰·拉斯金画作。

图 4-92　法兰克福，勒默贝格（Roemerberg）
左侧的中世纪建筑被右侧和谐的现代立面包围。平面见图 4-94。（出自《德国建筑新闻》，1910 年）

图 4-93　施泰尔（Steyr），奥地利，主街
出自奥托·宾茨（Otto Buenz）画作。

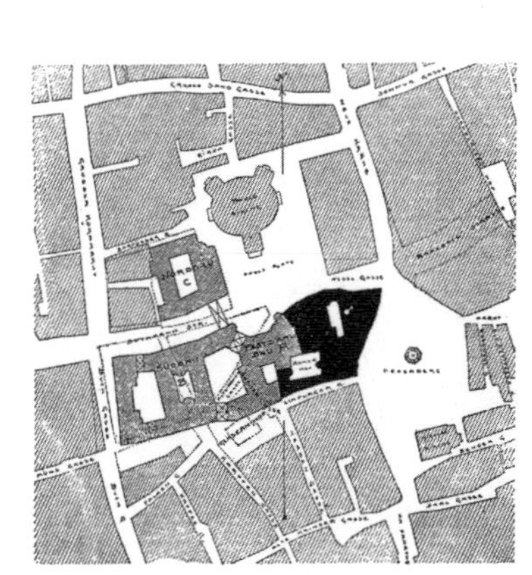

图 4-94　图 4-92 平面

图 4-95　汉堡，漫步道
对比图 3-132、图 3-133，显示出巴尔的摩相似的建筑。

图 4-96　热那亚，新街（又称加里波第街）
这条 16 世纪宫殿的街道让鲁本斯转而钻研建筑。

图 4–97、图 4–98 慕尼黑，中世纪临街建筑

根据雅各布·桑特纳（Jacob Sandtner）1571 年制作的慕尼黑城市木质量模型绘出。

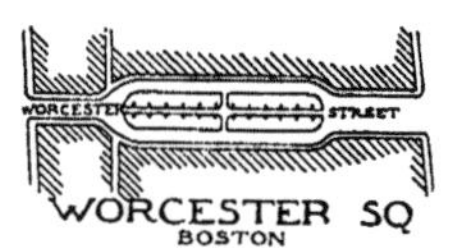

图 4–99

图 4–100 根特

不同时期建成的和谐立面。三座山墙建筑中最远的是建于 13 世纪的主食库房，最近的是 16 世纪的行会俱乐部。

图 4–101 波士顿，路易斯堡广场（Louisburg Square）

典型的殖民风格临街建筑。房屋全部由相同的材料、尺度和风格统一起来。

图 4–102 日本商铺街

出自广重版画。

美的“新月楼”（Crescent），都是街道设计中房屋高低错落、有节奏排列的典范。

图 4–137 展示了一条面对公园的街道，通过重复的小型前院形成的节奏。这些前院将公园的好处惠及比原来更多的房间。

在整个城市街区的更新上，许多出色的工作正在进行，往往也是城镇中大面积的老城区更需要加强设计。

很多改造方案中的街道立面设计都交给了个体公司，有时造成的风貌效果还不如过去的贫民窟形象。通常这种方案的规模很大，好的街道设计被当作成本如此之高项目的附加利益而强制执行。在诸多案例中，斯图加特最古老部分的改造，以及对威尔士亲王在伦敦拥有的土地进行的改造值得一提（见图 4–123~图 4–125 及图注）。在这两个例子中，都有一大片老建筑需要拆除，其中很多都有建筑学的价值，建筑师也都成功地将老建筑的气质转译到他们自己的新建筑上。美中不足的是，改造方案的美学问题受到经济问题的影响变得复杂，由于地价颇高，开发就需要相当高的密度。这个问题甚至在无需拆除建筑的情况下依然存

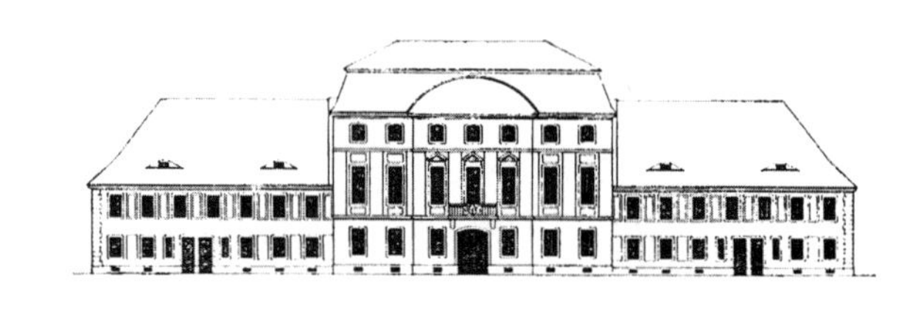

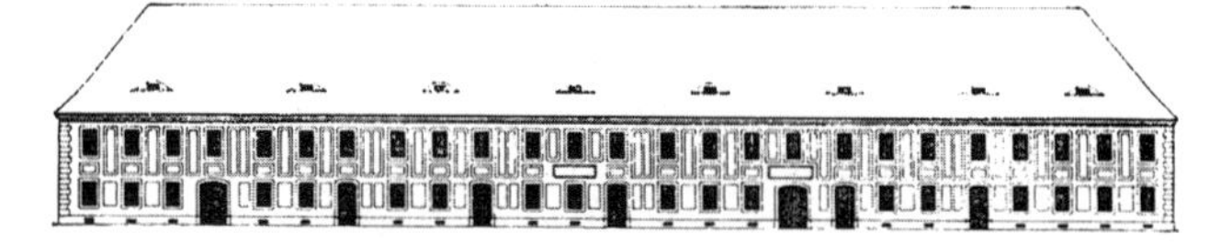

图 4–103 福斯特（Forst），街道立面

德国城镇福斯特的市政厅和市场周围私宅的官方设计，用于 1748 年该镇的重建。[出自库恩（Kuhn）]

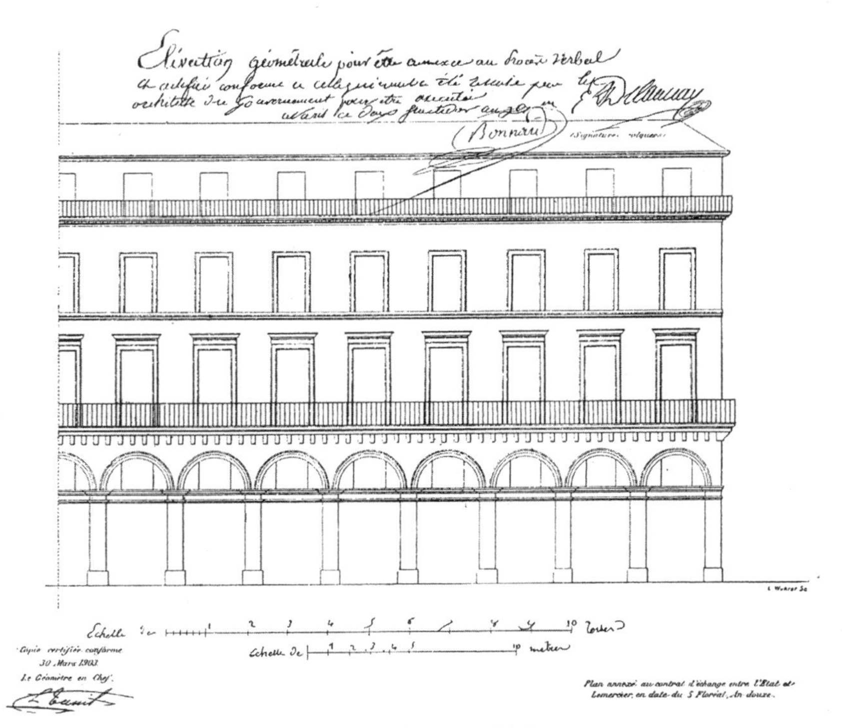

图 4–104　巴黎，里沃利大街

里沃利大街建筑的官方设计，自拿破仑一世时代以来一直都颇具效果。（出自施图本）

图 4–105　巴黎，里沃利大街和杜乐丽花园

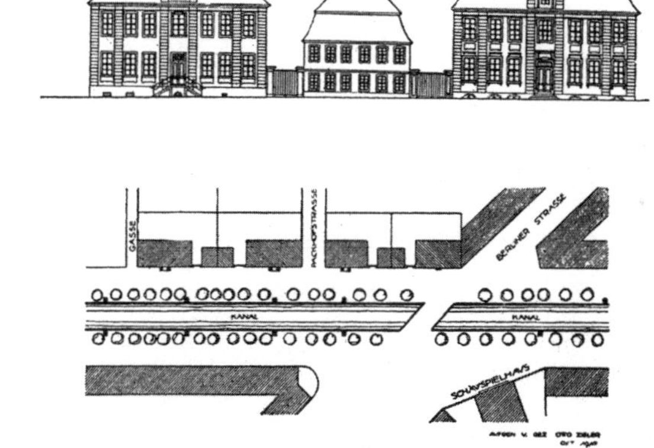

图 4–106　波茨坦，统一的房屋

18 世纪官方建筑设计。[图 4–106、图 4–107 出自奥托・齐勒（Otto Zieler）]

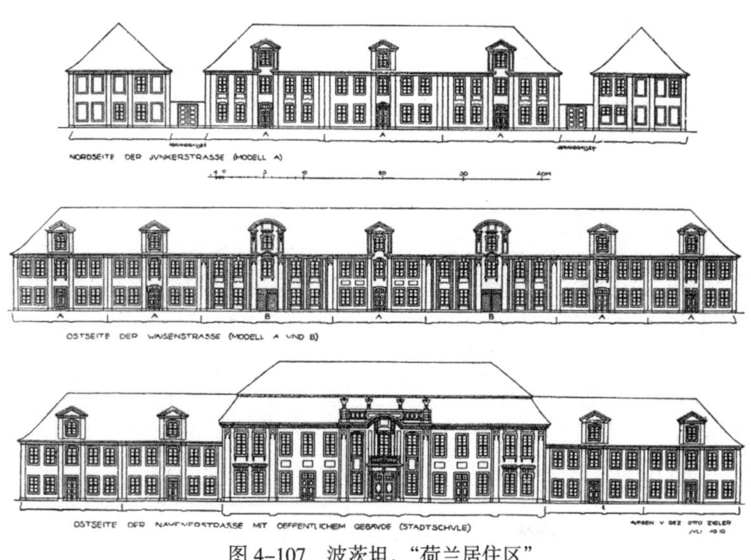

图 4–107　波茨坦，“荷兰居住区”

1737 年荷兰人鲍曼（Baumann）设计的和谐街道立面。

图 4–108、图 4–109　罗德岛普罗维登斯（Providence）

美学上的协调；立面与庭院。

图 4–110　伦敦皇家艺术学会

在这个设计中，罗伯特·亚当使用了一种纪念性母题，并把它完全简化，使之与其两侧几乎是光秃秃的立面达到完美的和谐。

图 4–111　伦敦，女王广场的乔治亚风格门口

原本相互冲突的要素被统一起来。（出自韦尔《乔治亚时代》，图 4–108、图 4–109 同）

图 4–112　黎塞留，两户组合的庭院

这两个山墙建筑的设计是为了围合花园入口。对比图 5–121、图 6–1、图 6–2。（出自《美国建筑师》，1902 年）

图 4–113　伦敦，里士满（Richmond）旧宫联排

一排和谐，但绝不单调的住宅。（出自菲利普斯）

图 4–114、图 4–115　纽约，哈佛俱乐部第 44 和 45 街立面

在周边建筑高度和地块宽度各不相同时，实现街道立面建筑统一的例子。（出自《麦金 – 米德与怀特事务所作品专集》）

图 4–116　伦敦，"典范建筑"（Paragon）

由罗伯特·亚当的追随者设计。出自拉姆齐（S. C. Ramsey）。他曾作出如下有趣的评论："18 世纪末建于伦敦布莱克希思（Blackheath）的典范建筑表明，当一系列中等大小的房屋由一个方案来统一时，可以得到怎样惊人的效果。由多立克柱廊连接起来的不同街区的处理是极具原创性的，并保留了设计的连续性，同时体现了独立住宅的个性。贯穿各处的细节尽管在施工上非常精致，却极为阳刚、直接。这座典范建筑最初是为驻扎在格林尼治的海军军官或退役老兵提供住房而建的；这无疑在一定程度上促成了住房的统一处理。"

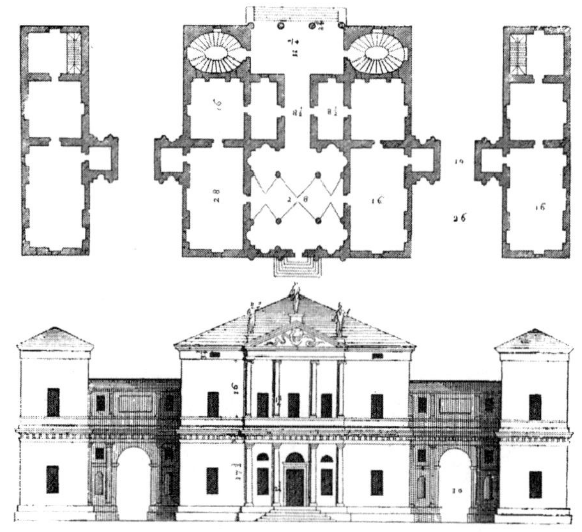

图 4–117　帕拉迪奥为弗朗切斯科·皮萨诺所做别墅

由相连拱券统一起来的一组建筑。见图 4–122 中将这一原则用在整条街道上的 18 世纪实例。

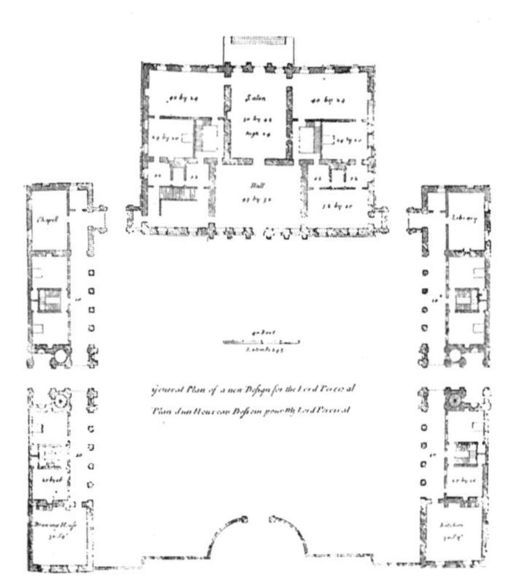

图 4–118　珀西瓦尔伯爵府，平面

图 4–119　波茨坦，市政厅，1753 年

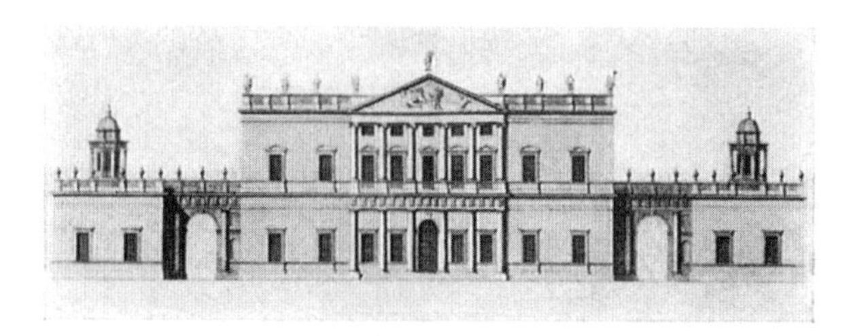

图 4–120　珀西瓦尔伯爵府，立面

科伦·坎贝尔的这个设计将帕拉迪奥的原则（图 4–117）用在了更大的建筑群上，并将其统一起来，同时仍保留了中央建筑的统领地位。

图 4–121　波茨坦，市政厅扩建部

兰茨贝格（Landsberg）的这个竞赛获奖设计将旧市政厅（图 4–119）放在两个对称的侧楼之间。其中之一跨在一条进入市场的街道上方。（出自《城市设计》，1914 年）

图 4–122　统一街道设计

出自一本约 1800 年出版的德国木匠和石匠手册。建筑在水平向上统一起来，这对于街道的透视是非常重要的事。拱券的使用如图 4–117、图 4–120。

图 4–123　斯图加特，内城改造

老城的中心部分已陷入一种狼狈不堪的状况，该区将拆除和重建工作一并于 1910 年完成。考虑到地产价值很高，街道只是稍加拓宽、拉直，该区反映历史的建筑特征得以保留。由亨格勒、梅林与赖辛事务所（Hengerer，Mehlin，and Reissing）设计。

图 4–124　伦敦，考特尼（Courtenay）广场，肯宁顿（Kennington）

这幅插图和后面那幅都是最近在泰晤士河南岸威尔士亲王土地上实施的大型住房工程的典型形象。广场周围的工人宿舍和切斯特街（Chester Street）上的“中产阶级公寓”是由阿谢德与拉姆齐事务所（Adshead and Ramsey）设计的。他们严格遵循了 19 世纪前半叶形成的当地风格。砖为棕黄色，罩棚和格架为青铜绿。广场内区铺砾石，并种有笔直排列的菩提树。这个设计大幅改善了伦敦有围栏、只能由相邻业主使用的平常广场。（图 4–124、图 4–125 出自《砖瓦工》，1920 年）

图 4–125　伦敦，切斯特街，肯宁顿

图 4–126　巴斯，环形广场

图 4–127　巴斯，诺福克（Norfolk）新月楼

图 4–128　巴斯，皇家新月楼

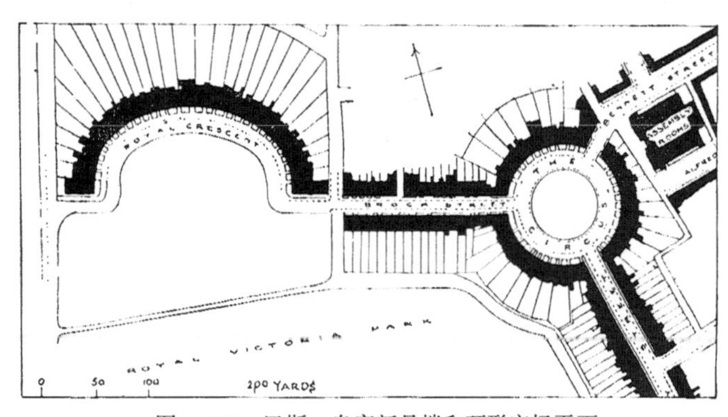

图 4–129　巴斯，皇家新月楼和环形广场平面

巴斯镇在 18 世纪快速扩张。城镇北部的一片完整区域在 1725 年由约翰 · 伍德（John Wood）规划。环形广场周围的建筑是伍德在 1754 年逝世前不久设计的。皇家新月楼由伍德之子在约 20 年后建造。这两个单元都以一种自由的尺度来设计，环形广场直径超过 300 英尺，新月楼则接近 500 英尺。环形广场有 3 条放射形街道，而不是通常的 4 条。这种布置使其成为街道规划中更为突出的特征，因为它的墙面终止了街道，使环形广场成为每条街道的对景和高潮，而不只是途中的插曲。

爱丁堡“新镇”是 1767 年规划的。

图 4–126~ 图 4–128 是弗朗兹·赫丁按布林克曼照片所绘的图。图 4–129 出自特里格斯，图 4–131 出自昂温。

图 4–130 中展示的住宅从赋予它们相同檐口的简略方法中获得了某种统一性，尽管没有其他水平线贯穿其中。结果证明了这种权宜之计的合理性，很可能是由于两部分材料和建筑细部的统一。彼得斯与赖斯事务所（Peters and Rice）设计。

图 4–130　波士顿，湾州路（Bay State Road）上的房屋

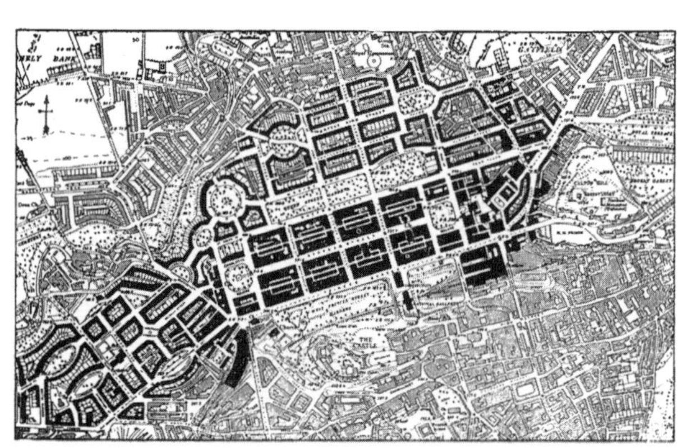

图 4–131　爱丁堡，“新镇”

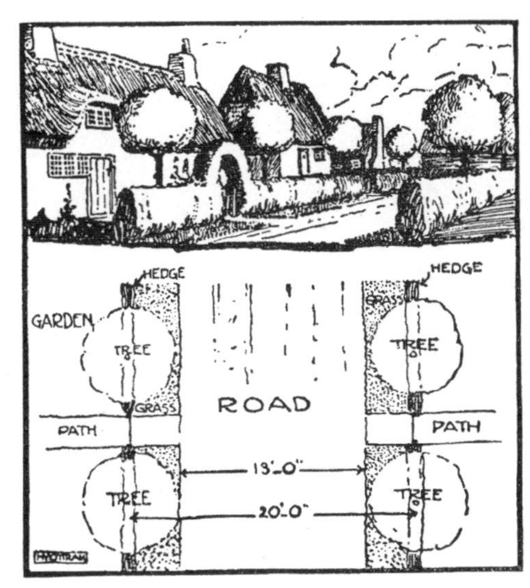

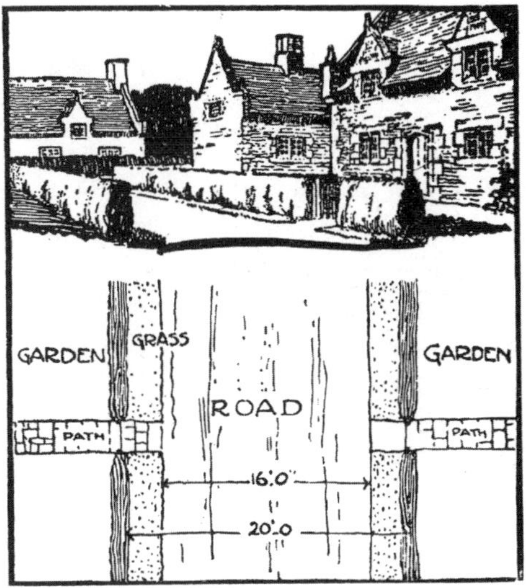

图 4-132~ 图 4-133　英国田园城市街道

雷蒙德·昂温为莱奇沃思（Letchworth）和汉普斯特德设计的低负荷交通道路。街道用统一连续的树篱进行了统一，尽管房屋各不相同。

图 4-134　柏林，公寓楼街道

瓦格纳（M. Wagner）设计。（出自米格）

图 4-135　一座德国田园城市中的街道

连续的挡土墙使有坡度的街道统一起来。赫尔曼·穆特修斯（Herman Muthesius）设计。（照片授权：查理德·菲利普先生）

图 4-136　巴尔的摩，罗兰公园区

按照普拉特提出的建议，通过建造统一的挡土墙、赋予所有房屋相同的颜色，使这条街道成为统一的设计。街道的凸形轮廓并非出自普拉特先生之手。

图 4-137　汉诺威，本尼希森街（Bennigsen）

市政府通过持有大面积土地和市政令，保证了对街道立面的有效控制。它为新的本尼希森街设计举行了一次竞赛，这幅鸟瞰图是西布雷希特与乌萨德尔事务所（Siebrecht and Usadel）获奖方案的一部分。

图 4-138 伦敦，摄政街的扇形楼（Regent Quadrant）
纳什（Nash）最初建成时的状态。柱廊后来被拆除，因为它们过于遮挡商铺。

图 4-139 伦敦，滑铁卢广场（Waterloo Place）
下摄政街（Lower Regent Street）优美的尽端建筑，由约翰·纳什设计。照片拍摄点背后是约克公爵纪念柱（Duke of York Column）以及下到广场和圣詹姆斯公园（St. James' Park）的大台阶。这些建筑在局部进行了重建和增高，但统一性最终得到恢复。

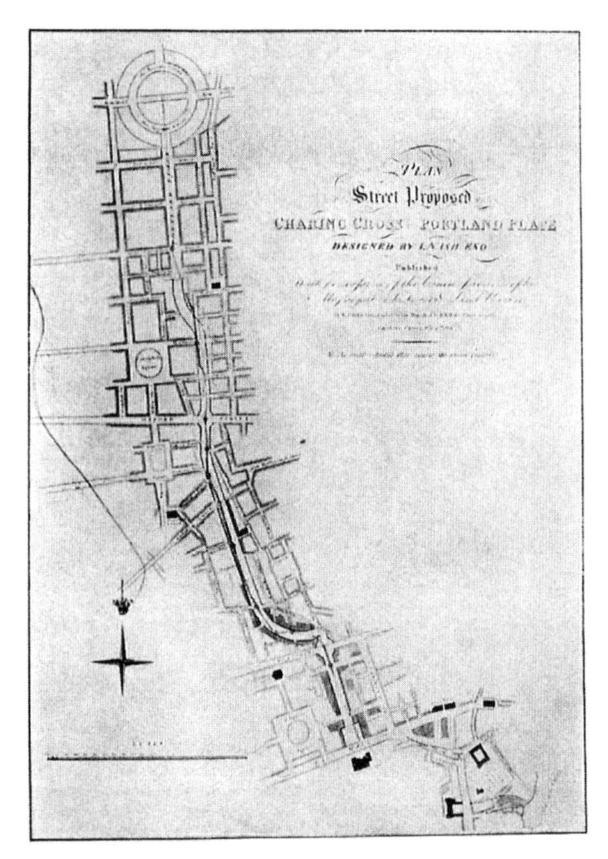

图 4-140 伦敦，摄政街规划
1813 年由约翰·纳什规划，并基本是按他的设计建成的。

图 4-141 伦敦，斯特拉福特府
罗伯特·亚当设计。与图 4-117~ 图 4-120 一样，这是用相连要素统一组群的例子。入口大庭院实际上是一座公共广场，构成了主立面的环境。

图 4-142 伦敦，摄政扇形楼
理查森与吉尔事务所（Richardson and Gill）在“建造者”重建扇形楼方案竞赛中的获奖设计。

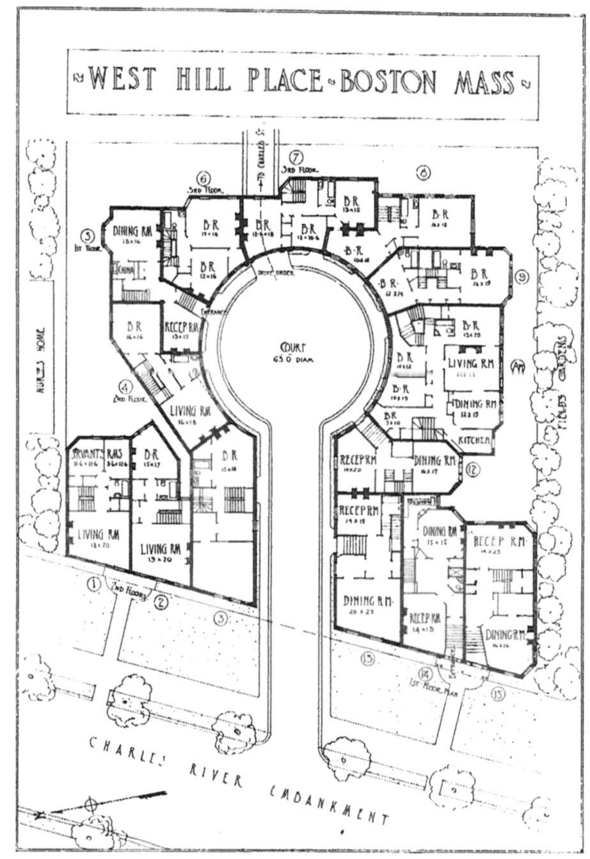

图 4-143 波士顿，西山街区
统一的住宅和公寓组群，库利奇与卡尔森事务所（Coolidge and Carlson）设计。见图 4-146。

图 4 -144　柏林，公寓住宅组群的内部庭院

设计和谐的公寓住宅方案局部，下图为其平面。这是与鲁本斯大街平行的长形庭院透视。

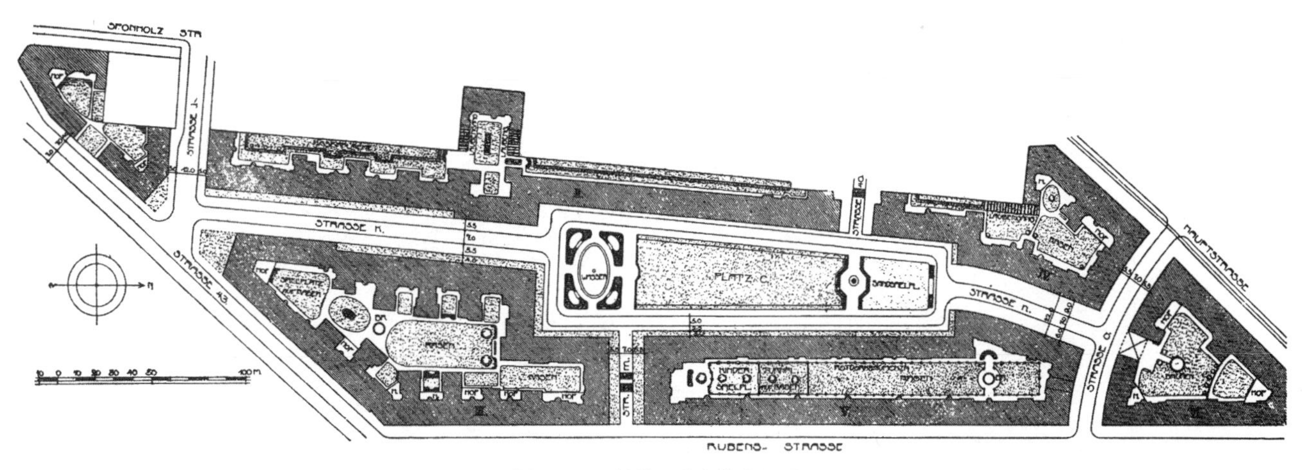

图 4–145　柏林，公寓住宅组群

舍讷贝格（Schoeneberg）锡西利亚花园（Cecilien Gardens）是约 25 英亩的一片区域，其中建造了建筑统一的公寓住宅。保罗・沃尔夫设计。

图 4–146　波士顿，西山街区

库利奇与卡尔森事务所设计。

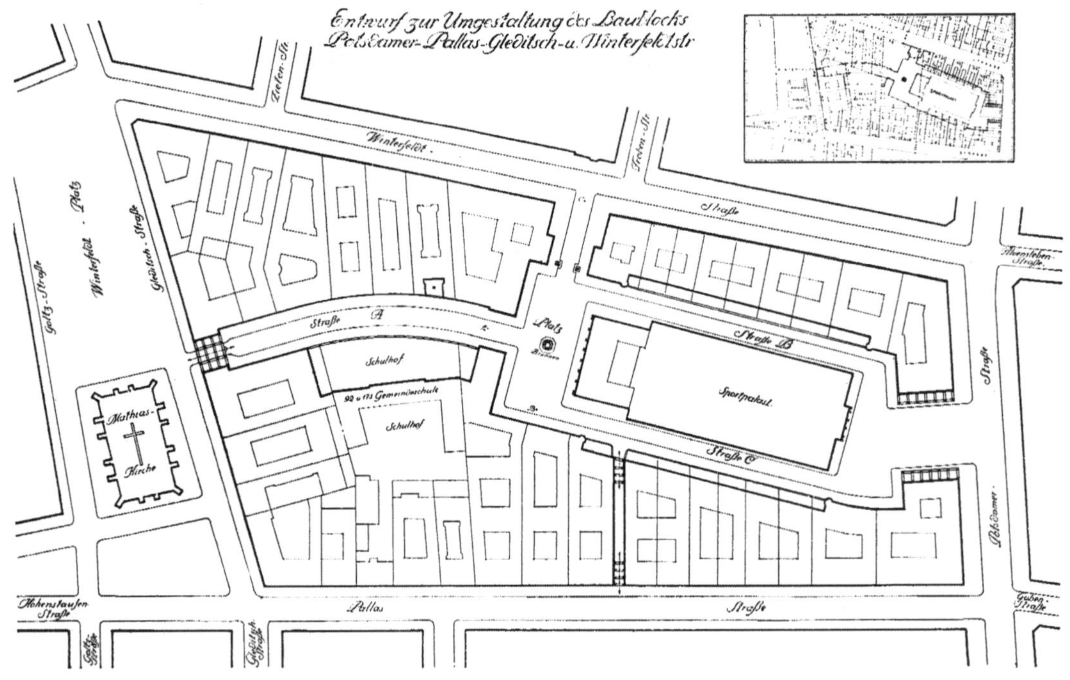

图 4-147 柏林，城市街区的重新设计
（见图 4-147 图注）

图 4-148 柏林，城市街区的重新设计

图 4-149 柏林，统一的街道立面（见图 4-155）

图 4-147、图 4-148 所涉及的问题是美国城市中的通病，特别是在街区过大的地方。大型公共娱乐设施需要在拥挤街区中占据一块场地。这个办法给了建筑一种独立的机会，周边仍是和谐的建筑环境，不会占用宝贵的街道立面、不会减少住房数量。相似的用法可以放到华盛顿的大型街区内部、“巷道贫民窟”问题尖锐的地方。

这幅显示广场在“运动宫”前的景象出自平面中的 B 点。由布罗德菲雷尔与巴登霍伊尔事务所（Brodfuehrer and Bardenheuer）设计。

图 4-147~ 图 4-149、图 4-155 出自《城市设计》。

图 4–150　统一办公楼街区的方案

这幅草图是在赋予城市街区至少某些统一要素的方向上进行的研究。这个街区有 3 家大银行，均位于一条河边。从那里看去，它是一个整体，而不只是街道透视的局部。街区中最显眼的建筑是一座巨大的办公楼。它的采光庭院毫无吸引力，素墙面丑陋不堪。一座设计杰出的神庙型银行大厦在街区中间。第三座银行位于一个颇具画意的旧办公楼中，它的屋顶在建造时还很时髦。这座建筑在一处重要街景视廊的尽端，但它无利可图，所以业主决定用单层的“纪念性”银行大厦取而代之。这看起来是为整个街区塑造出某种和谐的机会。最明显的困难在于固定的要素大相径庭——巨大的办公楼和带山花的银行。这里展示的方案试图通过赋予新建筑两种檐口高度来调和这些要素。建筑的纪念性部分采用附近街区的檐口线，而更高的部分则重复摩天办公楼上层的。为了加强这个表达相似性的最后要素，提出为原有建筑扩建两个塔状楼。主楼可以三面开窗，这样持久的采光是有保证的。
这个研究还处在初步草图阶段时，就决定不牺牲具有画意的旧办公楼了。

图 4–151　纽约，慈善教堂

霍平与科恩事务所（Hoppin and Koen）的设计，可以在网格街道规划中形成开口，如所附插图中所示（右上角）。（出自《砖瓦工》，1911 年）

图 4–152　“银行街区”

街道一侧的现状。图 4–150 的透视草图显示的是临河的另一侧。

图 4–153　柏林 – 新克尔恩 A

图 4–154 中所示建筑的场地。

图 4–154　柏林 – 新克尔恩 B

学校建筑，[基尔（Kiehl）的] 设计是为了挡住附近经济公寓丑陋的分隔墙。对比图 4–150、图 4–152。

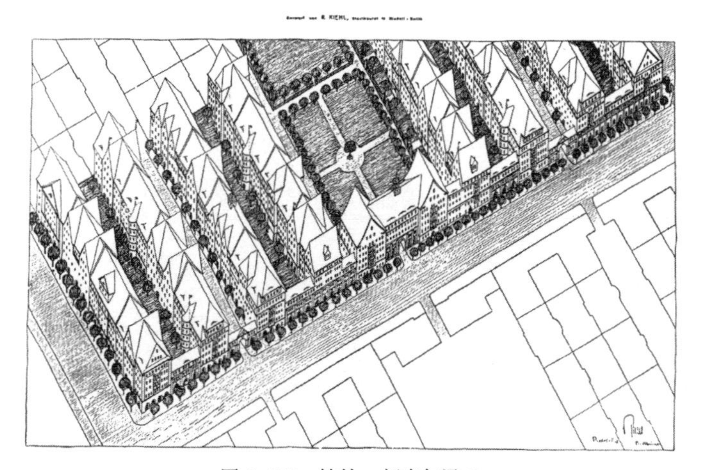

图 4–155　柏林 – 新克尔恩 C

图 4–149、图 4–155 是柏林一个拥挤郊区中公寓组群方案的轴透视。图 4–149 出自金德（W. and P. Kind），图 4–155 出自柏林原市属建筑师、首席主管城市规划师基尔。这两个方案除了获得建筑上的和谐，还为租户保证了最大限度的采光和空气。其方式是消除天井和侧楼，并将去掉的多余街道省出的土地用作花园庭院。

在。当用地靠近高层建筑时，地价会被推高，用地就有开发密度要求影响到艺术上的考量，也许只有精打细算地通盘平衡才能解决。波士顿的西山街区（图4–143、图4–146）是一个有趣的例子，图4–144、图4–147~图4–149展示了其他案例。它们都需要应付各种困难条件，但在一个或多个街坊块地区的设计中，都为街道的和谐形象作出了有价值的贡献，或者展现了良好的发展前景。

图4–156 纽约，麦迪逊广场公园

图4–157 佛罗伦萨，佣兵凉廊

图4–158 汉堡，阿尔斯特河（Alster）拱廊

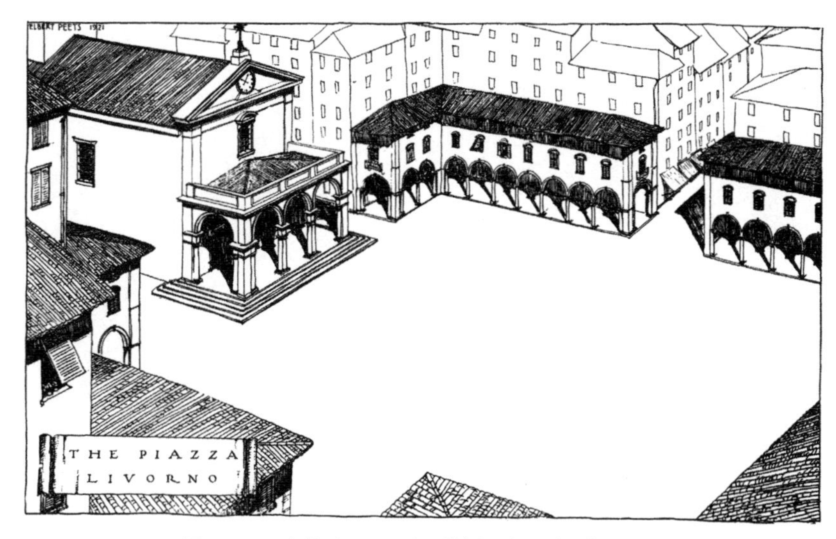

图 4–159　来航（Leghorn），维托里奥·埃马努埃广场

这座广场可上溯至约 1600 年。教堂立面被认为出自伊尼戈·琼斯（Inigo Jones）之手，他曾在最初的意大利之旅中来航停留很久。

街道拱廊和柱廊

临街建筑的一大问题在于，要将众多因每个房屋业主的不同品位和实际要求所需的个性，与必要的和谐，甚至统一的元素结合起来。没有这种统一就会让街道变成一种相互矛盾、令人厌恶的大杂烩。摆脱这种困境的经典方式是在地面层引入柱廊或拱廊，这种母题的力量足以将各式各样的建筑结合在一起，而不会让它们失去在较高几层发展个性的可能。过去已经有人指出，若没有围合的柱廊，是很难构想出古希腊和古罗马广场的，古希腊和古罗马古迹中的街道也是如此。大部分从古罗马先例中获得广场概念的灵感，比如帕拉迪奥和琼斯等人的设计，都将柱廊视为一种不可或缺的要素。城市设计的学生会反复听到有人建议将拱廊和柱廊作为街道设计至关重要的部分。许多意大利城市沿街都有源自罗马和哥特时期的拱廊，而文艺复兴的理想街道也有拱廊和柱廊，比如在被认为出自布拉曼特之手的古图中所示（图 4–1）。

军事因素对城市规划的影响，在文艺复兴时期与拿破仑三世统治时期不相上下。正是出于军事的考量，大多数城市放弃了拱廊，因为它们为人民抵抗独裁统治者提供了绝佳场所。而在博洛尼亚，大部分街道都保住了柱廊，它们带来的优美效果也常常让城市备受赞誉。

当洛伦佐·迪梅迪奇（Lorenzo di Medici）在征求美化佛罗伦萨中央广场的建议时，米开朗琪罗提出用佣兵凉廊的拱廊环绕整个广场（图 4–157）。在北部城市，整个中世纪和文艺复兴期间，每当为美化城市做出特殊努力时，柱廊的概念都得到了复兴。雷恩爵士为一座“交流馆”（Gallery of Communication）设计了平面和立面，“它在泰晤士河沿岸有一个长长的多立克柱式的门廊，从白厅（Whitehall）一直延伸到威斯敏斯特宫”，距离达 2000 英尺（609.6 米）。

伦敦摄政街的扇形楼购物中心（Regent Quadrant）在 19 世纪根据纳什的设计建造了柱廊。在巴黎，皇宫也带有拱廊。还有后来的里沃利大街（图 4–180），拱廊下分布着得体的店铺。临街拱廊的巨大价值，不仅在于提供了足够有力的要素，能将单体建筑从美学上结合起来，从而不会干扰上面楼层的个性设计，而且在于行人感受到的魅力和安全。免受日晒雨淋，又不会失去清新的空气，人们穿行于街道间，仿佛那是构成城市的一个统一体、一种同质的要素。随着大城市繁华中心区的停车越来越难，带顶拱廊在北方的出现就只是一个时间问题，因为它们会让整个城市中心区变成一座巨大的商场，就像巴格达和大马士革那样的集市。

柱廊的缺点是在一定程度上遮挡了后面房间的阳光，这在现代条件下可以通过多种方式来克服：赋予柱廊充分的高度；从柱廊上方或建筑后方引光，尤其是要考虑现代商店，特别是百货商场越来越依靠人工照明的情况。现代商店把展示窗关得死死的，倘若有一丝阳光，也只能从上部进来，柱廊恰好可以提供这种机会（图 4–205、图 4–206）。一定要记住的是，美国大部分地方的太阳高度角，都不与阿尔卑斯山以北的欧洲国家相似，而更接近柱廊大行其道的意大利和其他地中海国家。美国更充沛的降雨使得购物街的柱廊更受欢迎。

柱廊或拱廊是建筑设计中极其令人愉悦的要素。只要效果优美、让人快乐的地方几乎都可以找到它。美国的例子，通常都是美国建筑中最为精美的成就（图 4–156、图 4–184、图 4–190）。美国南方引入拱廊，并在圣迭戈世博会的成功应用之后得到快速发展。像图 4–171 中所示德州休斯敦的建筑设计，或是亚利桑那州阿霍广场周围的拱廊，都结合得相当不错。在商业上

图 4–160 火奴鲁鲁

路易斯·克里斯蒂安·马尔加特为火奴鲁鲁“商业城市建筑中心”方案所绘的图。这些街道通过有力水平要素的贯穿得到了统一。[出自《中太平洋杂志》(*Mid-Pacific Magazine*),1918 年]

非常成功的帕萨迪纳马里兰酒店前的设计(图 4–207),尽管不完全是拱廊,其双重的人行道颇为有趣。内侧的人行道由藤架覆盖,面朝繁忙的店铺,外侧的则用于人流的快速通行。图 4–206 表明将同样的理念用于更靠北方的情况,让光从藤架上方射入,使茂密的枝叶盖住藤架。

连续的带顶柱廊将街道连接在一起,又能允许在它们的上方有不规则的设计。其美学优势在某种程度上可以从一些建筑实现的统一效果来认识,比如围合那不勒斯平民表决广场的柱廊(图 1–98),或者明尼阿波利斯的“大门”(The Gateway)。这座建筑显示,当一座广场被柱廊背后不受约束的商业开发形成的强烈分割线隔开时,如何还能获得和谐的效果。提交给纽约的民族大门(Gateway of the Nation)方案,在一个巨大的尺度上体现出了相同的理念。

即使不使用连续的带顶柱廊,也可以通过有力的檐口线以及下方连续统一的做法,以及上方各具特色的设计,得到某种相似的效果。曾有人提出在纽约中央火车站周围地段,设计可以实现这种效果的方案。尽管这个方案并没有坚持下来,但它造就了某些颇为有趣的建筑(图 3–170)。一个建筑师委员会为芝加哥房产业主组织提出了延伸密歇根大道(图 4–162)的类似方案。这个方案中贯穿了 3 条有力的水平线。

一个相似的实际问题出现在密尔沃基,那儿老的地标帕布斯特大厦(Pabst Building)要被一座现代建筑取代。人们感到这是一个机会,可以赋予整个街区更加和谐一些的处理,那儿当时的面貌是一个主题各异的巨大迷宫(图 4–150、图 4–152)。必须考虑建筑的整体性,至少要将街区大小的区域作为统一的单元,这个必要性已经强调过多次,如图 3–132~ 图 3–138 和图 4–95~ 图 4–107 所示。

格兰杰(Granger)先生在他关于麦金(McKim)的著作中提出,纽约第五大道的商业区应当通过延续麦金的戈勒姆大厦(Gorham Building)拱廊来统一布置。这一方案甚至比米开朗琪罗提出通过延续佣兵凉廊来围合佛罗伦萨中央广场的建议还要大胆,当然前提是以东西街道上重要交叉口的充分间隔来避免单调。从类似的目的出发,旧金山丰裕院(图 3–23)的设计师设计了火奴鲁鲁的一个商业中心(图 4–160),并提出了在整体墙面之前、近乎完全一样的首层方案。

较小城市的主商业街还没有达到第五大道那样的发展巅峰,它们应当认真地为商业建筑的成功类型努力,至少让某些部分和谐。若是各方无法同意将一个完整的建筑作为主导类型,那么至少可以在底层要素上,采用与戈勒姆大厦的底层拱廊相似的做法。通过

图 4–161 纽约,戈勒姆大厦拱廊

(出自《麦金 – 米德与怀特事务所作品专集》)

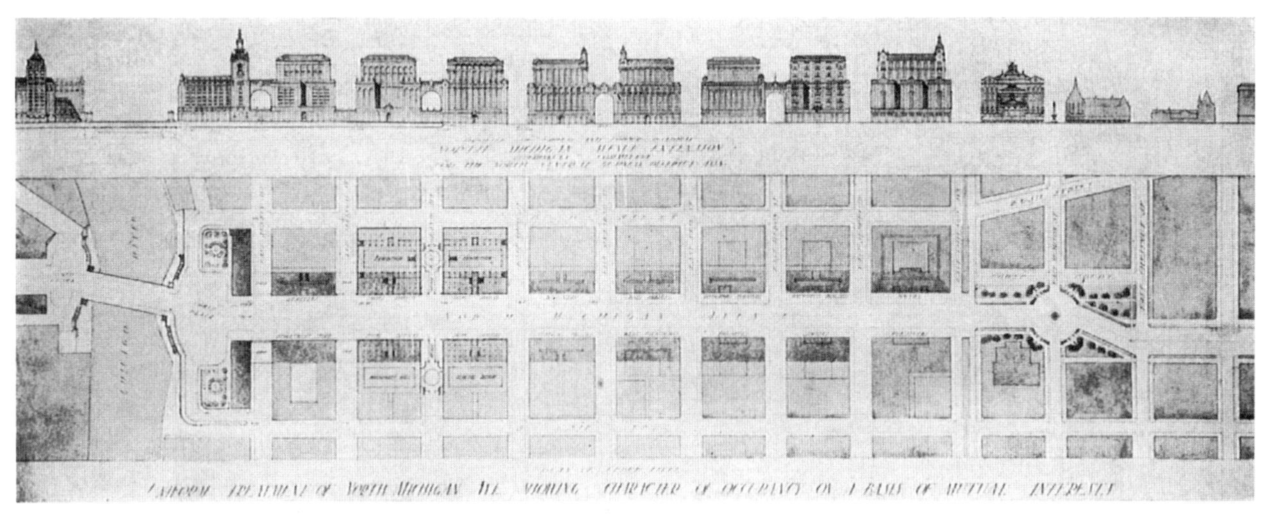

图 4–162　芝加哥，密歇根北大街统一处理方案

里博里（A.N. Rebori）为芝加哥中北部协会设计。（出自《美国建筑师》，1918 年）

图 4–163　密尔沃基

克拉斯（A.C. Clas）对河两岸进行统一处理的方案。

图 4–164　克雷菲尔德（Crefeld）

在天文台大道（Avenue de l'Observatoire）的启发下，由统一植物带来的统一效果。此处的树木以及图 4–163 中的树木和护河墙被作为统一的要素，就像图 4–162、图 4–165 中建筑统一的底层。

图 4–165　芝加哥，新联合车站

由格雷厄姆、安德森、普罗布斯特与怀特事务所（Graham，Anderson，Probst，and White）设计。高大的办公楼尽管高度各异，却被明显从建筑主体突出的统一纪念性柱廊包围。这些柱廊有一种强烈的统一效果，从中央广场望去会比这个视角更明显。

图 4-166 斯普利特（Spalato，即 Split），大教堂广场
这些拱券是一座古代巴西利卡的遗存。[出自尼曼（Niemann）绘图]

图 4-167 以弗所（Ephesus），带柱廊的街道
四根柱子标出了两条主街的交叉口。（出自尼曼的复原）

图 4-168 卡尔斯鲁厄，城堡广场周围的老宅与拱廊步道

图 4-169 热那亚，九月二十日大街（Via Venti Settembre）
一条现代街道。左侧的大拱券是通往酒店庭院的马车入口。远处的桥上是一条重要的大道。

这种有远见的举措，美国中西部繁荣城市的主商业区就能从建筑上超越纽约，就像在古代，罗马帝国的新兴城市形成了比罗马拥挤的老广场更加精美的广场。

或许赋予一条街道和谐精美要素的最普遍做法是植树。如果街道足够宽，而且园丁对园景树木（specimen tree）的偏好不会干扰相对紧密的植树，就有可能保证获得与用石材建成的街道拱廊非常相似的效果。在雷恩看来，拱廊是唯一能取代树木的元素。道路的种植对于城市设计举足轻重，此处不再深入讨论。这里只举一个例子，说明可以在高建筑密度的街道中实现优美的形式化公园效果。其中最出色的是杜塞尔多夫的国王大道（Koenigstrasse），那里通过设计策略，在一座 40 万人城市的主要商业街中，确保形式化的花园轴线创造杰出的效果。

作为一种新的拱廊街道类型，双层的高架道路已经出现在现代城市中，并且有希望获得至关重要的地位。其中最早、最成功的一个是 1878—1882 年建于柏林的高架四轨蒸汽火车道，其中包括城郊交通。它从城市正中心穿过，并贯穿全城。这种大胆的设计值得特别关注，它是对现代城市规划最重要的贡献之一。该方案复制到了东京，并在芝加哥的新城市规划中有大量讨论。它将效率与节约用地结合在一起，避免内城被火车站点所需的大面积带来束缚。这个方案的设计者曾希望，在高架铁道层的两侧建造宽阔且绿树掩映的道路。

这个想法随着机动车的发展获得了新的重要意义。现代的街道设计师必须认真对待，为高速交通工具带来畅通视野的双层街道探讨设计。许多关于这类设计的建议，都可以从现有的高架铁道中找到（见图 4-199~图 4-203）。优美的双层高速路在现代的发展应当给人带来惊喜，这种感觉就像驾车穿越第五大道时全无交通拥堵。

图 4-170 被认为出自布拉曼特的设计
这幅草图可以认为表达的是一个双层街道，上层人行道由下层人行道的拱券支撑。

图 4-171 休斯敦，德克萨斯公司大厦拱廊
沃伦与韦特莫尔事务所（Warren and Wetmore）设计。

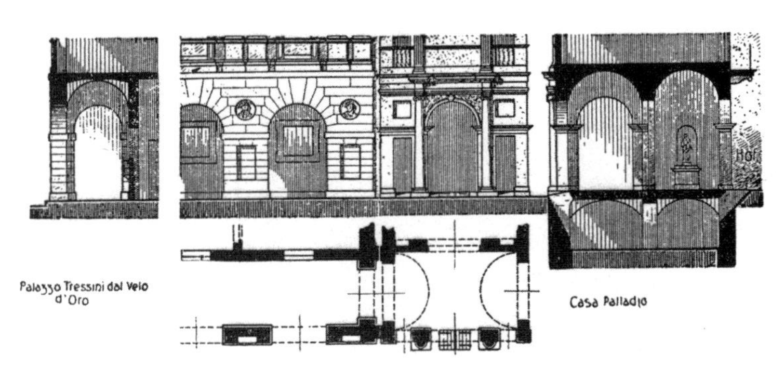

图 4-172 维琴察，帕拉迪奥的街道拱廊

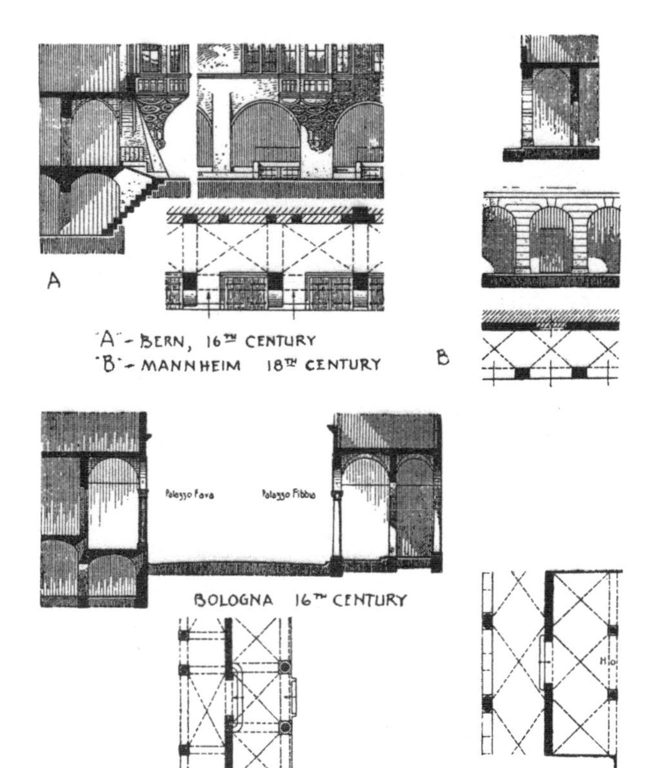

图 4-173 伯尔尼；图 4-174 曼海姆；图 4-175 博洛尼亚
街道拱廊平面和剖面
（图 4-173~ 图 4-175 和图 4-176~ 图 4-180 出自古利特）

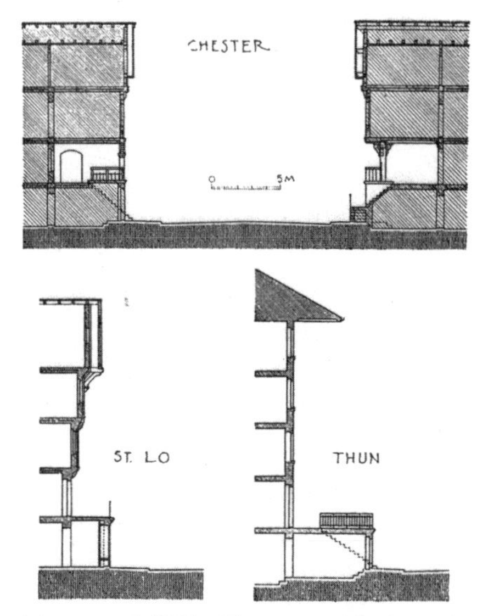

图 4-176 切斯特；图 4-177 圣洛（St. Lo）；
图 4-178 图恩（Thun）。街道高度上方的带顶
人行道

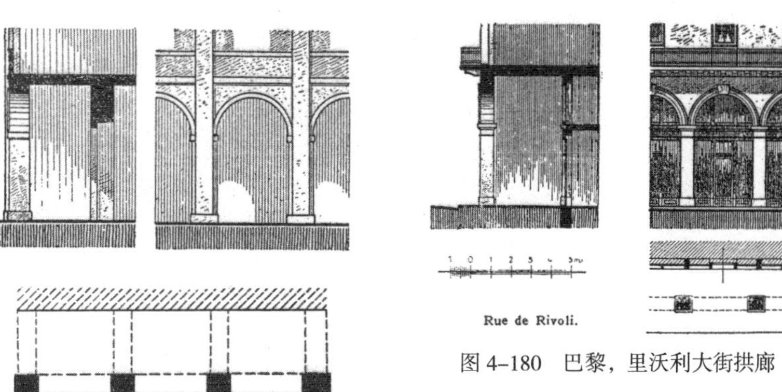

图 4-179 卡尔斯鲁厄，城堡广场上的
拱廊步道

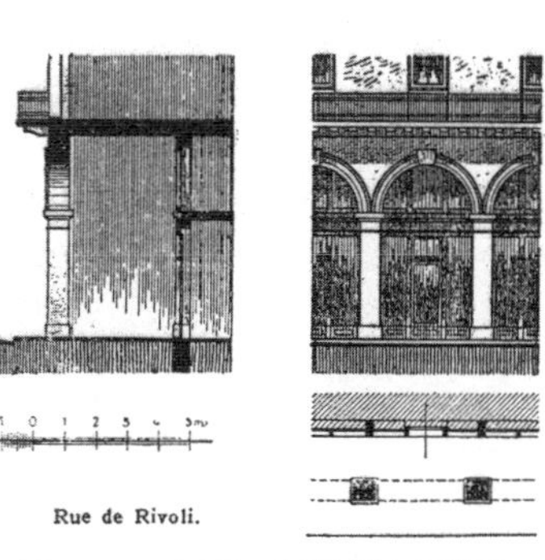

图 4-180 巴黎，里沃利大街拱廊

图 4-181 巴尔米拉（Palmyra），街道柱廊
和拱门
拱门位于街道转弯处。（出自伍德）

图 4–182　沙勒维尔（Charleville）市场

建于 17 世纪初，与孚日广场同时且相似。（弗朗兹 · 赫丁绘图）

图 4–183　巴斯，柱廊

巴斯的街道由鲍德温（Baldwin）在约 1790 年用带柱廊的人行道进行了重建。这条短短的柱廊街（Rue des Colonnes）靠近巴黎证券交易所（Paris Bourse），有十分相似的处理手法。（弗朗兹 · 赫丁绘图）

图 4–184　波士顿，公共图书馆庭院

（出自《麦金 – 米德与怀特事务所作品专集》）

图 4–185　佛罗伦萨，圣母领喜教堂广场（Piazza di SS. Annunziata）和育婴院凉廊（Loggia degli Innocenti）

（出自伯克哈特）

图 4–186　科隆，德意志制造联盟博览会（Werkbund Exposition），1914 年，拱廊商业街

奥斯温 · 亨佩尔（Oswin Hempel）设计。（出自瓦斯穆特《月刊》）

图 4–187、图 4–188 阿霍，亚利桑那州，广场周围的拱廊

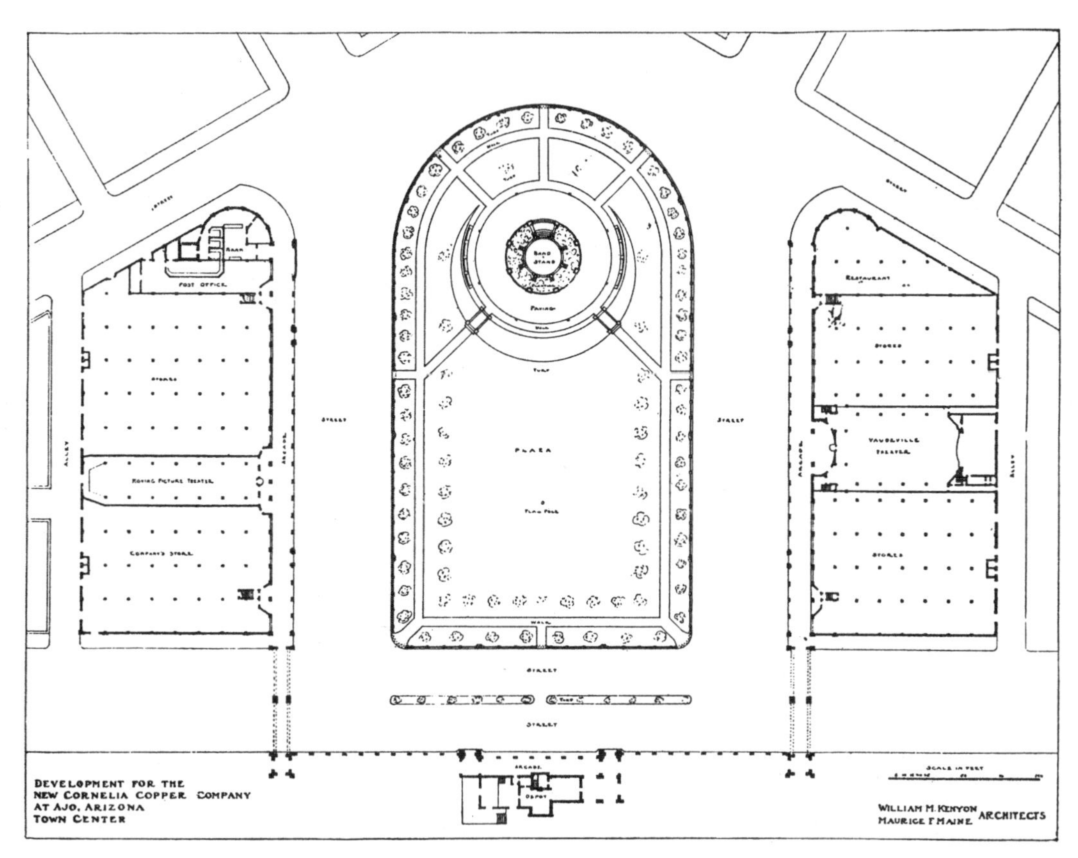

图 4–189 阿霍，亚利桑那州，城镇中心规划

威廉·凯尼恩（William M. Kenyon）和莫里斯·梅因（Maurice F. Maine）设计。[图 4–187~图 4–189 出自《建筑》（Architecture），1919 年]

图 4-190 纽约，先驱报大楼（Herald Building）
这是完全按维罗纳的议会广场（Palazzo del Consiglio）设计的。（出自《麦金 - 米德与怀特事务所作品专集》）

图 4-191 纽约，公园大道公寓房庭院
沃伦与韦特莫尔事务所设计。

图 4–192　纽约，公园大道公寓的庭院

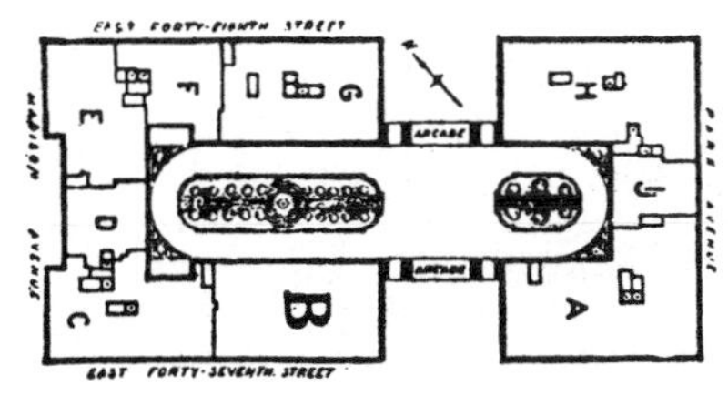

图 4–193　公园大道公寓平面

图 4–191、图 4–192 中所示公寓和庭院的平面。沃伦与韦特莫尔事务所设计。拱廊环绕庭院，并有作为马车门廊的拱券，是通向公寓非常便捷的途径。（图 4–191~ 图 4–193 出自《建筑》，1918 年）

图 4–194　柏林，某大型酒店庭院

与上图所示公寓房庭院颇为相似的总体方案，只是更多地使用了植物。（出自米格）

图 4–195　杜塞尔多夫，1915 年博览会方案中的柱廊庭院

杜塞尔多夫市在 1915 年设计了规模极大的工业与艺术博览会。街区规划和大部分建筑都是由威廉·克赖斯（William Kreis）以非常朴素的手法，用各式各样的古典主义和文艺复兴风格设计出来的。此处所示的庭院尽端的建筑将举行室内装饰展览。它是建筑母题多样性的有趣证明，本书所展示的设计中最接近克赖斯这幅图的就是以弗所的一条街道（图 4–167）和杰斐逊的弗吉尼亚大学。（出自瓦斯穆特《月刊》，1915 年）

图 4–196　纽约，“民族大门”研究

出自韦尔（F.B. Ware）、韦尔（A. Ware）和梅特卡夫（M.D. Metcalfe）。平面见图 4–200。

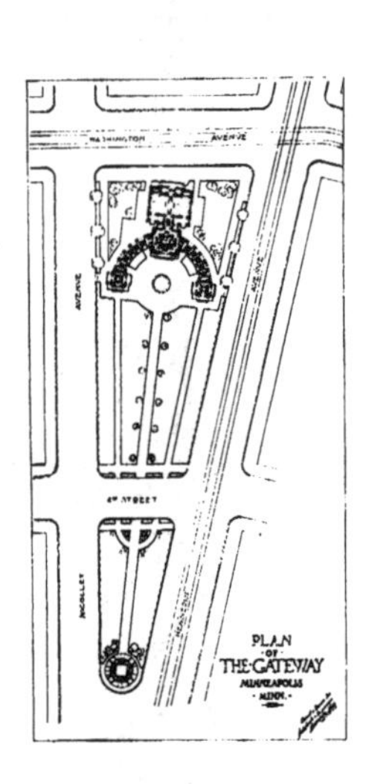

图 4–197、图 4–198　明尼阿波利斯，大门

休伊特与布朗事务所（Hewitt and Brown）设计。

图 4-199　波士顿，跨越福里斯特希尔（Forest Hill）林荫道的铁路

图 4-200　纽约，“民族大门”研究
见图 4-196。

图 4-201　柏林，高架下的碎石步道

图 4-202　纽约，宾夕法尼亚站
双层柱廊街道方案。（出自《麦金 - 米德与怀特事务所作品专集》）

图 4-203（右）　福里斯特希尔花园，高架车站
格罗夫纳·阿特伯里（Grosvenor Atterbury）和奥姆斯特德兄弟事务所设计。

图 4-204　巴黎，带“地铁”高架轨道的帕西桥（Pont de Passy）

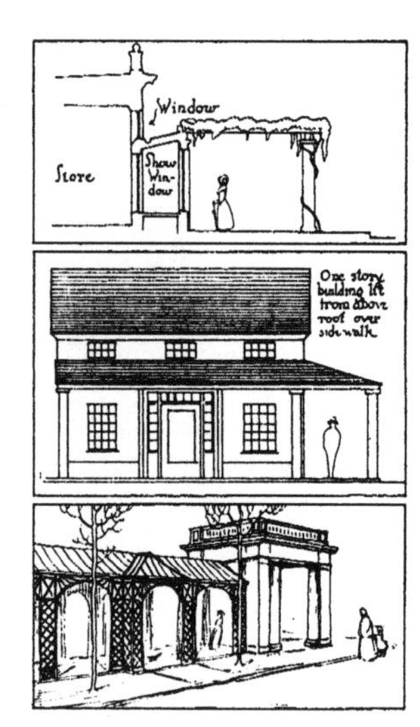

图 4–205 麦迪逊，森林湖（Lake Forest）市民中心

（见图 4–206 注）

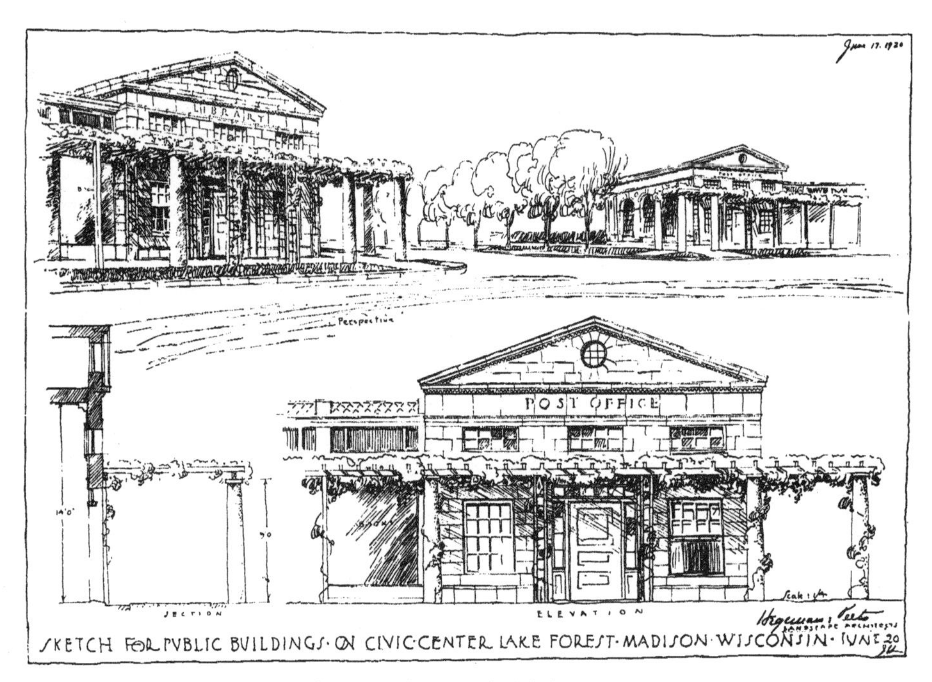

图 4–206 麦迪逊，森林湖市民中心

这些研究的目标是确定一些具有直接经济效果，并明确标示出圆形大广场形状的手段，以便在将来建造商店和小型公共建筑时无需破坏围合建筑的统一性。因此决定建造一个高大的凉棚，并且在它后面建造房屋时，用它上方的高侧窗来采光。

图 4–207 帕萨迪纳

这里使用的凉棚就像森林湖的方案，只是此处有两条步道。由于店铺在凉棚上方没有窗户，所以不允许有茂密的藤蔓。窗户在夜晚由凉棚柱子上的灯照亮。

图 4–208 杜塞尔多夫

商业街的花园式处理在这里比图 4–205~ 图 4–207 中更进一步。运河与成排的茂盛树木从城市中心穿过。一侧是商业街，另一侧是住宅。

第五章

作为城市艺术的园林艺术

图 5-1　皮拉内西，树篱与废墟的雕塑，阿尔巴诺山（Monte Albano）上的巴尔贝里尼花园（Gardens of the Barbernini）
[图片来源：皮拉内西，罗马古迹（Antichita d'Albano），罗马，1764]

人们常常认为建筑师的责任仅限于设计房屋，然而从更高的层面来看，建筑其实是城市设计的艺术，是统领并协调其他各门艺术形式的总领艺术（master art）。像拉斐尔、雷恩、托马斯·杰斐逊这样杰出的建筑师，或是普拉特和勒琴斯这样的当代建筑师，他们的名字与景观设计或城市规划紧密联系在一起。其他建筑师同样需要处理建筑、规划、景观的协同艺术。对建筑一词有更深理解的建筑师而言，它的概念无法脱离它所处的场地。每一栋建筑都是一条街道、一个广场、一座花园、一个公园，乃至一个城市的组成部分。所有建筑都是如此，可能只有山顶洞穴或是开荒木屋例外，毕竟这两者不属于城市设计的范畴。建筑一词的完整意义包括：要与周边环境紧密相连，两者相互影响并且相互塑形。这正是城市设计的艺术。

在美国，与其他城市艺术形式不同的是，花园与公园的设计极少关注古典和文艺复兴之外的领域。文艺复兴规划，从拉斐尔到罗伯特·亚当，其基础均是诸多古罗马的作品，或是基于维特鲁维的描述，或是参考那些久经沧桑的案例如古罗马广场、大浴场和哈德良离宫。总体来说，现代花园的概念大致与文艺复兴在同时期出现，它在某种程度上反映了意大利上流社会中，修养极高的女性们对城市设计艺术的影响。建筑从拥挤的、强调防御的城市中解脱出来，向更为轻巧的绿化元素扩展。

文艺复兴宫殿和离宫的平面极为强调轴线，通过轴线的放射，将其有机的力量延伸至周边的环境。这样的花园设计案例包括拉斐尔的玛达玛庄园（Villa Madama），米开朗琪罗的法尔内塞宫等。法尔内塞宫的轴线穿过台伯河，射向法尔内西纳别墅的花园。轴线放射至远处的思想，被迪·塞尔索（Du Cerceau）和其他设计师们带回了法国。他们的草图本上满是这一新式理念的大胆渲染。这一趋势在法国势不可挡，几乎比其发源地意大利还要来得猛烈。伟大的黎塞留大主教（Cardinal de Richelieu）为了自己的私欲，摧毁了自己新宫殿前面的巴黎防御工事，以向花园延伸出前所未有的花哨轴线。后来他又试图在自己的家乡，以更大的尺度再现这种景观（图 5-121、图 6-1、图 6-2）。方案中甚至加入了一个新城规划，变得更加复杂，这种摩登的花园形制在阿尔卑斯山北部日臻成熟。勒·诺特（Le Notre）和他的后继者们为这种花园形式注入了活力，其影响遍及整个欧洲，甚至飘洋过海，影响了

图 5-2　凡尔赛，方尖碑喷泉
"231 个喷泉，共同组成了 50 英尺高的宏伟水柱。"（由勒波特提供）

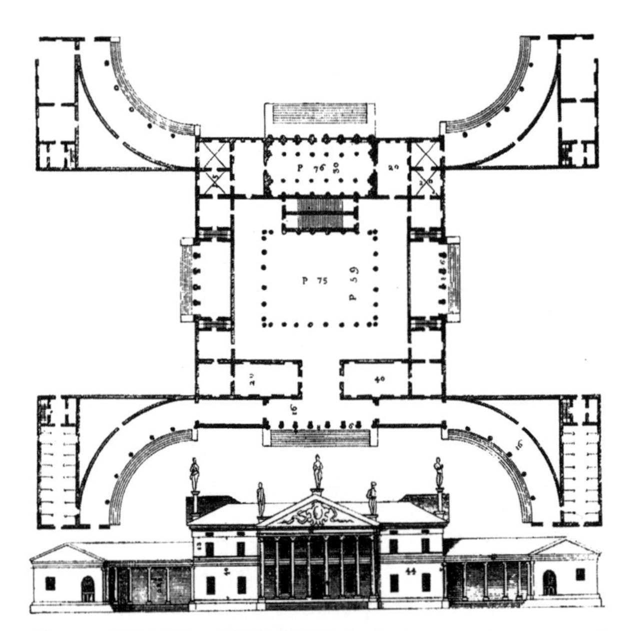

图 5-3　帕拉迪奥，莫琴尼戈别墅（Villa for Leonardo Moncenico）

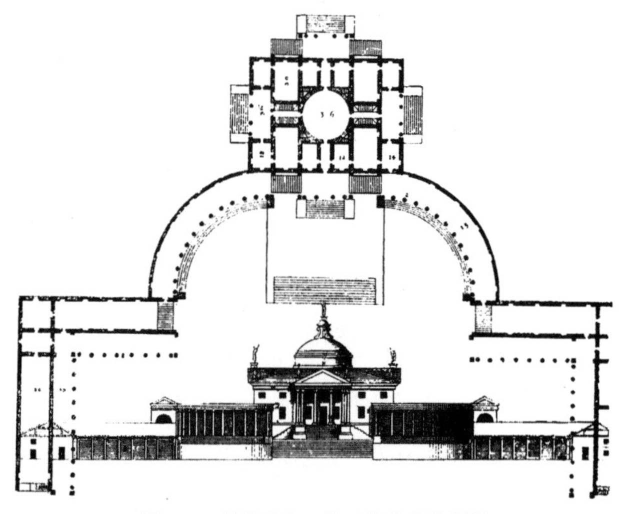

图 5-4　帕拉迪奥，位于梅莱多的别墅

这些帕拉迪奥设计的别墅，是典型的非常形式化的设计。通过与场地紧密关联的元素布局，它们与场地小心而细致地联系在一起，成为文艺复兴晚期的设计参考典范。这样的设计非常适于用来控制大型用地。可与图 2-91 的凯德尔斯顿（Kedleston）平面图比较。

美国国家首都的城市规划，并塑造了越来越多的美国花园设计中的放射轴线。

有时可以将花园看作与房屋脱离的独立单元。勒·波特（Le Pautre）版画中的“沙龙”，即凡尔赛的方尖碑喷泉，由茂密的树篱环绕，位于一个几何对称、布局形式化的花园树丛中间（图 5-2）。该案例和布鲁克莱恩的韦尔德花园（Garden of Weld，Brookline）都属于上述类型（此处的案例都是随机选取的，它们正巧阐释了这一观点）。在这种情况下，花园本身是美的，它是平衡兼顾的设计。然而，多数情况下花园并不是独立的，而是和一个或数个建筑紧密相连。一座花园的美感，取决于它能否延续并表达这一建筑或是建筑组群平面的设计思想。花园设计的讨论，必须包括建筑设计。同理，理想城市中的公园设计也必须与城市规划紧密相关。

一栋正方形平面的意大利小别墅，坐落于方形花园的中央，就是一个得体的组合。帕拉迪奥将 4 个立面均衡设计：“房屋的四周都是美景，因此 4 面都有柱廊”……如同带柱廊的庙宇立面（图 5-4、图 5-6）。可以说，同时拥有 4 个立面，即“4 个正面”，是著名的圆厅别墅（Villa Rotonda）设计理念的基石。它是一座“中心式建筑”，坐落于花园的中央，文艺复兴的雄心壮志也蕴含在了四周的花园中（图 2-63~ 图 2-93）。杰斐逊也想在这样的花园中实现自己的蒙蒂塞洛别墅（Villa for Leonardo Moncenico），因而他将后勤服务的功能连接放到地下（图 5-22）。德累斯顿的大花园（Grosse Garten）中，城堡居于正中，花园也很好地展现了城堡 4 个立面的均衡价值。

然而当宫殿的尺度较大时，出于服务便捷性的要求，就会在宫殿的某一条边上建造“带办公用房的后院”。如果建筑位于湖泊、河道、山坡或街道旁，就会引导建筑设计更多地侧重一条轴线，将建筑的正面或花园面向更适合或需要更多关注的一侧。帕拉迪奥为莱昂纳多·莫琴尼戈建造的别墅就是这样更加注重其中 2 个立面，而不是 4 个均衡发展（图 5-3）。“4 条柱廊沿圆周环绕，就像张开臂膀迎接走近建筑的人们。”其中一对柱廊限

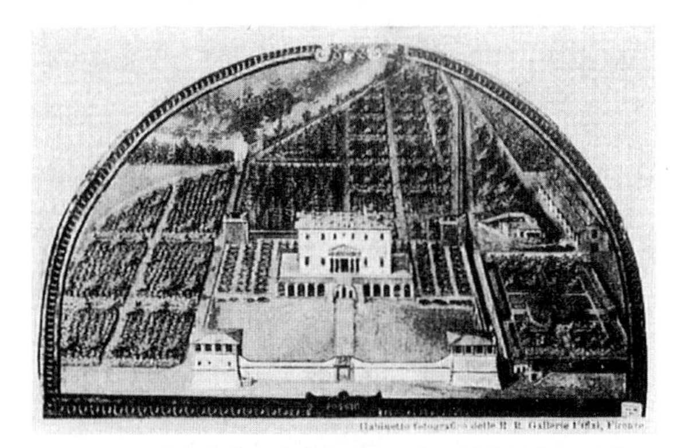

图 5-5　佛罗伦萨，美蒂奇别墅，位于波焦阿卡伊阿诺（Poggio A Calano）

由圣加洛为洛伦索（Lorenzo）建造

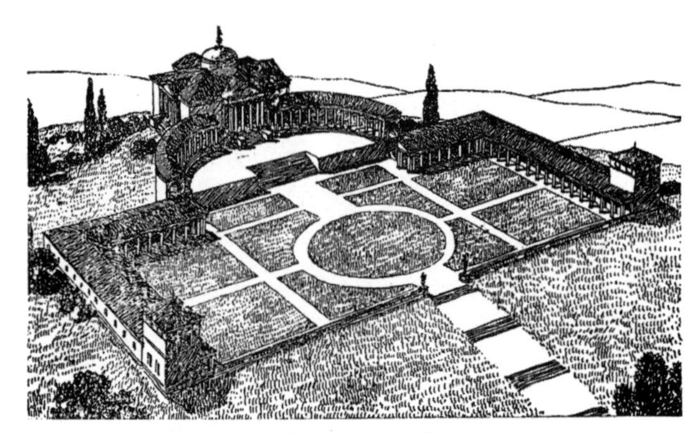

图 5-6　帕拉迪奥，美利都处的别墅

由布格（Burger）重建。支撑房屋三侧的台地看起来是有意为之。

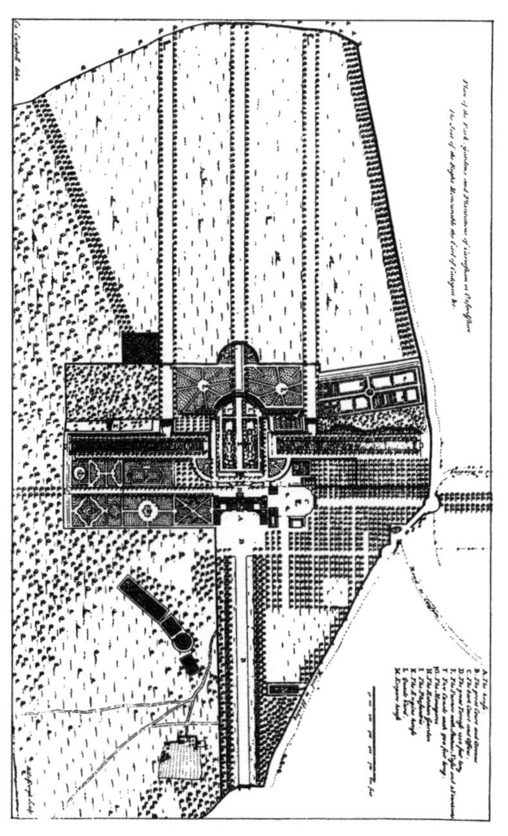

图 5–7 卡弗舍姆（Caversham），牛津郡
图片来源：坎贝尔，《英国的维特鲁威》

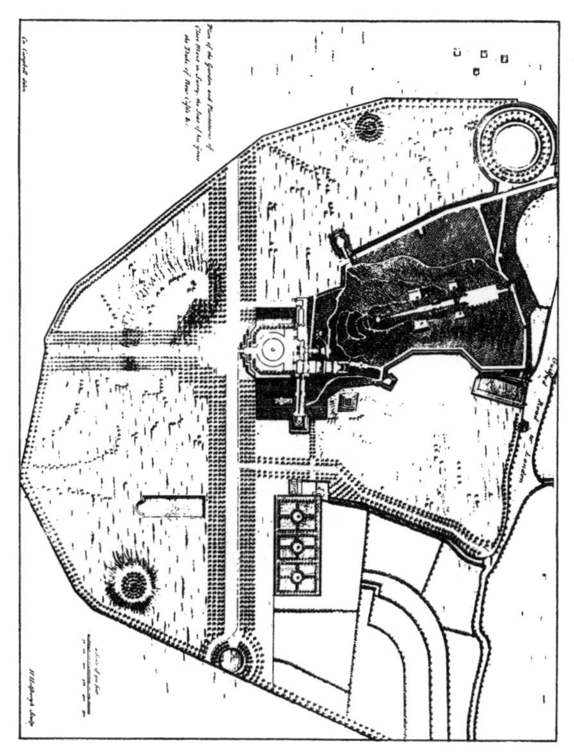

图 5–8 克莱尔 · 蒙特（Clare Mont），萨里（Surry）
图片来源：坎贝尔，《英国的维特鲁威》

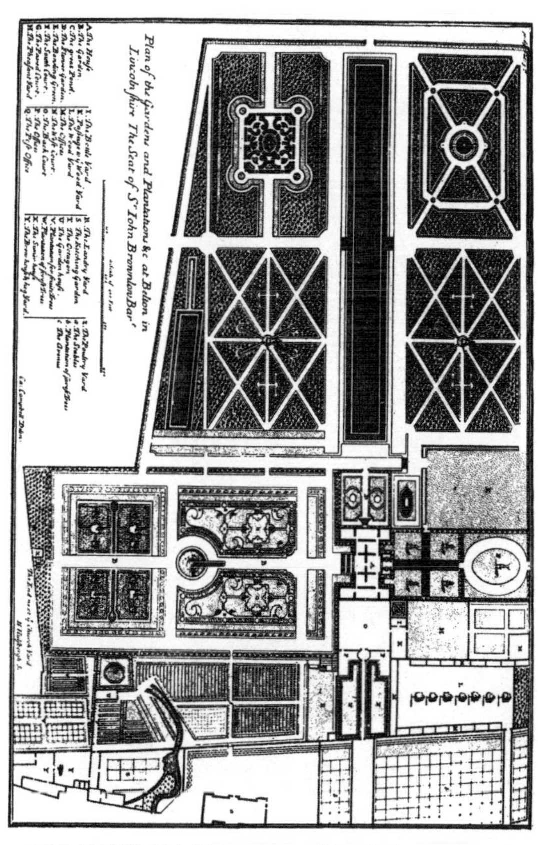

图 5–9 贝尔托克斯（Beltox），林肯郡（Lincolnshire）
图片来源：坎贝尔，《英国的维特鲁威》

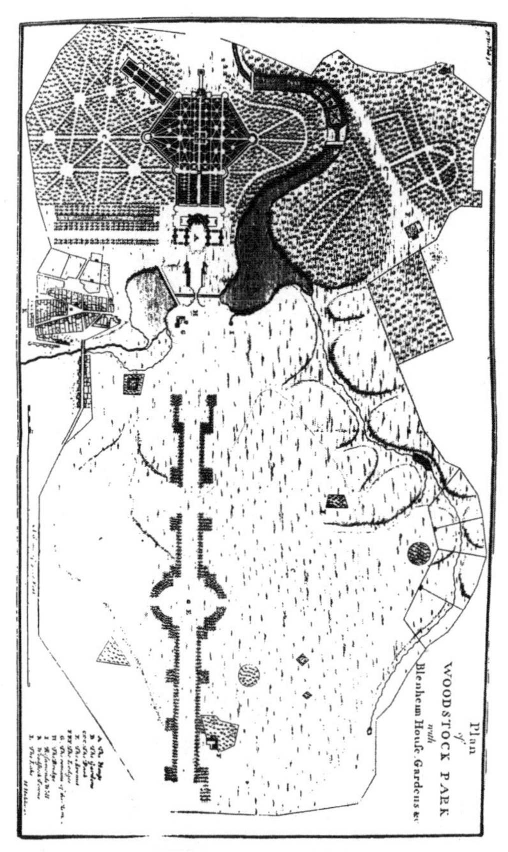

图 5–10 伍德斯托克公园（Woodstock Park）
［布伦海姆宫（Blenheim Palace）］，牛津郡
图片来源：坎贝尔，《英国的维特鲁威》

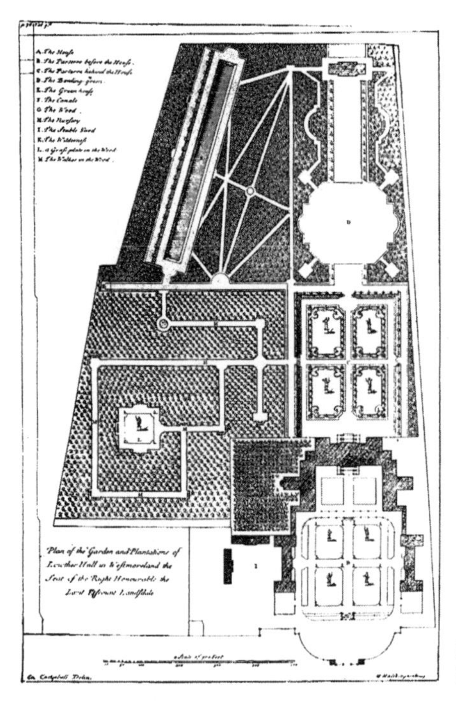

图 5-11 劳瑟厅（Lowther hall），西莫尔兰（West Moreland）
图片来源：坎贝尔，《英国的维特鲁维》

图 5-12 柏林，夏洛滕堡（Charlottenburg）
城堡及其公园大约于 1704 年设计，采用了法国的形式，这种形式至今仍在英国使用。

定了河景，另外一对则面朝花园。侧面是方形的服务后院，包含了马厩和厨房。这牺牲了建筑的十字轴线。当建筑的两侧立面被遮挡或者无关紧要时，这一牺牲是明智的，且在拥挤的城市环境中这种情况居多。比如“布赖斯住宅”（Bryce House）这类，就是一个完美的解决对策（图 5-40）。类似的解决方案见图 5-47、图 5-50。如果空间更加局促，则会导致简易的联排房屋的产生，但就算这样平价的形式也仍可以拥有自己的有机小花园（图 5-49、图 5-54、图 5-56）。如果空间稍加宽裕，那就可以将数栋房屋聚成组团，而它们的花园则可以组织在一起，形成尺度宜人的公用前院。巴尔的摩的罗兰公园以及许多英国花园城市的建设都是如此（见图 5-55 和第六章各图解）。

如果建筑所在场地的用地充足，且房屋四周的视野都很好，那么像“中心式建筑”那样的平面也可以获得一定的方向性，例如朝向某条主要的大街。帕拉迪奥在梅莱多（Meledo）设计的别墅就采用了类似的手法（图 5-4、图 5-6）。它位于山丘的顶部，既不牺牲副轴线，又强调了主轴线。“这里非常美丽，坐落于山丘之上，流水如画、平原辽阔、行人如织。”所有轴线都保持开放，但其中一个方向得到了特殊强调：该侧主要景观由柱廊形成取景框，一部分服务设施与柱廊相连。

梅莱多别墅的思想在其他地方得到了进一步发展，如斯坦斯特德（Stransted）、拉格利（Ragly，图 5-41、图 5-58）、美泉宫（Schoenbrunn，图 5-42~ 图 5-44）等。前两个案例都忽略了花园的十字轴线。还有乔治・华盛顿的弗农山庄（Mount Vernon，图 5-13~ 图 5-17），以及其他将军宅邸如罗斯韦尔（Rosewell，图 5-21）和“特赖恩（Tryons）宫殿”（图 5-50）等。在弗农山庄，服务设施沿着次要的横轴线形成组团，在它们之间有着朝南和朝北的良好景观。一个有代表性的绝好布局是马利（Marly，图 5-39），中央建筑的背面是朝向山景的轴线，前面的轴线指向并强调水景，两旁则有精美的建筑来作为横轴线的对景。上文提到的服务设施，

图 5-13 旧金山市场的弗吉尼亚楼（Virginia Building），1915 弗农山庄的精准复制品。

图 5-14 弗农山庄，西立面
弗农山庄，乔治・华盛顿住宅，位于华盛顿城南 16 英里处的波托马克河畔。该建筑建于 1743 年，平面尺寸 30 英尺 ×96 英尺。建筑群的分布极为规整，花园的平面也是如此。然而，其入口的车道虽说是对称的，却显示出受到了英国流行的“景观学派”的影响。

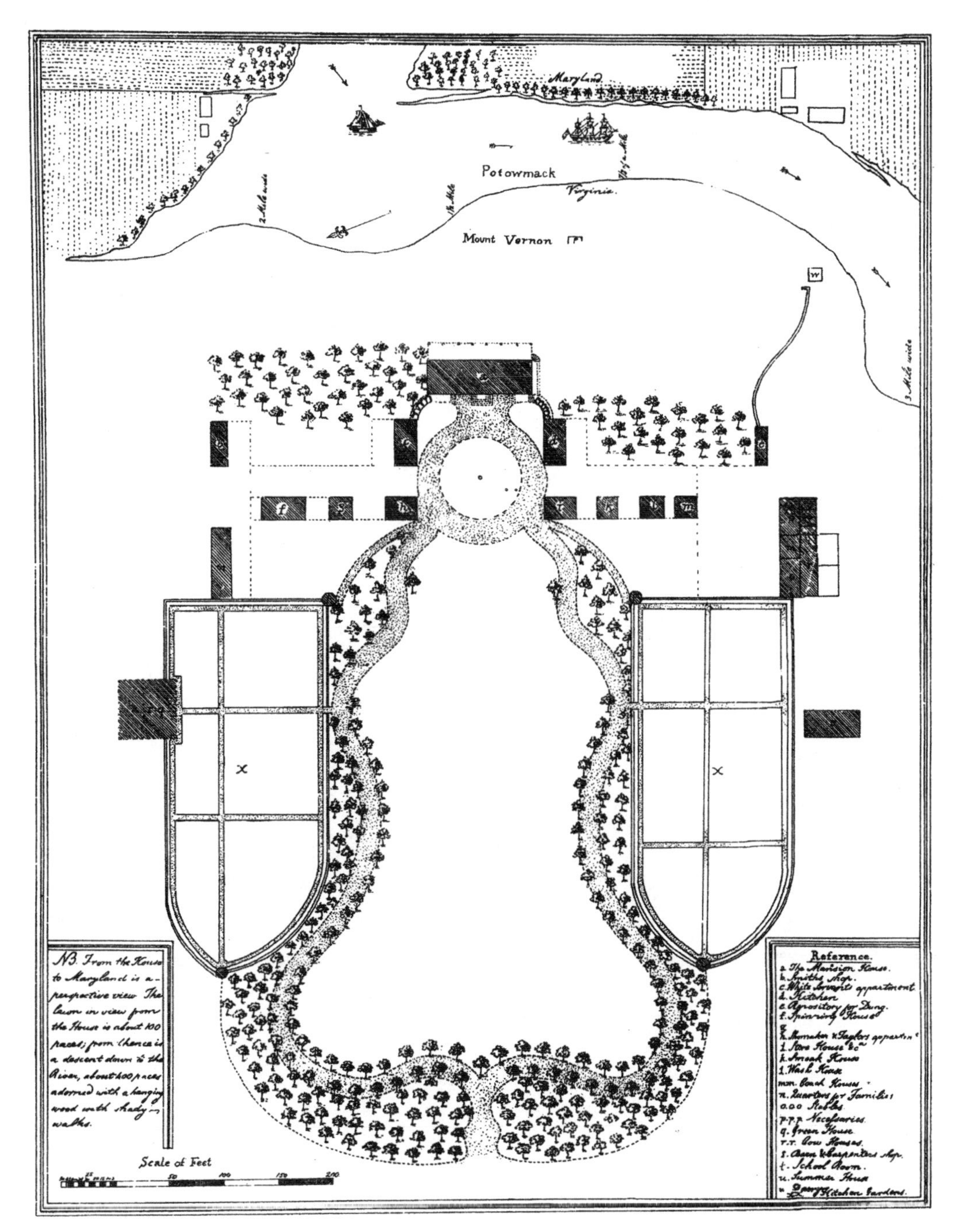

图 5-15　弗农山庄

（图片来源：韦尔《乔治亚时代》）

图 5-16　弗农山庄对美国公园内的会所或住所的建议

图 5-17　弗农山庄连廊步道

图 5-18、图 5-19 德累斯顿，大花园，入口大道与宫殿

在马利被处理成一系列如同骑士雕像般的阵列建筑，沿水景的轴线分布在两侧。这里体现了一个城镇中心设计的雏形，一个完美的城市平面核心。这个空间原型，和马里兰的雪利住宅（Shirley Mansion in Maryland，图 5-23）很像，不过后者将概念发展得更加丰满。

随着规划设计的雄心壮志愈发宏大，构成花园设计基础的主要建筑组群的尺度也越来越大。建筑之于花园的关系，可以说如同真实的山脉在大地景观中形成的分水岭，将景观分成建筑的前后两个方向。凡尔赛宫的鸟瞰图（图 5-25）极具戏剧性地展现了这一点。设计师们放弃了“4 个均衡正面”的设计，开始痴迷于将一条长轴线无尽延伸，形成高潮迭起的空间序列。所有的资源都被用来将此概念付诸实现。各地的设计建造日臻成熟，势必要求耗资巨大的经济保障，让开发活动聚焦于一条轴线成为一种必须。

对于透视效果的发现和探索激发了文艺复兴艺术家的想象力。最终一切的图纸、绘画、教堂与宫殿的

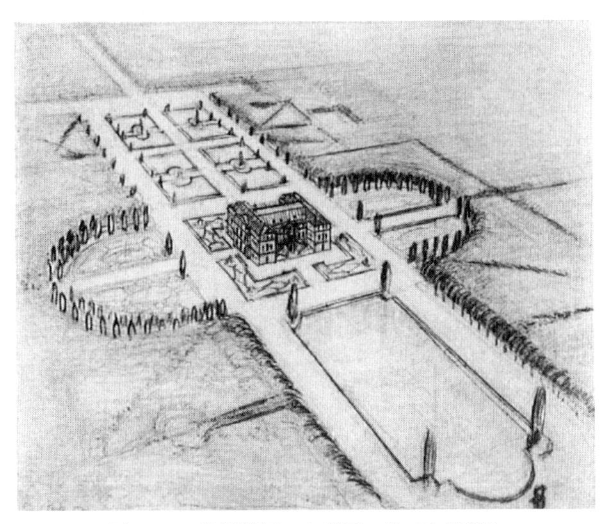

图 5-20 德累斯顿，大花园，位于宫殿周边

“大花园”，斯诺克欧洲最精美的公园之一，占地 2000 米长、1000 米宽，场地极为平坦。原方案平面是规整的，但其中不同的部分已被“景观化”。其中一个是四等分的花坛（草图中得到了复原），它位于宫殿所处的十字形场地的西北翼。

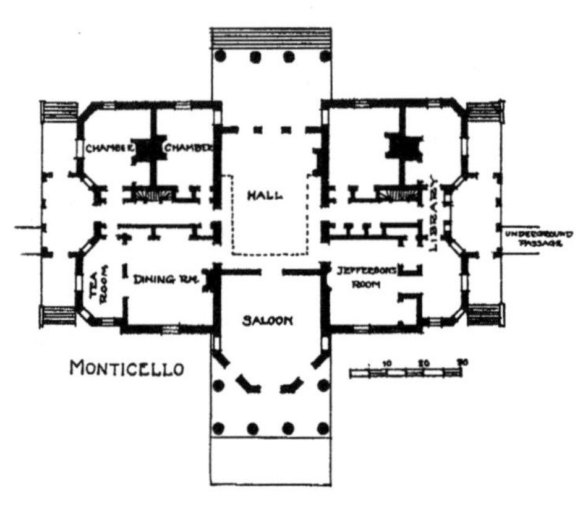

图 5-22 蒙蒂塞洛

在大革命之后不久由托马斯·杰斐逊设计。该平面受到了帕拉迪奥的影响，与德累斯顿宫殿的平面很像（图 5-20），它们都适于放置在两条轴线中间，以此来控制一大片区域的设计。

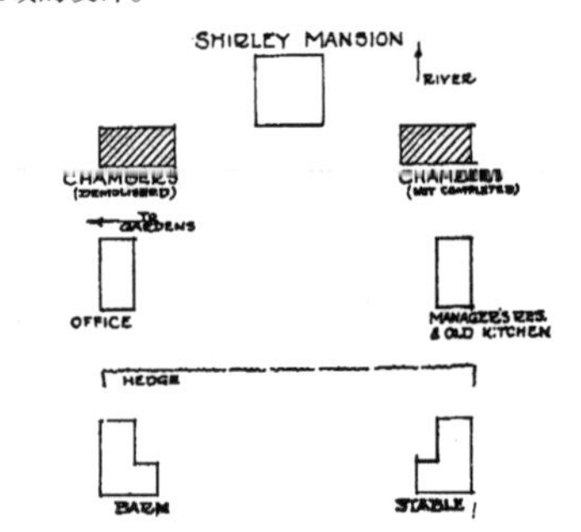

图 5-23 雪利庄园（Shirley Mansion）

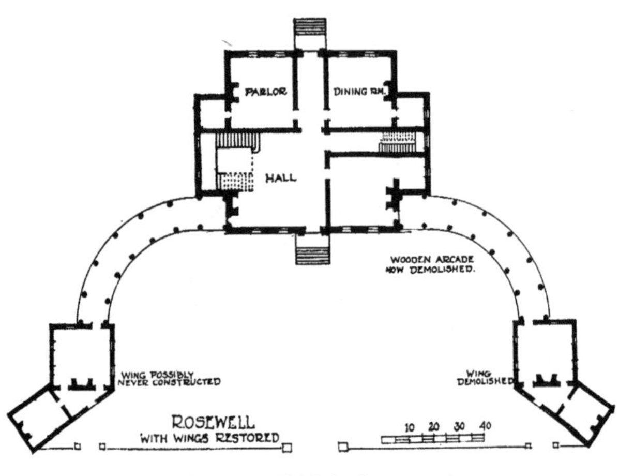

图 5-21 罗斯韦尔（Rosewell）

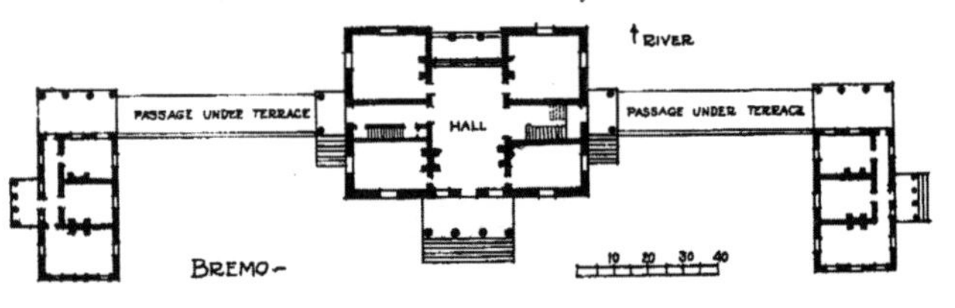

图 5-24 布雷莫（Bremo）

图 5-21~ 图 5-24 由科芬和奥尔登事务所（Coffin and Holden）提供，这几张图是典型的南部殖民地的别墅组团。这些平面直接源于帕拉迪奥。可比较罗斯韦尔与图 5-4 梅莱多的平面。

图 5-25　凡尔赛宫

图 5-26　凡尔赛宫
平面见图 6-21。

室内设计，广场、街道、城市的设计，尤其是公园的设计，都落入了透视法则的掌控。有趣的是，在透视学发明之际，“无穷”这一科学概念几乎同时出现，并成为现代数学的基石。同时艺术本身也开始了对无穷空间的探索。达·芬奇和伦勃朗发现在油画的布景中，可以通过精妙的切分来创造无穷的氛围，城市设计也可以通过开拓超长轴线以形成凯旋之路的最高潮。

这样的轴线营建，必须植根于扎实有力的建筑学基础，要强化轴线并使之逐渐消失于远方，要用其他轴线衬托其尺度，使用喷泉、瀑布、草坪、不同形状与标高的水面来烘托强调；还要用建筑、柱廊、雕塑、树篱、树丛和高大的树列来勾勒，布局安静的围合“沙龙”和开敞且边界清晰的星形广场来创造不同程度的复杂性；还要让轴线在重要的地景处放松，再在沿山坡向下时重新蓄力——达到巅峰——再让这些积聚的力量释放到无尽的远方……这是无数设计师梦寐以求的创造。想要实现这样的抱负，需要建筑这一总领艺术与其他为之服务的艺术之间的完美配合，如此才能成就建筑艺术的升华。从这个角度来说，凡尔赛宫向西的主轴线可谓当代艺术不可逾越的巅峰。它那无尽的透视通向无边无际的空间，就像打开了一扇通往无穷超越的升华之窗，触及心灵最深处的向往，使人沉思其中，就像浸润在圣礼之中。

通过设计创造无尽的空间透视之感，确实是透视学的高潮，但其带来的愉悦和赞叹不仅于此。像巴黎

图 5-27 纽约，中央公园的坡地
C. 沃克斯（C. Vaux），建筑师；J.W. 莫尔德（J.W.Mould），助理。

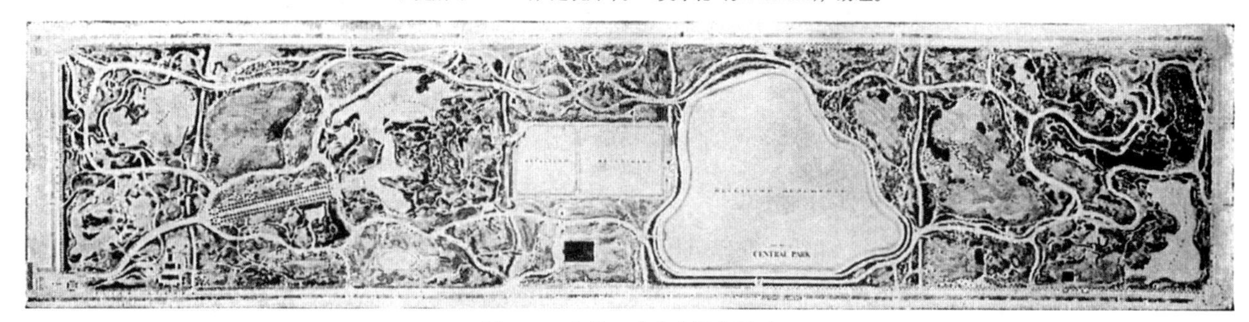

图 5-28 纽约，中央公园总平面

图 5-29 纽约，蓄水池处的形式化花园方案提议
卡雷雷和黑斯廷斯事务所（Carrere and Hastings）设计。

图 5-30 纽约，"新凡尔赛"公寓酒店
由卡雷雷和黑斯廷斯事务所设计。

的凯旋门或是美泉宫的殿亭（Gloriette）这类建筑，非常适合布局在透视轴线上形成高潮。但是如果没有一条强有力的轴线，任何现代城市设计的结果都是不可感知的，就像一座精美的教堂缺少了圣坛与后殿，或是哥特小镇缺失教堂的尖塔一样。

此处有个饶有趣味的变化。在封建时期，要建造形式化的、具有长轴线的园林，园丁们就必须设计壕沟式的暗墙（ha-ha fence），这是不可或缺的。如今美国的城市都在平地上建造，并习以为常地采用方格网平面，每条街道不受阻挡的尽端透视都能让人叹为观止。然而司空见惯让人熟视无睹。街道环境被漫不经心地消耗殆尽，城市设计艺术在街道中本来可以创造的最佳效果被置之不理，这几乎是一种亵渎。不难理解，在城市设计艺术以及所有其他领域中，19 世纪初出现的浪漫主义，已经受够了那些平淡无奇且毫无意义的形式化艺术（fomal art），决心变革。

美国城市公园运动大致就在这个时候兴起。由弗雷德里克·劳·奥姆斯特德这样著名的人物领导，对那时日益衰落的轴线对称式造园艺术实践做出了强烈而恰当的回应。然而他们并不是改进形式化的造园艺术，而是引入了"非形式化"艺术作为解药。于是，虽然美国形式化的园林在体量与造价上都已超越了欧洲封建主义时期的作品，且乔治·华盛顿本人也已尽力让其本土化，19 世纪的美国还是彻底放弃了延续形式化园林的恢宏传统。国会大厦西侧的国家广场方案也因此荒废了，并被"非形式化"的造园艺术方案所取代。但是现代的学生认为该方案比原方案相差

图 5-31　汉堡，新城市公园的入口
规划图见图 5-33。

图 5-32　汉堡，新城市公园的餐厅
平面图见图 5-33。

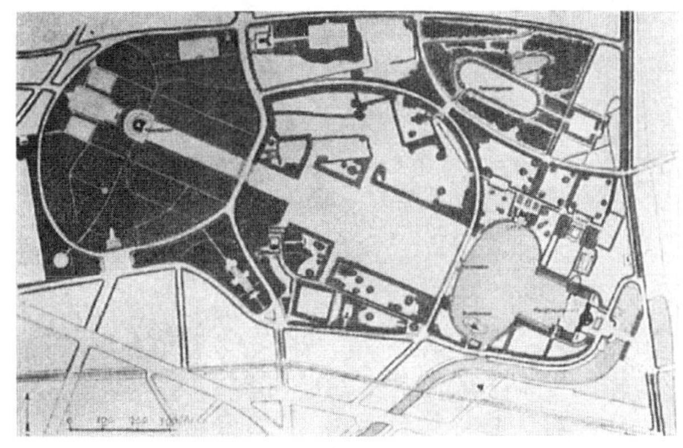

图 5-33　汉堡，新城市公园
F. 舒马赫（F. Schumacher），建筑师。见上图。

图 5-34　南锡（Nancy），联盟广场（Palace D'Alliance）
这个迷人的小广场并不广为人知，大概是因为一个街区之外的斯塔尼斯劳斯广场（Place Staslaus）太著名了。具体的地点见图 2-185。

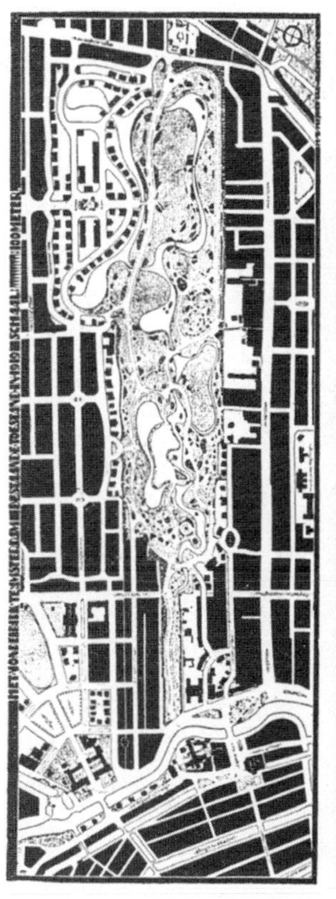

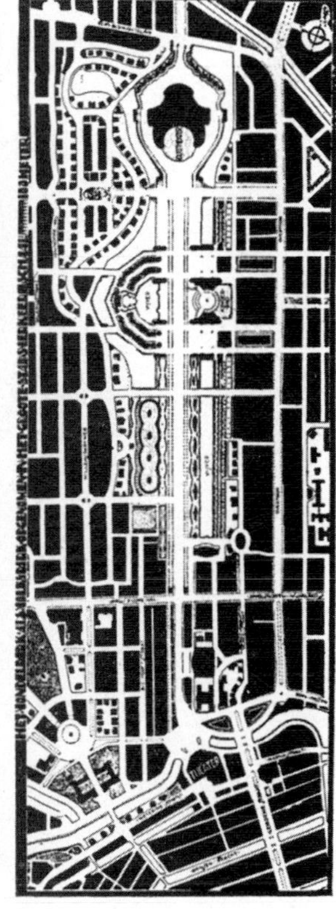

图 5-35、图 5-36　阿姆斯特丹，冯德尔公园
这是公园重建的方案 [由 H.T. 韦德费尔德（H. T. Wijdefeld 设计）]。虽然新方案的细节有很多问题，但两者风格的差异还是很明显的。

图 5-37 汉普敦宫（Hampton Court），长池（The long pond）
（莫森提供）

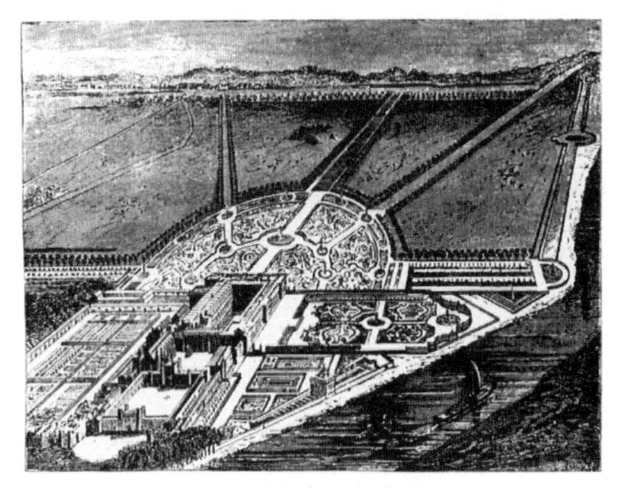

图 5-38 汉普顿宫（Hampton Court）
这些泰晤士河畔的小花园建造于 16 世纪；水渠挖掘和菩提树种植的时间都大约在 1662 年；雷恩加建的宫殿周边的花园大约建造于 25 年后，并经历了多次变化。

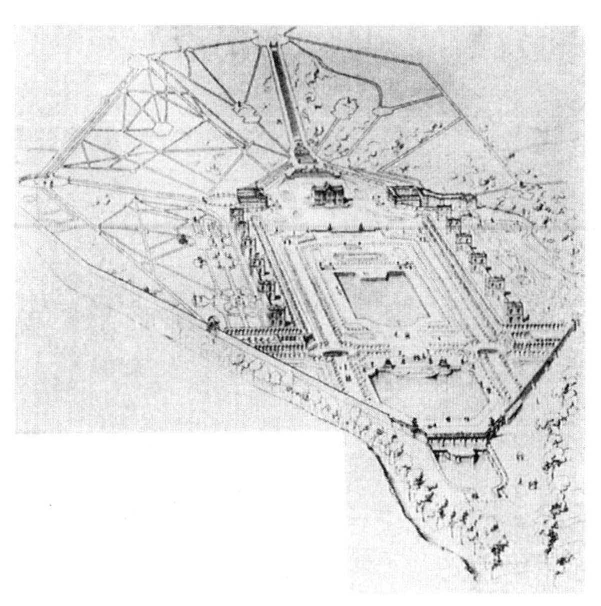

图 5-39 马利勒鲁瓦（Marly-le-Roi）
马利的城堡和花园建于 1680 年，由芒萨尔·勒布兰（Mansart Le Brun）和勒·诺特为路易十四建造。
马利位于凡尔赛东北，步行需 1 小时。今天只有很少的建筑遗存，但造型突出的地上形式和均衡的植物体量仍使这里成为一处优美的公园。下沉花园如今成了一片牧场，两侧是高大的榆树和菩提树。最低处的池塘保留至今，村民们还在这里饮马。马利的平面影响了许多现代设计，包括图 5-30 中的方案。

甚远，于是后来又重新使用了原方案。

纽约中央公园（图 5-27~ 图 5-29）的大小是凡尔赛宫和大特里亚农宫（Trianons）的总和。“它与所有的英式公园都不相同”，贝德克尔（Baedeker）的导览对其进行了恰当的说明，“其中有许多小尺度的如画场景，而不是宽阔的草坪和成组的树木。”这样的方案很大程度上是出于复杂的地形。当时有许多热爱公园的天才画手，被雇来描绘这些“小小的如画美景”。但不幸的是，纽约这一当时世界上最大的城市中人潮拥挤，设计师们所希望的那种原始的自然氛围无法实现。公园与城市之间的连接都被小心地加以处理，这值得称赞。所有需要穿过公园的道路交通都作下沉处理，巧妙地加以隐藏，几乎所有的主要入口都被处理成道路的自然且随意的转弯。公园里也毫无形式化或是轴线的暗示。在公园内部，我们可以发现一处“绿地广场（mall）”具有某些形式化的特征，但它很短。与东南方向的连接是一条蜿蜒的小路，另一端视线结尾处的景观是一片不规则的水面，而且人们也很难接近该广场，只有横穿机动车主干道或是下行通过一段隧道后才能看到它。公园中的一座小水塔也根本没有与广场形成视觉轴线的对位关系。当时人们对于他们所认为的形式化艺术已经失去了兴趣，因而作为广场终点的建筑设计（图 5-27）在概念诞生之初就注定失败。

随着 1893 年芝加哥博览会的举办，形式化艺术迎来转机。1902 年在委员会工作的推动下，华盛顿国家绿地广场的形式化平面得到恢复。但是中央公园的变化不大。哥伦布广场处的公园入口，以及公园东南角处新建的广场，根据场地情况尽可能地做了形式化的处理。还有，根据托马斯·黑斯廷斯（Thomas Hastings）的方案（图 5-29），依托纽约的新供水系统，公园中南侧的 2 个蓄水池被改造成尺寸较大的下沉广场（34 英亩，约 13.8 公顷）。爆发的世界大战影响了该方案的实施。由于公园的整体方案并没有特别强调蓄水池的存在，仅仅在其周边设置了一圈蜿蜒的步道，因此在这块水池区域中引入一个形式化的花园，无论再强的建筑语言也改变不了中央公园的整体气质。大都会博物馆，紧邻试图形式化的蓄水花园的场地东侧，其建筑体量如此之大，如果设计得当完全可以成为公园主要南北轴线的出发点，在形制上与凡尔赛宫相媲美。然而事实却是，大都会博物馆刻意背朝公园，可见设计蓄水花园的建筑师根本不想让博物馆与花园之间发生任何关联。

曾一度有许多精美布局形式的花园被拆毁，以使其变得像雷普顿那样自然有机化（Repton-ized）。现如今“非形式化”公园再度得到青睐。这样的情况下，中央公园如若再被重新设计，正如阿姆斯特丹冯德尔（Vondel）公园的重建方案（图 5-35、图 5-36）一样，

图 5-40　安纳波利斯，布赖斯住宅

布赖斯住宅是在安纳波利斯具有相似平面的若干殖民式住宅之一。该平面创造出一个围合感强烈的花园前庭，作为住宅的建筑环境。这种组群在理想情况下适合作为街道的重点，或者形成开敞区域的一侧。[出自埃尔韦尔（Elwell）]

不管设计方案如何，公园中心那些优雅的古木都将发挥重要的作用，与非形式化方案相得益彰。

作为城市的一部分，如果一座公园无法受益于大规模的城市规划，那就应该使用一道强有力的屏障（如树木、围墙或者拱廊），尽量将周围的无序元素排斥在外，以在公园内部构建一套秩序的微缩世界，体现均衡与对称的艺术品质。这就意味着要与非形式艺术决裂，与主张花园、公园，或住区开发都要如同原始自然，都要欢快、随性、放任“自然生长”的观点决裂。1890 年以后，支持开放空间的形式化原则的运动逐渐获得成效。在美国（图 5-87~ 图 5-92、图 5-96、图 9-57）和英国，这项运动主要影响了私人花园，在德国它使私人和公共领域同样受益（图 5-31~ 图 5-33、图 5-72~ 图 5-86）。

墓地的设计大概是所有城市设计艺术门类中最为荒寂的一种。在墓园中，本应万物共存、安详和谐、井然有序，然而私有墓穴的个人主义和道路的无序规划无情地破坏了这一切，墓园环境往往不尽人意。一些殖民时期的旧墓地（图 5-120）及其墓碑都高雅朴素，和文艺复兴时期设计的精美墓园一样品质良好（图 5-105、图 5-108~ 图 5-110、图 5-117、图 5-118），其中一些成为如今美学朝圣的学习之所。现代城市的墓园设计，比如伦敦（西伦敦墓地）、维也纳（图 5-104）和慕尼黑，都在努力学习像热那亚和比萨的墓地（Campo Santo of Genoa or Pisa）那样的设计框架。

非形式化园林艺术的倡导者们从日本的造园师那里寻求灵感，此处给出东京一座墓地的 3 个场景（图 5-111~ 图 5-116）。它似清教徒般简洁，和肃穆的寺庙布局相辅相成。在日本和其他亚洲地区，政府或宗教建筑采用寺庙般的布局是常见的。

克里斯托弗·雷恩爵士设计的墓园已成为当今设计师们必须观察和学习的对象，那时他曾提议将墓地从拥挤的伦敦旧城迁出至郊外。雷恩设计的墓园是高雅简洁的典范。他挑选了一处 2 公顷左右的合适墓园选址，描述道：“这片场地将由一道厚实的砖墙包围，四周步道环绕，也有步道呈十字形穿过墓园。这些步道两旁规整地排列着紫杉树。由十字步道划分的 4 个片区各服务一个教区，这样逝者将不会受到打扰，无需因用地不足而上下垒叠或被挖出来腾退空间。墓园中会矗立精美的石碑，但石碑的尺寸应由建筑师来规范，而不是任由石匠自行发挥，避免有钱人使用过大的大理石，而穷人受到挤兑。墓园中的金字塔、半身像和雕像要放置在合适的基座上，小巧精良不占地儿，比大理石床上的大型塑像更为得体。围墙上将是逝者的铭牌与悼词，墓园中有良好的空气和适于人们行走的步行路径。如果考虑得更为长远，郊外的墓园可以成为一个优雅的边界，取代现今城市边界上充斥的杂乱无章，去限制城市的过度扩张。”

雷恩默认，墓园应该“被十字步道划分成 4 个区间”，这与基督教的传统符号保持一致。另一个传统理念，墓穴的足端应该位于东面，迄今有时仍是约定俗成。我们现代人对这样的古怪传统大多一笑了之，但大抵就是这样的迷信与美学交织混合的感受，支撑着信仰时代的民间艺术，营造了不容置疑的庄严与温馨的秩序，而这也许正是流行艺术缺乏的品质。

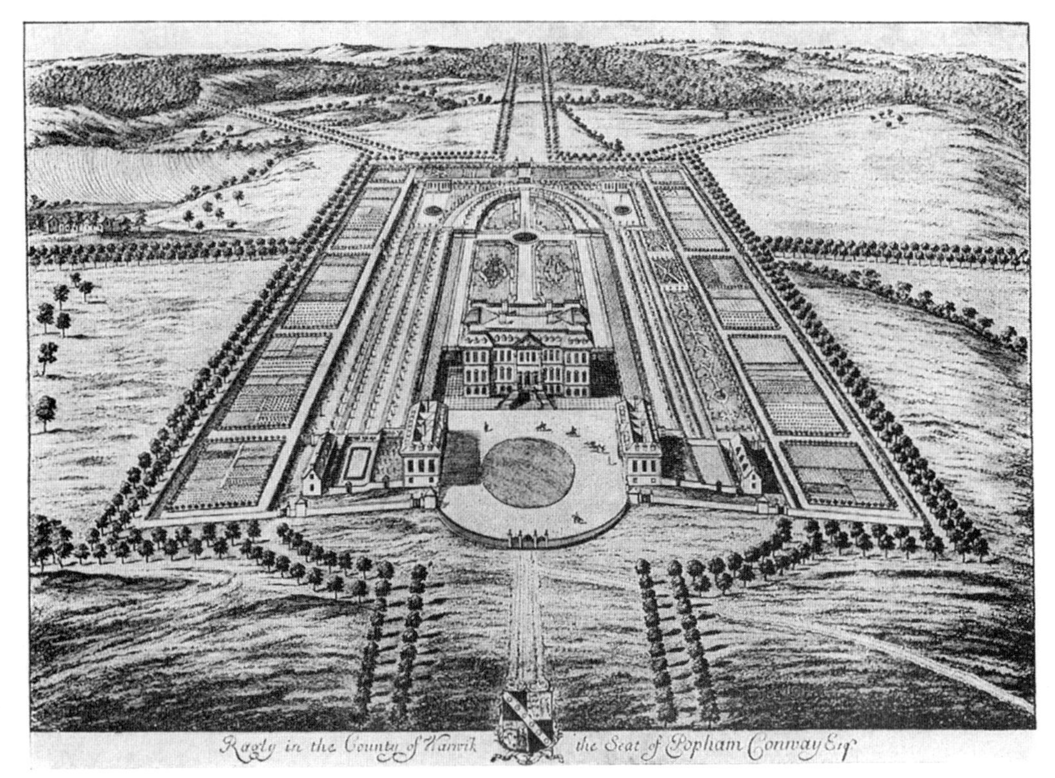

图 5–41 拉格利，沃里克郡（Warwickshire）

该住宅建于 1698 年。版画出自基普（Kip），1707 年。[出自麦卡特尼（Macartney）]

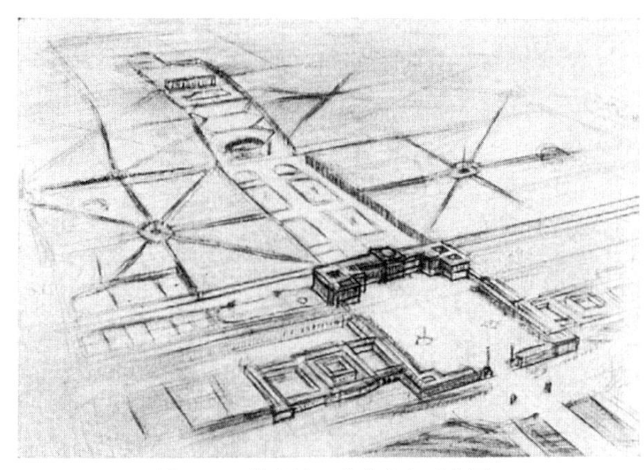

图 5–42 维也纳。美泉宫鸟瞰草图

图 5–43 维也纳。美泉宫与花园

这些花园于 18 世纪初由菲舍尔·冯·埃拉赫和法国“园林工程师”吉拉尔（Girard）设计；宫殿出自冯·希尔德布兰特（von Hildebrand）之手，更为古老。美泉宫位于现代维也纳市内，置身上层露天平台，可将老城美景尽收眼底。[出自多梅（Dohme）]

图 5–44 维也纳。美泉宫入口庭院

宫殿建于 1696 年，由菲舍尔·冯·埃拉赫（Fischer von Erlach）启动；花园于 18 世纪中叶根据法国建筑师勒·布隆（Le Blond）的平面建成。花园里收藏了各种动植物，今天是维也纳公园中最受欢迎的一个。（出自西特）

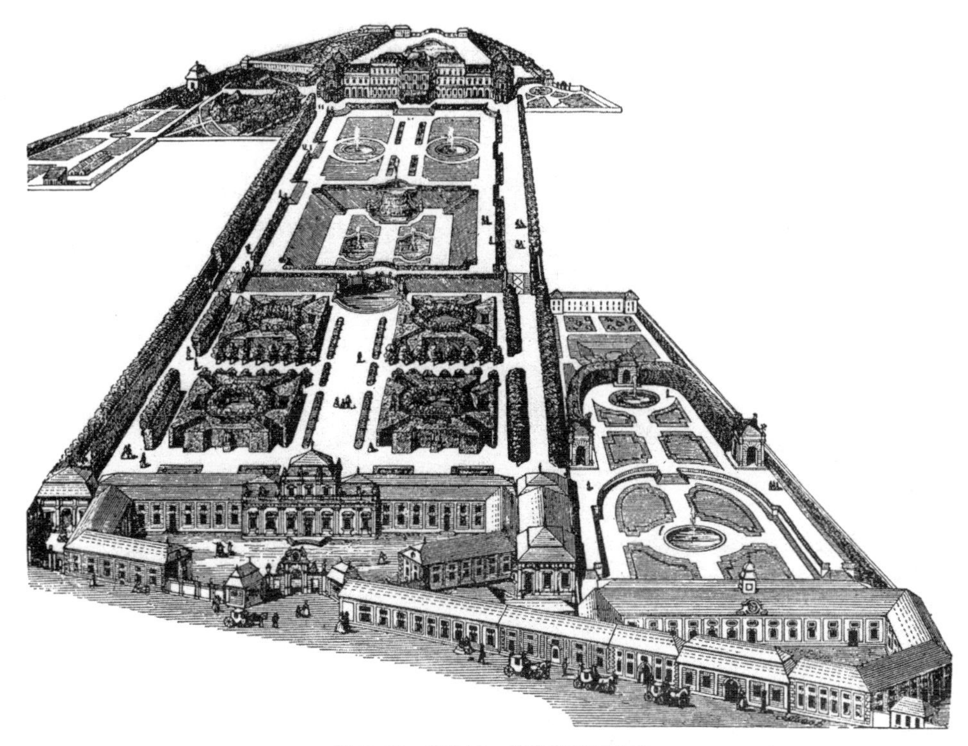

图 5–45　维也纳。美泉宫花园总览

这幅视图展现了美泉宫花园的全貌，但略去了位于美泉宫左右的植物园和施瓦岑贝格（Schwartzenberg）花园。“低地美泉宫”与马厩和门卫室通过巧妙的设计，填充了花园与“伦韦格”大街（Rennweg）之间的不规则区域。

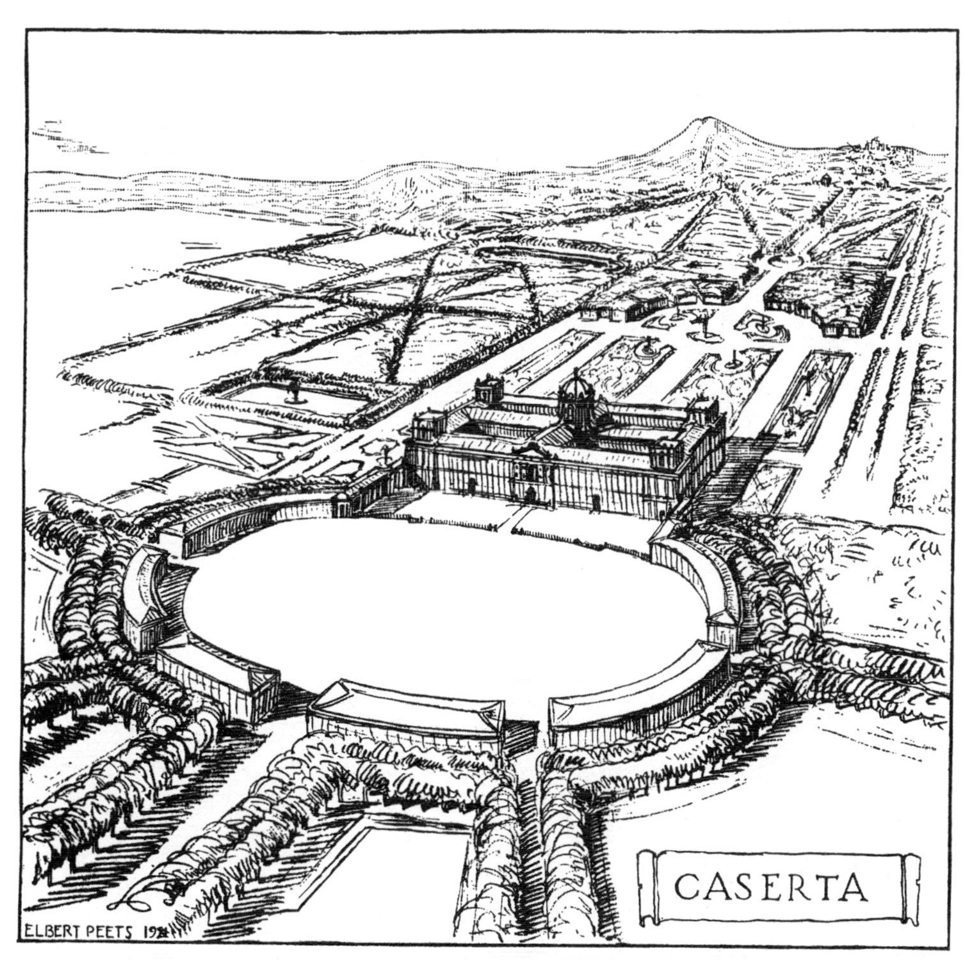

图 5–46　卡塞塔（Caserta）

这座宫殿于 1752 年由万维泰利（Vanvitelli）为那不勒斯国王建造。椭圆形的马场没有建成。这幅由格罗莫尔（Gromort）复制的表现图一部分出自万维泰利的平面。花园轴线为 2 英里长。

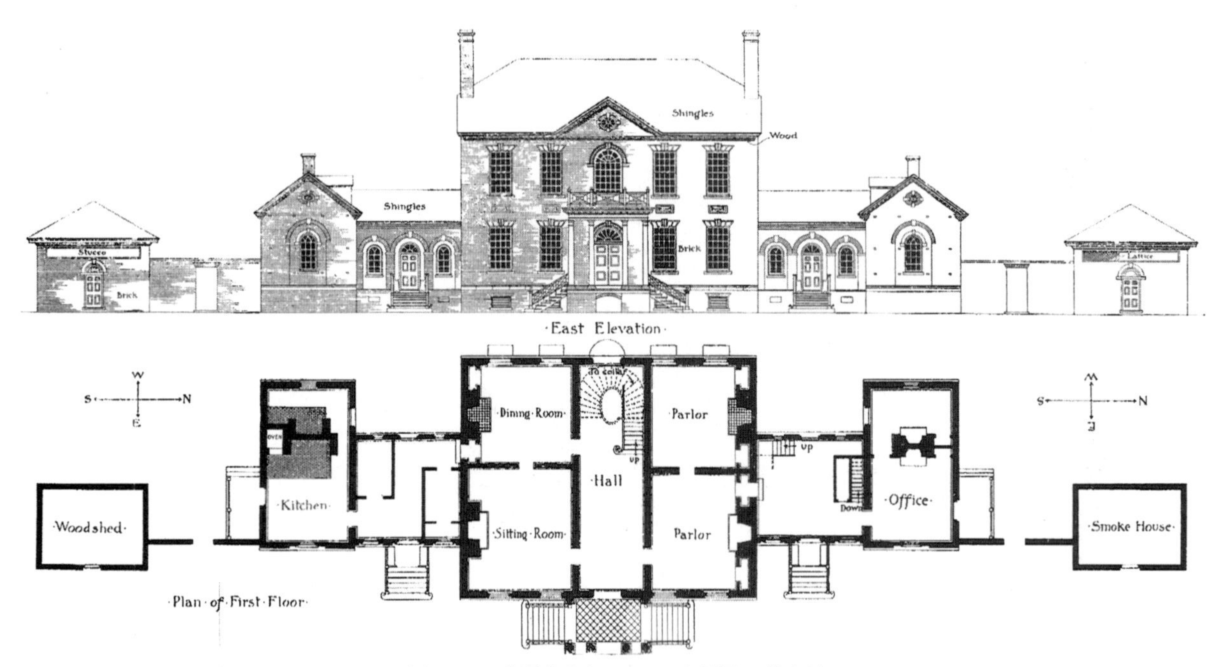

图 5-47　“伍德朗”（Woodlawn）别墅，弗吉尼亚

由威廉·桑顿（William Thornton）博士设计。（图 5-47、图 5-48 出自韦尔《乔治亚时代》）

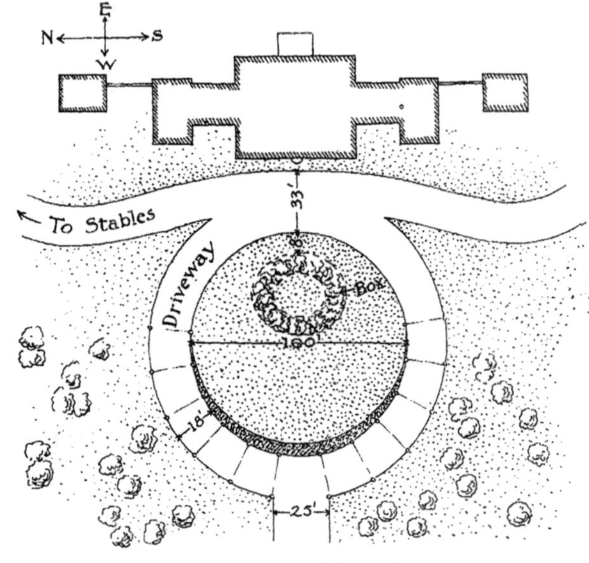

图 5-48　“伍德朗”别墅

图 5-49　埃森（Essen）。阿尔弗雷德霍夫（Alfredshof）住宅后院

这些花园的设计意在赋予每个业主一块明确的区域，同时保留整个庭院的开放性和统一性。平面见图 6-153。由施莫尔（R. Schmohl）设计。（出自瓦斯穆特《月刊》，1921 年）

Rear View: Tryon's Palace, Wilmington, N. C.

图 5-50　威尔明顿（Wilmington），“特赖恩庄园”

这个细部古雅、整体尊贵的住宅建筑群通过外围的楼阁展开，以烘托住宅，赋予其在开阔区域中的一席之地。倘若没有棚屋和连通的柱廊，中央建筑就会显得苍白，与场地脱离关系。

图 5-51　夏洛茨维尔（Charlottesville），弗吉尼亚大学

图 5-52　圣马丁（St. Martins），宾州。费城板球俱乐部

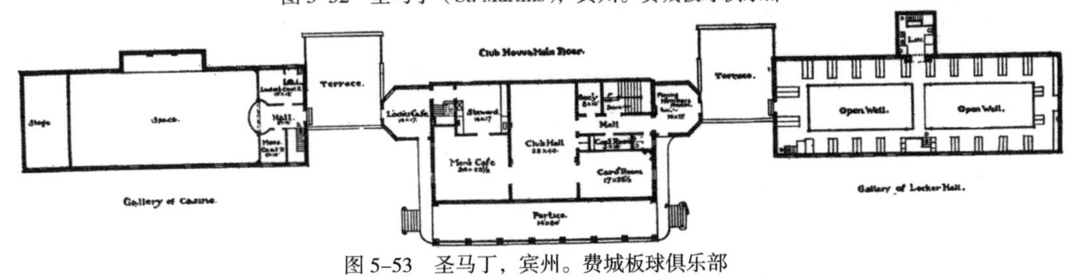

图 5-53　圣马丁，宾州。费城板球俱乐部

皮尔逊（G. A. Pearson）设计。（出自《美国建筑师》，1912 年）

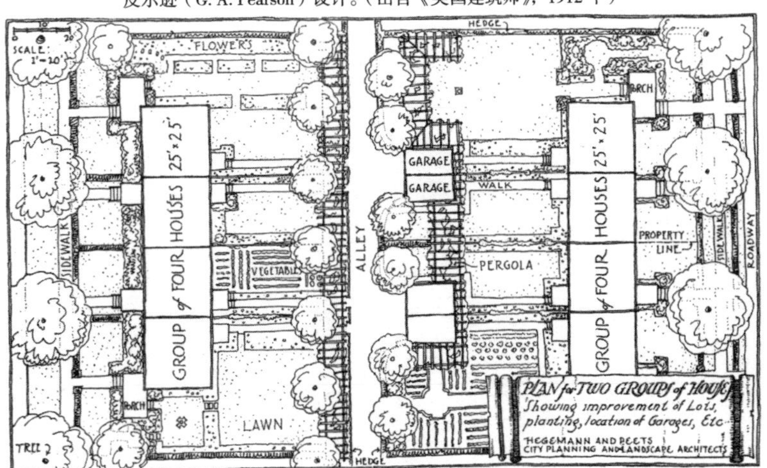

图 5-54　带与不带车库的住宅与花园组群

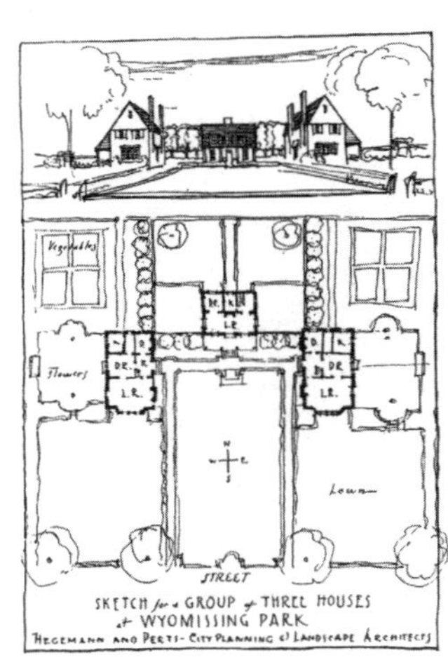

图 5-55　怀奥米辛（Wyomissing）公园 3 栋住宅组群草图

图 5-56　带与不带车库的住宅与花园组群

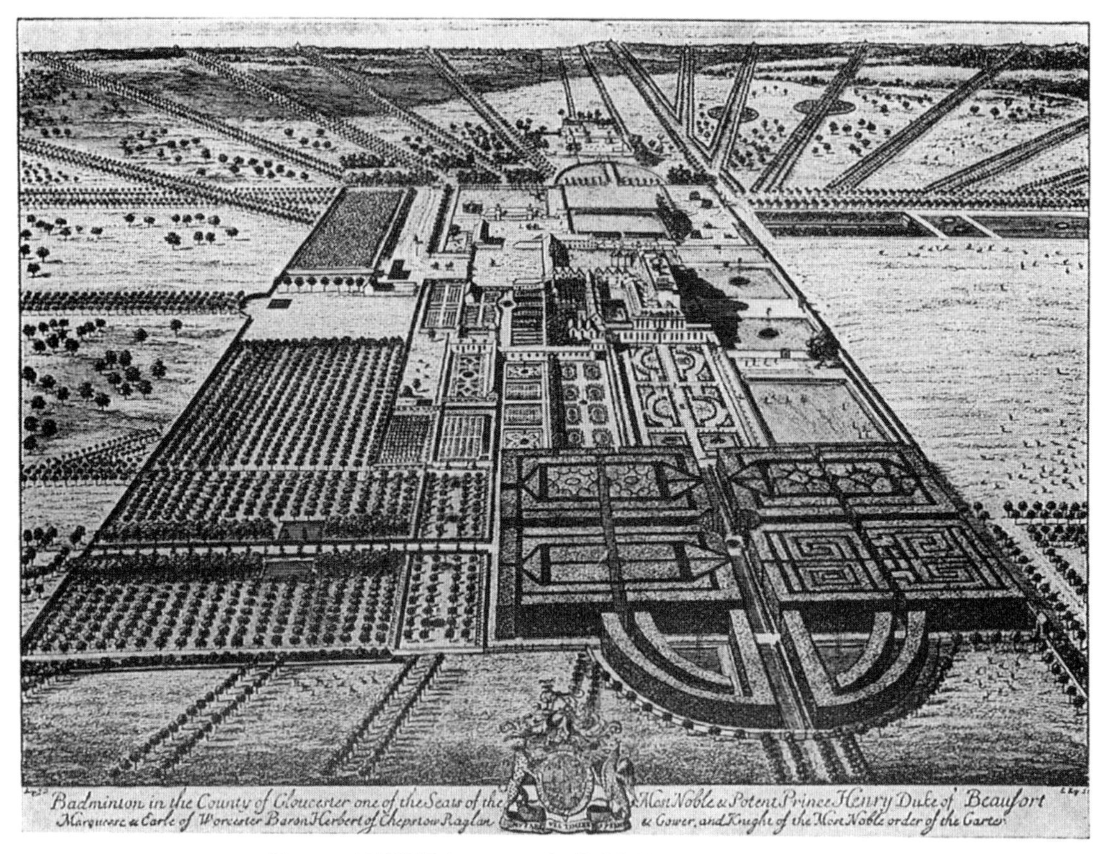

图 5–57　巴德明顿（Badminton），格洛斯特郡（Gloucestershire）

建于 1682 年；英国对法国园林风格最重要的应用之一。从建筑辐射出来的多条大街以教堂尖塔和其他类似的物体为目标点。（出自麦卡特尼翻印的基普版画）

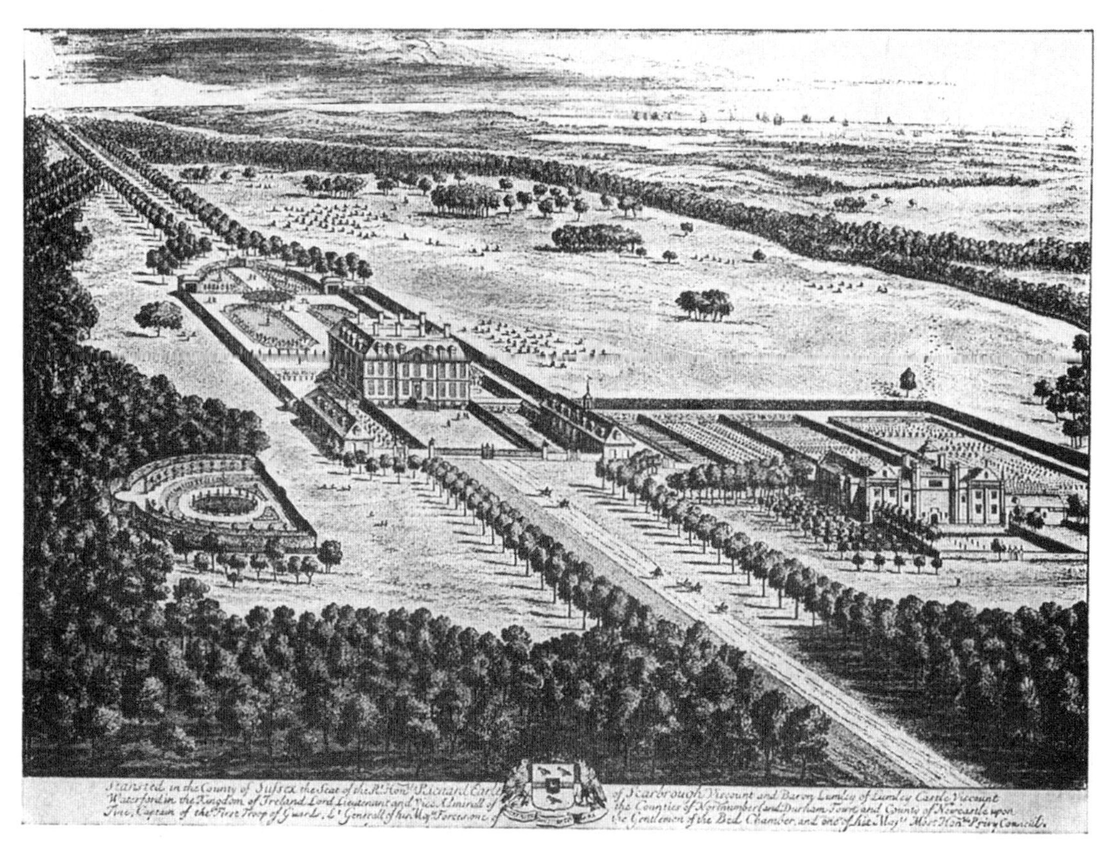

图 5–58　斯坦斯特德别墅，萨塞克斯（Sussex）

较大的建筑建于 1687 年，很可能出自雷恩之手。（版画出自基普，麦卡特尼翻印）

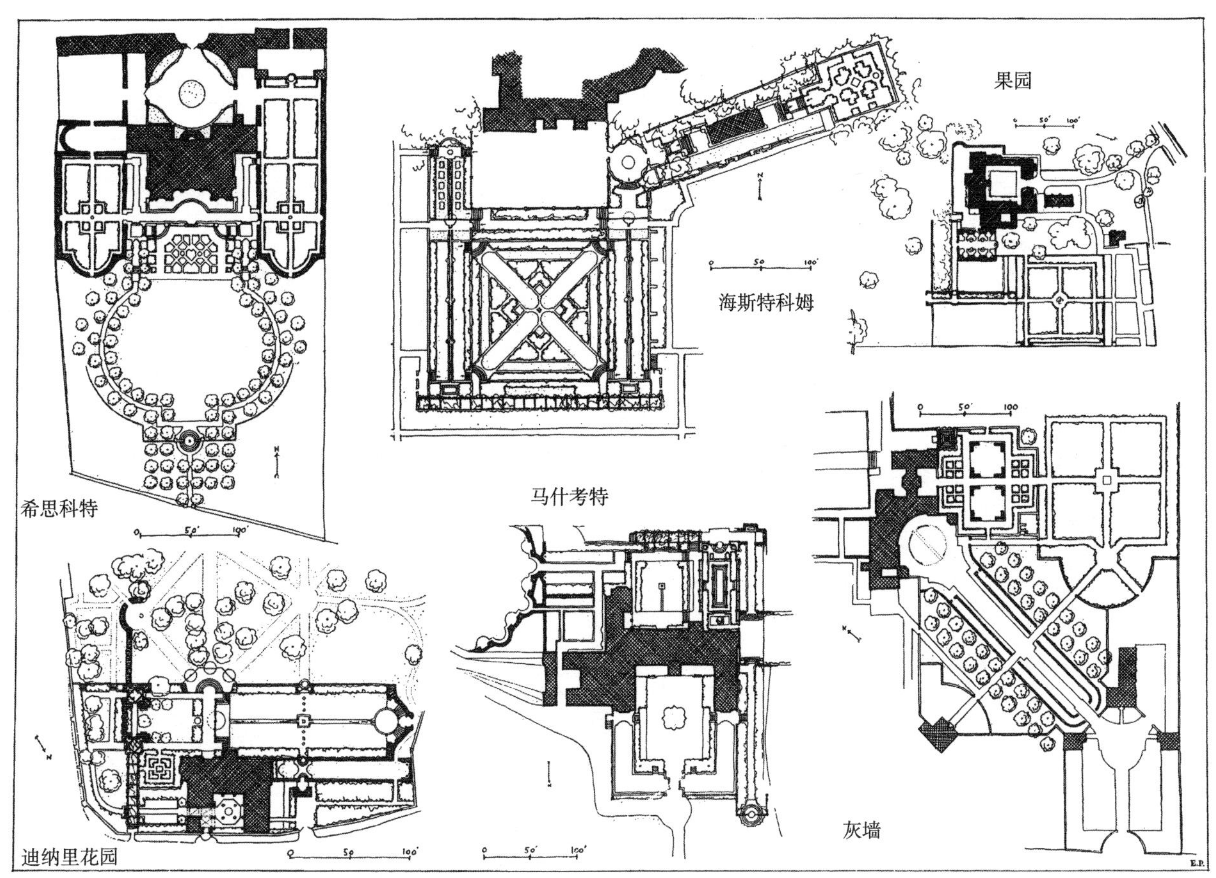

图 5-59　勒琴斯设计的花园

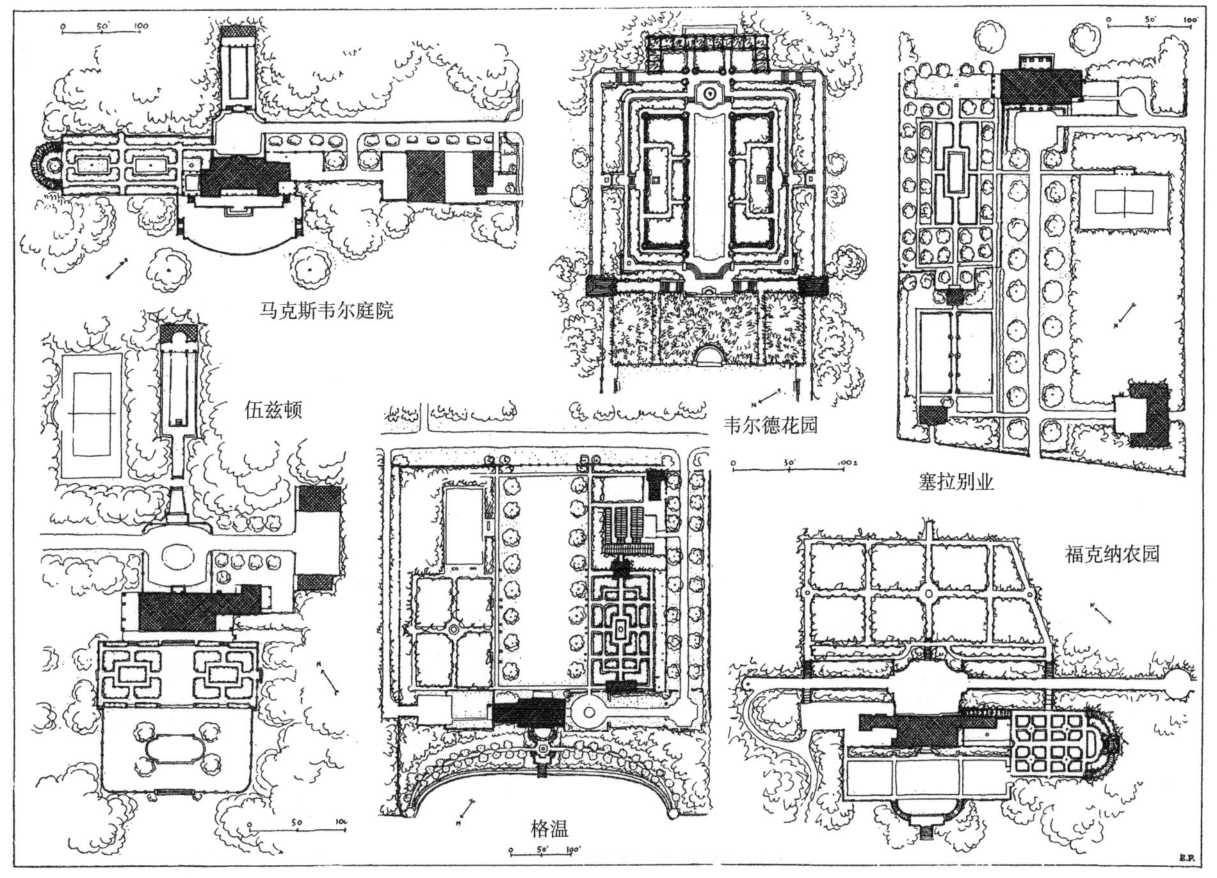

图 5-60　查尔斯·普拉特（Charles Platt）设计的花园

勒琴斯和普拉特事务所的这些平面草图在此进行翻印，以表现炉火纯青的个人园林设计风格。这些同样可以成功地用在公园，甚至居住区的规划上。

图 5-61、图 5-62　怀奥米辛住宅与花园研究

这一设计的目标是提供与场地紧密联系的住宅平面，并由此形成 3 个方向的突出轴线，从而控制和统一整个庄园。入口庭院和剧场形的花园均明确地源于地形，但两个区域的轴线间隔 35 英尺，而住宅平面不得不去适应这一条件。轴线并未加以限制去控制立面，而是延伸到住宅里；只有通过这种方式，花园平面才能成为住宅平面的自然延伸。入口庭院按照此图建成，但花园剧场通过“景观化”融入阿尔卑斯山牧场般的景象之中。

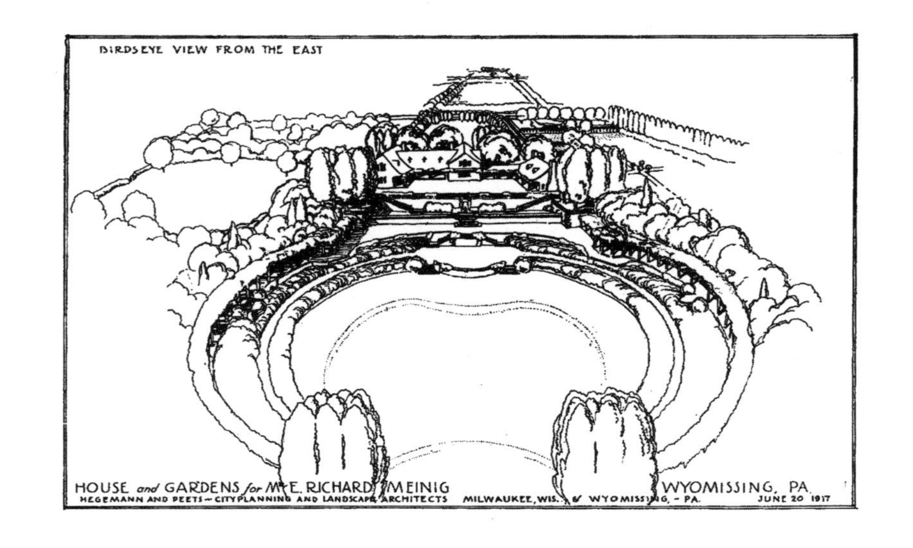

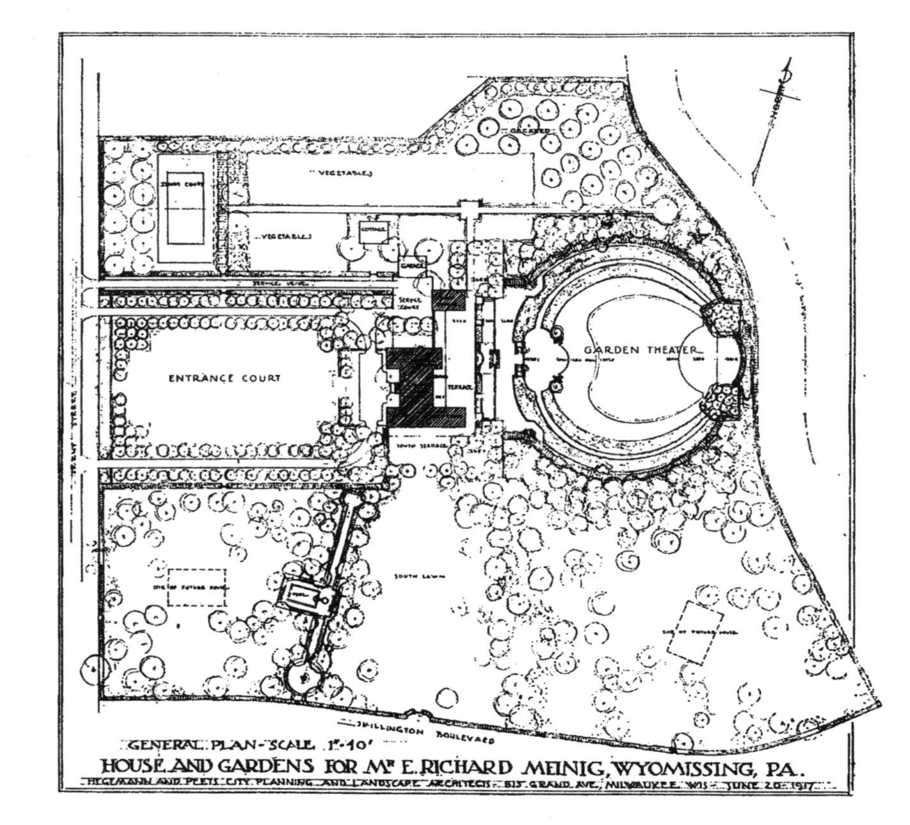

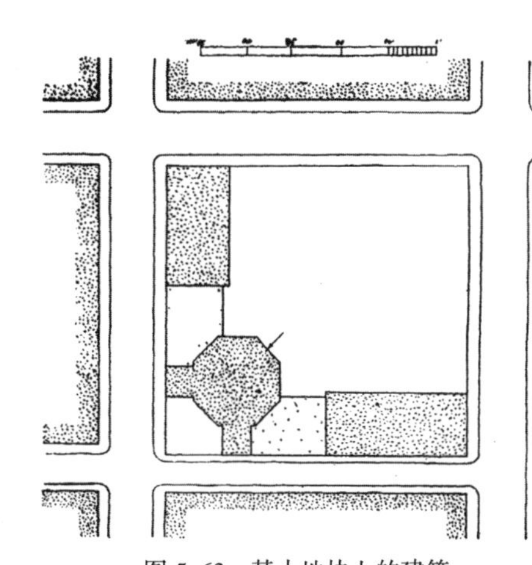

图 5-63　某小地块上的建筑

这些建筑尽可能地集中在场地的边界内，以整合自由的区域。

HAYDNPLATZ
ZU KARLSRUHE I.B.
HEINRICH SEXAUER
ARCHITEKT.

图 5-64　卡尔斯鲁厄。小花园广场

关于这一广场的建筑形成，见图 6-29。

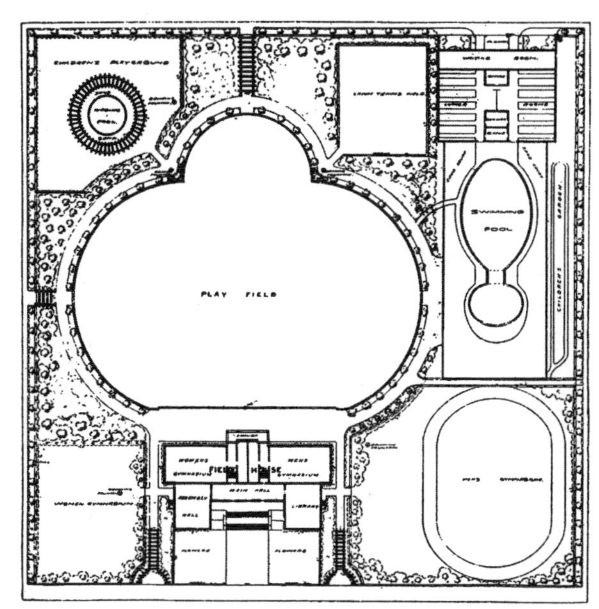

图 5-65　芝加哥。西公园区游乐场

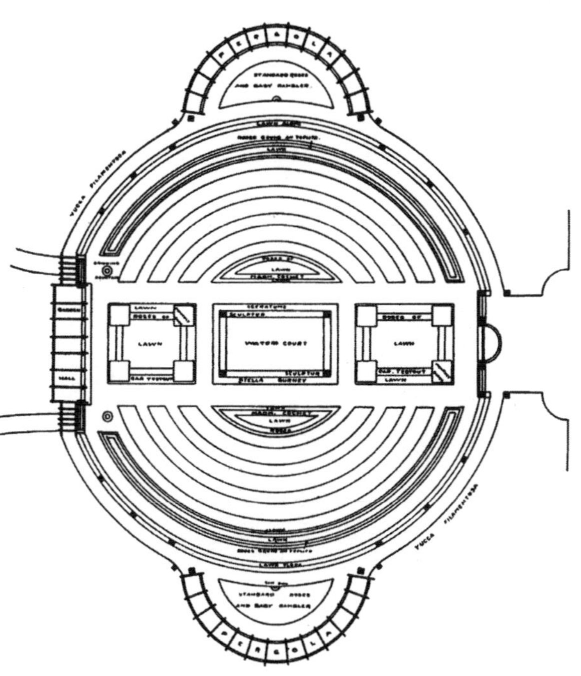

图 5-66　芝加哥。洪堡公园玫瑰花园

图 5-65、图 5-66 由延斯 · 詹森（Jens Jensen）设计。

图 5-67　希博伊根（Sheboygan），滨湖公园 3 条街的尽端

选自公园总平面。这些街道的尽端可将公园和湖面的景观尽收眼底。

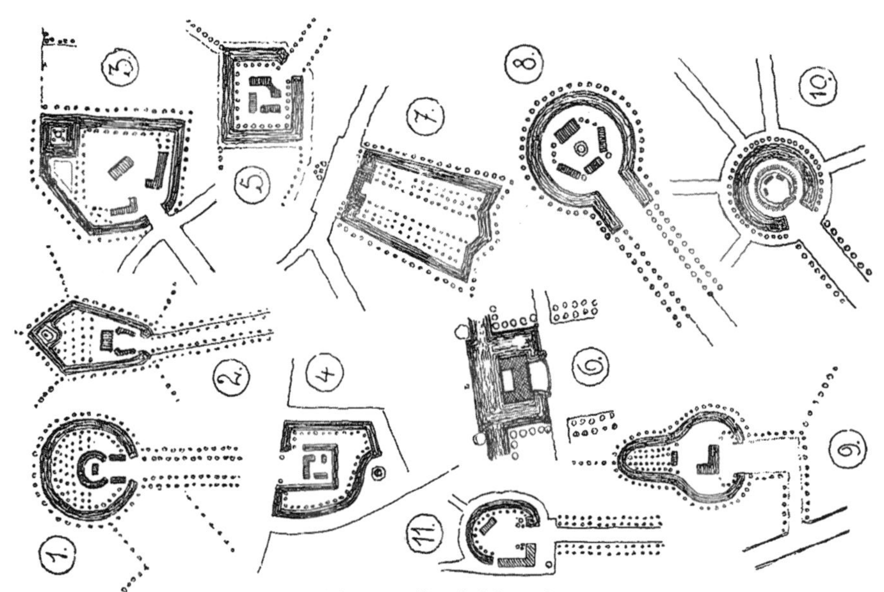

图 5-68 佛兰德农场和城堡

这些形式化的布局用壕沟和林荫道形成小城堡的环境布局。数字 1~4 在布鲁日附近；5. 卡尔贝克（Callebeck），位于安特卫普附近；6. 图尔宽（Tourcoing）与里尔（Lille）之间的城堡；7. 不来梅街（Bremenstraet），位于安特卫普附近；8. 在德隆卡尔德（Dronkaerd），位于梅嫩（Menin）附近；9. "葡萄酒园"（Le Vintage），位于龙克（Roncq）附近；10. "卡尔韦尔"（Calvair）；11. 科特赖克（Courtrai）附近的农场。（出自《城市设计》，1917 年）

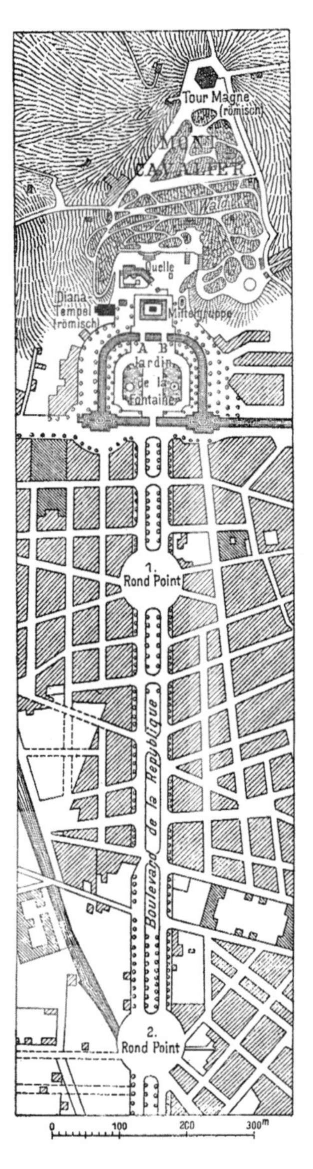

Nîmes. Jardin de la Fontaine.

图 5-70 尼姆

（出自古利特）

图 5-69 尼姆（Nimes）。喷泉花园

（出自《美国建筑师》，1912 年）

图 5-71 公园中的建筑

组群中的中央建筑是存在的。一片非形式化的池塘将它与附近的大街隔开。这一研究推荐了那种能将建筑导向大街的侧楼，并展示了一种中间区域更有秩序的布局。

图 5-72 柏林。哈弗斯特兰（Havelstrand）住宅群方案

哈弗河驳岸整治竞赛方案表现图。（出自《城市设计》，1914 年）

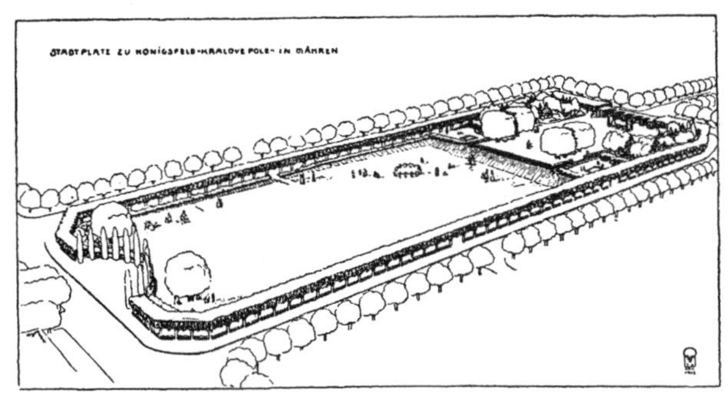

图 5-73　柯尼希斯费尔德（Koenigsfeld）—克拉洛韦（Kralove）。城镇公园
莱贝雷希特·米格（Leberecht Migge）设计。（引自米格）

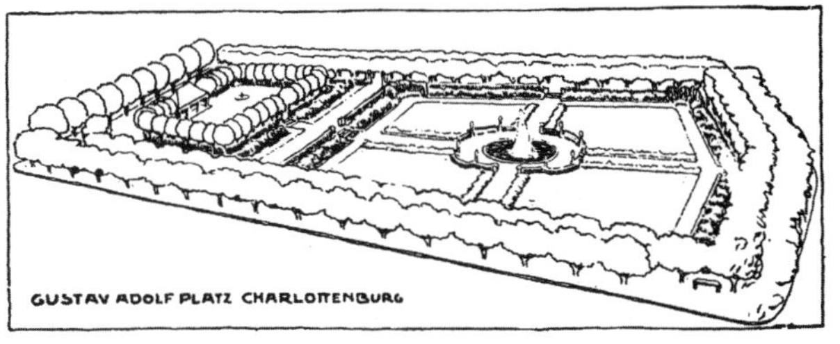

图 5-74　夏洛滕堡（Charlottenburg）。古斯塔夫—阿道夫（Gustav-Adolf）广场
巴尔特（E. Barth）设计。（引自米格）

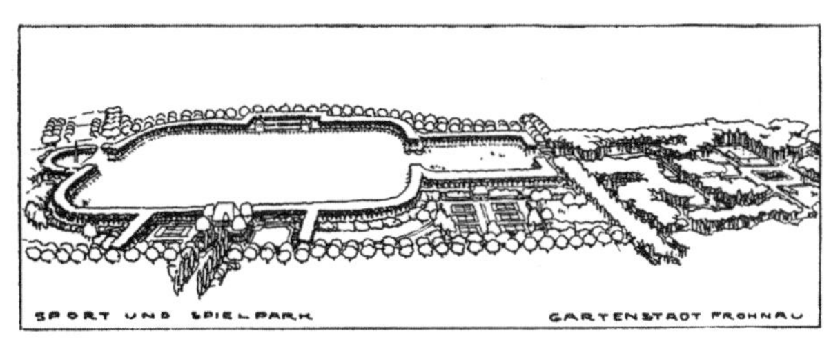

图 5-75　柏林—弗罗瑙（Frohnau）。休闲公园
路德维希·莱塞（Ludwig Lesser）。（引自米格）

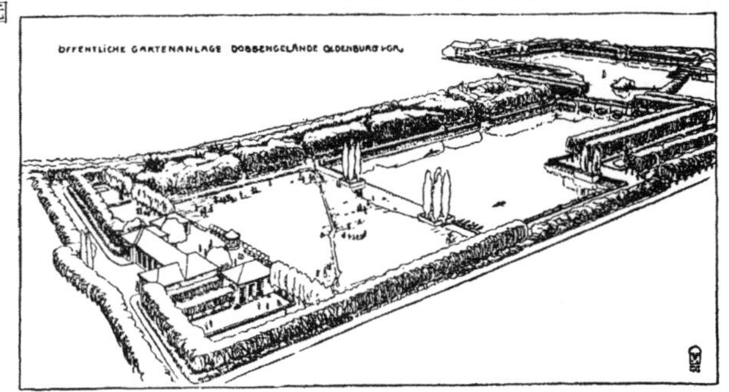

图 5-76　多本格兰德（Dobbengelande）。公共花园
莱贝雷希特·米格设计。（引自米格）

图 5-77　沃尔多夫（Wohldorf）。公园
莱贝雷希特·米格设计。（引自米格）

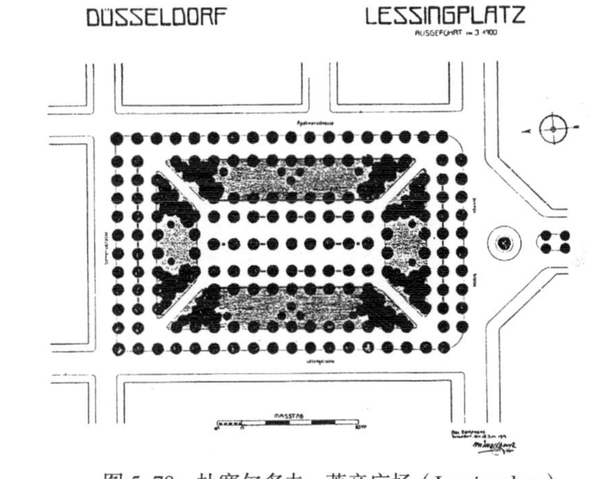

图 5-78　杜塞尔多夫。莱辛广场（Lessingplatz）
图 5-78~图 5-84 是冯·恩格尔哈特（W. von Engelhardt）为一个小城市广场作的一系列设计。这体现出从 1900 年到 1912 年风格的演变。图 5-78 出自 1900 年，显示出非形式化设计尚未被彻底抛弃时的最后痕迹。

图 5-79　曼海姆。花园展
（出自《建筑评论》，1908 年）

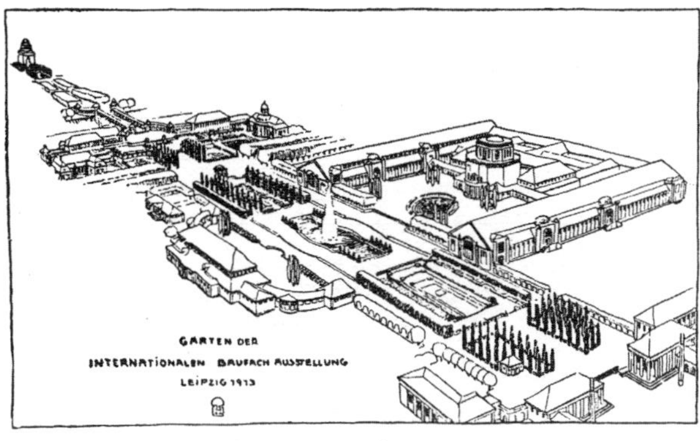

图 5-80　莱比锡。国际建筑展花园，1913 年
莱贝雷希特·米格设计。（引自米格）

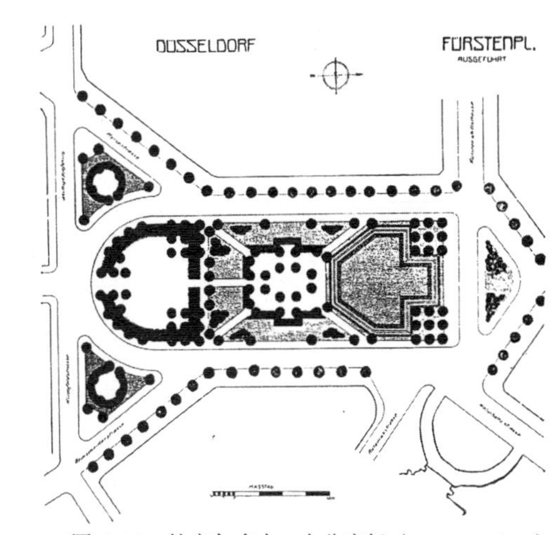

图 5-81　杜塞尔多夫。大公广场（Fuerstenplatz）
对比图 5-78。在这个 1906 年的平面中，整个区域分割过多，并且仍在使用对角线。

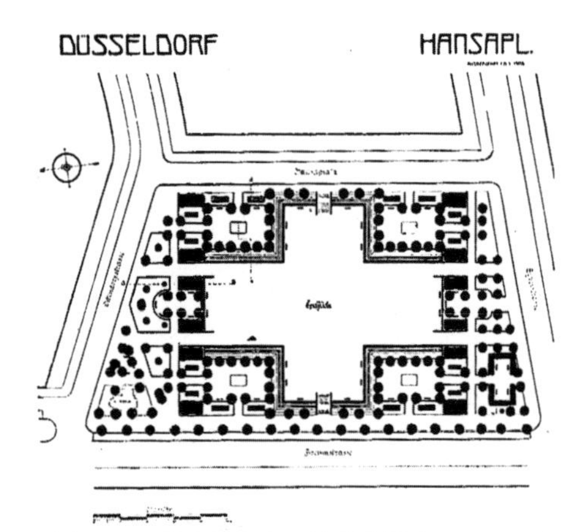

图 5-82 杜塞尔多夫。汉萨广场（Hansaplatz）

对比图 5-78。这个 1908 年的平面更为简单，并且比之前的方案更成功地实现了统一。

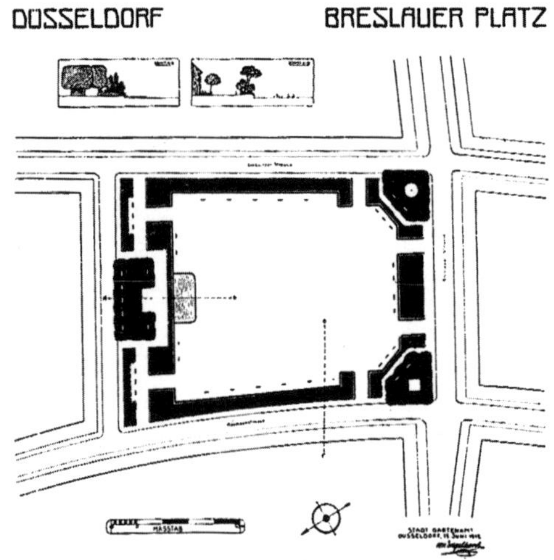

图 5-83 杜塞尔多夫。布雷斯劳尔（Breslauer）广场

对比图 5-78。这个 1912 年的设计创造出被树篱包围的一大块游乐区。

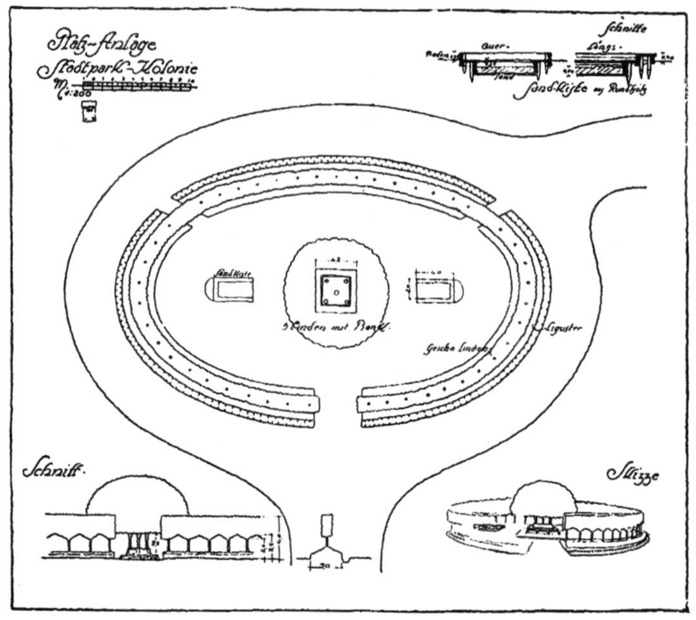

图 5-85 小游乐场

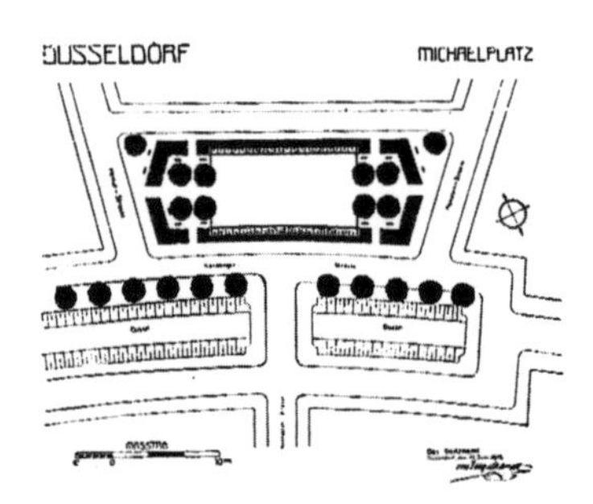

图 5-84 杜塞尔多夫。米夏埃尔广场（Michaelplatz）

由冯·恩格尔哈特设计（图 5-78、图 5-81~ 图 5-83 也是）。这个 1912 年的平面十分简单，空间利用很经济。

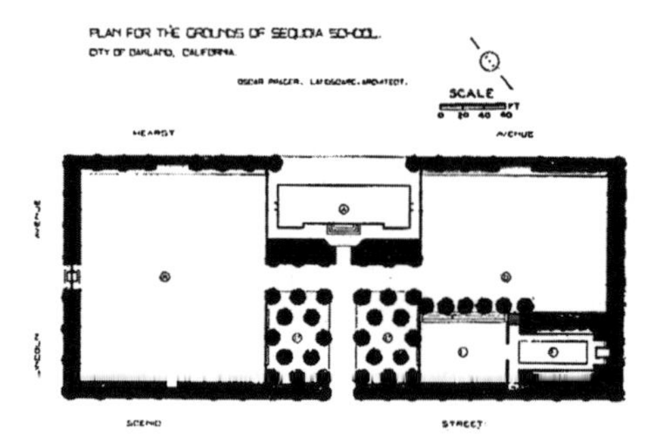

图 5-87 奥克兰。红杉（Sequoia）学校

奥斯卡·普拉格（Oscar Prager）设计的学校操场。A—学校；B 和 D—男女生操场；C—幼儿区；E—篮球场；F—花园。

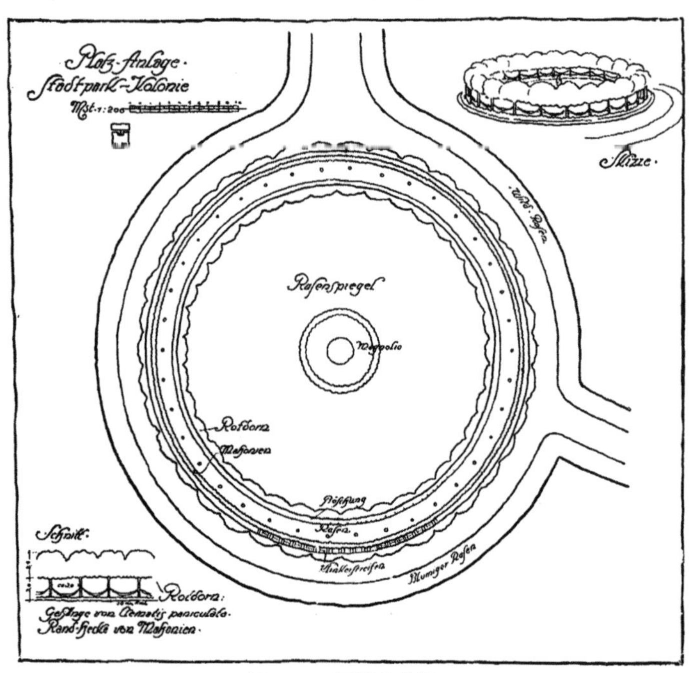

图 5-86 圆形小花园

莱贝雷希特·米格设计。

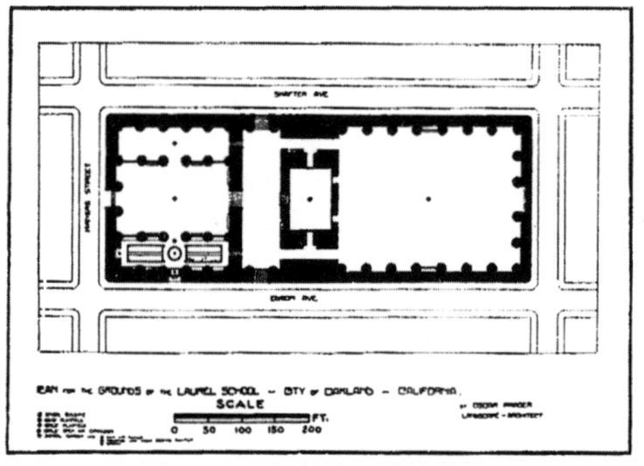

图 5-88 奥克兰。月桂学校

操场由奥斯卡·普拉格设计。

图 5-89　纽约。哈德逊（Hudson）公园

卡雷雷和黑斯廷斯事务所设计。[出自鲁宾逊（Robinson）]

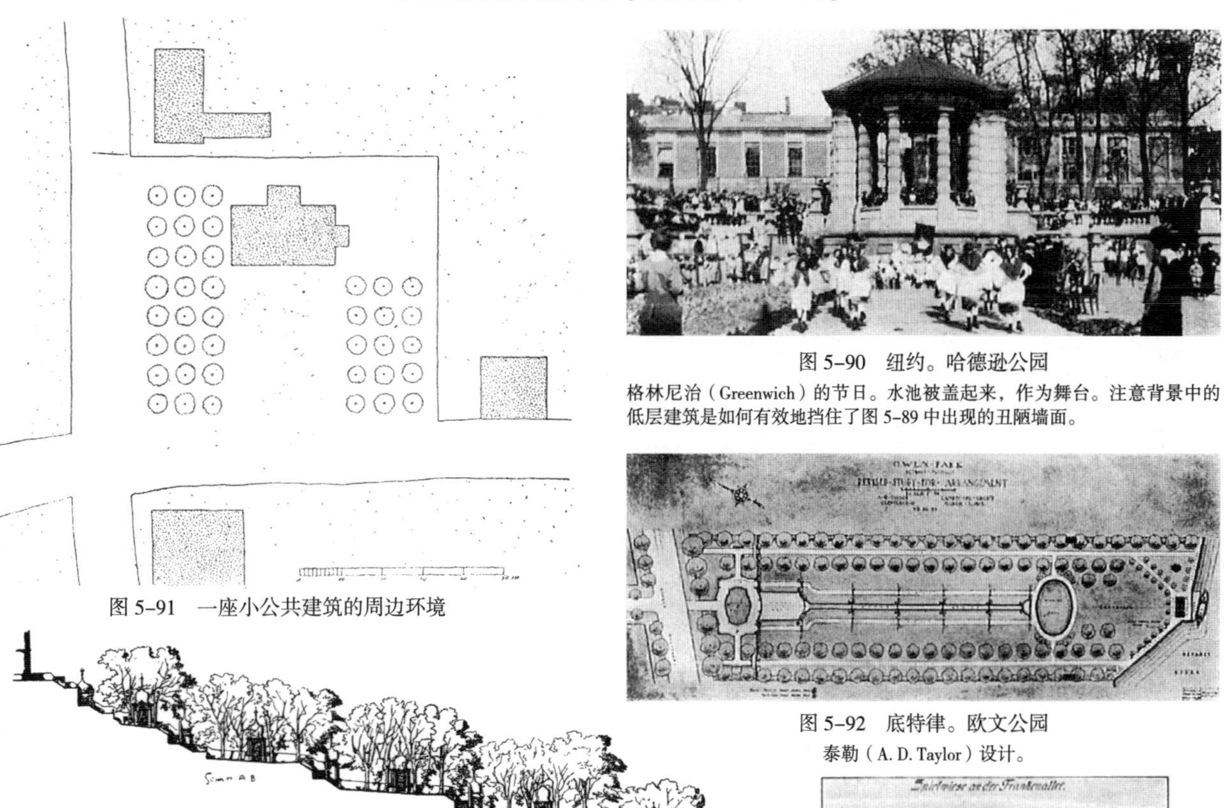

图 5-90　纽约。哈德逊公园

格林尼治（Greenwich）的节日。水池被盖起来，作为舞台。注意背景中的低层建筑是如何有效地挡住了图 5-89 中出现的丑陋墙面。

图 5-91　一座小公共建筑的周边环境

图 5-92　底特律。欧文公园

泰勒（A. D. Taylor）设计。

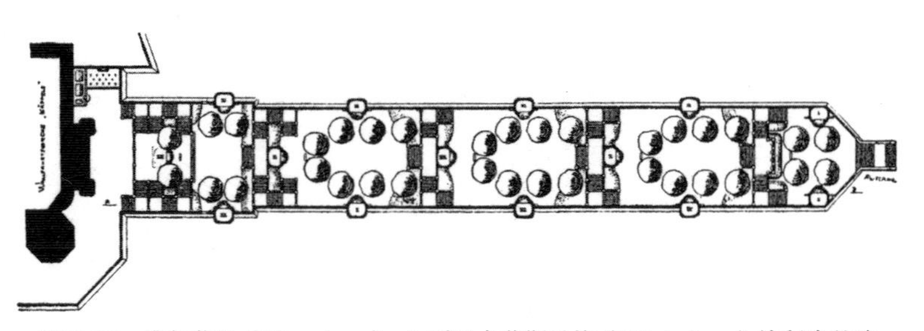

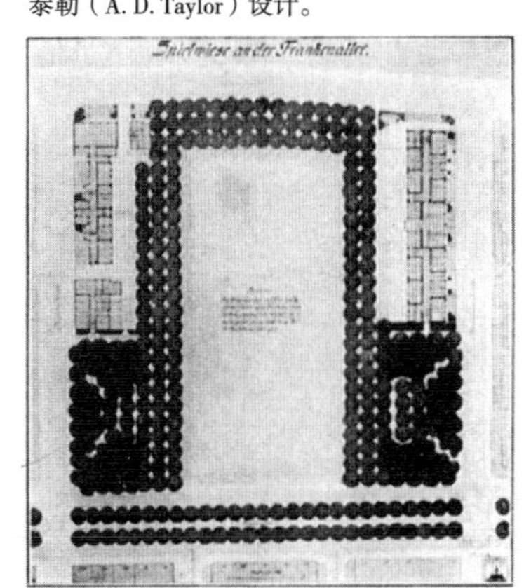

图 5-93　维尔茨堡（Wuerzburg）。上到尼古劳斯贝格（Nikolasberg）礼拜堂的路

带 14 个“站点”的效果鲜明的花园式布局。

图 5-94　法兰克福。操场方案

这片 3.5 英亩（约 1.4 公顷）的大草坪位于两栋教学楼之间。

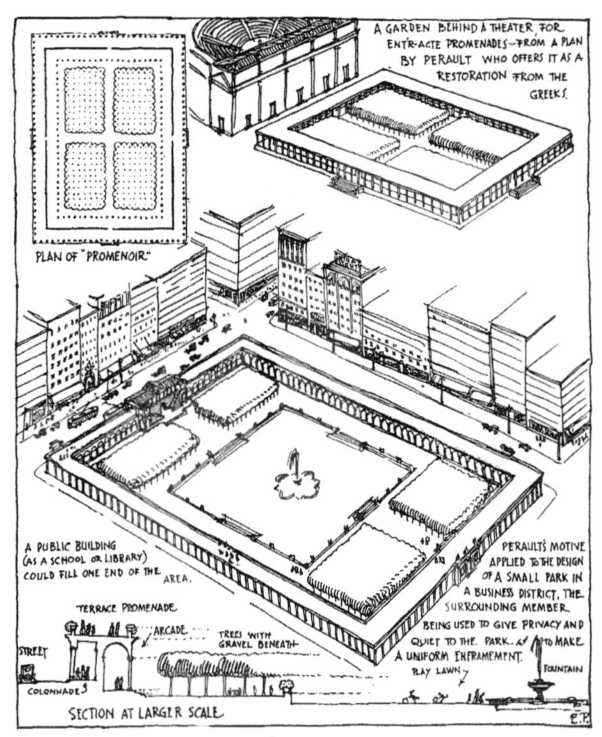

图 5-95 城市广场设计研究

图 5-96 霍博肯（Hoboken）。哈德逊郡公园的敞亭

出自阿瑟·韦尔（Arthur Ware）。（图 5-96、图 5-97 出自《美国建筑师》，1912 年）

图 5-97 霍博肯。郡公园

图 5-98 帕多瓦。山谷草地（Prato della Valle）

这片草地今天称作维托里奥·埃马努埃广场（Piazza Vittorio Emanuele）。在这片大致呈三角形的巨大区域中，18 世纪建造了一条椭圆形的运河。上面跨有 4 座桥，周围是 82 座帕多瓦英雄雕像。尽管每个单体的吸引力都不强，整体上却形成了一种崭新的、充满活力的、花园式的结构。由于老的版画没有表现树木，目前的植物看起来不到 50 年，因此很可能原来不打算进行种植。这或许是出于对每年赛马观众的考虑，而赛马可能是运河需要椭圆形平面的缘由。从纯粹美学的角度看，鉴于草地围墙极为不规则的形式，或许之前在运河外缘种出一条葱郁的林荫道，并使岛屿形成一个开放广场会更好。

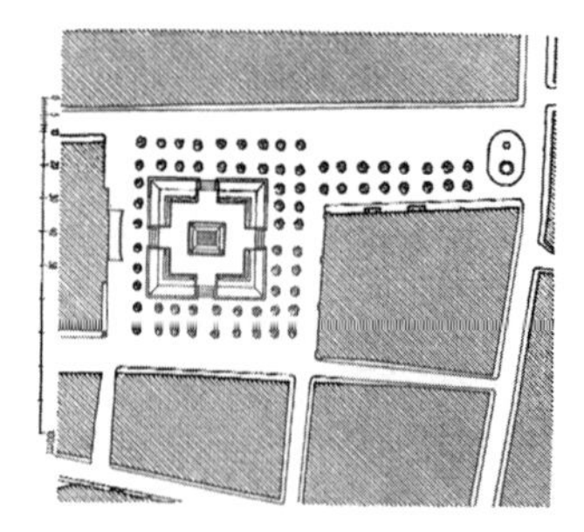

图 5-99 海德堡。路德维希广场（Ludwigsplatz）（出自古利特）

图 5-100 帕多瓦。草地的鸟瞰图

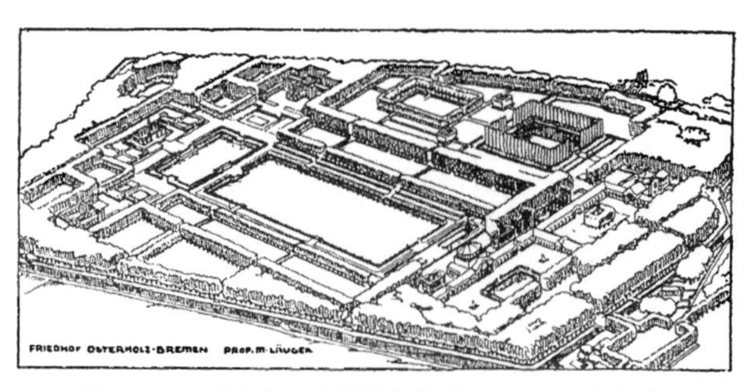

图 5-101 不来梅。奥斯特霍尔茨（Osterholz）墓地

劳格（M. Lauger）的方案。（引自米格）

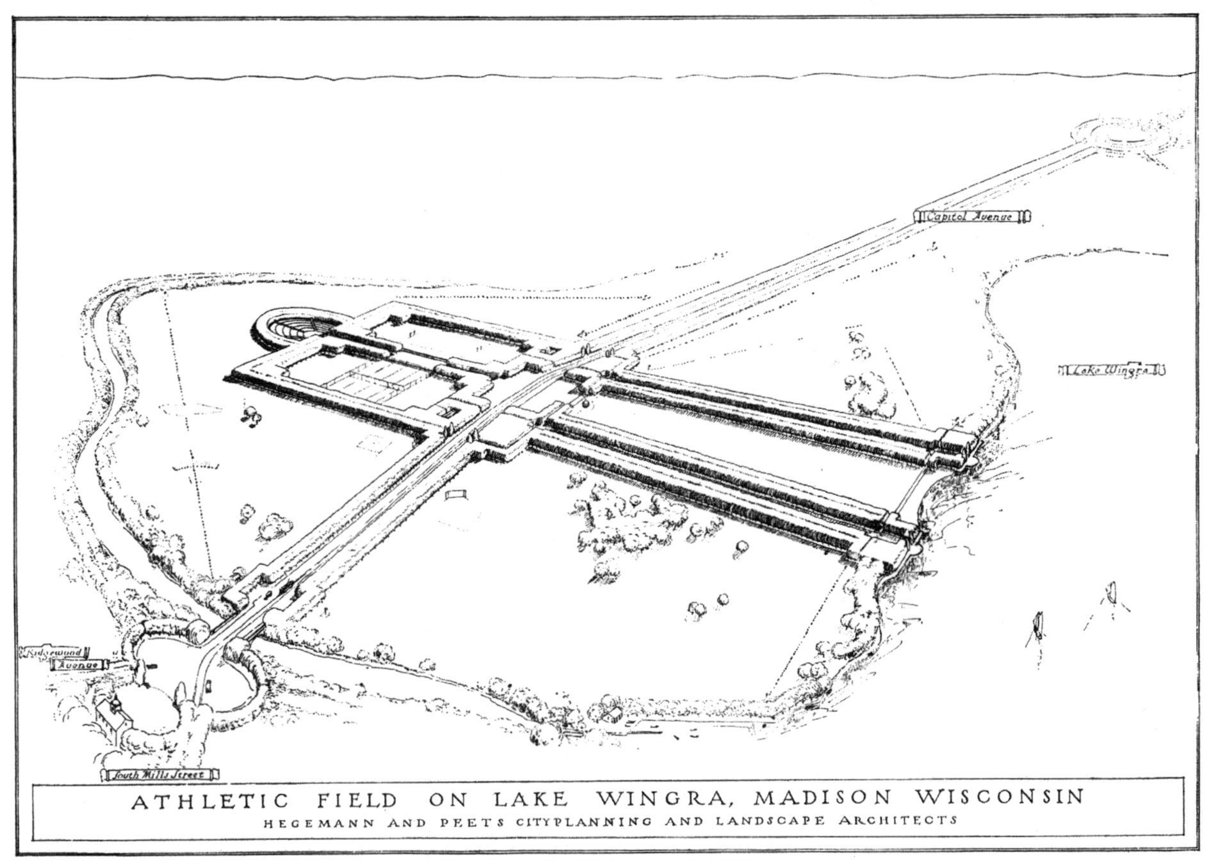

图 5-102　麦迪逊（Madison）。田径场

这片从国会山大街延伸到湖边的绿地有 1000 英尺长。场地是一处平坦的沼泽回填地，计划种满杨柳。在常规的田径比赛场之外，还有一处露天大剧场和一个 9 洞高尔夫球场。

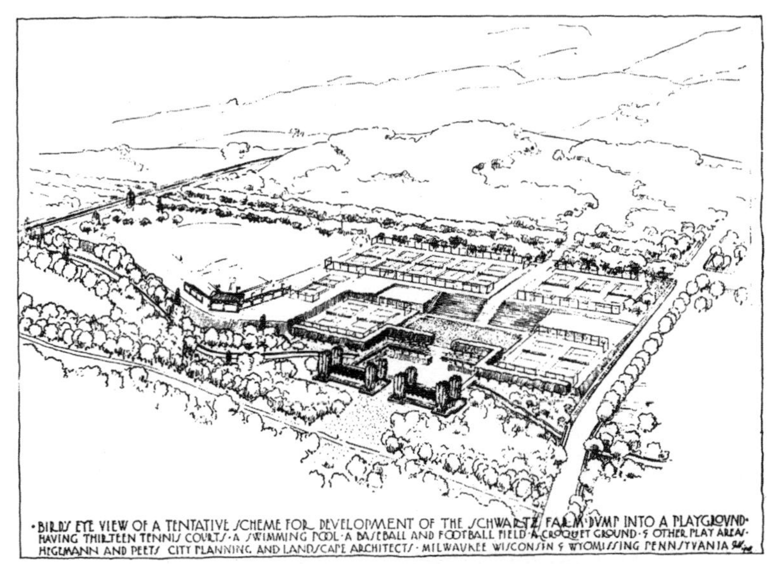

图 5-103　怀奥米辛，宾州。运动场方案

图 5-104　维也纳。市墓地

图 5-105 热那亚。墓地
建筑于 1867 年启动建设。

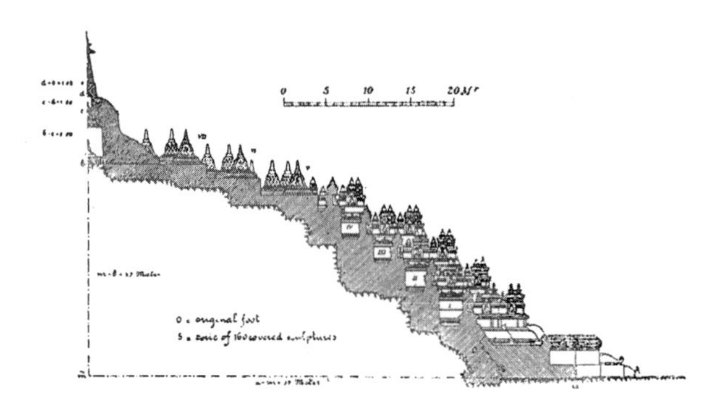

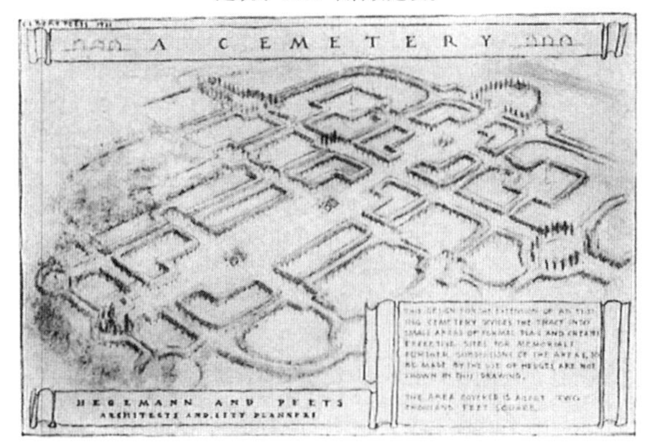

图 5-106 某墓地设计

图 5-107 爪哇（Java）。婆罗浮屠（Borobudur）
该古迹约建成于公园 800 年，最初为一处陵墓，后成为祭祀场所。婆罗浮屠（意即“无穷佛”）有 505 尊雕像和大约 2000 个浮雕。因此，作为设计中的一个问题，实际需求与现代墓地设计者所面对的考验并无二致。这里实现的完美统一对我们来说是一个挑战，要找到某种方式让我们的墓地不像浪漫的、被许多大理石碎片破坏的维多利亚中期公园。

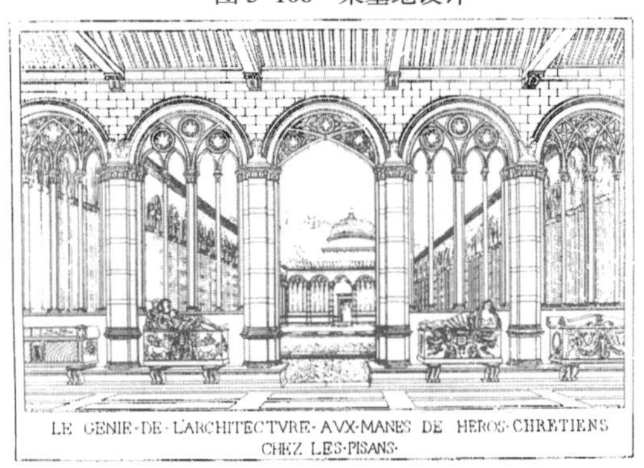

图 5-108 比萨。墓地

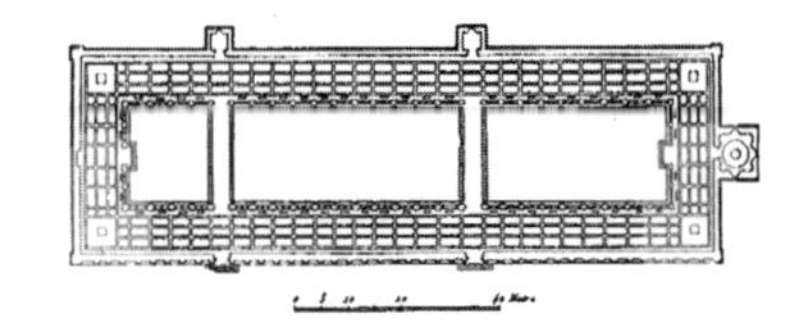

图 5-109 比萨。墓地平面
建于 13 世纪。（图 5-108、图 5-109 出自库森）

图 5-110（左图） 赫尔哈特（Herrnhut）。墓地
德国宗教团体赫尔哈特最初分会的墓地。这个兄弟会英国分支的本部插图见图 2-246、图 2-247。该处墓地没有使用墓碑，墓穴是由统一的水平石板标记的。修剪过的古雅菩提树营造出一种质朴的简洁和秩序感。这无疑比繁缛的“自然主义”式的美国现代墓地的造作更适于作为“天国之地”。

图 5–111~ 图 5–116　东京。墓地与神庙

上一排是日本墓地的 3 个景象，表现出与欧洲形式化园林惊人的相似性。下排展示的是神庙的形式化建筑环境。

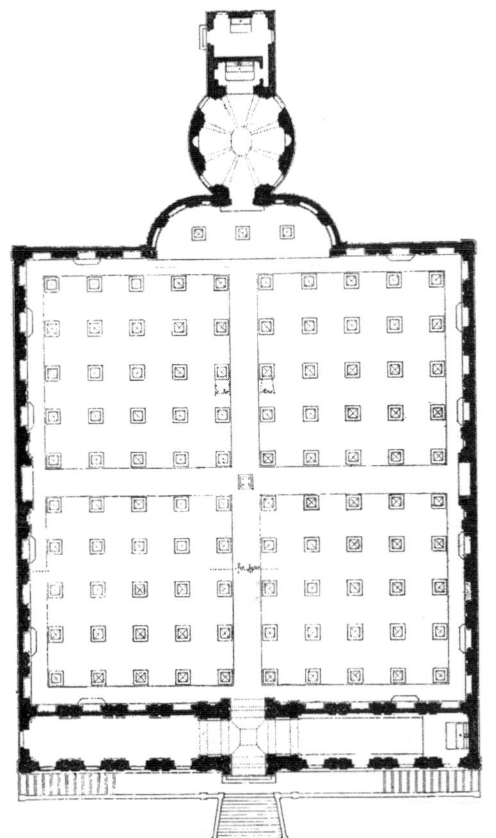

图 5–117　罗马。圣灵墓地（Cimitero di San Spirito）

（图 5–117、图 5–118 出自莱塔鲁伊）

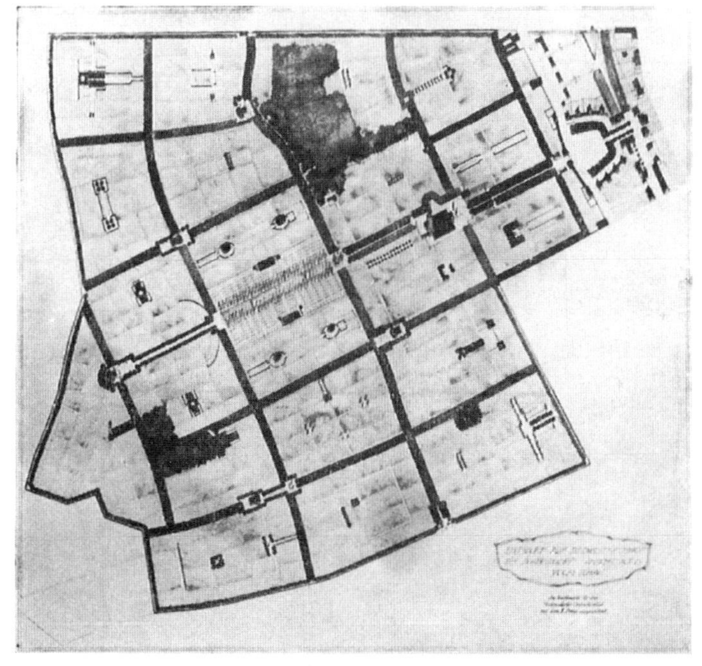

图 5–119　柏林 [斯塔恩斯多夫（Stahnsdorf）]。联合墓地

方案出自汉斯 · 伯努利（Hans Bernoulli）。

图 5–118　罗马。圣灵墓地

图 5–120　波士顿。旧谷仓墓地

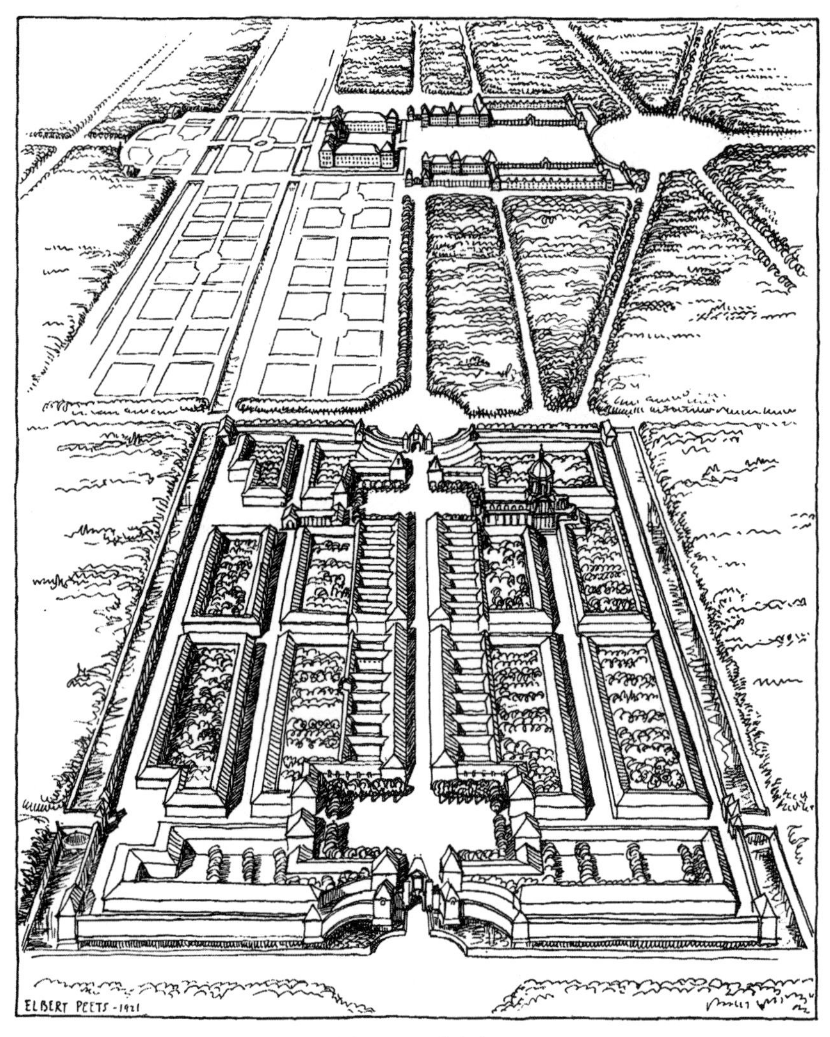

图 5–121　黎塞留

黎塞留位于希农（Chinon）附近，在巴黎东南 120 英里。城堡和小镇由红衣主教黎塞留建成。工程于 1629 年由巴黎皇宫的建筑师勒梅西埃（Lemercier）启动。这幅示意鸟瞰图源自《美国建筑师》1902 年刊、1911 年辛普森（Simpson）以及最近由施图本和布林克曼事务所发表的平面和表现图（图 6–2）。教堂的图纸无法获取，故在此借用了勒梅西埃的索邦（Sorbonne）教堂。公园经过大幅改造；在 1634 年的平面里，正对教堂穹顶的对角大街延伸到了小镇的围墙上。

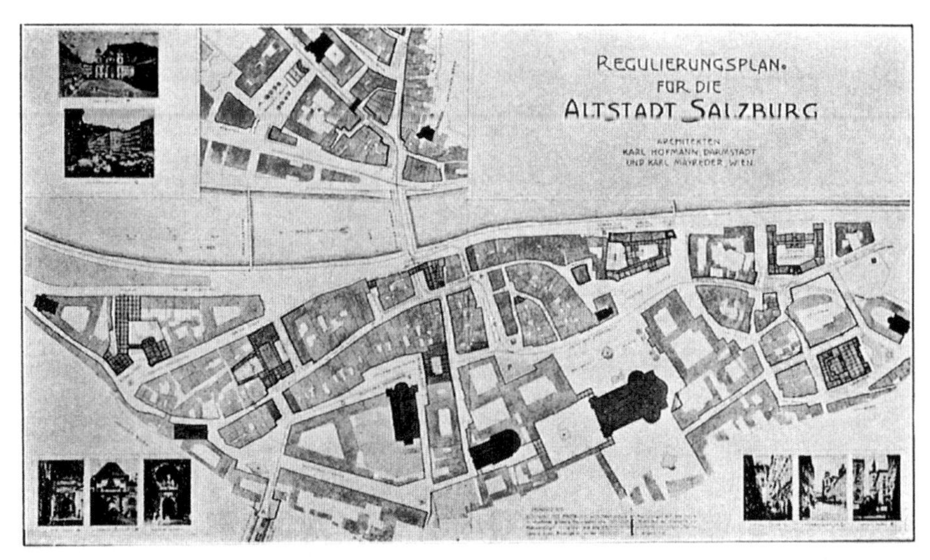

图 5–122　萨尔茨堡

老萨尔茨堡的平面在中世纪的基础上插入了文艺复兴元素。这幅图显示出一系列改造的建议，都是按现代的折中精神构思的，并且同样关注中世纪和文艺复兴元素的价值，因此与文艺复兴设计师的态度形成了反差——他们对自己的品位信心十足，每当遇到哥特式的街巷迷宫都会视而不见。

第六章

城市设计的整体性

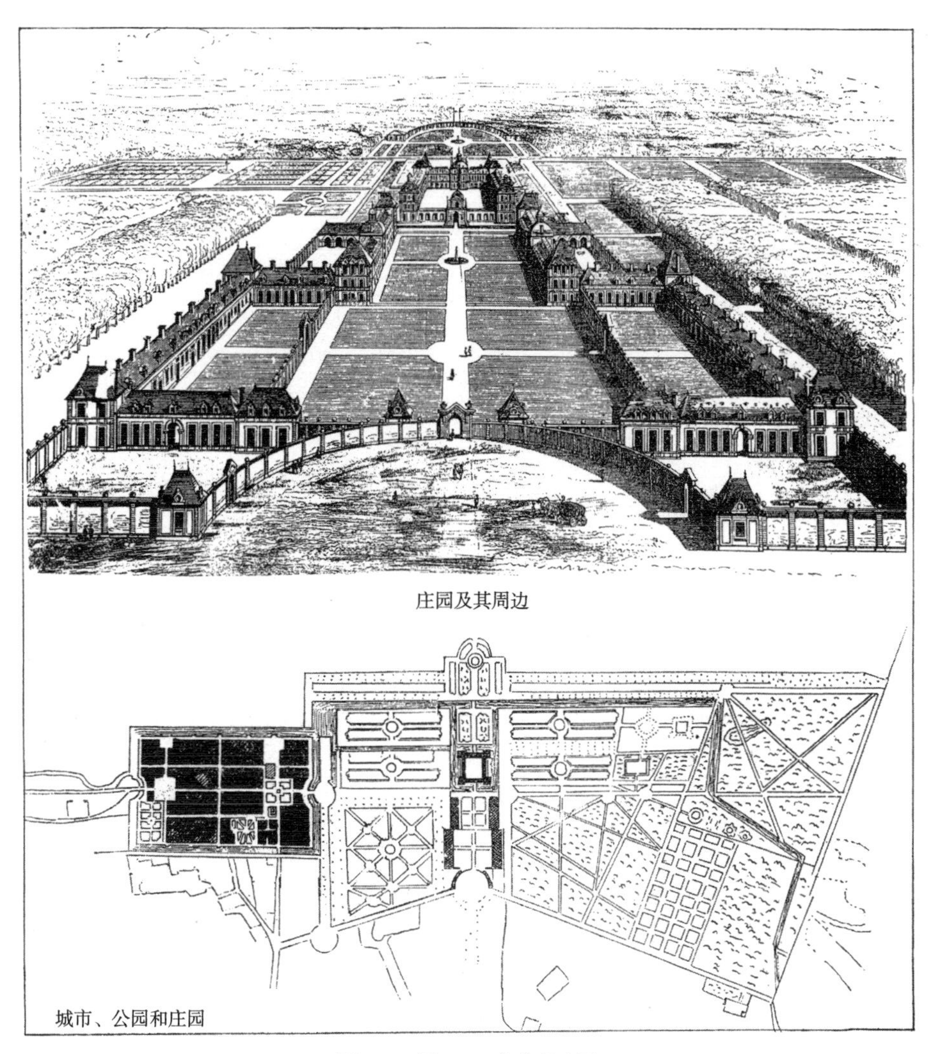

图 6-1、图 6-2　黎塞留庄园
来源于《美国建筑师》(*American Architect*)，1902 年

城市设计艺术的雄心壮志不仅包含带有入口与花园的建筑组团，还包括将城市视为一个整体。在一个城市片区中安置得体的公共建筑组团，并将它们有效地联系起来，似乎并不太难。但是制定一个适用于城市整体的方案则要困难得多。如果这座城市规模较小，那么整体城市设计的困难也较小，比如法国黎塞留（图 5-121、图 6-1、图 6-2）就是一件富有魅力的完整艺术品。但如果建筑师试图将上万、上百万甚至上千万人的居住、工作与休憩的场所组织在一起，成为一幅和谐一致的图景，那就难于登天。当代工业、交通和其他技术的进步，非但没有促成更好的解决方案，反而让问题变得更加错综复杂。城市的整体性，绝不仅仅是纯粹的设计好坏的问题，而是由一系列紧密相关的问题如交通、房地产和税收交织而成的复杂谜团。需要富有创造性地综合艺术、工程学、经济学、法律、协商和行政等各个方面的要素，才能回应与解答，而这几乎是遥不可及的理想。该理想至今悬而未决，城市设计艺术的伟大抱负仍要留给美利坚未来的天才们来实现。

近代美国城市规划者们曾经雄心勃勃，但城市现实的不尽如人意告诫后来者，要想让纽约和芝加哥这样的巨型城市由现况一经设计，就能摇身一变成为“美丽的城市”，无异于异想天开。鉴往知来，我们最好警惕这种过度乐观的幻想。这本书的目的，并不是逐字逐句地阐述在大城市设计中建筑师们所要面对的一切复杂工作，而是希望书中涉及的一些历史片段，能够提醒那些满腹经纶但是缺乏足够经验的建筑师们避免一些错误。

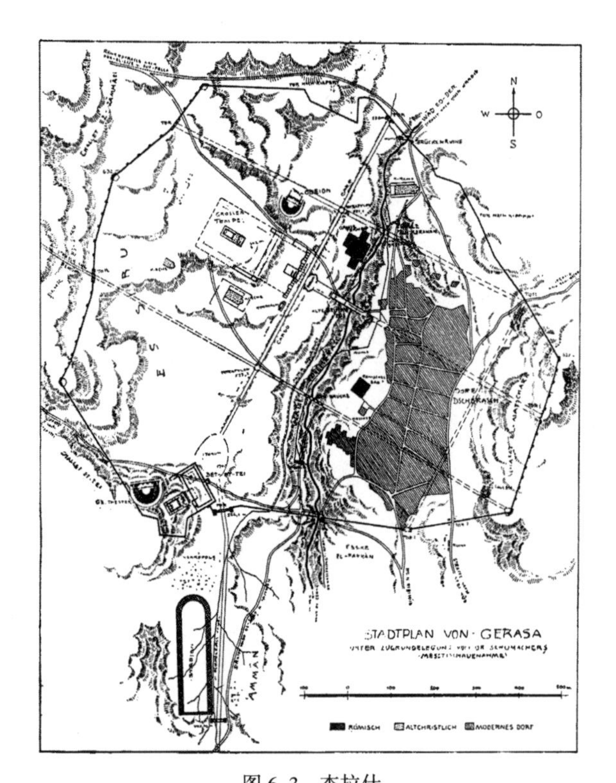

图 6–3 杰拉什
德国巴勒贝克（Baalbek）考察的测绘图。其他古城平面见图 1–157。

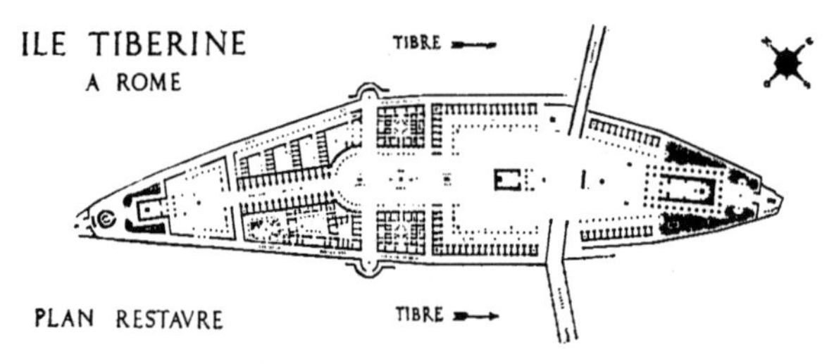

图 6–4 罗马，台伯河中的岛帕图亚（Patouilla）所作复原图

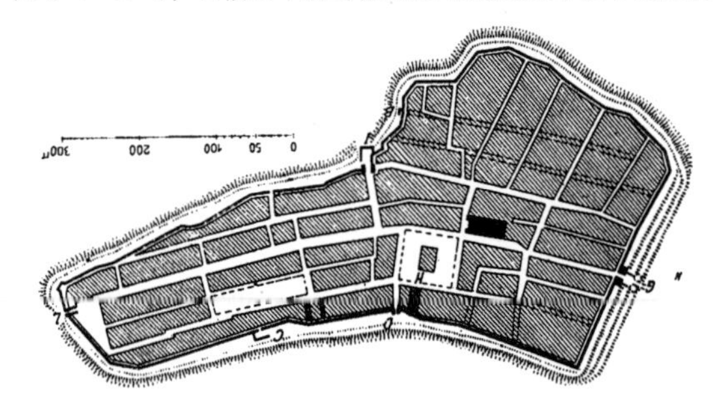

图 6–5 蒙塞古尔（Monsegur）
1265 年建市。与图 6–4 类比。（来源于布林克曼）

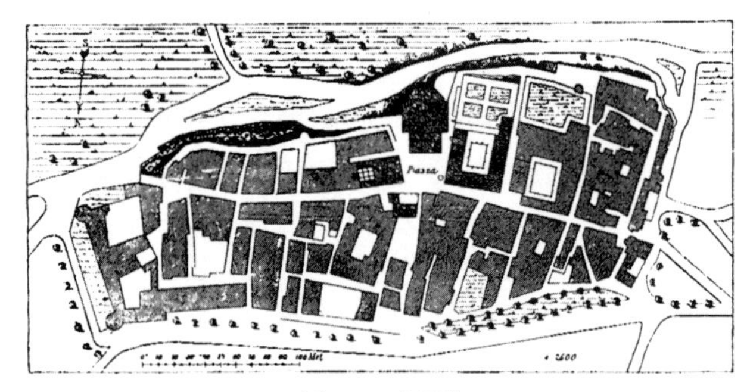

图 6–6 皮恩扎
由庇护二世（Pope Pius Ⅱ）在 1458 年部分重建。其中广场的平面与实景见图 1–148、图 1–149。[来源于梅雷德（Mayreder）]

美国的城市规划者们有海量的资料可以学习，其中给人最多启示的大抵是大城市如罗马、巴黎、伦敦、柏林，与小城市如凡尔赛、卡尔斯鲁厄的发展经验的对比和异同。这些城市既可以是完美的成就，也可以是完美的失败，取决于我们从何种角度来看待它们。它们是欧洲城市的典型代表，已有无数的文献阐释。在某种程度上，这些苍老的古城陈述了欧洲城市规划的宿命，就像铁石心肠的罪人，已无改过自新的机会。

罗马

文艺复兴的教皇们接任时，罗马是一个巨大的古城。他们想大动干戈地去重新规划这座城市，最终只不过是给中世纪的城市骨架披上了一件文艺复兴的外衣。这件华美的新大衣着实是新奇的，几乎没有古代理念或是中世纪传统的影子。

古时候城市路网的排布很少是为了美学目的。只有少数街道有此考虑，文艺复兴时期的建筑师对它们也不甚了解，比如杰拉什（Gerasa，图 6–3）和安提诺波利斯（Antinoë）的主街以城镇中心为尽端对景。在古代的城市整体平面中，城市中心蔚为壮观，外围则像哥特时期一样，受到现实因素和有限空间的制约。许多旧城，比如波士顿老城，延续了传统的“蜿蜒路径”（cowpaths）和随机的不规则场所布局。在平地上规划新的城市时，方格网仿佛是一种源远流长、粗糙实用的不朽做法。现代城市规划中广泛使用的城市设计艺术，起源于人们渴望让方格网服务于美学目的，并也可以通过调节格网来为重要建筑物提供理想布局。中世纪城市的生长受制于水体、山脉、城墙所限定的空间。即使是像佛罗伦萨这样原本（在罗马时期）沿格网规划的城市中，房屋也会不可避免地侵占街道空间，形成曲折的道路。

我们需要在当代语境中重申一下，没有证据表明中世纪的市民们刻意扭曲了街道，来创造“如画景致”或是“非形式化”的艺术。实际上，任何中世纪的设计师一有机会就会画出笔直的道路。比如数百个中世纪的殖民地城市都像蒙特佩兹（Montpazier，图 6–9）一样，采用了方格网体系。如果遇到地势不平，那么中世纪设计师也会妥协，比如蒙塞古尔（Monsegur，图 6–5）小镇中规整的方格网根据地势做出相应的调整，正如古罗马设计师有时也不得不中断他的直线设计（图 6–4）。像这样出于实际原因做出的让步，我们不能想当然地说，19 世纪的设计师热衷于拥挤且盘根错杂的旧城和复杂扭曲的浪漫小说舞台布景，欣然设计出不规则、异形的教堂和城市平面（图 6–7、图 6–8）。

在哥特城市混乱而又如画的街道中，文艺复兴建筑师为其注入了一种强烈的秩序渴望。这主要基于审

图 6–7
万塞讷（Vincennes）庄园中世纪的典型规划，始于 1337 年，4 年后建成。
[来源于以色列西尔韦斯特雷（Silvestre）版画]

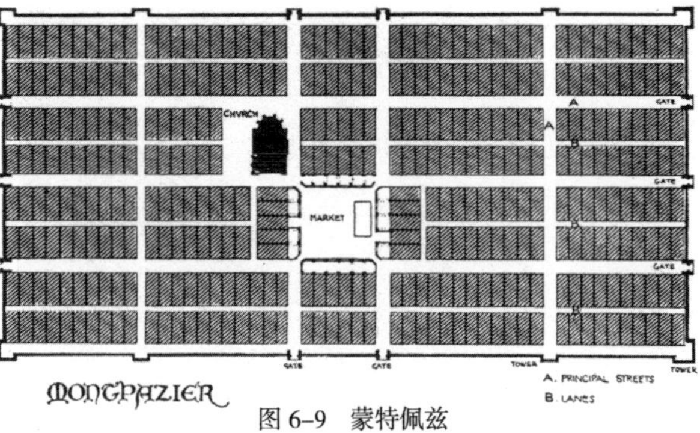

图 6–9　蒙特佩兹
1284 年规划；英国人于 13 世纪在法国南部规划的数十个类似小镇之一。
（来源于特里格斯）

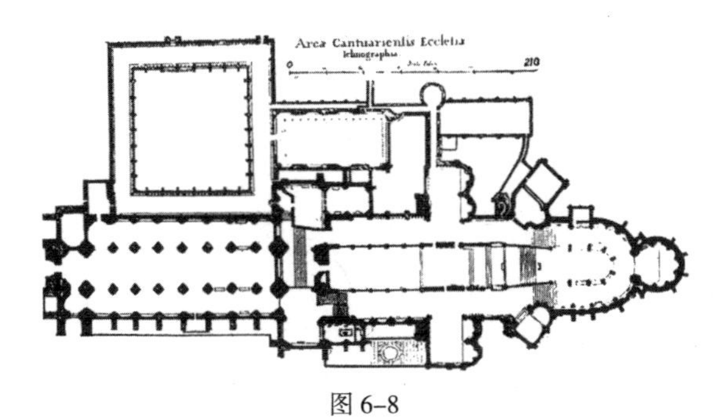

图 6–8
坎特伯雷大教堂典型的中世纪组团。许多单元本身都是形式化的，但除了中轴线之外，其他单元都不是按照轴线来组织的。

图 6–10　理论上的小镇平面
“由罗兰 · 勒维卢瓦（RolandLevirloys）于 1700 年在巴黎所作的理想小镇平面修改而成。”将此图与图 6–56 伦敦规划比较。（来源于雷蒙德 · 昂温）

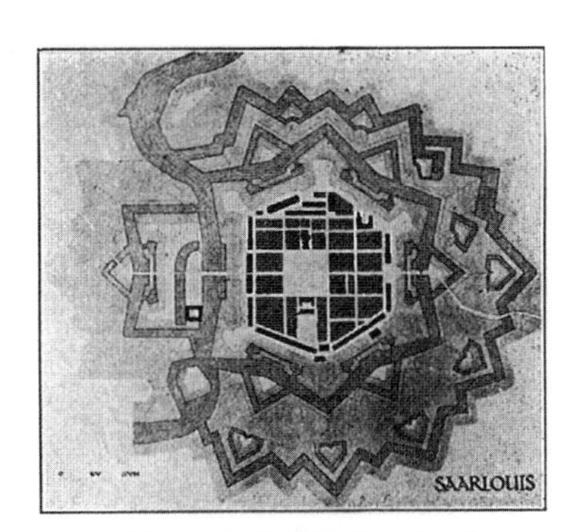

图 6–11　萨尔路易（Saarlouis）
17 世纪后半叶，由军事工程师沃邦（Vauban）规划。

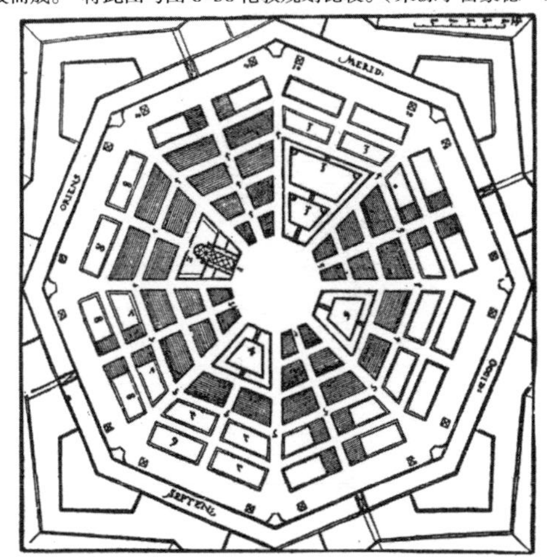

图 6–12　施佩克勒（Speckle）所作的理想城镇规划

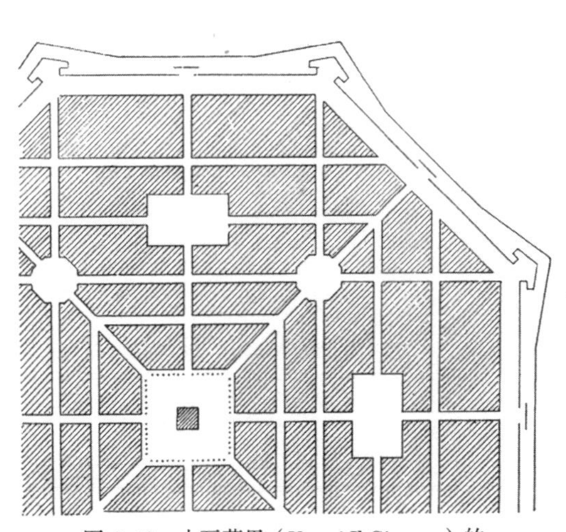

图 6–13　小瓦萨里（Vasari Il Giovane）的理想城镇规划，1598 年

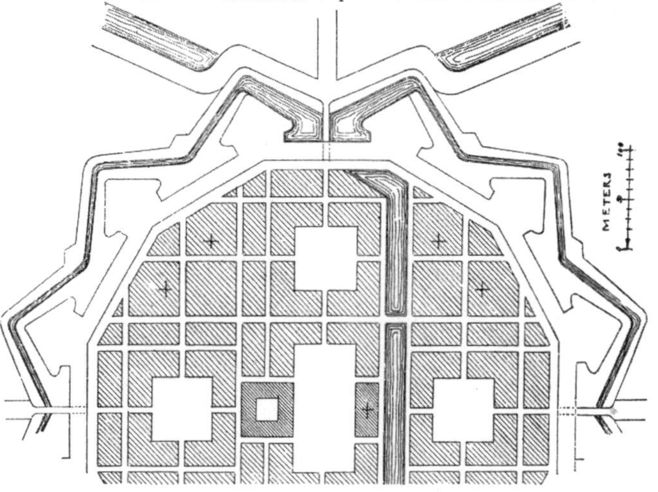

图 6–14　斯卡莫齐（Scamozzi）的理想城镇规划，1615 年
（图 6–12~ 图 6–14 来源于布林克曼）

图 6–15　罗马，人民广场 A

图 6–16　罗马，人民广场 B
从苹丘（Pincian Hill）看这个广场，新街道将广场与台伯河对岸的新区连在一起。

图 6–17、图 6–18　罗马，人民广场 C
选自欧内斯特·法纳姆·刘易斯（Ernest Farnum Lewis，罗马美国学院成员之一）所绘图。作于 1908—1911 年，完整的图集最终于 1914 年 4 月在《景观建筑》（*Landscape Architecture*）中发表。

美的考量。佛罗伦萨是其中的执牛耳者，从 1339 年开始，出于纯粹的美学目的把教堂周围的街道拉直、重组。很快其他重要的城市比如博洛尼亚、费拉拉、米兰等，也开始争相采取宏大叙事的空间格局，重新排列街道、重建联排房屋。锡耶纳率先成立了解决街道美观问题的委员会。但所有这些在罗马面前都相形见绌。数代教皇经过不懈努力，打通了一大片古代和中世纪房屋聚集形成的组群（大多数房屋是荒废的，于是成了绝佳的石料场）。教皇们只保留了部分古时的大道，它们和大量新建的笔直大街一起，联结起了罗马城内诸多宗教地标，可供整个基督教世界的信徒前来朝圣。从此以后，圣母玛利亚大教堂（图 2–109）、拉特兰教堂（Lateran）、卡比托利欧广场（图 1–150~ 图 1–152）、圣彼得大教堂（图 2–71~ 图 2–79）这些名胜古迹，或被修复或被重建，置于全新的、非比寻常的环境之中，在大街的尽头就可远远眺见，成为疲倦游子们的指路明灯。远道而来的朝圣者们会先抵达人民广场处的入口（图 6–15~ 图 6–18），通过大门后以这个美丽的广场为起点，沿着 3 条延伸的大街，整座罗马城徐徐展开在眼前。这样由 3 条放射状大街形成的 3 个延伸的视廊、聚焦并始于一个广场构成的设计范式，成为受到文艺复兴影响的设计案例的常见元素。

教皇们不得不绞尽脑汁应对历史与空间因素带来的重重障碍。他们妥善解决了许多由地势带来的问题。比如罗马大台阶（Cordonnata，图 1–150、图 1–151）或是西班牙大台阶（图 4–46、图 4–49、图 6–20）的方案，完美地应对了街道尽端的陡峭地势。美国的一些城市，尤其是旧金山，也有许多街道尽端面临着相似的问题。对比之下可看出前者的绝妙之处。

凡尔赛和卡尔斯鲁厄

罗马的例子说明了在拥挤的古城中想要实现文艺复兴式的理想规划，会遇到许多实际的困难和障碍。因此无怪乎法国国王选择了凡尔赛的田野和森林，来实现他们最伟大的城市设计理念。

只有像凡尔赛这样在一块处女地上新建的小城市（图 6–21~ 图 6–24、图 1–119、图 1–120、图 5–25、图 5–26），才能允许实现这样的理想规划。在 17 和 18 世纪，无数这样的小城市开始涌现，这些城市的布局一开始大多是由军事防御的需求决定的（图 6–11~ 图 6–14）。然而随着对庞大军队的依赖日益增加，文艺复兴的城市规划师们开始像后来的美国追随者一样，不再拘泥于战争和防御的需求。他们专心致力于让自己的城市规划方案不断演进，直到城市整体与他们自己和同僚建筑师们设计的建筑和花园和谐一致。那些强有力的文艺复兴住宅平面，原本轴线朝向花园和乡

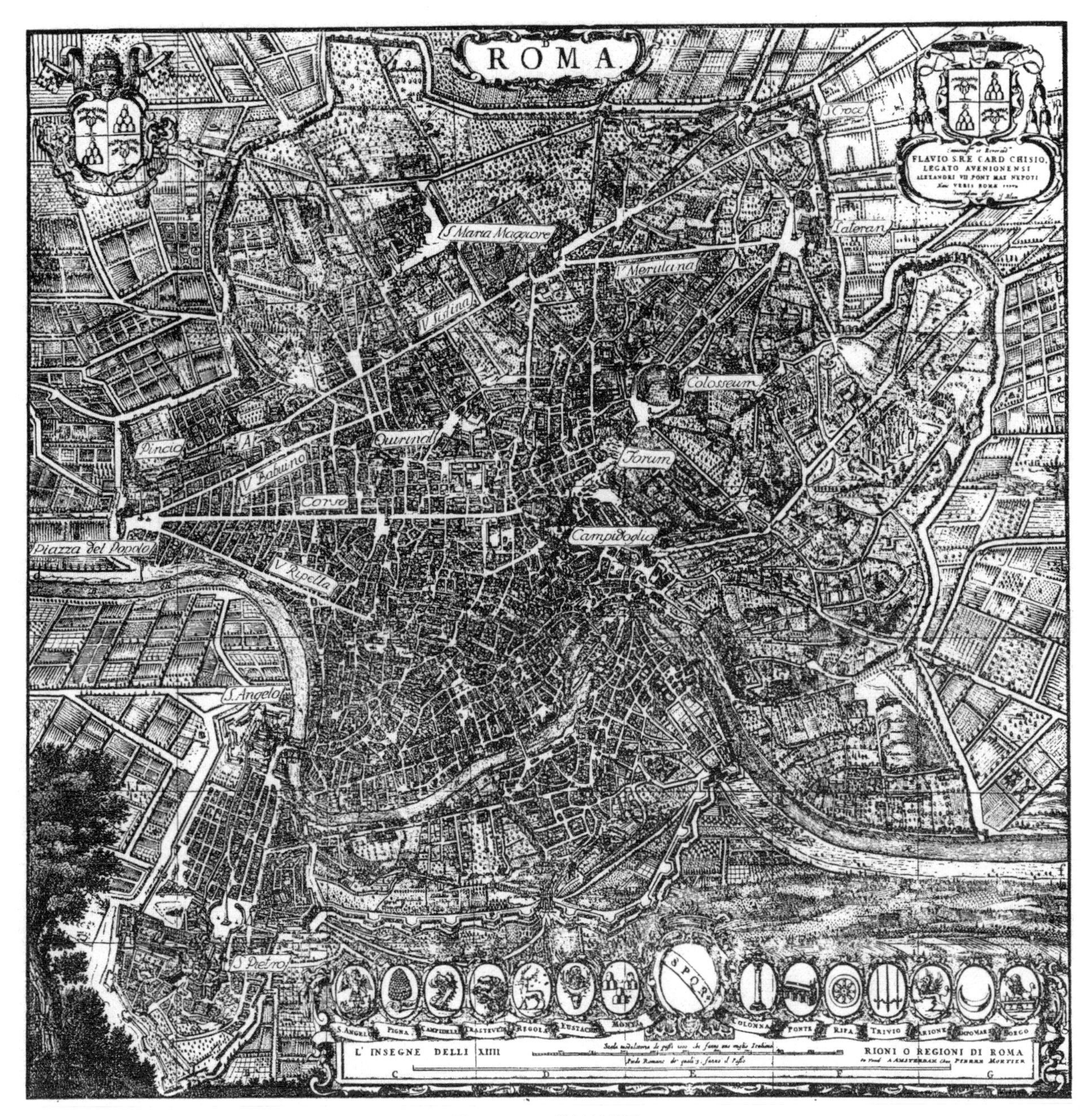

图 6–19　17 世纪的罗马
（来源于《城镇规划评论》，1914 年）

文艺复兴时期第一件伟大的城市规划作品，是教皇西克斯图斯五世于 1585—1590 年任职期间的罗马加建与更新规划。在《城镇规划评论》（1914 年 10 月刊）中，帕特里克·阿伯克隆比教授在他有关《建筑的城镇规划时代》文章中，饶有兴趣地讨论了西克斯图斯的规划方案。“正是在罗马，”他说，“城市街道的新功能得到了发展与解放。原本的街道仅仅是建筑地块的入口和帝国驰道的城市延伸。城市主干道的首次独立存在，要归功于西克斯图斯五世和他的建筑师多梅尼科·丰塔纳。在古罗马的高架水渠被摧毁之后，山丘和城市广场的水源被切断。后人只知，中世纪与文艺复兴早期的罗马城起源于战神广场低地与台伯河对岸未来圣彼得大教堂的所在地。西克斯图斯五世通过建造菲利斯输水道（Aqua Felice）让这些有益健康的高地再次宜居了起来，而丰塔纳也致力于开辟旧时的荒地，因此可以建造新建筑。为了达到这一目的，他大胆地建造了一系列既不与建筑相连，也不与城际驰道相连的道路。罗马古城虽然大多荒废，但其中的一些圣地上仍然耸立着一些伟大的教堂，比如圣母玛利亚大教堂、圣约翰拉特兰大教堂和耶路撒冷圣十字圣殿。丰塔纳灵光一现，决定用他的大直路把这些纪念建筑串联起来，而在没有纪念建筑的地方就新造一个，或是摆上方尖碑。如果有几条大路交汇，就自然形成了一个交通节点。笔直通向纪念建筑的视廊和大道就是这样演化而来的，为这些直路系统注入了一定的建筑性。正是通过视廊……道路从原本的纯功能性走向了至高的美学地位。”
上图中很容易就能找到丰塔纳的那些大街。

图 6–20　罗马，西班牙大台阶
（弗朗茨·赫丁绘制）

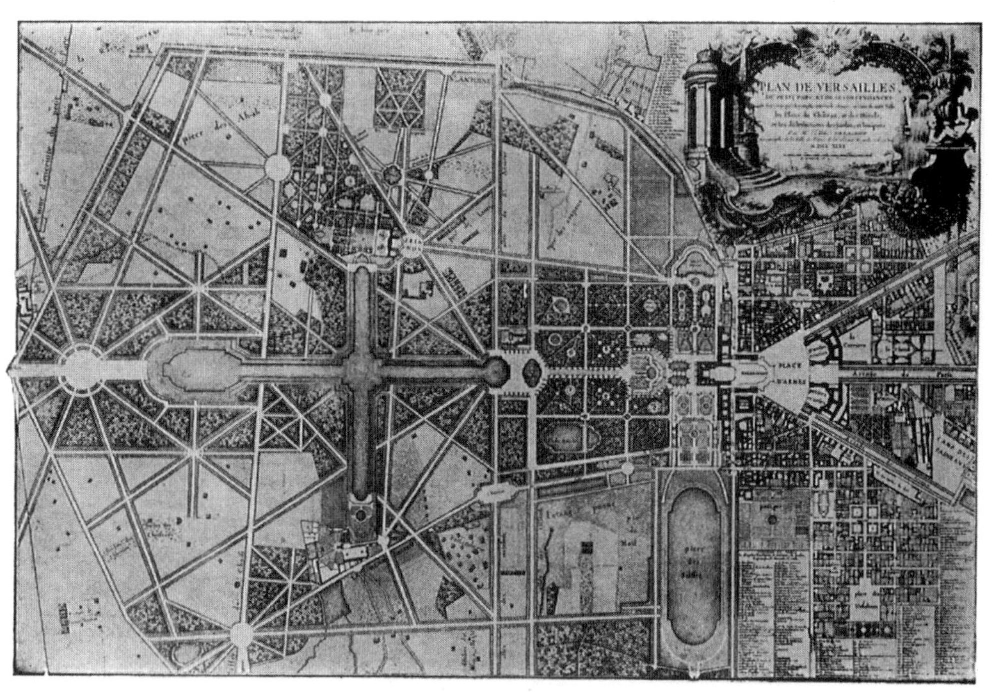

图 6–21　凡尔赛

德拉格里夫长老（Abbe Delagrive）于 1746 年绘制的平面。

图 6–22　凡尔赛市场

本页上方平面图距右下角 4 厘米左右就是市场的平面。这个市场采用了高建筑包围矮建筑的布局，大致是研究过图 3–177~ 图 3–182F 和图 3–190 中市民中心的结果。

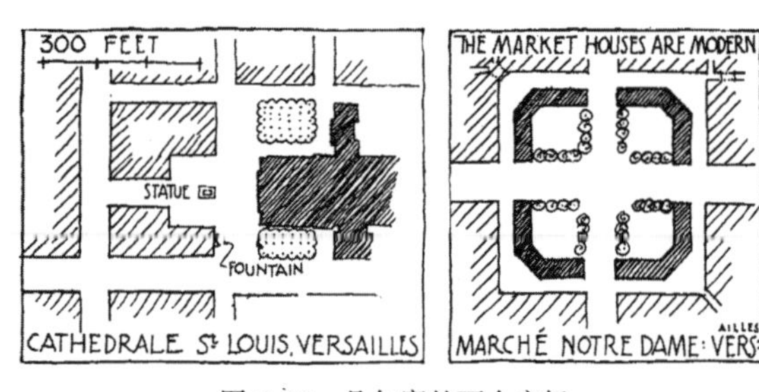

图 6–23　凡尔赛的两个广场

市场里的建筑是现代的——丑陋的。初始方案呈现在上图中。

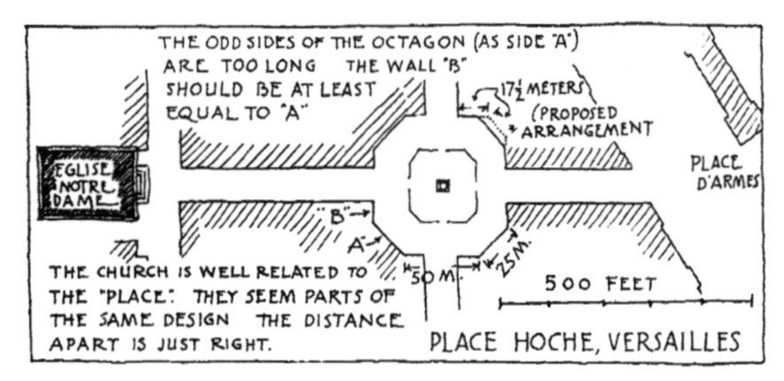

图 6–24　奥什广场（Place Hoche）

原来是太子广场（Place Dauphine），就在军械广场（Place d'armes）的北侧。批评家们如果身临其境，大致不会喜欢原方案，因为一共只有 8 栋建筑，每个角上一个。

村放射，现在开始席卷整个城市，并通过其布局组织，获得与其他所有文艺复兴艺术形式的和谐统一。在凡尔赛，宫殿、花园和所能想到的一切高雅社会生活的场所，共同组成了一个成熟的城市中心有机体，它的轴线向东以城市街道视廊的形式延伸，向西则是公园大道和水上花园。人民广场（图 6–15~ 图 6–18）的设计者发明了放射状的街道，并将其强调为一种基本的美学要素。它既便捷直接，又富有魅力。但斜向街道也会带来一定的弊端，会和其他街道之间形成既不好用又不好看的小夹角。追随罗马的放射线设计的很多城市设计案例，其价值极大地取决于这些关键交叉点的棘手夹角在多大程度上能被回避，或是被建筑师巧妙的立面设计所化解。

卡尔斯鲁厄市自 1715 年开始建造，相较于凡尔赛，单中心向外辐射的概念更进一步。卡尔斯鲁厄代表着文艺复兴时期的理想格局，整个城市布局完全围绕一座中心建筑来展开（图 6–25~ 图 6–33、图 2–121）。它被认为是一座开放的田园城市，辐射状的街道将它分成若干份，最初只有四分之一用来建造房屋，其余都被保留用作公园和森林。在这里，从城市大门放射这一范式，演变成了从中心向周围辐射。尽管不同的斜向道路相互交叉，形成了一些锐角，但在卡尔斯鲁厄方案中它们都令人赞叹地被巧妙回避了。这样的锐角在凡尔赛方案中，当斜向道路和正交道路相交时偶有出现，总体无伤大雅，但在朗方的华盛顿方案中则造成了严重的问题。

卡尔斯鲁厄方案中对不雅锐角的处理，可以媲美克里斯托弗・雷恩爵士。这些棘手的尖角要么被削去、

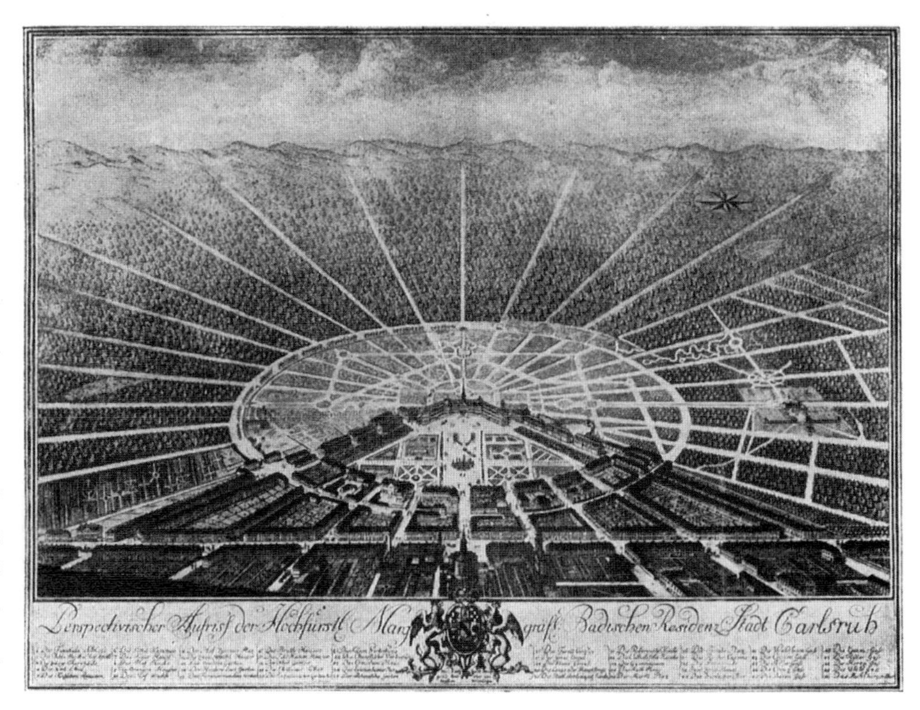

图 6–25　卡尔斯鲁厄

这张鸟瞰图展示了 18 世纪的城市和公园的场景。宫殿及其附属建筑于 1712 年开始建造，由马克格拉夫（Markgraf）和建筑师巴涅蒂（Bagnetti）、雷蒂（Retti）、冯·巴岑多夫（Von Batzendorf）设计。原本有 32 条放射状的道路，其中 9 条经过城镇。后来，在英国风景园林的影响下，很多原有的花园被拆除。图片下侧中轴线上的教堂也没有建成，因此这条中轴线一直没有合适的终点。

要么被整圆，而且因地制宜的建筑设计又进一步消解了锐角带来的不适（图 6–30）。然而我们仍要承认，对于锐角的处理方法仍然未有定论。卡尔斯鲁厄的解决方法可以说是在其条件限制下最好的方案，尽管如此，那些小三角地唯有被视作整体设计中无足轻重的一部分，也唯有被视作宏大计划的必要代价时，才能算是瑕不掩瑜、勉强可以接受。它们不能被独立设计，也不能被当成独立元素对待，敏感的观察者们并不乐见三角地过于突出（见第 14 页）。通过仔细研究并且综合伦敦、凡尔赛、卡尔斯鲁厄和其他城市处理不雅转角的方法，也许就能避免转角带来的问题，并能同时享有笔直的斜向道路的美丽和便利，以及它所带来的具有艺术感的中心性。

看看像卡尔斯鲁厄和凡尔赛这样一开始一帆风顺的城市，后来的发展颇为有趣。这两座城市都没有经历像庞大首都那样的人口骤增，因而有机会建成更为优秀的城市。卡尔斯鲁厄的人口增长要比凡尔赛的多。建城 100 年后，卡尔斯鲁厄的城市规模需要扩大。规划方案诞生之初的强大建筑传统具有足够的生命力，因此原方案的潜能和要求都得到了充分的发展。而且幸运的是，当时兴建的重要建筑（图 2–121）和整座城市的扩建方案都出自魏因布伦纳（Weinbrenner）之手。虽说城市在 19 世纪遭受了不少破坏，但在 20 世纪初期，一些不错的项目取得了很好的进展。比如铁路区域的重新规划为纪念建筑提供了绝佳的机会，重新复苏的城市设计艺术也让这座城市受益匪浅（图 6–28、图 6–31~ 图 6–33）。许多优秀的原有建筑得以妥善保存至今，后期的新作品也努力与旧建筑和谐共存。但就算条件如此优渥，旧城片区与 19 世纪下半叶的多数建筑作品之间的差异也会令人扼腕叹息。凡尔赛也是如此，但是城市相对较小，因此破坏的区域有限，也能随时间慢慢恢复。但像巴黎和柏林这样有数百万人口的城市就不能如此幸运，大量城区被现代的荒寂甚至是怪诞侵蚀，房地产价格飙升，就连火灾、瘟疫或是地震灾害抹平城市片区、创造的建设机会，也挽救不了城市美学的崩坏。英明的教皇或是野蛮的奥斯曼都同样无能为力。

图 6–26　卡尔斯鲁厄市场广场和宫殿的前广场

图 6–27 展示了两个广场的平面；图 2–121 展示了前景教堂的平面和场景；图 4–168 展示了典型的旧住宅。

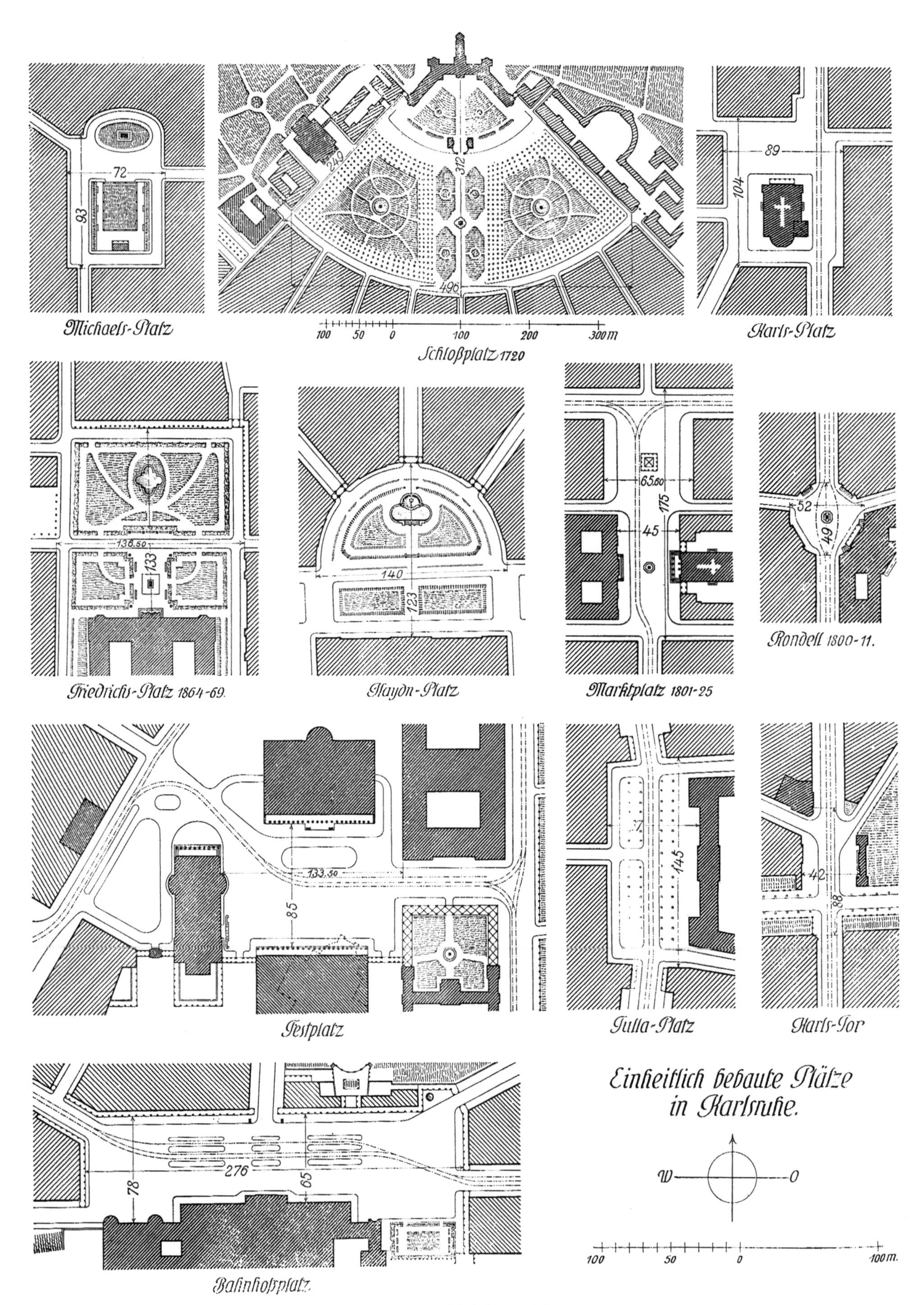

图 6–27 卡尔斯鲁厄的广场

未注明年代的都是现代测绘。（来源于《城市设计》）

图 6-28　卡尔斯鲁厄，图拉广场（Tulla Platz）

平面图见图 6-27。图中的大建筑是一所学校。（图 6-27、图 6-30 来源于《城市设计》）

图 6-29　卡尔斯鲁厄，海顿广场（Haydn Platz）

平面图见图 6-27。花园的细节见图 5-64。

图 6–30 卡尔斯鲁厄，卡尔门（Karls–Tor）

这是一个很古老的城市广场，其中的建筑一直很不协调。在图中夹角的这些房屋（平面见图 6–27）虽然大致相似，但因为街道的角度不同导致建筑的位置并不对称。

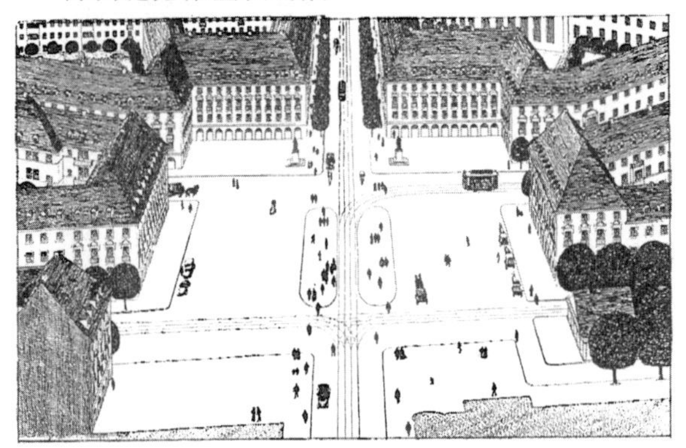

图 6–31 卡尔斯鲁厄（见图 6–32）

图 6–33 卡尔斯鲁厄（见图 6–32）

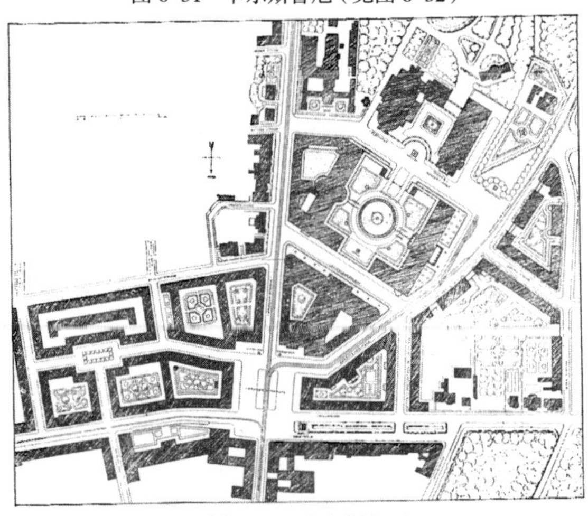

图 6–32 卡尔斯鲁厄

图 6–31~ 图 6–33 展示了火车站被拆除之后，莫泽（Moser）设计的一大片城区的一小地块的细部方案。然而最终只有一小部分该细部布局在另一个整体方案之下从而得到了实施。

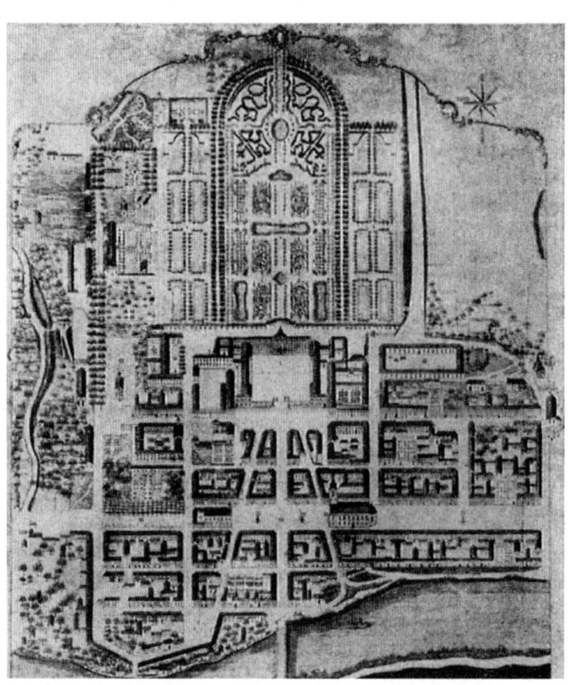

图 6–34（上）；图 6–35（左） 拉施塔特（Rastatt）

拉施塔特建于 17 世纪末，显然其平面受到了凡尔赛的影响。宫殿正门两个街区之外是市政广场，它既是城镇的一部分，一个独特的场所，又因距宫殿很近而无法脱离其氛围。轴线的终点扩展成为其尽端建筑的前广场，这凸显了该建筑的重要性。在文艺复兴的城镇规划中这是很常见的做法，如凡尔赛（奥什广场，图 6–24）、哥本哈根（图 2–227）、卡尔斯鲁厄（图 6–25）和奥拉宁鲍姆（Oranienbaum，图 6–89）。中轴线的另一端延伸至河对岸的广场。

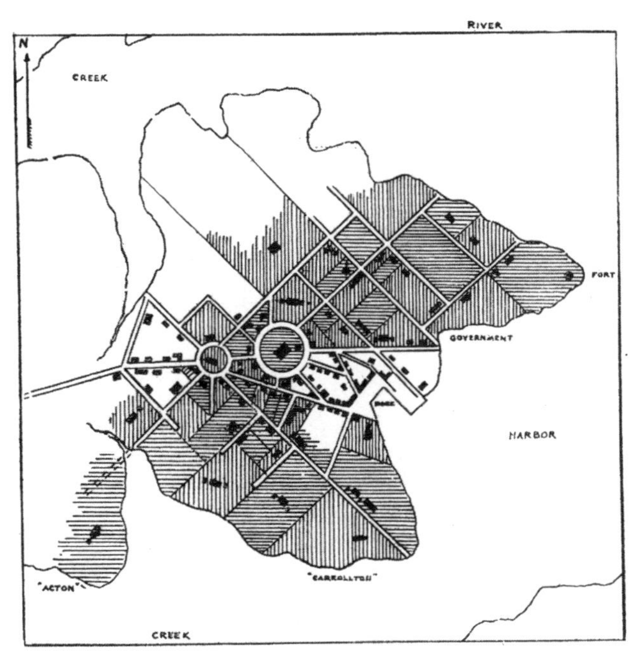

图 6–36　安纳波利斯（Annapolis）
应该是美国第一个放射状的平面，于 17 世纪末设计。

图 6–37　安纳波利斯从一条放射状道路看市政厅

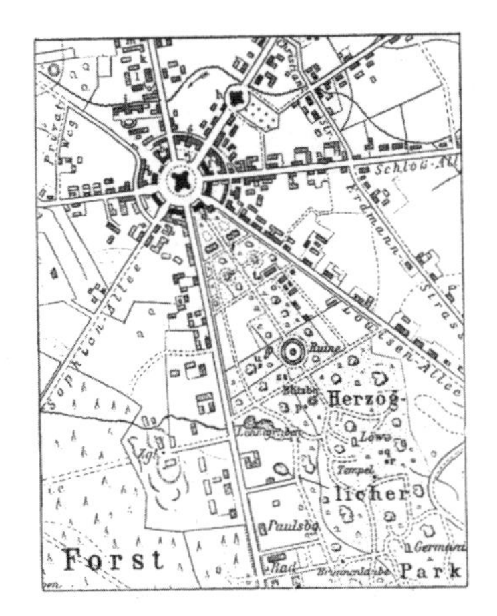

图 6–38　西里西亚（Silesia）的卡尔斯鲁厄
这是 1747 年设计的平面，宫殿在正中央，周围是议会成员的住宅。教堂和墓地在其中一条放射状道路上的不远处。[来源于理查德·康维亚茨（Richard Konwiarz）]

图 6–40　路德维希斯卢斯特（Ludwigstust），魏玛酒店
平面见第 235 页。

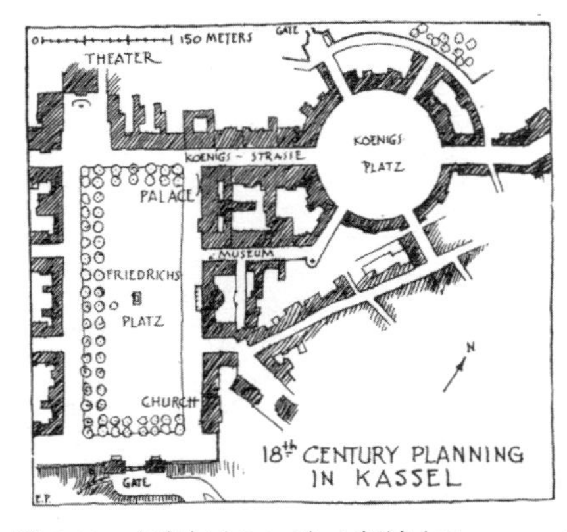

图 6–39　卡塞尔（Cassel），上新城（Oberneustadt）
许多法国的胡格诺（Huguenot）教徒在卡塞尔定居，而由西蒙·迪·里（Simon du Ry）设计的"上新城"就是人口增长的结果。需要注意的是，由圆形广场出发的 4 条很窄的放射状道路长度是一样的，每一条的终点也都很有意思。

图 6–41　路德维希斯卢斯特，城堡大道（Schloss-Strasse）（一）
平面见第 235 页。

图 6–42　路德维希斯卢斯特，亲三府平面见第 235 页

图 6–43　路德维希斯卢斯特，城堡大道（二）

图 6–44　路德维希斯卢斯特，住宅组团

路德维希斯卢斯特，是文艺复兴晚期最朴素又最有魅力的一座完全规划出来的小镇。它由梅克伦堡（Mecklenburg）公爵于 18 世纪后半叶建造，建筑风格与当代英国和美国惊人相似。图 6–42、图 6–44 的建筑组团如果距离马路再稍远一些，就能完美地融入波士顿或费城的郊区。

图 6–45　路德维希斯卢斯特，小瀑布

平面布局中的许多优点显而易见——比如城堡大道有韵律感的衔接和中轴线上疏朗大气的空间。更含蓄一点的手笔是流向公爵宫殿的小瀑布，巧妙地解决了宫殿门前与池塘周围的高差。此处该方向的高差会非常不雅，而小瀑布大致是最好的回应高差的方式。原本教堂作为轴线末端的重点，是想要建一座塔楼的，这一定会改善图 6–50 的视觉效果。城堡大道排布方式的动因并不显见，除非设计者原本是想在这两条轴线的交叉处、公爵宅邸门前广场竖立一座纪念碑。[图解来源于奥托·齐勒（Otto Zieler）在《城市设计》的文章，1919 年]

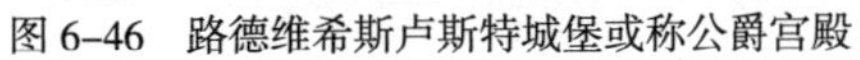

图 6–46　路德维希斯卢斯特城堡或称公爵宫殿

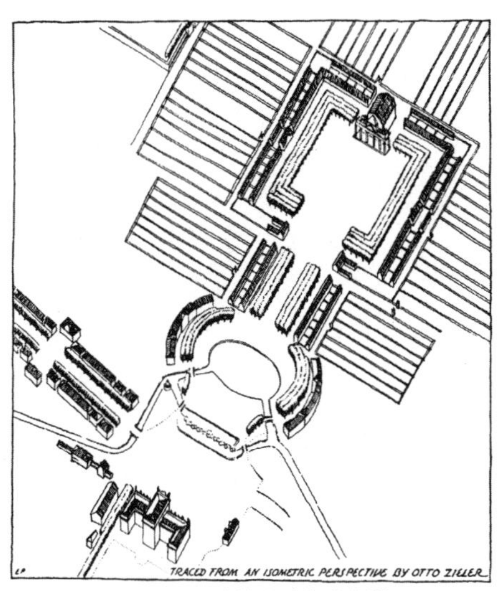

图 6–47　路德维希斯卢斯特

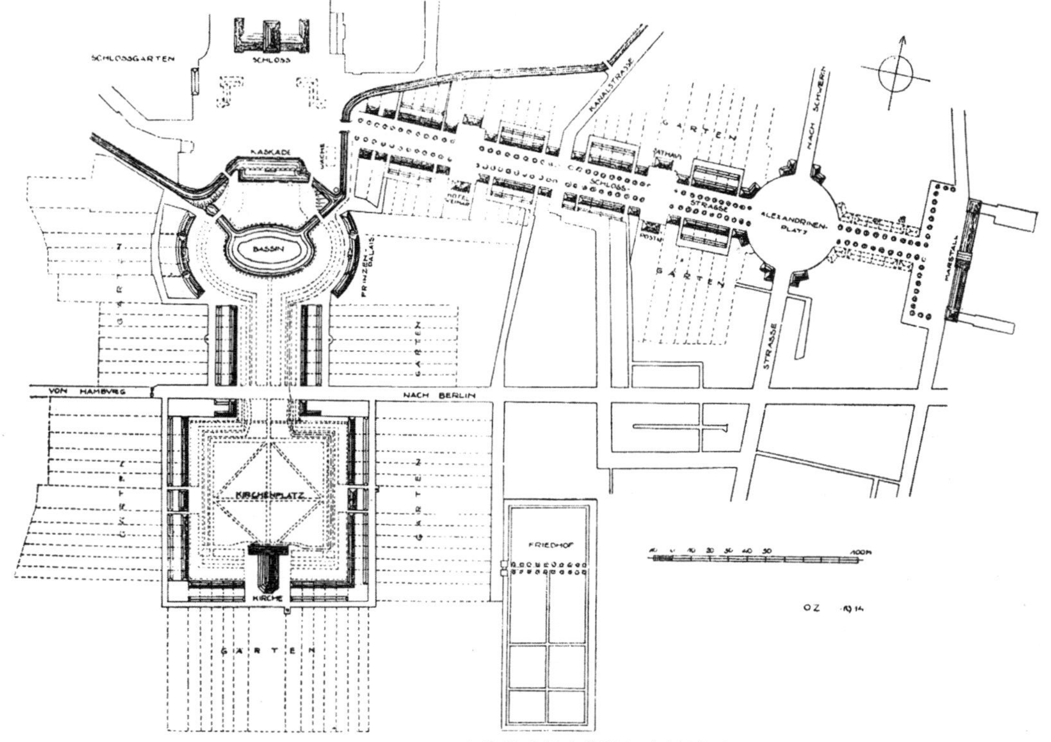

图 6–48　路德维希斯卢斯特，小镇平面

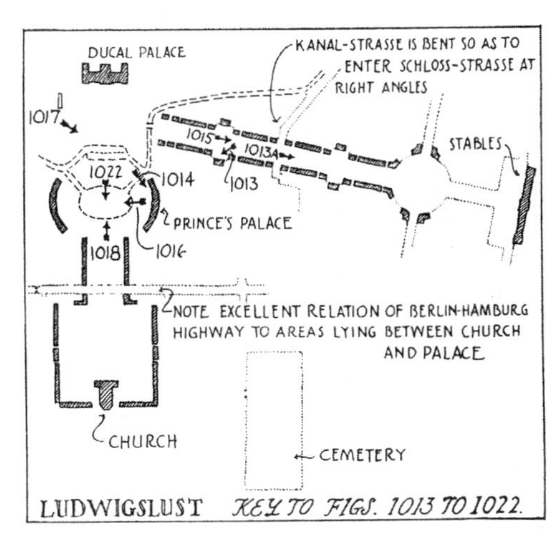

图 6–49　路德维希斯卢斯特，重要视点

图 6–50　路德维希斯卢斯特，面朝教堂的场景

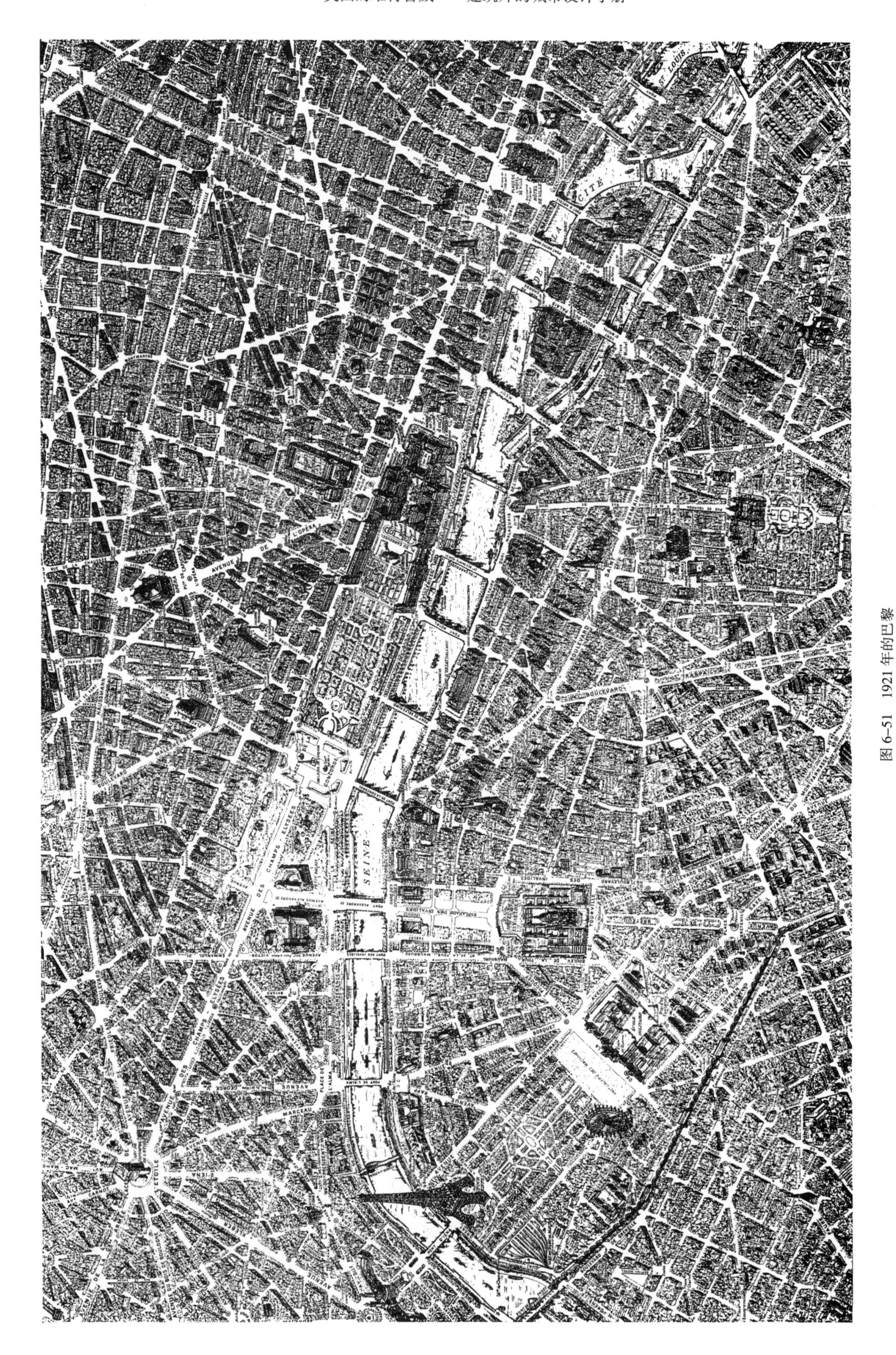

图 6-51　1921 年的巴黎

[来源于大幅《巴黎规划鸟瞰》(Plan de Paris a Vol d'Oiseau)，布隆代尔·拉·鲁热里版 (Ed. Blondel la Rougery)，巴黎出版]

图 6-52　巴黎比莱（Bullet）和布隆代尔的方案，1665 年
这张平面图展示了科尔贝和其他巴黎商人协商后同意的建筑布局方案，尤其是建在旧城墙址上的新城门与林荫大道。在此范围之外禁止建造房屋。

巴黎

说起城市规划，最常提到的就是巴黎。和罗马一样，为了在已建成的大都市中实现文艺复兴的规划理想，设计师可谓殚精竭虑。“巴黎城池之大、楼宇之高，似是数个城市相磊而成。城中人山人海，近乎水泄不通。街道上车水马龙，摩肩接踵”，皇家工程师孔布斯特（Gombust）在 1652 年作巴黎规划时如此写道。诚然，直到 18 世纪中叶被伦敦赶超之前，巴黎是世界上人口最多的城市。据现今城市规划文献中的一些模糊记载，巴黎，这一无与伦比的城市发展，貌似遵循了一个延续多年的规划，它既囊括了旧城改造，也包含了外围的新城建设。传说这一规划逐步付诸实施，直到今天这座城市得以实实在在地建成。

实际上，巴黎的城市发展历经艰辛。大多数建筑师都对巴黎的城市规划耳熟能详，但正是我们频繁提及的巴黎，有着无数的问题和错误，因此需要通过历史的教训强调这一点。亨利五世曾付诸勇气努力去美化城市的一些地方（图 2-156~ 图 2-160、图 6-62），但没过多久，随后的统治者们就放弃了改造这个巨大老城的尝试，尽管在 1652 年贵族革命期间老城成了他们的阻碍。他们转而把目光投向前途更加光明的新城凡尔赛，在这片处女地上终于可以实现文艺复兴的美学理想。

许多位于巴黎建成区的建设项目，比如旺多姆广场（Place Vendome）、维多利亚广场、协和广场，其实都违背了它们本来想要纪念的君主的意愿。他们已经对旧城改造失去耐心。1717 年，卢浮宫——杜乐丽建筑组群以及其西侧轴线上的皇家花园这一巨大的项目，被正式放弃（图 2-157）。在 1633 年黎塞留的大规模城市扩建之后，国王少有大的作为，而是通过一系列严苛的法律要将巴黎城的扩张限定在极其狭窄的范围之内。法规又细又多，城内连建筑都要干预。这些 1638 至 1784 年间生效的特别法令，本意是想控制城市的增长。其原因并不是因为城墙和防御工事的限制，毕竟从 1652 年起国王们也不稀罕，还觉得它们碍手碍脚。实际上一方面是卫生清洁的原因，另一方面则是出于财政便利，因为如此一来政府就可以明确地对进城的食物征收大量关税（octroi）。但最重要的原因还是这个老城组团过于混乱，难以管辖，只能严加管控方可令人安心。1652 年之后，巴黎城市仍然迅猛增长，速度之快令国王们感到震惊，甚至恐惧，后来的巴黎历史发展也印证了他们的恐惧。由于这巨大的人口增长无法彻底遏制，建造活动不得不如常进行。贪污徇私悄然成风，在政府官员的默许之下，建筑活动得以回避这些严苛的律令。巴黎城内，街角巷末的房屋见缝插针，已经不堪重负的土地上还在加建楼层。城墙之外的一切建造活动也游离于法规监管之外，既没有事先规划，也没有整体布局考量。结局混乱不堪。

1665 年，巴黎的商人们和最后一任关注城市美学的

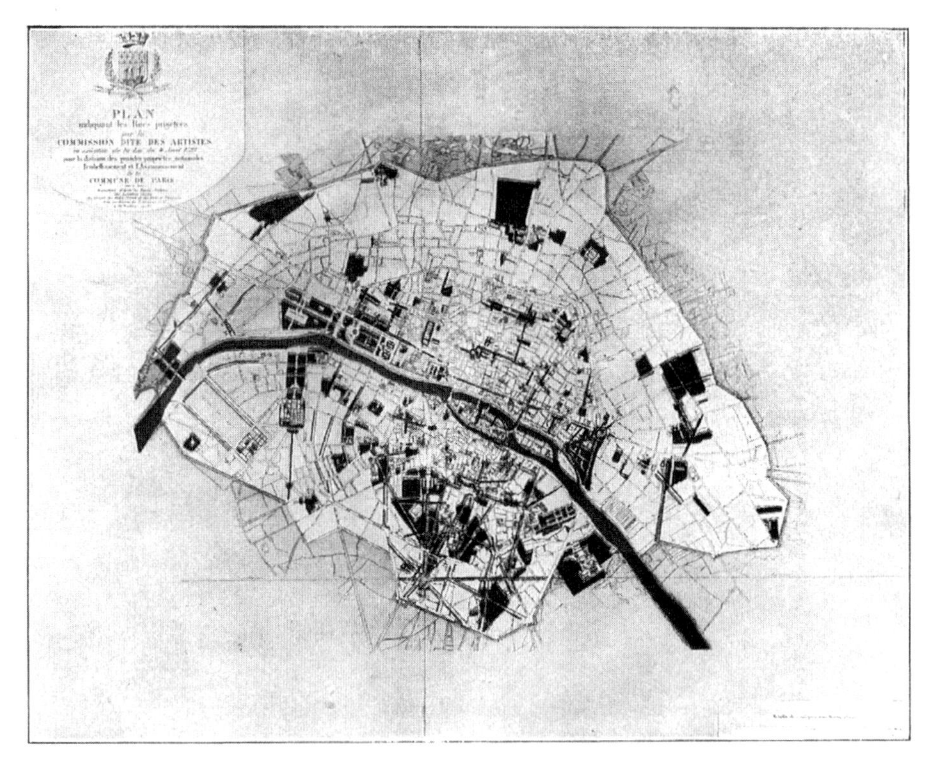

图 6–53 巴黎艺术家委员会的平面，1793 年
图中表明大革命之后，这个委员会的专家们推荐的城市改造。见下文说明。

部长科尔贝（Colbert），在诸多提议之后终于达成了一致，这才出现了 1665 年规划方案（图 6–52）。至此，巴黎终于有了一个将城市视为整体、有预先构思的规划，并在 1675 年付诸实施。这个方案或者说协议涉及诸多方面，包括要将旧城墙改造成为绿树掩映的林荫大道，要在沿河的堤岸建造码头，特别是要建造装饰性的城市大门（图 4–29。在图 6–52 的平面中也能看到，1665 年方案中的 4 座城门景观）。这对科尔贝而言意义重大。然而，就像随后的其他类似协议一样，这项协议有着另一个特殊的意义，它代表了皇家政府和房地产利益之间的博弈与协商的结果。它的后果之一就是城墙外的建设活动被真正地严令禁止。在拥挤的巴黎城中，房屋利润和土地租金首次充分发挥作用，市场之手和政府之手携手合作，共同遏制了城市的扩张。巴黎城内出现了前所未有的集中开发，结果和现代芝加哥环路取得的效果类似。因此应该说，1665 年的规划并不是为了城市扩建的方案，而是为了限制城市增长而作。不仅如此，在环绕城市的林荫大道内，任何新建道路也都不被法律许可。根据伏尔泰（Voltaire）的粗略估算，如果法国王室将用于建造华美凡尔赛资金的五分之一拿出来，就足以让整个巴黎城，都同杜乐丽花园和皇宫一样富丽堂皇。不幸的是，他们放任旧都巴黎变得无比拥挤闭塞，日复一日地更加衰败。其影响之大难以言喻，从后来大革命的混乱中可见一斑。

大革命前夕，国王签署了一份相悖的法律文件，批准了官方划定城区范围之外的胡乱加建，并将食物征税的范围由 1760 英亩增加到了 8425 英亩（712.2~3409.5 公顷）。大革命的新政府没收了所有国王、贵族和神职人员拥有的土地，这些几乎是城市所有的园林用地。政府将它们指派给了一个新的机构，即所谓的艺术家委员会（Commission of Artists）。委员会主要由建筑师和工程师组成，他们的任务是为上述大片的土地制定细分方案，为更好的交通、更多的市场提出建议，并解决贫民窟地区的卫生问题。1748 年实施的项目（图 2–194~ 图 2–212）体现了上述理念。这些项目有百余个，大多出于实际问题的解决需要，为整个城市拓宽了街道、开辟了广场。最终这些都在韦尼凯（Verniquet）测绘的新城市地图上呈现出来，连接为一个宏伟的整体。可惜这些图纸随着市政厅的烧毁付之一炬，幸而又由委员会用底稿重新拼凑了出来（图 6–53）。1748 年项目中的一些实际精神如今又生机勃勃地复活了。今非昔比，美学问题不再首当其冲。

艺术家委员会的一大值得关注的提议，是打通又长又直的大街。拿破仑一世随即就意识到这项提议的重要性，他曾因对城市管辖问题的独树一帜而赢得了王位。不幸的路易十六，作为大革命前夕、受到卢梭

图 6–54
图 6–54 是图 6–55 拿破仑三世重绘平面的近乎 1 ： 1 的局部。白色无边界的是拿破仑三世开始工作时就存在的街道，白色红边的则是 1867 年拿破仑建成的新街道。黑色粗线是计划打通的街道，其中描红边的 1867 年正在施工。绿色线条是当时有的行道树；计划中的树木是绿点。红色斜线框的区域是公共建筑的计划用地。

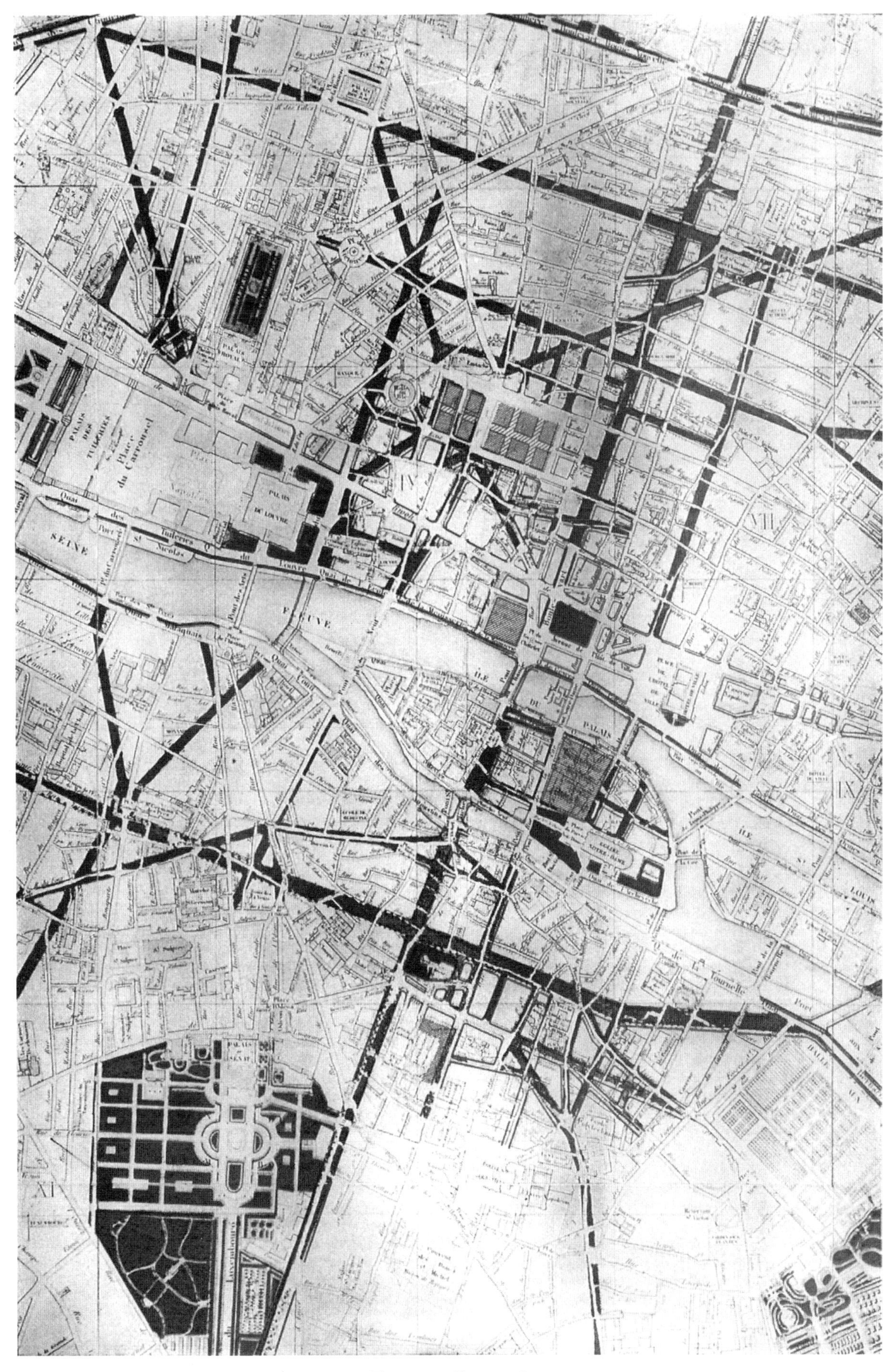

图 6-54　巴黎，1867 年
（图解见上页）

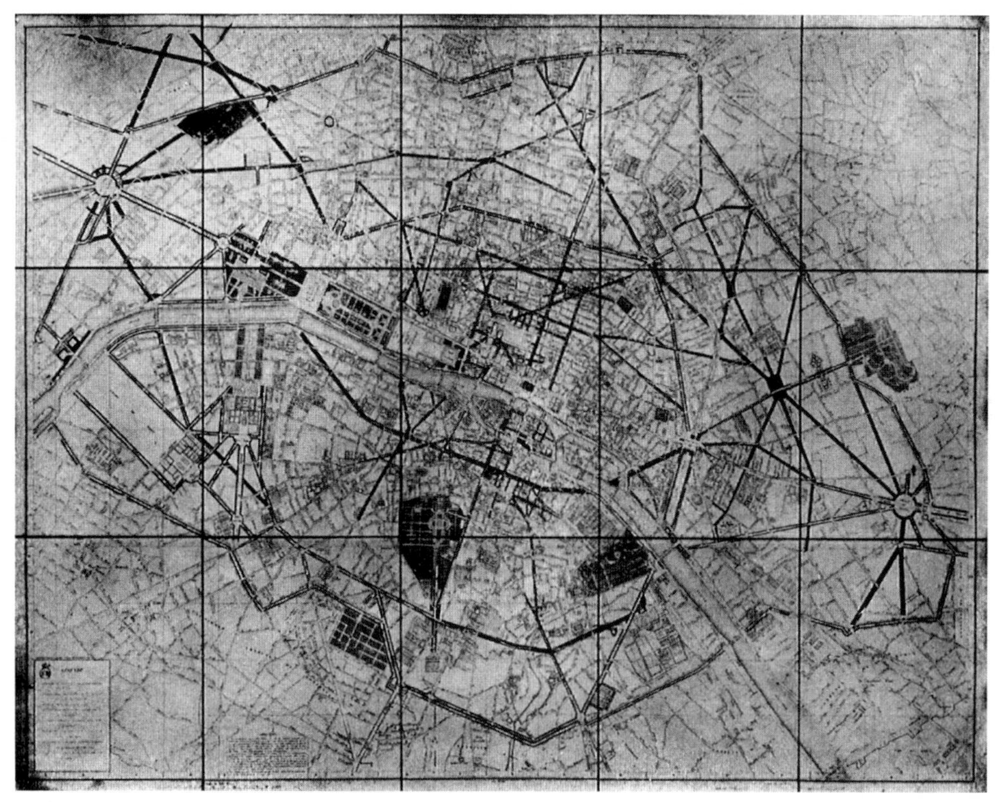

图 6-55 巴黎，1867 年

拿破仑三世登基之初，他设计了一份巴黎城的改造方案，并在 1867 年，准备了一份显示工事状态的平面图：哪些业已竣工，哪些正在进行，哪些仍在规划之中。这张地图共有 3 份复制品，用来向皇家的客人展示，但只有柏林皇家博物馆的那一幅保存至今。原件于人民公社时期被烧毁。图 6-54 是这张地图的一件原大的复制品。

和伏尔泰影响的典型上流人士，对“人民”的感情是复杂的，既悲悯又尊敬，因此还制止了自己的士兵射杀“人民”。作为大革命之子的拿破仑一世，对“人民”的尊敬比路易十六更少一些。他叫他们“贱民”（canaille，可被翻译为“贫民窟的乌合之众”），随意用大炮指向他们。这种对待民众的不同态度，让他成功摆脱了包袱，将枪口对准了迷宫一样的旧城街道，毫不犹豫地实施艺术家委员会的提议。他从战略意义重大的里沃利大街开始，将其改造成了前所未有的 76 英尺宽（23.2 米）。遵循委员会的方案，他对略小一些的卡斯蒂廖内街、和平街（de la Paix）进行了改造，并与旺多姆广场、蒙多维街（Mondovi）、塔博尔山街（Mont Tabor）、康邦街（Cambon）、道努街（Daunout）、天文台大道（Avenue de l'Observatoire）以及 3 处新的沿河码头进行了连接。拿破仑一世做了大量的城市美化工作。他建造了通向先贤祠的乌尔姆街（Rue d'Ulm），延长了苏夫洛街。他还建造了圣叙尔皮斯教堂（St.Sulpice）的前广场（图 1-136），奠基了荣誉神殿（Temple of Glory）（玛德莲教堂），在星形广场上建造了 凯旋门，在旺多姆广场上竖立了巨大的纪念柱。

在这样的大好局面下，滑铁卢战役却来得猝不及防。那时艺术家委员会的提议尚未实现，甚至连里沃利大街也未竣工。拿破仑一世倒台与拿破仑三世登基之间的这段时间里，除了少量小街得以拓宽，城市重建工作中开拓道路这一项进展十分缓慢。但这段时间十分重要并且值得留意，因为巴黎出乎意料的发展，尽管有偶然因素，却极大地改变了城市中心和城市整体的街道格局。巴尔扎克（Balzac）兴致勃勃地描述了巴黎市中心的迁徙。中世纪时，市中心是市政厅广场（Place de la Greve， 图 2-98、 图 2-99）；在 1500 年，是圣安东尼街（Rue St.Antoine）；1600 年时，市中心在皇家广场 [Place Royale，现名孚日广场（Place des Vosges），图 2-156、图 2-160]；而 1700 年则是新桥（图 2-157~ 图 2-159）；1800 年之后，城市的生活中心转移到了圣堂街（Faubourg du Temple）和玛德莲教堂之间那些“光辉的林荫大道”（Grands Boulevards）。这些林荫大道，近 200 年前在城外种植而成，骤然成为这片毫无规划、随意生长、迷宫般的城市街道系统的心脏。它们遍植树木、宽度宜人，成为欧洲社会生活的绝佳新布景。把握住这个新机遇的房地产开发商们一夜暴富。

上述林荫大道发展惊人，但缺乏长远规划，比它们还要随机的竟是城市的铁路选址。它们在 1842 年之后进入城市。伦敦和柏林都意识到了铁路的重要性，并都将铁路引入了城市中心，地价比它们高得多的巴黎却忽视了铁路的选址和布局。令人惊讶的是火车站被选在了交通不便的区域，这导致不得不立刻打通更多的道路。就算是现代评论家也能看出这个决定是鼠目寸光的。

拿破仑三世登基一开始没有改变轻视铁路选址的态度，他正一心忙于巩固他得来的政权。但到了1848年的巷战中，军团士兵们被围困在兵营中两天两夜，由于没有便捷的街道作为通道，他们也就没有解围的可能。随即，拿破仑就迫不及待地恢复了之前因滑铁卢战役中断的打通道路工作。拿破仑在位期间，奥斯曼将“切开大革命中心的肚皮”视为他个人的至高任务，并凭借独特的街道工程手段获得成功（图6-54、图6-55）。光是拿破仑三世在位期间，该工程共计就耗费了5亿美元，1870年后直到完工大致又花了5亿多美元。奥斯曼的许多工作其实与半个世纪前艺术家委员会的规划颇有神似之处，不过其中相当一部分并没有那么幸运地富有灵感。当然，奥斯曼直接对巴黎旧城重新规划也是困难重重，毕竟需要做出无数的决定对原有和新建的纪念物的场地布局产生影响。从这个角度而言，奥斯曼完成的最重要的纪念物布局是新的巴黎歌剧院（图1-1、图1-2、图2-135、图2-136）。本书第一章曾提到夏尔·加尼耶对奥斯曼工作的尖锐批评。

奥斯曼的工作带来了更好的下水系统、煤气路灯、行道树、便捷的城市交通，还有许多衍生的好处。他开辟的许多新街道，在美学方面也可圈可点。这些街道的立面和谐、设计精良，通常具有统一的檐口高度。独立公司承包了大片区域的拆迁和重建，这为统一设计和谐的沿街立面提供了良好的基础。然而不幸的是，本已奇高的地价由于奥斯曼的投入一再抬升，导致增加建筑高度才能收回成本，这对区域内的纪念性建筑是不利的，比如巴黎歌剧院。其中杰出的街道设计当属里沃利大街，它用连续的拱廊将卢浮宫与杜乐丽花园连接起来，形成统一的街道立面。这个宏伟方案的实施，也要归功于两个拿破仑的政府机构。

尽管奥斯曼对巴黎歌剧院、星形广场及其连接进行了布局考量，重新规划了胜利广场（Place des Victoires）和卢森堡花园（Luxembourg Gardens），建成了一些或大或小、有机曲折的公园。他的“街道系统”也许将诸多兵营优雅地连接起来，但它们并不构成一个有艺术感的有机系统。有人说，奥斯曼的贡献在于，幸而还有过去的城市辉煌躲过他的魔爪留存至今而不至于毁灭殆尽。这种说法未免有些偏颇。

对奥斯曼工作的严肃批评，不应该指责他的设计缺乏品质，毕竟他不是一个艺术家，而应该批评他没能缓解这座极端堵塞的老城的非人性化拥挤。城市的拥挤不仅仅是社会政策问题，它在很大程度上也是城市美学和设计问题。文艺复兴的规划理想，如开阔和优雅，在这座土地资本化的城市中无法实现，取而代之的只能是拥挤的、没有花园的6层出租公寓，在无尽的街区中充斥蔓延。这样糟糕的区域让设计师无从下手，无法尝试为它增添高雅和美感。这些拥挤的公寓，居住的人口过多，也无法支撑任何此类的有益方案。奥斯曼的政策，在早已资本化的高容积率地区继续投入大量资金，导致房地产价格翻倍。这也许对土地所有者有利，但最终还是要让愈发拥挤的城市买单。这座人口过剩的城市真正需要的是去中心化，正如伦敦展示的那样，也许可以通过巧妙的快速转型和开放城外大批地块的交易来实现这一目标。铁路，这一去中心化的最高效工具被排斥在城市中心之外，这使得中心地区的拥挤持续加剧。艺术家委员会的方案，也许的确为18世纪末期、60万人口的城市提供了新的交通方案。但在铁路出现后这早已过时，因为铁路又将数百万的人口引入这个狭小拥趸的中心城区。

巴黎城市规划的失败无独有偶，世界上近乎每个大城市都以这样或者那样的方式遭遇阵痛，尤其是欧洲大陆由大型出租公寓组成的城市更是在劫难逃。城市规划的失败和人口数量过大直接相关。巴黎旧城外的居住街区和柏林的拥挤程度不相上下，无怪乎它们看上去也如此相似。

伦敦

伦敦并没有像欧洲大陆的许多城市一样，因规划的缺陷而变得十分拥挤。幸运的是，除了纽约和旧金山的一些区域之外，迄今为止美国城市学习的是伦敦，而不是巴黎、柏林、维也纳或彼得格勒。

文艺复兴时期的伦敦就已是一个人口稠密的老城，但1666年伦敦大火和1667年的瘟疫几乎将城市夷为平地。当时正值文艺复兴运动如火如荼之际，雷恩制定了能在大尺度上实现城市美学的宏伟重建方案（图6-56、图6-57），然而没能实施。于是伦敦与这个历史上最好的机遇失之交臂。取而代之的是另一个神奇的现象。连续的天灾将居住人口从老城里赶出，老城逐渐变成了仅供工作的场所。

职住分离导致城市郊区的兴盛，这些郊区城镇就像是上百个民主的小型凡尔赛。然而由于没有统一规划的监管，城郊为了赶上城市规模的需求骤增而仓促发展，变得一片狼藉，这些文艺复兴的火种很快就被廉价的房屋淹没。伦敦郊区不久就遍布2层的房屋和廉价的土地，变成了另一种松散的迷宫般的聚合物。这样的条件只能说比巴黎的6层出租房屋略好一些，如果除去那些美丽的绿地，也不比欧洲大陆首都的城郊好到哪里去。这些绿地中有许多是乔治亚时期修建的精美广场（见图3-134~图3-138、图4-116、图4-138、图4-142，尤其是像汉普斯特德那样的花园郊区）。伦敦的例子证明了，

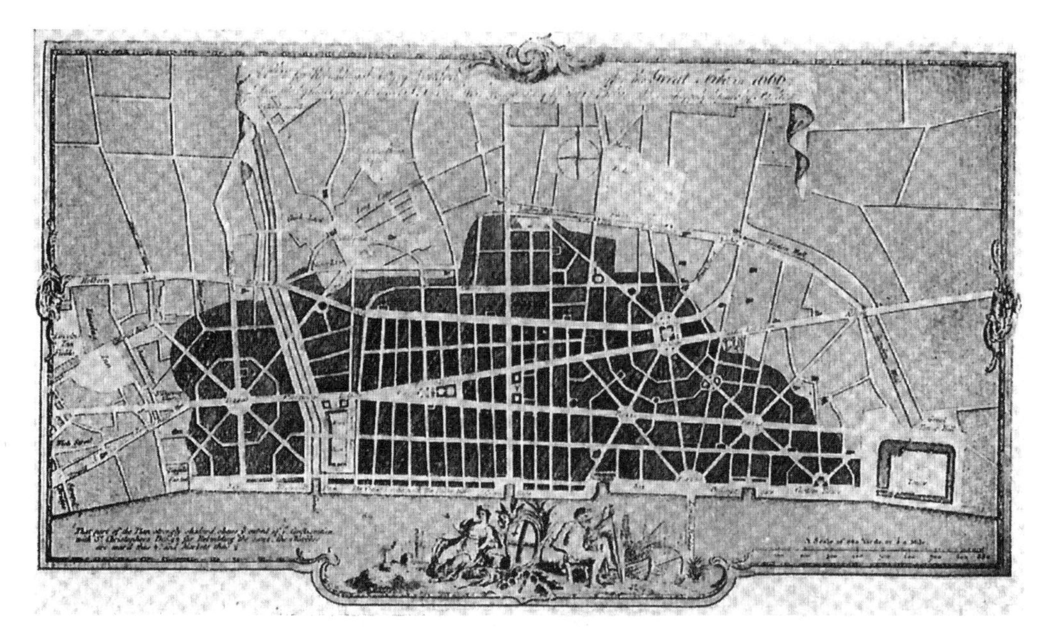

图 6-56 伦敦，雷恩的重建规划，1666 年

图为 18 世纪的版画，由鲁宾逊（Robinson）复刻。克里斯托弗·雷恩的儿子在《祖灵节》（*Parentalia*）一书中描述了他父亲的工作与生活，书中有对该方案最好的解读：

“……在大火之后，雷恩博士立刻（根据皇家命令）考察了断壁残垣，克服了重重困难，对所有区域的现状和火灾的范围做了精确的测绘工作；并设计了建造新城市的方案。他改进了旧城形式与功能的缺陷，拓宽了旧有的街巷与道路，并让它们尽可能地平行；在能提供更大便利的情况下，他回避了尖锐的夹角；他将所有教区的教堂置于显眼又独立的地点；他将最公共的区域改造成广场，它位于 8 条街道的中心；他将 12 大企业的大厅整合成为一个规整的广场，作为公会大厅的附属；他意图打造从黑衣修士区（Blackfriars）到伦敦塔桥整个沿岸的宽敞空间。

“不仅如此，在构思总体规划的时候，他着重考虑并提出了如下几点。

“他将街道分为 3 个层级：3 条贯穿城市的主干道，以及一两条十字街，都是起码 90 英尺宽；其他马路是 60 英尺宽；剩下的街道中，除了不是通路的狭窄暗巷与短巷之外，都是 30 英尺。

“证券交易所独立坐落于广场中心，就像曾经是市中心的地标。许多 60 英尺宽的大街以此为中心向四周辐射，足以通向整座城市的各个主要区域；它的建筑应是罗马广场的形式，有双排的柱廊。

“许多道路也向桥梁辐射。第一、第二等级的街道应该尽可能地直，并通向市中心的 4、5 个广场。

“泰晤士河岸的码头应尽量宽敞和便捷，且不被打断；应设置一些大码头以停泊满载的驳船。

“在拘留所处开凿 120 英尺宽的运河，在霍尔本（Holborn）桥那里设置开放的船闸，在两侧设置煤店，在入河口排去污秽。‘在最好的教区内应设置这样的教堂，能容纳最多朝拜者、提供最好的声学效果，并饰以实用的柱廊和装饰性的高耸塔楼与尖塔。所有的教会墓地、花园和无用的空地，以及所有要点燃明火或发出噪声与臭味的功能，都应置于市中心以外。’雷恩博士所描绘的平面基于以上原则，他将这个方案呈现在国王和众议院面前，描述如下：

“从圣邓斯坦（St Dunstan）教堂处没被烧毁的弗利特街（Fleet Street）开始，一条 90 英尺宽的大街穿过河谷，从南面经过路德门（Ludgate）监狱，之后笔直而优雅地通向终点塔丘（Tower hill）的广场；在它下倾到河谷之前，也就是如今弗利特（Fleet-ditch）的位置，这条大街在一个圆形广场处顿时开阔，这里就是 8 条大道的中心……

“我们继续向前，经过曾经是充满污垢的下水道的地方，这里将会被改造成一条实用的运河，有多少条街道，这里就有多少条桥梁经过——这是路德门监狱在我们的左手侧（在这里将建成纪念新城奠基人查尔斯二世的凯旋门）。这条大街此处将分出另一条等宽的街道，沿着这条路走会看到证券交易所的南面（我们在下一段旅程中会提到）。这个锐角的分岔口自然形成了一个三角形的广场，这里将会成为圣保罗大教堂的基地。

“我们从圣保罗大教堂的右侧沿着一开始的道路继续向前，将会到达伦敦塔，期间会途经许多教区教堂。

“我们回到路德门监狱，从圣保罗大教堂的左侧继续向前，从另一条宽支路到达皇家证券交易所。它坐落于两条大街之间的广场中央的原址上，但周围没有其他建筑。由路德门起始的道路通向交易所的南面，而由霍尔本起始的道路经过运河到达新门（Newgate），然后通向交易所的北面。

“已经证明了这个方案的可行性，它不会造成任何人的损失，也不侵犯任何财产，也权衡并回答了所有的实际问题；最终唯一剩下的难以克服的问题是大部分城市居民固执的反对。”

图 6-57 伦敦

这张基于雷恩 1666 年重建伦敦规划的草图其实没有画出任何细节，它只是以图解的形式暗示出了雷恩的意图。这 3 组教堂在雷恩方案的老的复制图中频繁出现，但在当代复制品中却常被忽略。

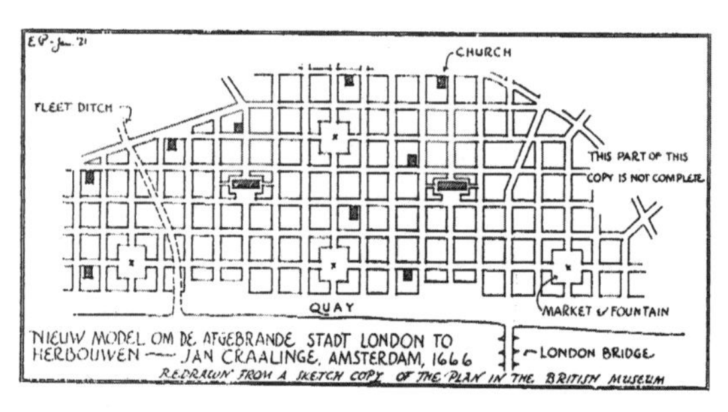

图 6-58 克拉林（Craalinge）的伦敦方案

这张图是在一本展示伦敦大火的书中出现的，其中还包含了很多当代的版画场景和地图。我们怀疑作画者犯了一个明显的错误，误将两座大建筑的其中之一画在了距离它应在的轴线之外一个街区的位置上。

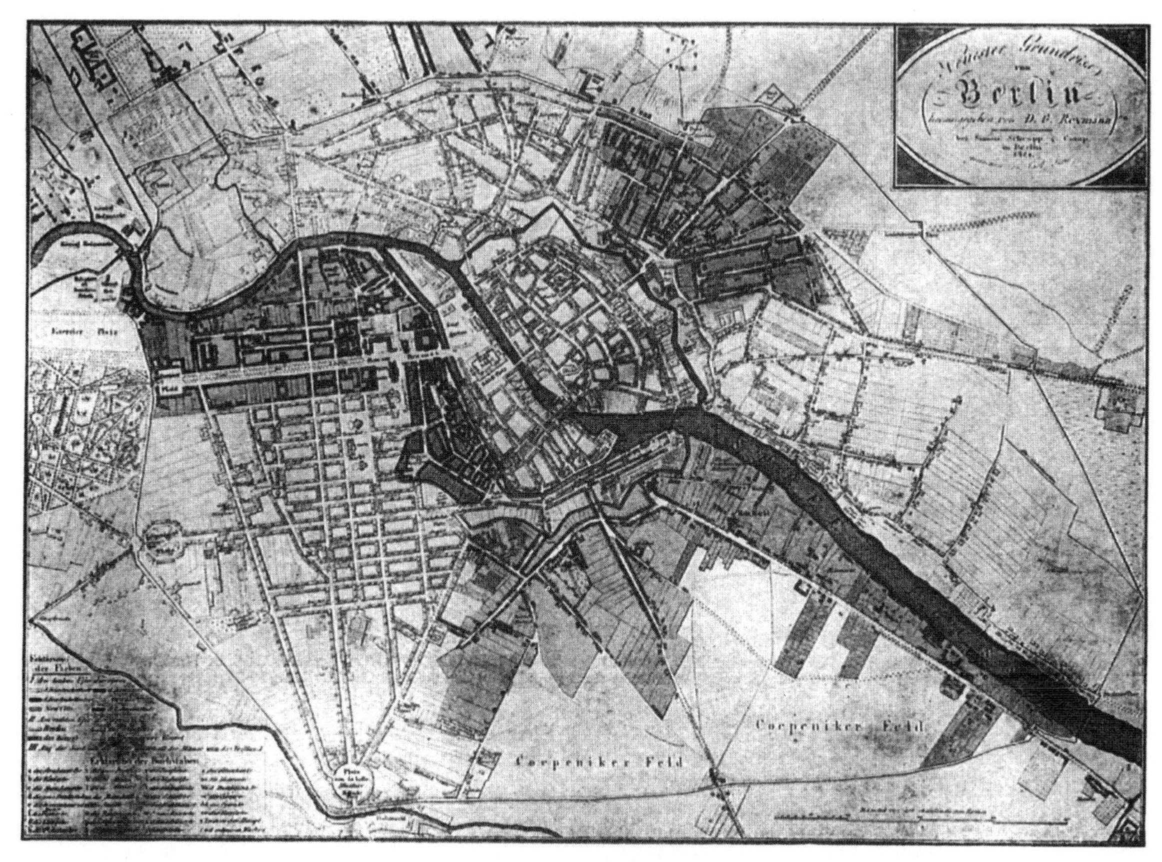

图 6-59　柏林，1824 年

图 2-232~ 图 2-234 展示了 17 世纪的柏林。菩提树下大街和大多附近的方格网都是从那时候出现的。1721 年，腓特烈・威廉一世（Frederick William I）延长了腓特烈大街，并建造了 3 个城门的广场。阿伯克龙比（Abercrombie）是这样称赞这项工作："这个围合广场的大胆，和腓特烈大街的长度让这个时代值得载入史册。这一规划方案是原创的，在这座伟大城市的 3 个入口之内设置了大量开放空间。它让人进入城市的体验十分愉悦，从乡村经过一道狭窄的城门，随后不是走进一条街道而是置身于开敞的围合空间之内。若要评鉴此种设计效果，可参考巴黎广场（Pariserplatz）。"

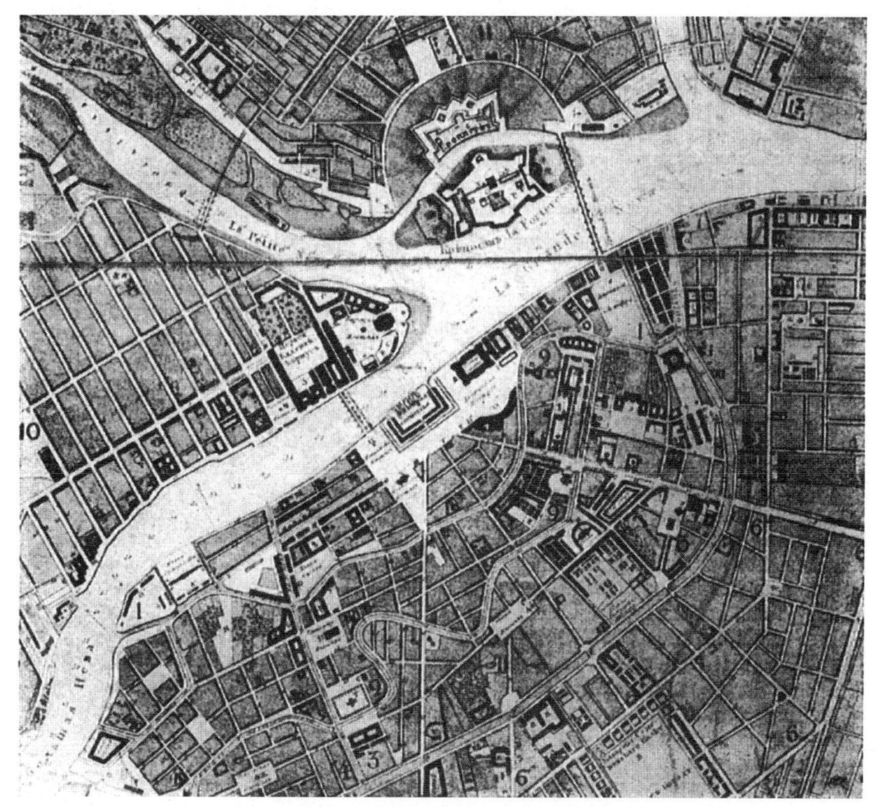

图 6-60　彼得格勒，1830 年（来源于布林克曼）

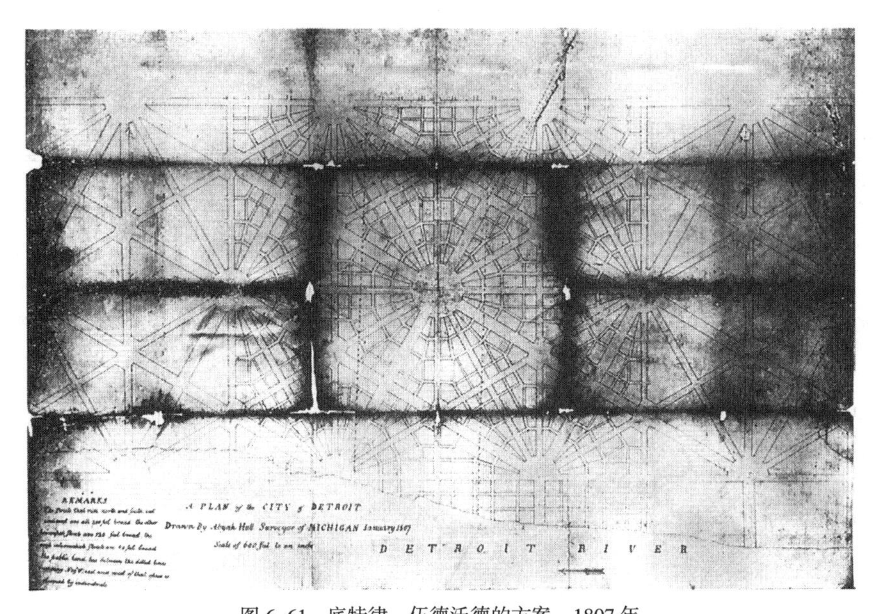

图 6-61　底特律，伍德沃德的方案，1807 年

据说这是法官 A.B. 伍德沃德制作的方案，它对朗方的华盛顿方案很熟悉。该方案只有一小部分得到了实施；见图 6-63。（来源于 Mr.T.Glenn Phillips）

如果巧妙地使用各种形式的机动车交通，即使不依靠整栋出租的集合公寓也能成功规划出世界上最大的城市。这是伦敦为城市规划这项事业作出的最大贡献。似乎所有美国城市都从中学到了许多经验（当然纽约和旧金山这两座拥挤的半岛除外）。许多美国城市的人口仍未达到 100 万，体量相对较小，希望将来能在增长的压力下继续维持其平缓的城市形态（伦敦是平缓的，而巴黎是堆叠的）。从这个角度来说，柏林的经验就是前车之鉴。

柏林

文艺复兴时期的柏林只是个无足轻重的小城市。从 1648 年到 1786 年间，一系列英明的统治者学习了罗马、凡尔赛和伦敦的经验，并将之应用于柏林。于是到 1825 年时，有着 20 万人口的柏林已经发展成了当时自然条件和社会环境下最适宜居住和生活的地方。文艺复兴关于城市秩序的理想，可以说在较有利的条件下得到了付诸实施的机会，但这终究敌不过 19 世纪工业革命与社会变革对城市格局的影响。19 世纪，成千上万的人们蜂拥而入。在此之后，柏林就像其他大都市一样变得毫无秩序。城市中心成为捍卫建筑尊严的最后阵地，然而却变得越来越小以至于逐渐消失，城市外围则涌现出了许多心有余而力不足的现代主义方案的雏形。

彼得格勒

彼得格勒也是城市规划失败的案例。新式城市规划的理念在此实验，也曾颇有前景。自 1716 年以来，俄国沙皇就任命了勒・诺特的学徒们来实现他们的首都发展规划。叶卡捷琳娜二世（Catherine II）于 1762 年登基后，就立刻举办了美化圣彼得堡的国际竞赛。建筑师皮埃尔・派特，即介绍法国皇家广场一书的作者，详细记录了这次重要竞赛的情况，但竞赛的结果现已不为人知。彼得格勒的方案（图 6-60）是典型的文艺复兴式平面，3 条主干道交汇于重要的公共建筑（海军总部，其立面 1250 英尺长），城中有许多广场，且公共建筑的选址大胆而突出。这些表明了文艺复兴思想对俄国城市艺术的影响一直持续到 19 世纪。但后来彼得格勒城市规模骤增，超越了城市规划力所能及的范围，最终和其他大城市遭遇了同样的命运。大量城市新区落入了典型的 19 世纪的荒寂之中。

美国的放射形规划

斜向街道和放射状的街道不仅在欧洲激发了城市规划的灵感，在美国亦然。其中最重要的是朗方的华盛顿城市规划，我们将会用一整章来讲述。

波士顿作为没有预先规划的城市增长的案例，其旧有的蜘蛛网状的道路体系保留得出奇的完整。在预先规划的放射状的城市平面中，是最古老也最完善的，是山城安纳波利斯（Annapolis，图 6-36、图 6-37）约 1694 年的原规划方案。

不幸的是，其他出现得更晚的美国城市的放射状规划方案面世时，欧洲和美国已经丧失了街道美学的基本素养。显然，那时的城市规划者并不是建筑师，更不是艺术家，也就不会因锐角而感到不适。他们纸上谈兵地设计城市广场，但对广场周围的建筑形式却没有建筑师那样清晰的概念。朗方的华盛顿规划中充斥着糟糕的夹角和不适的广场，伍德沃德（Woodward）所谓的底特律规划（图 6-61~ 图 6-63，1807 年）看起来更像是在“把弄几何图案”，这正是卡米洛・西特

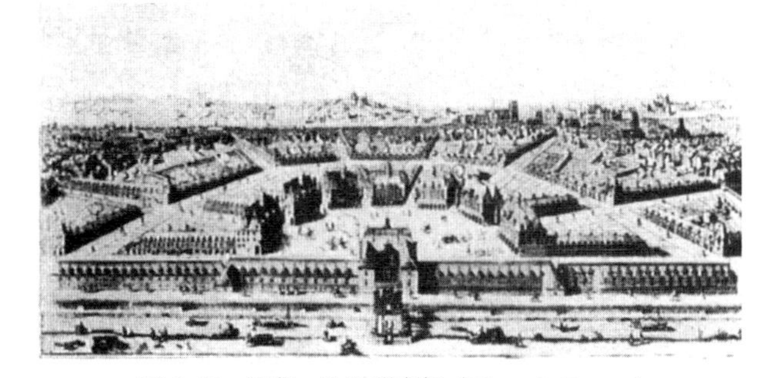

图 6–62　巴黎，法兰西广场（Place de France）
这是亨利四世计划建造的城门广场之一。[来源于克劳德·沙蒂永（Claude Chastillon）于1610年所作版画]

图 6–63　底特律，大环形广场
这是伍德沃德方案中星形广场的一半,其平面与“法兰西广场”近乎一模一样。

极力反对的。国家绿地广场的设计拯救了华盛顿，而底特律的初始方案则没有那么幸运，几乎可以被看作是星形广场这个单一概念的乏味复制。这个星形广场母题的设计者显然没有他所谓的圆形或半圆形广场的任何知识，否则他就会画出完全不同的地块形状，不至于给建筑设计造成诸多不便。此处一幅17世纪初的巴黎版画（图6–62），描绘了一个带有大量放射道路的广场，也可以有精妙设计的可能性。然而底特律建成的大环形广场（The Grand Circus）也是伍德沃德方案中唯一的半圆形广场，却被混乱的摩天大楼包围（图6–63），和版画中的场景形成了鲜明对比。尽管和底特律有一定的相似之处，堪培拉的规划方案（图6–64）对地块形状的处理技高一筹。这个方案有趣的地方在于，它煞费苦心地将几何图案与复杂的地形条件相结合，形成宏大的方案。然而我们需要记住，一个对称设计的广场的美学要义——尤其是放射形广场的美——不仅需要对周围地块形状和建筑和谐的深思熟虑，它的美感和特性还取决于每条街道进入广场时展开的视野。从这个角度出发去设计，很可能会严重影响广场原本的对称性，在堪培拉这样地形高差不规律的城市尤为困难。

在哥德堡（Gothenburg）新区开发的方案中，地形很特殊，也没有大胆地想要完美对称的几何形状，但该方案却有着很强的设计感。威斯康星州的麦迪逊方案（图6–66）很有特色，8条放射状道路在州议会大楼处交汇。其中的对角线街道以斜向穿过街区的方式连接了两侧的湖面，这也许是该方案的灵感来源。像这样将对角线叠加于方格路网的结果，就是沿着斜线不断地出现锐角。中央广场(图4–23~图4–26、图6–71）本应是文艺复兴意义上中央建筑的理想地点，但广场四角的地块却全是差强人意的大尖角。这些本应十分有张力的场所，现在却因尖角而大打折扣。不仅如此，广场周围的建筑品质还十分低下，面朝广场的建筑立面高度也不尽相同，这些都进一步损害了广场的品质。图6–70展示了在相似情况下一些更好的解决策略。然而在本案例中，尽管议会大楼从各个方面而言都是一个非常优秀的建筑作品，宽阔的对角线大道作为通向议会大楼的视廊，却都不幸地对向大楼的转角而非正立面，这是相当遗憾的。对文艺复兴建筑师来说，如果一座中央建筑要在8个方向上都能提供绝佳的对景（见第44~50页、图6–67~图6–69），那它就得有一系列入口前广场（见图6–70的右上角）。这也许可以通过紧密种植的树木来实现。

就平面本身而言，印第安纳波利斯对广场周围的尖角处理得更好。可惜毫无修养的建筑设计又大煞风景。

长方形格网规划

在马格德堡（Magdeburg）和曼海姆、费城和雷丁（Redding），以及许多17、18世纪形成的城市中，并没有采用大斜线式的主干道，也没有产生随之而来充满争议的、不规则形状的街区。尽管缺失了这些打破方格网体系的强烈元素，建筑仍被有效地组织起来。这些城市的规划与决策过程与美国城市更像，因此美国设计师们也更喜欢研究这些方案。曼海姆的初始方案（图6–78~图6–84）具有相当的艺术价值。首先，城内有一个巨大的城镇中心，几乎占用了一整组平行街道的街区开端。其次，城内的开放空间，尤其是绵长的“平板”（Planken，德语），将城市沿着主轴线的反方向与另一端的城堡联系起来。最后，所有的私有和公共建筑都经过精心布局、设计和建造，使得城市风貌和谐统一。

一旦曼海姆需要扩建，其城市规划的缺陷就显露出来。规划师们必须要在添加放射状道路和继续使用方格网之间做出选择。虽然放射线在一定条件下可以避免方格网的单调，但它必然会带来不便。曼海姆城市规划的发展很有意思（图6–78）。城市的第一次扩大规划不幸赶上了城市设计艺术的低迷期，那时所做的不过是拆除旧城墙，并在其原址上延续旧有街块的肌理。第二次扩建时［名为东城（Oststadt）］，一个不是方格网的几何方案被附加在了旧城边上，它既没有艺术价值，也和旧城没有任何有机关联。接下来，城市向数个方向继续扩张，这个时期的特色是西特被人曲解的结果，平面尽量避免规整的设计和笔直的街道。到下一次扩建时，“花园城

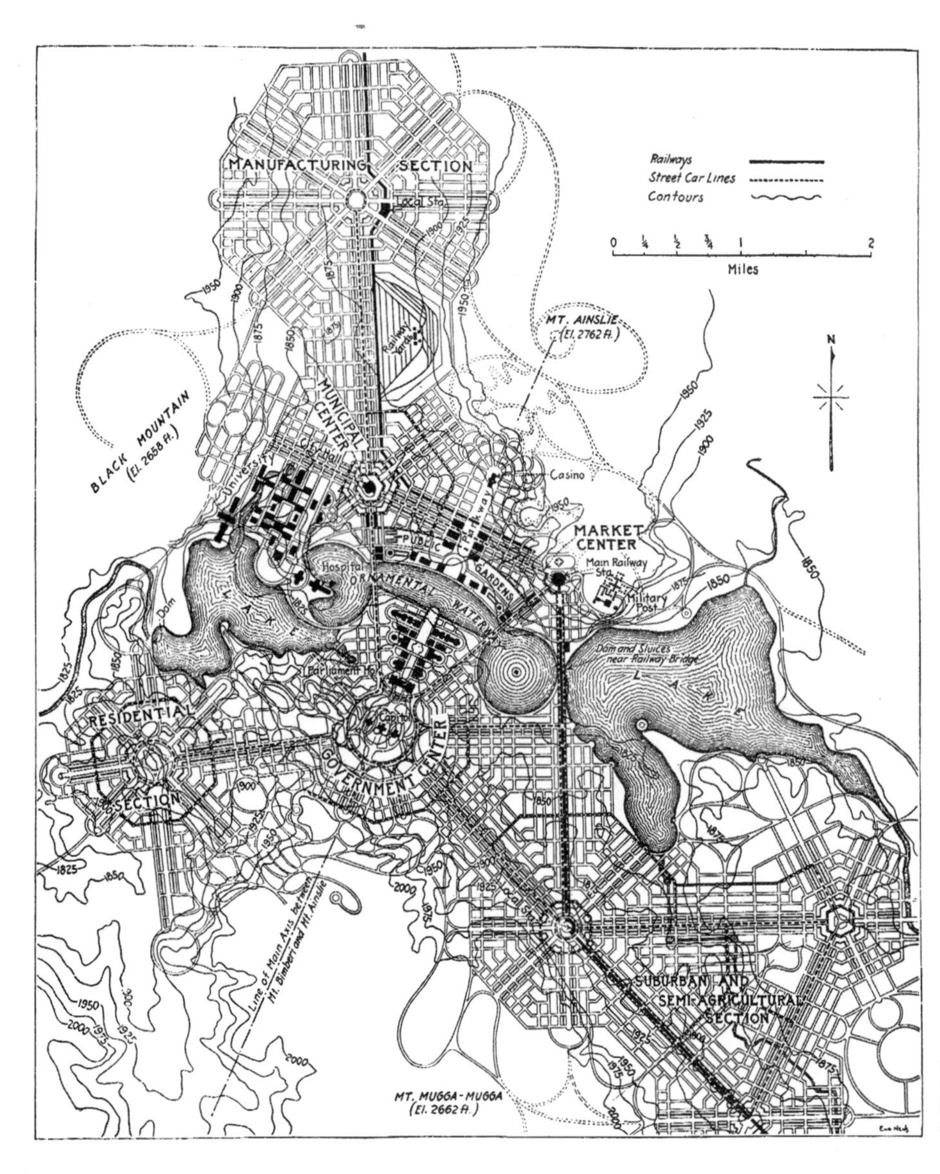

图 6–64　堪培拉，澳大利亚首都规划平面
沃尔特·伯利·格里芬（Walter Burleigh Griffin）作；国际竞赛获奖方案。

郊曼海姆”（总体规划中没有标出，见图 6–90 专项规划）明显受到英国花园设计的影响，曲线变得更加肯定，平面也将几何图案之美发挥到了极致，尽管加建片区与曼海姆旧城格格不入。最近一次扩建（图 6–87）则避开了上述种种不足。一个和旧城神形一致的正交平面诞生了，公共建筑被得体地安置在了街道的尽端，精心设计的公共空间形成这些建筑的前广场。如果这个平面与旧城还能有更加有机的联系，那就堪称完美。

可以说，这些城市规划方案是一脉相承的：曼海姆的早期方案（1699 年），威廉·佩恩（William Penn）设计的更早的费城规划（1682 年，图 6–106），佩恩的儿子设计的雷丁城的初始方案（图 6–103），萨凡纳的最初规划（1733 年，图 4–73、图 4–77、图 6–97），以及新奥尔良的早期方案（图 6–100、图 6–101）。这些美国城市与曼海姆存在相似之处，但也仅限于方形广场打破了严整的方格网体系，并为公共建筑提供了合适的场所。当美国城市扩建的时候，人们不以为然地放弃了对方格网体系的微妙调整，仅仅是将单调的格网体系简单而纯粹地平铺在大片的土地上。费城试图通过引入放射状街道和“环线布局”（perimeter distribution），来修正方格网的问题（图 6–104、图 6–105）。环线是围绕城市中心建造的一条交通道路，一条很宽的人马路，并且在某些地方更进一步拓宽，以放置重要的建筑。环线的概念有助于缓解交通堵塞，因此可能成为许多其他城市重要的组成部分。

这些意图让费城脱胎换骨的方案，大多没有付诸实践（图 6–107）。这一系列宏大项目的第一环，即费尔芒特公园大道（Fairmount Parkway，图 6–108、图 6–109、图 6–111~ 图 6–113），在巨额投资下得以完成。这个项目再次证明了在方格网体系中切出斜向道路是多么困难。如果不完全重新设计这条斜向道路周边的大块土地，那就一定会形成糟糕的建筑场地。为了获得更好的建筑地块，也为了提供纪念建筑的得体场所，人们不得不清理出比常规街道宽得多的空地，并重新设计所有的交叉口，来营造这座城市的门面大街。这样的设计需要我们打破方格网体系，而西特

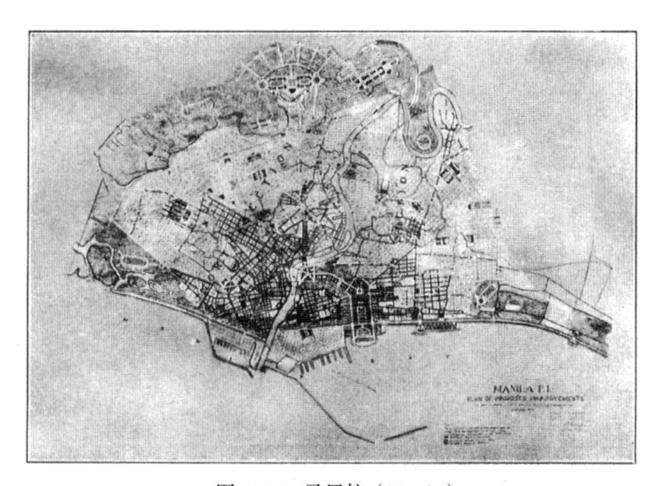

图 6-65　马尼拉（Manila）
城市改造和扩展方案；由伯纳姆和皮尔斯·安德森（Pierce Anderson）于1905 年设计。

和雷恩（图 6-56）已经先行探索。从纯粹功能的角度上讲，也许为了方便而没必要调整原本规整的格网道路。但比斜向大道秩序等级略低的格网街道，也应该根据大道做出一些调整，毕竟为了完成一件优秀的城市设计艺术作品需要统筹协调和相互妥协。放射形大道的重要性不仅体现在其宽度上，也体现在它通向新的重要的城市广场上。与此同时，城市中最重要的建筑，如新博物馆，也要恰好坐落在街道的轴线上。

城镇扩建

当城市规划师们有幸能在一片处女地上大显身手的时候，他们便能避免许多常见的困难，比如空间紧缺、大量糟糕的建设现状，以及高地价带来的极高密度开发要求。

在白纸上工作可谓千载难逢，何况美国的规划公司和欧洲相比，享有更优惠的市政税收系统，这一优势也因此需要重视。我们总是过度表扬一些新的外国土地征税模式，尤其是德国计划对预期盈利的少量税收，而忽视了我们自己对房地产征税的制度和系统已经十分理想，而欧洲国家不过是朝着我们在缓慢努力。美国体系最重要的一点在于，我们会评估未建设用地和城市周围用地，并像建设用地一样对其征税。因此，相比于大多数欧洲国家而言，尤其是战前德国，我们能在很长时间内防止这些大片的土地游离于市场之外被用于投机的目的。所以说，新地块会持续地用于开发建设，这点成了低密度住宅开发（扩建、细分或“花园城市”）的良好基础。很少有美国人能充分认识到这些优势。

从事城市规划的建筑师不应当受到建成区域建筑的制约，尤其当需要设计平价住宅的时候。平价住宅容纳了社区中绝大多数的居民，但其设计一直被忽视。自 19 世纪初开始，拥挤不堪早已是工业城市大量民众居所的常态。

仅仅在近几年，大众住宅才成了城市规划中引人注目的领域。一如既往，那些购买豪宅的贵族总想炫耀其住宅与众不同，尽管栖居于其中的只不过是一具具平凡的肉体，而这也导致各种光怪陆离的欲望产物鳞次栉比。相比之下，更廉价一些的居所则更容易采用和谐的设计、统一的材质与颜色，形成联排房屋和独栋建筑的良好组团，获得有效的韵律和节奏感。英格兰是该领域的先锋，在各种价位的住宅方面都能给全世界带来宝贵的经验。雷恩爵士不仅设计了汉普顿宫（Hampton Court），还设计了三一圣地救济院（Trinity Ground Almshouse，图 6-118）。英格兰在住宅方面的传统和经验，潜移默化地影响了美国殖民风格住宅的完善，并对当代田园城市的规划与发展作出了重要贡献，如莱奇沃思和汉普斯特德。后者的影响持续至今，尤其在德国的房产公司和政府部门的住宅营建，以及美国的战时住宅建设活动中，都能发现端倪。然而在这波住宅建设的浪潮风靡之前，美国早已在巴尔的摩的罗兰公园，为一些更加昂贵的豪宅制定了宏大而有趣的方案。该方案后来在美国各地得到效仿，它们的开发建设都受到大量关于大片私人用地的政策限制和保护，也都难得十分和谐。

在接下来的几页中，我们将一些插图放在一起，试图大致说明当今流行的一些趋势。本书在阐释观点时，已经简明扼要地引用了一些实例，此处不再赘述。

其中有少数几页将用来说明战时的住宅建设，这些工作是本国城市规划成果的重要案例。在这些方案中，早先美国在郊区扩建上模仿“乡村”公园的理想已被抛弃，取而代之的是欧洲的方式，即严谨的紧密排列的组团。究其原因主要是经济因素，但美学的影响也不可忽视。我们希望这些工作能成为长远未来的发展提供参考和借鉴的案例，对将来郊区或昂贵或平价的住宅建设带来有益影响。

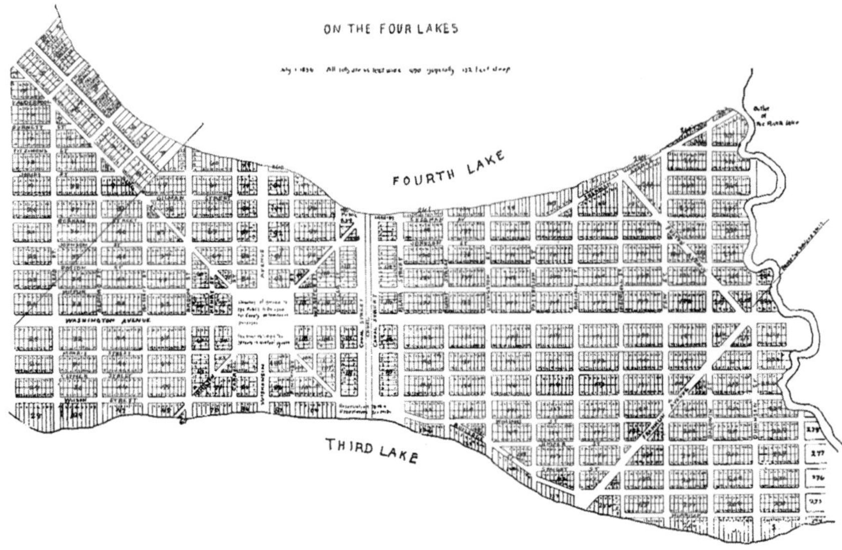

图 6-66 麦迪逊，威斯康星州，原方案

麦迪逊基本是按照该方案建设的，除了运河实际开凿的位置在图示的右侧，富尔顿（Fulton）大街和富兰克林（Franklin）大街并没有建成。设计师有一个致命的错误，他没预见斜向的道路会成为主要的交通路径，而把这些街道修得太窄了。[来源于诺伦（Nolen）]

图 6-67 圆形建筑

卡斯·吉尔伯特（Cass Gilbert）研究的圣路易斯庆典（St. Louis Fair）的节日大厅(Festival Hall)。这是一种适于建在街道交汇口中央的建筑。[来源于《建筑评论》，1904 年]

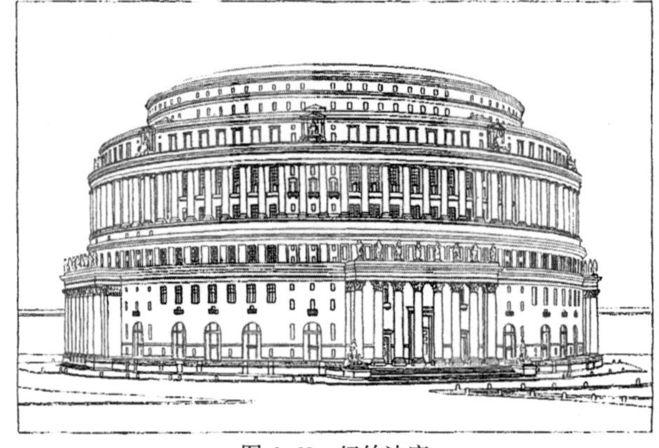

图 6-68 纽约法庭

盖伊·洛厄尔（Guy Lowell）这个方案图出自奥斯滕多夫《建筑六书》（*Sechs Bucher Vom Bauen*）。奥斯滕多夫做出了如下评论："无论它的细部如何，这个方案的设计者和采纳它的国家都拥有超凡的建筑统一性视角，令人叹为观止。"

图 6-69 都柏林，爱尔兰银行

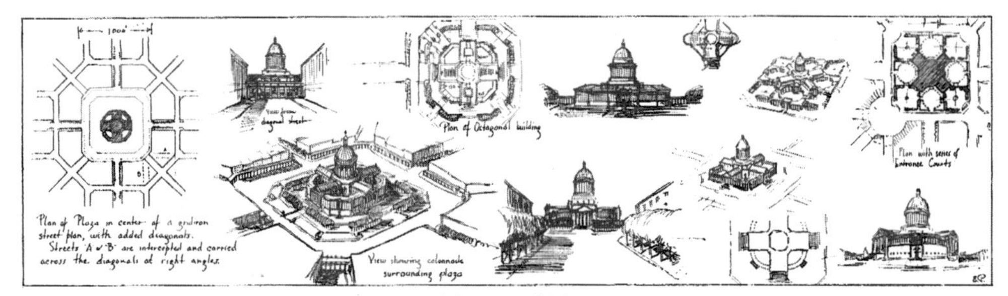

图 6-70 草图

有关 8 条放射形街道中央的大型公共建筑的研究缩略图

图 6-71　麦迪逊，威斯康星州议会大厦

该方案证明了在方格网加上斜向道路的中央广场里设计公共建筑是多么困难。当大体量建筑需要展开并面朝多个方向的时候，其设计就很难完整统一。在麦迪逊议会大厦中，四翼的伸展已远超中央穹顶所能控制的范围。从俯视图中可以看出，两个对面的体量形成了整体，而不是相邻的两翼，因此每一对体块将另一组切成了两半，而穹顶和四个小穹顶虽说想整合它们却力不能及。我们可以轻易地想象这座建筑看起来会是什么样：在背面相邻的两翼不可见，仅剩下 L 形的建筑和拐角处的穹顶——这正是从许多地面视角看到的建筑体量。就算我们在心中确信在建筑背后还有两翼存在，也很难在实际的体验中摆脱一个巨大的穹顶压垮比例失衡的两翼的直观印象。可以说想要将纪念性的穹顶和办公大楼平等地组合在一起几乎是难以实现的。要么办公楼方形体量被缩减至次要的地位来烘托穹顶［见原书 139 页内布拉斯加国会大厦（Nebraska Capitol）图］，或干脆切掉办公体量 让穹顶独立出来（见 Gilbert 草图，图 6-67）；要么就用一些大手笔来处理办公的部分，就像洛厄尔设计的纽约法庭的形式一样。

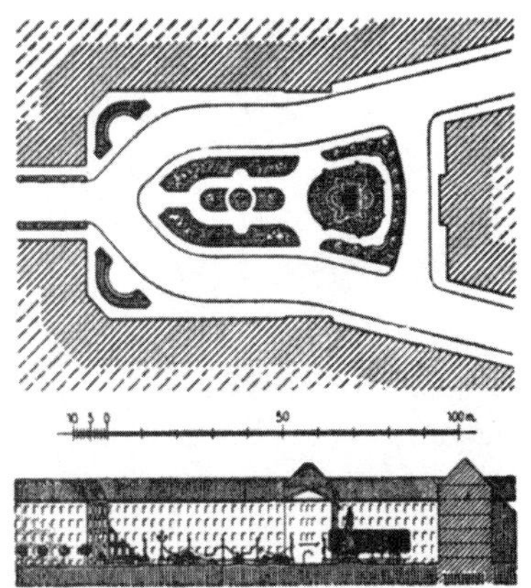

图 6-72　街道夹角

锐角古利特提出的一个能解决分叉道路美学与功能问题的一个方案。该花园方案值得更深入的研究。

图 6-73　斜线会造成很难看的夹角

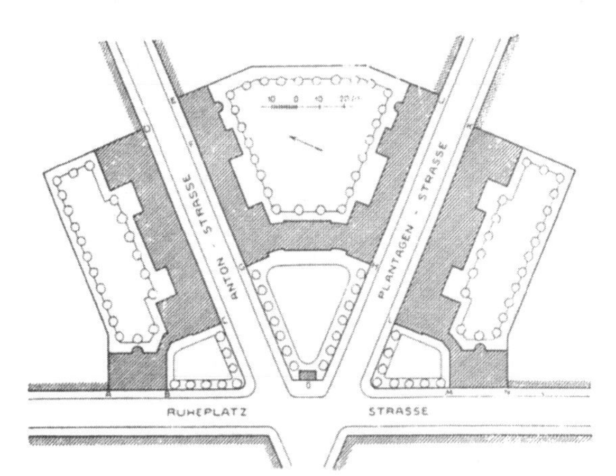

图 6-74　柏林，熨斗形地块上的学校 A

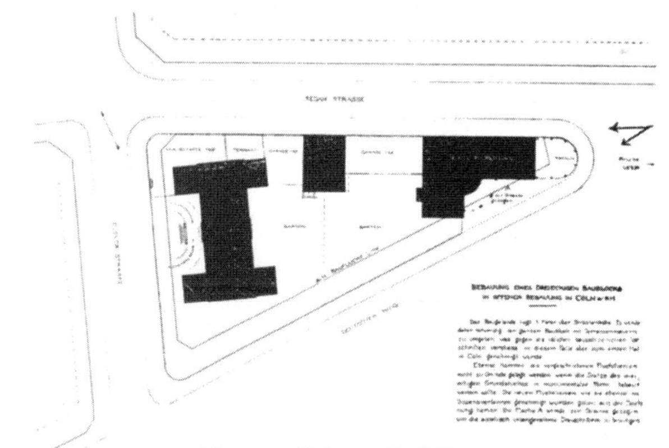

图 6-76　科隆，三角地块 A

图 6-75　柏林，熨斗地形块上的学校 B

路德维希·霍夫曼（Ludwig Hoffman）所作。（来源于瓦斯穆特的《月刊》）

图 6-77　科隆，三角地块 B

图 6-76、图 6-77 是保罗·舒尔茨－瑙姆堡设计的一栋三角地块的建筑，这 样的地块在华盛顿很常见。考虑到建筑设计得巧妙而得体，政府允许它微微越过红线。

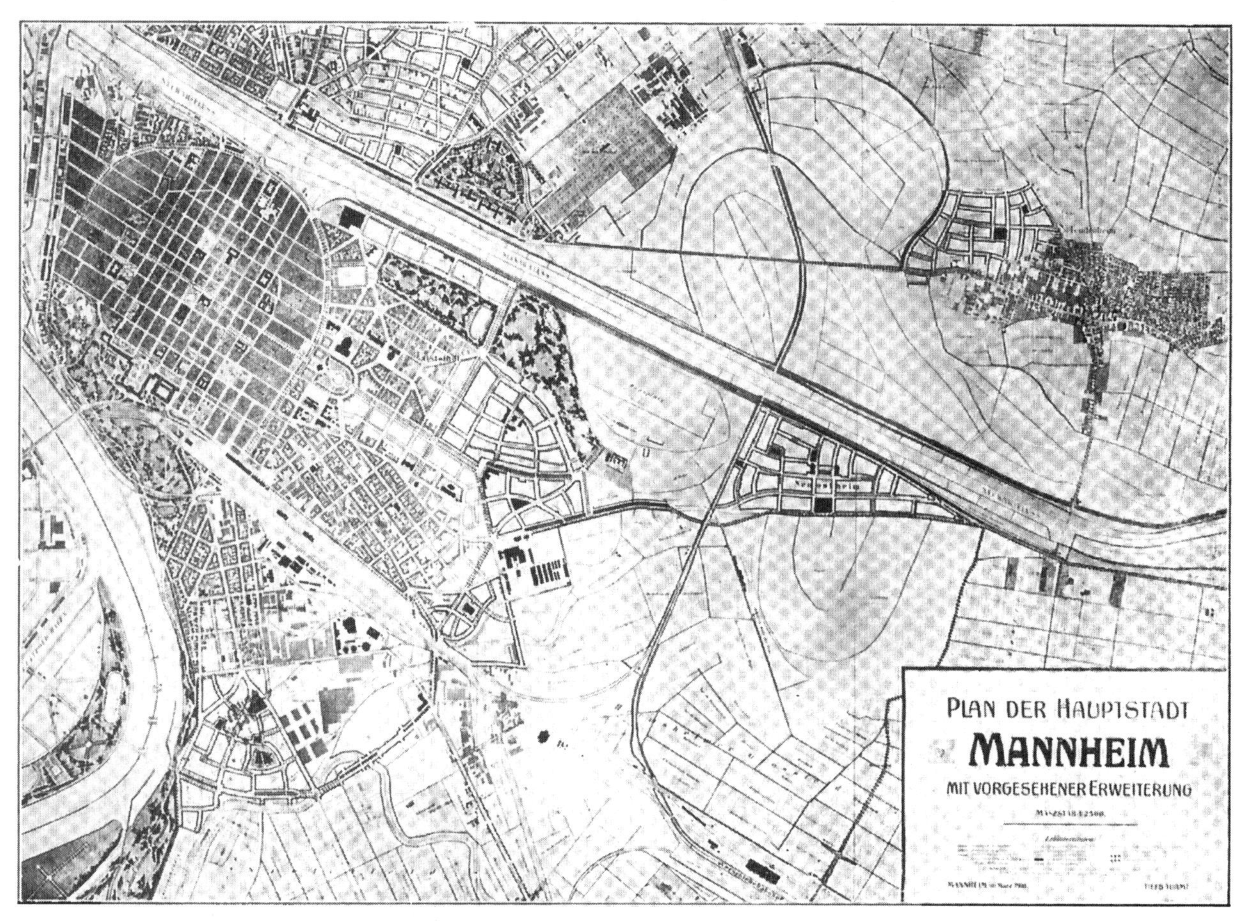

图 6-78 曼海姆及周边，当代地图，展示了不同的开发阶段

原书第 244 页的文字探讨了不同的开发时期和扩建区域。图 6-87、图 6-90 是城市最近的加建。[图 6-78、图 6-80、图 6-81、图 6-84 来源于曼海姆城市规划主任埃尔格茨（Ehlgoetz）]

图 6-79 曼海姆，露天市场和相邻的教堂与法庭

露天市场占据了 1799 年方格网规划方案中标为 G1 的地块。教堂、法庭和两者之间的塔楼组成了一幅美丽的图景。它们于 1700 年建造，先于加布里埃尔在图 2-132 中展示的一个类似设计。在图片里出现了一些面朝该广场的原有建筑，以及一个现代的异物。一定的管制与核准建筑模式的展示，共同保证了这个场景与图 6-77 中立面的高度协调性。

城里另一个重要的开放空间是游行广场（Parade Platz，图 6-80）。它本是工会大厅的场地（图 6-84），最近经种植成了一个花园广场，其中对角线的步行小径破坏了场地与建筑的关系。相邻的“大平板”，即贯穿城内的宽阔轴线，本是由两条道路和中间的林荫道组成的，现在则是一条两侧是行道树的宽马路。大平板的两端各从其一侧延长为一条小路，这样这条林荫大道就能正对这一栋建筑。

1699 年法国人烧毁曼海姆之后，城市按照规划大致建成了图 6-80 的模样。

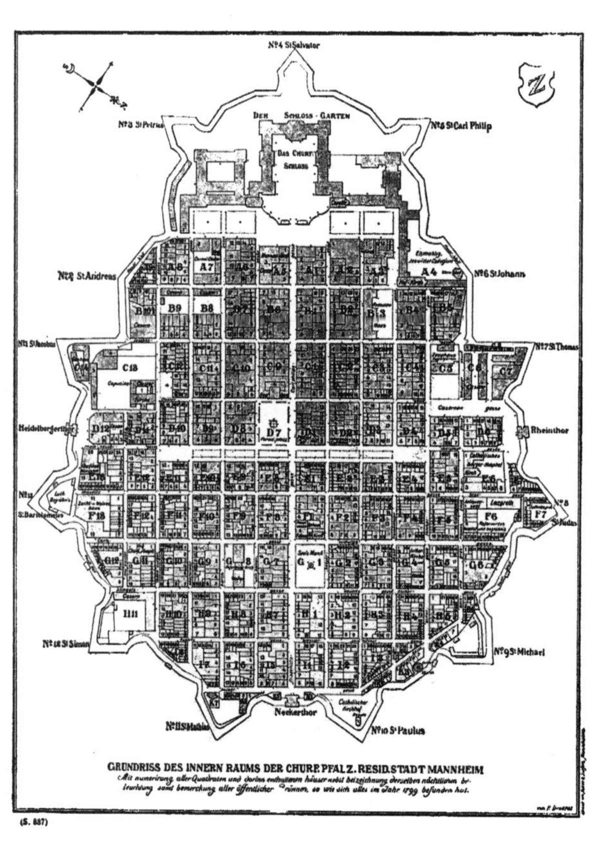

图 6-80 1799 年的曼海姆

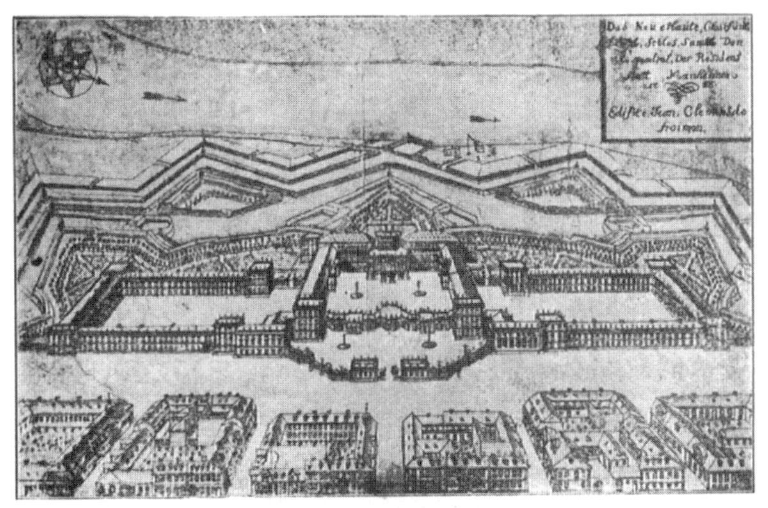

图 6-81　曼海姆，宫殿

由马罗（Marot）、弗鲁瓦蒙（Froimont）、比别纳（Bibbiena）和皮加日（Pigage）约于 1725 年建造。

图 6-82　曼海姆，耶稣会教堂

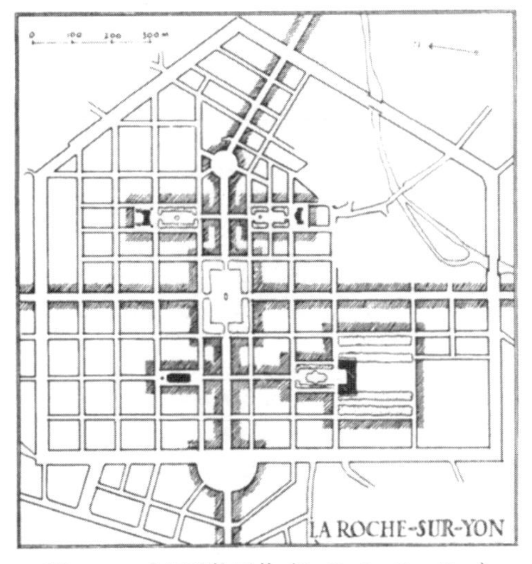

图 6-83　永河畔拉罗什（La Roche-Sur-Yon）

拿破仑建造的一个军事城镇。涂色部分是设计的骨架。

图 6-84　曼海姆，公会大厅与游行广场

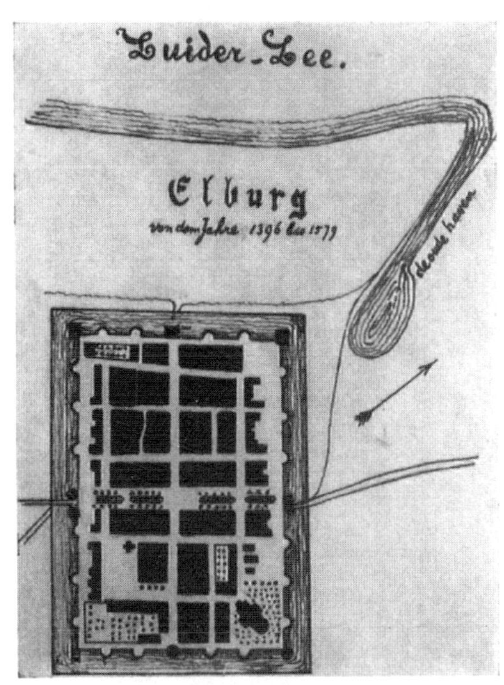

图 6-85　埃尔堡（Elburg）

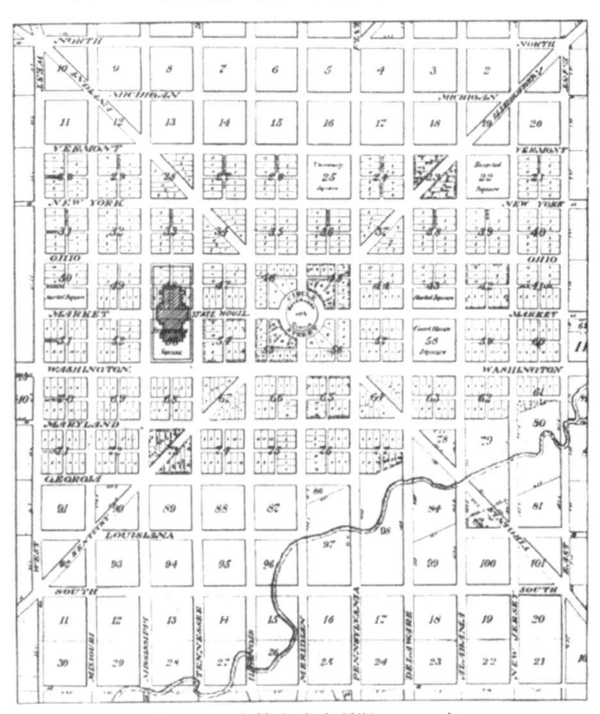

图 6-86　印第安纳波利斯，1821 年

大概是由朗方的助手罗尔斯顿（Ralston）所作。

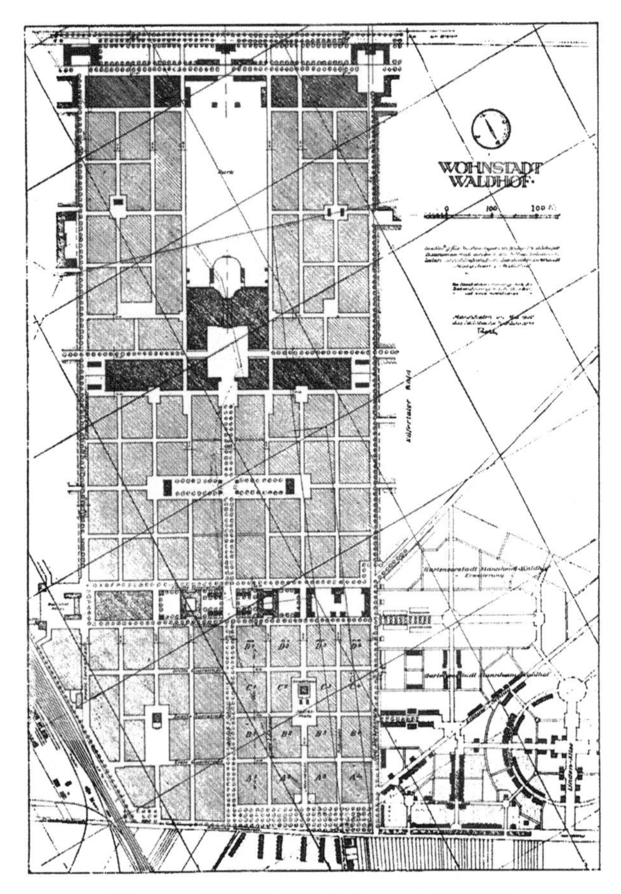

图 6-87 郊区瓦尔德霍夫（Waldhof）的平面

这是曼海姆最新的扩建，由卡尔·罗特（Carl Roth）于 1920 年设计。该平面与旧的曼海姆规划一样是方格网体系，但其打破格网的手法更加老练与频繁，尤其是对开放空间的处理。如此说来，它似乎是受到了斯卡莫齐方案（图 6-14）和与之类似方案的影响，可与上一页永河畔拉罗什的方案对比。

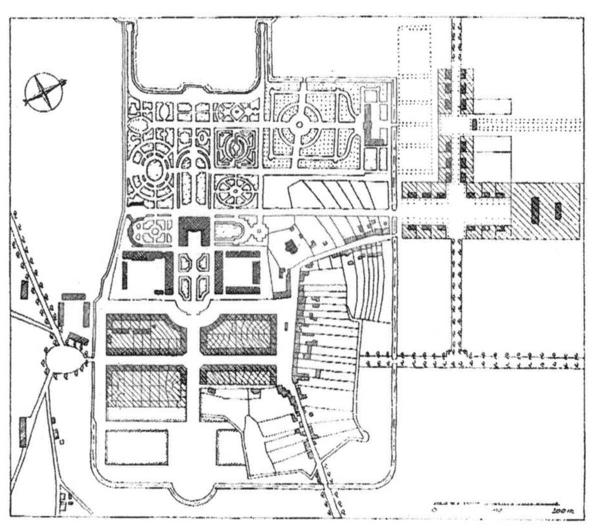

图 6-88 普弗滕（Pfoerten）

18 世纪中叶的一座工业城市，该方案是为了吸引人来到布吕尔伯爵（Counts de Bruehl）的住宅区。（来源于库恩）

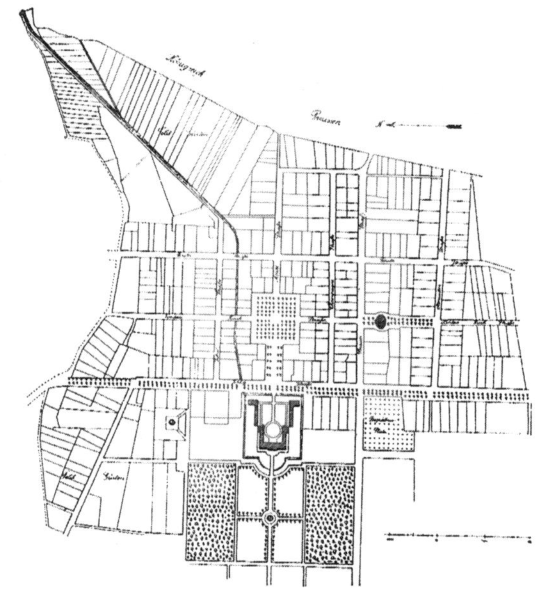

图 6-89 奥拉宁鲍姆（Oranienbaum）

大约于 1683 年规划。除了市场周围之外，所有房屋都是一层高的，因此教堂和宫殿鹤立鸡群。

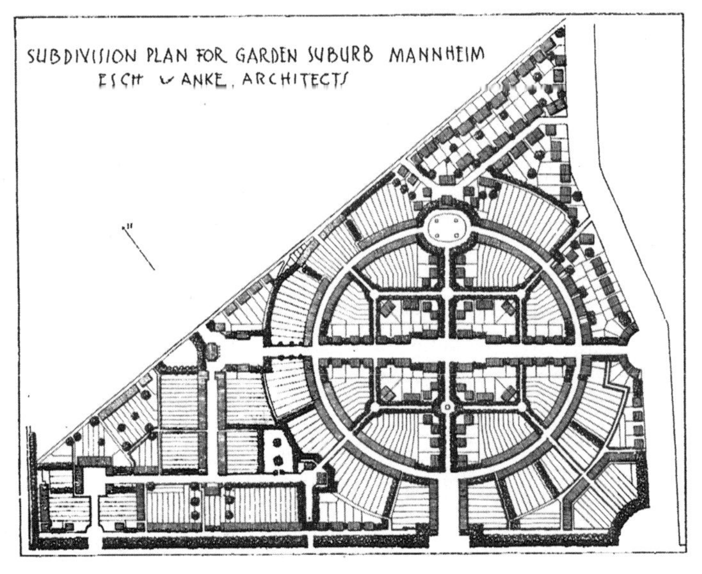

图 6-90 曼海姆受英国田园城市影响的一个郊区方案

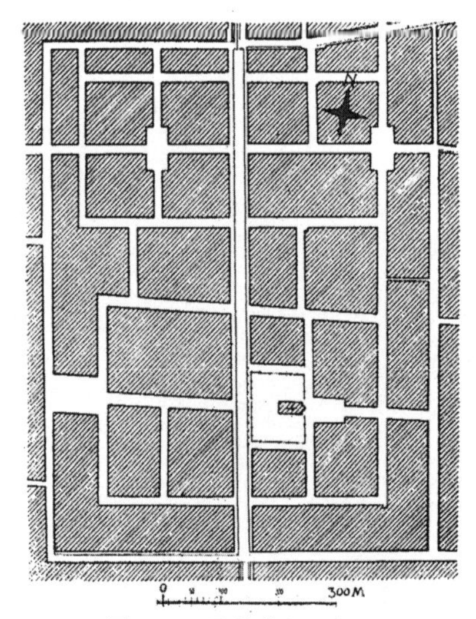

图 6-91 马格德堡，新区

拿破仑建造（来源于古利特）

图 6–92　特马豆克（Tremadoc）

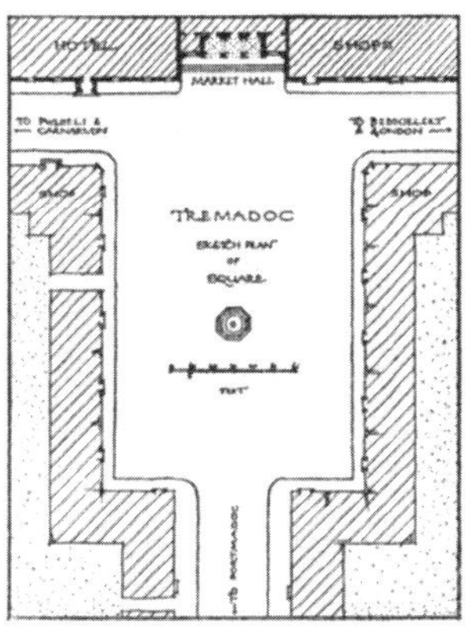

图 6–93　特马豆克

1798 年建造的威尔士西边的小城镇，左侧场景是从市场背后的悬崖上方拍摄的。（来源于《城镇规划评论》，1919 年）

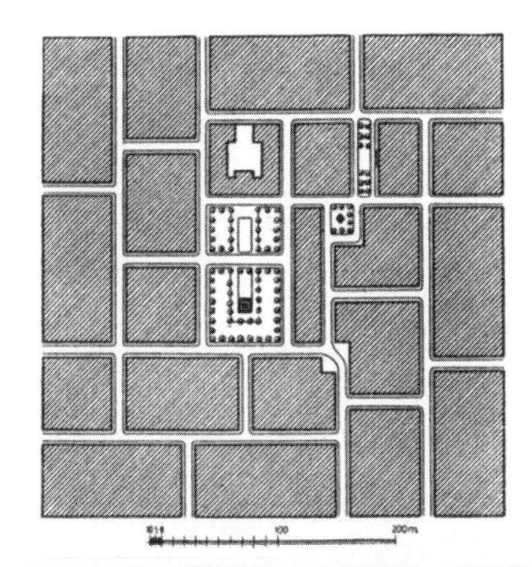

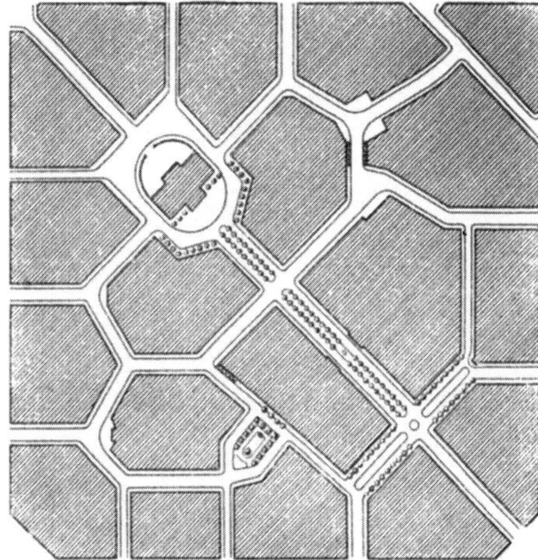

图 6–94、图 6–95　街道平面研究

这两张图，尤其是下面这张，展示了近 20 年风靡德国城市的半形式化风景如画的痕迹。最近的一些工作，如图 6–87 中罗特所作的瓦尔德霍夫平面，就完全没受到这种风格化非形式化的影响。（来源于古利特）

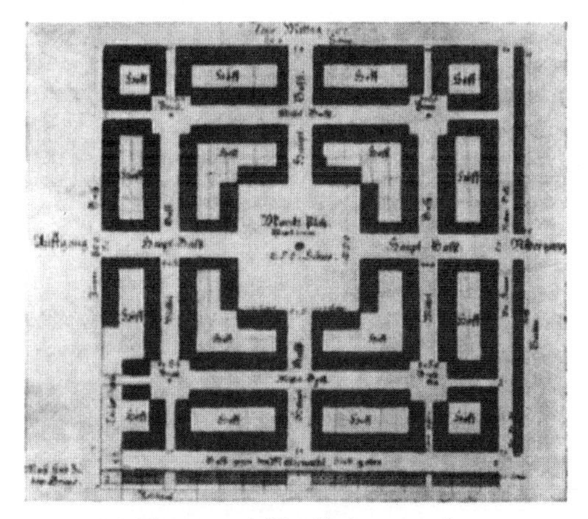

图 6–96　安斯巴赫（Ansbach）

这是 1685 年为胡格诺派（Huguenot）移民规划的郊区。他们为定居者提供了适合各种地块的不同大小的房屋样板。

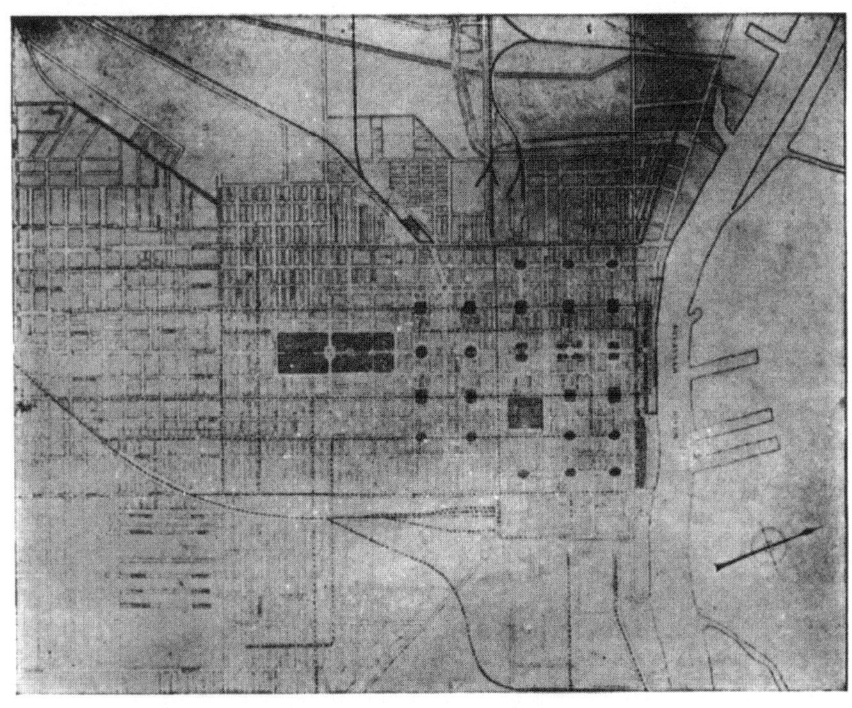

图 6–97　萨凡纳

据说是由州长约翰·奥格尔索普（John Oglethorpe）于 1733 年所作。

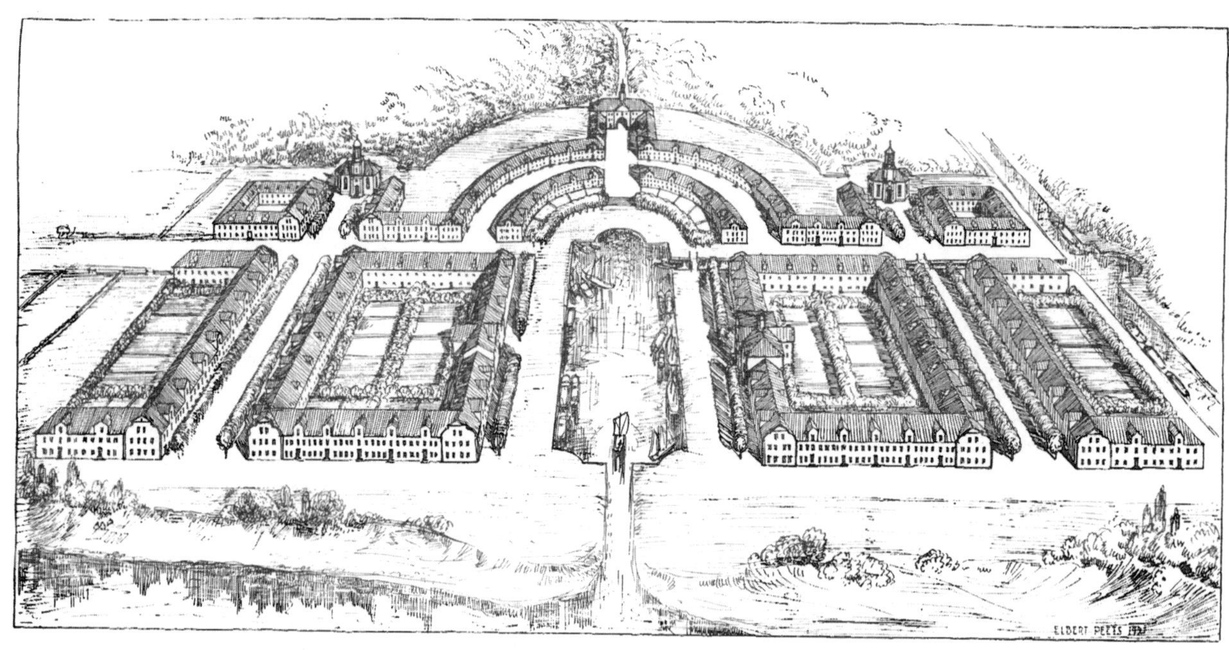

图 6–98　卡尔斯哈芬（Carlshafen）

卡尔斯哈芬是建于运河与威悉河（Weser）交汇处的一个小型商业城镇，既是码头也是货物交易点。上图中想象的场景源于 1699 年的原规划方案。在方案实施的时候有很多调整，最终建成的城市如下图当代平面所示。在小镇背后，地势骤然抬高，这对建筑的坡度造成了一定的障碍，大致由于这个原因小镇的规划没能延伸至那个方向。显然，规划的意图是如果需要拓展小镇，将在左侧重复原有的建筑布局。就像图示一样，小镇内的建筑基本上是统一的。

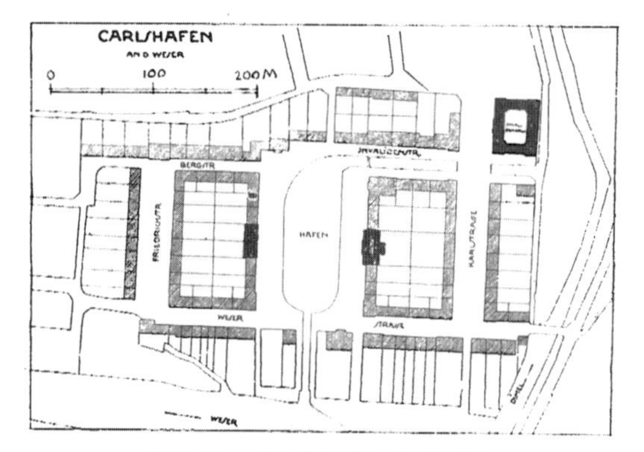

图 6–99　卡尔斯哈芬，当代平面

（来源于保罗・沃尔夫）

图 6–100　新奥尔良，武器广场（Place D'armes）

现在名字叫杰克逊广场。

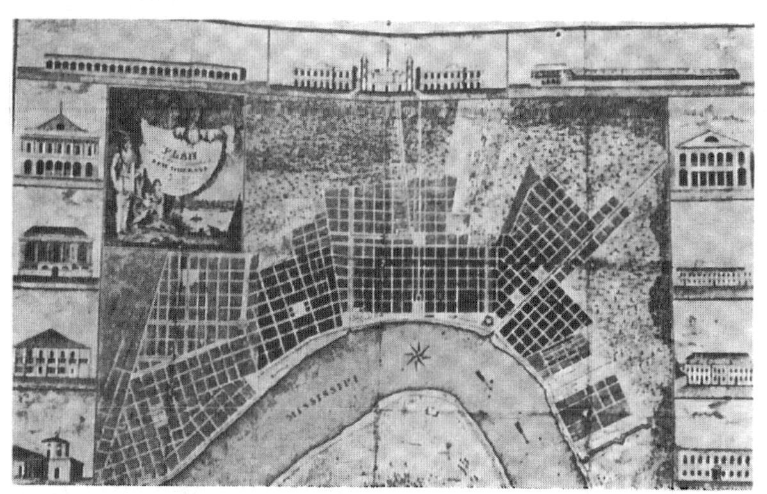

图 6–101　新奥尔良

这是由莫伊兹・戈尔茨坦（Moise H Goldstein）在《建筑》（*Architecture*）中的一篇文章里重绘的新奥尔良 1906 年平面图。原图由 J. 拉内塞（J. Lanese）于 1815 年绘制。图中由 12×6 个方形组成中央城区，是布隆・德拉图尔爵士（Sieur Blond de la Tour）于 1720 年规划的城镇。那时的“广场”（Place），即如今图 6–100 中滨水的杰克逊广场，是旧城的中心。1788 年，建筑毁于大火。图中的方案表现了对方格网巧妙而变通的应用，相较而言政府调查人员绘制的平面就有所不及。

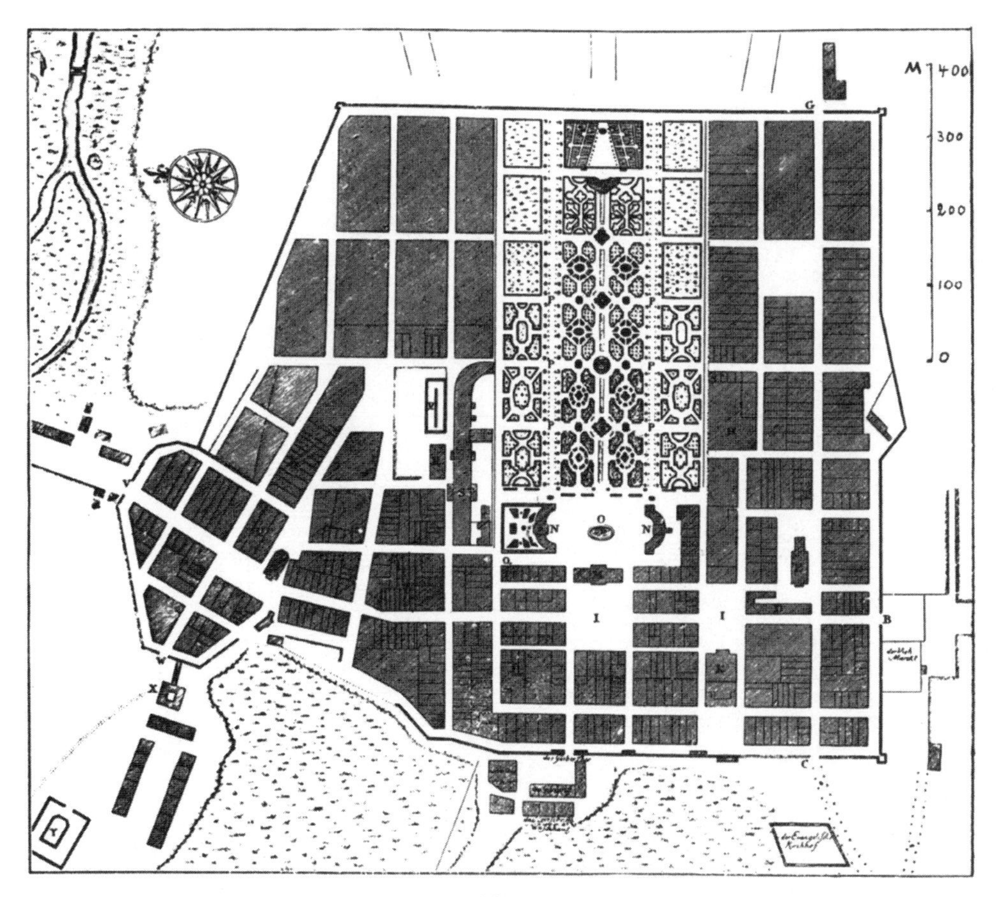

图 6–102　埃朗根（Erlangen）

图中标着“I”的两个广场周围的区域，在 1686 年被规划为旧城的郊区。其中那个较大的广场使用效率非常高，因此数年之后它被作为马克格拉夫（Markgraf）的宫殿“M”的选址。埃朗根方案有趣的地方在于，相较于大多数建筑而言，许多街道拐角处的建筑被拔高，以此来形成视廊并强调轴线。这些房子被恰当地称为“指明方向的房屋”（Richt Haeuser）。它们和较矮的房子有效地组合在了一起。

该城市规划方案要追溯到 1740 年。

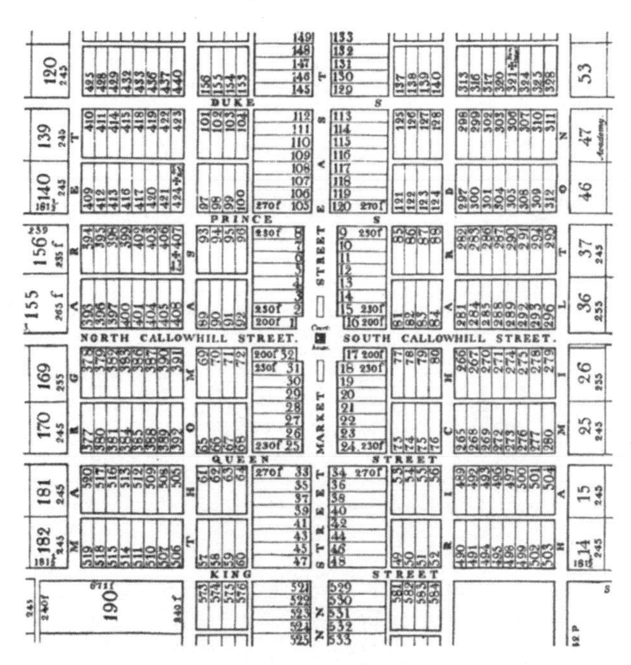

图 6–103　雷丁

1748 年的城市中心原方案的作者是尼古拉斯・斯卡尔（Nicholas Scull），他是效力于威廉・佩恩子嗣的勘查员。在殖民时期雷丁有着整齐的街道和古色古香的红砖房，可想而知它一定是一座极有吸引力的城市，且它仍然保有旧时的风韵。虽然当代建筑审美并不欣赏简单而庄严的传统街道建筑，但正是它们带来了独特而有个性的魅力。

旧法庭和市场早已被拆除，城镇中央精美的佩恩广场现在是开放的有铺地的区域。人们并不期望近年佩恩广场的改造建议能被实施：修建中央绿化带、休息站等。[该平面由城市工程师 E.B. 乌尔里赫（E.B.Ulrich）先生重绘]

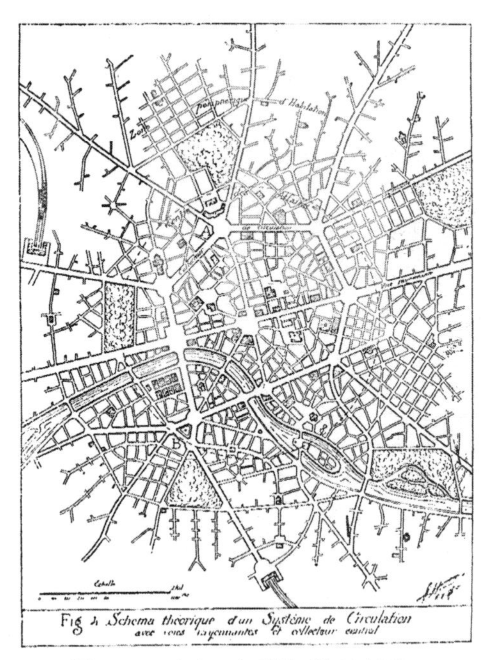

图 6-104 市中心交通循环的理论图解

上图是黑纳德（Henard）的方案，其中过境交通会穿过城市的中心节点。费城刚开始计划使用这类方案的时候，中央环线太小，汽车几乎是被迫在转圈。

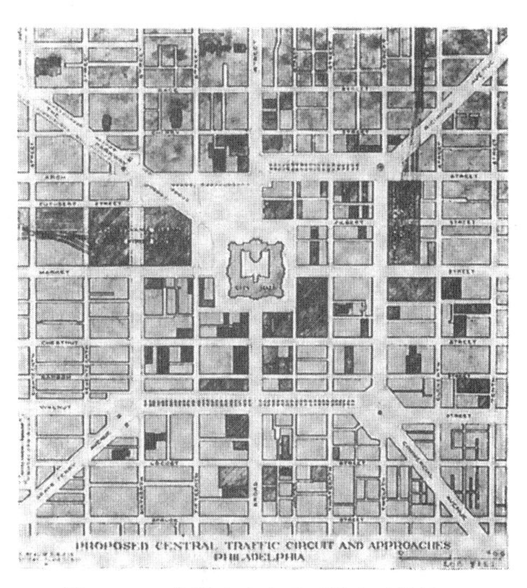

图 6-105 费城中央交通环线和对外接口

该方案由城市调研局提出，他们认为这样的方案能“有助于极大地减少城市中心的交通压力，减缓如今办公用地的集中化和高密度趋势，提高目前贬值或停止不动的地块价格，帮助消除贫民窟，可以在更实用的同时增加城市的区分度”。该方案因为许多新建建筑做出不少修改。

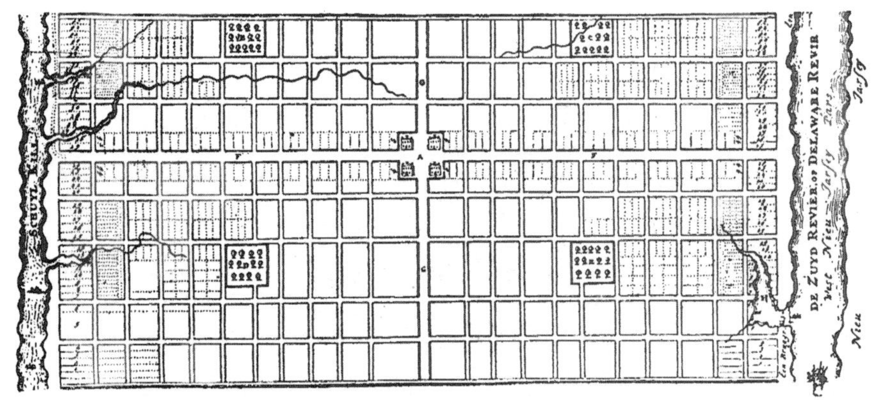

图 6-106 费城，佩恩的方案，1682 年

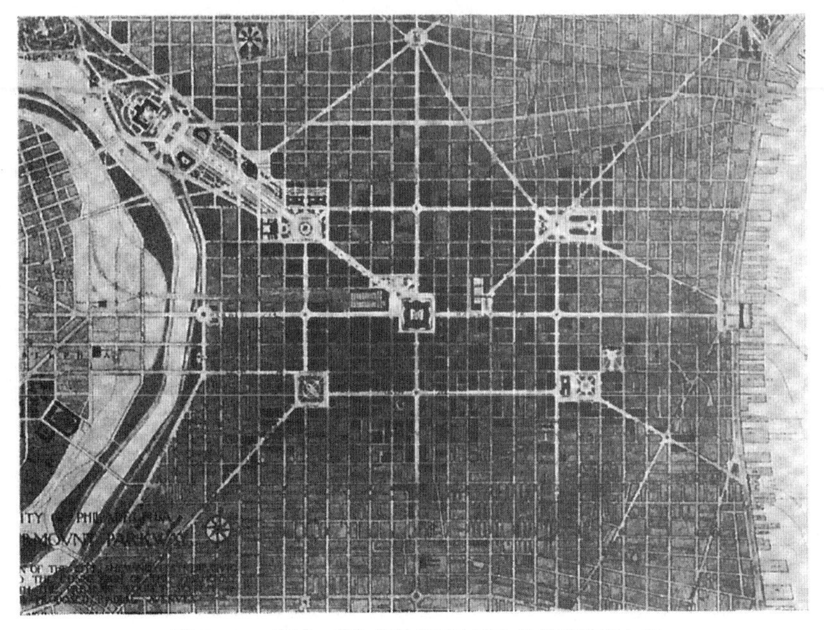

图 6-107 费城，费尔芒特公园大道和放射形道路方案

图 6–108 费城，公园大道，向市政厅望去

图 6–108、图 6–109 和图 6–111~ 图 6–113 是雅克·格雷贝尔（Jacques Greber）复制的图画“费尔芒特公园大道”，图片原版作者为费尔芒特公园艺术协会，1919 年。

下图分别是旧方案和新方案。图 6–112 是 1908 年市长雷伯恩（Reyburn）提议的方案，下一年就纳入了城市规划。图 6–111 是 1917 年法国建筑师和城市规划师雅克·格雷贝尔的修改方案。虽说洛根（Logan）广场的设计不可能十全十美，但格雷贝尔先生显然提供了更好的方案。旧方案中随意的建筑体量对公园大道的边界可以说是一种虚构的秩序，而新方案则使用了树木，这更加高明。格雷贝尔消除了许多尖锐的夹角，但他面对主教大教堂门前的复杂交叉口时似乎束手无策。奇怪的是，公园大道侧翼的街道并不直接望向市政厅的塔楼。

图 6–109 费城，公园大道，向公园望去

图 6–110 雅典，学院

典型的博物馆式的平面布局。这里引用是因为该方案面朝一组三岔路的街道，建筑本身与一对柱子一起作为三条视廊的终点。由汉森（Hansen）设计。（来源于《建筑评论》，1901 年）

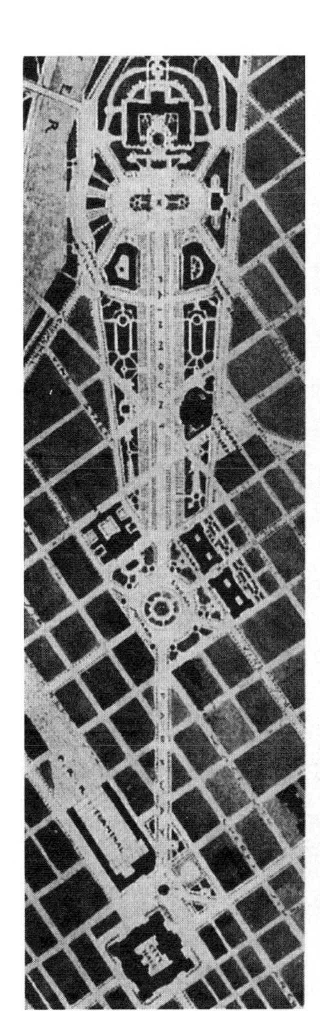

图 6–111、图 6–112 费城，费尔芒特公园大道 1917 年和 1907 年的方案。

文字说明见上。

图 6–113 费城，费尔芒特公园大道

从市政厅塔楼看公园大道。

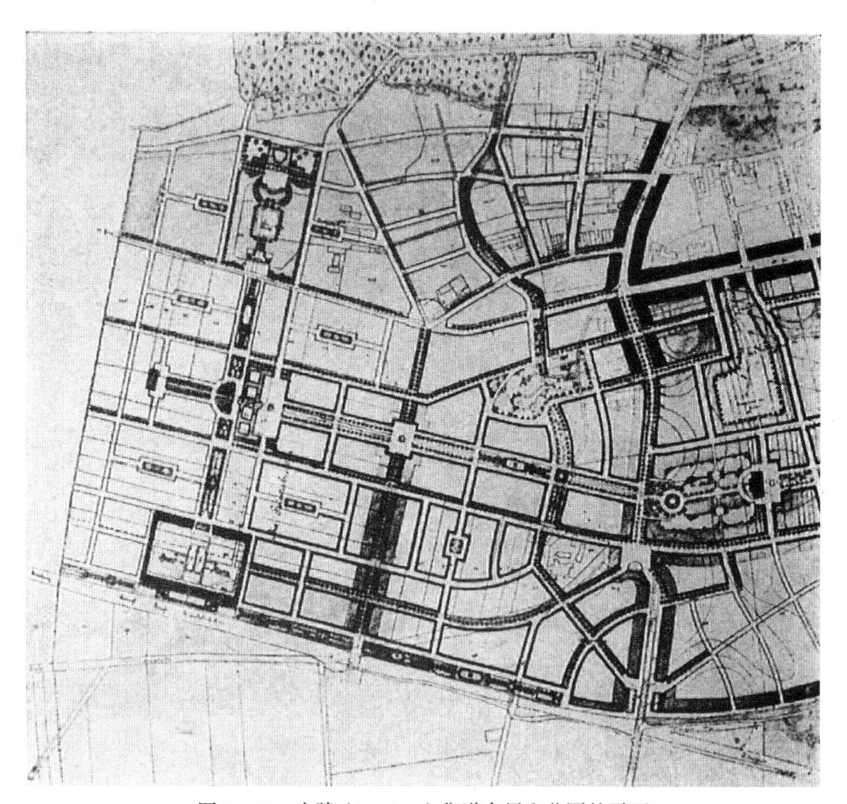

图 6-114 克滕（Coethen）街道布局和花园的平面

由 A.E. 布林克曼设计。当时布林克曼是文艺复兴规划学者们公认的领袖。图中方案，尤其是地形适宜的左半部分，是形式化设计很好的例子。

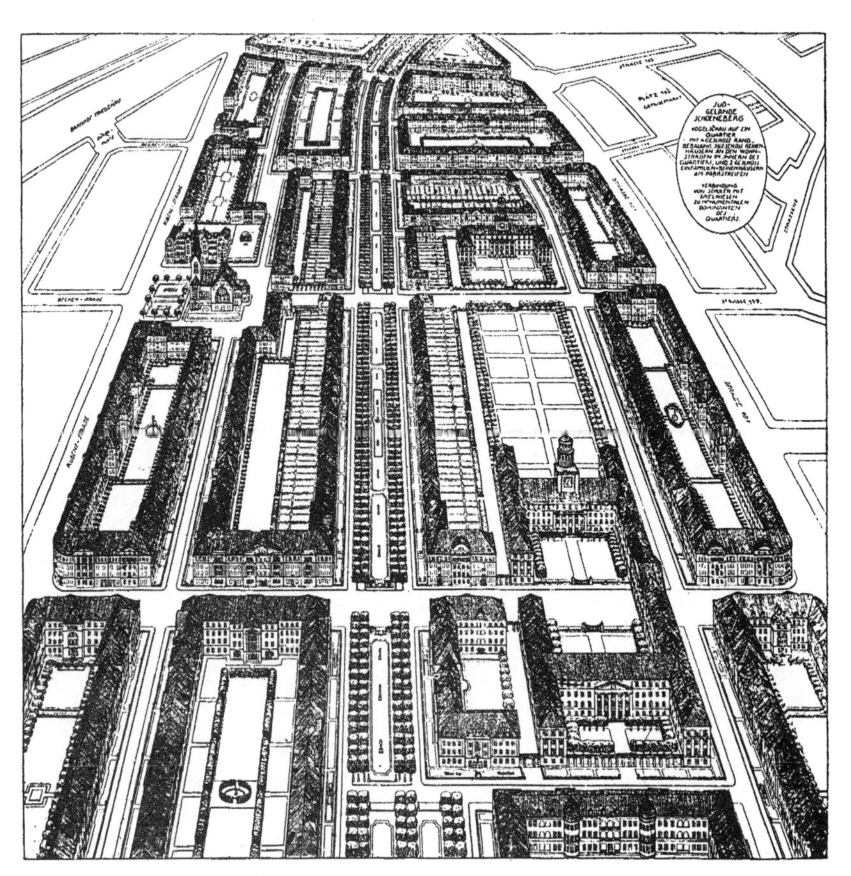

图 6-115 柏林，舍嫩贝格（Schoeneberg）的住宅区

由保罗·沃尔夫设计。设计有如下文字说明：“这是该区域的鸟瞰图。周围有一圈 4 层高的楼房环绕，内部是 3 层高的楼房，而公园大道两侧的房屋则是两层高；区域内主导的纪念性要素是学校和游乐草坪之间的相互关系。”

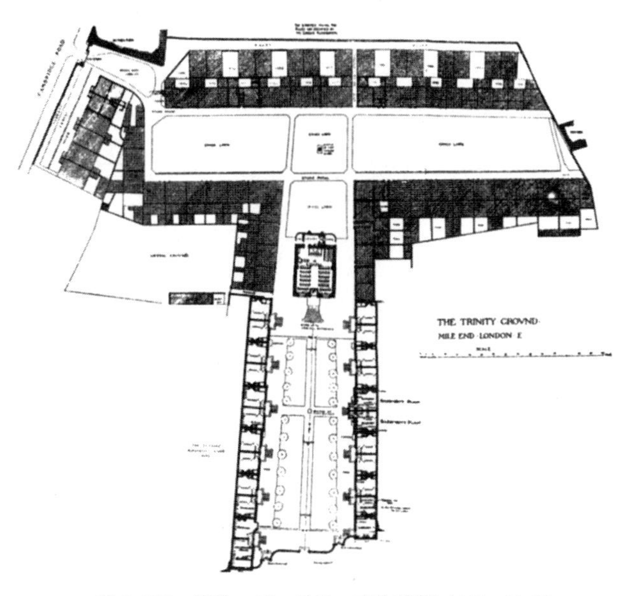

图 6–117　伦敦，三一圣地，麦尔安德（Mile–End）

这是由雷恩为海员的寡妇们设计的救济院。教堂背后的长条形草坪空地是后来增加的，而在这个美丽的草坪周围又规划了一组联排房屋与公寓。其实，这已经是一座迷你的田园城市。巴洛克式的围墙是该方案中很有意思的手笔。

图 6–116　汉诺威，特特城（Tetstadt）

特特饼干公司的住宅和商店，由伯恩豪·赫特格（Bernhaul Hoetger）设计。（来源于沃尔夫）

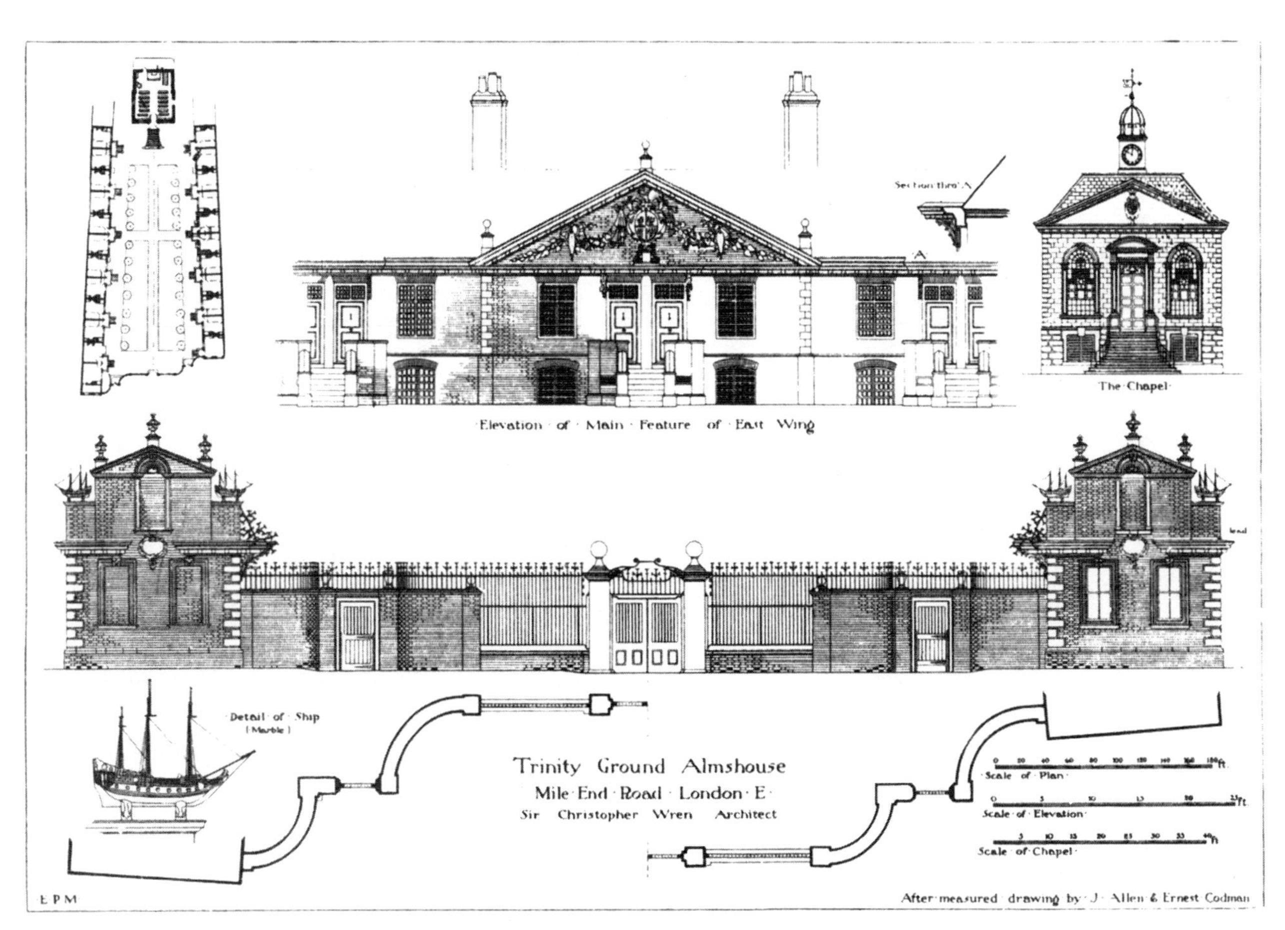

图 6–118　伦敦，三一圣地救济院，麦尔安德

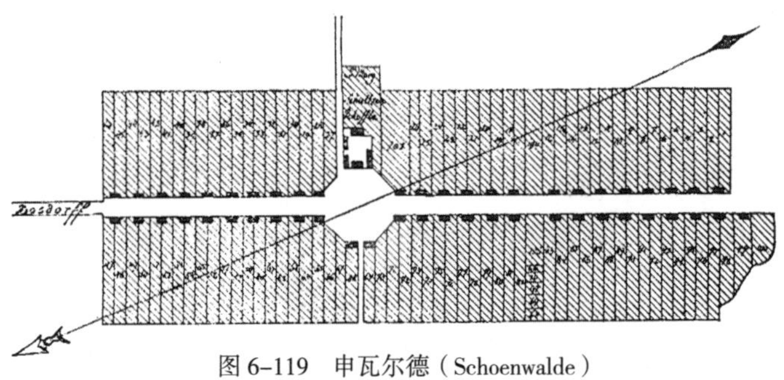

图 6-119　申瓦尔德（Schoenwalde）

柏林附近的一座小村庄，1751 年布局。（来源于库恩）

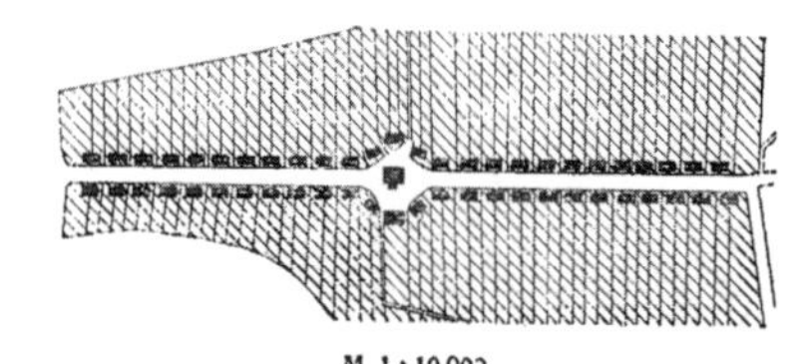

图 6-120　新利陶（New Littau）

柏林附近的一座小村庄。道路放宽处的建筑是一座教堂，如此摆放是为了让侧窗能对着街道轴线。

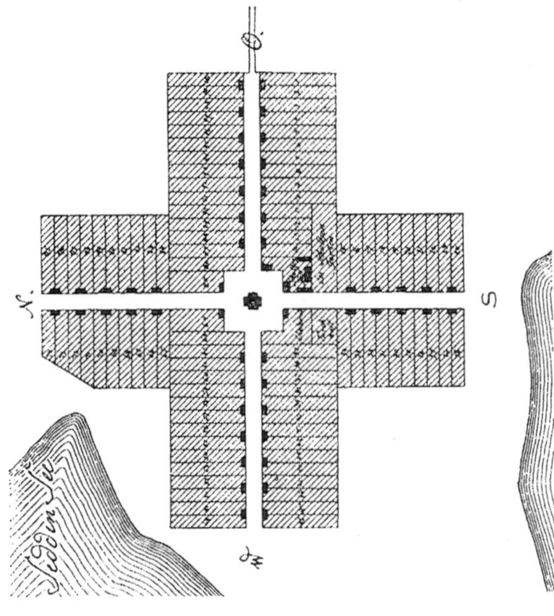

图 6-121　格森（Gosen）

平面中央的教堂最终没有建成。可与图 6-103 中雷丁当代平面的中央广场对比。

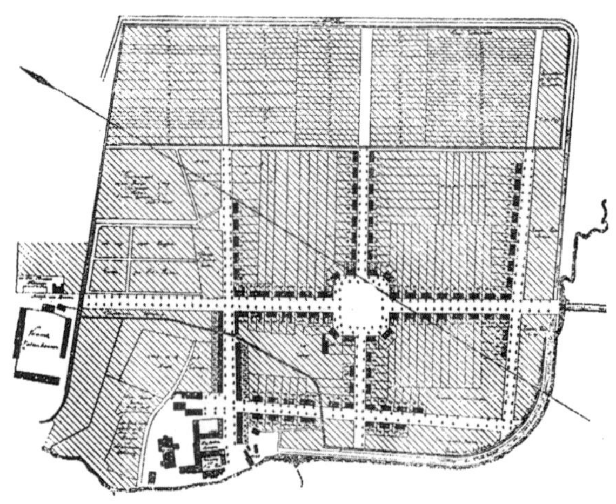

图 6-122　津纳（Zinna）

17 世纪中叶，柏林附近为纺织工人建造的村庄。这 4 个普鲁士定居点的方案图，来源于瓦尔德马·库恩的一本书，这本书讲述的是腓特烈时期的各座城镇。库恩自己也在书中加入了很多这些整洁优雅的小镇如今的图片。

图 6-123　内布沃思住宅区（Knebworth Estate）

这是由托马斯·亚当斯和 E.L. 勒琴斯设计的一个英国田园城市。

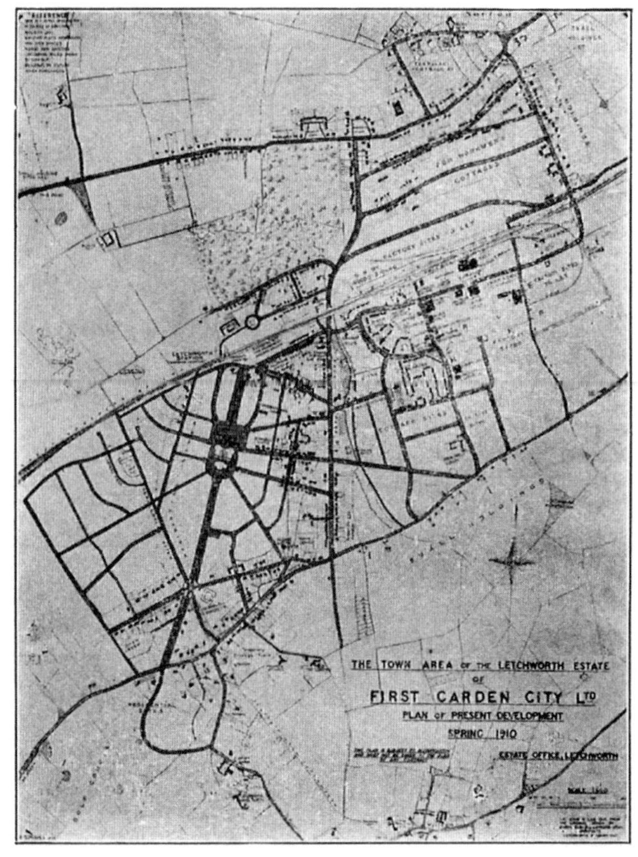

图 6-124　莱奇沃思

由巴里·帕克和雷蒙德·昂温设计。

图 6–125　建筑组团

由 C.E. 马洛斯（C. E. Mallows）设计。

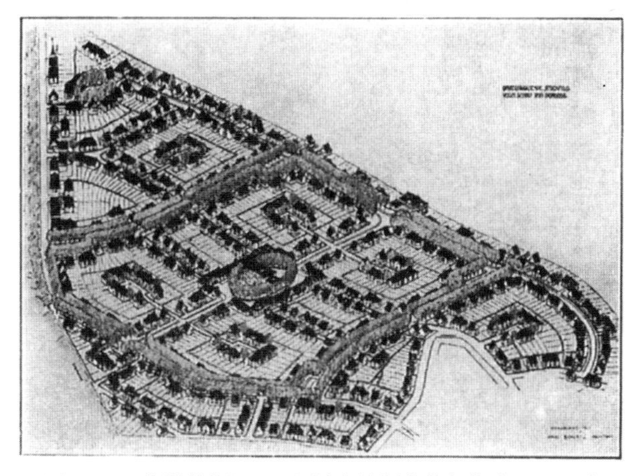

图 6–126　斯特拉斯堡，田园城市施托克费尔德（Stockfeld）的方案

这个未实施的方案由卡尔·博纳茨（Karl Bonatz）设计。

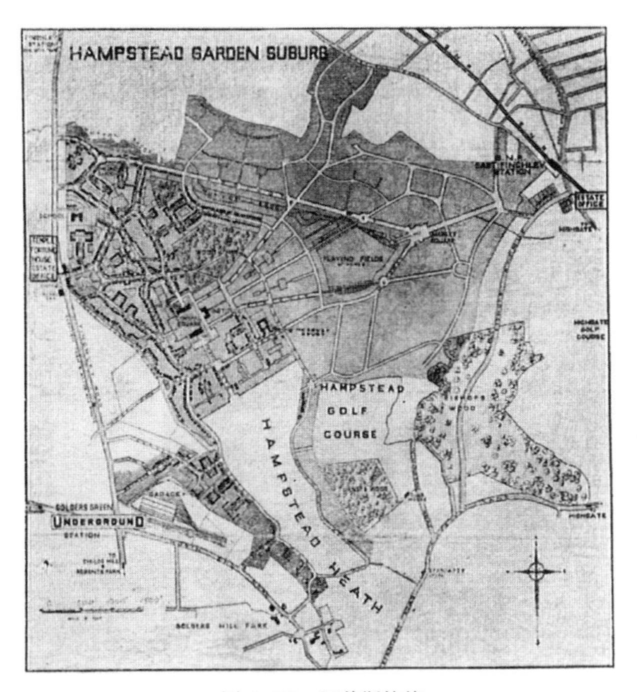

图 6–127　汉普斯特德

由巴里·帕克和雷蒙德·昂温设计。汉普斯特德是伦敦的一个花园郊区，并不像莱奇沃思一样是一个职住结合的“田园城市”。

图 6–128　达尔豪泽海德（Dahlhauser Heide）

由施莫尔（Schmohl）设计的采矿小镇的方案。

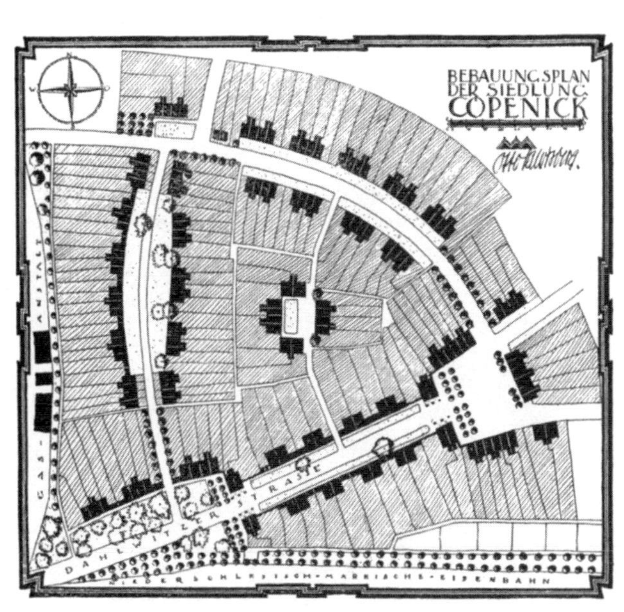

图 6–129　科佩尼克（Coepenik）

图 6–130　科佩尼克

这是由奥托·萨尔维斯贝格（Otto Salvisberg）设计的一个柏林郊区；在达尔维茨大街（Dahlwitzer–strasse）中的场景。

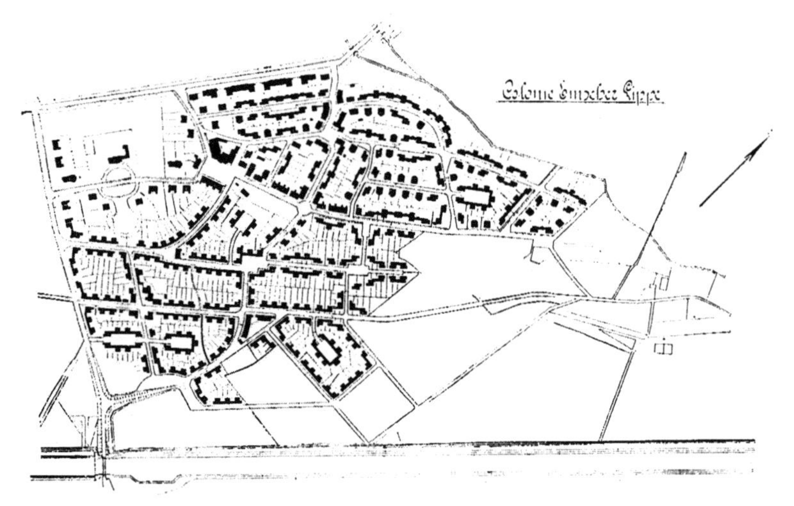

图 6-131 埃姆舍・利佩(Emscher Lippe)
埃森(Essen)的一个花园郊区,由施莫尔设计。

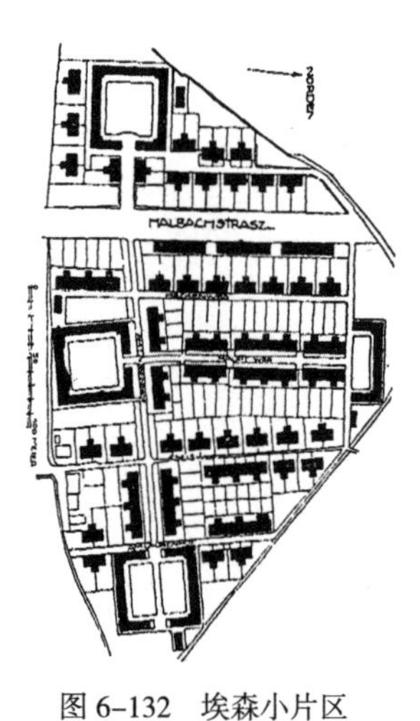

图 6-132 埃森小片区
施莫尔设计。来源于穆特修斯(Muthesius),他称之为“兵营据点”。

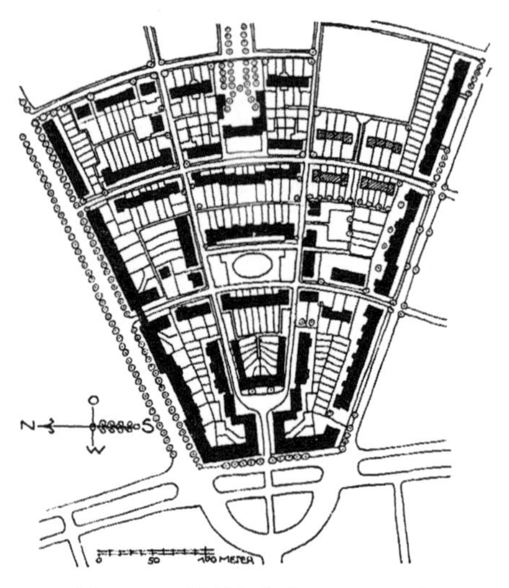

图 6-133 马林布伦(Marienbrunn)
用来容纳大型化工厂的实验室员工;由萨尔维斯贝格设计。

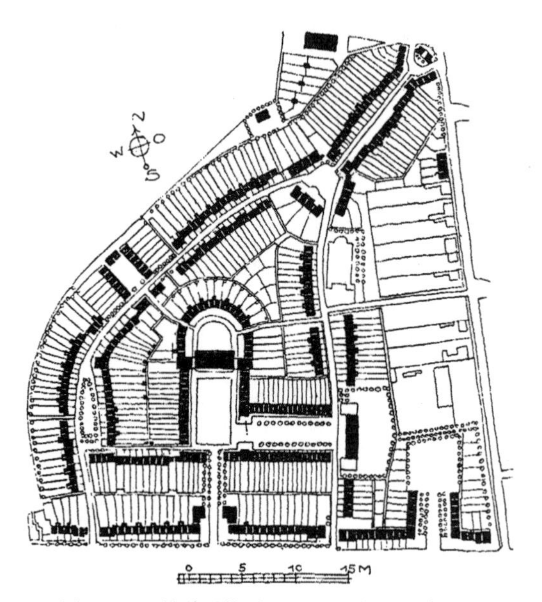

图 6-134 维滕贝格(Wittenberg),花园郊区
利普西克(Leipsic)花园郊区,由斯特罗贝尔(Strobel)设计。(来源于穆特修斯)

这两页由穆特修斯重绘的平面,是现在英国和德国滥用的半形式化平面布局的典型。我们已几乎无法分清这座田园城市属于哪个国家。英国的先例向来在细节和各组团上很注意形式,或许这影响了德国的城市规划师们,而这种风格与西特和亨里齐(Henrici)二者紧密相关。有些其他德国建筑师本来就不喜欢风景如画的中世纪风格,因此更加偏爱文艺复兴方案。于是他们去寻找文艺复兴的正统根源,16 世纪的意大利,17 和 18 世纪的法国、英国和德国,他们的方案不仅有严谨的细部,也是一个形式整合过的统一体(例如图 2-275、图 6-87、图 6-114)。

图 6-135 利普西克
这条当代街道的轴线正对着利普西克战役纪念碑。

图 6-136 利希滕贝格(Lichtenberg),联排房屋
柏林的花园郊区,由彼得・贝伦斯(Peter Behrens)设计。(来源于瓦斯穆特的《月刊》1921 年)

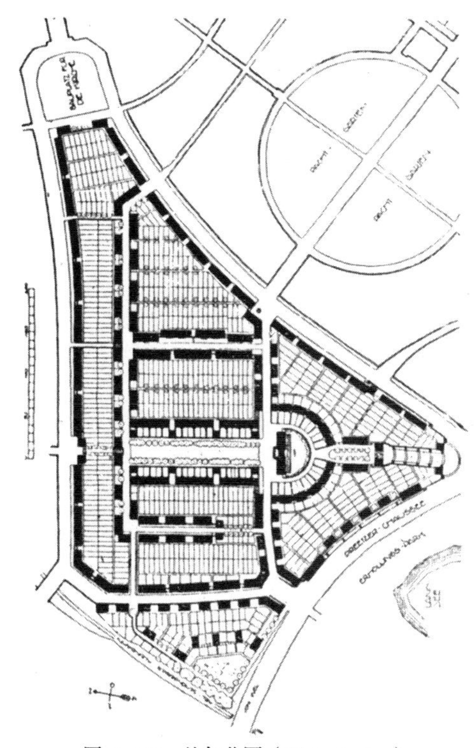

图 6-137　基尔花园（Kiel-Garden）

由施莫尔给克虏伯（Krupp）工人设计的住宅方案。平面中心部分和图 6-98 卡尔斯哈芬很像。（来源于穆特修斯）

图 6-139　哈雷（Halle），花园小镇里德堡（Reidburg）

图 6-140　贝尔利希（Berlich），威斯特法伦（Westphalian）的采矿小镇

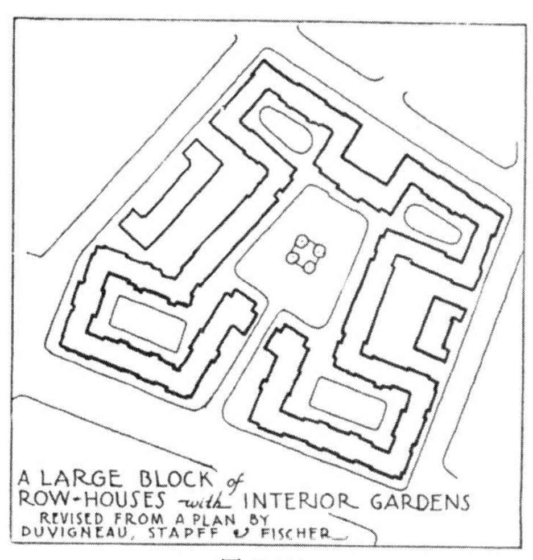

图 6-138

该方案几乎只是用了一栋大楼，但并没有造成不合理的入口和外观。

图 6-141　哈瑟尔，威斯特法伦的采矿小镇

图 6-139~ 图 6-141 引自《城市设计》，1918 年；图 6-142、图 6-143 来源于瓦斯穆特的《月刊》。里德堡由约尔丹（Jordan）设计，贝尔利希和哈瑟尔（Hassel）由 R. 瓦尔（R.Wall）设计，这两者都是用了当地、当时的样式。弗里斯兰（Friesland）由詹森（Jansen）设计，他获得了大柏林规划竞赛的一等奖。

图 6-142　埃姆登（Emden），弗里斯兰的郊区

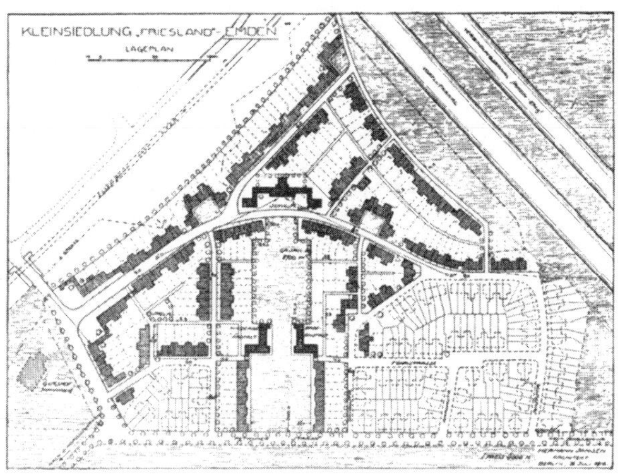

图 6-143　埃姆登，弗里斯兰的郊区

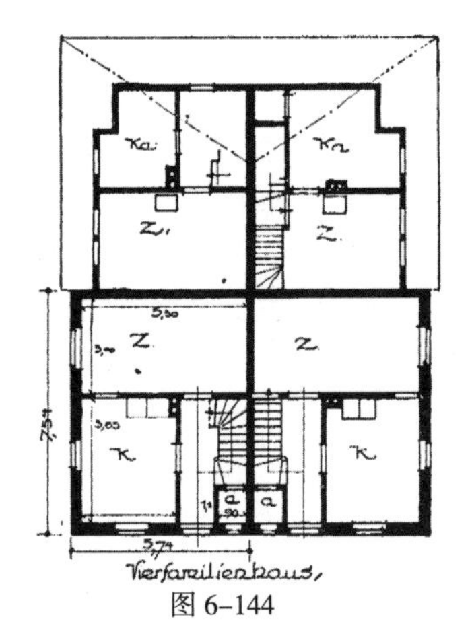

图 6–144

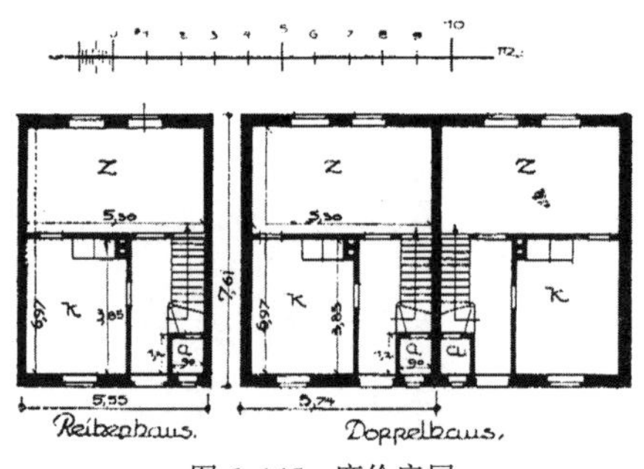

图 6–145　廉价房屋

图 6–144~ 图 6–146 是德国廉价乡村小屋的代表。图 6–144 是一栋四户住宅，每户各占一角。图 6–145 是一个联排房屋的单元和一栋双拼房屋。图 6–146 是一栋两层楼的房屋，一层两户。房屋地块大小见图 6–149，这些房屋的平面和场景见图 6–155、图 6–156。

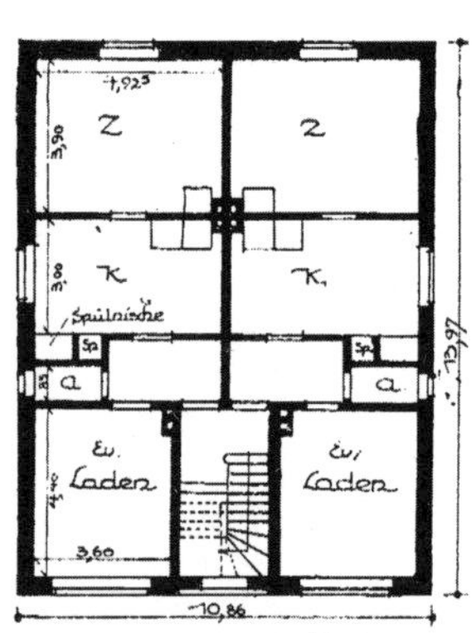

图 6–146

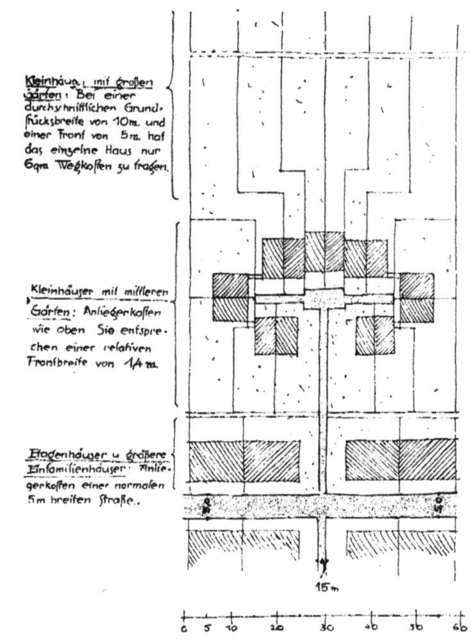

图 6–147　廉价房屋

这是图 6–148 总平面图中的一个边界上的地块。此处的想法是让每个街块进深很长，来提高道路的利用率。街块中央是一组房屋，附属的花园像风扇一样排列。

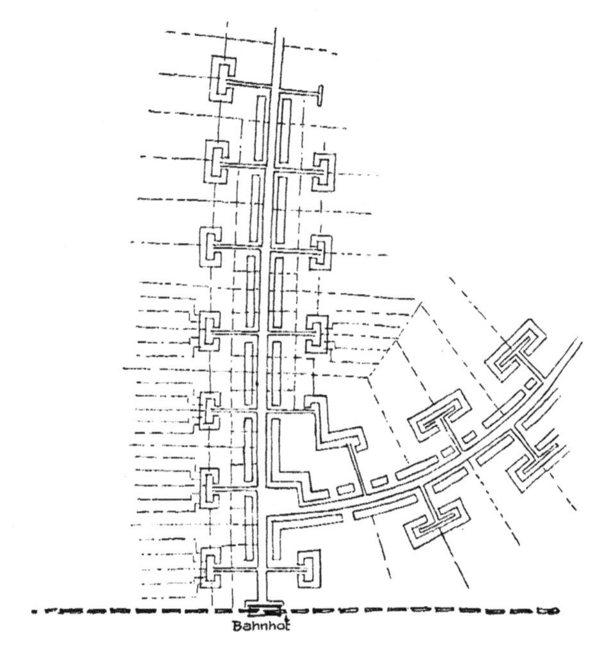

图 6–148　廉价房屋的布局

局部平面见图 6–147，其中一个单元的场景见图 6–152。[利奥波德 · 斯特尔滕（Leopold Stelten）的竞赛设计，在《城市设计》中出版，1918 年]

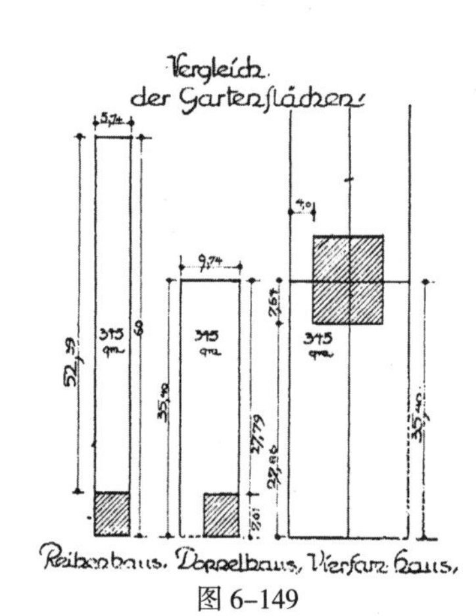

图 6–149

另见上侧图 6–144~ 图 6–146 和第 266 页图 6–155~ 图 6–158。这些图都是下西里西亚（Lower Silesia）居住区的方案，由 K. 埃尔布斯（K.Erbs）设计。图 6–149 给出了方案中地块的尺寸。（来源于《城市设计》，1918 年）

图 6–150　房屋组团

由利奥波德·斯特尔滕设计。（来源于《城市设计》，1916 年）

图 6–151 圆形广场

[来源于威利·兰格（Willy Lange）]

图 6–152 围绕庭院建造的平价房屋

图中的场景位于一个庭院，局部和总体方案见图 6–147、图 6–148。

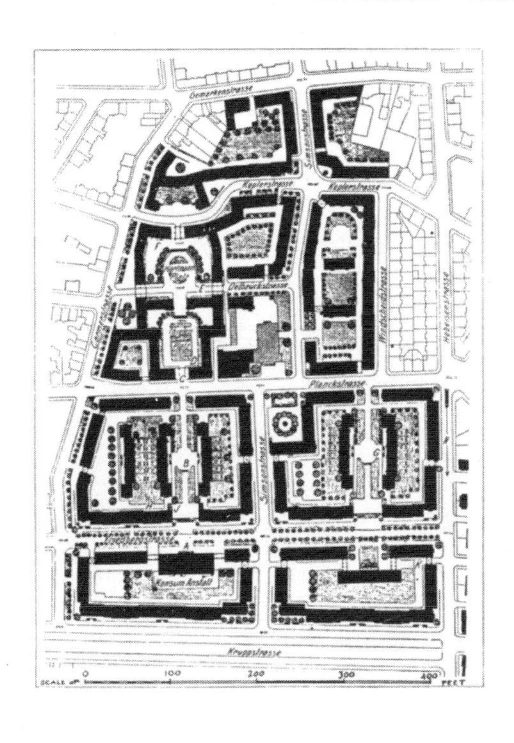

图 6–153（平面）；图 6–154（场景） 埃森（Essen）郊区阿尔弗雷斯霍夫（Alfredshof）

由施莫尔设计。该场景视点位于"购物场所"（Konsum Anstalt）前，望向"C"处的拱券。这个拱的手法也许尚可商榷，但此整体设计却是一个将形式化的花园手法应用于平价住宅群组的非比寻常的成功实践。图中处于中景的房屋和图 5–49 里有侧面花园的房屋一样。

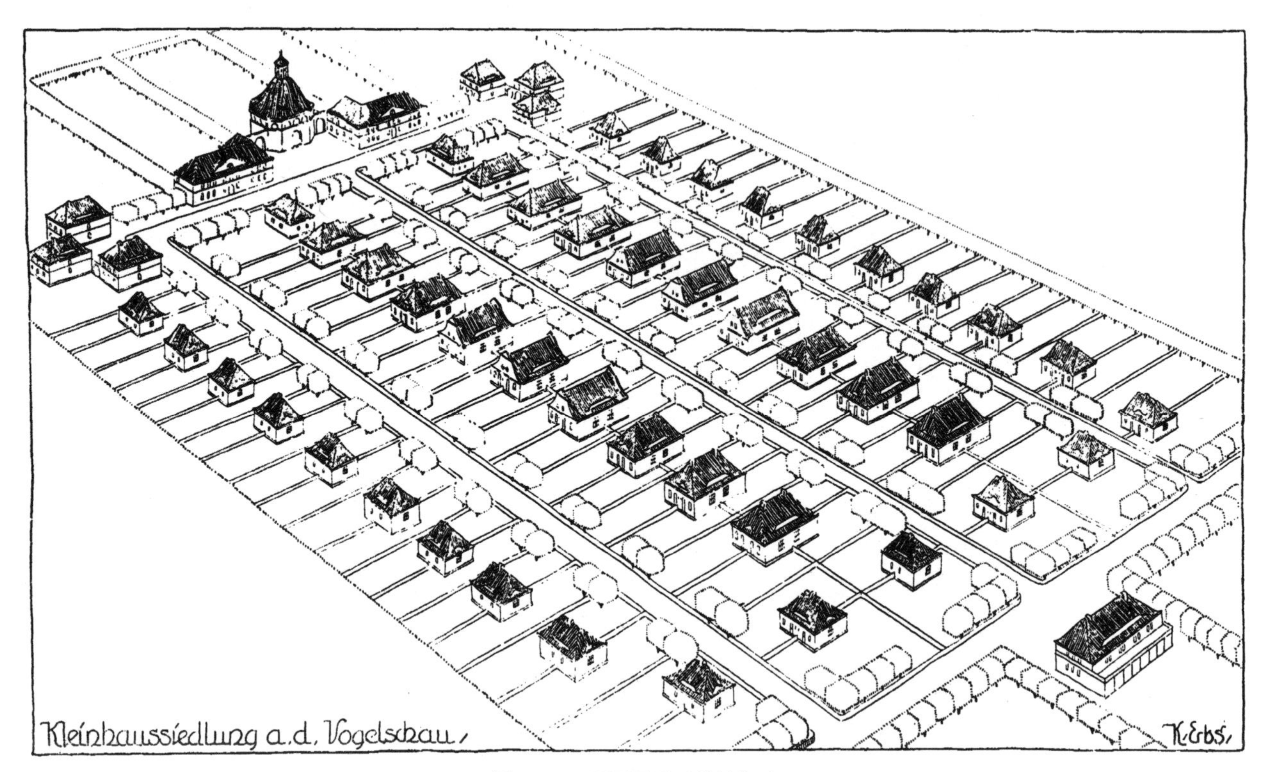

图 6–155　下西里西亚的居住区

两户住宅和四户住宅组成的统一布局。平面见下图。

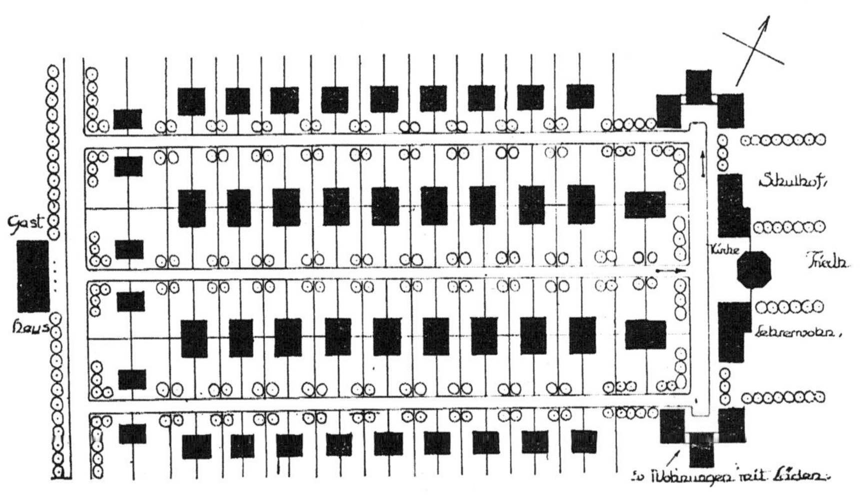

图 6–156　下西里西亚的居住区

由 K. 埃尔布斯设计。地块尺寸的细节见图 6–149，建筑见图 6–144~ 图 6–146。

图 6–157　下西里西亚的居住区教堂和学校

图 6–158　下西里西亚的居住区商店组团

图 6–159　哥德堡

这是由土木工程师 A. 利林贝格（A.Lilienberg）设计的一个该城市郊区的模型。模型的视角在下侧平面图中 I 的位置。场地是一座较陡的山坡。设计师希望在尽力符合经济和便捷的条件下，达到建筑与城市形式的完善。利林贝格相信，如果一个山丘上布满了建筑，那么最高的建筑应该坐落于山体的最高点。因此他在整个区域中创造了整体组织的秩序，同时他也使用了一条轴线。

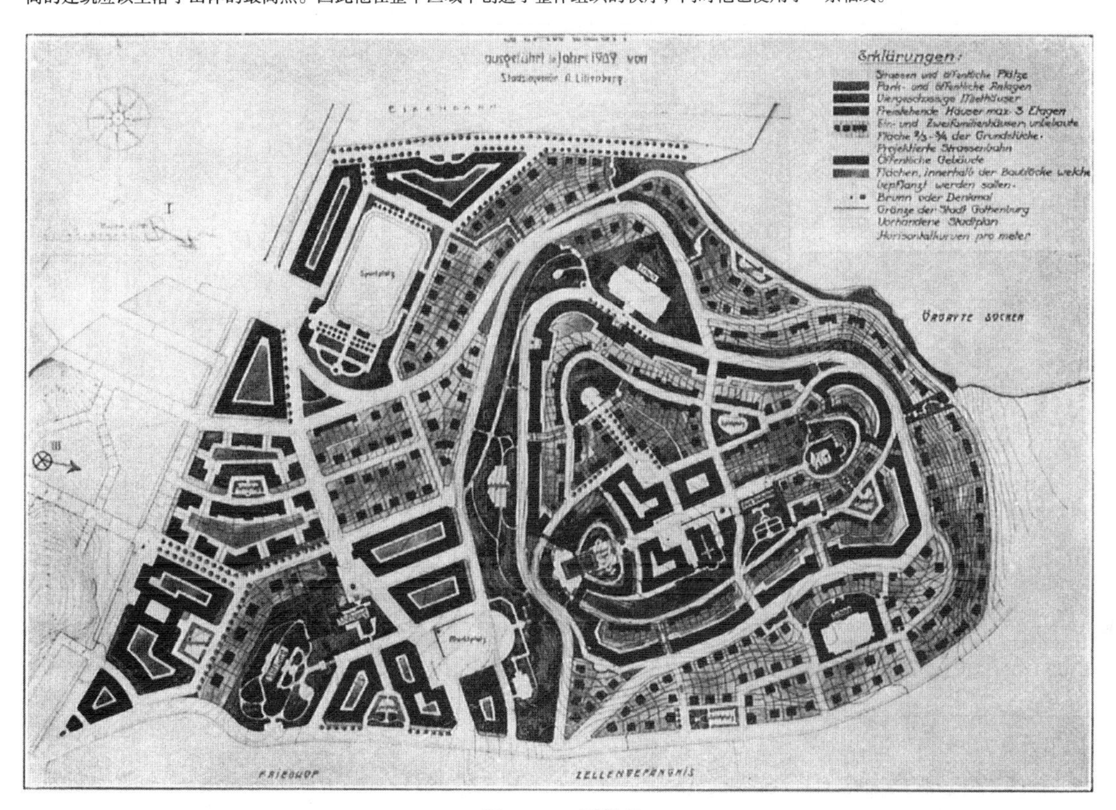

图 6–160　哥德堡

该方案的模型见图 6–159。

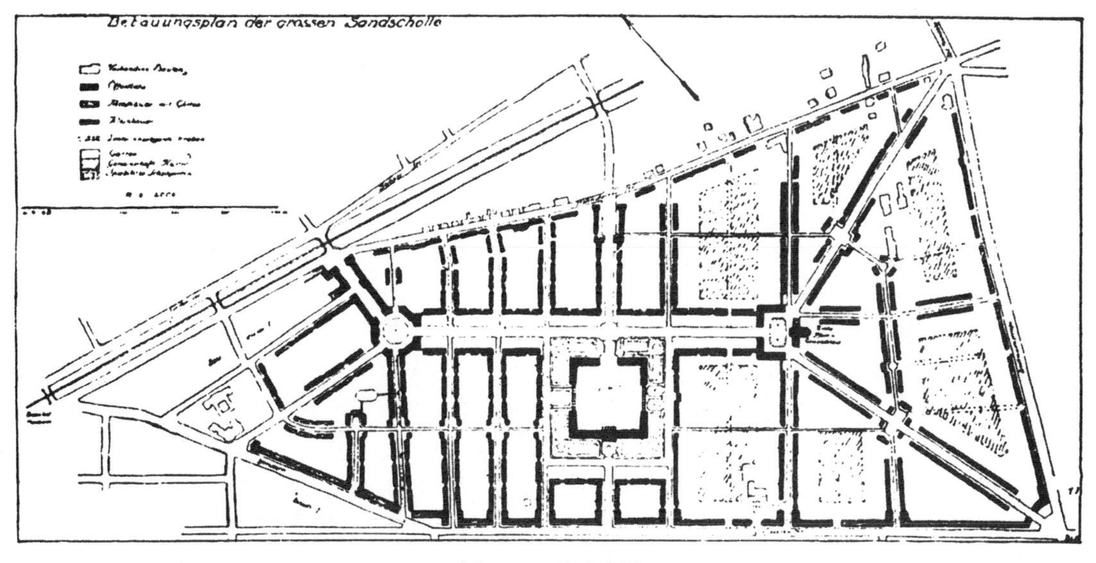

图 6–161　住宅布局

布罗伊宁（Brauning）的一个近期德国竞赛方案。

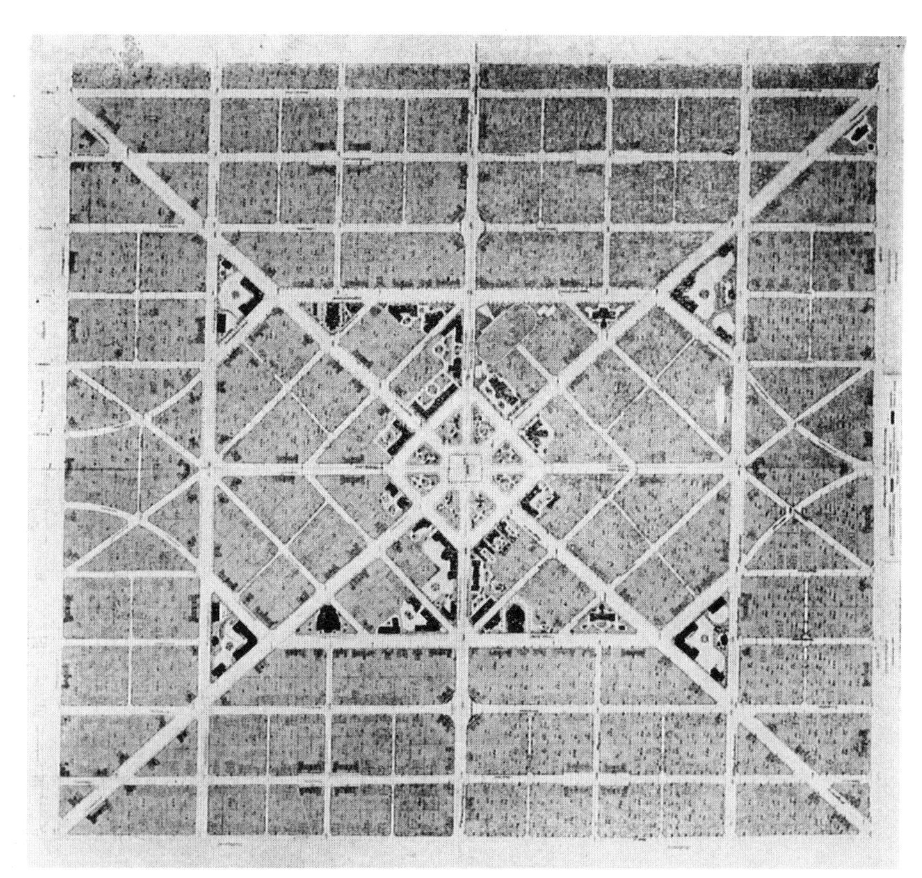

图 6-162 布达佩斯，市政住宅方案，1909 年

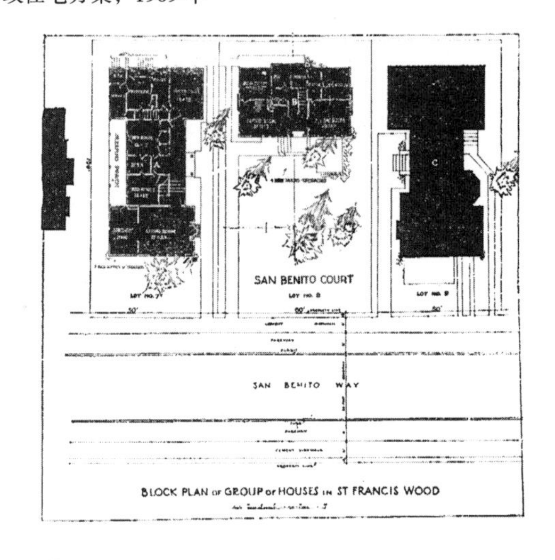

图 6-163（场景）；图 6-164（平面） 旧金山，圣弗朗西斯伍德（St.Francis Wood）的住宅组团

由 L. C. 马尔加特（L.C. Mullgardt）设计。一个高明的方案会将建筑整合在一起，从而体现出这个区域的特征。

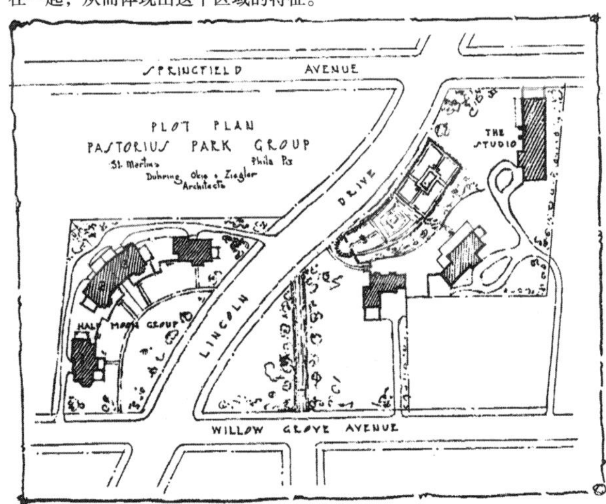

图 6-165 圣马丁，宾州。半月形组团

由杜林（Duhring）、奥基耶（Okie）和齐格勒（Ziegler）设计。

图 6-166 圣马丁，宾州。半月形组团

图 6–167、图 6–168　约克郡，阿尔伯马尔（Albemarle）广场和北街区（North Common）

卡姆登（Camden）附近海运工人们的住宅，由伊莱修斯·D. 利奇菲尔德（Elecius D. Litchfield）设计。（图 6–167~ 图 6–172 来源于《建筑论坛》，1918 年）

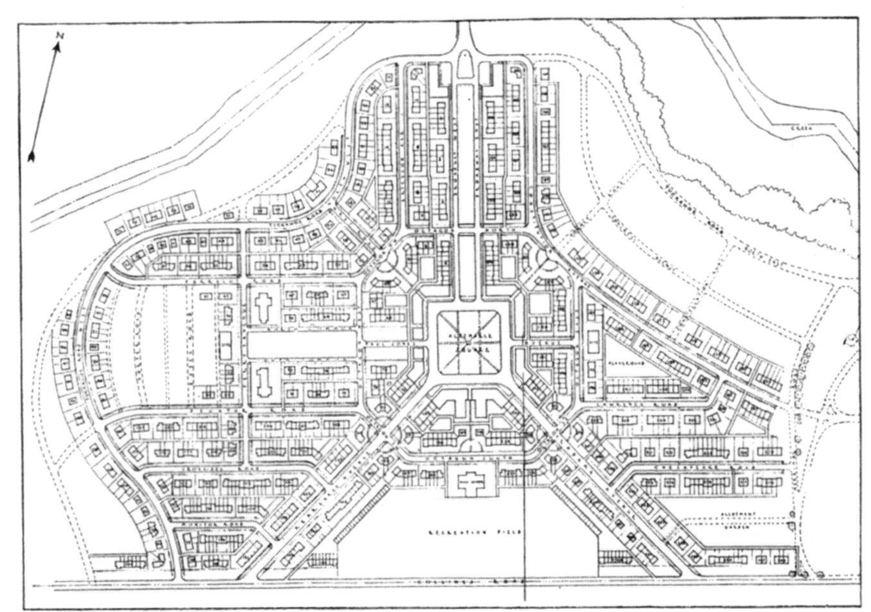

图 6–169　约克郡，平面

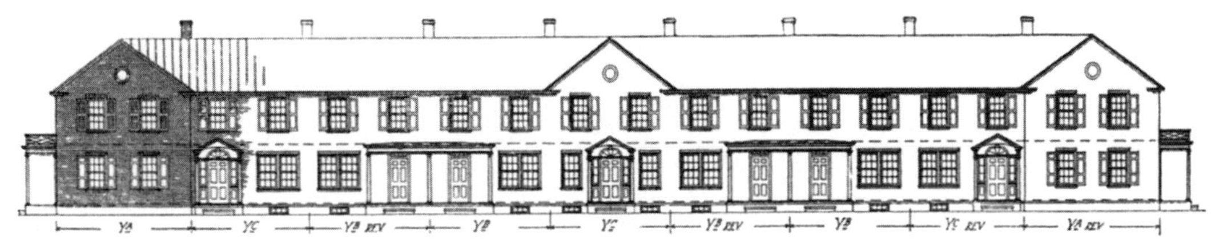

Elevation of Nine-Family Group House Composed of Typical Units

图 6–170　约克郡，典型住宅

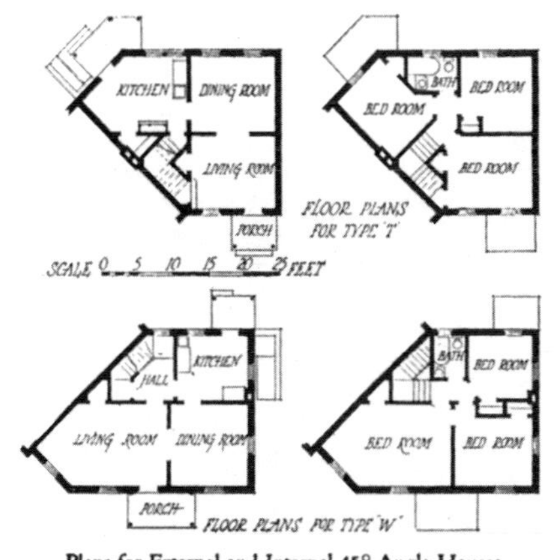

Plans for External and Internal 45° Angle Houses

图 6–171　约克郡，斜角的住宅

图 6–172　约克郡，黄蜂路（Wasp Road）

图 6-173 布里奇波特（Bridgeport），格拉斯米尔（Grassmere）住区

建筑师 R. 科瑞普斯顿·斯特吉斯（R.Cripston Sturgis）；助理建筑师斯金纳（Skinner）和沃克（Walker）。
这是从罗阿诺克（Roanoke）大街短翼向南看的场景（见下图平面）。幸好这张照片拍摄时建设仍未完成，才证明了该设计的优秀，对墙面和地面空间的处理非常有效果。这条街道入口两侧的房子之后是一大片完整的空地，只能期望行道树的树冠长得很高，使得树下的空间边界完整。

图 6-174 布里奇波特，布莱克罗克（Black Rock）住区

建筑师 R. 科瑞普斯顿·斯特吉斯；助理建筑师斯金纳和沃克。见平面图 6-177。这是望向罗斯利大街（Rowsley street）的景观。

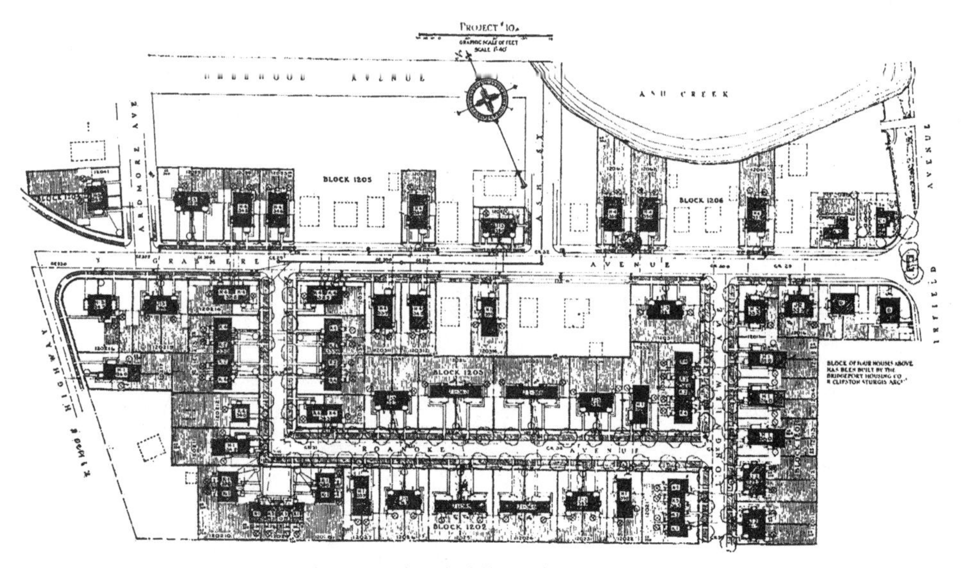

图 6-175 布里奇波特，格拉斯米尔住区

见图 6-173 和文字说明。

图 6-176　布里奇波特，布莱克罗克住区 A
建筑师 R. 科瑞普斯顿・斯特吉斯。平面见图 6-177。

Plot Plan, Site 1, Black Rock Development

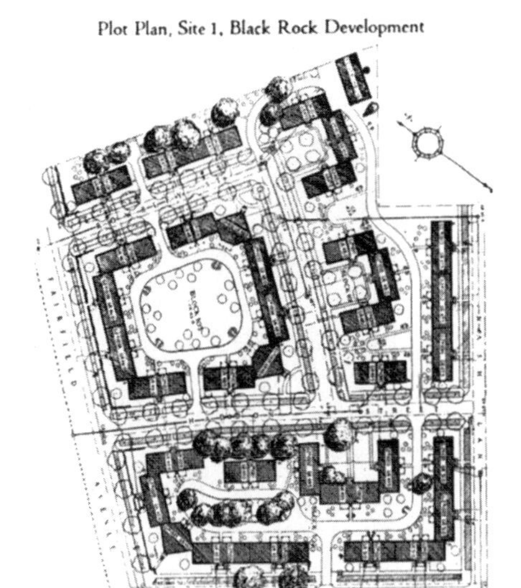

图 6-177　布里奇波特，布莱克罗克住区 B

图 6-179　克拉克代尔（Clarkdale），亚利桑那州。住宅组团
由赫尔丁和博伊德（Boyd）设计。

Plot Plan, Site 14, Connecticut Avenue Group

BRIDGEPORT

图 6-178　康涅狄格大街组团
建筑师斯金纳和沃克；助理建筑师斯金纳和沃克。
黑石组团的场景见图 6-174、图 6-176。（图 6-173~ 图 6-178 来源于《建筑论坛》，1919 年）

图 6-180　克拉克代尔，亚利桑那州。住宅组团
由赫尔丁和博伊德设计。

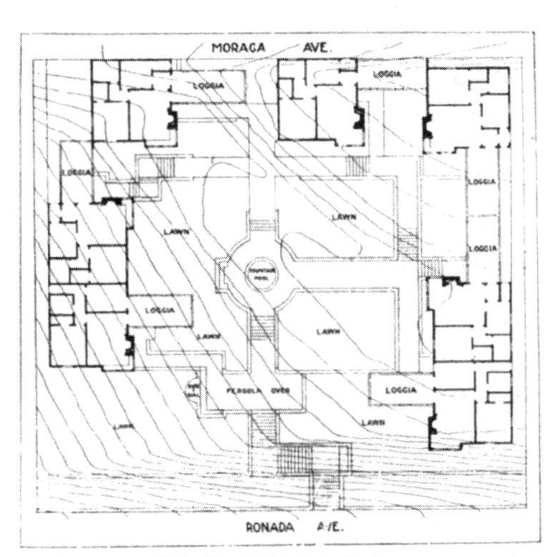

图 6-181　伯克利，罗纳达府邸（Ronada Court）
一组小屋公寓。见图 6-182。

图 6-182　伯克利，罗纳达府邸
这是一组小房屋的组团，拥有统一的供热、清洁服务和其他的公寓便捷服务，同时又是贴近地面的独立房屋。更大尺度的相似组团如今在加利福尼亚的城市更常见。

图 6-183 巴尔的摩，罗兰公园的梅里曼府邸（Merryman Court）

由霍华德·西尔（Howard Sill）设计。很幸运，相较于其他美国城市而言，巴尔的摩的传统能接受更高的统一性。平面见图 6-190。

图 6-184 巴尔的摩，诺伍德广场（Norwood Place）组团，吉尔福德（Guilford）

由小爱德华·L. 帕默（Edward L.Palmer Jr）设计。虽说就平面图而言该方案并不十分规整，但它至少有一定的秩序。实际上该项目很知名，也获利颇丰。平面见图 6-191。

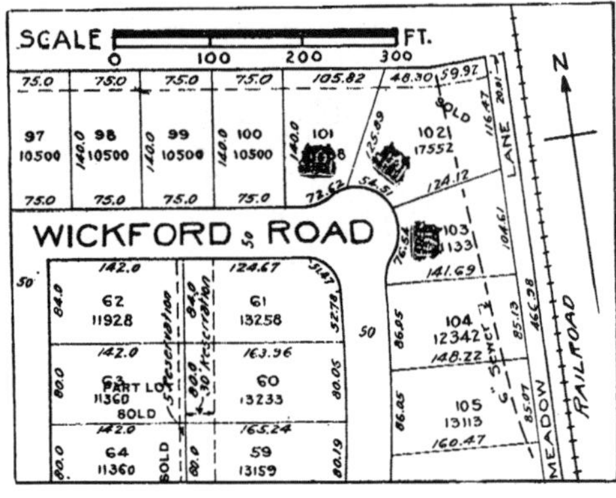

图 6-185 巴尔的摩，罗兰公园的住宅组团 A

图 6-186 巴尔的摩，罗兰公园的住宅组团 B

这一组建筑对街道“胳膊肘”的强调很有意思。人行道和马路牙子上的石墩和矮墙标明了这是一个特别的组团。这些房屋整体和谐而不失其个性。

图 6-187　安娜堡（Ann Arbor），斯科特伍德（Scottwood）的房屋群

由菲斯克·金博尔（Fiske Kimball）设计。虽说地段不规整且商业性也要求每栋住宅“独特”，但这组建筑让人觉得和谐而舒适。这不仅因为其尺度整体一致、檐口标高统一，还因为建筑类型的本质是相似的，而又并不肤浅。第一行第三幅图中最近的住宅使用了这片土地上先驱的定居者们经常使用的母题。

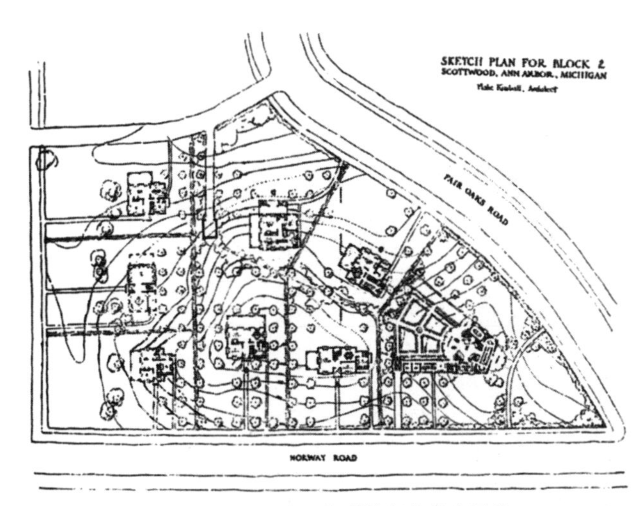

图 6-188　安亭，斯科特伍德的房屋群

场景见上图。这块三角地上建筑的位置和平面受到强制后退红线的影响。

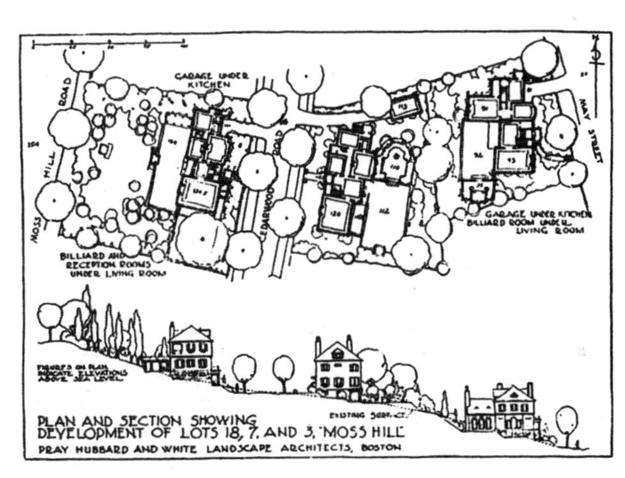

图 6-189　波士顿，莫斯（Moss）山的房屋组团

由普雷（Pray）、哈伯德（Hubbard）和怀特（White）设计。这是一系列有关在山坡上和谐建筑的研究。

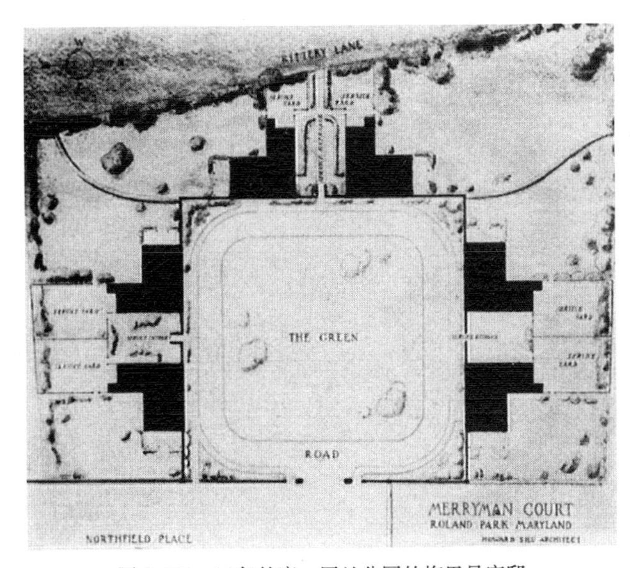

图 6-190　巴尔的摩，罗兰公园的梅里曼府邸

见图 6-183。

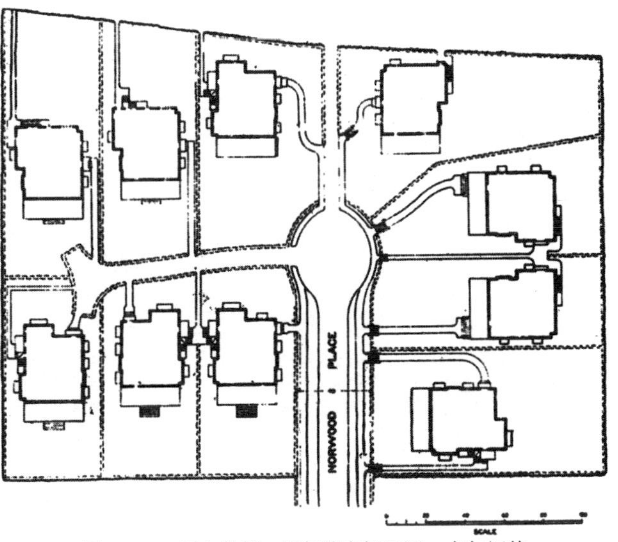

图 6-191　巴尔的摩，诺伍德广场组团，吉尔福德

见图 6-184。

图 6–192　圣马丁，宾州，林登府邸（Linden Court）

见下侧平面和文字。

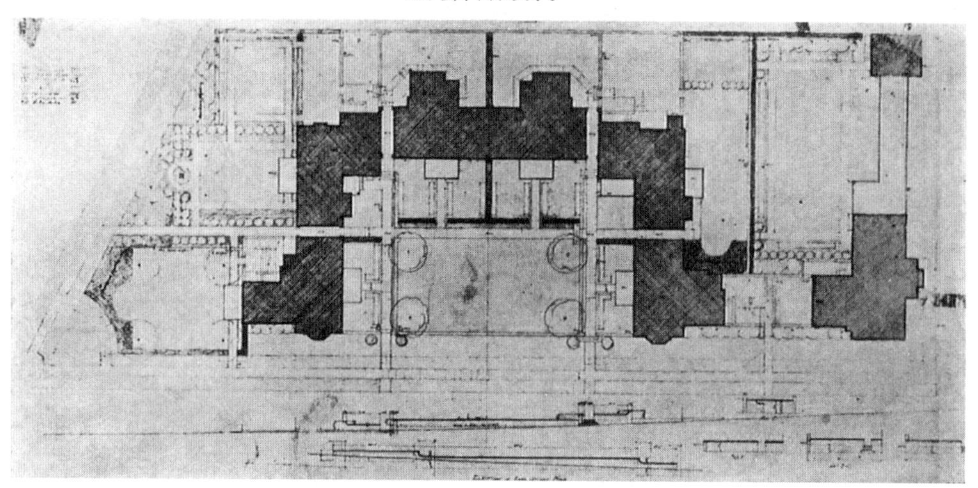

图 6–193　圣马丁，宾州，林登府邸

由埃德蒙·吉尔克里斯特（Edmund B. Gilchrist）设计。该方案很有意思，因为它试图通过调节规整的建筑形式以应对坡地（图 6–196 展现了如何应对坡地）。平面图右侧独立的房屋是图 6–192 左侧的建筑。它是由砖到涂料的一种过渡，使用了两种材质。花园、入口的人行道和后勤入口的处理在简洁中富有形式感。麦古德温（Mcgoodwin）先生设计相邻区域的平面草图中使用了同样的手法，见图 6–195。

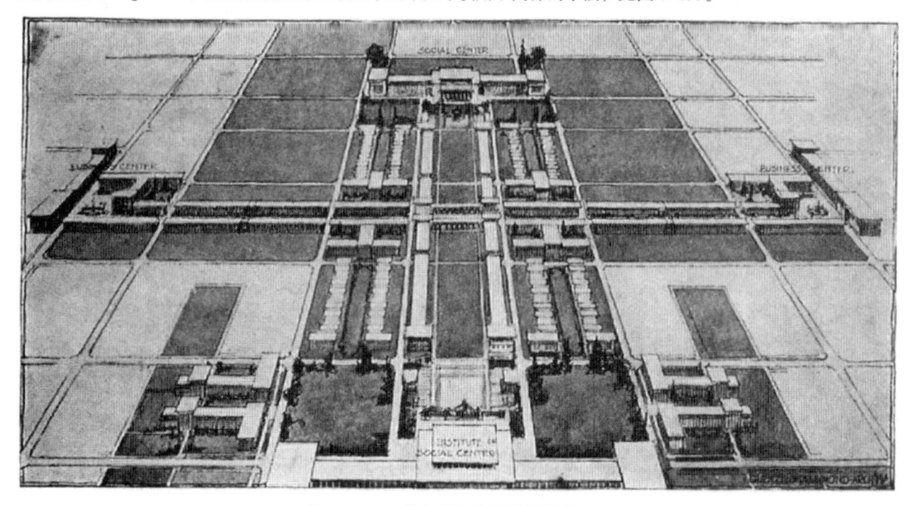

图 6–194　芝加哥“典型的居住区”

1913 年，由冈泽尔（Guenzel）和德拉蒙德（Drummond）为城市俱乐部竞赛提交的方案。这是芝加哥城外围典型的居住区细分方案。

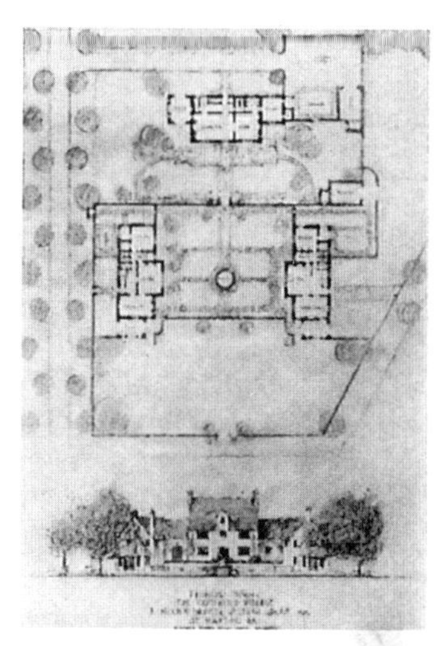

图 6–195　科茨沃尔德（Cotswold）村

由麦古德温设计，这是在圣马丁建造的一个有意思的组团。

图 6-196　圣马丁，宾州，林登府邸

由埃德蒙·吉尔克里斯特设计。[图 6-192、图 6-193、图 6-196 来源于《建筑论坛报》(*The Architectural Forum*)，1917 年]

图 6-197　森林湖，市场广场

霍华德·肖（Howard Shaw）设计。（来源于《建筑论坛报》，1917 年）

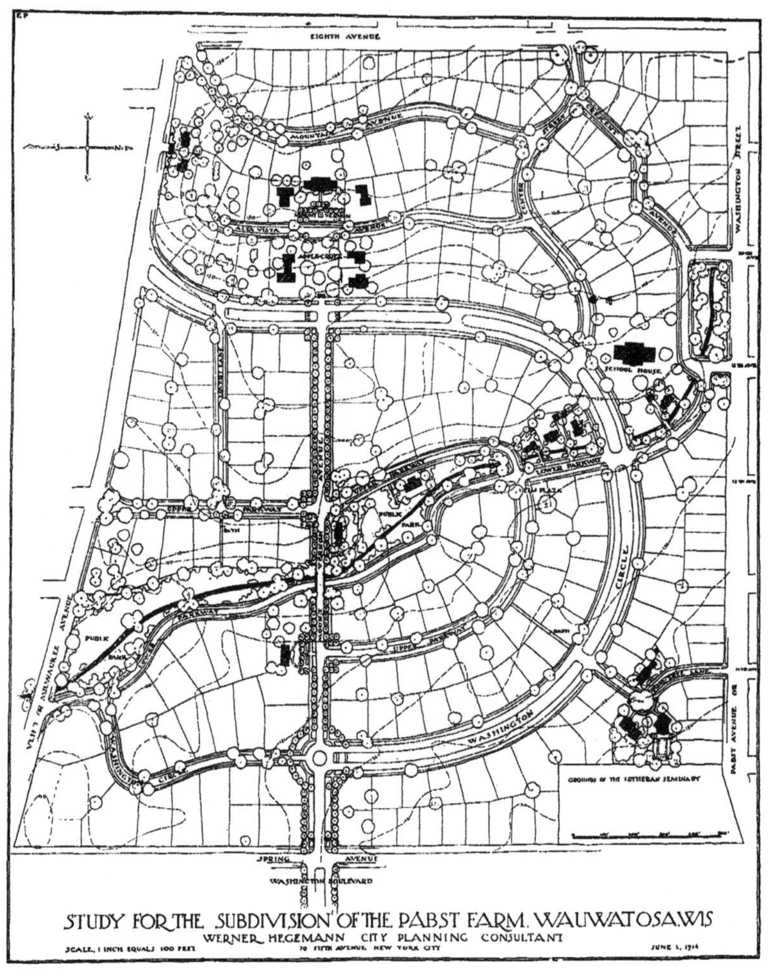

图 6–198 密尔沃基，华盛顿高地

设计中主导的直大街是从华盛顿市区一个大公园处延伸至此的林荫大道。这条形式上的轴线，海拔先下降了 10 英尺，之后又回升 20 英尺，在其中点处跨越了一道小溪河谷，后者是方案中非形式化的横轴线。这条大街的轴线在终点处（实际建造的马路在东端是 100 英尺宽，在西端的终点被减为 56 英尺宽）向一座陡峭的小山丘延伸 [苹果田（Apple Croft），一个果园]，最终抵达整个地块制高点的一组宏伟建筑。这里比河谷高出 100 英尺，通向这里山丘上的道路尽量顺从复杂的地势。宽阔的华盛顿环线（Washington Circle）连接起了主轴线，这条马路也顺着地势平缓地抵达北部，从而避免了陡峭的弗农山庄大道（Mount Vernon Avenue）。双树巷（Two Tree Lane）和榆树广场的设计源于现存的良好树木。整个地块被一道树篱限制起来，而主轴线两侧也有篱笆。所有的入口都用统一的入口标杆，各种树篱，或是修葺过的菩提树作为标志。该片区在 1920 年建设完成。

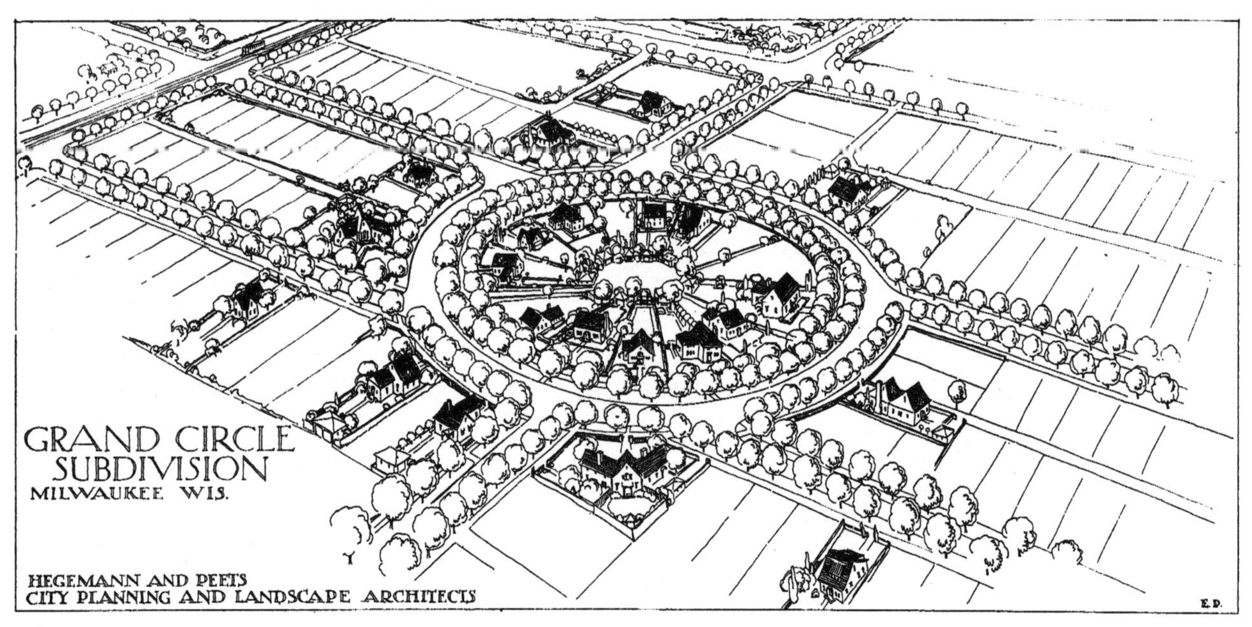

图 6–199 密尔沃基，大环道

该方案试图在现有的方格网中加入一些变化，结果导致圆圈中央成了停车场，由街道的一条小路进入。这些小房子如此分组，是因为这张图纸被调整以作为广告登报出版。

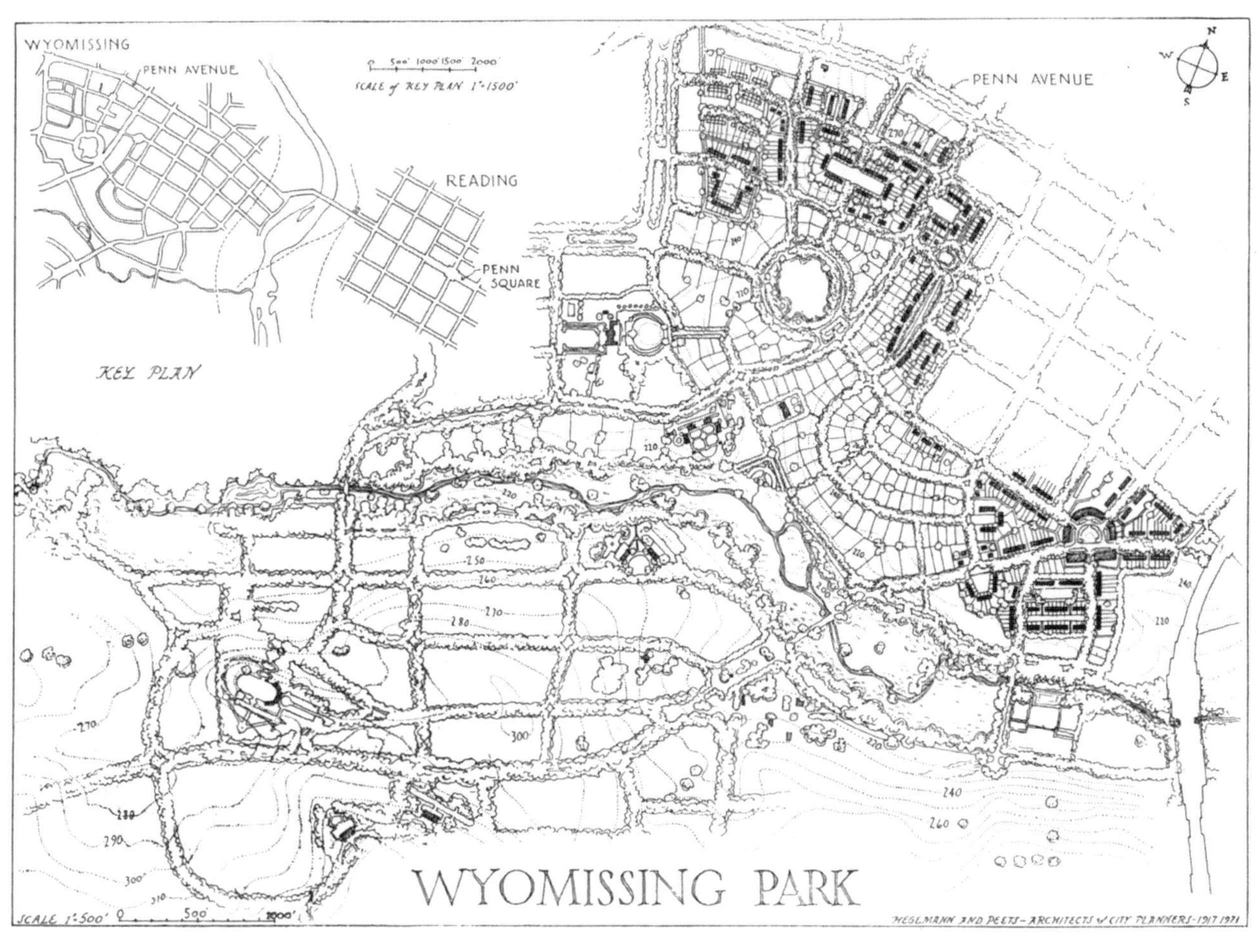

图 6-200　怀奥米辛，宾州。怀奥米辛公园

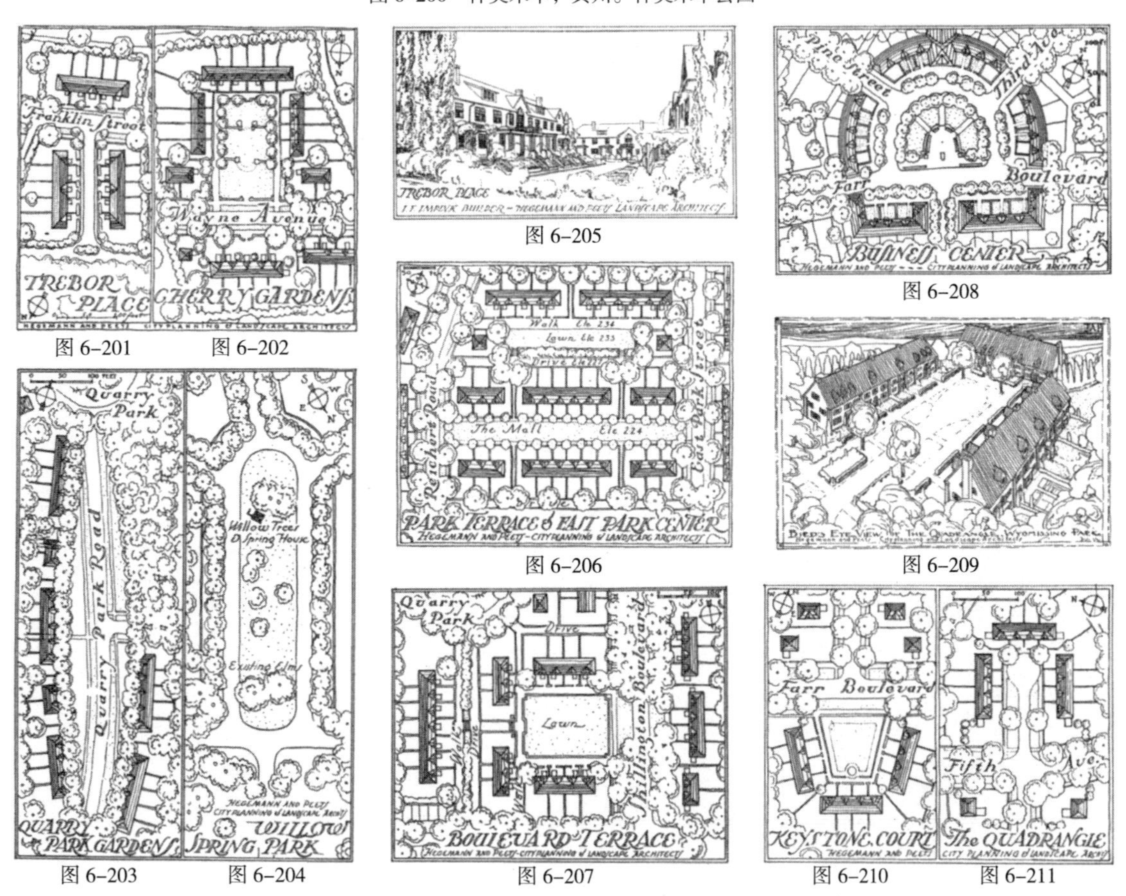

图 6-201　图 6-202　图 6-203　图 6-204　图 6-205　图 6-206　图 6-207　图 6-208　图 6-209　图 6-210　图 6-211

图 6-201~图 6-211　怀奥米辛，怀奥米辛公园平面的一些细部

图 6–212　怀奥米辛，霍兰（Holland）广场

见图 6–215、图 6–216。

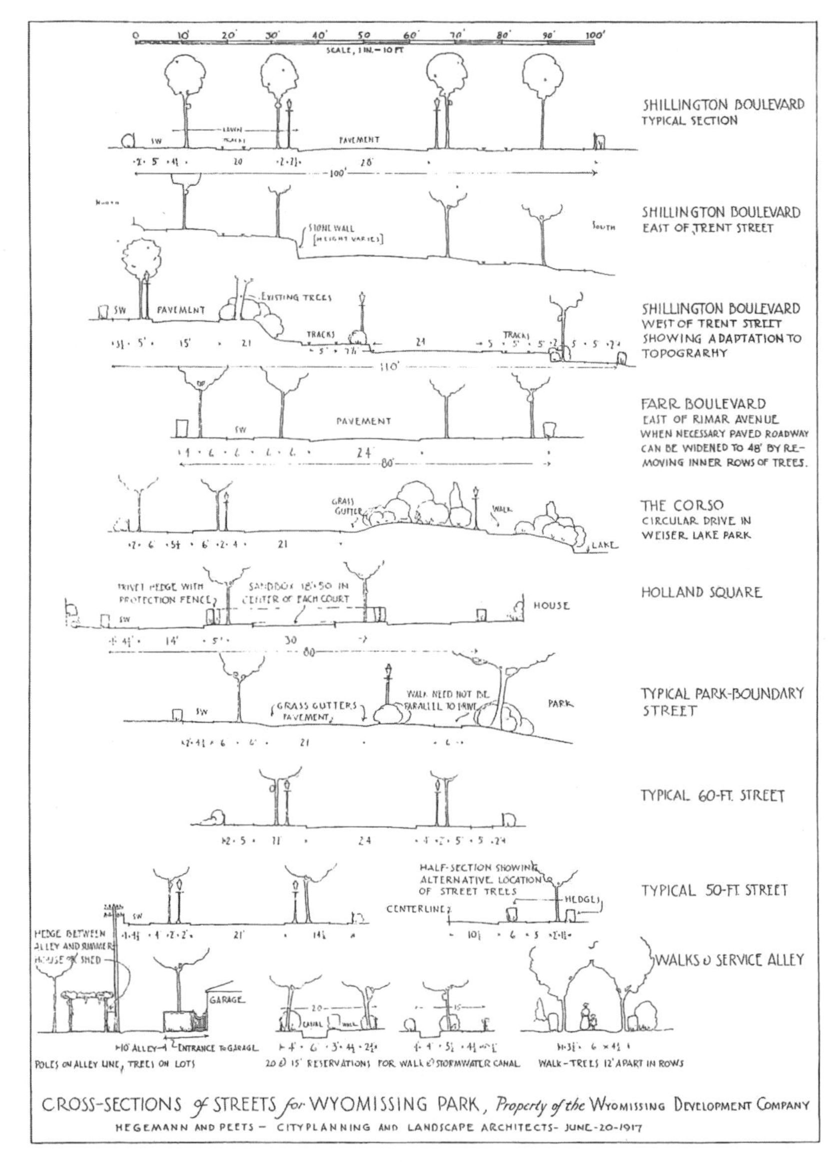

图 6–213　怀奥米辛，怀奥米辛的街道剖面

怀奥米辛在雷丁的郊区，而怀奥米辛公园是其中的一个小地块（见总平面图 6–200）。在设计之初就坚持了将整个地块分为三部分的原则：最靠近城市和怀奥米辛纺织厂的地区建造成为密集的房屋组团；第二个片区位于通往怀奥米辛的山坡上，被分成大块土地用来建造独立房屋；第三块片区位于河谷的对岸，被切分成不同大小的住区地块。当地的建筑传统能够认识到联排房屋的经济和美学价值，因此在第一块地块的规划中，是一系列联排房屋环绕的庭院，就像英国的田园城市一般。其中的特里伯（Trebor）庭院和霍兰广场已经建造完成，其他仍在建造当中。

怀奥米辛河谷的草坪中点缀着榆树，是一个美丽的自然公园。地块北部的小湖是殖民时期的铁矿场。

图 6–214　怀奥米辛，商务中心，怀奥米辛公园

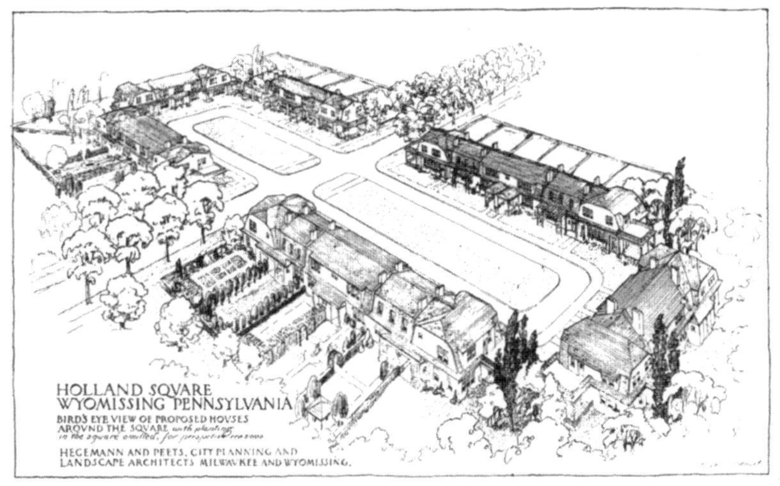

图 6-215　怀奥米辛，霍兰广场

和图 6-212 比较，可以看出此图中的一些想法在后来并没有一以贯之。

图 6-216　怀奥米辛，湖滨大道

霍兰广场在这条街道处停止。这条街道一路向下通向湖岸。见平面图 6-200。

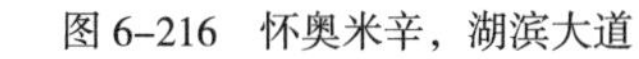

图 6-217　怀奥米辛

怀奥米辛公园的一栋老房子。这里的农场大多是石头房子，镇里的房子大多是红砖。

图 6-218　怀奥米辛，湖滨广场

湖滨大道上最高点单元的研究。

图 6-219　麦迪逊，从山上向下看去的视廊，森林湖

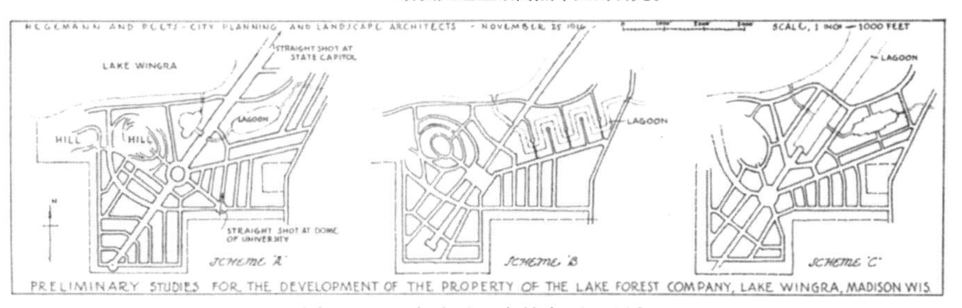

图 6-220　麦迪逊，森林湖平面研究

更多森林湖图纸见图 4-205、图 5-102。

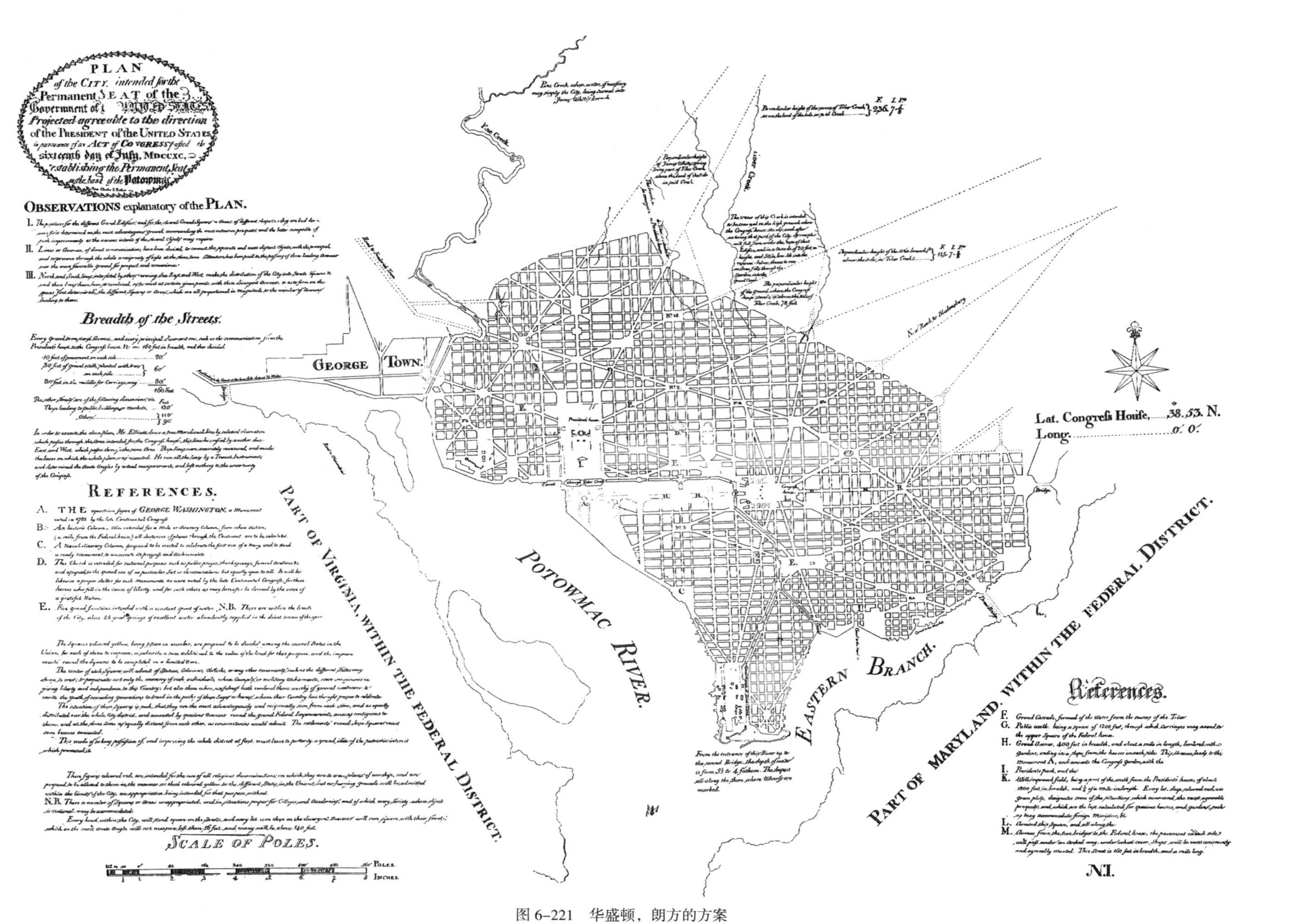

图 6–221 华盛顿，朗方的方案

根据 1887 年原件的复本重绘。该图纸中并没有包含原件中所有由褪色磨损导致的辨识不清之处，因此图中邮戳附近以及其他地方有。另一些不尽人意的地方在于图纸并没能复制原件中的色彩。该方案由彼得·查尔斯·朗方于 1791 年设计。

第七章

华盛顿规划

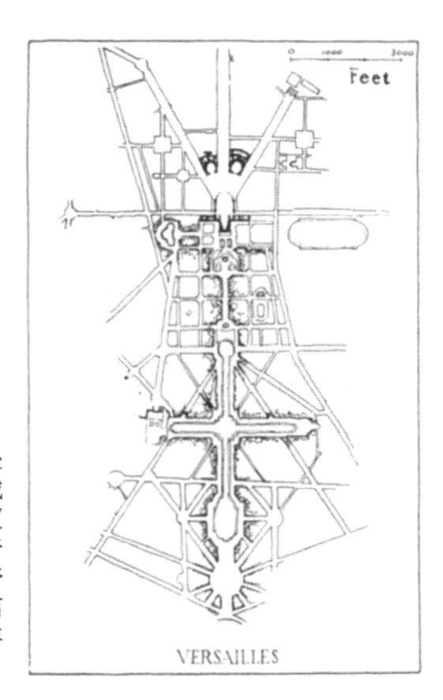

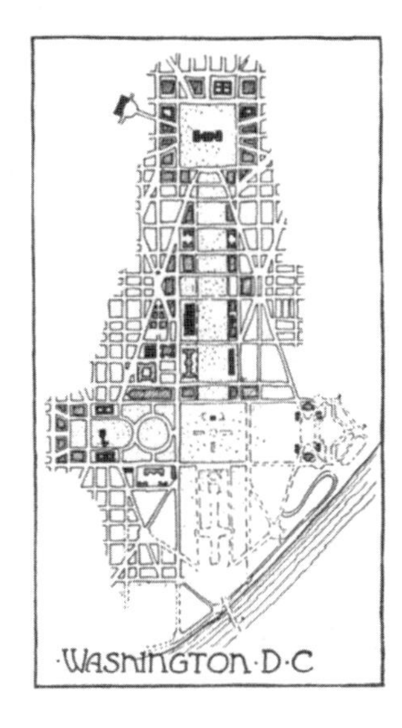

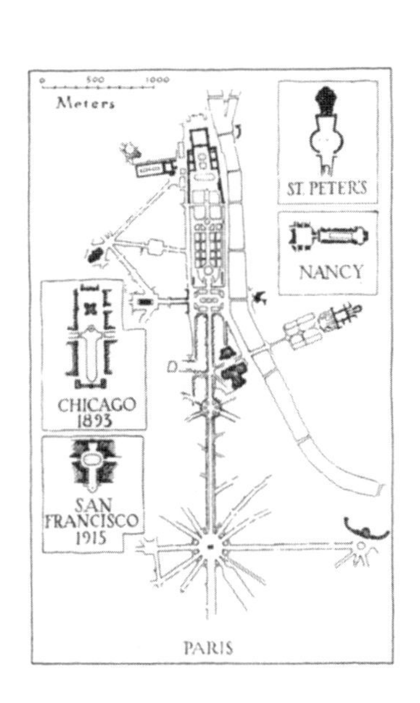

图 7-1
这些同比例的平面图，在此处用来说明华盛顿方案中心区域的随意尺度，尤其是国会大厦广场。华盛顿方案的平面源于1910年版《建筑评论》中舒勒夫（A. A. Shurleff）的一篇文章，这是委员会于1901年提出的方案。

在前面所有的章节中，我们讨论了设计的法则，并辅以案例来证明和阐释。在本章，我们将以华盛顿作为案例来探讨城市设计的原则，用不同的方式去理解城市设计艺术。我们将分析该城市从整体至细部的设计，并考察它是否遵从了前述原则。这一章可以说是一个总结，它以华盛顿为切入点，一定程度上重新展示了本书所包含的城市设计思想，以及这些思想如何被运用于富有创新性和批判性的实践。

我们选择华盛顿，不仅因为它的确是城市艺术的伟大作品，还因为它是众所周知的国家中心。在当下美国的城市规划实践中，华盛顿正逐渐成为毋庸置疑的理想模型。方案中的朗方思想如今已经深入人心：好的方格网规划离不开对角线道路；在一个原本是方格网的城市中，叠加几条放射状的道路，那它的平面就如有神助般完美。毫无疑问，朗方的方案是伟大的，也是美国最好的模型。但哪怕如此，我们也不能不加批判与分析地全盘接受，毕竟艺术的发展不是基于盲目崇拜。

华盛顿的规划是经过深思熟虑的。简明扼要而言，它由两条相互垂直的轴线，以及得到强调的轴线交叉处构成。每条延伸出去的轴线尽端都有一座建筑，该建筑恰是周围一圈大道的交汇之处。在此基础上，为了便捷，也为了城市肌理的统一，方格网街道网络作为图底铺开。一些重要的对角线大道斜向穿过方格网，它们如同“国王或王后的侍从下属”般完善了朗方的规划理念。格网系统确实在平面中起作用，但在理解华盛顿规划的时候，我们需要认清楚一个本质、清晰的事实：华盛顿不是一座方格网城市。除了一些恰巧分布在主要轴线上的正交街道之外，街道构成的方格网相当次要，街道是否又长又直、互成直角，并未对规划起到决定性的作用。

斜向的“大道”（avenues）构成了方案的骨架，正交的“街道”（streets）填充了“大道”之间的空间。它们之间的矛盾，早在构思之初便已展露，在最终呈现的方案中非常明显。朗方钟爱放射状大道的（美学）价值，因为它们能让一个（居于放射起点的）纪念物统领一整个片区，也能为拥挤的城市带来如同草原般的空畅感。他认为，街道可以更多地关注效率，应该尽可能地从一个交通节点笔直地通向另一个节点，并且要和场地的自身特点相关。杰斐逊则更欣赏方格网的纯粹与优雅，他认为直角道路能创造均匀、完美、相互呼应的开放空间，而且方形地块会为建筑设计提供很大的便利。我们并不知道最终采纳的方案是两人的妥协，或是朗方的观点占了上风。但无论如何，最终方案中能看出两个概念的相互制约，两者都不纯粹，没能完全实现自己的价值。方案既没有将那些独立的大道整合到组团中，让它们呈现有组织的、精心排布的表现力与美，也没有将它们均匀地分布在方格网系统中，呈现出统一性和秩序性。雷恩在绘制伦敦方案草图的时候，也同时使用了方格网和放射状的系统，但他知道这两者不能同时应用于一个片区。

作为一种类型，华盛顿方案有两个主要问题。它们都源于放射形和方格网的街道布局被应用于同一片区，但又缺乏足够的调整。

第一个问题在于，放射形和对角线大街原本有其自身的特性、尊严与美，但这些都将被方格网街道打破。这些街道时不时地闯入大道的体系之中，形成十分尖锐的夹角。有时格网街道和斜线大道的相交位置过于随机，使得街道的直角路口离大道很近，频繁地造成交叉口成

图 7-2 华盛顿，宾夕法尼亚大道
该场景拍摄于南区铁路大楼建造期间，后者位于右侧的两座塔楼之间。

为大道空间的笨拙放大，甚至经常沿着大道切出许多小的三角形地块。这些地块又不够大，不能建造房屋，只能塞满一堆树木，时至今日仍像城市中杂乱无章的原始森林碎片。这些大道即使是便捷的交通路径，其中的锐角也简直是交通工程师的噩梦。它们永远不可能像伦敦的蓓尔美尔（Pall Mall）、摄政街、热那亚的新街（Via Nuova），以及纽约第五大道那样成为艺术品。一条大道若想拥有一以贯之的美，就应和一座教堂的设计一样遵从秩序，或至少看起来如此。毕竟没人愿意在经过教堂的时候，它的柱子排列得古怪而不规则，墙壁有时向外破裂出不同的拐角，甚至直接被切断，两翼和主体交叉得像一个瘸子，尽端的唱诗班位于一团灌木矮林之中。

也许此处最好的案例是宾夕法尼亚大道（Pennsylvania Avenue）。它宽敞、长度适宜，街道轮廓总体平整、凹凸恰到好处，尽端是美国最大的穹顶建筑，本可以成为一条辉煌的大道。然而无论面向大街的建筑立面设计得如何巧妙，以现在的城市平面而言，宾夕法尼亚大道永远不可能成为一条真正的纪念性大道。由于大道自西向东和方格网街道呈 15 度夹角，造成在第十四街和第六街之间，沿着大道有一连串尖锐的三角地。它们当中，超过四分之一成为街道的缺口，另四分之一多成了小型公园，剩下不到一半则是建筑立面。换言之，在第十四街和第六街之间，宾夕法尼亚大道两侧映入眼帘的临街建筑，大多和大道呈 15 度或 75 度的夹角。一个优秀的街道立面应是有序的、抑扬顿挫的界面组合。但在宾夕法尼亚大道上，半数以上限定街道空间的建筑界面夹角混乱、相互冲突，这怎么可能创造纪念性的空间？在第六街往上那段，大道立面要连续得多，但在规划平面中宪法街（B Street）与大道产生两个交叉口，因此又创造了两个小的三角地块，可谓是对统一性诉求的“开倒车”。

当宾夕法尼亚大道上需要建造一座纪念性建筑的时候，政府部门就会面临一个两难的选择：做一个和街道呈一定夹角的规整方形建筑，还是顺应街道轮廓设计一个异形建筑。旧的邮政局、区政府大楼和南区铁路大楼，依循了方格网体系，因而和大道呈一个夹角。司法部大楼的布局规划也是如此。因此，在宾州大道南侧，在财政部（Treasury）东侧的 5 个街区中，有 4 栋建筑和大道呈一定的夹角，它们的立面位于 3 个不同的面上。第十二街和第十三街（今第十三街和第十四街）之间的地块尤为糟糕，斜向的大道创造了一块平行四边形的空地，这粗暴地打断了大道空间的连续流动性。

宾夕法尼亚大道上的建筑体量的设计困境，并不是因为各个建筑师缺乏判断力。相反，这是方格网街道模式毫无变通的应用结果。方格网模式原本可圈可点，却被应用在不适合的地方。那些将宾夕法尼亚大道切得支离破碎的正交街道，绝大多数都不是什么重要的街道。它们本来可以轻易地偏移或是集中，以使与大道的交叉口保持直角。如今这些尴尬的三角地，不得不种植树木或是填满浮夸的铺地，本来可以整合成为城市广场，既为公共建筑提供合适的场所，也为大道增添切实的美感。

华盛顿十分缺乏那样的城市广场，这正是该规划类型的第二个问题。

诚然，华盛顿地图上点缀着许多称之为“广场”（Square）和“环岛”（Circle）的各种各样的街道拓宽空间。但是这些和建筑学意义上的“广场”一词相比，有如一堆乱石之于一座美丽的建筑。如果仅仅是因为开放空间足够大，有广袤的可耕种面积，就认为它又美丽又正确，那么该观察者秉持的是马匹和毛虫的视角，而非人类的立场，因为这对人类而言毫无意义。我们生而为人，对形式和艺术有着极高的感悟和审美。夸奖一个城市“广场”的面积是 2 公顷，就如同说一件雕塑的重量是 1 吨一样。一片开放空间的形状、围合及其开发模式，对它成为一个城市设计艺术作品的价值十分重要，就像一件雕塑的轮廓和做工之于它的美。有人认为建筑仅仅是装饰、立面与材质，它们没能感知到建筑的体量，也没有意识到房间划分对空间的塑形与分割。对他们来说，“庭院”“市场”，或者“广场”这些词都与艺术无关。但是，对广场的信仰、对围合空间的喜爱，就像其他艺术一样，因人类对明晰、韵律与均衡的普世需求而发自内心。即便是那位装腔作势的委员会主席夫人，当她跋涉通过幽暗又弯曲的威尼斯梅瑟里亚街（Merceria），骤然穿过一座拱门，步入豁然开朗的圣马可广场时，也会难以自制地因喜悦而战栗。回到家后，她将在种植美人蕉（cannas）和黑叶芋（elephant-ears）围合出的一个圆形庭院门口，种上更多的美人蕉来尝试再现她的喜悦［正如她的丈夫继续引用托马斯环岛（Thomas Circle）作为华盛顿的美丽场所之一］。她并不知道她为何会在圣马可广场感到欣喜若狂，而在美国也没有传统或是宣传，来帮助像她这样缺乏系统的艺术训练的人，采取正确的做法。

朗方的少年时期，正是广场流行的巅峰，当时的建筑学思想对这一“场所”的认同就如我们今天对摩天大楼的认可一样。但他并未受过建筑学的专业训练，似乎也未给华盛顿的方案带来强烈的形式感、围合感，或是建筑领域感。也许他认为，这些细节会在方案逐步付诸实施的过程中得到推敲。但我们不得不承认，有一些他设计的街道和大道交叉口的“开放空间”，因其固有的夹角问题而无法打造成真正美学意义上的良好形状。方案中少有的简单且规则的开放空间，大多也在实施过程中丢失了。

在朗方的方案中，华盛顿缺乏优秀的广场，甚至是可以用作广场的场地，放射状大街两侧则有不可避免的建筑缺陷。这些都是方格网叠加于放射系统之上的必然结果。一般而言，多条马路的交点绝不可能是城市广场的理想地点。但可以确信的是，如果几条道路需要交汇，那就应有秩序、得体的做法。如果在一个棋盘格网上，叠加的放射线系统不是基于几何形状，而是基于场地的实际情况或是更大的设计考量，那么将交叉口粉饰成规则的外表将会更加困难。以前文提到的托马斯环岛为例，它是佛蒙特大道（Vermont）和马萨诸塞大道（Massachusetts）的交叉口，两条大道呈直角相交。它同时也是M街和第四街的交叉口，两条街道的交叉也成直角。如果这两套直角交叉恰好扭转45度，在交叉点共同组成一个等角放射的“星形”，那么通过匠心设计也许还能将它打造成一个适宜的场所。但这些“大道”和“街道”之间并不是45度，而方格网的机制又不允许街道拐弯，所以这个环岛广场放射出去的8条马路不仅不一样宽，它们的间距和夹角也不一样。由此，托马斯环岛的围合墙面是4段窄窄的弧形，彼此之间的空隙很宽。这些空隙既不属于广场，也不在广场之外，且被像刀口一样薄的建筑场地切得支离破碎。

尤其让人吃惊的是，朗方本无意坚持方格网系统的纯粹统一性，但是像在托马斯环岛那样的情况下，他也并不愿意改变正交的街道来使之平分大道之间的各个夹角。华盛顿的方格网体系，不仅有多处被纪念碑与建筑的场地中断，还被许多与大道相交形成的锐角交叉口打破（实际实施时比朗方的原设计还要多）。因此可以看到一些微调措施。比如当L街在N.W.十一街和马萨诸塞大道交汇时，被整体向北平移了超过其路宽的距离，而它在第五街与纽约大道的交汇处又被平移回来，大致与原来对齐。诚然每一段街道都得是笔直的，也没有因为机动车在街道偏移处对行驶路径的平滑要求而出现相应的平滑曲线。上述街道偏移的调整明显是因为原路径会造成过于不适的尖锐夹角，调整之后则可以引导车流，并重新调整地块的大小。这纯粹是功能性的考虑，没有任何一点儿美学动机。但是可以发现，既然朗方允许东西和南北向的街道被切断和平移，这表明他也可以接受方格网街道在视线与路径上的瑕疵。可惜的是，当其他情况需要旋转和偏移街道时，朗方却没有表现出更多的妥协。

综上所述，朗方把这两种街道系统不加妥协地叠加在一起，造成了两个后果。其一是大街的交叉口形状变

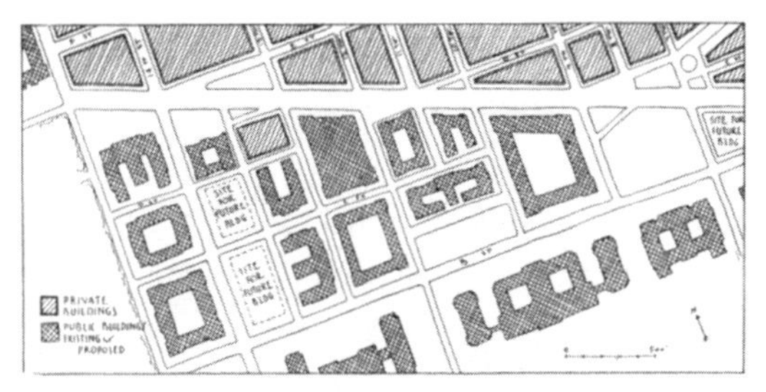

图7–3　华盛顿，宾夕法尼亚大道局部

来源于公共建筑委员会于1917年出版的“Mall和其周边”地图。原图区分了现存的建筑、很快就要建造的建筑，以及未来的扩建。

得不规整，这会导致根本无法对其做出建筑处理。其二是创造城市广场实际上变得几乎不可能。这些大道是城市的交通要道，也是平面中占据主导地位的设计元素。一个纪念性的广场至少要与一条大道相连。但是没有一条大道与街道呈现90度的交角，面对哪怕有一块方形的地块，因而几乎不可能在大道一侧找到一块得体的广场用地。在这样的情况下，公众又极为憎恶闭合的街道，那还能指望什么？在历史上也很少有像宾夕法尼亚大道和国家绿地广场（the Mall）之间这样的地段，用来设计超大尺度的建筑组团，因而也没有多少先例。从如今这个片区的平面来看，神圣的方格网街道系统对建筑的制约，难道不是被充分证明了吗？

如果说朗方创造的只是一种街道布局的肌理或者类型，那么该设计也就没有那么值得关注。他的构想之所以成为一项真正的伟大创举，值得我们由衷敬佩并详加研究，是因为他在前所未有的尺度下，强力甚至粗暴地将一切连接起来，整合成为一件艺术品。然而，朗方的构想是前所未有的大胆，他自己又没有任何经验，甚至没有学习他人经验的机会，因此也无法预测自己的愿景将产生何种现实影响。该构思的形成时间很短，朗方又不幸未能参与它的实践过程，无法将其精雕细琢。此外，它最伟大的部分要通过砖石建筑得到表达，但那个时代与社会又无比缺乏艺术与审美。因而，朗方是悲壮的，他只能无奈地接受方案建成之后的所有细节，然后将历史沧桑中的这些瑕疵拼凑成一块自己眼中的美玉。

华盛顿的平面，通过南北与东西这两条主要轴线交叉“组织起来”，其上分布着国会大厦和白宫。朗方以及最近的官方方案都希望这些轴线关系能够得到清晰的表达。从平面上看，轴线关系非常明晰，也非常有效。但置身于现实的城市空间中时，我们很难说这个关系是否能被感受到，也很难确定作者的意图在多大程度上得到了实现。显然轴线在其交叉点上的处理起到了很大作用，这在最近得到了不少加强。宾夕法尼亚大道作为放射性的街道，补充了原有的主要轴线体系。宾州大道在设计中的功能不仅于此。朗方称它提供了“视线通廊”，尽管这条大道上诸多能够相互看到的建筑实则并不统一。宾夕法尼亚大道真正的美学作用，是将白宫与

国会大厦联系在一起。如果我们默认朗方的本意是想让白宫成为这条大道的对景，而不是像现在这样以侧面相对，那么可以说眼下的这条大道视廊，不仅能够从一端的建筑看到另一端的对景建筑，还能看清它们（白宫和国会大厦）的朝向。比方说，我们可以站在国会大厦西侧的坡地上，顺着宾夕法尼亚大道向西北望去，就能清晰地辨认白宫的朝向为南。如果我们往南稍转、向西望向国家绿地广场，就能看到各个轴线交叉处的一些传统标识，比如喷泉、雕塑或者方尖碑，它们比白宫稍近一些。这时，人类想要从世界中寻找秩序的欲望，就会动用我们内在的几何感知，判断出白宫正对着某个雕塑或是什么别的纪念物，进而得知东西和南北两条轴线以直角相交，整个系统似这般被组织和统一了起来。创造的效果是，人们的感知是三维的、空间的建筑组合。如果在国会大厦处没有朝向国家绿地广场的视线，且人们也不能辨认白宫的朝向，那我们得到的不过是张漂亮的“图景”而已—— 一张拿相机就能拍出来的二维照片。

国会大厦广场

在方案的两条大轴线中，由国会大厦主导的东西轴线更加重要。国会大厦除了控制着国家绿地广场之外，在整体规划中还起着多个作用。从高度和体量而言它是城市的政治中心，放射大道的焦点，并且直接控制了周围的空间。人们极少关注上述后者的功能，但它却举足轻重。国会大厦和谐地矗立于7公顷的公园空地中，即美国传统称之为“国会广场”（Capitol Grounds）的地方。如此布局有利有弊。也许最好的多角度认知该问题的方法是，将国会大厦的建成平面和朗方的原有方案进行比较（感谢华盛顿勘察员埃利科特提供了比较材料。由于朗方和他所效力的委员会之间产生了矛盾，他设计完方案之后不久就被解聘了，这不禁令人唏嘘）。似乎朗方心中有一个常用的文艺复兴母题（如同凡尔赛和卡尔斯鲁厄一样），人型的公共建筑的一侧是公园，另一侧是城区。他方案中的一个设想是城市的商务区位于国会大厦东侧。他在自己的方案中这样描述国会广场：“在这个广场周边，从两座桥到联邦大楼之间的大道上，铺地（我们现在称之为人行道）……位于建筑的拱廊之下，边上是既方便又高雅的商铺。”在国会大厦西侧，他希望有一个小瀑布，流入“蓄水”，连着3个“漫池”（fills）一起汇入“大运河”，两侧池塘绿树成荫。

自然，花园区域比市场那边要宽得多。这导致国会大厦带有很强的方向性，我们只需要看一眼平面就会看出地势东高西低。但在实施过程中这样的方向性丢失了，国会大厦场地的轮廓根本看不出一侧比另一侧要高80英尺（24.4米）。建成方案中，国会大厦广场周边全是公共建筑，这样的做法显然和地势条件不相协调。就算场地的地势平坦，将国会大厦建造在广场中央，并在广场周边设置一圈纪念性建筑，这样能否形成一个美学整体，其效果也十分值得质疑。这个区域被种上树，但就算设计保证了“视线上的通透”，也会因为场地过于宽阔而无法感受到周边建筑的相互关系。相比圣彼得广场、协和广场和杜乐丽宫的前广场，国会广场的宽度是它们的两倍。试想把上述任意一个广场放大4倍并种植成为一个蜿蜒曲折的公园，还会留下多少建筑的价值？最多不过用来画一张渲染图而已。

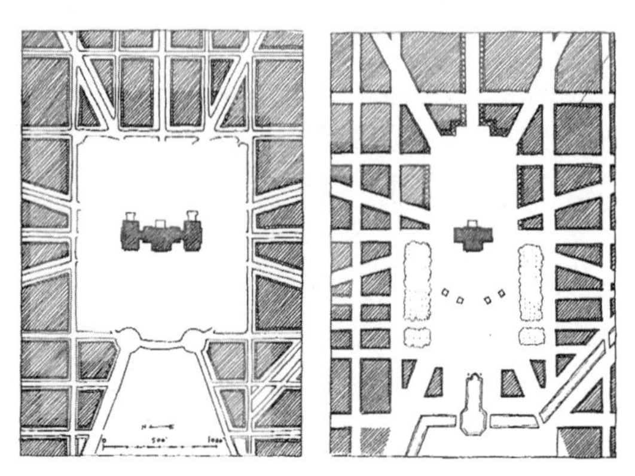

图 7–4　华盛顿，国会广场

左图是建成方案，图中忽略了国会图书馆而恢复为对称的平面；右图是同比例的朗方规划，只不过范围被放大，其中的街道拱廊和他注释中的一致。如果不去考虑现在方案的宏伟，而考虑它在城市中造成了一种尺度的断裂，那似乎朗方的方案设想更胜一筹，它更有可塑性，也更好地呼应了场地。

国会大厦和参议院大楼的关系也不容乐观，就像把中央公园与协和广场拼贴在一起一样窘迫。就建筑本身而言它们是优秀的，但从城市设计的角度来看则很难称得上是一项成就。两个建筑所在、面向主立面的街道，坡度非常大，这对于形成真正的纪念性效果是非常不利的。两栋建筑距离又很远，且国会广场上树木繁茂，因而在夏天两者之间几乎是看不见彼此的。此外，这两座建筑之间的地坪是凸起的，这既违反了纪念建筑与其周边场地的基本关系，也不利于两栋建筑之间的联系。如果建成方案不是那么空旷，而像朗方设计的那样紧凑，上述这些问题也许更容易得到解决。比方说，起坡的道路会到临街建筑的背后去，使得广场用地仍是一块完美的平地。

国家绿地广场

朗方的方案中对字母“H”处给出的“参考”写道：“宏伟的大道，400英尺宽，1英里长，两侧全是花园，终点是坡地，四周都是建筑。”这正是“国家绿地广场”的开端，国家绿地广场现在是华盛顿方案美学价值的核心。尝试详细描述朗方心中的国家绿地广场的蓝图是一件很有意思的事情。比如说，花园应该是什么样，坡地又该怎么处理？自北侧的房屋朝向大道很少有坡地，因为这些房屋在“大运河”的河岸，海拔必定比大道低。对于这些“房屋”来说，由于它们面向的街道与大道平

图 7–5　华盛顿，国家广场东端
来源于委员会 1901 年的报告。

行，我们更容易看到它们的背立面（准确地说是面向花园的立面）。也许是因为地形存在诸多困难（有些地方几乎是丘陵，尤其在第八街和第十四街之间），导致大道上行道树的种植被推迟，华盛顿纪念碑的位置有所偏差，铁路入侵了城市，而公园倒是自然得宛若天成。

当参议员麦克米伦组织的委员会（伯纳姆、麦金、圣・高登斯和奥姆斯特德）于 1901 年启动时，他们重新关注了朗方的“中心大道”（Grand Avenue），认为这是组织华盛顿方案的重要要素。他们扩展了朗方的想法，不仅在大道两侧种满树木，还布置了许多公共建筑，于是这种空间成了当下美国人对“绿地广场”（Mall）一词的认知。从方案的许多复制图纸中可以判断，朗方的原意明显是想在这些如今布置公建的地方，建造红砖的联排房屋。这些房屋和大道之间会由花园和坡道隔开，因此会和大理石与花岗石建造的大型公共建筑 [它们至少相互间距 200 英尺（约 61 米）以上] 有很大的差别。人们希望国家绿地广场尽快完工，这样就可以评价建成效果，而不必继续纸上谈兵。

我们不得不承认，许多出版物上的评论都是人云亦云或是含糊其辞。诸如这样的评论，说国家广场两侧的建筑“相互关联、彼此和谐，形成整体的效果”，一定不能解答你心中的疑问。当然它们都是宏伟的建筑作品，且总体而言秩序井然，但它们相互之间真的紧密关联吗？这样庞大的组团，一英里长（1609.3 米）、一千尺宽（304.8 米），难道不是前无古人？它真的能让人感觉是一个整体吗？基本上很难，这就不是理想的效果。

这样设计的目的，如果是要为每栋独立的公共建筑创造“出彩”的场地，那么基本上没有实现。因为这些房子就像是停车场里的汽车一样排列在一起，就算成功营造了整体的纪念性氛围，也对单体建筑的识别度无益。如果设计的目的是想要塑造一条仿佛两旁排列狮身人面像、通向国会大厦的金光大道，那么相互独立的公共建筑的尺度就应该尽可能地缩小，统一外形、相等间距，就像马利[①]的朝臣住宅那样。然而，上述设计目的对华盛顿的影响实际上微乎其微，美学考虑似乎只是副产品。

国家绿地广场首当其冲应是朗方称之为“中心大道”的开放路径和空间延伸，是国会大厦有机组成的一部分。它自东向西延伸至南北轴线的交叉处，和白宫的空间延伸异曲同工。在绿地广场这个空间廊道中，唯有东西向的连接是最重要的，两侧的事物都无关紧要，就像在凡尔赛，没人会关注绿毯和运河轴线两侧的树林内部是如何处理的。所有向两旁拉扯的注意力都会降低广场的核心价值。在细化面朝大街的各个建筑的细部，并安排其布局时，应该用上一切能使它们统一的手段，包括一致的露台、栅栏、树篱和行道树的修剪。所有这些都要使建筑连成一道紧密的边界墙面，以限定出大道的空间，并促进空间的流动。

如果广场两侧的建筑简洁又统一，那可能没那么引人注目。美国人总是不假思索地觉得，只要是纪念建筑，就应该是花岗石的质地和花岗石的尺度。我们不知道高雅的品位与精致的比例相较于浮夸的表象要有效得多；我们忘记了南锡那美丽的卡里埃尔广场（Place de la Carriere）两侧不过是教师与律师的住所，谦逊而渺小。

诚然，在华盛顿绿地广场建成之前，就草率地进行质疑与批判是不合情理的。但每一个这样的宏大计划都会带来相应的若干问题，对其加以分析也只是事后诸葛，让人唏嘘，而没能防患于未然。这样的例子不胜枚举。克利夫兰设计了一个“组团方案”，这边渲染图还没晾干，那边市政中心就如雨后春笋一般已然建成。费城启动了费尔芒特公园大道（Fairmount Parkway）的建设，大道所有与方格网的交叉口都是尖锐的夹角。千呼万唤始出来的华盛顿国家绿地广场终于揭开面纱，如今已是街头巷尾、茶余饭后的谈资。这种因为是“国家绿地广场”就必然是好的观念而不假思索、照本宣科地设计建造，既成事实、木已成舟的做法，简直是对艺术创作的扼杀，是对智慧思考的麻痹。

纪念碑

在朗方的方案中，国会大厦和白宫的轴线交点，即东西向中心大道的终点，原本是要作为华盛顿雕像的场所，后来意图要放置一尊骑马像。如今矗立在那里的是罗伯特・米尔（Robert Mill）设计的美丽的方尖碑 [其实位于真正的交点以南 120 英尺（36.6 米）、以东 360 英尺（109.7 米）]。这是美国建筑的一大骄傲。新的华盛顿方案计划在纪念碑西侧建造一座形式工整的花园，并在白宫轴线上建造一个圆形的水池。美国这一个阶段的首都规划，可以发展成为一套完整的城市设计理论。

朗方对这一微妙问题的应对大致源于他对欧洲既有案例的记忆与理解。也许最近的案例是路易十五广

① 马利，位于凡尔赛宫西北部 7 公里。始建于 17 世纪。宫殿于 19 世纪被毁，花园和池塘至今尚存。——译者注

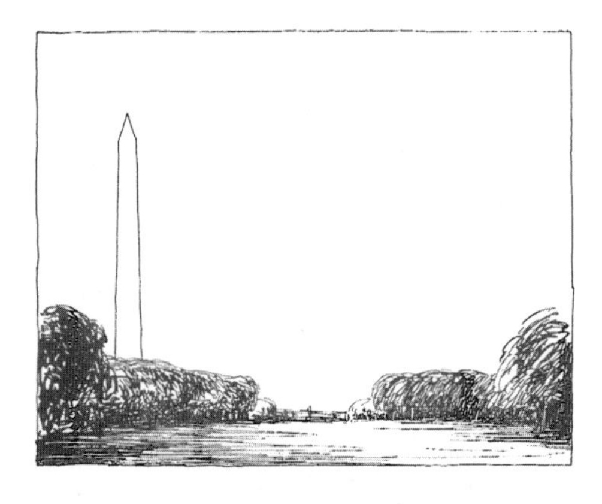

图 7-6 华盛顿，纪念碑

左侧的草图是现方案建成之后白宫望向纪念碑的场景。另一幅图的纪念碑位于轴线上，正如朗方的意图。两条轴线交叉处的花园自成一体，但从这个视角来看花园完全无法和纪念碑的巨大尺度抗衡，因此后者总是显得有那么点突兀。

场（今协和广场），位于法国巴黎杜乐丽花园轴线与玛德莲教堂轴线的交点上。当时，这个焦点处是一尊面朝长轴线 15 英尺高的骑马像，面朝杜乐丽花园。使用雕塑来标志轴线的交点在当时的法国十分常见。雕塑的尺寸要足够大以吸引目光，并明确地标识轴线上的节点，但又不能太大以至于以完全遮挡视线。此外，还可利用雕塑的方位朝向，来表达设计中空间的流动方向，以及各条轴线的相对重要程度。

大约 50 年之后，华盛顿国家绿地广场上的纪念物开始发挥作用。其场地毫无疑问已被丛林覆盖，在城市规划中的作用已被忽视。除了雕像之外，还设计建造了一座宏伟的庙堂，方尖碑将成为组群中的一部分。场地的最终选择（略偏离轴线）可能是因为它比河流的冲击平面要高，这更适于作为地基建造，也更容易获得建筑高度。但是方尖碑不在国会大厦的延长轴线上，显然是颇为遗憾的，从诸多重要的节点都能感觉到东西轴线的错位。由此引发另一个有趣的问题，它是否应该位于白宫的轴线上，例如恰好在两条轴线的交点处，也值得进行建筑学上的争论与思辨。当然从理论上来说，标志着两条轴线交叉点的物体应该与轴线形成视线上的对位关系。它是这个交叉点的锚点，不应该有任何偏差。唯一的问题是，建成之后 55 英尺（16.8 米）宽的纪念碑，是否会不适地挡住白宫的视野。如果白宫南侧的广场与草坪很宽，比如有 1000 英尺（304.8 米），那么纪念碑就只会挡住些许的水平视野，而并不会让人觉得视域被切成两半。这样的场景十分适宜强调方尖碑本身的竖向之美。垂直线条唯有在水平线条的环境中才能得到烘托，并产生神圣的效果。

纪念碑的错位放置，意外造成的遗憾，或者说真正的问题在于，虽然方尖碑作为长视廊的视觉目标来说无比合适，但华盛顿几乎没有街道正对着它。如果朗方曾经想到过会有如此效果惊人的中心地标，他一定会在这两条轴线的交点处放射出更多的街道。沿着第十六街往南看时，是否应让方尖碑看起来比白宫更高，可能值得讨论。从远处看过来的景观还不错，纪念碑从连成一片的行道树冠中脱颖而出。从近处来看，如果能有一点薄雾来加强氛围，并将纪念碑与白宫清晰地分隔开来，就更好了。

毕竟现实情况有所不同，1901 年委员会提出的绿地广场方案和朗方的方案有许多差别。其中最重要的内容就是华盛顿纪念碑的存在和它的位置，另一个则是纪念碑下方的沼泽被填平。后者使得国家广场这一轴线得以延长，虽说这一段延伸并非完全意义上的国家广场整体的一部分。从国会大厦处的坡地来看，它的确是绿地广场的有效延伸，但由于绿地广场是向南起坡的，站在绿地中实则看不到这段延伸。它对望向林肯纪念堂的视线也造成了有趣的影响。正因如此，林肯纪念堂被建造在了 50 英尺（15.2 米）的高台上，以能感知到轴线的对位关系。也许需要在纪念碑的附近引入一个较矮的边界，以此来遮挡绿地广场地面高度向南望去的视野。这样纪念碑会毫无疑问地成为广场东段的明确终点，人们不会瞄到不够完美的纪念堂景观，或是感觉受到花园的干扰。而当人们穿过这道边界走上纪念碑所在的高地上时，林肯纪念堂和花园会骤然且戏剧性地完整呈现在他们眼前。这样的画面无疑十分壮美，因为方尖碑和纪念堂之间的花园确实无与伦比。

在两条轴线的交叉处，朗方原本想要放置骑马雕像的位置，最终计划建造一个很大的圆形水池。不过，仅靠一块平坦的水面并不足以标志轴线的交叉，因此要由整座花园完成。花园中遍植郁郁葱葱的树木，通过种植留白，留出水池这块“椭圆”形的空地。从白宫能直接看到此处景观。花园的平面是一个希腊十字，华盛顿纪念碑位于升高的平台之上，成为十字平面的东翼，就像伦敦的约克公爵纪念柱（Duke of York Column）那样。十字平面被浓密的成行树木包围。树木的行列在南北轴线方向和东西轴线方向都是对称的，只不过东侧地势陡然高起。可以推断，勒・诺特如果不是受到渲染平面效果的影响，是很难接受对称的平面搭配不对称的剖面的。

白宫

朗方的方案中对纪念碑的修改可能是最明显的，但是白宫附近的设计修改可能更多。朗方的街道平面得到

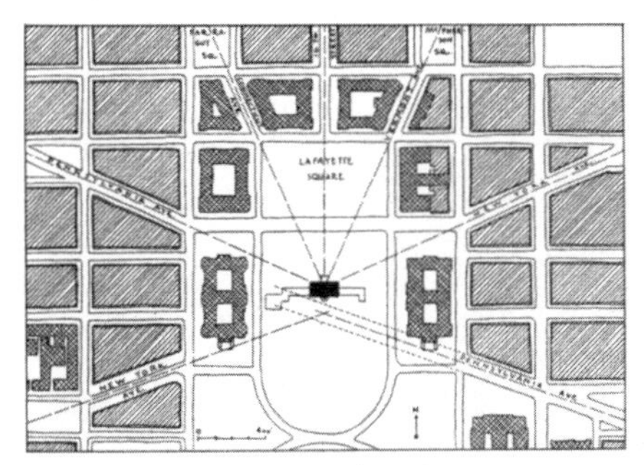

图 7–7　华盛顿，白宫

根据公共建筑委员会 1917 年发布的方案，交叉处的建筑是建成或是规划中的建筑。放射形街道的马路中心线（这也是行道树种植线）和宾夕法尼亚大道的马路中心线在图中被标出，它们和白宫擦肩而过，这说明就算白宫没有建造在该位置，这些视廊也不是完美的。

卡斯・吉尔伯特（Cas Gilbert）的研究比委员会 1901 年的方案要更早。其中最有意思的是子午山（Meridian Hill）上的"新白宫"。该平面的比例大约是 4000 英尺：1 英寸，图中的比例尺约大了七分之一。

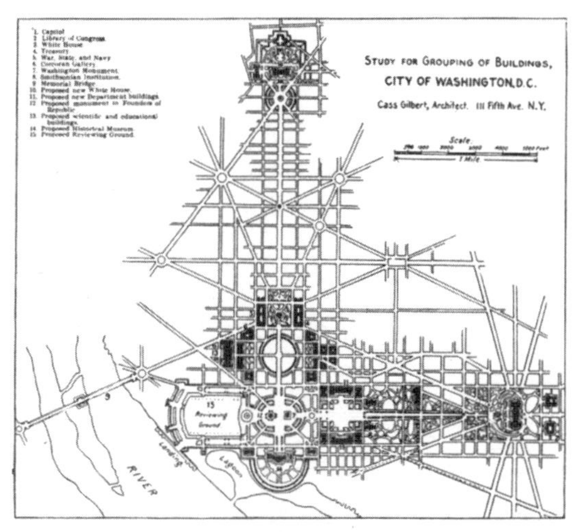

图 7–8　华盛顿

忠实执行，但从三维的、空间的角度来看，他的意图早已被淡忘或是忽视。对朗方而言，白宫兴许恰好处于中央轴线布局的北翼尽端，就像拳头一样紧紧攥住放射状的缰绳，进而成为该城市片区的主导控制者。我们可以判断，朗方作为法兰西和文艺复兴的继承者，他意图营造感知白宫统治作用的真实而确凿的体验。这种体验不仅仅是一种思维概念，不应建立在一个观察者对美国历史和政府的了解上，对地图和导览书籍的研究上，或是对街道的名字、起始终点的熟悉程度上。这些纸上谈兵的美学整体性，就像于尔根（Jurgen）奶奶心中的天堂的真实性一样荒谬，这样虚构的真实性完全建立在人们对该虚构的信仰之上。在有血有肉的城市规划中，这些远远不够。城市设计的构成内容应该是在感官层面上可被感知的，而不应只是思维层面上的可读性。站在这里，望向那里，看见什么，并且喜欢上什么，无需借助任何图解。如果白宫要成为西北片区的空间控制物，那在康涅狄克大道上就应该能够看见它。住在杜邦环岛(Dupont Circle）周围的人不应仅把康涅狄格大道看作是通往基思剧场（Keith's Theater）的最短路径，而只不过途中经过了白宫而已。白宫的空间效果需要加强。

接着，朗方把他的"总统宅邸"设计成了 7 条放射状大道的中心。它们向外辐射，也汇聚在一起。现在，总体来看，汇聚在一起的街道大致有两个效果：从焦点处向四周看是美的，从各大道望向焦点处的建筑或纪念碑也是美的。向外看的视野创造了城市统一感的延伸，并强调了放射出发点的中心性。如果这些大道呈对称分布，且交点处经过优秀的建筑学处理，那么这个组合会让人感知到秩序性、便捷性和理性的愉悦感，以及很高的美学价值。罗马人民广场上向南辐射的 3 条大道就是优美的组合。但是朗方也许并不想让大众都体验到星形广场中心的视觉享受，他也许只希望总统一人独占美景，以及用来取悦他的客人。我们不能高估那个时代和那些人的民主程度。朗方和华盛顿也许其实将这个片区视作一个形式化的花园和"总统宅邸"的附属物。确实，如想重现朗方的想法，我们不仅要回想起法国的皇家花园，还需要记住那些伟大的风景园林，比如圣日耳曼城堡（St. Germain）、枫丹白露宫（Fontainebleau）、尚蒂伊城堡（Chantilly），它们都有笔直的道路和星形放射的平面元素。朗方很有可能在当时相比我们看到了更多可能实现的效果，如同早期文献记载，那些新开辟的大道有美丽的草坪作地毯、茂密的树木作侧墙。毫无疑问，朗方想要保留这种公园似的感受，因为那个城市片区将被设计为高档居住区。商务区则位于国会大厦的东边和南边，靠近河流。

在这些条件下，将总统宅邸作为城市设计的一个地标，布局成星形大道的中心，似乎合情合理。既然白宫是一个先锋作品，也是城市中第二宏伟的建筑，而华盛顿的街道就像从丛林中切出来得那么笔直，那就应当发挥这座建筑的最大价值，通过城市设计将它的美，以及它对城市性的美好憧憬，传播得越远越好。如今，街道上挤满了人、汽车和有轨电车，街道两侧布满了高楼大厦。这对于美国人来说并不是理想的居住环境，但是对白宫而言，应有令人愉悦与舒适的环境。因此，并不能简单地反对白宫周围的乔木与树丛，以及拉法耶特（Lafayette）、麦克弗森（Mcpherson）和法拉格特广场（Farragut Squares）周边的绿植，它们有效地遮挡了白宫望向东北、西南、西北、东南 4 条放射形大道的不适景观。

向东南和西南方向放射的 2 条大道（宾夕法尼亚大道和纽约大道），则是被建筑（财政部）而非树木遮挡。若没有一丝丝愤慨，那么任何有关华盛顿方案的讨论就不算完整。诚然，我们都很遗憾曾经风靡一时的概念"白宫——国会的视觉通廊"没有建成。同样令人遗憾的是，与人们的普遍印象相左，白宫并没有位于宾夕法尼亚大道的延长线上。白宫和宾州大道的空间延长线实则有一段距离。大道北侧的路肩和行道树，可以从白宫门前顺利地延长而过。一幅大约是 1820 年的版画，描绘了宾

图 7–9、图 7–10 华盛顿，拉法耶特广场的设计处理
卡斯·吉尔伯特设计的拉法耶特广场周围建筑的方案。右侧所绘图中白宫的附属花园已经建成。将来人们会发现，从鸟瞰图视角看，白宫的尺度需要极度增大。

夕法尼亚大道这般经过了白宫门前。当然，宾夕法尼亚大道很宽，人们从大道的很远处就能看见白宫，尤其是从南侧的人行道。这仍是一件几近完美的城市设计艺术品。尽管财政部的建造遮挡了大道的视廊，但说它毁了上述艺术品其实是误读。如果不是财政部大楼，毫无疑问这条大街将会以浓密的树木作为结尾。相较之下，现状的空间布局明显更好，形成了良好的街道景观。从宾夕法尼亚大道望向财政部的场景是优美的，左侧是均衡匀质的落叶乔木，右侧大理石建筑的粗犷体量脱颖而出，其宽阔大台阶的侧面分布着醒目的柱廊、檐口和有力的扶壁。看不见白宫确实是情感上的损失，但更重要的是朗方几何构图的连贯性的损失。我们当然清楚不能毫无保留地遵从朗方的意图。在朗方自己的平面“手稿”中，北侧的 4 条放射状街道与现在的纽约大道一起精准地交汇于一点，但是宾夕法尼亚大道奇怪地向南偏移了些许，目前的建成方案正是如此。既然朗方颇为确定白宫方案将有一个穹顶，那他就不太可能让北侧的一组大道交汇于北立面，而南侧的轴线交汇于南立面。尽管朗方的方案绘制得很不精确，宾夕法尼亚大道甚至都没画成一条直线，但如果因此就简单地认为华盛顿一条主要对角线大街的错误位置，至少是难以解释的位置，是源于线条绘制的疏忽大意，那是很荒谬的。埃利科特、华盛顿、杰斐逊和许多其他人，都十分了解朗方的意图，不会因为绘图的小失误而误读设计方案。

1901 年的委员会权威解读认为，朗方希望宾夕法尼亚大道的对景指向白宫。如今财政部大楼成为大道的尽端建筑，相较于“精心设计的白宫视线景观”，是与朗方方案的“基本原则不一致”的。

委员会在解释所谓“基本原则”时，同时指出“各条历史干道代表着美国初始的各州”。对这句话的解读也许可以延伸到包括国会大道和第十六街，它们比那些冠以州名的放射状大道更具实质性的“基本”特征。在 7 条自白宫出发的放射状街道中，唯有第十六街的视线景观正对白宫。如果说 7 条街道中只能有一条能实现“基本原则”，那由第十六街来正对白宫是最好的选择，因为它处于白宫的南北中轴线上，比其他放射状街道的价值要高出许多。斜向的大道也许能看到白宫作为对景，但除非建筑的某个元素回应了这条大道的存在，否则这条斜向的大道就不能与建筑设计成为有机的整体。正处于建筑轴线上的道路则不然，它与建筑的联系是直接的。幸运的是，第十六街同时也是方格网系统中的一条“街道”，这使它与其他的斜向“大道”不同，避免了不均衡的交叉切口、令人不悦且毫无章法的宽度变化、缺乏特色的熨斗形平面大楼以及三角形的微型公园。第十六街与 2 条主要的斜向大道交汇于斯科特圆形广场（Scott Circle），一个设计得很有意思的小地块。朗方还设计了另外 2 个开放空间，以彰显第十六街的重要性，但都未得到实施。

拉法耶特广场

第十六街与白宫隔着拉法耶特广场相互对望。如果曾在薄雾料峭的早晨或是雪花纷飞的夜晚欣赏过那里的美景，那下面这段 1901 年的委员会汇报一定会让你瞠目结舌：“行政办公大楼的选址是一大难题。但委员会的意见是，临时的总部可以建在白宫的场地上，容纳这些办公空间的新建筑则可以建造在拉法耶特广场的中央。”委员会对于 7 条街道交汇于白宫，并计划以白宫为对景的态度，颇让人玩味。

其中 2 条街道视廊——宾夕法尼亚大道中段和纽约大道南段，品质是三流的。这些大道不仅与其对景目标呈夹角，还与它擦肩而过。这 2 条大道以某栋建筑为尽端，而委员会也强烈反对如此。

其中 4 条街道视廊——弗蒙大道、康涅狄格大道、宾夕法尼亚大道北段和纽约大道北段，品质是二流的。它们与白宫呈现一定的夹角。这些街道如今以树木为终点，这些树本可轻易移走，但委员会对此无动于衷。

其中 1 条视廊——第十六街，具有一流的品质。它的视野清晰，并位于中轴线上。然而委员会正准备用一栋新的建筑（行政办公大楼）来堵住它。

但是这里我们要为委员会正名一下，上述关于行政办公大楼选址的建议，并没有出现在他们深思熟虑、评判过后公布的方案里。改变他们想法的，也许是出于对朗方的轴线大道的尊重，也许是因为拉法耶特广场代表了开放空间典型的美与价值。真正的“广场”在华盛顿可谓凤毛麟角。在街道交叉处，所谓的“环形广场”与其他各式各样的开放空间多如牛毛，但拉法耶特广场的品质明显更胜一筹。它是白宫前面供人瞻仰的前广场，尺寸够大且适宜，平面对称，不被人行铺地分割，建筑散发着都城的气息，还有周围的立面形成了一道相对连续的围合界面。毕竟对于一个开放空间而言，如果四周全是从中穿过的宽阔马路，那就失去了一半的价值。正是限定空间的围合界面创造了空间的美学价值，一个设计精良的三维空间是建筑、景观与规划艺术结出的硕果。

然而，旧广场四周的围合建筑即将发生翻天覆地的变化。根据委员会在 1901 年提出的建议，多利・麦迪逊住宅（Dolly Madison）、韦伯斯特（Webster）居住的科科伦住宅（Corcoran），理查森（Richardson）为约翰・海（John Hay）和亨利・亚当斯（Henry Adams）设计的住宅，以及圣约翰（St. John）教堂 [拉特罗布（Latrobe）于 1816 年建造] 都将被拆除，取而代之的是国家部门的大型办公建筑。旧阿灵顿（Arlington）旅馆和查尔斯・萨默（Charles Summer）住宅已经被拆毁。这些鸠占鹊巢的部门办公楼比“总统的教堂”和周围的树木都要高出一截。新的拉法耶特广场即将布满汽车和卡车，中午时分草坪上将会聚集着办事员和打字员，甚至会有小汽车穿梭在第十六街上。苍蝇小馆和街头小店会黏附在办公大楼的周边，然后向北侧的住宅区街道延伸，最终变成另一个在华盛顿司空见惯、了无生趣的商务街区。

看看其他城市，纽约正煞费苦心地去推动城市区划法，试图以此来保护建成的居住区；波士顿不遗余力地保护科普利广场的尺度；许多州的历史协会都在致力于保存建筑辉煌年代的遗作；英国正因为一些伦敦古教堂可能遭到破坏而惶惶不安。在这样的背景下，华盛顿想把拉法耶特广场改造成一个商务街区，岂不令人惊诧？

这无非是由于一些捕风捉影的缘由，认为“行政班子理应簇拥”在总统身边。实际上总统很可能厌恶见到行政班子，而政务人员也乐得待在火车站附近或者市郊的山上办公。山姆大叔完全负担得起在那里建造更舒适、内部环境更宜人的办公楼。

单纯从设计的角度来考虑，拉法耶特广场周边住宅的尺度和氛围无法维持确实是一大憾事，由此白宫和城市住宅区之间的联系也被切断了。这里貌似是一些“非形式白宫建筑”的理想选址，这些红砖砌成的、美国俱乐部和社团的全国总部，衬托了白宫突出的体量和颜色，维护了白宫建筑的统治地位。

如今对广场中央绿化的处理显然差强人意。它的设计就像一元纸币的设计一样糟糕。法式的弯曲小径被生硬地叠加在花匠的植物园上，然后各个园丁在其中随意发挥。“克拉克・米尔先生（Clark Mill）为安德鲁・杰克逊（Andrew Jackson）骑马像所作的苗圃基座”——亚当斯的戏称，竟成了花园中的核心明珠。在这样一个方格网发达、榆树茂盛的国家，毕竟曾经也有过精美简洁的花园景观传统，有笔直的石子路和井井有条的草坪和树篱，而今怎会有这样的作品！

本书关于华盛顿规划方案的片段想法，都是建议性的而不是结论性的，其意图主要是鼓励人们在看待朗方的方案和城市本身时，要有实事求是、脚踏实地的态度。华盛顿的规划方案是充满灵感与实践经验的宝库。但对于那些不看现实依据，那些先入为主、断定凡是朗方落笔所绘皆是完美之至的人，那些盲目相信该方案冥冥之中与联邦宪法呼应，只要质疑就是不爱国的人而言，华盛顿方案反而成了一片荒漠。真正明智之人，应能从历史的尘埃与岁月的锈迹中抽丝剥茧，洞穿是非美丑的表象，找寻并且评价真正的形式本质。当下真正需要的，是不受谣言与浮云蒙蔽的研究视角。文艺复兴时期那毫不浪漫的态度，看似理性冷峻却满溢生命力与个性，清楚地知道美并不在于浮夸的宏大概念，而在于让可知可感的事物各得其所。

将至上与堂皇作为理想，这让华盛顿置于城市设计艺术的险境。也许广阔空间的纪念性的确是一种美，但一旦对品位把控失之毫厘，那一切都将变成自以为是的陈词滥调而谬以千里。太过强调国家层面的尺度感，加之缺乏人情味的纪念碑，更容易带来乏味之感而非壮丽。将大理石和花岗石的建筑布满国家广场、国会广场和拉法耶特广场的边缘，也许在经济上和管理上是大胆的，但在审美上则可能是怯懦的。随波逐流易，独树一帜难。终有一天，我们能客观地对待民族主义理想的诉求，意识到艺术是远超自由消费和立场意图的事物。城市设计艺术的学子们仍需继续研习美国的首都规划，他们也要去巴黎、罗马，以及巴斯、黎塞留、南锡、路德维希斯卢斯特、庞贝等美丽的城市朝圣，去寻找并感受它们的生活气息。

图 7-11　华盛顿，凯旋门

此章撰写之后，拉法耶特广场上的美国商会诞生了。由于需要腾出空间，韦伯斯特住宅已被拆毁。

参考书目

以下为本书中已在别处出版的插图来源的书刊清单。这份清单已尽可能简洁，其目的只是便于读者快速查阅图书馆的目录和书目。几乎所有被引用的书都可以在哥伦比亚大学埃弗里图书馆找到。

图注中未指明出自本列表中出版物的插图来源各不相同。其中许多是专为此书准备的。比如赫尔丁先生的画，大部分是根据艾伯特·埃里希·布林克曼在他的《城市建筑艺术》(Stadtbaukunst）中发表的，以及有趣的、精挑细选的照片绘成的钢笔画。关于现代美国的素材，很大一部分直接来自设计师或城市和机构的官员。书中的一大部分插图主要是现代欧洲的作品和翻印的历史地图(尤其是巴黎和柏林)，由黑格曼先生担任1910年柏林城市规划展览会的秘书长时收集，并已在他的《城市建筑》中发表。其他的插图，比如在第221页的东京景观为黑格曼先生所摄；还有一些是匹茨先生于1920和1921年在欧洲期间收集的照片和地图。

期刊

American Architect and Architectural Review. 美国建筑师与建筑评论，半月刊，纽约

Architectural Forum. 建筑论坛，月刊，波士顿

Architectural Record. 建筑实录，月刊，纽约

Architecture. 建筑，月刊，纽约

Architecture. 建筑，月刊，伦敦

Deutsche Bauzeitung. 德意志建筑报，月刊，柏林

Landscape Architecture. 景观建筑，季刊，麻省布鲁克莱恩

Stadtbaukunst. 城市建筑艺术，半月刊，柏林

Der Staedtebau. 城市建筑，月刊，柏林

Town Planning Review. 城镇规划评论，季刊，利物浦

Die Volkswohnung. 大众住宅，半月刊，柏林

Wasmuths Monatshefte Für Baukunst. 瓦思穆特建筑月刊，月刊，柏林

书籍

Adam，Robert and James. Works of Architecture. London，1822.

Blomfield，Reginald. Architectural Drawing and Draughtsmen. London，1912.

Blondel，Jacques-François. Architecture Française. Paris，1752.

Brinckmann，A. E. Stadtbaukunst des achtzehnten Jahrhunderts.

Städtebauliche Vorträge，Vol. VII，No. I，Berlin，1914.

Die Baukunst des siebzehnten und achtzehnten Jahrhunderts. Berlin（1919?）.

Deutsche Stadtbaukunst in der Vergangenheit. Frankfort，1921.

Platz und Monument. Berlin，1908.

Stadtbaukunst. Berlin，1920.

Brogi，Giacomo. Disegni di Architettura，Galleria degli Uffizi. Florence，1904.

Buehlmann，J. Die Architektur des klassischen Alterthums und der Renaissance.

Burckhardt，Jacob. Geschichte der Renaissance in Italien. Eszlingen a. N. 5th edition，1912.

Cain，G. La Place Vendôme. Paris（1890?）.

Calliat，Victor. Hôtel de Ville de Paris. Paris，1844.

Campbell，Colen. Vitruvius Britannicus or the British Architect. London，1717.

Cayon，J. Histoire de Nancy.

Cerceau，J. A. du. Les plus excellents bâtiments de France. Paris，reprint，1870.

Choisy，A. Histoire de l' Achitecture. Paris，1899.

Commission Municipale du Vieux-Paris. Paris. Annual Reports，1909-1911.

Coussin，J. A. Du Genie de l'Architecture. Paris，1822.

Crane Edward A.，and E. E. Soderholtz. Examples of Colonial Architecture in South Carolina and Georgia. New York，1895.

Dasent，A. J. History of St. James' Square. London，1895.

Deshairs，Leon. Bordeaux（1890?）.

Dohme，Robert. Barock-und Rokoko-Architektur. Berlin，1892.

Durand，J. N. L. Recueil et Parallèle des Edifices de tout Genre，anciens et modernes. Paris，1798.

Elderkin，G. W. Problems in Periclean Buildings. Princeton，1912.

Elwell，Newton W. The architecture，furniture，and interiors of Maryland and Virginia during the eighteenth century. Boston，1897.

Enlart，C. Rouen. Paris，1906.

D' Espouy，H. Fragments d'Architecture antique. Paris，1905.

Fairmount Part Art Association. Fairmount Parkway. Philadelphia，1919.

Felibien，J. F. Desciption de l'Eglise Royale des Invalides. Paris，1706.

Fischer，Theodor. Sechs Vortäge über Stadtbaukunst. Munich，1919.

Frauberger，H. Die Akropolis von Baalbek. Frankfort，1892.

Garnier，Charles. Le Nouvel Opéra. Paris，1878.

Geymueller，H. von. Sanct Peter in Rom. Vienna and Paris，1875.

Gurlitt，Cornelius. Geschichte des Barockstiles. Stuttgart，1888.

Handbuch des Städtebaues. Berlin，1920.

Hegemann，Werner. Der Staedtebau nach den Ergebnissen der allgemeinen Staedtebau-Ausstellung. Berlin，1913.

Report on a city plan for the municipalities of Oakland and Berkeley. Berkeley，1915.

HeigelIn，K.M. Lehrbuch der höheren Baukunst. 1828.

Hessling，E.，and W .Hessling. Le Vieux Paris. Paris，1902.

Klopfer，Paul. Von Palladio bis Schinkel. Esslingen，1911.

Kuhn，Waldemar. Kleinsiedlungen aus Friderizianiseher Zeit. Hanover，1917.

Kleinbürgerliche Siedlungen in Stadt und Land. Munich，1921.

Lange，Willy. Land-und Gartensiedelungen. Leipsic（1912?）.

Le Pautre，Pierre. Les Plans，Profiles，et Elevations des Ville at Château de Versailles. Paris，1716.

Letarouilly，Paul. Edifices de Rome Moderne. Paris，1874.

Le Vatican et la Basilique de Saint-Pierre de Rome. Paris，1882.

Loftie，W. J. Inigo Jones and Wren. New York，1893.

Maertens, H. Der optische Maassstab. Revised edition, Berlin, 1884.
Macartney, Mervyn, English Houses and Gardens; Engravings by Kip, Badeslade, Harris, and others. London, 1908.
Macomber, Ben. The Jewel City. San Francisco and Tacoma, 1915.
Mangin, A. Les Jardins. Tours, 1868.
Mawson, Thomas H. Civic Art. London, 1911.
McKim, Mead, and White. The Monograph of the Work of McKim, Mead, and White. New York, 1917.
Maquet, A. Paris sous Louis XIV. Paris, 1883.
Mebes, Paul, and Walter Curt Behrendt. Um 1800. Munich, 1920.
Migge, Leberecht. Die Gartenkultur des 20. Jahrhunderts. Jena, 1913.
Muentz, F. La Renaissance en Italie et en France à l'époque de Charles XIII. Paris, 1885.
Mullgardt, Louis Christian. The Architecture and Landscape Gardening of the Exposition. San Francisco, 1915.
Muséum de la Nouvelle Architecture Française. Paris, 1795.
Muthesius, Hermann. Kleinhaus und Kleinsiedelung. Munich (1919?).
New York Court House Commission. Competition drawings for the New York Court House. New York, 1913.
Neufforge, Sieur De. Recueil Elémentaire. Bordeaux (1800?).
Ostendorf, Friedrich. Sechs Bücher vom Bauen. Berlin, 1920.
Palladio, Andrea. Treatise on Architecture. Translation by R. Ware, London, 1738.
Patte, Pierre. Monumens órigés en France à la gloire de Loius XV. Paris, 1765 (Also modern reprint).
Pinder, Wilhelm. Deutscher Barok; die Grossen Baumeister des achtzehnten Jahrhunderts. D ü sseldorf and Leipsic.
Piranesi, Giovanni Battista. Antichita d'Albano. Rome, 1764.
Antichita Romane. Rome, 1756.
Platt, Charles A. Monograph of the Work of Charles A. Platt. New York, 1913.
Ramsey, Stanley C. Small Houses of the late Georgian Period 1750–1820. London, 1919.
Robinson, Charles Mulford. City Planning. New York, 1916.
Ruskin, John. Studies in Both Arts. London, 1895.
Schultze-Naumberg, Paul. Kulturarbeiten; Band IV, Staedtebau. Munich, 1909.
Silvestre, Israel (Also spelled Sylvestre). Divers Paisages faits sur la naturel. Paris, 1650. (And other collections of engravings)
Simpson, F.M. A History of Architectural Development. New York, 1911.
Sitte, Camillo. Der Städte-Bau. Vienna, 1889. (French translation. L'Art de Bâtir les Villes. by Camille Martin, Paris, 2nd. Ed. 1912)
Stuebben, J. Vom französischen Städtebau. Städtebauliche Vorträge. Vol. VIII. Nos. 2 & 3. Berlin, 1915.
Swarbrick, J. Robert Adams and his Brothers. London, 1915.
Tarbe, P. Reims.
Tornow, Paul. Denkschrift betreffend den Ausbau der Hauptfront des Domes zu Metz. Metz, 1891.
Triggs, Inigo. Town Planning, past, present, and possible. London, 1909.
Unwin, Raymond. Town Planning in Practice. London, 1909.
Vatout. Histoire Lithographique du Palais Royal. Paris.
Viollet-le-Duc, E. E. Dictionnaire raisonné de l'Architecture. Paris, 1884.
Ware. William Rotch, and Chas. S. Keefe. Georgian Period. New York. (New edition announced for 1922)
Weaver, Lawrence. Houses and Gardens by E. L. Lutyens. London, 1913.
Wolf, Paul. Städtebau. Leipsic, 1919.
Wood, Robert. Palmyra and Balbec. London, 1827.
Wren, Christopher, Parentalia. Reprinted, London, 1903.